中国海相碳酸盐岩油气勘探开发理论与技术丛书

中国碳酸盐岩油气藏地震勘探技术与实践

张 玮　李建雄　康南昌　李明杰　等著

石油工业出版社

内 容 提 要

本书从地震勘探资料采集、处理、解释与综合地质研究方面系统总结了碳酸盐岩缝洞体、古风化壳、礁、颗粒滩、湖相碳酸盐岩、碳酸盐岩潜山等不同类型碳酸盐岩油气藏的地震勘探技术应用与效果。内容涉及碳酸盐岩沉积学、岩溶地质学和地震勘探理论、方法的最新进展及成果。针对不同的碳酸盐岩油气藏类型，凝练了以地质理论为指导，地震勘探技术与油田地质、油藏工程研究资料、成果紧密结合，提供一体化解决方案的方法和途径。

本书可供从事油气勘探工作的科研人员与高等院校相关专业的师生参考使用。

图书在版编目(CIP)数据

中国碳酸盐岩油气藏地震勘探技术与实践/张玮等著．—北京：石油工业出版社，2018.5
（中国海相碳酸盐岩油气勘探开发理论与技术丛书）
ISBN 978-7-5183-2580-1

Ⅰ.①中… Ⅱ.①张… Ⅲ.①碳酸盐岩油气藏–地震勘探–研究 Ⅳ.①TE344

中国版本图书馆CIP数据核字（2018）第072637号

出版发行：石油工业出版社
　　　　（北京安定门外安华里2区1号　100011）
　　网　址：www.petropub.com
　　编辑部：(010)64523543　图书营销中心：(010)64523633
经　　销：全国新华书店
印　　刷：北京中石油彩色印刷有限责任公司

2018年5月第1版　2018年5月第1次印刷
787×1092毫米　开本：1/16　印张：23.5
字数：570千字

定价：220.00元
（如出现印装质量问题，我社图书营销中心负责调换）
版权所有，翻印必究

《中国海相碳酸盐岩油气勘探开发理论与技术丛书》
编 委 会

主 任：赵文智

副 主 任：胡素云 张 研 贾爱林

委 员：（以姓氏笔画为序）

    弓 麟 王永辉 包洪平 冯许魁

    朱怡翔 李 宁 李保柱 张光亚

    汪泽成 沈安江 赵宗举 洪海涛

    葛云华 潘文庆

《中国碳酸盐岩油气藏地震勘探技术与实践》
编 写 人 员

张　玮　李建雄　康南昌　李明杰

田　兵　郭　庆　纪学武　覃素华

前　　言

经济有效勘探开发碳酸盐岩中蕴含的丰富油气资源,在石油工业中具有极为重要的意义和地位。中国碳酸盐岩面积分布广泛,油气资源丰富,勘探开发潜力巨大,是我国油气资源勘探开发极其重要的领域。在碳酸盐岩油气勘探开发活动中,地震勘探技术始终起到不可或缺的作用。

地震勘探技术是一个系统工程。它由野外资料采集、室内资料处理、资料解释三个环节构成。这三个环节在施工作业时,既各自独立,又相互依存、互为因果。地震勘探成果的优劣取决于三个环节相互联动的有效性与好坏。得益于数学、物理、地质等学科,计算机、电子等技术快速发展的推动,碳酸盐岩油气藏地震勘探技术已经从简单的构造成像阶段发展到了现在的精确构造成像和利用多种地震方法、手段以及相应的地震信息开展非均质性研究,并结合地质、钻井、测井、试油等资料综合研究预测储层以及油、气、水分布的新阶段。

本书以塔里木盆地、鄂尔多斯盆地、四川盆地海相碳酸盐岩和渤海湾盆地湖相碳酸盐岩的构造、储层预测、含油气预测为研究对象,系统地进行了地震资料采集、处理、解释的技术提炼和总结。绝大部分内容是中国石油集团东方地球物理勘探有限责任公司各科研与生产单位的技术应用和成果,代表了业界地震勘探技术的最新研究进展与应用成果。

编写《中国碳酸盐岩油气藏地震勘探技术与实践》一书的初衷是将近20余年来国内地震勘探在碳酸盐岩油气藏勘探活动中形成的有效技术沉淀下来,为以后的地震勘探工作提供指导和借鉴;同时也为即将从事油气勘探开发工作的高等院校毕业生或欲了解地震勘探技术进展及在碳酸盐岩油气藏勘探开发中的作用的业内人士提供一本适用的参考书。

地震勘探技术涉及地质学、数学、物理学、计算机科学等学科领域,理论、方法研究汗牛充栋,限于篇幅,本书不涉及地震勘探技术的具体理论及方法论证。

本书主要由张玮、李建雄、康南昌、李明杰、田兵、郭庆、纪学武、覃素华编写,参加编写工作的还有马培领、王乃建、沈亚、高江涛、温铁民、高国成、史庆阳、杨建新、陈超群、张宏伟、白旭明、刘占族、臧殿光、徐宝亮、王志勇、马文华、高洁、王云波、刘乐、宁宏晓、尹吴海、李成武、戴海涛、周赏、汪关妹、孙立志、朱斗星、张会芹、王延、陈林、庞雪燕等同志。

在本书的编写过程中,东方地球物理勘探有限责任公司塔里木物探处、长庆物探处、华北物探处、青海物探处、辽河物探处、研究院所属库尔勒分院、长庆分院、地质研究中心、处理中心、华北分院等单位,以及冯许魁、彭朝全、王小善、刘兵等同志给予了极大的支持和帮助。在此,深表谢忱!

需要说明的是:本书的编写人都是来自生产一线的技术人员。囿于理论水平、文字水平,难免可能出现挂一漏万或者谬误之处,敬请读者批评指正。

目　　录

第一章　概述 ………………………………………………………………………… (1)
　第一节　碳酸盐岩油气藏资源的地位与意义 ……………………………………… (1)
　第二节　碳酸盐岩油气藏地震勘探的岩石物理基础 ……………………………… (3)
　第三节　目前地震勘探技术的观测描述能力 ……………………………………… (4)
　　一、大尺度厚度 ……………………………………………………………………… (4)
　　二、薄层范围 ………………………………………………………………………… (7)
　第四节　地震勘探技术有效应用的重要方面 ……………………………………… (7)

第二章　碳酸盐岩沉积储层特征 …………………………………………………… (16)
　第一节　海相碳酸盐岩沉积环境和沉积相 ……………………………………… (16)
　　一、海洋碳酸盐沉积环境 ………………………………………………………… (16)
　　二、碳酸盐岩主要沉积环境和沉积相特征 ……………………………………… (17)
　第二节　碳酸盐岩台地类型及沉积相模式 ……………………………………… (24)
　　一、碳酸盐岩台地类型 …………………………………………………………… (24)
　　二、海洋碳酸盐岩台地主要沉积相模式 ………………………………………… (31)
　第三节　碳酸盐岩储层类型及特征 ……………………………………………… (34)
　　一、碳酸盐岩储层类型 …………………………………………………………… (34)
　　二、中国碳酸盐岩储层特征 ……………………………………………………… (36)
　第四节　碳酸盐岩沉积地震相特征 ……………………………………………… (47)
　　一、地震相分析 …………………………………………………………………… (47)
　　二、碳酸盐岩地震相特征 ………………………………………………………… (51)

第三章　缝洞型油气藏地震勘探技术及成效 …………………………………… (56)
　第一节　缝洞型碳酸盐岩勘探背景 ……………………………………………… (56)
　　一、塔里木盆地碳酸盐岩分布及勘探潜力 ……………………………………… (56)
　　二、缝洞型碳酸盐岩勘探历程 …………………………………………………… (56)
　第二节　缝洞型油气藏地震勘探资料采集技术 ………………………………… (67)
　　一、地表及地下地质条件 ………………………………………………………… (67)
　　二、地震勘探资料采集配套技术 ………………………………………………… (71)
　第三节　缝洞型油气藏地震勘探处理技术 ……………………………………… (89)
　　一、影响缝洞型储层成像因素 …………………………………………………… (89)
　　二、缝洞型储层成像关键技术 …………………………………………………… (89)
　　三、缝洞型碳酸盐岩储层地震勘探处理效果 …………………………………… (104)

第四节　缝洞型油气藏地震综合解释技术 …………………………………………… (107)
　　一、断裂精细解释及裂缝预测技术 ………………………………………………… (107)
　　二、缝洞型储层的精细雕刻技术 …………………………………………………… (115)
　　三、缝洞型储层油气检测技术 ……………………………………………………… (128)
　　四、缝洞型储层综合评价与井位优选技术 ………………………………………… (130)
第五节　缝洞型储层油气藏勘探成效分析 …………………………………………… (133)
　　一、塔北地区碳酸盐岩勘探成效 …………………………………………………… (133)
　　二、塔中地区碳酸盐岩勘探成效 …………………………………………………… (142)

第四章　碳酸盐岩风化壳型油气藏地震勘探技术及成效 ………………………………… (147)
第一节　风化壳型油气藏主控因素 …………………………………………………… (147)
　　一、古地貌 …………………………………………………………………………… (147)
　　二、烃源岩 …………………………………………………………………………… (148)
　　三、储层 ……………………………………………………………………………… (148)
第二节　风化壳型油气藏地震勘探历程回顾 ………………………………………… (150)
　　一、勘探探索阶段 …………………………………………………………………… (150)
　　二、开发评价阶段 …………………………………………………………………… (150)
　　三、开发拓展阶段 …………………………………………………………………… (152)
　　四、全面扩展阶段 …………………………………………………………………… (155)
第三节　风化壳型油气藏地震勘探资料综合采集处理解释技术 …………………… (157)
　　一、地震勘探资料采集技术 ………………………………………………………… (157)
　　二、地震勘探资料处理技术 ………………………………………………………… (174)
　　三、古地貌精细解释技术 …………………………………………………………… (179)
　　四、风化壳型储层定量预测技术 …………………………………………………… (185)
　　五、风化壳型储层含气性检测技术 ………………………………………………… (192)
　　六、风化壳型储层综合评价与井位优选技术 ……………………………………… (194)
第四节　风化壳型油气藏勘探成效分析 ……………………………………………… (195)
　　一、靖西地区风化壳型碳酸盐岩勘探成效 ………………………………………… (196)
　　二、靖东地区风化壳型碳酸盐岩勘探成效 ………………………………………… (196)
第五节　鄂尔多斯盆地碳酸盐岩油气勘探前景 ……………………………………… (198)
　　一、现实勘探领域及油气勘探前景 ………………………………………………… (198)
　　二、潜在勘探领域及油气勘探前景 ………………………………………………… (199)

第五章　礁滩型油气藏地震勘探技术及成效 ……………………………………………… (201)
第一节　四川盆地礁滩领域勘探研究概况 …………………………………………… (201)
　　一、礁滩储层是四川盆地天然气主要勘探领域 …………………………………… (201)
　　二、礁滩储层发育重点层系 ………………………………………………………… (201)

三、礁滩储层勘探主要区带 …………………………………………………………（202）

　第二节　川中古隆起礁滩地震勘探技术及成效 ………………………………………（204）

　　一、川中古隆起勘探概况 ………………………………………………………………（204）

　　二、处理技术与效果 ……………………………………………………………………（205）

　　三、解释技术及效果 ……………………………………………………………………（210）

　　四、主要勘探成效 ………………………………………………………………………（216）

　第三节　龙岗地区礁滩地震勘探技术及成效 …………………………………………（223）

　　一、龙岗地区勘探概况及难点 …………………………………………………………（223）

　　二、龙岗地区礁滩处理技术与效果 ……………………………………………………（225）

　　三、龙岗地区礁滩解释技术及效果 ……………………………………………………（230）

　　四、龙岗地区礁滩勘探成效 ……………………………………………………………（241）

　第四节　川西北地区栖霞组地震勘探技术及成效 ……………………………………（249）

　　一、川西北栖霞组勘探概况及难点 ……………………………………………………（249）

　　二、关键处理技术与效果 ………………………………………………………………（249）

　　三、解释技术及效果 ……………………………………………………………………（254）

　　四、主要勘探成效 ………………………………………………………………………（261）

第六章　湖相碳酸盐岩油气藏地震勘探技术及成效 ……………………………………（263）

　第一节　湖相碳酸盐岩沉积特征 ………………………………………………………（263）

　　一、湖泊碳酸盐沉积环境 ………………………………………………………………（263）

　　二、湖相碳酸盐岩沉积的影响因素 ……………………………………………………（264）

　　三、湖相碳酸盐岩沉积特征 ……………………………………………………………（264）

　　四、典型湖相碳酸盐岩沉积模式 ………………………………………………………（265）

　　五、湖相碳酸盐岩储层类型 ……………………………………………………………（265）

　第二节　蠡县斜坡湖相碳酸盐岩油气藏地震勘探技术及成效 ………………………（267）

　　一、采集技术及成效 ……………………………………………………………………（268）

　　二、井控提高分辨率处理技术及成效 …………………………………………………（278）

　　三、解释技术及成效 ……………………………………………………………………（283）

　第三节　束鹿凹陷湖相碳酸盐岩致密油地震勘探技术及成效 ………………………（287）

　　一、地震勘探资料采集技术及成效 ……………………………………………………（288）

　　二、处理技术及成效 ……………………………………………………………………（290）

　　三、解释技术及成效 ……………………………………………………………………（292）

　　四、主要勘探成效 ………………………………………………………………………（300）

　第四节　辽河西部凹陷湖相碳酸盐岩致密油地震勘探技术及成效 …………………（301）

　　一、地震勘探资料采集技术及成效 ……………………………………………………（301）

　　二、关键处理技术及成效 ………………………………………………………………（303）

三、主要解释技术及成效 ………………………………………………………………（305）

　第五节　柴达木英西地区湖相碳酸盐岩油气藏地震勘探技术及成效 …………………（313）

　　一、英西地区地震勘探资料采集技术 …………………………………………………（314）

　　二、英西地区处理技术 …………………………………………………………………（318）

　　三、英西地区解释技术 …………………………………………………………………（322）

　　四、主要勘探效果 ………………………………………………………………………（329）

第七章　碳酸盐岩潜山油气藏地震勘探技术及成效 ………………………………………（331）

　第一节　碳酸盐岩潜山成藏背景 …………………………………………………………（331）

　　一、潜山地层特征 ………………………………………………………………………（331）

　　二、碳酸盐岩潜山勘探现状 ……………………………………………………………（331）

　　三、潜山油藏类型 ………………………………………………………………………（331）

　第二节　碳酸盐岩潜山叠前深度偏移处理技术 …………………………………………（332）

　　一、深度域速度建模 ……………………………………………………………………（332）

　　二、TTI各向异性叠前深度偏移成像 …………………………………………………（334）

　第三节　碳酸盐岩潜山油气藏解释技术 …………………………………………………（336）

　　一、潜山地震层位标定技术 ……………………………………………………………（336）

　　二、潜山地震勘探资料解释 ……………………………………………………………（336）

　第四节　碳酸盐岩潜山油气藏实例及成效 ………………………………………………（337）

　　一、长洋淀潜山 …………………………………………………………………………（338）

　　二、肃宁潜山 ……………………………………………………………………………（342）

　　三、孙虎潜山构造带 ……………………………………………………………………（346）

　　四、束鹿西斜坡潜山带 …………………………………………………………………（350）

后记 …………………………………………………………………………………………（357）

　一、地震勘探技术发展水平 ………………………………………………………………（357）

　二、地震勘探技术展望 ……………………………………………………………………（358）

参考文献 ……………………………………………………………………………………（361）

第一章 概 述

第一节 碳酸盐岩油气藏资源的地位与意义

自20世纪初在碳酸盐岩中开采出石油后,发现和有效开采碳酸盐岩油气藏资源一直受到石油工业界、研究机构、院校的高度重视,由此推动了对碳酸盐岩的地质研究和碳酸盐岩油气藏勘探开发技术的不断发展。至今,人们为在碳酸盐岩中发现的巨大储量和单个油田油气资源的聚集规模感叹不已!

例如,国外:(1)卡塔尔发育在碳酸盐岩颗粒滩储层中的Ghawar油气田,仅可采储量就达到了$240 \times 10^8 t$;(2)近年在滨里海盆地石炭系的生物礁灰岩、颗粒滩储层中发现$25 \times 10^8 t$可采储量的Kashagan油田。

国内:(1)鄂尔多斯盆地靖边地区奥陶系白云岩风化壳储层分布面积达$2 \times 10^4 km^2$,天然气储量规模达万亿立方米,已探明含气面积$4130 km^2$,目前探明天然气地质储量近$5000 \times 10^8 m^3$,排名全球大气田第57位;(2)塔里木盆地塔北地区中国石油矿权区奥陶系岩溶缝洞、白云岩风化壳发育区近万平方千米,发现三级石油储量约$6.2 \times 10^8 t$,天然气约$2400 \times 10^8 m^3$。

据部分研究机构统计:碳酸盐岩油气资源储量要占到全球油气资源总量的50%~70%,充分显示碳酸盐岩油气资源勘探开发的巨大潜力。在今后数十年全球油气资源供给中,碳酸盐岩油气资源将会发挥着举足轻重的作用。

碳酸盐岩沉积学理论的持续研究结果与勘探开发碳酸盐岩油气藏的实践,使人们认识到碳酸盐岩储层的形成受沉积环境和成岩作用两大主要因素控制。生物礁、颗粒滩、鲕粒滩、白云岩风化壳、裂缝岩溶体是有利于油气聚集的储层相(图1-1,表1-1至表1-3)。不断深入探索认知碳酸盐岩油气藏的地质规律,发展勘探开发技术,对发现新的碳酸盐岩油气藏,提高勘探开发效益是一项长期而有益的工作。

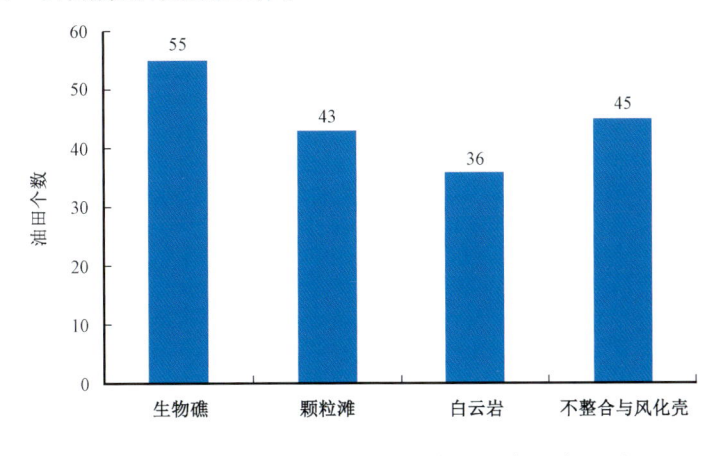

图1-1 全球大型碳酸盐岩油气田储层类型统计图(据罗平,2008)

表1-1　全球10个大型生物礁油气田统计表(据罗平,2008)

序号	油气田	盆地	可采储量(10^8t)	圈闭类型	层位	储层	深度(km)	发现年代
1	Astrakhan'(气)	Caspian	26.889	岩性	C	有孔虫礁	3.85	1976
2	Kashagan(油)	Caspian	25.55	岩性	C	礁灰岩	4.00	2000
3	Karachaganak(气)	Caspian	18.081	岩性	C	珊瑚礁	4.48	1979
4	Tengiz(油)	Caspian	10.701	岩性	C	石灰岩	3.87	1980
5	Arun(气)	Sumatra	3.126	岩性	Mio.	石灰岩	3.05	1971
6	Scurry(油)	Permian	2.636	岩性	C	碳酸盐岩	1.52	1948
7	Zhanazhol(油)	Caspian	2.360	岩性	C	礁灰岩	3.56	1978
8	Intisar(Idris)"D"(油)	Sirte	2.055	岩性	Pale.	碳酸盐岩	2.87	1967
9	Cerro Azul(油)	Tampico-Tuxpan	1.712	岩性	K	碳酸盐岩	0.64	1909
10	Kirkuk(油)	Zagros	22.87	复合	Pale.	礁灰岩		

表1-2　全球10个大型滩相油气田统计表(据罗平,2008)

序号	油气田	盆地	可采储量(10^8t)	圈闭类型	层位	储层	深度(km)	发现年代
1	Ghawar(油)	Arabian	240.500	构造	J	颗粒灰岩	1.69	1948
2	Manifa(油)	Arabian	24.127	构造	K	颗粒灰岩	2.34	1957
3	Bab(油)	Arabian	20.760	构造	K	介屑灰岩	2.45	1954
4	Abqaiq(油)	Arabian	17.304	构造	J	颗粒灰岩	1.70	1940
5	Berri(油)	Arabian	15.311	构造	J	颗粒灰岩	2.33	1964
6	Qatif(油)	Arabian	13.639	构造	J	颗粒灰岩	2.16	1945
7	Khurais(油)	Arabian	12.312	构造	J	颗粒灰岩	1.45	1957
8	Khafji(油)	Arabian	12.075	构造	K	石灰岩	1.19	1959
9	Abu Sa'fah(油)	Arabian	11.960	构造	J	颗粒灰岩	1.92	1963
10	Asab(油)	Arabian	9.347	构造	K	石灰岩	2.35	1965

表1-3　近年来发现的全球10个大型碳酸盐岩油气田统计表(据罗平,2008)

序号	油气田	盆地	可采储量(10^8t)	圈闭类型	层位	储层	深度(km)	发现年代
1	Kashagan(油)	Caspian	25.550	岩性地层	C	礁灰岩	4.00	2000
2	Azadegan(油)	Arabian	8.826	构造	K	石灰岩	3.08	1999
3	Tabnak(气)	Zagros	5.515	构造	P	鲕粒灰岩	2.76	1999
4	Kushk(油)	Zagros	2.041	构造	K	白云角砾	2.83	2001
5	Sihil(油)	Campeche	1.595	构造	K	云质灰岩	4.40	1998
6	Homa(气)	Zagros	1.163	构造	T	颗粒灰岩	1.59	2000
7	Khvalynskoye(气)	Mangyshlak	1.110	岩性地层	K	碳酸盐岩	2.95	2000
8	Rakushechnoye(气)	Mangyshlak	0.982	岩性地层	T	鲕粒灰岩	—	2001
9	Takhman(油)	Arabian	0.895	岩性地层	—	白垩	—	2002
10	Day(气)	Zagros	0.890	构造	P-T	鲕粒灰岩	4.27	2001

第二节　碳酸盐岩油气藏地震勘探的岩石物理基础

地质学的知识告诉我们：碳酸盐岩储层与碎屑岩储层差别很大。其根本原因是沉积成因所致。

碎屑岩的形成是母岩区风化、剥蚀、破碎后，再经地表径流、河流等以机械搬运为主的形式搬运到运载能量释放终结地。在重力作用下，颗粒物沉积后再经压实、成岩作用而成；碳酸盐岩则是在特定温度、压力、酸碱度水体条件下化学析出沉淀或生物成因，再经压实、成岩作用而成。因此，构成了二者在岩石结构、构造、岩石物理特征的诸多明显差别。二者相较，在地质营力条件及作用下，碎屑岩在成岩作用过程中发生颗粒溶蚀相对于碳酸盐岩在成岩作用过程中发生的交代作用、溶蚀作用造成的孔隙度、渗透率改变，无论是速率或规模都要小得多，碳酸盐岩有着巨大的孔隙度、渗透率优势。

通常，碳酸盐岩较之碎屑岩有较高的层速度和较大的密度。碳酸盐岩体与碎屑岩围岩之间即为岩性界面。只要满足 R 不为"零"即存在界面反射。

$$R = \frac{v_2\rho_2 - v_1\rho_1}{v_2\rho_2 + v_1\rho_1}$$

式中　v_2、ρ_2——下伏岩层的速度、密度；

　　　v_1、ρ_1——上覆岩层的速度、密度；

　　　R——岩层界面的反射系数，地震波的反射强度与其成相关关系。

一般情况下，碳酸盐岩体与碎屑岩围岩的界面是良好的地震反射界面。通常，在地震剖面上表现为强—较强振幅、连续—较连续的反射波特征。这为描述碳酸盐岩体的顶面构造形态提供了资料基础。如图 1-2 所示奥陶系马家沟组白云岩与上覆石炭系本溪组泥岩、煤层为主夹砂岩层的界面的地震反射波，清晰地反映了奥陶系顶面起伏形态。

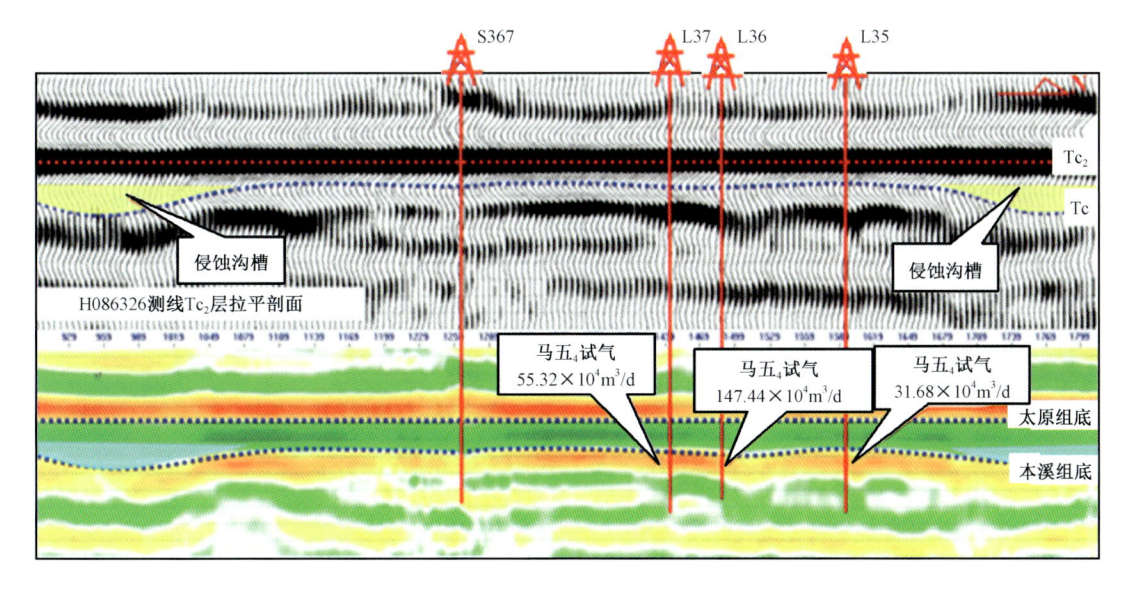

图 1-2　鄂尔多斯盆地奥陶系岩溶风化壳地震剖面图

另一种情况是碳酸盐岩体在成岩作用过程中产生的变化部分与未变化部分形成的差异大到地震观测能力所及的程度时,应用地震速度、频率、振幅信息和由此衍生的地震属性分析技术来描述这种变化差异成为可能。能否如愿,取决于地震勘探技术的能力。

碳酸盐岩成因及成岩作用的研究和空间调查、观测结果显示:其沉积、成岩作用过程产生的变化差异规模,对地震观测而言:在特定深度,纵向厚度大于 $\lambda/4$ 和小于 $\lambda/4$ 的现象都广泛存在。更多时候,需花费更大的精力研究如何提高地震的能力解决后者的问题。

第三节　目前地震勘探技术的观测描述能力

地震勘探技术的观测描述能力包括横向和纵向两个方面。前者在与地质体面积观测要求相一致的测网密度条件下即能达到目的,三维观测结果要远优于二维测网观测结果。这里重点就纵向上地震勘探技术的观测描述能力,按照地震波调谐原理分为大尺度厚度和薄层两种情况予以介绍。

一、大尺度厚度

在特定深度,纵向上厚度大于 $\lambda/4$ 以上的范围,以碳酸盐岩沉积体系域或某一层序为对象开展观测研究,能够取得好的效果。

(一)台缘生物礁

台缘生物礁沉积以垂向加积为主,侧向加积为辅,生物礁是典型生物丘状建造,相应在地震剖面上表现为丘状反射结构外形。内部反射特征表现为地震反射振幅较弱、同相轴连续性差的较杂乱反射相(图 1-3)。平面上呈依附于台缘向盆地方向延伸的"舌状"形态展布(图 1-4)。

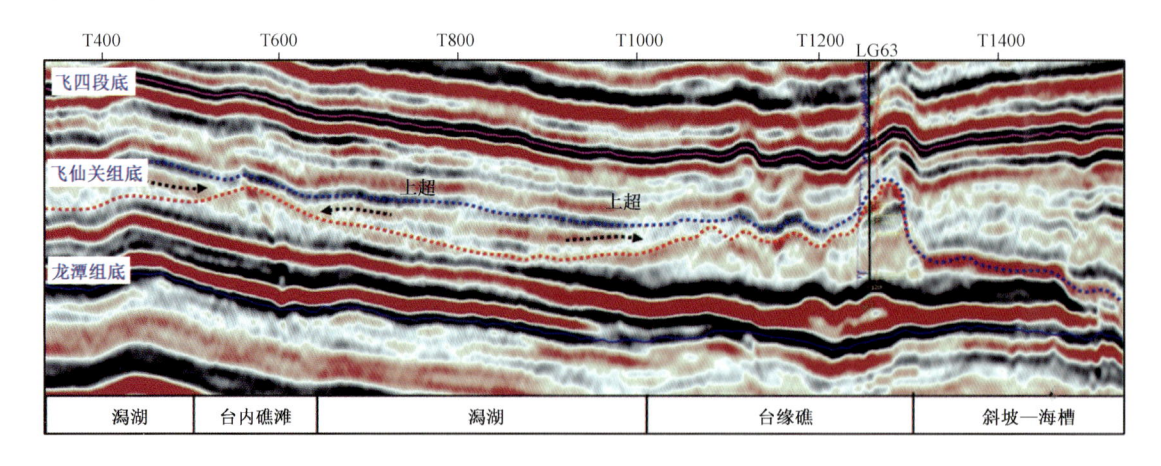

图 1-3　剑阁地区过 LG63 井台缘礁地震剖面

(二)台地生物礁

孤立于较深水范围中的浅水碳酸盐岩台地也是利于生物礁发育的场所。它的地震相特征使得进一步判识沉积微相成为可能(图 1-5)。

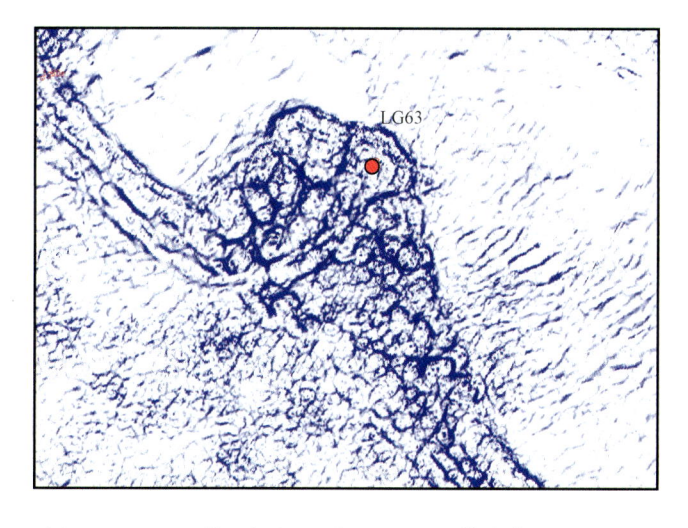

图1-4　LG63井区长兴组顶界上下5ms体曲率属性平面图

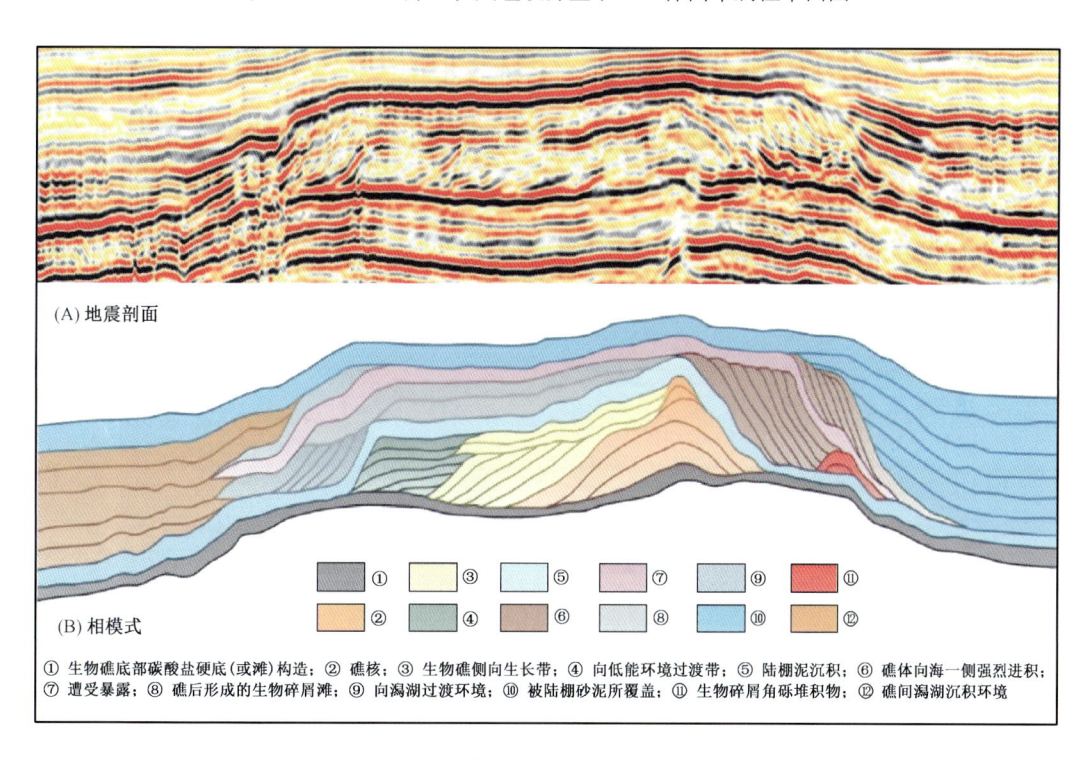

图1-5　珠江口盆地东沙隆起新近纪生物礁(据黄诚,傅恒等,2011)

(A)地震剖面
(B)相模式
① 生物礁底部碳酸盐硬底(或滩)构造；② 礁核；③ 生物礁侧向生长带；④ 向低能环境过渡带；⑤ 陆棚泥沉积；⑥ 礁体向海一侧强烈进积；
⑦ 遭受暴露；⑧ 礁后形成的生物碎屑滩；⑨ 向潟湖过渡环境；⑩ 被陆棚砂泥所覆盖；⑪ 生物碎屑角砾堆积物；⑫ 礁间潟湖沉积环境

(三)碳酸盐岩颗粒滩

颗粒滩形成于水动力能量较强的沉积环境。分为鲕滩、生物碎屑滩两大类。垂向厚度小，横向延展范围相对较大，多数超过一二千米，甚至数十千米。由于颗粒滩受水动力搬运而沉积，因此在沉积时序上常呈叠置关系，表现前积结构特征，有侧向加积结构特点。在特殊构造、沉积环境下，可以堆积较大厚度的沉积。

如美国海湾沿岸盆地侏罗系Smackover组碳酸盐岩，从20世纪20年代开始生产油气，具有很长的勘探历史。三维地震勘探技术的发展使Smackover组碳酸盐岩地层反射结构的细节更清楚。地震反射前积结构相对应的地层为 Smackover 组中、上段,为高位体系域沉积。中 Smackover 组是典型的生物搅动的球粒状粒泥灰岩和泥粒灰岩,上覆过渡为分选很好的鲕粒灰岩。倾斜层从顶超点到下超点的横向距离 0.5～1.1km,顶超面和下超面间垂直距离 50～70m,倾角 4°～7°。地震剖面显示为典型的前积反射结构和亮点特征(图 1-6)。

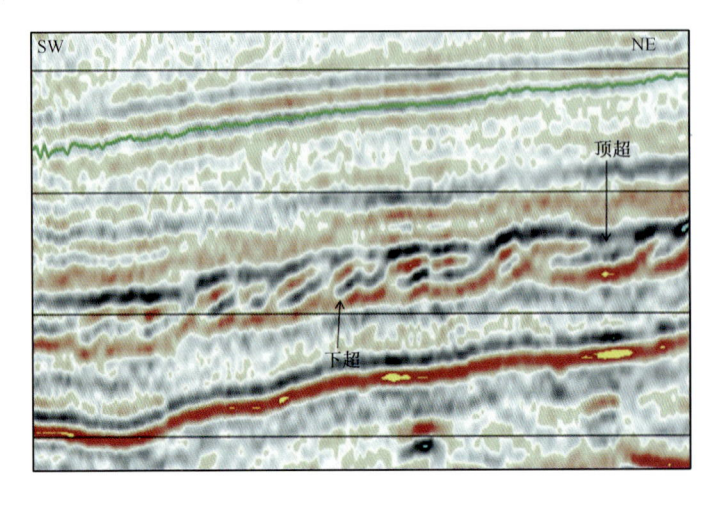

图 1-6 美国北路易斯安那 Smackover 组地震剖面

(四)岩溶缝洞体

碳酸盐岩岩溶作用的发生以及各种岩溶地质现象都是地形、地貌、气候、水流、地质构造运动多因素联合作用的结果。岩溶缝洞体是在断层作用发育区,水流沿断面或垂直裂缝发生垂直溶蚀作用为主的产物。随着逐渐深埋,其腔体被碳酸盐岩自身垮塌块体和外来沉积物充填。现代岩溶研究观察到的腔体直径数米到数百米不等。在地震剖面上显示为横向上地震反射波呈短轴状、不连续、强振幅,纵向上呈"串珠"状的波组特征(图 1-7)。

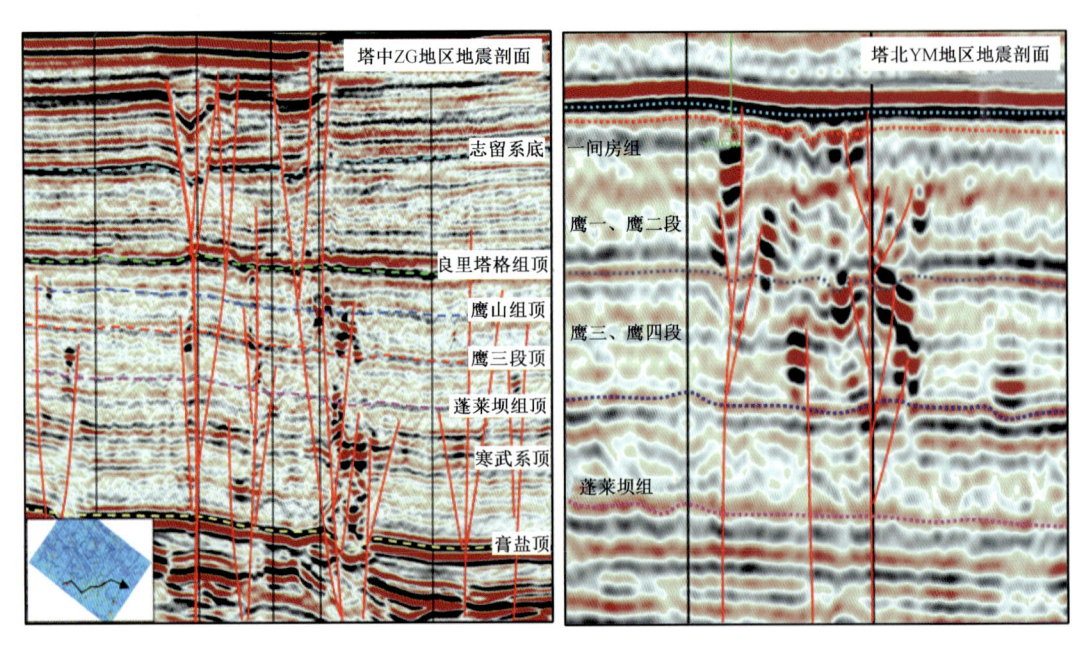

图 1-7 塔里木盆地断控岩溶地震剖面

二、薄层范围

在特定深度,纵向上厚度小于 $\lambda/4$ 以下的范围。从现在的勘探深度考虑,海相碳酸盐岩薄层主要是层状岩溶或白云岩化等成岩作用的产物。而湖相碳酸盐岩沉积厚度小于 $\lambda/4$ 却是一种普遍的现象。它以与泥岩、页岩、砂岩薄互层状产出为特征。单层厚度一般在 2~15m。大多数情况下,地震反射剖面上某个特定反射界面是这种碳酸盐岩薄层难以单独形成的,而可能是它所在的层序组各岩层界面地震波反射叠加的结果。其机理涉及地震波传播理论的讨论,读者感兴趣可查阅相关书籍和文章。但有一点比较重要,即这个特定的反射界面包含了薄层碳酸盐岩的地震波运动学、动力学信息。

在一个确定的层序组里它的单层厚度或者多层的累计厚度的变化会在反射界面的反射波振幅、频率、速度上得到反应,这就为利用地震勘探技术结合揭示的地层岩性和岩石物理参数研究这种变化提供了切入点。如蠡县斜坡古近系沙河街组一段特殊岩性段厚度在 50~70m 之间,主要由泥岩、页岩夹碳酸盐岩、砂岩薄层组成。碳酸盐岩薄层钻探发现油气。

XL1-1 井岩性为泥岩和页岩,未钻遇碳酸盐岩;XL1 井钻遇 13m/1 层白云质灰岩(图 1-8 中棕色标示);XL5 井钻遇 16m/4 层白云质灰岩。标定到地震剖面上,无白云岩表现为强振幅、连续性好的地震波反射特征;有白云岩表现为一复波形态的弱振幅、较连续的地震波反射特征(图 1-8)。

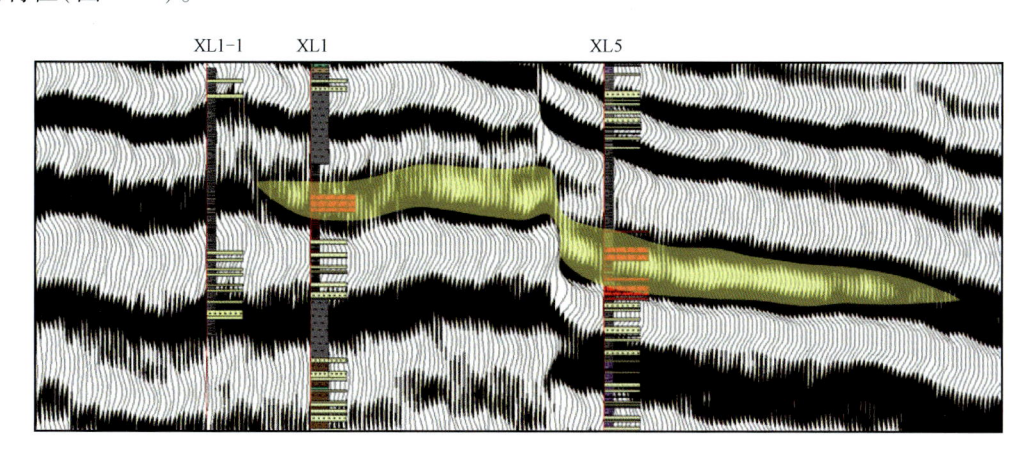

图 1-8 蠡县斜坡 XL 地区地震标定剖面图

根据岩性和地震反射特征间的对应关系,选择频率和振幅属性进行属性综合分析,将录井岩性与属性特征间的映射关系推广到全区,宏观地刻画出特殊岩性段的岩性平面展布特征,绿色区域代表湖相碳酸盐岩发育分布区(图 1-9)。

第四节 地震勘探技术有效应用的重要方面

地震勘探技术是油气勘探开发重要的地质研究工具之一。针对特定的勘探开发对象,其技术措施的有效性、满足精度要求等,一直是勘探、开发人员高度关注的焦点,也是地震工程师孜孜追求的目标。为了尽可能达成上述目标,笔者认为:

(1)要尽可能了解并理解作业区地下地质情况和勘探开发目标的地质需求,指导地面地震作业工程的技术方案和施工设计。如果作业区曾经有过地震作业活动,则更要全面、充分的

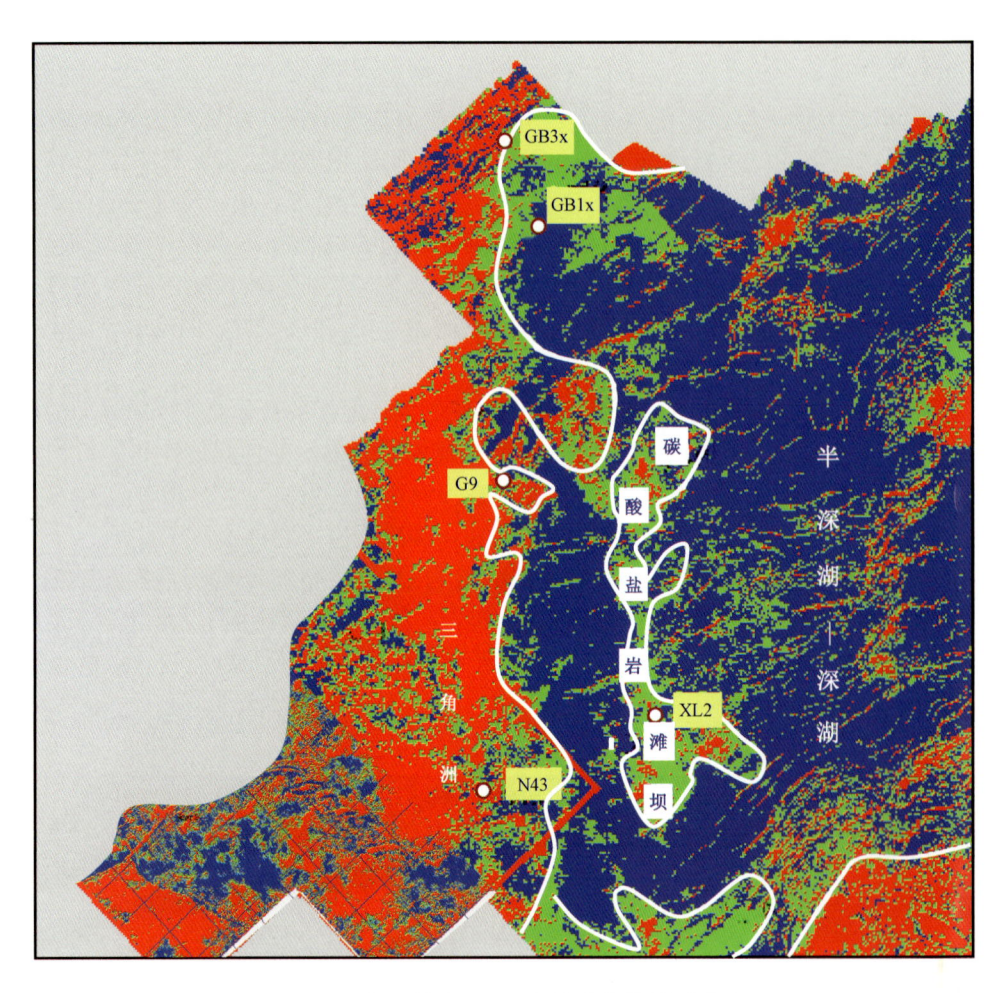

图1-9 蠡县斜坡沙一下段特殊岩性段预测图

分析、研究以往作业的技术方案。为进一步提高资料品质指出方向,提供依据和方案。

(2)确保静校正工作的精度。静校正工作的精度将直接对构造、地质体成像、速度分析和深度误差产生重要影响。提供满足技术设计精度要求的静校正资料是地震作业中极其重要的技术环节。

(3)在经济条件许可的前提下,在面上尽可能实施较高密度的地震观测。即保证有一定密度的二维地震测网或者实施三维地震观测。这样做的目的是:首先保证地质目标空间位置和形态有较高的准确性。再则,能满足对较小尺度地质目标和重要细节的识别与描述的要求。

鄂尔多斯盆地在奥陶系沉积之后,经历了约1亿多年的沉积间断,裸露于地表的碳酸盐岩发生了强烈的溶蚀作用,形成了上万平方千米的古风化壳。在风化壳发现高产工业天然气流后,研究和认识古风化壳地貌特征,指导勘探工作的展开,意义重大。为此,长庆油田分步骤、分阶段部署地震工程作业并紧密结合钻井地质资料,开展古风化壳的岩溶古地貌的研究工作。

第一阶段:实施二维地震3303km。靖边气田勘探初期,通过碳酸盐岩沉积背景和古构造特征分析,提出了古潜台、侵蚀谷南北向展布的概念(图1-10)。

第二阶段:实施二维地震859km。第二次编制岩溶古地貌图。在靖边岩溶阶地的前缘,侵蚀谷、沟呈现东西向展布的态势(图1-11)。

第三阶段:实施二维地震6665km。第三次编制岩溶古地貌图。侵蚀谷、沟东西向展布方向明朗(图1-12)。

第四阶段:实施二维地震6127km。同时还实施部分三维地震。岩溶古地貌研究进一步深入细化,对侵蚀谷、沟、槽的刻画、制图精度进一步提高(图1-13)。

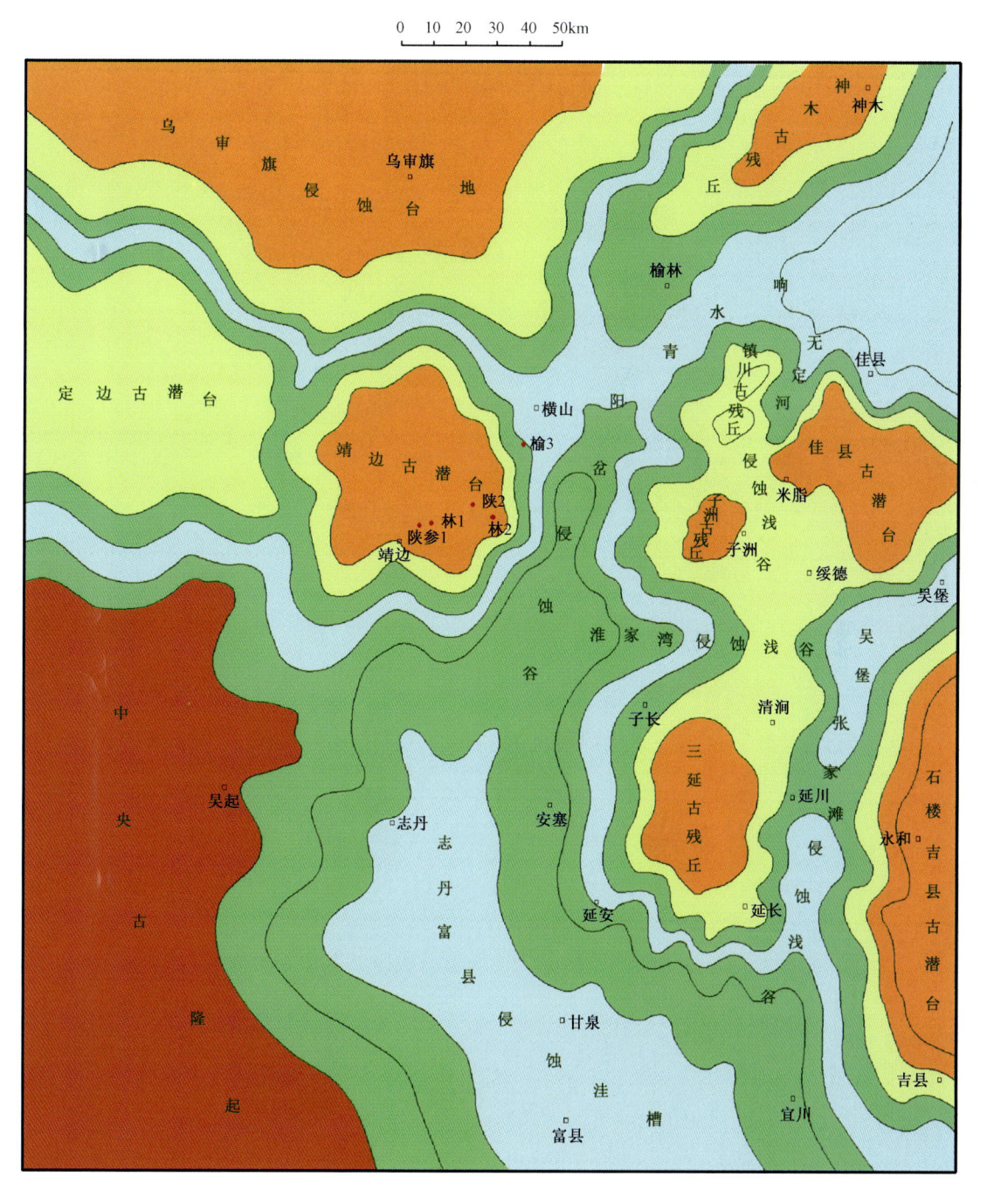

图1-10 鄂尔多斯盆地中东部前石炭纪岩溶古地貌图(据长庆油田,1989)

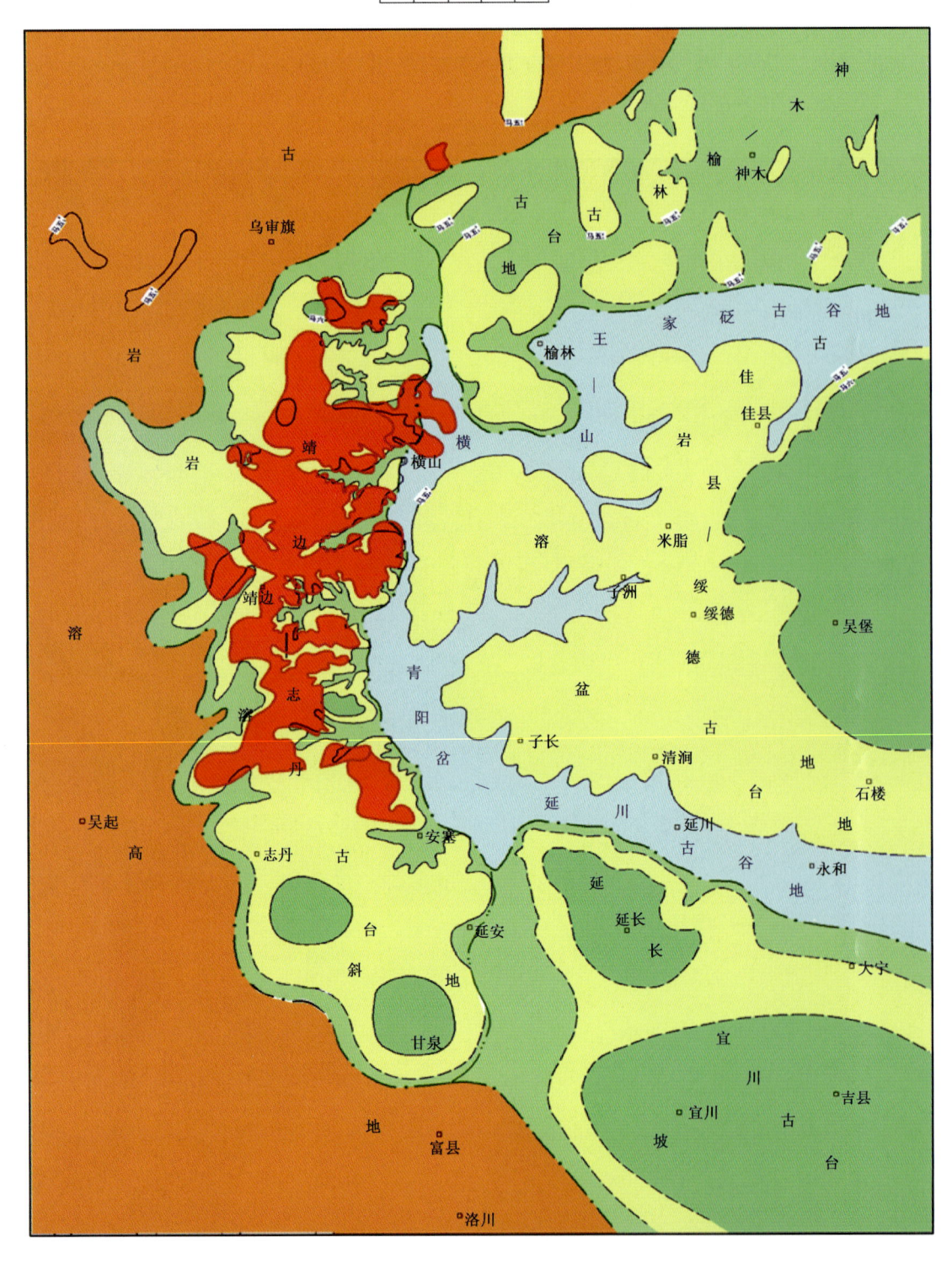

图 1-11 盆地中东部前石炭纪岩溶古地貌图(据长庆油田,1998)

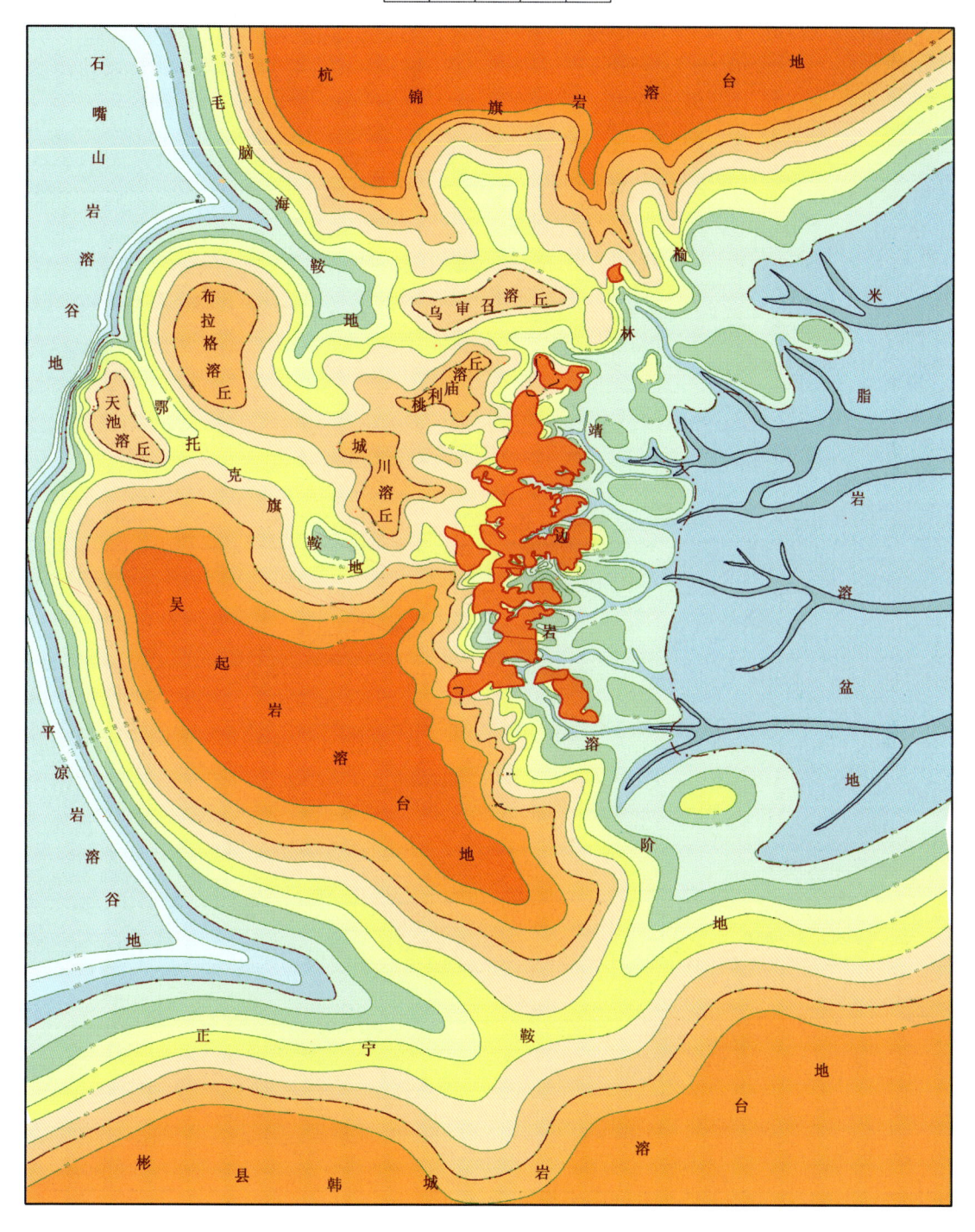

图1-12 鄂尔多斯盆地中东部前石炭纪岩溶古地貌图（据长庆油田，2000）

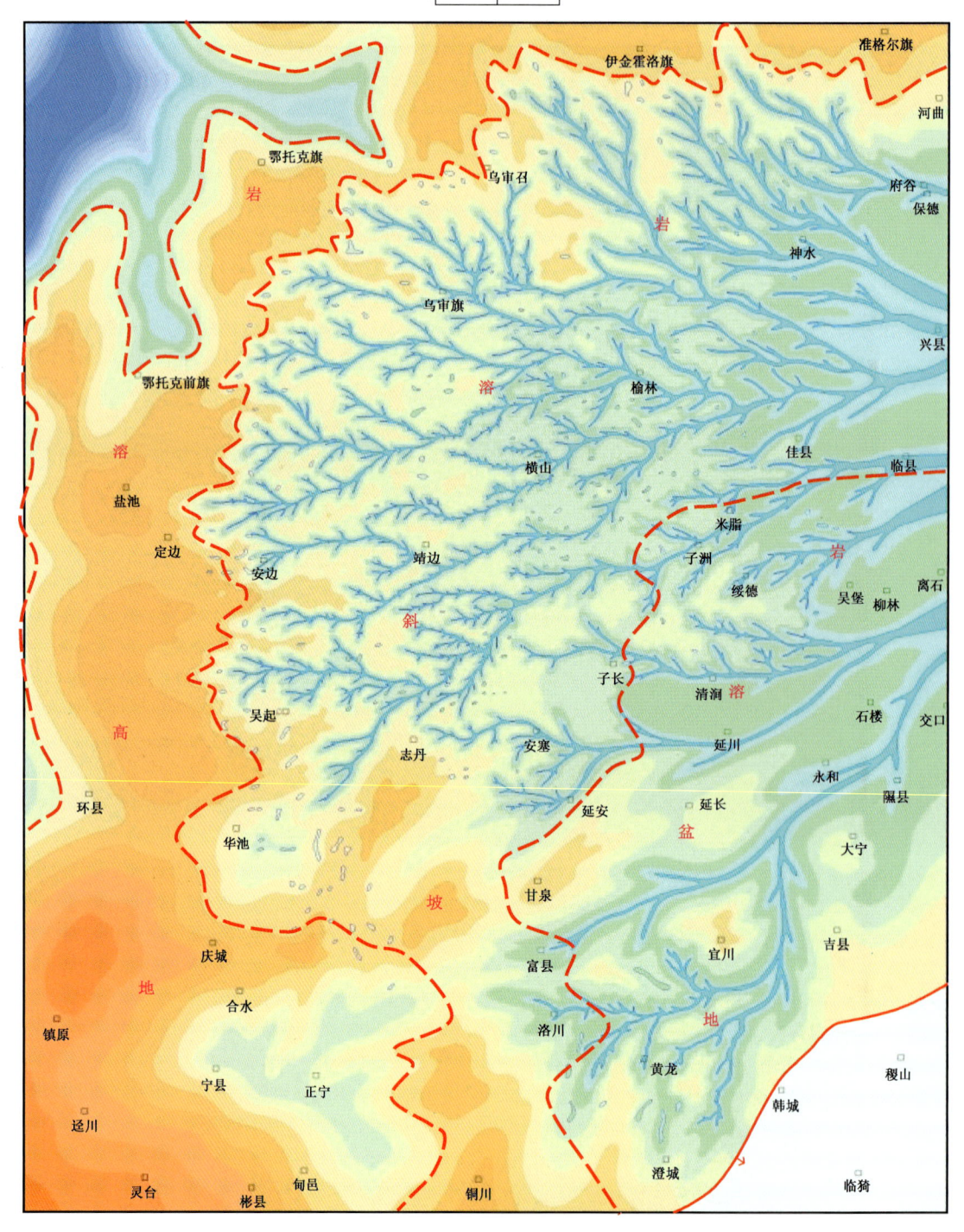

图1-13　鄂尔多斯盆地中东部前石炭纪岩溶古地貌图(据长庆油田,2017)

上述事实表明二维地震测网的加密确实增强、提升了认知能力。但二维地震测网测线闭合误差大,空间反射难以准确归位。进一步提高信噪比、分辨率等问题必须通过三维地震才能解决。

鄂尔多斯盆地苏里格地区三维资料较二维资料,沟槽特征更清楚,沟槽刻画更精细,井震匹配更好(图1-14)。

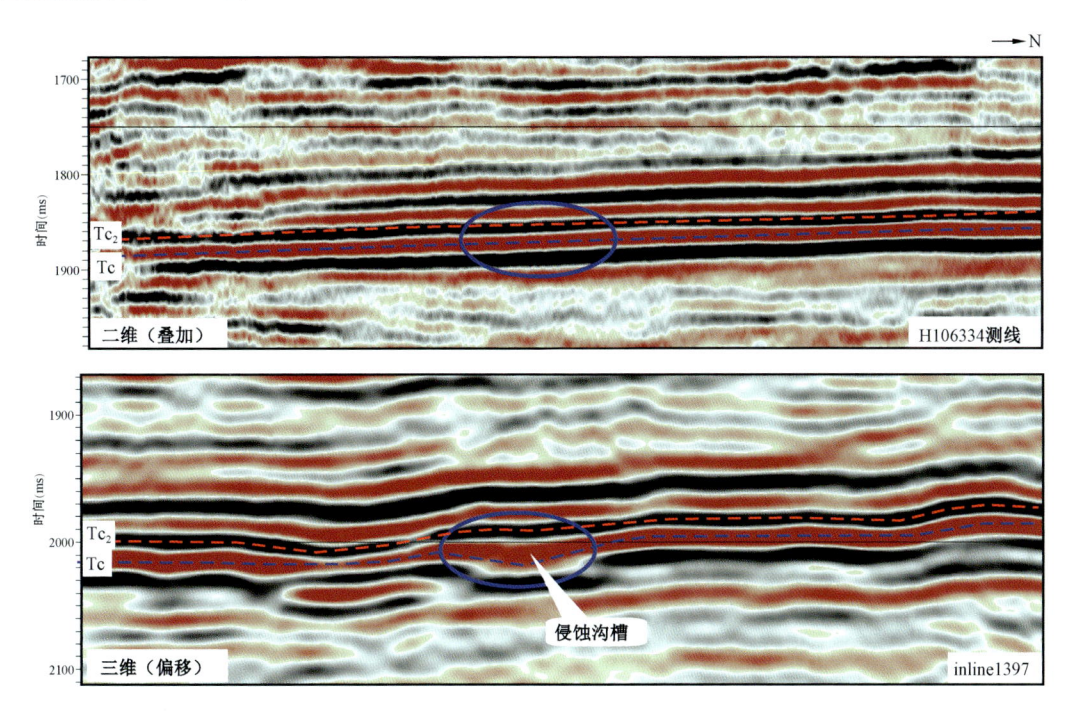

图1-14 二维(H106334测线)和S203三维(Line1397)剖面对比

应用三维地震勘探资料描述谷、沟、槽更细化(图1-15)。

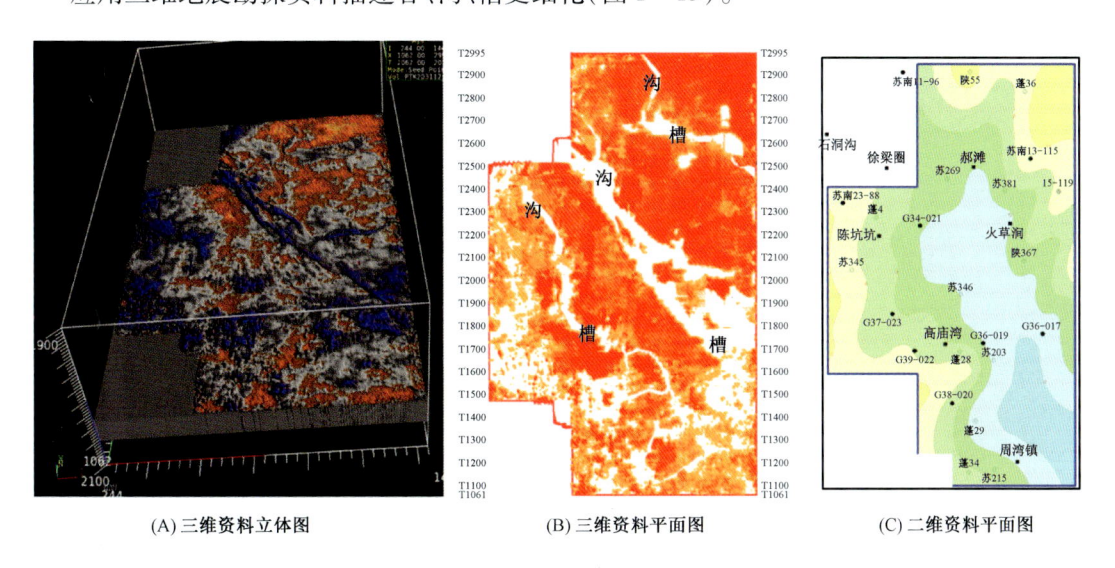

(A) 三维资料立体图　　(B) 三维资料平面图　　(C) 二维资料平面图

图1-15 高精度三维对前石炭纪古地貌刻画

再如,为了观测、描述清楚特定的地质目标体要实施较之以往更强化的观测系统方能取得满意的地质效果。

辽河坳陷LJ地区发现沙河街组四段白云岩致密油层。但以往三维地震勘探资料难以满足描述白云岩储层的要求。故实施新一次三维地震作业。观测系统由以往的25m×25m面元改变为10m×10m面元;横纵比由以往的0.52改为0.91。其他参数无大的变化。显然,新的观测系统更好地满足了空间均匀采样、提高横向分辨率、提高信噪比的要求(图1-16)。为描述白云岩储层提供了资料基础(图1-17)。

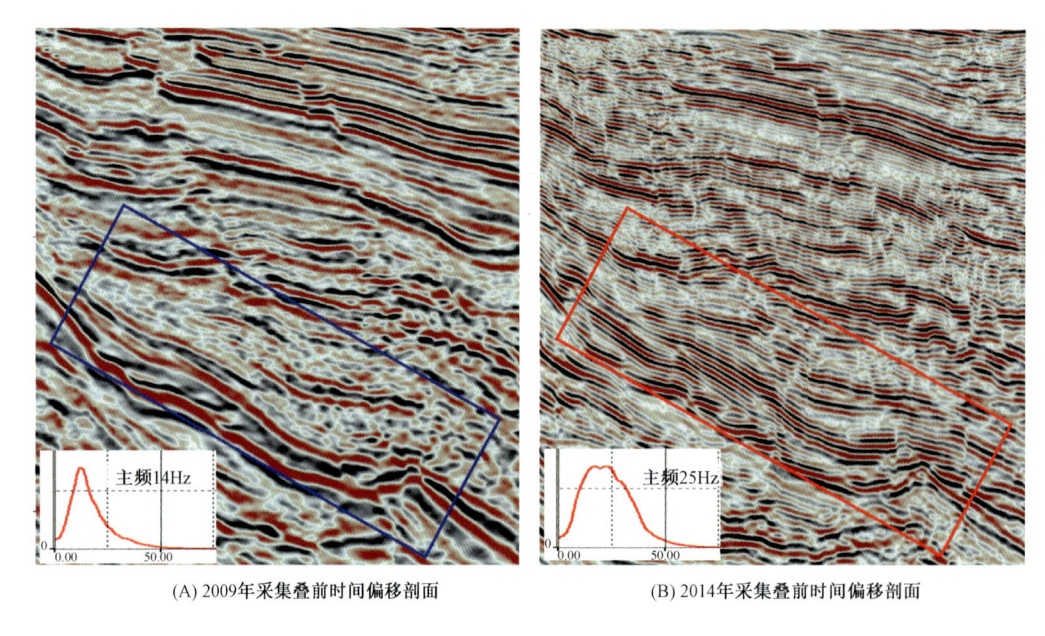

(A) 2009年采集叠前时间偏移剖面　　　　(B) 2014年采集叠前时间偏移剖面

图1-16　LJ地区三维地震勘探资料品质比较

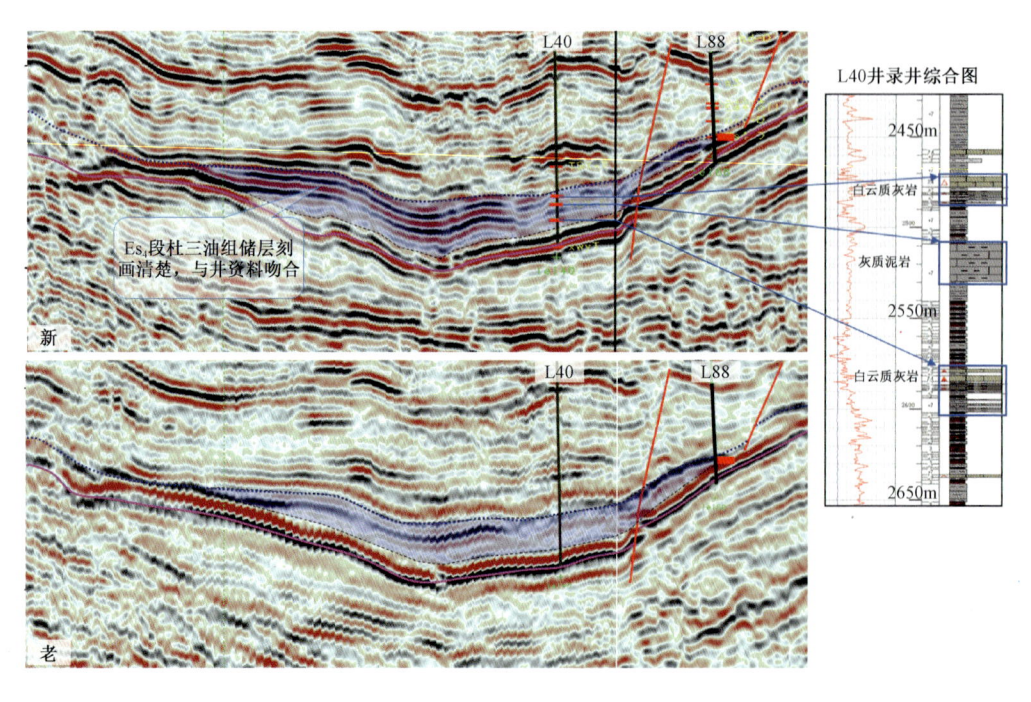

图1-17　LJ地区过井三维地震剖面品质比较

(4)受地形条件和激发因素差异等诸多不同因素影响,高度重视并做好资料的地表一致性处理工作格外重要。地震勘探资料解释及地质综合研究工作使用较高的保真、保幅资料是提高地质体空间形态描述、地震属性研究、储层评价、含油气预测、钻探目标优选精度和成功率的基础。

（5）开展模型研究工作是地震勘探资料解释和综合地质研究工作最重要的环节。模型研究工作能有效地将地震勘探资料与地质、钻井、测井的岩性、岩心、油、气、水分析数据、岩石物理等资料相互联系起来，提高地质研究人员研究横向变化的能力。在这个过程中，通过不断的模型修正工作会促进综合地质研究工作的深化。

（6）地震勘探作业是一个系统工程。资料采集、处理、解释三个环节各有特点。但又是一个相互关联的技术整体。地震勘探技术要发挥好作用，资料采集、处理、解释三个环节都要贯彻以地质目标为导向的技术应用理念。从生产技术管理的角度考虑，资料采集、处理、解释及综合地质研究是一个完整的链条，即常说的"一体化"。资料解释及综合地质研究环节要向资料处理环节反馈提出地质需求和精度要求。资料处理环节根据地质需求、资料精度要求要向资料采集环节反馈提出观测系统设计、小折射、静校正等技术工作设计与建议。地震勘探作业工程实施后，资料处理环节要及时监控资料采集结果能否满足资料处理的质量、精度要求，资料解释环节要及时监控资料处理的结果能否满足综合地质研究工作的质量、精度要求。只有这三个环节有效联动才可能获得高品质的地震勘探资料。

（7）地震勘探技术毕竟是一种研判地下介质的间接手段。要提高其成效，需要加强多学科、多工种的学习、融合、协同。资料处理、资料解释工作要有效地用好钻、测井资料、油田地质资料、油藏工程资料。把握好资料处理流程的"合理性"，方法、模块使用的"度"。力求提供给地质研究的资料是逼近真实地质参数的反映。地质研究工作要充分结合、利用好上述提到的资料，综合分析、研判地震勘探资料信息，做出逼近地质目标各项真实参数的判断和结论，为油气勘探开发提出目标和方向。

（8）地震属性已普遍应用于地震勘探资料解释和综合地质研究工作。它延伸了地震勘探技术宏观观测的能力，成为了沉积微相、储层分布、含油气性预测的重要工具。但在具体的技术工作中一定要注意掌握：① 资料地表一致性处理的可靠度；② 地震勘探资料与油田地质资料的地层层组精确标定；③ 地震勘探资料分辨率对研究任务要求的满足度。在此基础上才能有效选取敏感属性，提高地质判识准确性。否则极易误判，导致判识结果与实钻结果大相径庭。

（9）地震勘探原理是地震波在水平层状均匀介质条件下传播的假设基础上建立的。很显然，地层、地质构造、地质体都不可能满足这个条件。正因为如此，地震观测的精度问题就不可避免。所以，在使用地震勘探资料时，针对不同的地质任务和目标，要具体情况具体分析，提出合适的精度指标。

地震勘探技术自问世后就成为了地质家探索地下的重要工具。地震勘探技术始终伴随油气勘探开发前进的步伐发展进步。解决复杂地质问题的能力越来越强，并且经济、高效。世界上绝大部分油气田的勘探开发活动都离不开地震勘探技术应用的"身影"。回望地震勘探技术发展的历程，有理由相信：在现代地质学、数学、物理学、电子科学、计算机科学等学科快速发展的推动下，地震勘探技术发展的步伐将更加迅速，为油气田勘探开发发挥的作用也将会越来越大。

第二章 碳酸盐岩沉积储层特征

碳酸盐的沉积环境分为海洋及非海洋环境两大类。在非海洋环境中,如在湖泊、地下水、泉水、土壤、洞穴以及砂丘中,也可以有碳酸盐沉积,但与海洋环境中的碳酸盐沉积规模相比相差甚远。现代和古代绝大部分的碳酸盐岩沉积物都是在海洋环境中形成的,因此,本章重点论述海洋碳酸盐环境和沉积特征,湖泊碳酸盐沉积环境和沉积特征将在第六章中简述。

第一节 海相碳酸盐岩沉积环境和沉积相

一、海洋碳酸盐沉积环境

海洋是最主要的碳酸盐沉积环境。化学作用、生物化学作用、生物作用是碳酸盐沉积物形成的主要作用。碳酸盐沉积主要受温度、盐度、水深和硅质碎屑输入等因素控制。许多碳酸盐骨骼生物,如造礁珊瑚、钙质绿藻需要温暖水域,因此大部分碳酸盐沉积物分布于热带—亚热带,即赤道南北纬度30°以内。非骨骼颗粒,如鲕粒、灰泥只沉淀于温暖水域。生物成因的碳酸盐在盐度正常、水体搅动的浅水(<10m)透光环境产率最高。透光带生物繁盛,水体过深将导致碳酸盐矿物溶解。大量陆源硅质碎屑的注入不利于生产碳酸盐生物的生长。

海洋碳酸盐沉积环境有多种划分方案。冯增昭(1993)描述了前人的三种划分方案。

第一种方案是米利曼(Milliman,1974)根据海洋碳酸盐沉积的条件,尤其是海水的深度,把海洋碳酸盐沉积环境划分为:

(1)滨海:指海水深度小于20m或30~50m的浅水海洋环境,相当于陆棚的上部或其近滨和滨岸部分。该环境光照充分,温度较高,是能分泌碳酸钙的海洋底栖生物生活的最有利场所。

(2)浅海:指水深大于20m或30~50m,而又小于200m的海洋环境。这一环境相当于现代陆棚的下部和陆坡的上部,光照和温度大为降低,分泌碳酸钙的底栖生物大为减少;除了重力流碳酸盐沉积外,已不是碳酸盐沉积的主要场所了。

(3)深海:指深度大于200m的海洋环境,相当于陆坡下部和远洋环境。在这一环境中,光照实际上已不存在,温度很低,分泌碳酸钙的底栖生物很难生活。这里的碳酸盐沉积主要是海水表层的微浮游生物的碳酸钙壳体下沉至海底后所形成的碳酸盐软泥,以及来自浅水碳酸盐环境的碳酸盐重力流沉积。

第二种方案是根据碳酸盐沉积的特征,把海洋碳酸盐沉积环境划分为:

(1)台地:相当于上述的滨海浅水环境。由于这一地区的碳酸盐沉积作用速度常常很大,因此,碳酸盐沉积物就逐渐向海方向推进,从而逐步形成了范围广阔的碳酸盐台地。在这个台地中,还可进一步划分出礁、滩、坪、潟湖、局限海以及开阔海等次一级环境。

(2)斜坡:是指浅水碳酸盐台地向海的环境。从碳酸盐台地前缘向前,地形坡度突然变陡,进入较深水的斜坡环境。这一斜坡的水深上限一般为30~50m。开始时坡度较陡,后来坡度逐渐变缓,逐渐向深海环境过渡。一般情况下,这一斜坡与大陆坡相当,但有时,也可以是由碳酸盐台地前缘到范围较小的局限海盆地的斜坡。在斜坡环境中,发育碳酸盐软泥和碳酸盐台地的重力流沉积。

(3)盆地:是指斜坡之下的深海环境。一般情况下,这一盆地环境与前述的深海与远洋环境相当,但有时也可以是台地中规模较小的深水盆地,如陆架内盆地(台盆)。这种盆地环境是各种深水软泥的主要堆积场所,有时来自浅水碳酸盐台地的重力流沉积也可以到达这里。

第三种方案是把海洋碳酸盐沉积环境划分为:

(1)陆表海:是指范围广阔的(延伸可达几千千米,宽度可达几百千米)、坡度较小的(1km不过1°)、浅水的(水深一般不大于几十米)海洋环境。它一般与前述的滨海环境或台地环境相当。陆表海沉积环境多见于古代碳酸盐沉积环境。

(2)陆缘海:是指范围较小的(延伸可达几百千米或上千千米,但宽度不过几十千米)、坡度较大的、水体较深的(可达200m甚至更深)海洋环境。它一般与前述的陆坡环境或斜坡环境相当。

(3)深海:与方案一中深海概念相同。

冯增昭则把海洋碳酸盐沉积环境划分为浅水海洋碳酸盐沉积和深水海洋碳酸盐沉积两类环境。浅水海洋碳酸盐沉积环境相当于前述的滨海环境或台地环境,深水海洋碳酸盐环境相当于浅海和深海或斜坡和盆地环境。浅水海洋碳酸盐环境进一步分为礁、滩、坪、潟湖、局限海以及开阔海沉积环境,深水海洋碳酸盐环境进一步分为深海(或远洋)碳酸盐软泥、与浅水碳酸盐台地毗邻的深水碳酸盐沉积和非陆棚来源的深海碳酸盐浊流、深水珊瑚礁等其他深水碳酸盐沉积环境。

贾振远等(1989)把碳酸盐岩典型沉积环境和沉积相分为潮汐带、滩、礁、台地、深水、重力流和湖泊七类。

肖勒等(1998)主编的《碳酸盐岩沉积环境》一书中总结了潮坪、海滩、陆棚、中陆棚、礁、海滩边缘、礁前斜坡、盆地边缘、深海九大类型的海洋碳酸盐沉积环境。

总之,不同的学者和研究人员依据不同的原则提出了相应的海洋碳酸盐沉积环境分类,但是在空间上有其对应关系(表2-1),具体应用时应明确概念或术语的含义。

表2-1 海相碳酸盐岩沉积环境对比表

滨海 (海水深度小于20m或30~50m)	台地 礁、滩、坪、潟湖、局限海以及开阔海	陆表海	浅水
浅海 (海水深度大于20m或30~50m,而又小于200m)	斜坡	陆缘海	深水
深海 (海水深度大于200m)	盆地	深海	

二、碳酸盐岩主要沉积环境和沉积相特征

根据前人的研究成果,结合本书笔者的认识,本节将海相碳酸盐典型沉积环境分为潮汐带、潟湖、生物礁、滩、斜坡—盆地沉积五种(图2-1)。

(一)潮汐带

潮汐带指位于最低和最高潮汐面之间的环境,可划分为潮上带、潮间带和潮下带。潮坪包

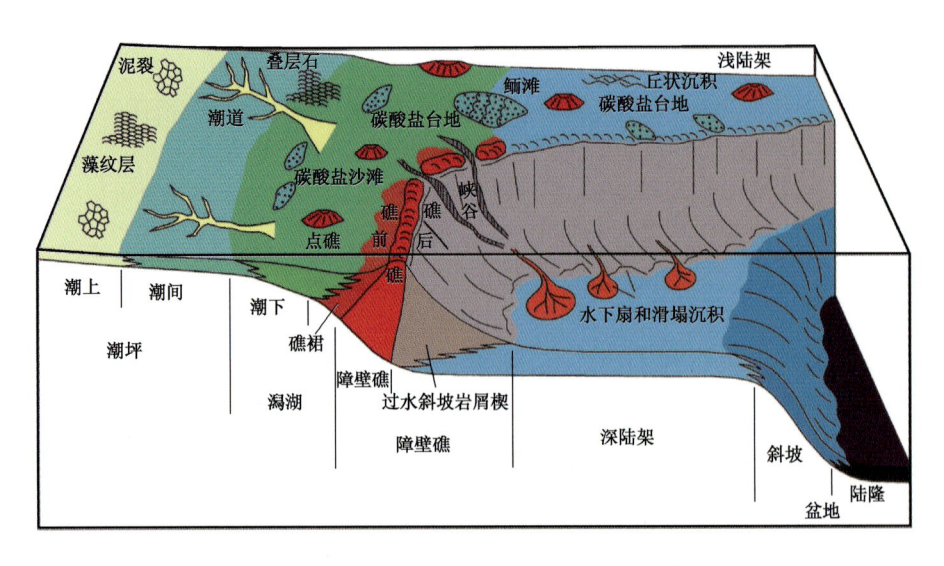

图 2-1 碳酸盐岩主要沉积环境和相带示意图

括潮上带和潮间带(图2-2)。潮上带总体上为长期暴露的沉积环境。根据气候和水文条件的差异,潮汐带可分为潮湿型潮汐带和干燥型潮汐带两种类型。潮湿型潮汐带的蒸发量小于降雨量,潮沟、潮池、藻类沼泽发育,类似于现代巴哈马群岛。干燥型潮汐带蒸发作用强烈,蒸发量大于降雨量,因此潮沟和潮池不发育,发育盐坪和盐沼,与现代的波斯湾相似。

1. 潮上带

潮上带位于平均高潮面与最大高潮面之间(通常是大潮或风暴潮所致)。潮上带碳酸盐岩的沉积还可以出现在大风暴潮过后留下的闭塞清水潟湖环境中,环境为蒸发量比较大的低能静水环境,沉积物一般为内碎屑灰岩、泥晶灰岩、灰泥,沉积物中会发育垂直的生物钻孔和干裂,蒸发形成的高盐度海水会发生白云岩化作用,干燥气候条件下可以直接形成膏盐层。良好的光照条件使藻类生物发育,形成藻席。蒸发岩沉积和藻席、鸟眼膏溶角砾、帐篷构造、钙结层等暴露标志为潮上带沉积环境的典型特征。由于长期暴露,常接受风搬运来的泥质沉积,因此潮上带沉积中泥质含量普遍较高,在测井曲线上,呈现高伽马、低电阻率的特征。这是利用测井资料识别潮上带沉积的重要标志。

2. 潮间带

潮间带位于平均低潮面与平均高潮面之间,涨潮时海水淹没,退潮时出露地表,间歇性暴露和淹没。潮间坪可进一步划分为潮间灰坪、潮间滩和潮汐水道等。潮间灰坪是潮间坪的主体,其沉积主要为薄层灰泥石灰岩,常见波状、层状叠层石和垂直虫孔,但没有泥裂、鸟眼等构造。潮间滩呈席状,其沉积主要为灰泥颗粒石灰岩,常见脉状层理和波状层理,向海方向相变为潮下滩。在潮间带的上部出露水面时间比较长,沉积作用类似于潮上带,下部是持续维持高能水流冲刷时间比较长的地段,沉积物改造比较强烈,由风暴和潮汐带来的内碎屑和生物碎屑沉积和原地干燥期的泥裂被打碎形成竹叶状砾屑灰岩(图2-2)。

潮坪地带由于灰泥和粒屑混合沉积,同生和成岩初期的脱水和压实作用使岩石的孔隙度和渗透率较差。但后期的白云岩化作用可以把岩石改造成为具有高孔隙度和渗透率的油气储层。同时,潮坪碳酸盐岩有大量的藻类有机质物质,可以成为油气的来源之一。

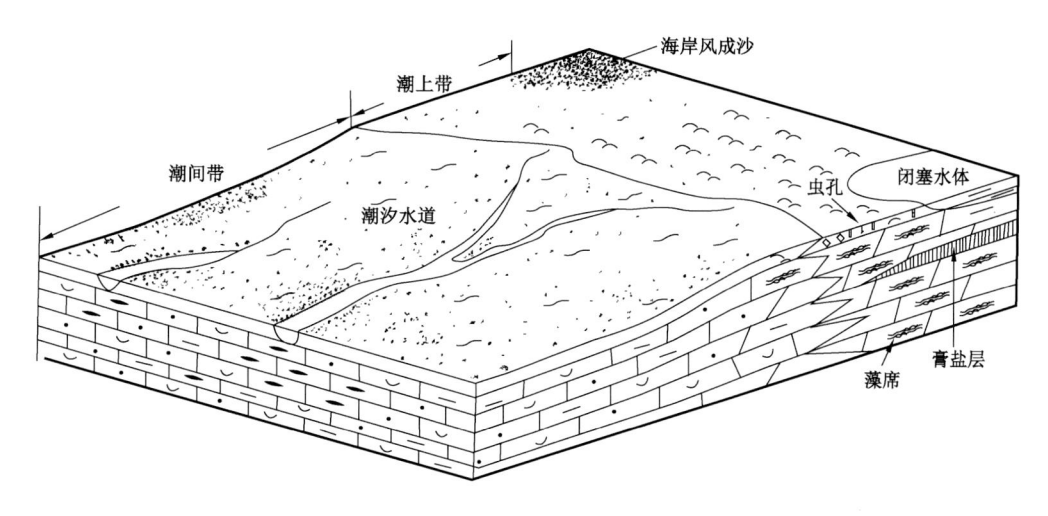

图 2-2 潮坪沉积物特征示意图

3. 潮下高能带和潮下低能带

潮下高能带和潮下低能带是波浪和潮汐作用共同影响的地带,总体上是属于高能带,沉积物主要为颗粒灰岩类(图 2-3)。

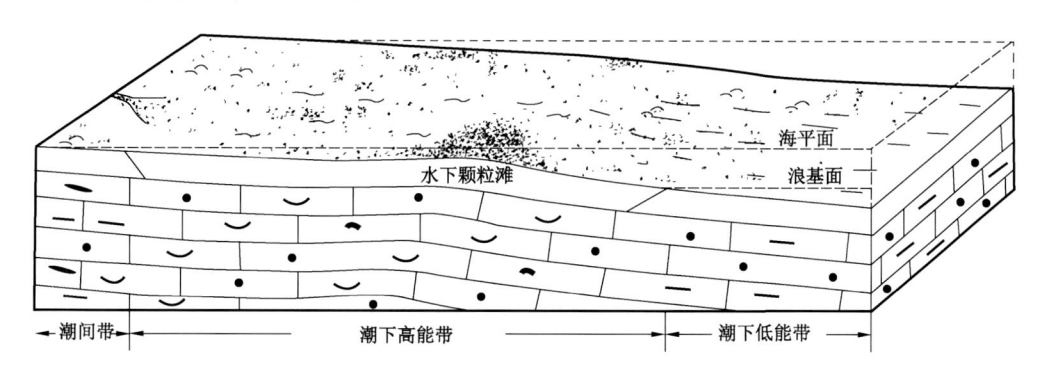

图 2-3 潮下带浪基面以上沉积物特征示意图

潮下高能带是低潮面之下、浪基面之上波浪可以波及的地带,宽度可达几十至上百千米。这个地带受潮汐和海浪作用影响大,水动力条件比较强,沉积物的冲刷和筛选作用也比较强,灰泥沉积不发育。由于这个地带海水比较浅,光照条件好,是最适宜各类海洋生物生活的地方,沉积物生成速率快,生成的碳酸盐沉积物在波浪和潮汐的作用下破碎形成颗粒,逐渐发育形成平行海岸线裙状分布的颗粒滩,在潮汐作用下颗粒滩向海的方向逐渐进积。

潮下高能带由于波浪和潮汐的反复筛选,形成的碳酸盐岩灰泥沉积物少,成岩作用过程中压实作用影响相对小,形成由各种颗粒组成的亮晶粒屑灰岩。这类岩石粒间孔发育,加上后期溶蚀作用的改造可以形成孔隙度和渗透率非常高的碳酸盐岩,成为很好的油气储层。

在颗粒滩前缘浪基面的波动带是水动力条件由高能向低能静水环境的过渡带,属于潮下的低能带。该带灰泥沉积发育,发育浅水与深水的混合碳酸盐沉积,主要发育泥晶颗粒灰岩(泥粒灰岩)或含颗粒的泥晶灰岩(粒泥灰岩)。潮下低能带一般发育宽度不大,岩石成岩过程中压实作用影响大,没有后生作用的改造不能成为好的储层。

(二) 潟湖

潟湖可以发育在各种镶边碳酸盐岩台地上。被动大陆边缘碳酸盐岩台地上的潟湖是通过碳酸盐岩粒屑滩进积堆积和生物的向上进积形成镶边陆棚后,在向陆一侧形成的半封闭浅海水体;孤立碳酸盐岩台地发育出镶边后在台地中央也可以出现潟湖环境;与外海连通性不好的内陆海也可以成为潟湖环境。潟湖水体处于相对低能的环境下,小型潟湖在补给量不足、蒸发量大的情况下,潟湖水盐度会很快提高,可以出现膏盐类和白云岩沉积,生物遗骸可以很丰富但种类相对少,主要是广盐度生物,如蓝绿藻、珊瑚等,可以形成生物礁。

被动大陆边缘碳酸盐岩台地发育成为镶边陆棚碳酸盐岩台地后,陆棚上的潟湖是很宽阔的(图2-4)。这样的潟湖接受来自大陆的河流水和大气降水,不容易咸化,滨海地带以外的浅海地带主要接受浅海碳酸盐岩沉积,由于水体中有来自大陆的细碎屑物质,浅海沉积物一般为泥晶灰岩或泥灰岩,在深水地带也可以发育有海平面上升期间发育起来的点礁、片礁、点滩等,有时还出现灰泥丘等。

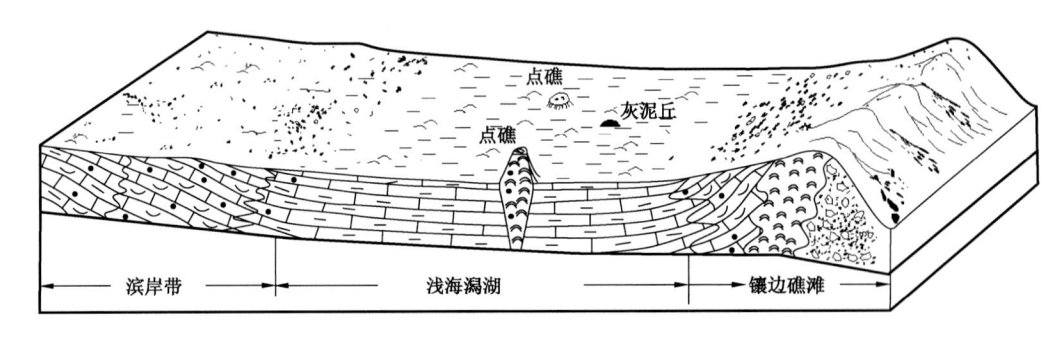

图2-4 被动大陆边缘镶边陆棚上的潟湖沉积特征示意图

小型台地上的潟湖受气候影响大,海水盐度变化大。在干旱气候条件下的低水位期,由于蒸发作用使海水变为高盐度咸水或盐水,生物作用大大减弱,碳酸盐沉积物生成速率也大大降低,可能主要发育泥灰岩、泥云岩、膏盐层,持续的低水位期甚至可以干枯,从沉积作用转为剥蚀作用,出现平行不整合,甚至发育陆相碎屑岩沉积。所以,小型的潟湖盆地中可以有石灰岩、泥灰岩、泥云岩、白云岩、膏盐。在裂谷型盆地的被动大陆边缘的断块型小型碳酸盐岩台地上的潟湖甚至可以有陆源碎屑岩夹层(图2-5)。

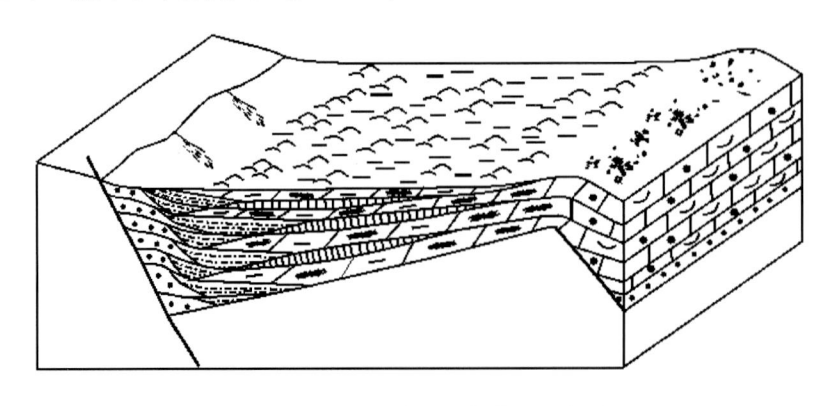

图2-5 小型潟湖沉积物特征示意图

潟湖与外海以潮汐水道相连,潮汐水道沉积物受双向水流的冲刷,水动力条件比较强,通常为粒屑碳酸盐岩,发育各种交错层理。

(三)生物礁

生物礁一般主要出现在陆棚上坡度出现变化的坡折地带,也就是开阔浅水碳酸盐岩沙滩与深水盆地接壤的地带。这些地方海水冲刷力强,但温度高,光照条件好,通常为清水环境,适宜固着生物生长。礁体发育地带海底的坡度受先期地形、断裂带或活动的水下沉积物堆积体的控制,造礁生物沿坡折带走向方向构建起块状生物礁格架,礁体格架内通常充填其他生物提供的沉积物。在礁体的两侧为由海浪和生物侵蚀作用形成的来自礁体的生物碎屑沉积。由于坡折带部位海浪和生物作用比较强,侵蚀作用也强,格架礁体两侧生物碎屑堆积速度也快,发育块状层理、单斜层理或水平层理,厚度可达上百米,礁体向陆一侧为生屑为主的缓坡,向外海一侧为生屑角砾沉积物为主的陡坡。陡坡型镶边陆棚碳酸盐岩台地甚至可以形成悬崖,在坡脚发育崩塌角砾岩和浊流沉积(图2-6)。

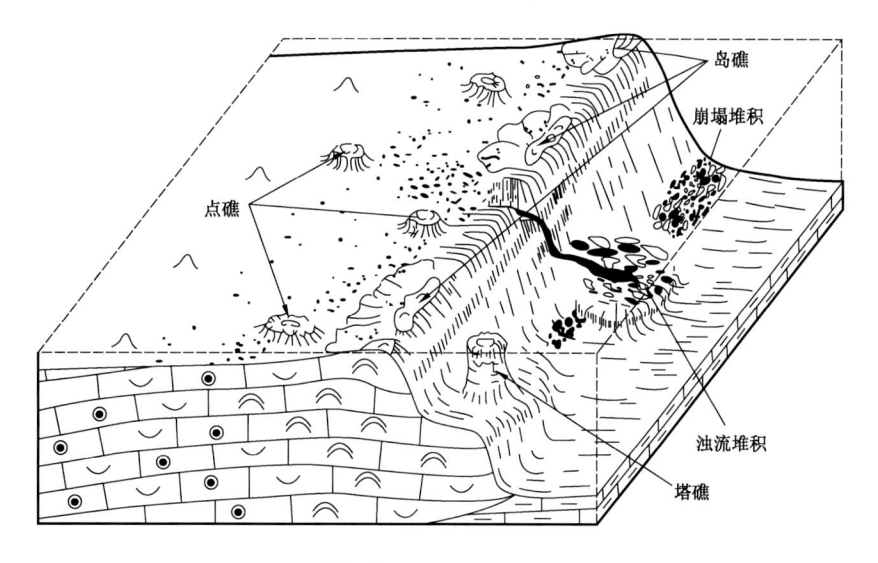

图 2-6 陆棚镶边的礁滩沉积物特征示意图

在离开坡折带水动力条件比较弱的部位的海底可以形成塔礁、片状(补丁)礁或礁丘。由于海水的搅动弱,对礁体的侵蚀作用小,礁体周边的生屑沉积速率小,主体为生物格架和格架间其他生物沉积物组成的礁体,丘状礁比较小,可以是塔礁发育的早期阶段。

(四)滩

滩是非格架的颗粒堆积,主要由生物碎屑和鲕粒沉积物组成,代表高能沉积环境。高能环境和粗颗粒沉积是滩的本质。根据滩的颗粒类型,可把滩分为生物碎屑滩、鲕粒滩、砂屑滩、砾屑滩等。根据沉积类型可划分为堡坝岛(障壁岛)、沙嘴、非障壁陆地滩及孤立的岛滩。

陆地滩是指沿大陆或大的岛屿形成的区域滨带。向大陆方向变为细粒碳酸盐岩、蒸发岩(萨布哈)或碎屑岩地层。波斯湾特鲁西尔海岸,我国海南岛和西沙群岛全新世发育陆地滩沉积。障壁滩主要发育有向下变粗的潮道沉积,层序底部以冲刷面为界,其上为内碎屑和化石滞留沉积,被具大型和中型板状交错层理的颗粒岩覆盖,再向上渐变为具小型板状、波状交错层沉积。

现代碳酸盐滩多出现在滩、台地、台地边缘以及岛屿的浅水至风成环境(图2-7),于波浪、潮汐、风和生物作用密切相关。颗粒滩典型现代实例是巴哈马碳酸盐台地。Ball(1967)将巴哈马和南佛罗里达的碳酸盐颗粒滩分为潮坝带、海洋沙带、风脊(沙丘)和台内滩四类。巴哈马海洋沙带大致平行于岸、台地或陆架的边缘分布。Joulters 鲕滩位于大巴哈马滩边缘 Andros 岛的北部,是 400km² 的沙坪,部分被潮道穿入,在迎风侧为流动沙。据 Harris 等统计,Miami、Exumas Cay、Schooners Cays、ToTo 鲕滩走向延伸 95~150km,倾向宽 15km (图2-8)。

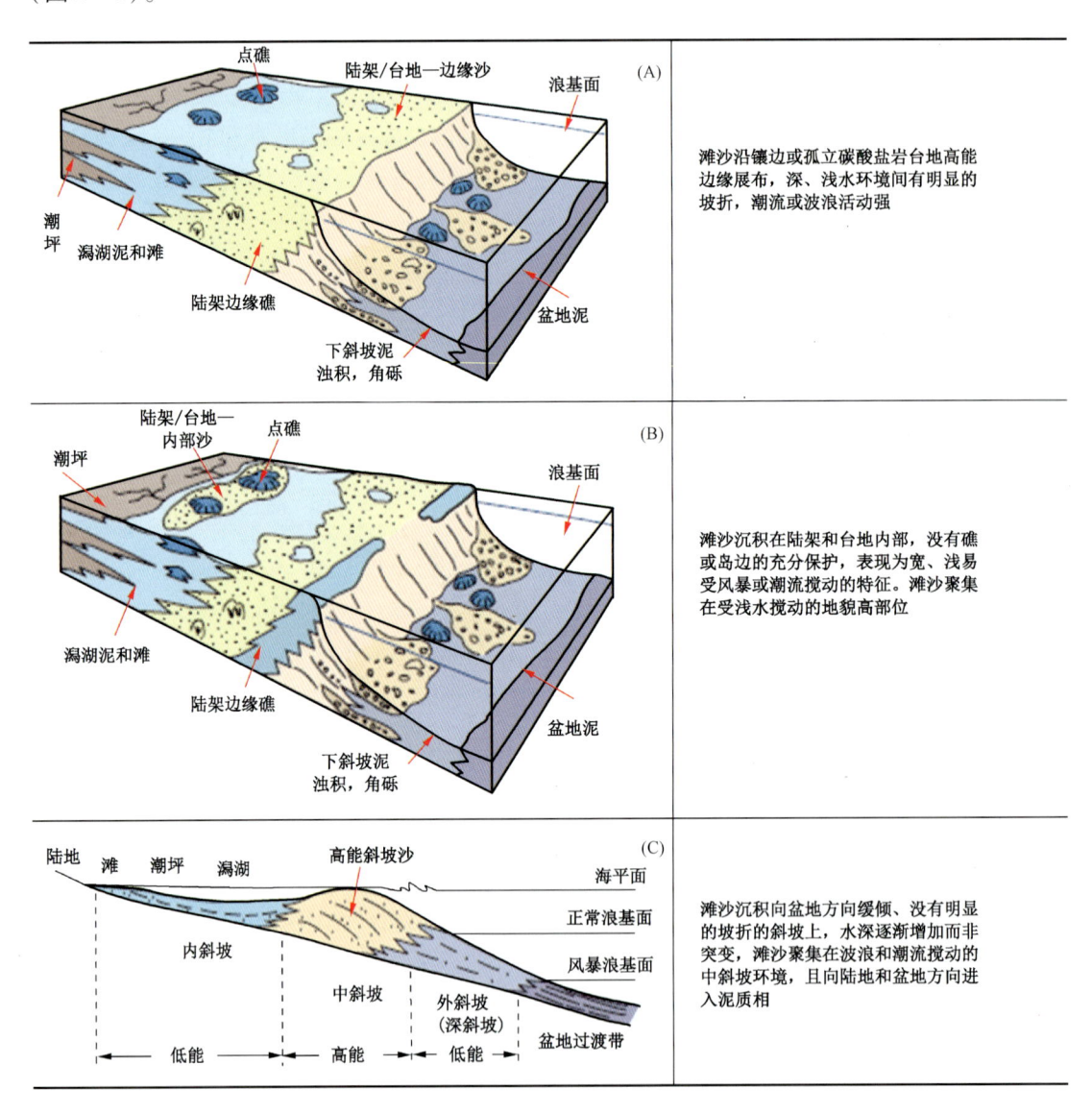

图 2-7 碳酸盐滩沉积环境

(五)斜坡—盆地沉积

在陆棚与深海过渡的斜坡上是不稳定的沉积地带,缓坡性斜坡由于海水深度逐渐加大,斜坡的上端主要是角砾状碳酸盐岩和粒屑碳酸盐岩沉积,向下沉积物主要是纹层状泥晶碳酸盐

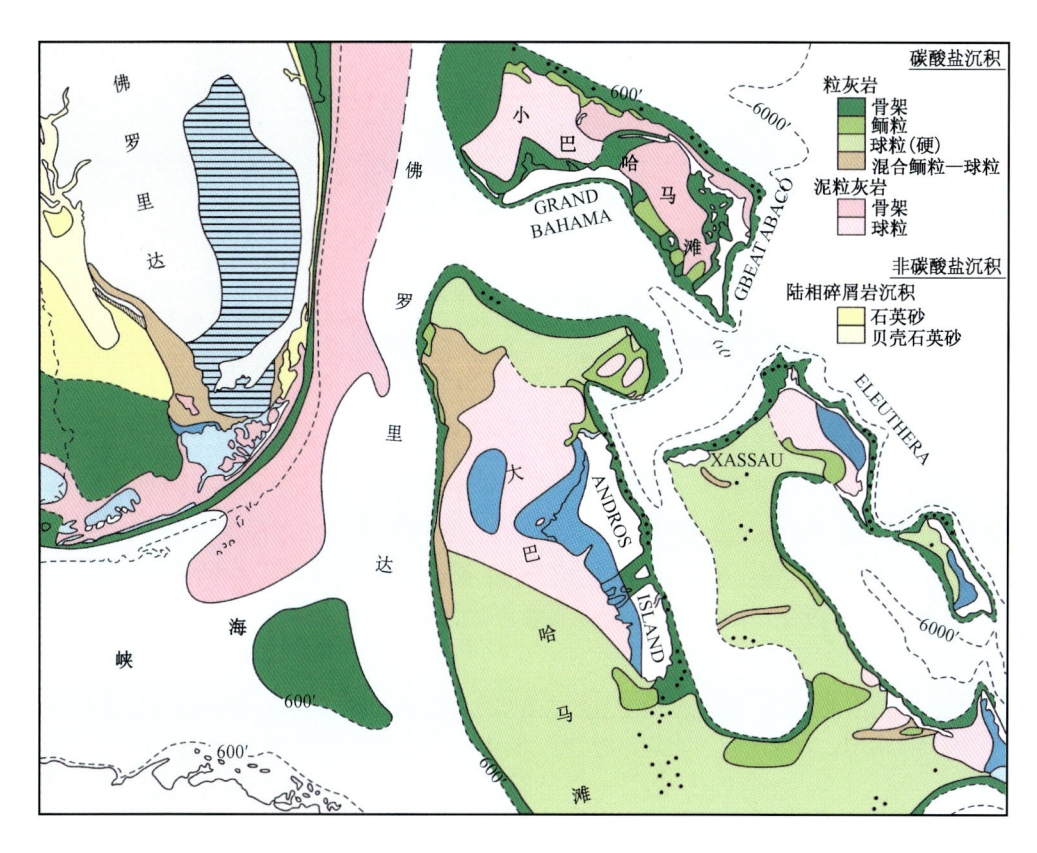

图 2-8 巴哈马沉积体分布图

岩和浮游生物沉积,在重力的作用下下滑会产生变形层理或揉皱构造,间歇性风暴或地震可以引起台地边缘的沉积物质以间歇性浊流的形式在斜坡上搬运沉积,因而在沉积层序上会表现出粒屑碳酸盐岩与含浮游生物泥晶碳酸盐岩的互层沉积,而且在横向上不同岩性层的厚度变化会很大。在陡坡型斜坡上随坡度的加大,沉积物的厚度会变小,甚至仅在斜坡上保留部分碎屑碳酸盐岩的浊流过路型沉积或没有沉积。在坡基带则以浊流沉积为主,夹部分含浮游生物灰泥沉积(CCD 线以上)或深海软泥沉积(CCD 线以下),浊流沉积物会表现出好的粒序层理。

碳酸盐边缘、斜坡、盆地环境及其变迁,是碳酸盐台地体系高度变化和多样化的原因。碳酸盐斜坡构成了产自几乎所有碳酸盐岩环境的体量巨大沉积物的仓库,形成了以原地生产沉积为主的浅水碳酸盐台地背景和与其相当的再沉积作用为主的深水背景的联系。

碳酸盐斜坡沉积可划分成三大类:(1)岩屑沉积,包括外来块体和巨大的角砾,来自脆性岩化边缘;(2)颗粒为主的沉积,包括泥粒灰岩、颗粒灰岩和砾状砾屑灰岩,来自台地顶部或边缘滩工厂;(3)泥灰岩为主的沉积,包括泥灰岩、粒泥灰岩,来自低能环境或悬浮物。

(六)远洋碳酸盐岩沉积(CCD 线以上)

远洋碳酸盐岩的沉积只能出现在 CCD 线之上,沉积物主要是富含浮游生物的深海碳酸盐岩软泥沉积。在 CCD 线之下,下沉的碳酸盐沉积物也会发生溶解,所以在 CCD 线以下的地带除浊流沉积物以外一般没有碳酸盐岩的直接沉积。

第二节 碳酸盐岩台地类型及沉积相模式

一、碳酸盐岩台地类型

(一)碳酸盐台地分类

台地是碳酸盐形成和沉积的主要场所。据 Tucker(1985)定义,碳酸盐台地实际上是一种为浅海陆表海所淹没的相当平坦的克拉通区,水深在 5~10m 之间,宽度很大,可在上百千米以上,其向洋一侧可以有或缓或陡的斜坡。

有关碳酸盐台地分类,国内外专家学者根据不同的条件提出了各自不同的观点和划分方案。展望历史,对碳酸盐沉积基本特征的认识出现在 20 世纪 70 年代。Ahr(1973)第一个识别出斜坡和陆架的区别,Ginsburg 和 James(1974)概述了镶边和开阔陆架的特征,Wilson(1975)第一个提出了台地边缘综合模型。在 20 世纪 80 年代碳酸盐台地的多样性描述明显增加,Kendall 和 Schlager(1981)分析了碳酸盐台地和礁对海平面变化的响应,阐明了淹没、追赶和并进台地的特征。Hine 和 Mullins(1983)在现代碳酸盐边缘区划分了四类陆架—斜坡坡折且考虑到非镶边类型中的开阔陆架和斜坡。他们强调了构造作用、古地貌、物理能对沉积剖面和相带展布的控制作用。James 和 Mountjoy(1983)描述了在化石记录中最常见的碳酸盐坡折的特征并强调了坡折对造礁生物的依赖。Read(1982、1985)第一个提出了被广泛接受的台地分类体系,他按照被动和汇聚大陆边缘背景中沉积剖面、相带展布以及演化特征将碳酸盐岩台地划分为斜坡台地、镶边陆架台地、淹没台地和孤立台地四种类型,斜坡台地又进一步分为单斜式和远端陡峭式两个亚型。

在 20 世纪 90 年代,发展形成了许多模式。Tucker(1990)重组和简化了先前的分类,将台地分为镶边陆架、缓坡、陆表海台地、孤立台地和淹没台地五种类型。Burchette 和 Wright(1992)聚焦碳酸盐斜坡,将台地分为陆表海台地、孤立台地、缓坡、缓坡边缘四种类型。Handford 和 Loucks(1993)强调斜坡、镶边台地和陆缘台地标准相模型是碳酸盐台地的静态表示,并说明了碳酸盐台地在不同的气候条件下如何受相对海平面变化的影响。他们区分出三种基本的地貌特征:斜坡(等斜和远端变陡)、镶边和平顶台地。Wright 和 Burchette(1996)按照规模和同陆地的毗连与否将台地划分为平顶陆缘台地、孤立台地和陆架(有或无镶边);按照沉积剖面将斜坡分为单斜、远端变陡或镶边台地。

Bosence(2005)分析了前人对碳酸盐岩台地分类及认识的优势和不足,认为根据斜坡和镶边陆棚特征对碳酸盐岩台地的分类对研究碳酸盐岩台地边缘的形态具有重要的意义,但对台地的整体形态和地层层序认识上存在不足之处。Bosence 从大地构造背景上分析了新生代以来世界上一些碳酸盐岩台地的成因(表 2-2)。根据形成和发育的大地构造背景把碳酸盐岩台地分为八个成因类型(图 2-9),分别为断块、盐丘底辟、沉降被动大陆边缘、礁滩、火山基座、推覆带顶部、三角洲顶部和前陆边缘型碳酸盐岩台地。这些碳酸盐岩台地有的独立出现在特定类型的沉积盆地中,有的出现在不同类型的沉积盆地中。这一分类依据碳酸盐台地发育的主控因素和在沉积盆地内的产状,是一种综合成因分类,优点是易于理解和沟通。

结合中国碳酸盐岩的特点,国内也开展了碳酸盐台地分类研究。顾家裕(2009)根据地理位置、坡度、封闭性和镶边性分类参数,将台地分为缓坡开放型无镶边台地、缓坡封闭型无镶边台地、陡坡开放型无镶边台地、陡坡封闭型无镶边台地、缓坡开放型有镶边台地、缓坡封闭有镶边台地、陡坡开放型有镶边台地、陡坡封闭型有镶边台地、礁滩型孤立台地、岩隆型孤立台地十种类型。金振奎等(2013)根据台地的地理位置、与陆地的关系、斜坡特征等将台地划分三大类八种类型。首先按台地的地理位置和形态划分为孤立台地、镶边台地和离岸台地三类。再按其与斜坡类型的组合关系进一步分为八种类型,其中孤立台地划分为陡坡孤立台地和陡崖孤立台地;镶边台地进一步划分为陡坡镶边台地、缓坡镶边台地和陡崖缓坡台地;离岸台地进一步划分为缓坡离岸台地、陡坡离岸台地和陡崖离岸台地。

综合前人的研究成果,本文将碳酸盐台地划分为斜坡碳酸盐岩台地、镶边碳酸盐岩台地、孤立碳酸盐岩台地、内陆海碳酸盐岩台地四种基本类型。对于台地类型的细分,可结合实际情况,在理解大地构造背景及盆地类型的基础上,按地理位置、地貌形态特征、斜坡类型、封闭性及成因要素等对碳酸盐台地进一步分类。

表2-2 不同类型新生代碳酸盐台地特征表(据 Bosence,2005,有修改)

成因类型	形态	规模	大地构造位置	新生代实例
断块型碳酸盐岩台地	平面直线形、阶梯形、多边形,剖面楔形	长几十千米到上百千米,宽几千米到几十千米	裂谷,被动大陆边缘,弧后盆地	红海、苏伊士湾、亚丁湾、马耳他、西班牙东南部、北塞浦路斯、南中国海、爪哇岛、澳大利亚东北部
盐丘底辟型碳酸盐岩台地	平面次圆形、不规则弧形,剖面倒钵/碟形	不规则延伸可达几千米到上百千米	裂谷,被动大陆边缘,前陆盆地	萨利夫(也门)、费拉桑群岛(沙特阿拉伯)、Daghlak(厄立特里亚)、红海西北部(埃及)、Garden Flower Banks(墨西哥湾)
沉降被动大陆边缘碳酸盐岩台地	平面沿海岸延伸,剖面S形进积层序	长数千米,宽数百千米	被动大陆边缘,克拉通内部	澳大利亚陆架西北部、巴西大陆架、美国东南部、地中海边缘、默里盆地
礁滩型孤立碳酸盐岩台地	平面等轴状不规则多边形,剖面钟状进积层序	几十千米到几百千米	被动大陆边缘	巴哈马滩、罗科尔滩
火山基座型碳酸盐岩台地	平面圆形或弧立桶状,剖面穹状	一般几千米到十几千米	大洋盆地内	埃尼威托克、科摩罗群岛、百慕大群岛、毛里求斯、留尼汪岛、夏威夷—皇帝链、马尔代夫、撒雅德玛哈、拉斯内格拉斯
推覆带顶部碳酸盐岩台地	平面长条状、透镜状、带状,剖面穹状进积层序	一般几十千米	弧前盆地,前陆盆地	南塞浦路斯、中央西西里岛、西班牙东南部
三角洲顶部碳酸盐岩台地	平面透镜状或弧形,剖面不规则状或透镜状	几千米到几十千米	裂谷,弧前和弧后盆地,前陆盆地	红海西北部、亚喀巴湾、苏伊士湾、中央西西里岛、福坦纳盆地、西班牙比利牛斯盆地、婆罗洲
前陆边缘碳酸盐岩台地	平面受前陆边缘古地理控制的带状,剖面不规则阶梯状	几百千米	前陆盆地	阿尔卑斯山、比利牛斯、阿拉伯湾、亚平宁、喜马拉雅前渊、帝汶海槽、巴布亚盆地

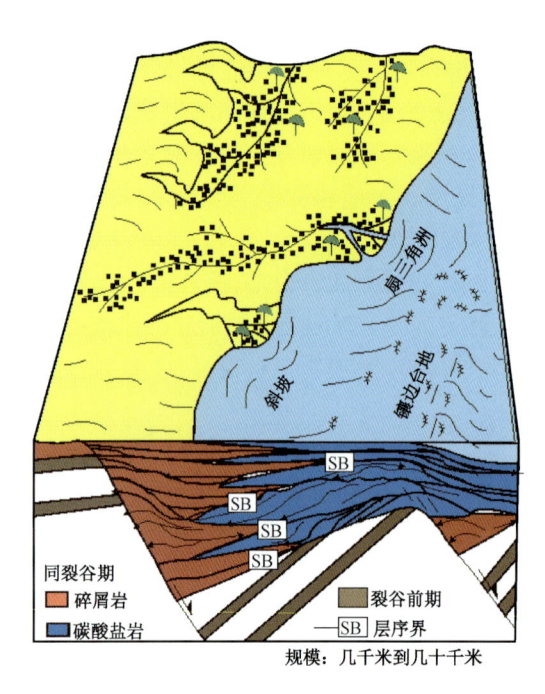

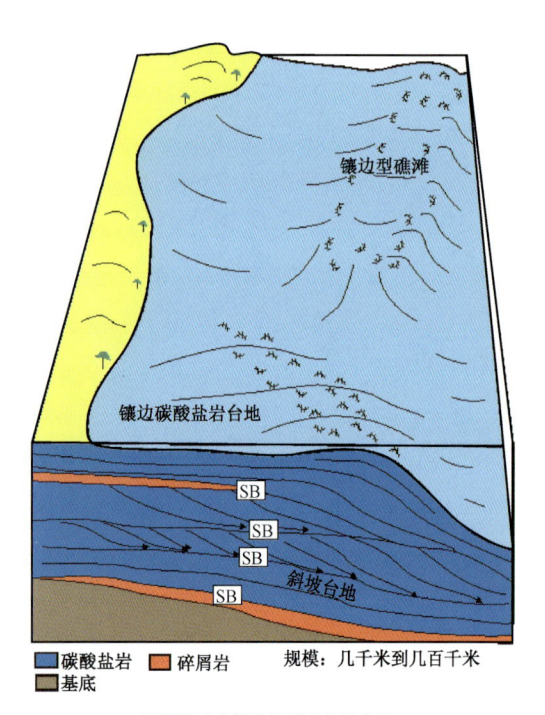

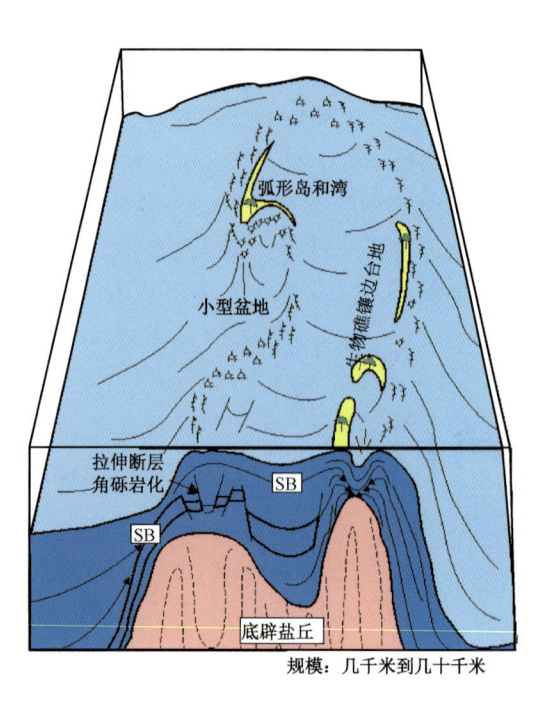

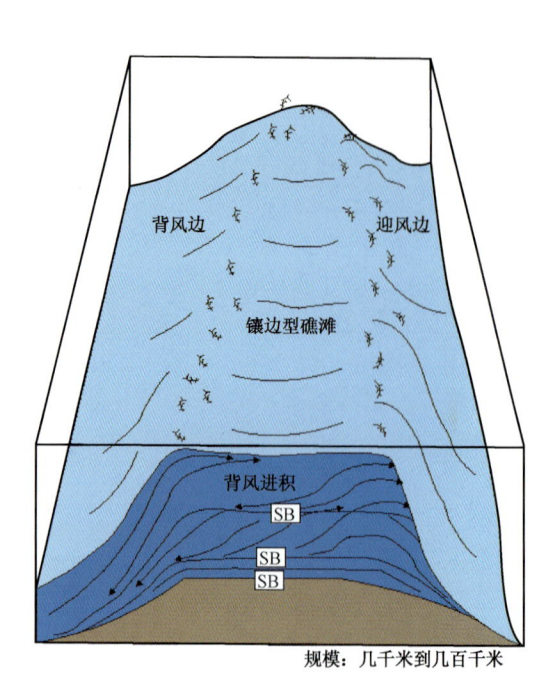

图 2-9 碳酸盐岩台地的成因类型模式(据 Bosence,2005)

(E) 火山基座型碳酸盐岩台地

(F) 盐丘底辟碳酸盐岩台地

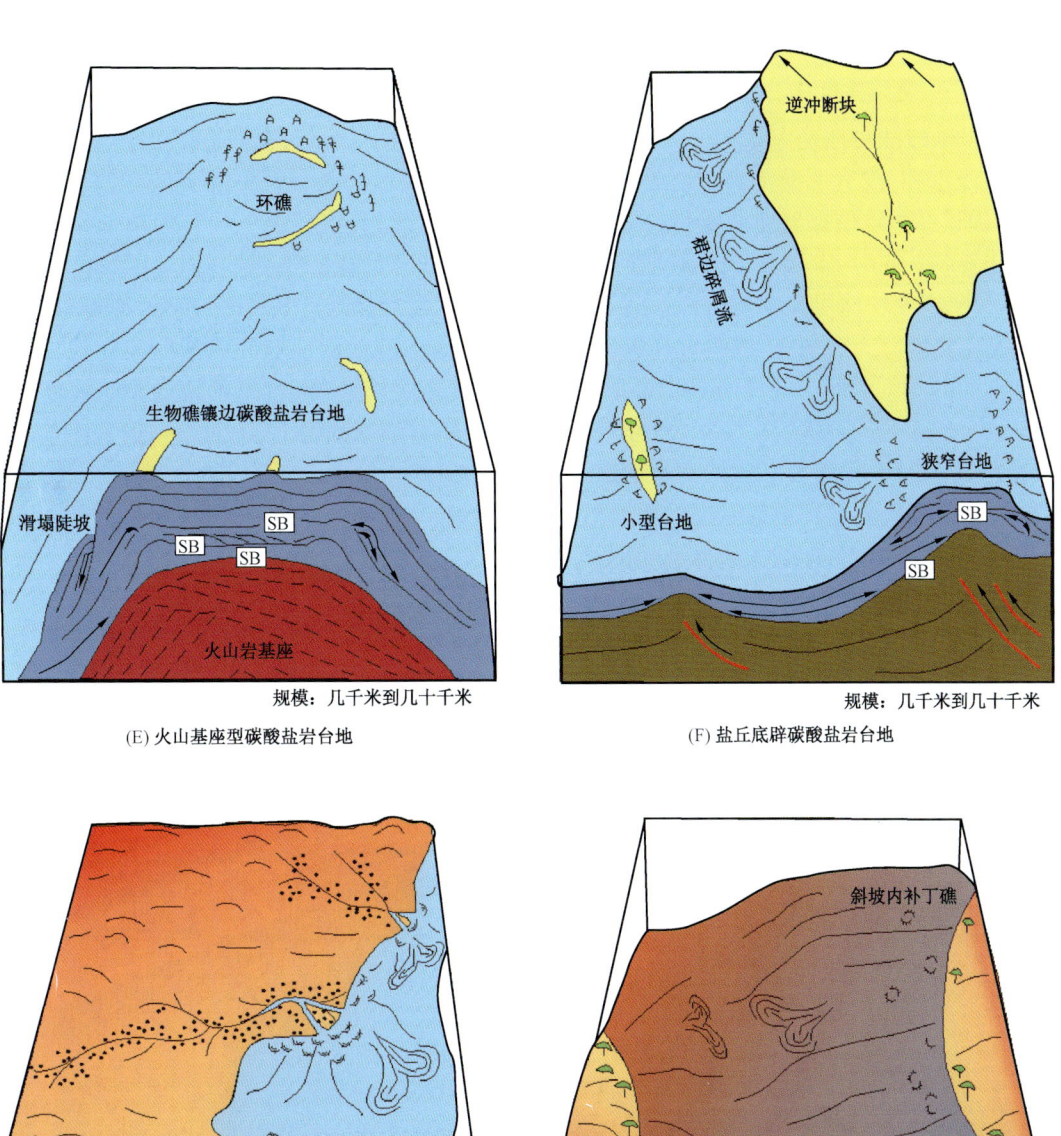

(G) 三角洲顶部碳酸盐岩台地

(H) 前陆边缘碳酸盐岩台地

图 2-9(续) 碳酸盐岩台地的成因类型模式(据 Bosence,2005)

— 27 —

(二) 典型碳酸盐台地的基本特征

1. 斜坡碳酸盐台地

斜坡碳酸盐台地是由 Ahr(1973)提出的,是指坡度一般小于1°,在其近岸带上发育有波浪搅动的浅水相,没有明显的坡折,沿斜坡向下过渡为较深水低能量沉积的碳酸盐斜坡。后来 Read(1982、1985)依据斜坡坡度对斜坡台地概念进行了细化,将其进一步分为单斜斜坡和远端变陡斜坡。同时,Read 阐述了斜坡台地背景储层对油气勘探的重要性,如墨西哥湾侏罗系 Smackover 组鲕粒储层和中东侏罗系 Arab A 至 Arab D 鲕粒储层。Tucker(1985,1990)按水动力情况将缓坡分为后斜坡、浅斜坡和深斜坡。结合斜坡碳酸盐台地同碎屑岩陆架在地貌和水动力方面的相似特征,Burchette 和 Wright(1992)按风暴、波浪和潮汐对斜坡的影响程度提出了斜坡台地四分的方案(图 2-10),分别为内斜坡—正常浪基面之上、中斜坡—正常浪基面和风暴浪基面之间、外斜坡—风暴浪基面之下(较少的风暴再沉积作用)、盆地。这种方案自那时起成为了划分斜坡台地的标准。波斯湾特鲁西尔海岸、西澳洲鲨鱼湾、佛罗里达西部斜坡等为现代斜坡碳酸盐台地沉积的典型实例。

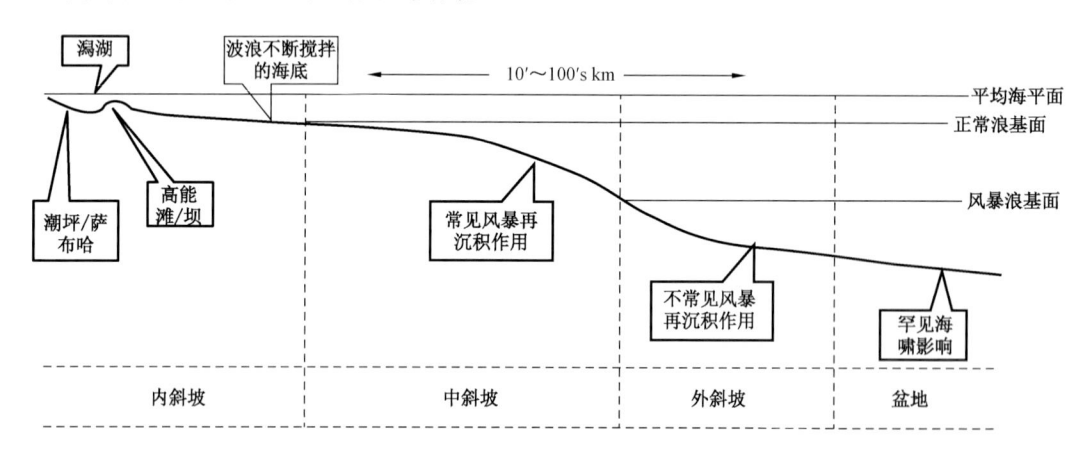

图 2-10 单斜斜坡碳酸盐台地(据 Burchette 和 Wright,1992)
MSL=平均海平面,FWWB=正常浪基面,SWB=风暴浪基面

单斜型斜坡主要的岩相包括潮坪和潟湖相,滩或鲕粒—似球粒浅滩复合体,较深水斜坡泥质、灰质泥粒灰岩/泥岩,少见角砾岩和浊积岩,含有各式各样的广海生物群。

远端变陡型斜坡一般具有斜坡以及镶边大陆架的某些特征,发育有良好的搅动的浅水至浪基面下的过渡相带,陆坡相含有丰富的坍塌堆积、角砾岩和异地灰质砂岩。典型实例如美国西部的上寒武至下奥陶统。

2. 镶边碳酸盐岩台地

镶边碳酸盐台地是一种浅水碳酸盐台地,具有高能的浅滩及礁带,向海侧为大陆架坡折带,随着坡度的减小而进入盆地。镶边台地最早由 Ginsburg 和 James(1974)识别出来,此后,Wilson(1975)综合了前人研究成果建立了碳酸盐岩理想的标准相带模式。镶边台地相是一种浅水碳酸盐台地,台地顶部近乎水平,具有高能的浅滩及礁带,向海侧为大陆架坡折带,斜坡角明显增加(达60°以上),随着坡度的减小而进入盆地,具丰富的块体流(如碎屑流、巨砾角砾岩、浊积岩、滑塌岩)沉积(图 2-11)。

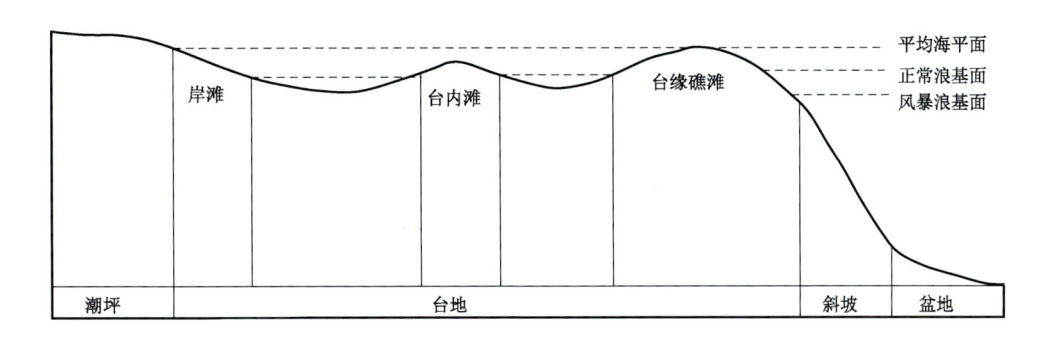

图 2-11 镶边碳酸盐台地

Reed 根据地形特征、沉积物物类型、分布和水动力条件,将镶边碳酸盐台地划分为沉积或加积边缘型、过水边缘型和侵蚀边缘型三个亚类(图 2-12)。

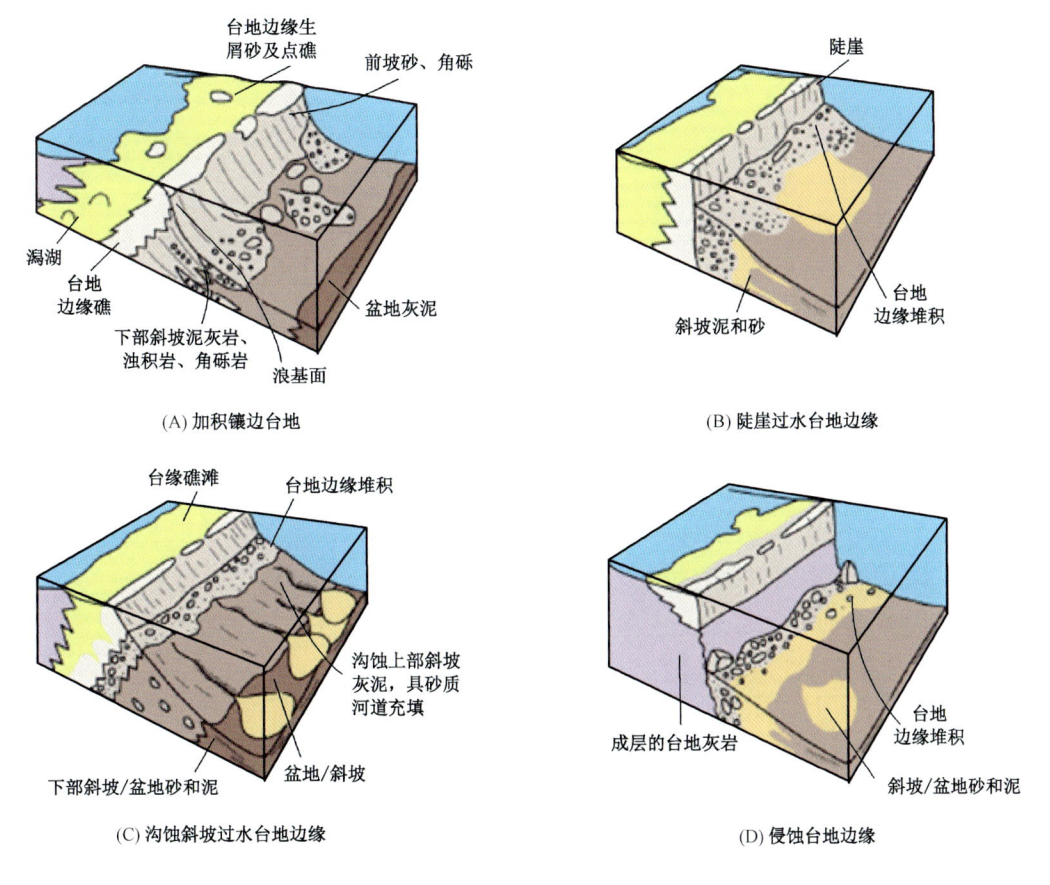

图 2-12 镶边台地类型

加积边缘展示了向上建造和向外建造两种形式,它们一般缺少高峻的边缘陡坡,陆棚边缘与斜坡成舌状交互。向海方向,主要相带展布表现为:广泛分布的潮坪和潟湖泥灰岩或泥晶灰岩的旋回性沉积,局部有点礁或滩出现;骨屑沙岩或鲕粒沙岩;边缘礁及礁屑滩;台地边缘或前缘斜坡灰质砂岩角砾岩以及一些半远洋的灰质泥岩;大陆坡/盆地边缘灰质浊积岩、页岩、席状的和河道充填形的角砾岩;深水远洋灰质泥岩。

过水的台地边缘形成于浅水沉积速率与海平面上升速率保持同步的加积区。快速堆积造成台地边缘陡立。过水台地边缘可进一步分为陡崖型和沟蚀斜坡型台地边缘。从台地边缘到盆地主要相带有:台地边缘礁灰岩和浅滩沙、砾屑,陡崖,环台地边缘塌积物,沟蚀斜坡,下斜坡近源粒序浊积岩,盆地相远源浊积岩。

侵蚀台地边缘通常以高陡悬崖为特征,起伏幅度可达4km。下斜坡由于机械磨损造成陡崖后退,陡崖上因而出露成层的旋回性潟湖及潮坪相岩层。从台地边缘向盆地相带划分为:台地边缘礁灰岩和浅滩沙、砾屑,陡崖,台地边缘塌积角砾岩。

3. 孤立碳酸盐台地

孤立碳酸盐台地是指孤立的、远离深水大陆架的浅水台地,台地边缘发育礁滩,多数边缘陡峭,由斜坡伸向深水环境。简言之就是四周由深水包围的浅水碳酸盐岩台地。孤立台地边缘通常比较陡峭,内部为潟湖(图2-13)。该类台地最早由Friedman(1978)识别并建立起来,典型现代实例来自巴哈马台地(Friedman和Sanders,1978)、伯利兹台地和马尔代夫台地等。

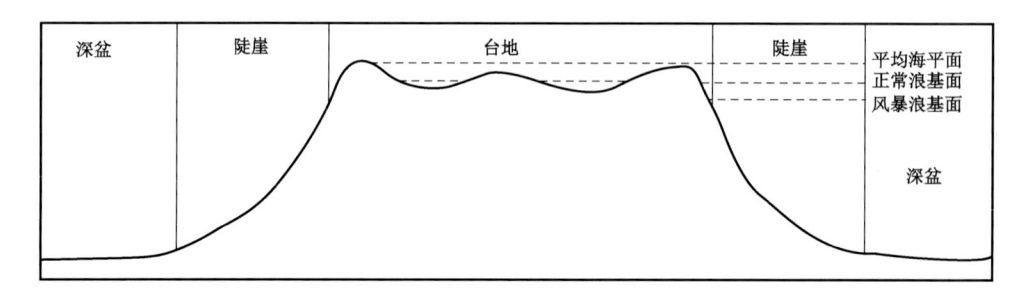

图2-13 孤立碳酸盐台地

孤立碳酸盐台地大小和形态变化大,既可以出现在大陆地块海水相对深的地区,也可以出现在大洋盆地中。构造型孤立碳酸盐台地形成于早期大陆裂解形成的构造断块之上,台地基底为古老地块岩石。礁岩型孤立碳酸盐岩台地是早期陆块上的生物礁随基底的下降或海平面上升生物礁不断生长加积形成的台地,台地的基底为生物礁灰岩。火山型孤立碳酸盐岩台地是海底火山活动形成水下隆起,火山岩锥的顶部出露到海平面附近时,火山间歇期,海平面上升过程中在火山锥的顶部形成的碳酸盐岩台地。盐隆型孤立碳酸盐岩台地是由于膏盐层底辟作用形成隆起,海进时在隆起的顶部形成的孤立碳酸盐岩台地(图2-14)。

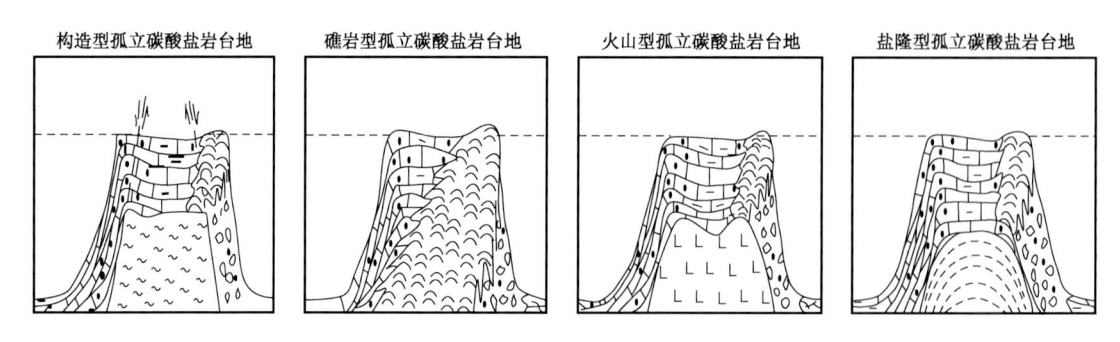

图2-14 孤立碳酸盐岩台地的类型

Greenlee和Lehmann(1993)评估全球孤立台地内有500×10^8bbl油当量的储量,在孤立碳酸盐台地已发现了几个超巨型油田,如滨里海盆地哈萨克斯坦卡沙甘(Kashaghan)油田和田吉兹油田(Tengiz),2015年,意大利埃尼公司发现了地中海海域迄今为止最大的孤立碳酸盐台地天然气田——Zohr气田。

4. 内陆海碳酸盐岩台地

内陆海的碳酸盐岩台地沉积系统主要受海平面升降和潮汐作用的控制。海进时碳酸盐岩沉积范围扩大,碳酸盐岩向陆地方向进积,高水位期发育近海岸的潮坪沉积和潮下的浅海碳酸盐岩沉积。海退时,碳酸盐岩沉积范围缩小,陆相沉积向盆地中心进积,低水位期盆地中主要发育潮间带的潮坪沉积。间歇性海水进退在盆地边缘形成海相与陆相的交替沉积。持续的高水位盆地中沉积物会逐渐向海的方向进积,并被进积的碳酸盐岩和陆相碎屑岩充满,内陆海消失,沉积作用过渡到陆棚环境的碳酸盐岩沉积。如果保持持续的低水位,在盆地没有封闭的低水位期主要是潮汐作用的潮间沉积,盆地封闭以后转变为陆相的淡化或咸化湖泊沉积,这种现象在目前国内外碳酸盐岩油气盆地中非常多见。所以,内陆海的沉积系统在高水位期时类似陆棚上的缓坡碳酸盐岩沉积系统,低水位期时的沉积系统如图 2-15 所示。

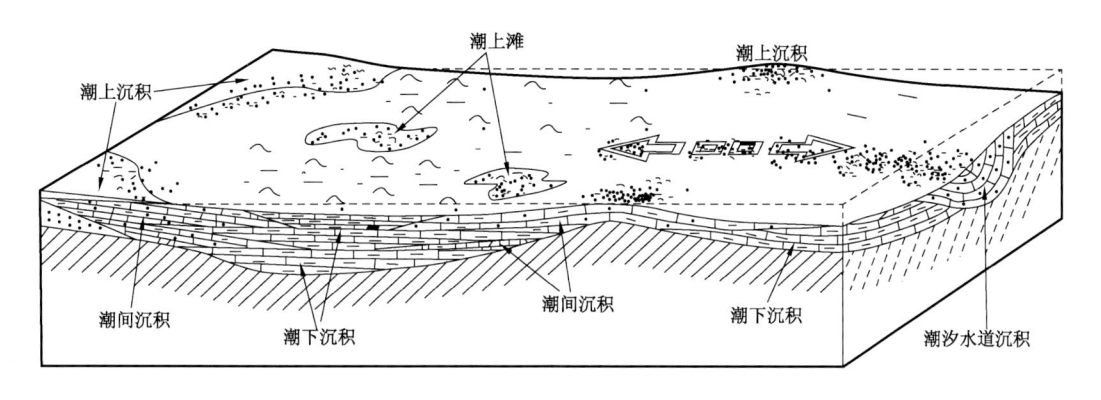

图 2-15 内陆海碳酸盐岩台地

二、海洋碳酸盐岩台地主要沉积相模式

20 世纪 60 年代至今,人们对现代和古代碳酸盐沉积作用研究不断深入,对碳酸盐沉积原理认识逐渐深化,并建立了一系列相应的沉积相模式。沉积模式是对沉积环境和沉积相特征的高度提炼。运用这些沉积模式,通过比较,可解释鉴别未知的沉积环境,预测碳酸盐有利沉积相带和储层展布,指导油气勘探。

由于陆表海内波浪、海流以及潮汐作用对于碳酸盐沉积物的分异,形成了三个明显的沉积相带,即一个高能带、两个低能带。这一特征首先由 Shaw(1964)提出,奠定了碳酸盐相模式的基础,其后 Irwin(1965)在 Shaw 的陆表海能量分布模式的基础上,提出了陆表海清水沉积作用的一般原理,并正式命名为 X、Y、Z 三个带,之后 Laport(1967、1969)和 Armstrong(1974)在 Shaw 和 Irwin 的清水陆表海模式基础上提出四个带的陆表海模式,一直发展到 Wilson(1969、1975)的九个相带和 Tucker(1981)的七个相带,碳酸盐沉积相模式才逐渐趋于完善和适用。进入 20 世纪 80 年代后,人们摆脱了 60—70 年代静态碳酸盐沉积模式的束缚,开始了一种动态碳酸盐沉积模式的研究和建立,强调碳酸盐缓坡(ramp)沉积相模式的重要性(Read,1982、1985;Tucker,1985;Whitaker,1988;Carozzi,1989)。

我国广大沉积学研究人员根据我国的碳酸盐岩沉积特征也提出了许多模式,补充和修改了国外一些沉积模式的不足,具代表性的是关士聪等(1980)提出的模式。关于碳酸盐沉积相模式大量文献做出了详细描述,主要沉积相带分布及对比关系见表 2-3。下面重点介绍目前应用较广的 Wilson(1975)和关士聪(1980)模式。

表 2-3 碳酸盐沉积相模式对比表

Shaw(1964) Irwin(1965)	Laport (1969)	杨 (1972)	Armstrong (1974)	Wilson (1975)	范嘉松 (1978)	关士聪等 (1980)	贾振远等 (1981)	
Z 带	潮上及潮间带	潮上带	潮上—潮间带	台地蒸发岩相	滨岸碎屑岩	滨海沼泽相、潮坪潟湖相、沿岸滩坝相、闭塞台地、半闭塞台地、开阔台地相、凹槽台地相	潮上带	碎屑岩—碳酸盐	蒸发岩—碳酸盐
		潮间带	局限台地带	局限台地相	台地潮上带		潮间带		
		局限潮下带	开阔台地带	开阔台地相	台地潮间带		潮下带(或潟湖)		
					台地潮下低能带				
Y 带	浅的潮下带(波基面之上)	开阔潮下带	(1)浅滩 (2)开阔陆棚	(1)台地边缘浅滩 (2)台地边缘生物礁	台地边缘潮下高能带	台地边缘滩 台地边缘礁	台地高能带		
X 带	潮下带(无陆源碎屑)		(1)前斜坡 (2)斜坡脚 (3)潮汐陆棚 (4)缺氧盆地	(1)台地前斜坡相 (2)陆棚边缘相 (3)陆棚相 (4)盆地相	过渡带(斜坡带) 陆棚带 盆地带	台地前缘斜坡相 陆棚内缘斜坡 陆棚边缘盆地相 浅海槽盆相 深海槽盆相	斜坡带 盆地带		
	潮下带(有陆源碎屑)								

(一) Wilson 模式

Wilson 在分析了古代和现代碳酸盐岩台地沉积模式的基础上,根据沉积环境的海底地形、波浪和潮汐作用、盐度、海水深度、水动力条件、氧化界面等因素,把碳酸盐岩沉积相分为九个主要的相:停滞缺氧盆地相、开阔陆棚相、斜坡前缘坡脚相、前缘斜坡相、台地边缘生物礁相、台地边缘砂滩相、开阔台地相、局限台地相、台地蒸发相(图 2-16)。

Wilson 的九个相带中,1、2、3 三个相带为海水比较深且相对停滞的地区,既包括深海盆地,也包括深水的陆棚,属于远海低能区,发育宽的相带,沉积物比较细,可以有浮游生物沉积,可以成为生油的油源层,如果没有构造裂隙发育,不能成为油气储层。4、5、6 三个相带是海流和波浪作用比较强的高能地带,相带发育窄,但生物礁体和生物礁体两侧的礁滩或粒屑滩沉积可以成为良好的储层。7、8、9 三个带属于近岸的潟湖盆地和沿岸潮坪地带,属于相带比较宽的相对低能地带,受大陆气候的影响蒸发量比较大,海水盐度高,生物种类有限但量可以很大。由于潮汐作用下低能和高能交替作用,既可以有粗的碎屑沉积、也可以有细的泥晶沉积,可以形成好的生、储、盖组合。蒸发条件下的白云岩化作用也可以提高储层的储油物性。

总体来看,Wilson 的相带展布模式基本上综合了不同碳酸盐岩台地可能出现的沉积环境和沉积物特征以及相带的水平分布,对碳酸盐岩油气藏的认识和油气勘探有很好的指导作用。

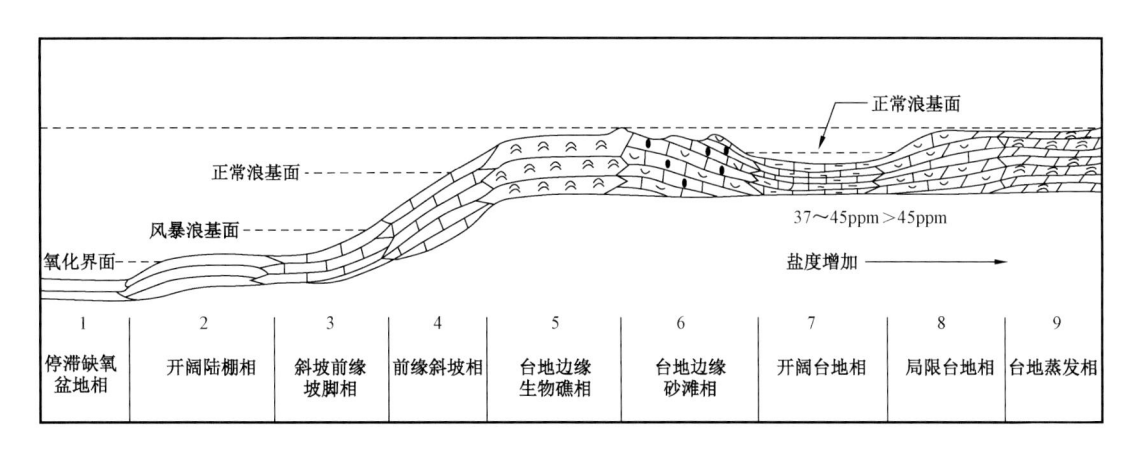

图 2-16 碳酸盐岩台地沉积相带的水平分布模式(据 Wilson,1975)

(二)关士聪模式

关士聪等根据我国元古宙至三叠纪海域地形、地理位置、海水深度、沉积及生物组合特征等分为两个相组,六个相区,十五个相带(或相)(图 2-17)。

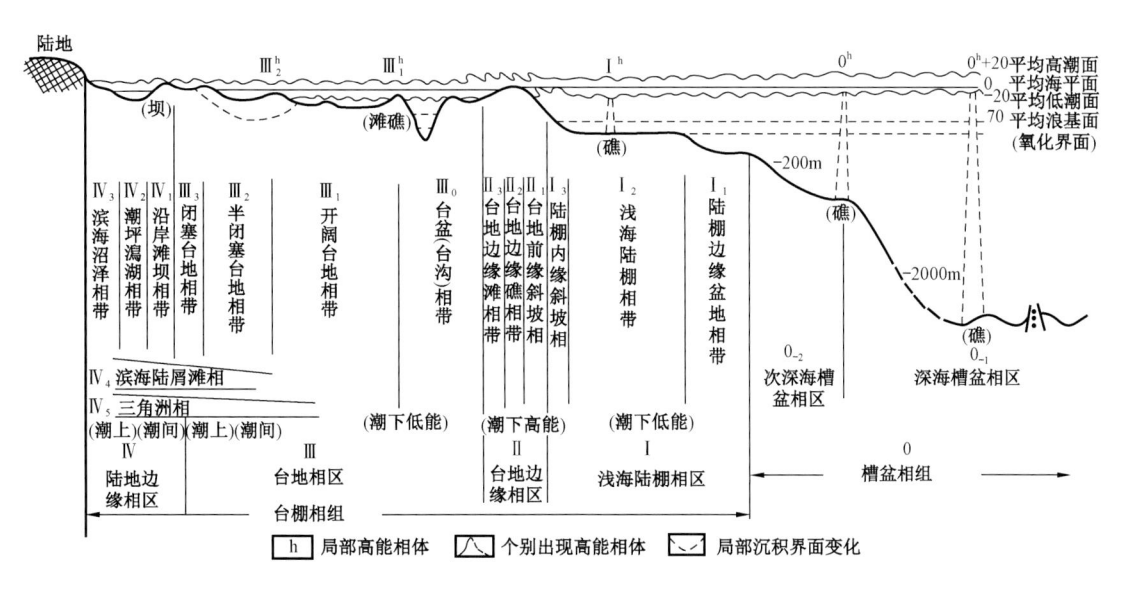

图 2-17 中国古海域沉积环境综合模式示意图(据关士聪,1980;引自姜在兴,2003)

槽盆相组位于浅海外侧,沉积物一般在氧化面之下,为较深浅海和深海低能环境沉积。可分为深海槽盆相区和次深海槽盆相区。深海槽盆相区生物和碳酸盐沉积较少,主要为陆屑复理石沉积、火山喷发岩、硅质岩、泥岩和碳酸盐岩。次深海槽盆相区主要为陆屑复理石沉积、浊积岩、硅质岩、泥岩和石灰岩。台棚相组位于槽盆相组和陆地之间,进一步分为浅海陆棚相区、台地边缘相区、台地相区和陆地边缘相区。

该模式中的台棚相组包括了陆表海及边缘海沉积模式。槽盆相组概括了主动及被动大陆边缘盆地沉积特征。模式考虑了各种构造条件下的沉积盆地类型,同时也将陆源沉积模式与清水碳酸盐沉积模式统一起来。该模式反映了我国古海域沉积环境的特点,但应认识到它为一种理想的沉积模式,在一个区域内不可能有这样完整详细的相带。

第三节 碳酸盐岩储层类型及特征

一、碳酸盐岩储层类型

影响和控制碳酸盐岩储集岩发育和分布的因素很多,这些因素包括沉积作用、成岩作用和构造破裂作用。碳酸盐储集岩的分类方案也很多,国内外学者从不同角度出发,根据各个地区的特点提出了许多种分类方案和评价方法,比较有代表性的有:Stout(1964)依据储层分类;Robinson(1959)按岩石表面结构和毛细管压力参数进行分类;Jodrv(1972)依据孔隙结构与岩石类型相互关系进行分类;罗蛰潭等(1978)依据岩石学特征和毛细管压力参数进行分类;冯福凯(1995)依据储层成因进行分类。目前,按照储层的成因进行分类是碳酸盐岩储层地质综合研究的主流分类方案。

根据控制碳酸盐岩储层发育的主要因素,同时考虑岩石类型,可将碳酸盐岩储层分为沉积作用型、成岩作用型和构造作用型。

(一)沉积作用型储层

沉积作用型储层主要包括生物礁、滩、白垩储集体和重力流储集体。

1. 生物礁

生物礁主要由生物骨骼组成,孔隙发育,容易形成储集油气的场所。生物礁分布极广,可以分成两大类,一类是台地内的礁,一类是台地边缘礁。台地内的礁主要由岸礁和点礁组成。岸礁规模较大,沿岸成带发育。台地边缘礁主要由堡礁组成。向斜坡方向也发育少量的宝塔礁及丘礁。在地质历史时期,古近纪、白垩纪、泥盆纪为礁的主要发育时期。碳酸盐岩储层通常具有较低的孔隙度和渗透率。礁储层则相反,常具有异常高的孔隙度和渗透率。但是,不少礁型油气田储层由于成岩作用的改造,孔隙度和渗透性变得较差。世界上许多著名的油田为生物礁油田,如美国二叠盆地的船长礁,长达644km以上,是著名的生物礁油田。墨西哥埃尔阿布拉环礁,现属陆地一半,海洋一半,长180km,宽近80km。陆上称黄金巷带,约有50个油气田;海上从1963年以来已发现了20个油气田。美国西得克萨斯马蹄形礁,位于米德兰得内克拉通盆地北端,地下延伸282km,面积约15540km^2,是世界上最大的礁群之一。沿礁环顶部已发现有15个油田,可采储量近3.5×10^8t。美国密执安盆地中晚志留世在盆地边缘发育堡礁,大陆架滨外发育数千个宝塔礁,每个宝塔礁平均0.5km^2,高达90~180m,聚集了大量的油气(Shaver,1977)。加拿大阿尔伯达盆地雨虹油田由许多中泥盆统的环礁、斑点礁、宝塔礁等组成。中国石油勘探实践及大量研究成果也反映了礁的成群成带分布规律。例如珠江口盆地,经地震勘探资料、重磁力资料、结合钻井资料和区域地质资料综合分析,发现台地上中新世发育生物礁44个,经钻探在生物礁中发现高产油气流(胡平忠,1986)。莺歌海海域(包括琼东南)确认有18个礁体存在(曾鼎乾,1986)。四川重庆北碚地区上二叠统文星场礁沿背斜成带分布。

2. 颗粒滩

颗粒滩形成于水动力能量较高的沉积环境,颗粒支撑,易形成良好的储层。滩主要有两大类,一类为分布于岸边的岸滩,另一类为分布于台地边缘的堡滩。堡滩沉积环境水动力作用强,冲刷充分,容易形成具有良好储集性能的颗粒灰岩,同时易形成大规模的滩体,因此是主要的生物滩储层。根据岩石物质成分滩储层分为鲕滩、生物碎屑滩两类。

世界三大碳酸盐含油气区(北美、欧洲、中东)有不少的油气田是滩产层。世界第一大油田沙特阿拉伯加瓦尔油田储层由浅滩相的鲕粒、球粒及骨骼碎屑等颗粒灰岩组成。利比亚泽勒坦油田古近系—新近系古新统台地边缘生物碎屑滩、美国伊利诺斯盆地北 Bridgeport 油田密西西比系鲕滩、我国四川盆地寒武系龙王庙组气田鲕滩储层等都为颗粒滩储层。

3. 白垩储层

白垩是碳酸盐岩中特有的海相沉积。通常是由极细颗粒组成。其中 30%~90% 由颗石藻和有孔虫碎屑组成,此外还有双壳类、棘皮、钙球、鳃足纲动物和其他微化石。白垩在世界上是一个重要的储集地质体,主要分布于北美和欧洲。白垩是欧洲的重要油气储层之一。例如北海盆地中部挪威海域发现了埃科菲斯克大油田,油气产自晚白垩世—早古新世的白垩层,厚度达 200~230m。

4. 重力流储层

重力流是沉积物和水组成的高密度流,是深水碳酸盐的重要组成部分。意大利中部的 Scaglia Calcaihe 油田储层为白垩—新近系浊积岩,美国西得克萨斯和新墨西哥州的二叠系深水碎石流也是油田重要的储层。

(二)成岩作用型储层

成岩作用型储层包括白云岩化作用形成的结晶白云岩、表生作用形成的古风化壳、压溶作用形成的碳酸盐岩储层。

1. 白云岩化作用形成的结晶白云岩

白云岩是碳酸盐岩中第二大岩类,仅次于石灰岩。白云岩类型非常复杂,主要可以划分为泥晶白云岩、微晶白云岩、藻叠层石白云岩、生物碎屑白云岩、内碎屑白云岩、鲕状白云岩、球状粒(球粒)白云岩、结晶白云岩等。

白云岩储层是碳酸盐岩油气勘探中十分重要的储层,美国俄亥俄州和印第安纳州的利马—印第安纳油田储层为中奥陶统白云岩化的特伦顿灰岩,密执安盆地的深河油田储层为泥盆系罗格斯城组顶部不渗透的石灰岩因含镁地下水通过裂缝运移、交代而形成的多孔白云岩。

2. 古风化壳

古风化壳也称为岩溶储层或古地貌型储层,是指碳酸盐岩经过沉积阶段、埋藏阶段以后,由于构造运动作用造成地层抬升暴露在地表,经过区域大气流体系统的改造而形成的产物,即表生成岩作用的结果。区域大气流体系统改造使岩层发生了结构构造的变化,这种变化具有明显的分带性,各带对油气的意义各有不同。所以古风化壳储层不是简单岩溶的问题,而是一个统一的储集地质体。

古风化壳可以形成大规模油气储层,国内外已发现了许多重要的古风化壳油气田,如美国俄亥俄州中部摩罗县寒武系铜岭古风化壳储层潜山油气田、美国西得克萨斯州西部二叠系圣安德烈斯组古风化壳油田、我国的任丘油田、鄂尔多斯奥陶系顶部的古风化壳气田、塔里木盆地奥陶系古风化壳油气田等。

3. 埋藏溶解作用形成的碳酸盐岩储层

该类储层指碳酸盐岩受埋藏溶解作用而产生大量孔隙所形成的储集体。Mazzullo 等（1992）对公开报道的 16 个具埋藏溶解孔隙的碳酸盐岩储层情况做了统计，表明埋藏溶解孔隙在碳酸盐岩储层中的存在并非个别现象，并且在很多储层中它们是主要的储集空间。近年的有关研究成果表明，我国四川寒武系、石炭系、上二叠统、中下奥陶统的碳酸盐岩天然气储层中都发育有埋藏溶解孔隙。

（三）构造作用型储层

构造作用型储层主要为裂缝型储层，是构造作用形成储集空间。储层发育的裂缝决定着油气的渗透和运移，在储集空间上也占有重要的地位。当然，储集空间除了裂缝之外，常伴有其他的空隙和溶洞。

裂缝发育强度受岩石的力学性质、构造作用强度和表生成岩作用强度的控制。裂缝改善储层的某些特征。例如伊朗的加萨兰油田，一口井每日可从古新统破裂的阿斯玛利石灰岩产 80000bbl 石油，但该储层基质孔隙度只有 9%（Mcquillan，1985）。美国加利福尼亚西 Cat Canyon 油田，Monterrey 页岩基质孔隙度无法测量，但是有效裂缝孔隙度平均达 12%。

国外裂缝型油气田典型实例如原苏联卡利诺夫—斯捷潘诺夫二叠系卡利诺夫组裂缝型白云岩—石灰岩储层油田、扎曼库尔油田和卡拉布拉克—阿恰鲁卡白垩系石灰岩裂缝油田及委内瑞拉马拉开波盆地拉帕兹白垩系裂缝油田等。

二、中国碳酸盐岩储层特征

经过长期的勘探勘探，尤其对塔里木、鄂尔多斯、四川盆地储层的勘探研究，积累了丰富的资料。通过对碳酸盐岩沉积作用型、成岩作用型、构造作用型储层典型实例进行解剖，结合勘探实践，总结我国的碳酸盐岩储层主要类型有成岩作用型的古风化壳和白云岩储层、沉积作用型的生物礁和颗粒滩储层以及构造作用型的裂缝储层。由于风化壳储层、缝洞储层、礁滩储层、白云岩储层在后面的章节中有详细的阐述，本节简要概述。

（一）古风化壳储层

地壳表层的所有岩体无论它们的成因如何，受地壳表层各种风化营力作用最终不可避免的生成各种风化壳。古风化壳储层是水对可溶性岩石（碳酸盐岩、石膏、岩盐等）进行以化学溶蚀为主的表生成岩作用形成的特有的地质体。不等同于不整合面和侵蚀面，它代表了以岩溶作用为主的综合地质作用体系。

1. 岩溶地貌特征

岩溶地貌（喀斯特地貌）是具有溶蚀力的水对可溶性岩石（大多为石灰岩）进行溶蚀作用等所形成的地表和地下形态的总称。岩溶的形成以岩石的化学溶解为特征（也有部分侵蚀和浴蚀作用），因此，它的分布只限于可溶性岩石的分布地区，如石灰岩、白云岩、石膏、硬石膏分布地区。

1) 岩溶区地下水的分带及其运动特征

地表水和地下水的运动是碳酸盐岩地区岩溶发育的必要条件。碳酸盐岩裸露地表后，将遭受岩溶水不同程度的溶解、破坏，垂向上具分带性。其中任美锷等（1983）将岩溶地下水按水动力特征从上到下划分为垂直渗流带、季节变动带、水平流动带和深部缓流带(图2-18),李汉瑜等也建立了一个理想的岩溶剖面,垂向上潜水面之上为垂直渗流带,之下为水平潜流带;混合水带之上为水平潜流带,之下为深部缓流带。

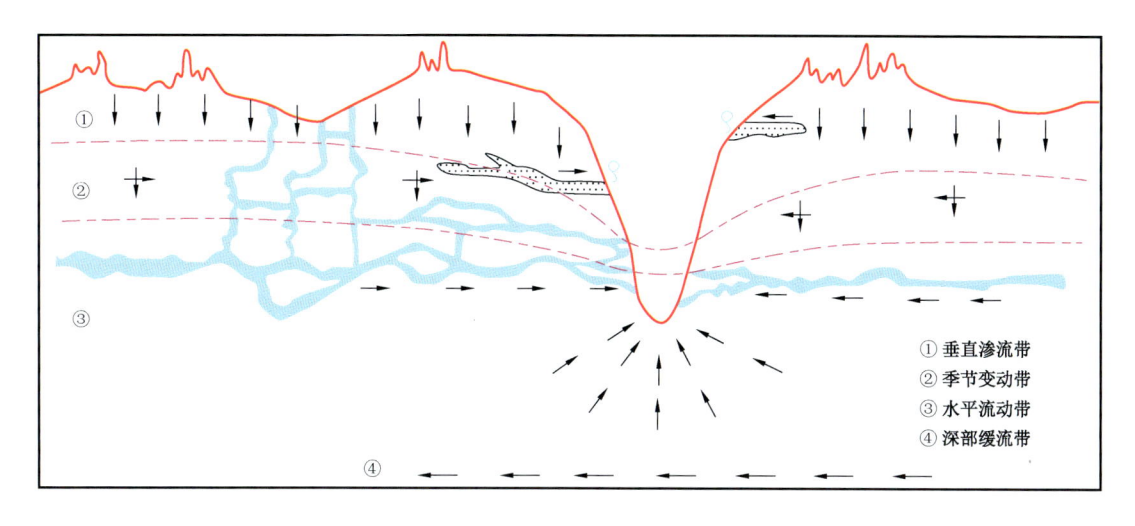

图2-18 岩溶水动力垂直分带(据任美锷等,有修改,1983)

垂直渗流带位于地表以下,最高潜水面以上的充气带,水流主要是沿着岩层中的垂直裂隙向下渗流,受重力梯度控制。垂直渗流带发育的岩溶以垂直形态为主,如石芽、溶沟、峰丛及漏斗、溶隙、孤立溶洞。垂直渗流带的厚度,取决于所处的地貌部位和潜水面的高低。

季节变动带位于垂直渗流带与水平流动带之间,受潜水面季节升降控制,存在地下水的水平流动和垂直流动呈同期性交替,因此垂直形态和水平形态的岩溶均有发育。季节变动带的厚度与岩溶化程度和不均一性有关,岩溶化程度越强,地下水的运动速度和交替越快,季节变动带的厚度也就越小,反之,岩溶化程度越弱,地下水移动越慢,其厚度就越大。

水平流动带也叫浅饱水带。此带的上限是枯水期的最低潜水面,下限要比主河床底部低得多。它的厚度与补给区高程以及排泄基准面的位置有关。岩溶水主要受压力梯度控制并沿水平方向流动。在潜水面附近,岩溶地下水交替快,溶蚀作用强,易形成水平的溶洞层。

深部缓流带位于水平流动带之下。在岩溶化岩层中,岩溶水仍然是饱和的,地下水的运动受排泄基准面的影响很小,地下水的运动和交替极为缓慢,因此,岩溶作用也非常微弱,以溶孔和溶蚀裂隙为主。

2)岩溶形态及类型

岩溶形态分为地表和地下岩溶。地表岩溶主要有溶沟、石芽、峰丛、峰林、孤峰、残丘干谷、半干谷、盲谷、溶蚀洼地、溶蚀平原及坡立谷、地表岩溶湖、间歇泉、泉华等类型。

地下岩溶主要有蚀空的喀斯特管道、地下河(湖)、溶洞、岩溶漏斗、落水洞、竖井、裂隙状溶洞、溶孔及呈堆积形态的石钟乳、石笋、石柱、石灰华等。喀斯特地表形态类型属正地形的主要有峰林、孤峰、残丘、喀斯特丘陵和石芽。负地形主要类型有落水洞、竖井、盲谷、干谷、喀斯特洼地、坡立谷、喀斯特平原、喀斯特嶂谷(峡谷)、溶沟与溶隙等。不同类型的岩溶形态形成于不同的水动力环境(表2-4),有规律分布。

表 2-4 岩溶地形分类表

形成部位	岩溶形态		
垂直循环带	地表	溶沟、石芽 峰丛、峰林、孤峰、残丘 干谷、半干谷、盲谷 溶蚀洼地、溶蚀平原及坡立谷 地表岩溶湖 间歇泉、泉华	
	地下	垂直溶蚀形态	岩溶漏斗 落水洞、竖井 裂隙状溶洞
		堆积形态	石钟乳、石笋、石柱
水平流动带		水平溶蚀形态	溶洞 暗河、伏流 地下湖 溶隙、溶孔

岩溶形态在其发育过程中由于有成因上的联系,各种岩溶个体形态常以不同特征的正负地形进行组合,如石芽与溶沟、峰丛与浅洼、溶丘与谷地、溶丘与洼地、孤峰或残丘与岩溶盆地或岩溶洼地,特别是地表和地下的岩溶在各个发育阶段都有一定的地貌形态组合,如石芽与溶沟、峰丛与浅洼的单个地貌组合的岩溶高地。地下岩溶由于以岩溶水沿裂隙垂向的淋滤溶蚀作用为主,因而主要形成溶隙和孤立溶孔(洞),地表岩溶以溶丘与谷地、溶丘与洼地单个地貌形态组合的岩溶斜坡或岩溶缓坡,其岩溶水既有垂向淋滤溶蚀,也有水平运动的溶蚀,故可形成垂向溶隙、溶孔(洞),也能形成水平溶孔(洞)及洞穴的地下岩溶;以孤峰或残丘与溶洼地或盆地组合的岩溶平原以夷平及充填作用为主,地下岩溶却以充填落水洞为主。综合分析研究地表岩溶与地下岩溶的形态组合,有助于从地表岩溶形态来研究地下岩溶发育情况,并进一步了解多个岩溶发育阶段的特征。

2. 岩溶作用的规模及主控因素分析

从勘探角度出发,根据岩溶作用的规模及主控因素分析,可以分为两大类,第一类可以称为大型岩溶作用,是指具有非常明显的地貌差异和发育良好的岩溶系统的岩溶作用,一般都与造山作用形成的大型不整合面有关,这些不整合具有跨区域或全球的分布特征,与二级层序界面相对应。根据岩溶体系的特点,可以划分为三个部分(图 2-19),即岩溶高地、岩溶斜坡和岩溶洼地。

岩溶高地为构造隆起的高部位,也是地形的高部位,老地层暴露地表,该区域主要以垂直渗流作用为主,垂向的溶洞比较发育,风化剥蚀作用比较强裂,储层以风化壳型为主;岩溶斜坡是大气降水由岩溶高地向岩溶洼地迁移的部位,流体作用比较活跃,垂向上可以分为渗流带和潜流带。渗流带流体垂向流动遇到隔水层就会沿孔渗好的层位向斜坡下顺层流动,从而使孔渗条件得到改善,如裂缝发育也会通过裂缝沟通层与层之间水系,在改善顺层孔渗条件的同时,使裂缝扩大,形成与层面垂直的缝洞储集体;在潜流面,沿潜水面的流体流动会形成较大的

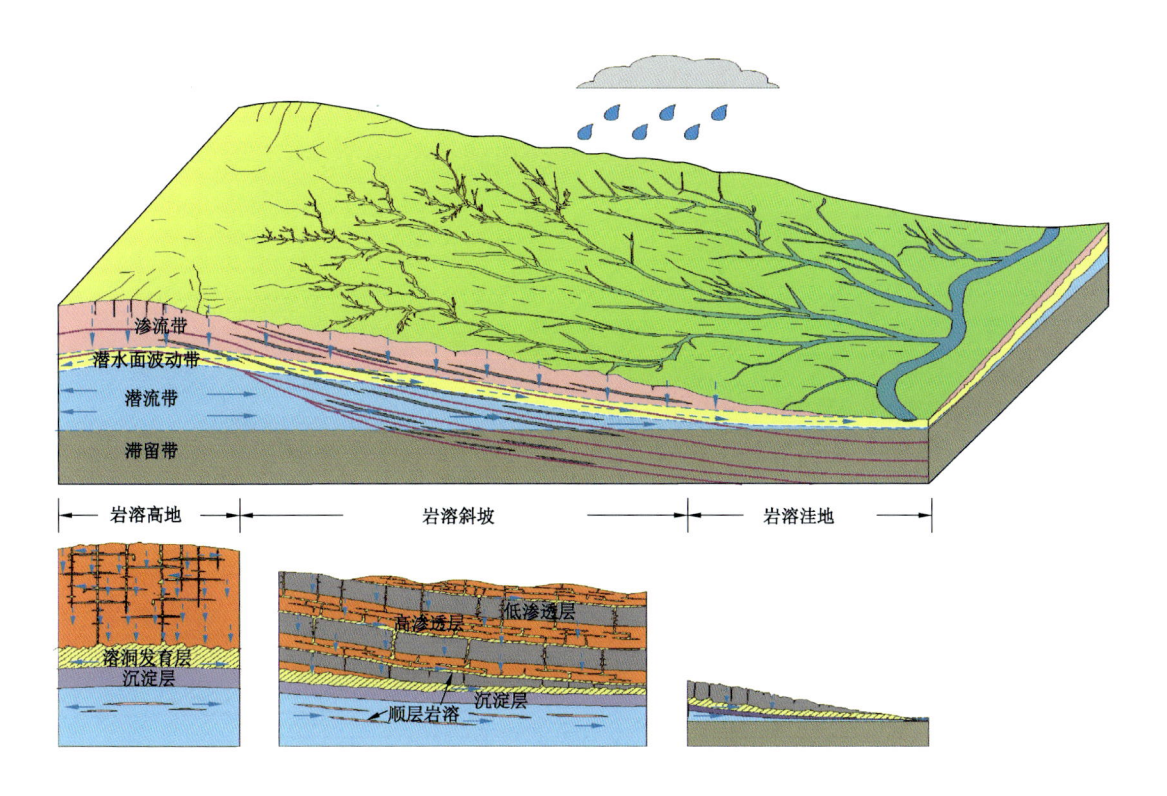

图 2 – 19　大型岩溶作用发育模式

近水平溶洞,随着潜水面的波动,这种近水平的溶洞也会呈现多层状分布;在岩溶洼地,流体作用渐趋缓慢,先期形成的孔洞往往被充填,因此,该带总体看,孔渗条件较差。但在构造活动活跃、裂缝比较发育的区域,也可以形成较好的储集条件,如塔里木盆地北部的哈拉哈塘地区。

第二类岩溶作用主要与海平面的升降有关,常与平行不整合有关,一般规模不太大,主要是形成表层的岩溶作用,地下的溶洞不太发育。由于此级别的岩溶作用是沿着层面发育,位于3级或4级层序界面之间,因此,也称之为"层间岩溶"(图2–20),其主要沿着海平面下降时形成的暴露面或平行不整合面发育,因此储层呈层状展布。

由于该类界面暴露时间不是太长,岩溶作用发育规模不大,主要表现为两部分,一个是近暴露面附近受淋滤和溶蚀作用影响,发育溶孔、溶洞,其规模一般在几米到十几米,储层物性中等。在地震剖面上一般表现为弱片状反射和表层弱反射。第二部分是由于当时构造作用形成张裂缝,岩溶作用沿张裂缝溶蚀扩大,形成与层面近垂直的落水洞,其深度可达几米到数十米,在地震剖面上该特征表现为不同级别的"串珠"状反射。落水洞一般由角砾或碎屑充填,孔渗性能较好,是比较好的储层。垂直溶蚀作用的发育程度与构造裂缝的发育密切相关,如鄂尔多斯盆地奥陶系岩溶作用中裂缝不发育,因此目前地震剖面上还没有发现呈串珠状反射的垂直溶洞系统。而塔里木盆地的层间岩溶系统中垂直溶洞比较发育,地震剖面上常见串珠状反射,这与裂缝的发育有关。

大型岩溶作用和层间岩溶作用在形成机制、发育规模和地貌特征均有所不同。但是从演化的角度分析,晚期形成的大型岩溶作用又常常会对早期形成的层间岩溶进行改造,从而形成较好的储层。

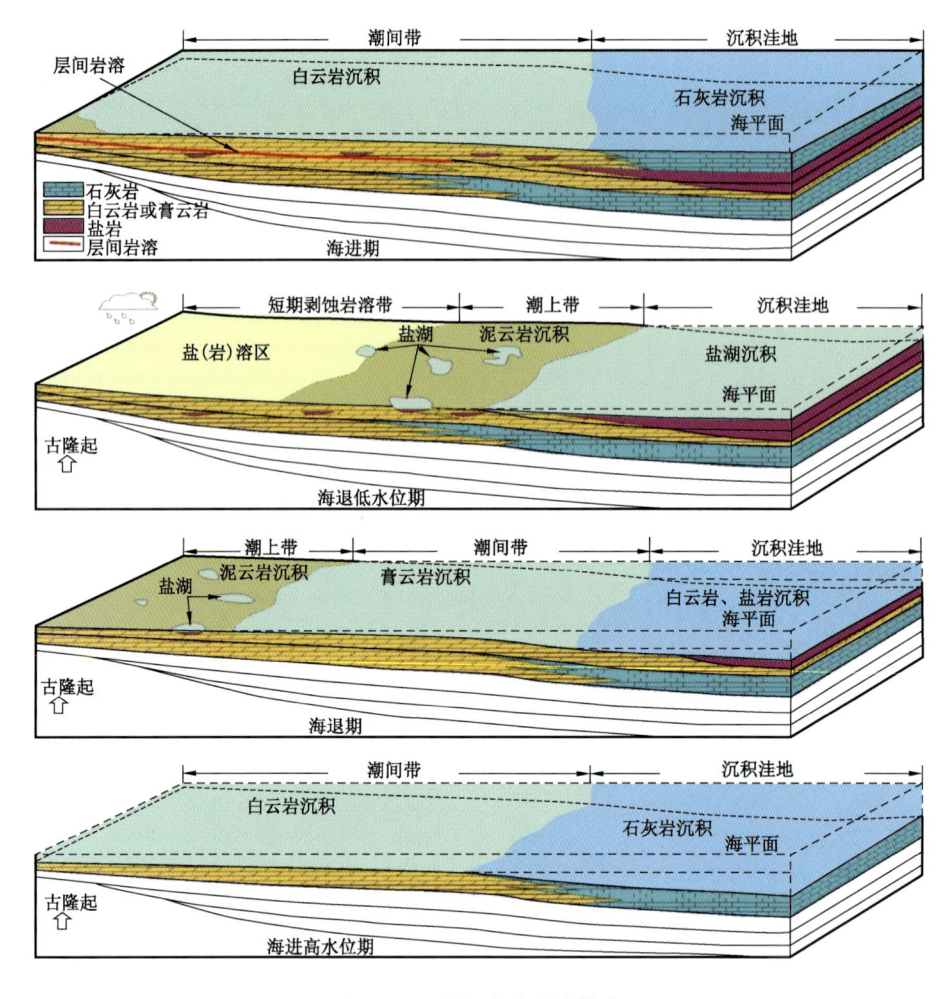

图 2-20 层间岩溶形成模式

3. 岩溶储层类型及特征

1）岩溶储层分类

岩溶储层的分类命名，首先要涉及岩溶类型的划分问题。这方面，目前岩溶学界尚无统一方案。张宝民等（2009）将岩溶划分为受侵蚀基准面控制和不受侵蚀基准面控制的两大类。前者为基准面（又称浅部）岩溶，包括潜山、礁滩体、内幕岩溶；后者为非基准面（又称深部）岩溶，包括顺层（承压）深潜流、垂向深潜流和热流体岩溶。对应不同的岩溶类型，形成相应的岩溶储层。赵文智、沈安江、潘文庆等（2013）基于塔里木盆地岩溶储层的实例研究，将岩溶储层细分为潜山（风化壳）、层间岩溶、顺层岩溶和受断裂控制岩溶储层四个亚类，其中，潜山（风化壳）岩溶储层又可根据围岩岩性的不同细分为石灰岩潜山岩溶储层和白云岩风化壳储层两个次亚类。根据前人研究成果，结合近期碳酸盐岩勘探进展，本文将岩溶储层划分为风化壳（潜山）、层间岩溶、顺层岩溶、断控岩溶、热液岩溶储层五类。

2）岩溶储层特征

风化壳（潜山）岩溶储层：古风化壳岩溶储层（习惯上也称之为古潜山储层）主要是指成岩后的碳酸盐岩经过较长时期的暴露及淡水溶蚀作用改造所形成的有效岩溶储层。风化壳（潜山)岩溶储层是我国碳酸盐岩最重要的一类储层,具有分布广、规模大的特点。这类储层广泛分布于塔里木盆地、鄂尔多斯盆地及华北地区的寒武—奥陶系中,已发现的大中型油气田有塔河油田、轮南油田、和田河气田、靖边(长庆)气田及任丘油田。另外还发现了一批中小型油气田,如塔里木盆地的塔中Ⅰ凝析气田、雅克拉凝析气田、英买32-33寒武系白云岩古潜山油气田。

整体来看,风化壳储层非均质性比较明显,具有纵向上分层、平面上分区的特点。在纵向上,由地表到地下可分为地表岩溶带、垂直渗流带、水平潜流带和深部缓流带。在横向上,古岩溶储层发育受古岩溶地貌的控制,分为岩溶高地、岩溶斜坡、岩溶盆地。古风化壳一般位于不整合面之下200~300m的深度,纵向上的地表岩溶带、垂直渗流带、水平潜流带和横向上的岩溶高地和斜坡是储集空间发育的地区(图2-21)。

层间岩溶储层:分布于碳酸盐岩内幕区,与碳酸盐岩层系内部中短期的平行(微角度)不整合面有关,准层状分布,垂向上可多套叠置。层间岩溶形成于海平面的短期升降或局部构造活动,比较典型的是塔里木盆地塔中北斜坡鹰山组层间岩溶。受加里东中期构造运动影响,塔中台地强烈隆升,缺失了中奥陶统一间房组和上奥陶统吐木休克组沉积,上奥陶统良里塔格组与鹰山组主体呈微角度不整合接触,形成了塔中北斜坡鹰山组上部的层间岩溶储层。不整合面之下鹰山组为较纯的石灰岩或石灰岩与白云岩互层,之上为良里塔格组含泥灰岩段泥质灰岩,测井响应特征截然不同。

顺层岩溶储层:分布于碳酸盐岩潜山周缘具斜坡背景的内幕区,环潜山周缘呈环带状分布,与不整合面无关,顺层岩溶作用时间与上倾方向潜山区的潜山岩溶作用时间一致,岩溶强度向下倾方向逐渐减弱,如塔北隆起南斜坡顺层岩溶储层。古隆起及斜坡背景为顺层岩溶储层的发育提供了地质背景,中加里东晚期—早海西期,随着塔北隆起的大幅度抬升,轮南低凸起向外延伸,形成轮南大型构造斜坡,潜山区遭受强烈的岩溶作用改造,围斜区中下奥陶统一间房组及鹰山组遭受强烈的顺层岩溶作用,形成大型的缝洞系统。

断控岩溶储层(参见图1-7):分布于断裂发育区,断裂诱导岩溶作用、大气淡水溶蚀作用导致溶蚀孔洞和洞穴发育,与不整合面及岩溶地貌无关。断控岩溶储层沿断裂分布,地层跨度大。在塔里木、四川盆地,断控岩溶十分普遍,由于断裂的作用导致断裂带及其附近岩石的强烈破碎或破裂,从而大大改善了岩石的透水性能,地表淡水沿裂隙向下渗透形成地表及淋滤带岩溶。大量沿断层向下渗透的大气水在到达潜水面深度时则向断层两侧水平扩散流动,形成颇具规模的水平洞穴带。断裂岩溶是岩溶体系的重要组成部分,受断裂和裂缝控制,溶蚀孔洞及洞穴发育,储层深度跨度大,大型洞穴较常见于断裂的交汇处,油柱高度大,受断裂控制明显。

热液岩溶储层:热液岩溶是指热液流体沿裂隙或断裂对碳酸盐岩的溶蚀作用,其结果使碳酸盐岩储层的储集性能得到很大改善。近年,随着塔里木盆地下古生界油气勘探的持续推进,分别在野外露头、塔中地区相关探井奥陶系储层中发现有萤石、闪锌矿、天青石、重晶石、硬石膏、焦沥青及热液石英等一系列热液矿物及其组合。越来越多的地质资料表明热液岩溶储层可能是塔里木盆地下古生界碳酸盐岩油气勘探中被忽视的一个重要储层类型,其形成机理可能与潜山风化壳和礁滩体两类储层存在差异。近几年,热液岩溶储层在四川盆地、鄂尔多斯盆地都有所发现,越来越受到重视。

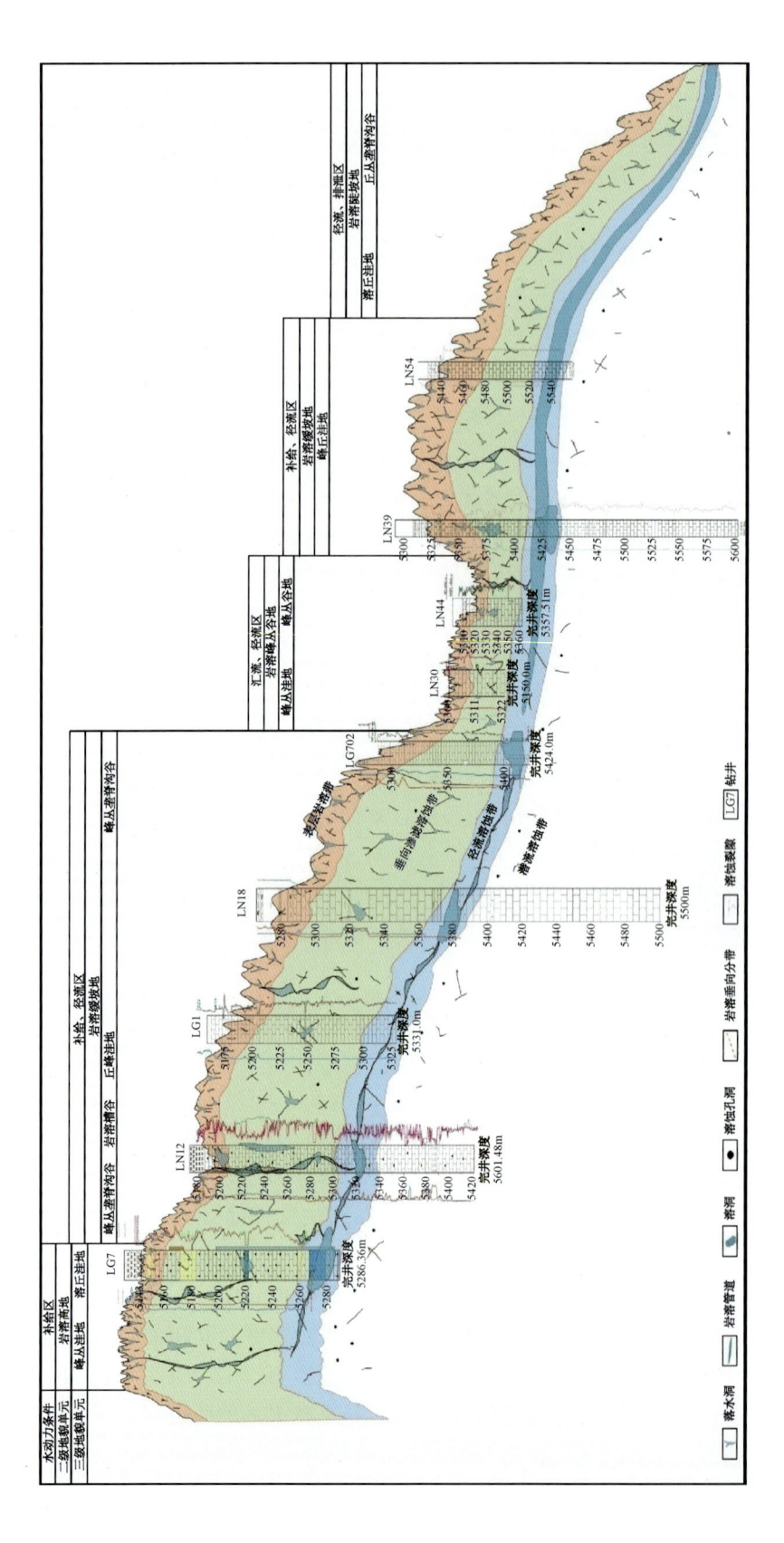

图2-21 风化壳(潜山)岩溶储层发育模式图(据塔里木油田公司, 2017)

(二) 礁滩型储层

广义生物礁一般包括生物礁、礁丘、灰泥丘、生物层和礁复合体。滩包括生物滩（原地生物滩、异地生物滩）、颗粒滩（鲕粒滩、豆粒滩、核形石滩等）、碎屑滩（生屑滩、砂屑滩、砂砾屑滩、生屑砂屑滩、生屑砂砾屑滩等）。礁滩储层受沉积环境和沉积相的控制，台缘相带尤其发育。国内外对礁滩储层的发育环境、沉积相带都有详细的总结。

1. 台缘生物礁滩储层

台缘生物礁滩储层形成于台地边缘，地震剖面上表现为明显的丘状、楔状特征。如剑阁地区长兴组台地边缘礁，从地震预测来看，为杂乱—空白反射，具明显的凸起形态。岩性主要为灰色亮晶生屑灰岩、鲕粒灰岩或鲕粒云岩。曲率属性平面图显示台缘北西—南东向展布，台缘带较窄，LG63、62 井区台缘生物礁规模较大（参见图 1-3）。台缘生物礁储层地质分布规律明显，储层较厚、面积大，可形成大中型油气藏。

早古生代早期，造礁生物演化经历了六个主要发展阶段，具有全球性演化规律特征，其盛衰变化在中国南方礁丘的时代分布上反映较为明显。早泥盆世至晚泥盆世早期，为生物礁发育的首次鼎盛期，已发现的礁体达 97 个，而至今尚未发现晚泥盆世晚期（法门期）的生物礁；二叠纪是第二次鼎盛期，已发现该时期的礁丘达 148 个，生物特征显著，而至今也尚未发现早三叠世时期的礁体。中国南方这一礁丘时代分布特征恰好与 F/F 和 T/P 两次全球性巨大生物绝灭事件相吻合。因此在南方寻找生物礁型油气藏时，除了应当重视本区构造演化的控制作用外，还应格外注意全球性生物演化规律的控制作用。碳酸盐岩沉积受控于水动力条件，台缘生物礁和颗粒滩一般共生，形成礁（丘）滩沉积相带。如塔里木盆地塔东 GC 地区寒武系发育四期丘滩体（图 2-22），四期丘滩体从西往东向盆地进积特征明显，丘滩体轴向与台缘走向一致，呈近南北向展布。第一期丘滩体面积 373km²，第二期丘滩体面积 390km²，第三期丘滩体面积 400km²，第四期丘滩体面积 285km²。目前，仅 CT1 井钻遇第三期丘滩的主体部位，以灰质云岩为主。

塔中北坡受塔中 I 号断裂带（坡折带）控制，良里塔格组发育镶边台缘带礁滩体储层。礁滩体主要位于良里塔格组上部 150m 范围内，储层单层厚度 3～6m，储层纵向叠置，横向连片，形成沿台缘高能相带广泛分布的具非均质性变化的储层。储层岩石类型主要为颗粒灰岩和礁灰岩。颗粒灰岩主要是藻砂砾屑灰岩、藻砂屑灰岩、生物灰岩、泥晶生屑灰岩、亮晶鲕粒灰岩等，礁灰岩主要为生物作用形成的石灰岩，而储层主要发育在颗粒灰岩中。礁滩体在沉积成岩过程中孔隙并不发育，而形成储层的岩石多为次生的溶蚀孔洞及裂隙等。储集空间分为两类，均为次生的，宏观的如溶蚀孔洞、大型溶洞等，呈半充填—无充填状态；微观储集空间有粒间溶孔、粒内溶孔、晶间溶孔和微裂缝。储层内还发育构造缝、溶蚀缝、成岩缝等多种类型的裂缝，其对储层的特性起到非常积极的作用。这些位于台地边缘和陆棚边缘的生物礁建造在缓慢的相带旋回及演化中在相近的区域形成多层礁滩叠置的特点（图 2-23），其本身就富含部分孔隙及有机质，受构造运动影响会形成大量定向的裂缝；在短期台地抬升或海水下降台地接受剥蚀时，生物礁滩也受到风化岩溶及顺层溶蚀作用，形成大量次生溶孔。经对比研究可知，高能环境下形成的生物礁滩建造相对于其他类型的碳酸盐岩来说更易于形成裂缝及溶蚀孔洞，形成优质储层。

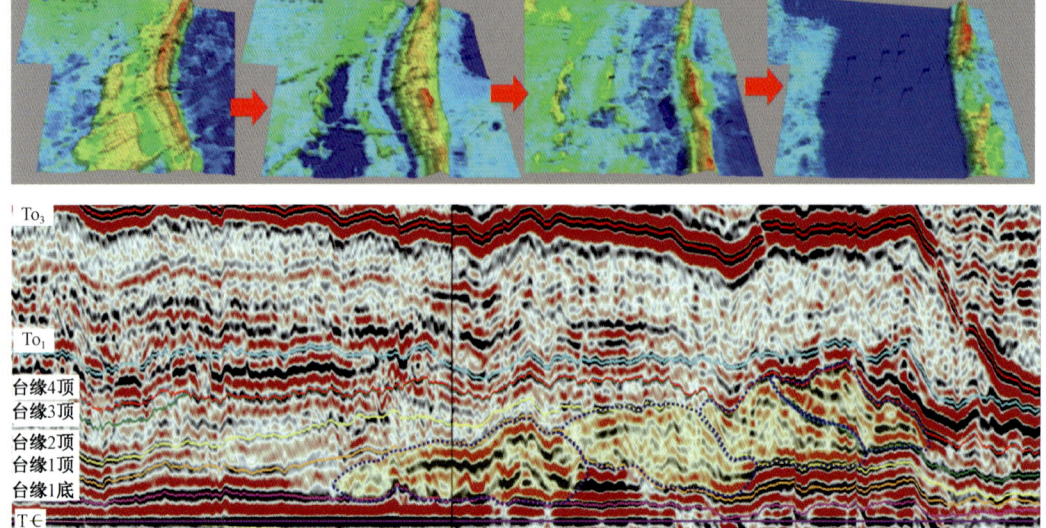

图 2-22　塔里木盆地寒武系台缘带地震反射特征

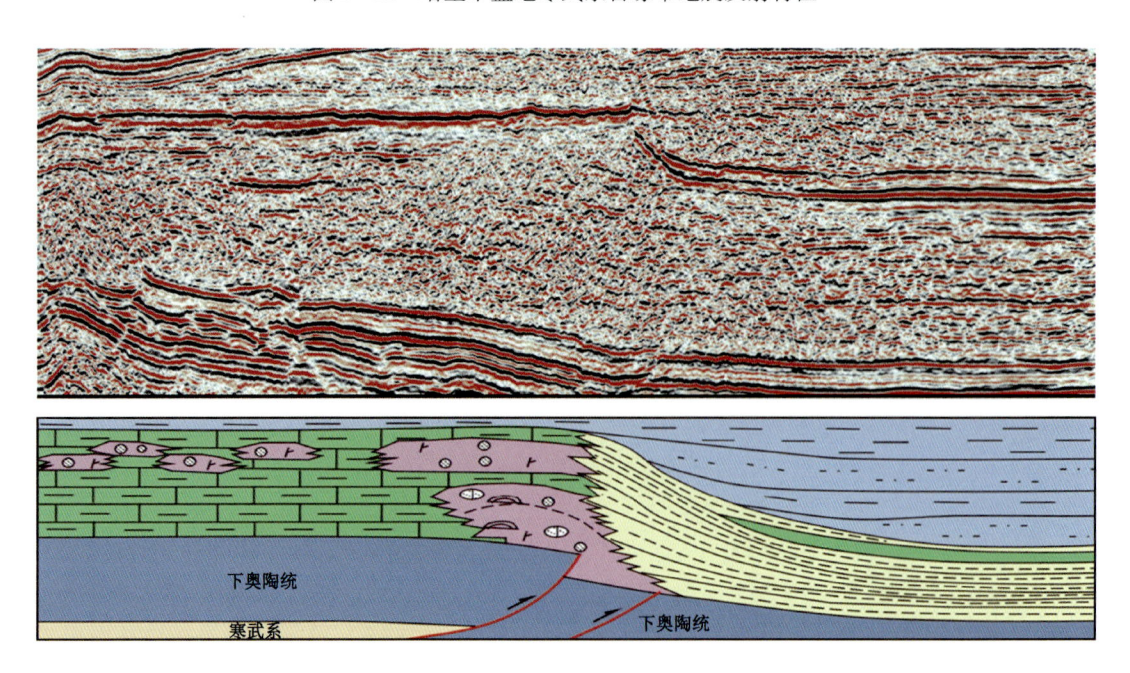

图 2-23　过 TZ82 井上奥陶统礁滩体地震剖面及叠置模型图

2. 颗粒滩储层

颗粒滩形成于碳酸盐斜坡的高能相带、宽阔陆架和镶边碳酸盐岩台地的边缘。在这些背景下，颗粒滩常形成沿沉积倾向和走向的滩体。

碳酸盐缓坡是指从岸线向盆内具有缓慢倾斜的斜坡（通常坡度小于1°），为近岸高能带沉积。沿碳酸盐岩缓坡台地可形成滨岸和滨外颗粒滩。受海平面升降的控制，在地形平缓的古背景下，尤其在古陆缘海，可侧向叠置、平面大面积分布颗粒滩。如四川盆地龙王庙组颗粒滩沉积。在经过沉积充填后，龙王庙组沉积时古地貌背景平缓，海平面稳定上升，颗粒滩向斜坡上倾方向层层退积，地震剖面表现为颗粒滩首尾部分叠置、逐渐爬高的特征；在平面上，沿斜坡呈条带状、局部叠置、大面积分布的颗粒滩储层，为大型气田形成提供了良好的储层条件（图2-24、图2-25）。

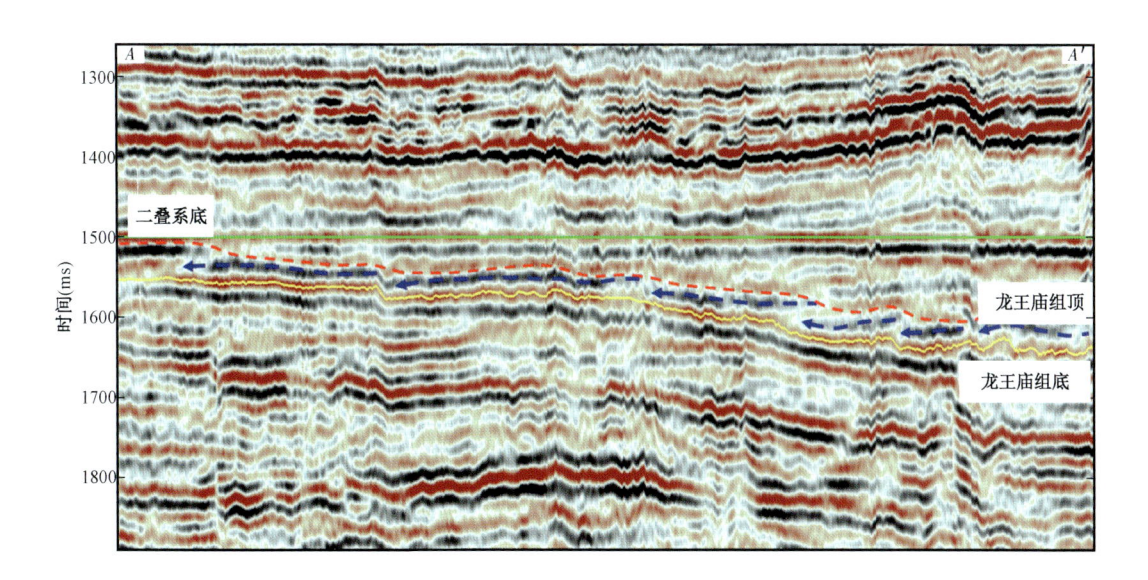

图2-24 四川盆地GM地区寒武系龙王庙组颗粒滩地震剖面特征

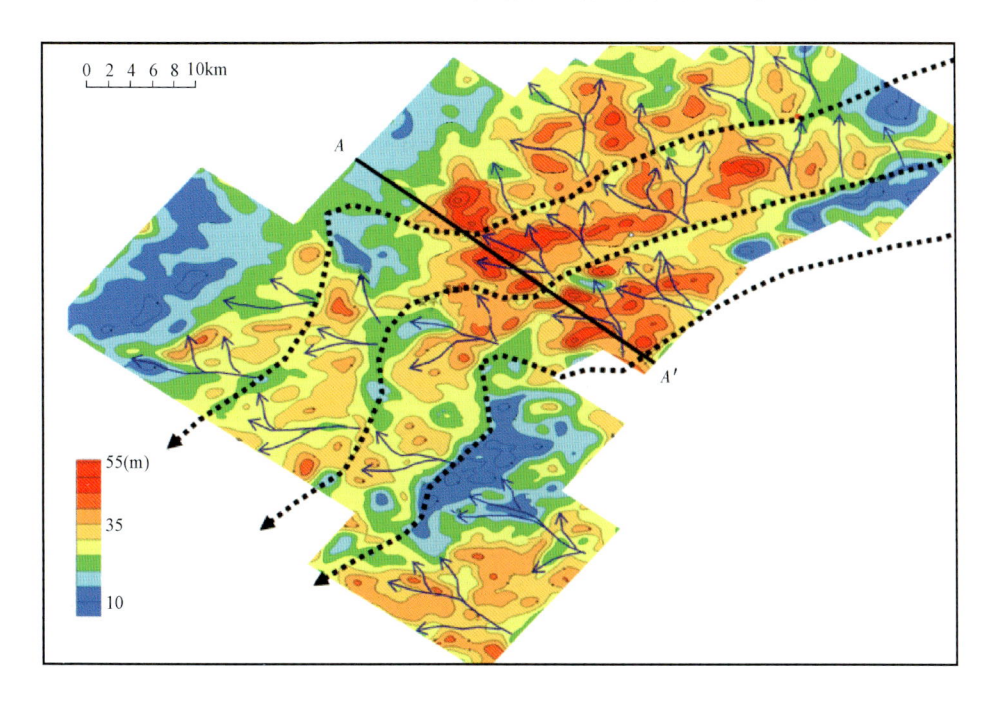

图2-25 四川盆地GM地区寒武系龙王庙组储层厚度预测图

（三）白云岩储层

世界上从碳酸盐岩储层中发现的油气储量接近世界油气总储量的50%，在碳酸盐岩储层中，又有约50%的油气产自白云岩储层。世界碳酸盐岩油气田储层时代主要以中新生代为主，我国碳酸盐岩油气田主要以古生代油气田为主，时代越老，白云岩储层越发育。四川、塔里木和鄂尔多斯三大克拉通盆地不断获得重大发现和重要突破，如四川盆地的威远、安岳、卧龙河、五百梯、罗家寨、普光气田、鄂尔多斯盆地的靖边气田、塔里木盆地的轮南、塔河油田等。在这些海相碳酸盐岩勘探重要发现中，白云岩储层占了2/3，占有明显优势。这些碳酸盐岩储层的埋藏深度普遍较大（一般大于4000m），这也是我国海相碳酸盐岩油藏的一个重要特点。白云岩中丰富的次生孔隙被认为是碳酸盐岩中极好的油气储集空间，但白云岩的成因问题，自发现之日起一直是地质学家们感到困惑的一个难题。问题主要集中在白云石的原生沉淀与次生交代、白云岩形成的热力学及动力学机制、镁的来源、白云岩化（水或流体动力）模式。关于白云岩的形成模式，张宝民等（2009）进行了详细总结。其中萨布哈蒸发泵白云石化模式和回流渗透白云石化模式已经受到了普遍认可；混合水白云石化模式、出溶白云石化模式受到持续挑战；海水泵吸白云石化模式、埋藏白云石化模式、构造挤压白云石化模式、地形补给白云石化模式受到了广泛关注；热液白云石化模式（构造热液、火山热液、变质热液）和微生物白云石化模式已经作为新的主流模式成为人们关注的热点，尤其是微生物白云石化模式为今后解决"白云石"问题提供了一个全新的视角（王茂林、周进高等，2013）。目前，针对塔里木盆地的寒武—奥陶系、四川盆地的二叠—三叠系、鄂尔多斯的奥陶系，如何识别落实白云岩分布是勘探生产急需解决的问题。

鄂尔多斯盆地下奥陶统马家沟组白云岩可分为泥微晶白云岩、晶粒白云岩和溶蚀残余白云岩三类。泥微晶白云岩常与石膏伴生，该类岩石为近地表的与海水相关的流体白云石化。晶粒白云岩为埋藏条件下与海水相关的流体白云石化。这两种白云岩受后期大气淡水不同程度的改造，形成了溶蚀残余白云岩。马家沟组白云岩中所发育的晶间缝、溶缝、晶间孔、晶间溶孔、溶孔和溶洞中，以晶间孔、晶间溶孔和溶孔为最主要的储集空间类型。泥微晶白云岩的孔隙度和渗透率均较低，难以构成储层；晶粒白云岩中的细—中晶白云岩具较高的孔隙度和渗透率，可成为良好储层；溶蚀残余白云岩具高孔隙度和高渗透率，为优质储集岩。溶蚀残余白云岩主要分布在盆地中东部马家沟组五段上部和天环地区马家沟组四段上部，细—中晶白云岩多见于天环地区马家沟组四段中下部、盆地中东部马家沟组五段下部以及盆地南部和东南部马家沟组一段和六段中，这些地区可成为盆地白云岩型储层勘探的重点地区（苏中堂、陈洪德等，2013）。

四川盆地白云岩储层也有多种成因类型，其中广泛分布于台内的未经长期古风化岩溶改造的层状白云岩储层主要有分布在古隆起震旦系、川东石炭系、川西北雷口坡等，这些储层均属半局限—局限台地内沉积的准同生白云岩或石灰岩经准同生成岩期白云石化改造而来。

塔里木盆地震旦系、寒武系、奥陶系广泛发育白云岩。关于白云岩的成因，2000年至今，许多专家、学者已做了很多研究，总结起来主要有萨布哈蒸发泵、渗透回流、埋藏、高温热液和混合水五种成因类型。寒武系、奥陶系广泛发育白云岩储集空间，主要为孔隙和裂缝。孔隙白云岩储层表现出较好的储渗能力，主要为细—粗晶白云岩。缝洞储层和断裂有关。塔里木白云岩优质储层多为构造热液、风化溶蚀和浅埋藏白云岩。

(四)裂缝型储层

裂缝型储层孔隙空间的形成和孔隙的形成有很大不同。无论在控制因素或形成时间上都不一样。裂缝的成因有四种:构造作用、地层负荷、成岩作用和风化作用。裂缝型储层可形成于各种地层和岩性中。

成岩作用导致的裂缝是指沉积物在成岩作用过程中,由压实和失水作用而形成的裂缝。它往往呈单个产出并成层分布。这种裂缝已知在薄层内较发育,但是张开度较小。相反,在厚层中这些裂缝较稀少,而张开度较大。因此,厚度较小的地层中成岩裂缝强度较高;但由于张开度较小,水运动的可能性很低,相反,在厚层成岩裂缝中水更易于运动。

在埋藏深处的地层中地层负荷的改变也可以产生裂缝,岩石处于体积压缩的状态,往往阻碍成岩裂缝和构造裂缝的张开。但是,去掉上覆地层负荷,可使原来的成岩裂缝和构造裂缝张开,并可形成新的裂缝。这是由岩石的膨胀性所致。地层负荷改变所产生的裂缝,往往与地下水循环有关。在碳酸盐岩的成岩作用过程中,压溶作用可以产生缝合线,这种缝合线常常是不规则的,并常与各种裂缝共生。这些共生裂缝包括张裂缝、释放裂缝、缝合线缝。

风化作用产生的裂缝是通过淋滤溶解改变裂缝渗透性的重大原因。这种风化淋滤溶解不仅发生在风化表面,而且可以渗透到深部。它主要是通过已有的空隙和裂缝,使它们扩大,甚至把彼此孤立的空隙联系起来,形成多孔的地段。如果风化作用非常强烈的话,就可能形成喀斯特灰岩。这些现象在不整合面附近非常强烈。例如我国的任丘油田、美国二叠系下部和石炭系的油藏都与喀斯特有关。原苏联卡夫喀泽上白里统也有喀斯特现象。世界很多油田都与这种裂缝石灰岩有关。这些岩石基质孔隙不高,但是裂缝发育。碳酸盐岩的高产井往往与发育的洞穴和裂缝系统有关。

构造作用缝是最常见的类型,裂缝的发育和区域或局部构造有关。裂缝的分布、力学性质受应力场控制,与断层伴生的裂缝通常是由产生断层的同一应力状态所产生,断层对裂缝发育程度的影响涉及许多因素。与褶皱有关的裂缝按其与褶皱轴的关系可分为横向、纵向和斜向裂缝。构造缝一般分为立缝、斜缝和网状缝,前两者组系分明、缝壁平直、切割力强、延伸较远、期序明显,后者不规则、破碎状,切割围岩呈杂乱状。

在四川、塔里木等盆地,裂缝对碳酸盐岩储层的改造十分重要,裂缝也是一种重要的储层类型。断裂发育部位同裂缝和岩溶储层的发育密切相关。利用解释技术,可有效落实断裂的展布和裂缝发育区带的预测。如针对四川盆地九龙山地区二叠系,利用相干、曲率分析技术,落实了断裂平面展布,预测了裂缝有利区带。

对于碳酸盐岩,裂缝的发育不仅可形成裂缝型储层,而更重要的是为岩溶储层的发育创造了十分有利的条件。如塔里木盆地晚加里东—早海西期的大规模走滑断裂体系的作用,造就塔北、塔中隆起广泛分布的缝洞体系。

第四节 碳酸盐岩沉积地震相特征

一、地震相分析

地震地层学是美国石油地质学家协会全国代表大会于1975年举行的第一届关于地震地层学研究讨论会确定下来的,1977年公开出版了 Charles E. Payton 主编的《地震地层学在油气勘探中的应用》专题论文集(牛毓荃、徐怀大等译,1980)。在该书的第二部分,详细描述了地震反射结构在地层学解释中的应用,同时该书 P. R. Vail 两篇经典论文首次系统阐述了层序地层学的基本概念、定义和关键术语,标志着层序地层学的诞生。20 世纪 80 年代,以美国埃克森石油公司 P. R. Vail 为首的研究集体在新思想指导下开展了大量研究工作,层序地层学不断丰富和完善,在理论和油气实践应用中取得长足进展。

层序地层学的广泛和深化应用得益于地震勘探技术的不断进步,尤其是高精度三维地震勘探技术的发展,使地震勘探资料解决构造、沉积等地质问题的能力不断提高。在实际工作中,要做好地震地层学、层序地层学的研究工作,地震相分析是重要的基础工作,且它在碳酸盐岩沉积环境和沉积相识别等方面有其独到的作用,是一种简捷有效的方法。因此有必要掌握地震相分析的一些基础知识。

地震相分析就是分析地震勘探资料的内部结构和外部形态,帮助确定沉积岩石的沉积环境和储层发育位置。通常,不同的沉积岩产生不同的地震相。例如,礁丘地震相明显不同于水下扇和三角洲体系。因此,每种沉积体系有其特定的地震相。以前,面对二维地震勘探资料,主要靠手工完成地震相解释。目前,三维地震勘探资料勘探技术不断向前发展,先进的解释技术可自动完成对地震属性的提取,生成地震相图。

地震相分析常用的参数包括反射结构、连续性、振幅、频率和层速度等,这是因为这些参数有相应的地质含义。地震反射结构在成因上主要与层理模式、沉积过程、原始沉积地形和水深以及后来出现的流体接触面等有关。反射的连续性取决于层理的连续性。反射振幅与密度—速度差、地层间距和流体成分有关。层速度的大小可反映岩性、孔隙度和流体成分。地震相单元的外形和平面分布关系与总的沉积环境、地质背景有关。依据地震反射终止方式、反射结构及外部形态,地震相类型划分见表 2 - 5。

表 2 - 5　地震相类型一览表

地震反射	示意图	名称	地质信息
反射终止方式		侵蚀削截	不整合;地表或水下产生的层序边界
		顶超	主要为无沉积而非侵蚀产生的上边界
		上超	陆架环境,相对海平面上升;深海环境,适当的沉积速率和坡度;侵蚀河道,低能充填
		下超	沉积物饥饿(至少在下边界水平处)
主要地震反射结构		平行	均匀沉降陆架或稳定盆地平原上均一的沉积速率
		亚平行	通常在充填区;也可是平行反射结构被海流扰动的结果
		平行间夹亚平行反射	一般稳定的构造沉积环境;可能为冲积平原,含杂质中等颗粒沉积

续表

地震反射	示意图	名称	地质信息
主要地震反射结构		坡状平行	拆离面上平行地层挤压褶皱,或底辟席状披盖;悬浮非常细的颗粒沉积
		发散	沉积期间,枢纽线之上的沉积界面渐进倾斜
		杂乱	高能沉积(堆丘、下切和充填河道作用)或主要是沉积后的形变(断裂作用,超压泥岩)
		无反射(空白反射)	火成岩,盐岩,单期礁内部
		局部杂乱	由地震或重力不稳定触发的滑塌(一般为深海);尤其是快速未分异沉积
前积结构		S形	伴有加积作用的海退建造作用;适度的沉积物供应加上相对海平面的快速上升;低能沉积区,如前积斜坡;一般细粒沉积
		斜切	仅海退建造作用;适度至大量的沉积物供给;相对海平面稳定;高能沉积区,如三角洲;一些粗粒的沉积物在三角洲平原上,如河道和沙坝内
		斜平行	斜切的变种;沉积物可能分选好
		S形—斜切复合	S形—斜切加积与过路沉积局部交互;典型剖面为穿过低能前积斜坡内高能的三角洲朵叶
		叠瓦状	进入浅水的海退建造作用;通常为低能区
		丘状起伏	进入浅水的小的指状交错沉积朵叶(典型在三角洲间);适中能量区
河道充填结构		上超充填	伴有加积作用的海退建造作用;适度的沉积物供应加上相对海平面的快速上升;低能沉积区,如前积斜坡;一般细粒沉积
		丘形上超充填	至少两期高能充填
		发散充填	可压实(泥岩为主)低能沉积;地堑充填后期阶段的特点
		前积充填	沉积搬运跃过边缘,或沿着河道弯曲处产生
		杂乱充填	高能充填
		复合充填	沉积物源区和/或水流变化

续表

地震反射	示意图	名称	地质信息
碳酸盐背景内的丘形结构		丘形无反射	点礁或塔礁;披盖表明翼部沉积更易压实(很可能是泥岩)
		具速度上拉的塔礁	点礁或塔礁;多期生长,可能多孔隙
		具速度下陷的滩边	陆架边缘礁,具很高的孔隙度;上覆沉积可能以碳酸盐岩为主
		滩边前积斜坡	陆架边缘礁侧翼及上覆碎屑岩;沉积物供应变化
其他背景内的丘形结构		扇形复合体	近沉积物入口扇的横剖面
		火山丘	早期的汇聚边缘;裂谷盆地中部裂谷活动
		混合扇形复合体	不同扇侧向合并,朵叶叠加
		迁移波状	主要为洋流,深水

  地震内部反射结构主要包括平行、亚平行、发散、前积斜坡(S形、斜交、S形—斜交复合、叠瓦状、乱岗状斜坡)、杂乱、无反射。席状反射是地震剖面上最常见的外形之一,其主要特点是上下界面接近于平行,厚度相对稳定,一般出现在均匀、稳定、广泛分布的前三角洲、浅海、半远洋和远洋沉积中。席状披盖反射层上下界面平行,但弯曲地盖在下伏沉积的不整合地形之上,它代表一种均一的、低能量的、与水底起伏无关的沉积作用。席状披盖一般沉积规模不大,往往出现在礁、盐丘、泥岩刺穿或其他古地貌单元之上。楔状也是常见的外形之一,其特点是在倾向方向上厚度逐渐增厚,而后地层突然终止,在走向方向则常呈丘状。楔状代表一种快速、不均匀下沉作用,往往出现在同生断层的下降盘、大陆斜坡的三角洲、浊积扇、海底扇中。透镜状以双向外凸为特征,上部为丘形、下部为谷形,总体上为中间厚、两边薄的透镜状。这种反射构造所代表的沉积体可以产生于多种沉积环境中,一是中间沉降速率和沉积速率大、两边速率小所造成,即原生成因;二是中间砂岩发育,两边泥岩发育,成岩过程中由于差异压实作用而形成,即次生成因。这两种原因通常共生。这种构造具有重要的指向意义,大型的透镜状反射往往是三角洲前积作用或继承性主河道的反映,而小型透镜状反射所代表的沉积体几乎可以在每一种沉积环境中出现。丘形以底平顶凸为特征,底部的同相轴连续平缓,顶部的同相轴上凸,形成沙丘状,通常为高能沉积作用的产物。大多数丘状反射是碎屑岩或火山碎屑的快速堆积或者生物生长形成的正地形的表现。充填型代表侵蚀河道、海底峡谷、海沟、水下扇、滑塌堆积等。

  地震内部反射结构指的是地震剖面上层序内部反射波之间的延伸情况和其相互关系。它们是鉴别沉积环境最重要的地震标志。平行与亚平行反射结构往往出现在席状、席状披盖及充填型单元中。平行与亚平行反射代表均匀沉陷的陆架三角洲台地或稳定的盆地平原背景上的均速沉积作用。发散反射结构一般出现在楔状单元中,说明沉降速度差异和不均衡沉积。在滚动背斜上,三角洲前缘砂岩和页岩反射层系向同期形成的同生断层方向有明显的发散现象。前积反射结构在地震剖面上最容易识别,它是陆架—台地或三角洲体系向盆地方向迁移过程中沉积在前三角洲或大陆坡环境内岩相的地震响应。乱岗状反射一般代表前三角洲或三角洲之间的指状交互的朵叶地层。杂乱反射结构反映高能环境沉积,如滑塌、河道充填复合体。构造作用也可形成杂乱反射。无反射代表均质厚层快速连续沉积,有时也反映陡倾的砂岩、厚层泥岩、火山岩、盐岩、碳酸盐岩。

碎屑岩基本上是异地母岩经风化、侵蚀、搬运而在烃源岩区以外沉积,而碳酸盐岩则基本上是原地生物化学沉积的产物。因此环境对碳酸盐岩的形成和性质有重大影响。从远洋到陆地,碳酸盐岩沉积环境的差异造成了沉积类型及特征的不同,这种差异造成了地震相平面分带特征明显(图2-26)。典型的碳酸盐沉积环境对应相应特征的地震相。

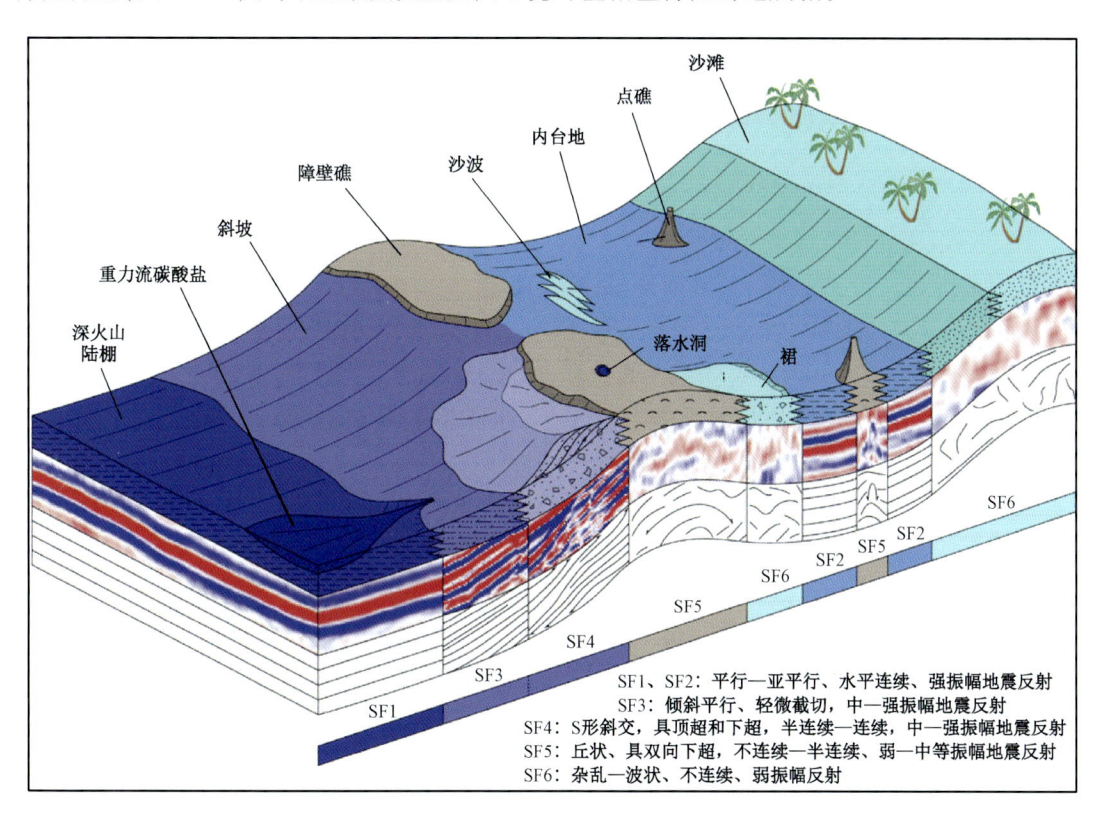

图2-26 碳酸盐岩主要沉积环境地震相特征示意图

二、碳酸盐岩地震相特征

(一)盆地(远洋沉积)地震相

碳酸盐岩远洋沉积是在浪基面以下的低能量环境下沉积的,其正常岩性是均质微晶灰岩(白垩)或者是碳酸盐岩与页岩的互层。均质微晶灰岩或白垩地层,其上下界面通常为平行、连续的强振幅反射,其频率、相位和振幅相对均一,对应图2-26中的SF1(地震相)。而介于顶、底反射之间的有一定厚度的微晶灰岩或白垩的内部,是基本上无反射的空白带,如西欧上白垩统的盆地相远洋均质灰岩。塔里木盆地东部发育寒武系典型的台缘—斜坡—盆地沉积,有丘状杂乱反射—S形斜交前积反射—平行连续强振幅反射(盆地相)(图2-27)。钻探证实盆地相为灰色、深灰色泥灰岩、泥岩沉积。

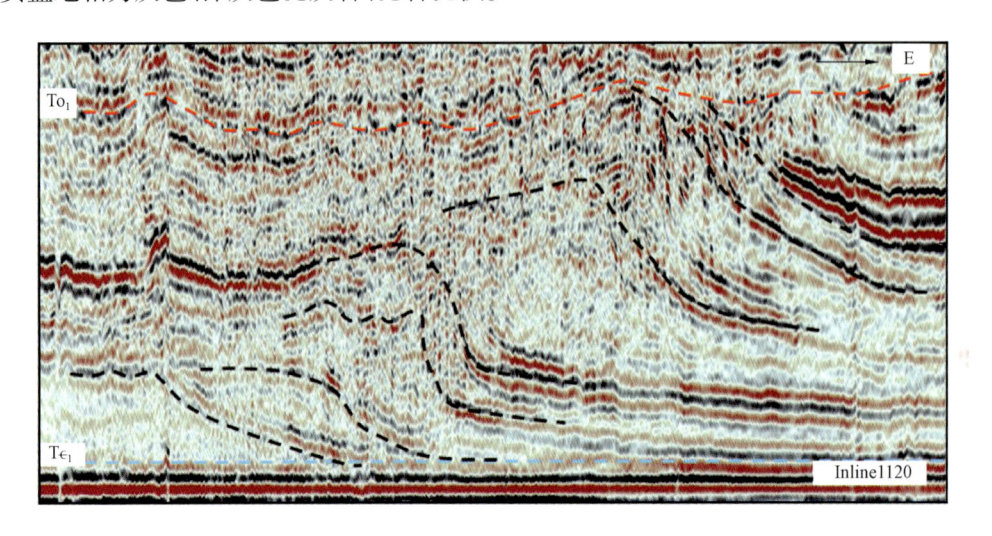

图2-27 塔里木盆地LN地区寒武系台缘—盆地地震相特征(拉平早寒武统顶)

(二)斜坡重力流地震相

重力流碳酸盐岩在斜坡沉积中占有重要地位。重力流块体运动有崩塌、滑动和流动三种基本类型。米德莱和汉普顿根据沉积物在块体流动中的支撑机理把重力流划分为碎石(屑)流、颗粒流、液化流和浊流四类。重力流碳酸盐岩沉积分布与台地边缘和斜坡类型等有关。斜坡重力流碳酸盐岩体系有独特的地貌、形态和结构特征,因此其地震相特征也易于识别。

沿大巴哈马滩的西北边缘,高分辨率的多波束测深图揭示了高80～100m的陡崖和庞大的碳酸盐岩块体流复合体。新近纪来自东部前积台地的物源形成了块体重力流斜坡裙碳酸盐岩和沿斜坡脚从南到北的厚层、长条状的偏泥质漂移等深流沉积。块体流起因于中斜坡的崩塌,底部有明显的滑脱面,斜坡上部有侵蚀沟道。块体重力流斜坡裙碳酸盐岩在地震剖面上为典型的杂乱反射地震相(图2-28)。

世界上发现了众多的重力流沉积碳酸盐岩油气田。墨西哥东部的Poza Rica油田是世界上最大的深水碳酸盐岩油田,储层为下白垩统Tamabra组岩屑裙。岩屑来自浅水Tuxpan孤立台地,围绕台地形成岩屑裙。从厚层的EL Abra组台地沉积向盆地方向相变为厚度逐渐减薄的重力流沉积。地震相从丘形杂乱到丘状起伏、不连续弱反射至Poza Rica油田区的强弱振幅相间、不连续反射(图2-29)。

郑兴平等通过野外露头、钻井岩心薄片的观察,在塔里木盆地东部辨识出寒武系大量碳酸盐岩深水重力流沉积,并划分出斜坡角砾岩、高密度钙屑浊积岩、低密度钙屑浊积岩等三种类型。通过单井层位标定、地震相分析和区域成图,平面上沿斜坡发育较大规模碳酸盐深水重力流沉积,宽度达40～80km,厚度达50～150m。

(三)陆架沉积地震相

陆架为浅海沉积,水动力条件较复杂,在低能带的内陆架、潟湖中沉积连续、水平的石灰岩

— 52 —

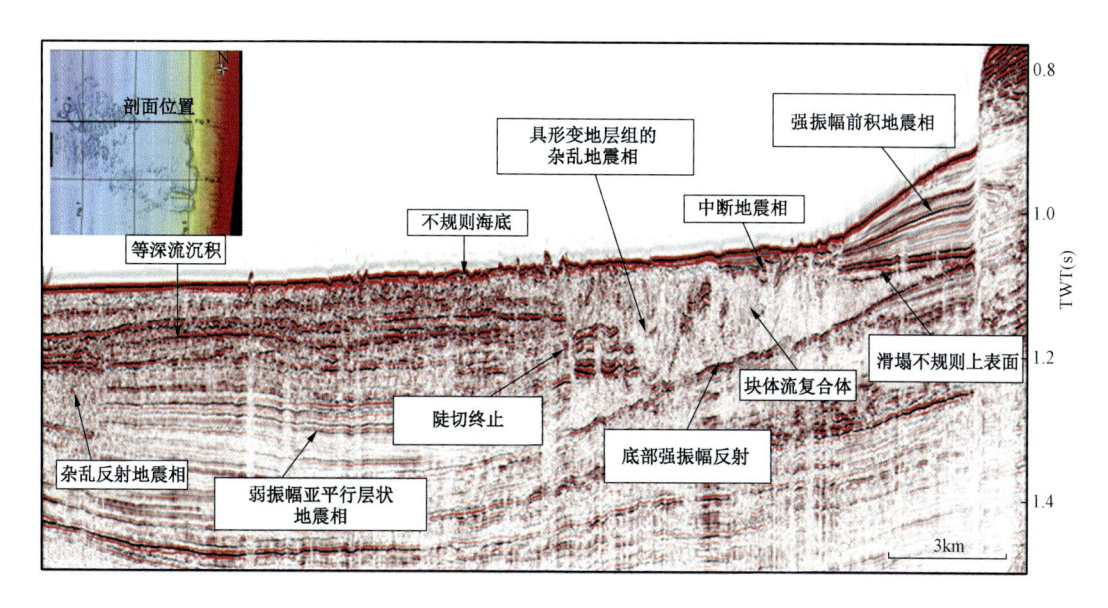

图 2-28 大巴哈马滩西北斜坡大规模碳酸盐水下块体坡移沉积地震剖面

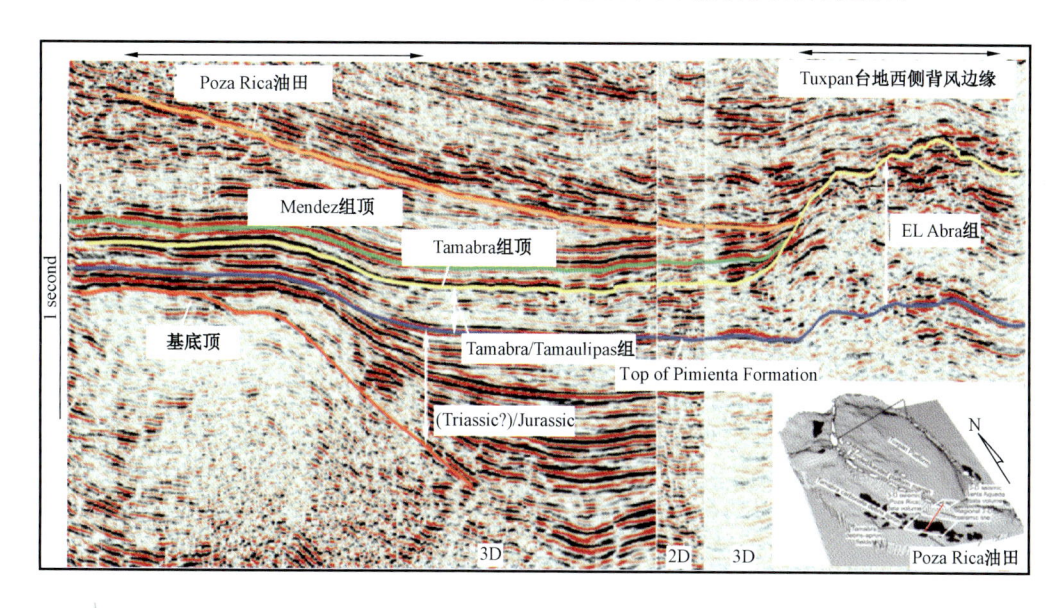

图 2-29 墨西哥东部的 Poza Rica 油田地震剖面

或石灰岩—页岩互层。地震反射为连续、平行、水平反射,振幅、频率和相位变化小。高能带沉积主要为礁滩。

(四)礁地震相

生物礁具有独特的地貌及岩石学特征,与一般的碳酸盐岩建造有明显区别。生物礁有独特的几何外形,生长速率与附近同期沉积物生长速率有明显的差异,形态变化受控于相对海平面变化的特点更突出。礁的生长速率小于、等于、大于海平面升降变化的速率,对应形成退积礁、加积礁和进积礁。

生物礁地震相外形表现为丘状或透镜状反射,内部表现为断续、杂乱或无反射空白,礁两翼可见上超现象,速度差异造成底部反射界面上凸或下凹现象。

我国在珠江口盆地、塔里木盆地、四川盆地等发现了大型生物礁储层,南海特殊的地理位置非常适合生物礁的生长,有关生物礁的地震反射特征在许多文献中已述及,珠江口盆地东沙隆起新近纪生物礁为其中典型实例之一(参见图1-5)。据黄诚、傅恒等(2011)根据生物礁内部各种不同反射特征,将该生物礁地震异常体划分为12个地震相单元,并结合生物礁生长和沉积规律建立了生长模式和沉积相。

单元①为明显的亚平行、高连续的强反射轴,为生物礁(或滩)底部碳酸盐硬底。单元②呈弱丘状反射外形,内部多为空白反射,为海侵期在碳酸盐硬底之上形成的礁核。单元③为明显的叠瓦状弱反射,为高位期生物礁的侧向生长带。单元④表现为具成层性的中弱反射特征,应为近水平层理的礁后过渡带沉积。单元⑤为强振幅、高连续反射轴,覆盖在下伏地震单元之上,推测为最大海侵时生物礁停止生长后的陆棚泥沉积。单元⑥为两组S形复合反射,代表高水位期生物礁向海的侧向增生。单元⑦较连续的中强反射代表次级海侵沉积。单元⑧外形呈楔状向礁后台地一侧加厚,可能为礁后形成的生物碎屑滩。单元⑨弱成层性,反射较弱,推测为生物碎屑滩向潟湖过渡环境沉积。单元⑩强振幅、高连续的平行强反射,其上上超现象明显,代表快速海侵导致生物礁逐渐停止生长。单元⑪丘状外形,内部杂乱反射代表垮塌形成的生物碎屑角砾堆积物。单元⑫层状中—强振幅、高连续反射为礁间潟湖沉积环境下的细粒生物碎屑和灰泥的水平互层沉积。

(五)滩地震相

碳酸盐岩滩厚度一般较薄,地震剖面不易识别。规模较大的滩体可形成叠瓦状前积反射,厚度较大的滩体具有亮点反射特征。

美国海湾沿岸盆地侏罗系Smackover组碳酸盐岩从20世纪20年代开始生产油气,勘探历史较长。三维地震勘探技术的发展使Smackover组碳酸盐岩地层反射结构细节更加清晰,中上Smackover组球粒状粒泥灰岩和泥粒灰岩表现为前积反射结构特征(参见图1-6),形成新的地层沉积模式,给勘探带来了新的机遇。

我国四川盆地寒武系龙王庙组颗粒滩具有类似的地震相特征。龙王庙组沉积时海平面稳定上升,古地貌平缓,颗粒滩向斜坡上倾方向层层退积,地震剖面上表现为颗粒滩反射同相轴首尾部分叠置、逐渐向上爬高的特征;在平面上,沿斜坡大面积条带状分布、局部叠置,为大型气田形成提供了良好的储层条件(参见图2-24、图2-25)。

综上所述,在钻井资料、区域地质资料等研究的基础上,只要掌握了典型的碳酸盐岩地震相特征,就可以进行沉积相的初步解释。然而,由于地下构造、碳酸盐岩岩性的复杂和地震相的多解性,使得人们在地震相解释中容易掉入"陷阱",造成解释上的偏差。以孤立碳酸盐台地建造(ICBs)为例,它是有利的勘探目标。前人评估认为,全球孤立台地内有500×10^8bbl油当量的储量(Greenlee and Lehmann,1993)。在孤立碳酸盐台地发现了几个超巨型油田,如滨里海盆地哈萨克斯坦卡沙甘(Kashaghan)油田和田吉兹油田(Tengiz)。孤立碳酸盐台地的吸引力在于地震反射特征较易识别,油气形成条件有利,圈闭封闭条件好。然而,由于不同的原因,仅靠地震勘探资料识别孤立碳酸盐台地建造是困难的。其中包括二维地震勘探资料品质差以及其与火山、侵蚀残丘、倾斜断块相似的特征。Greenlee and Lehmann(1993)复查了埃克森石油公司1975—1987年针对孤立台地钻探的60口野猫井,近54%失利,失利井中15.6%为侵蚀残丘,12.5%为非碳酸盐岩(碎屑岩、火山岩、盐岩),27.5%为地震勘探资料品质差。

为了解决这些困难和发展识别ICBs可靠的方法,Peter M. Burgess、Peter Winefield等

(2013)分析了234个地震图像实例。图像包括已证实的ICBs和褶皱、火山和基底,它们地震勘探资料成像特征相似。从这些分析中提出了18种识别标志用于区分ICBs和非ICBs。这些特征分组归为四类:区域约束条件、基本地震形态分析、地球物理资料分析和精细尺度地震形态分析。以上工作为后期钻井部署指明了方向。

此外,受野外露头的规模影响,很少能看到斜坡台地碳酸盐体系的主要部分,因而,斜坡碳酸盐台地形态特征主要依靠区域地震剖面的观察。质量好的地震勘探资料是有效分析斜坡台地形态的基础。然而许多斜坡台地是广阔的、无明显特征的,且由于厚度太薄,地层层序几何形态特征难以看到。实例中地震测线能够确认的典型形态为席状和似透镜状,高达几百米厚,横向延伸几十至几百千米,向盆地中心和边缘缓慢减薄。碳酸盐斜坡台地没有独特的特征,内斜坡地震反射为平行、连续规则反射,外斜坡向盆地边缘地震反射轻微发散。外斜坡到盆地为平行连续的地震反射特征,地震上无法解决密集段的问题。斜坡加厚段显示低角度、缓S形或叠瓦状倾斜反射结构,具有明显的顶超和难以分辨的顶积层。除了在垂向高度放大的或高分辨率的地震数据体上能看到细微的特征外,这些倾斜的反射几何形态常常误解为平行、亚平行连续反射。中和外斜坡区域的空白、丘状或杂乱反射常与基底或膏盐相关,显示可能存在不连续的生物建隆或颗粒滩。

总之,地震相解释要从碳酸盐岩沉积体识别入手,以盆地沉积模式为指导,通过钻井做质控,建立层序地层格架,开展地震相研究和精细岩性解释,确定沉积相带和沉积发育史,预测有利烃源岩和储层空间分布。

第三章　缝洞型油气藏地震勘探技术及成效

油气勘探实践证明,碳酸盐岩储层主要以次生裂缝、溶孔、溶洞和白云岩为储集空间,具有极强的非均质性。因此,针对塔里木盆地缝洞型碳酸盐岩油气藏勘探,应用地震、钻井和地质等多方面资料,强化地震勘探资料采集、处理和解释技术工作,开展物探资料综合解释、缝洞型储层精雕细刻和圈闭油气成藏综合研究。通过多年来的努力,岩溶缝洞系统定量雕刻等地震勘探关键技术取得重大进展,为推动塔里木盆地轮南、哈拉哈塘、塔中Ⅰ号坡折带等碳酸盐岩油气藏勘探工作的持续开展起到了技术支撑作用。

第一节　缝洞型碳酸盐岩勘探背景

一、塔里木盆地碳酸盐岩分布及勘探潜力

塔里木盆地是南天山、昆仑山和阿尔金山夹持的大型克拉通含油气盆地,面积约 $56 \times 10^4 km^2$。

碳酸盐岩在塔里木盆地分布广泛,主要发育于塔北、塔中隆起,以及满加尔、阿瓦提和塔西南坳陷,分布面积约 $35 \times 10^4 km^2$。

奥陶系碳酸盐岩在塔里木盆地中西部广泛钻遇,厚度不均,沉积厚度一般在 2000～3000m。从下到上分为蓬莱坝组、鹰山组、一间房组、吐木休克组和良里塔格组。由于地层沉积后多次抬升遭受风化、淋滤、剥失及溶蚀作用,使得塔北和塔中隆起的鹰山组、一间房组、良里塔格组缝洞型储层发育,成为盆地主力油气勘探目的层。下面本章以奥陶系为例,论述塔里木盆地缝洞型油气藏地震勘探技术及成效。

20 世纪 80 年代轮南 1 井在奥陶系碳酸盐岩获得高产油气流,揭开了塔里木盆地碳酸盐岩规模勘探的序幕。台盆区开始进行大规模二维地震概查,20 世纪 90 年代在轮南和塔中地区相继开展三维地震勘探,迄今已走过了 30 多年的勘探历程。正是地震勘探与钻探工作的紧密配合,对塔里木盆地区域构造演化、局部构造特征、储层及油气藏富集规律等有了较为深入的了解。已经证实的碳酸盐岩有利区带面积近 $6 \times 10^4 km^2$,资源量近 $50 \times 10^8 t$ 油当量,剩余油气资源潜力非常巨大,这些成果充分说明了地震勘探技术在碳酸盐岩油气勘探开发中的重要作用。

二、缝洞型碳酸盐岩勘探历程

根据地震勘探技术的研发应用和油田勘探形势的发展状况,将塔里木盆地碳酸盐岩缝洞型油气藏的地震勘探历程划分为三个阶段,即以落实构造、古隆起为目标的二维地震勘探阶段,刻画圈闭、定性预测碳酸盐岩缝洞储层的三维地震勘探阶段和面向"串珠"储层预测的三维地震勘探阶段。

(一)以落实构造、古隆起为目标的二维地震勘探阶段

1. 区域地震大剖面首次揭示塔里木盆地"三隆四坳"的构造格局

20世纪80年代初期,中国石油集团东方地球物理勘探有限责任公司(原石油地球物理勘探局,以下简称东方公司)开始把勘探的目光由盆地边缘的山前坳陷转移到了面积更为广阔的沙漠腹部及其外围地区。1980年开始在轮台—库尔勒地区开展了少量的数字地震勘探工作。1983年引进和实施大沙漠地震勘探技术,首次进入塔克拉玛干大沙漠腹部进行地震勘探,完成了19条/5782.2km纵贯盆地的区域地震勘探大剖面。

20世纪80年代中期,以区域地震勘探资料解释为基础进行盆地综合研究,首次完成了塔里木盆地油气资源评价,取得了对盆地"三隆四坳"构造格局的整体认识,确立了塔北、塔中古隆起为油气勘探重点,开始了大规模的石油地震勘探工作(图3-1)。

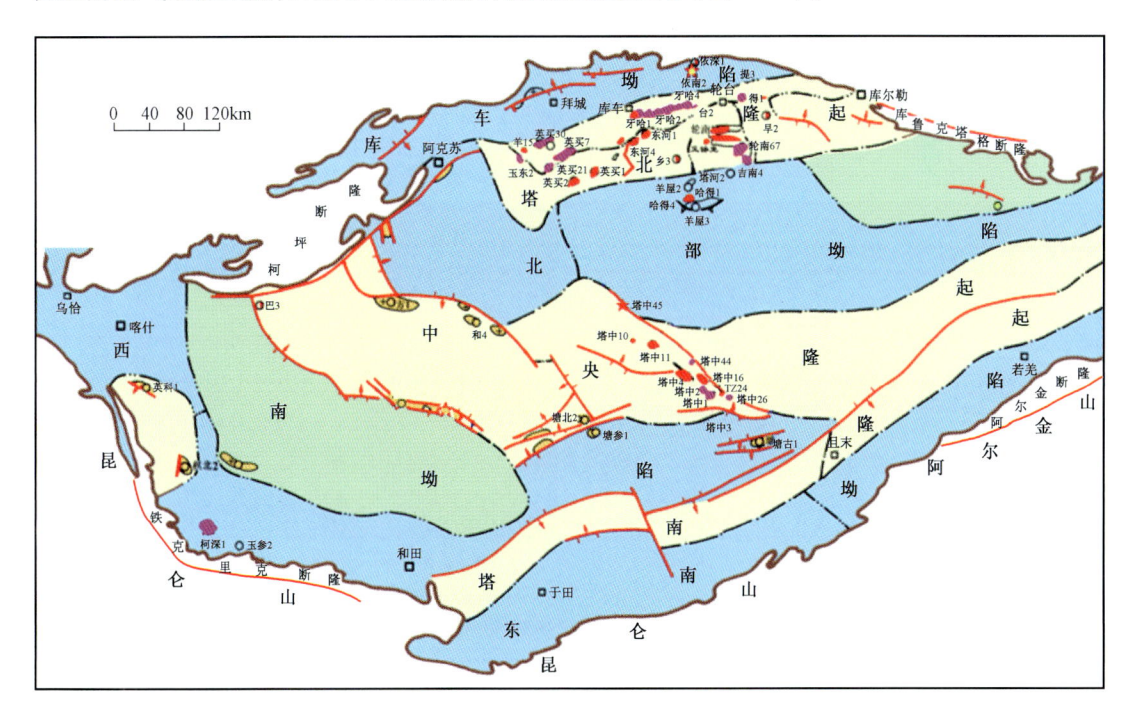

图3-1 塔里木盆地区划图

2. 两大古隆起实施规模二维地震勘探,轮南碳酸盐岩首先取得突破

1983—1989年,重点围绕塔北、塔中隆起,分年度开展了大规模的二维地震勘探,累计完成二维地震$6.45×10^4$km,两大古隆起的地震测网密度达到了$(2×4)$km~$(4×8)$km。当时受装备能力和技术水平的限制,采用了较大的道距(50~100m)、较短的排列(24~120道)单边观测和中低覆盖次数(6~60次)的观测系统;沙漠外围采用单井固定井深(10~14m)激发,沙漠区采用$4m×(10~11)$口$×1kg$的激发因素。由于大多数测线部署在表层地震地质条件相对有利的地区,同时配备了当时较为先进的数字地震仪,应用了数字处理技术,因此获得了较好的地震勘探资料。

在此基础上,先后在塔北、塔中地区发现了一批有利区带和圈闭。1987—1989年,提出并上钻的轮南1井、英买1井和塔中1井相继在古隆起奥陶系碳酸盐岩中获得重大突破,揭示了塔里木盆地台盆区巨大的勘探潜力。

(二)刻画圈闭、定性预测碳酸盐岩缝洞储层的三维地震勘探阶段

1. 三维地震勘探落实构造阶段

塔里木盆地构造复杂、断裂发育,二维地震资料很难落实圈闭。而三维地震方法解决了反射同相轴闭合差、断层组合和速度建场等问题,相较二维地震资料而言可以更好地落实构造圈闭。

以轮南地区为例,应用二维构造解释成图技术在20世纪80年代中期就厘清了轮南凸起下奥陶统顶构造格局,划分为北部斜坡、轮南断垒、中部平台区、桑塔木断垒和南部斜坡。受资料所限,二维地震资料很难识别平台区细小断层及低幅度构造;而三维地震资料具有空间采样密度大、可连续追踪断层的优势,因此可以落实低幅度构造和小断层。20世纪90年代,针对轮南潜山开展"整体解剖勘探",相继完成了1046km² 常规三维地震勘探。应用三维资料发现原来的"平台区"实际为中部斜坡带,由台、坎和斜坡组成,其上发育众多小断层和多个有利目标,经钻探发现了一批油气藏,为油田公司从断垒带向外拓展勘探发挥了重要的作用(图3-2)。但由于当时地震勘探技术所限,三维地震勘探资料解释工作的重点还是构造成图、落实局部构造。

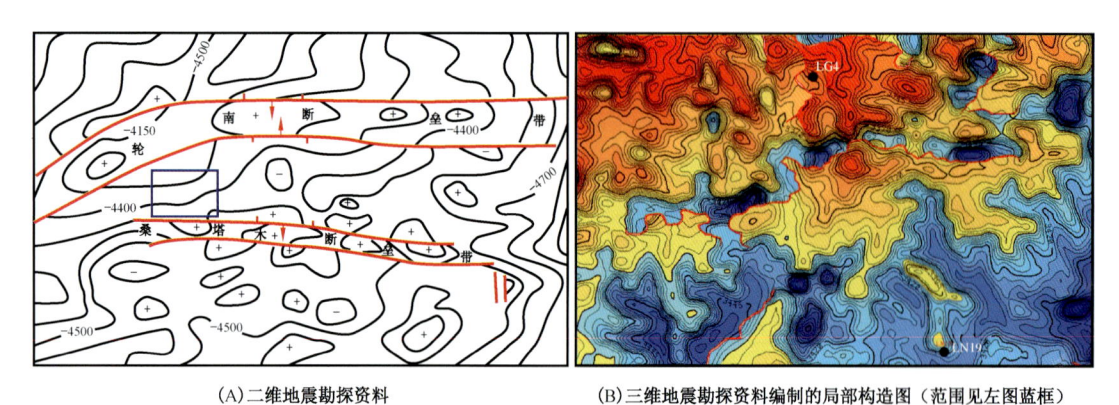

(A)二维地震勘探资料　　　　　(B)三维地震勘探资料编制的局部构造图(范围见左图蓝框)

图3-2　轮南地区奥陶系顶构造图

2. 早期三维地震相干数据体预测缝洞型储层阶段

20世纪90年代中期开始,在常规构造解释的基础上应用地震属性进行储层预测,在国内首次利用相干属性刻画微小断层,实现了微小断层及裂缝发育带的识别。在此基础上落实了一批可供钻探的圈闭,提出并钻探的轮古1井、轮古2井获得高产稳产油气流。

该时期钻井20余口,大部分井见到良好油气显示,三分之一的井获得了高产工业油气流。如轮南8、轮南54等井都是日产超过百吨的高产井,但更多的是低产井或出水井。由此逐步认识到由于埋深大,岩溶改造作用强,使得潜山储层具有极强的非均质性,成藏规律复杂。受当时地震资料信噪比和成像精度的限制,描述潜山顶面形态和储层的空间变化较为困难,该阶段大部分出油井只能作为单个出油点,见"油"不见"田",难以稳产和上交储量。

3. 面向"串珠"储层预测的三维地震勘探阶段

20世纪90年代晚期开始,在轮南地区开展了目标处理和高分辨率三维技术攻关,同时陆续采集完成了多块以奥陶系为目标的三维地震勘探,取得了较好的成果。

在已钻井与三维地震勘探精细标定分析的基础上,发现奥陶系碳酸盐岩内幕溶洞型储层

在地震剖面上表现为弱反射背景上的强振幅反射,剖面上多表现为多峰多谷,被称为"串珠"状反射。在最早采集的三维地震剖面上,石灰岩顶面形态模糊,"串珠"现象不明显,而经过目标处理,资料品质有所改善。尤其是进行高分辨率地震勘探攻关后,地震剖面上潜山顶面清楚,断点干脆,"串珠"现象清晰(图3-3)。

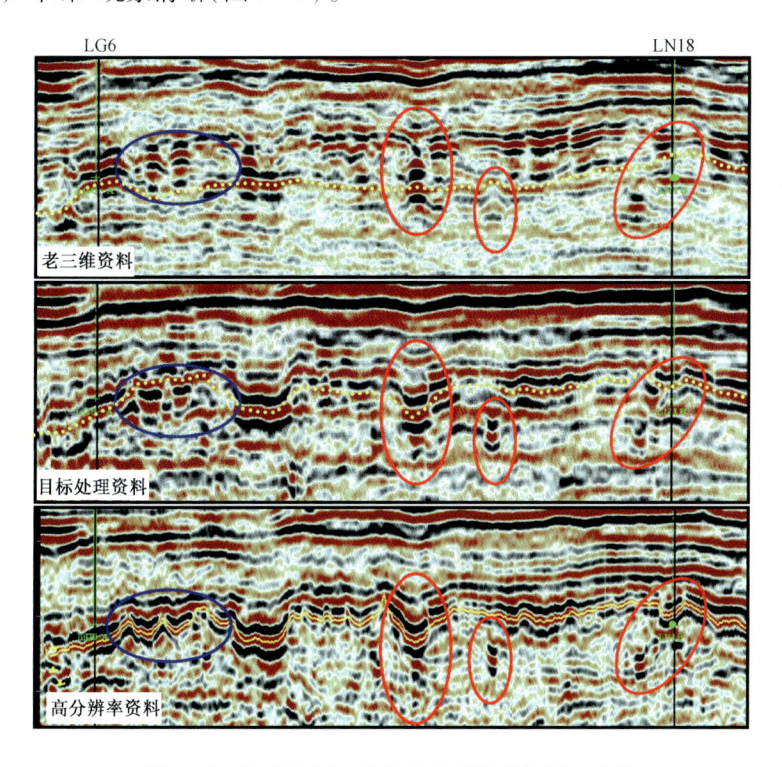

图3-3 轮南地区三维地震勘探资料品质对比图

在新资料的基础上,以大地构造学、现代岩溶学理论为指导,建立了一套较为完整的利用地震勘探资料研究古岩溶体系的研究思路和工作流程,形成和完善了地震岩溶解释技术系列。轮南海西期古地貌图上,岩溶地貌单元分带明显,整体呈北东—南西向展布,其中轮南断垒带为古地貌高地;东斜坡陡峭,沟梁侵蚀成带特征显著;西斜坡平缓,呈错综复杂的峰丛、洼地地貌、平台形态;东部呈平缓斜坡形态,岩溶地貌欠发育(图3-4)。在岩溶发育区,结合古水系分布、断裂展布以及岩溶储层空间分布,在相干属性体预测基础上进行三维可视化解释,刻画

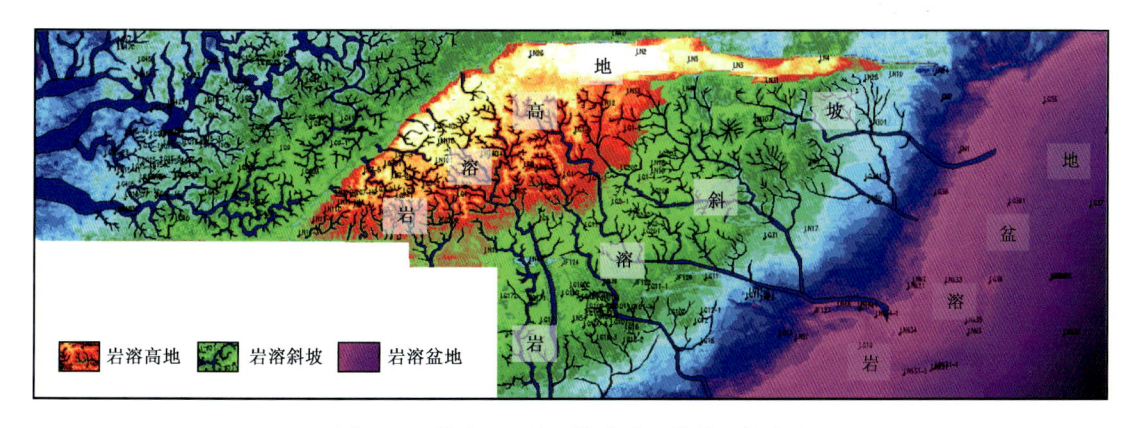

图3-4 轮南地区海西期岩溶地貌单元划分图

出轮南地区33个缝洞系统,预测有利岩溶带338km²(图3-5)。在岩溶缝洞体控油理论指导下,研究重点工作是对有利缝洞单元雕刻和圈闭综合评价,提出勘探有利目标。仅2000—2002年,应用该技术部署钻探的LG15、LG101等井均获得高产油气流,油气钻探成功率达90%,其中LG15缝洞单元钻探了4口井,年产油20×10⁴t,达到了井少、高产、高效的目标(图3-6)。

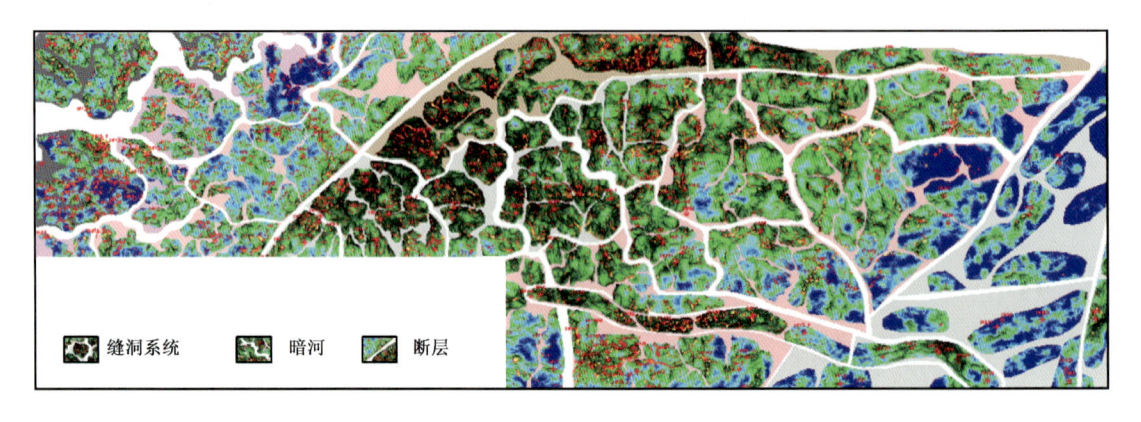

图3-5 轮南地区岩溶缝洞系统平面图

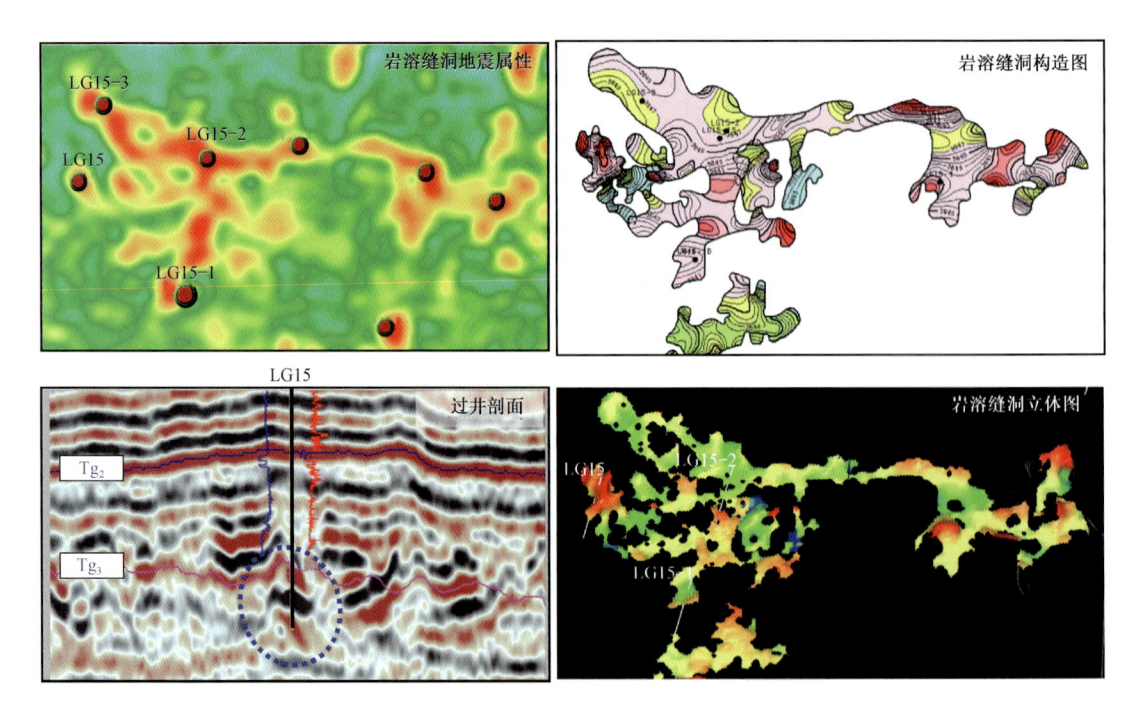

图3-6 LG地区缝洞体刻画分析图

在塔北地区碳酸盐岩勘探取得突破性进展的同时,2002—2004年随着物探装备的发展,在塔中大沙漠区推广潜水面下统一井深的深井激发技术,首次实现和形成了100%高速层能量激发,有效提高了地震激发能量。同时避开高大沙丘,改善地震波接收条件,使得地震勘探资料的信噪比大幅度提高。在新的地震剖面上,地层超覆、剥蚀等地质现象非常清晰,潜山顶面、基底反射较以往明显改善(图3-7)。从连井地震剖面上看,奥陶系缝洞体发育,是油气运移和聚集的有利场所,经钻探在该类型缝洞体中发现了高产工业油气流(图3-8)。

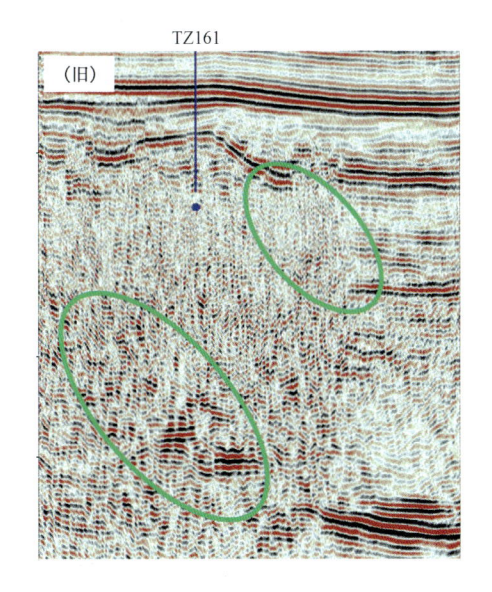

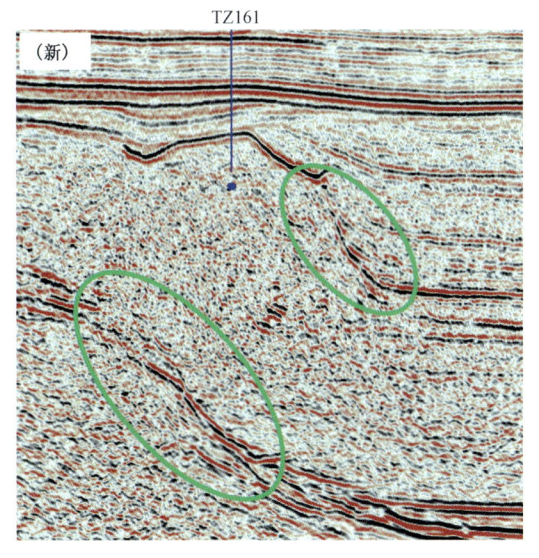

图 3-7 TZ16 井区三维新旧资料对比剖面

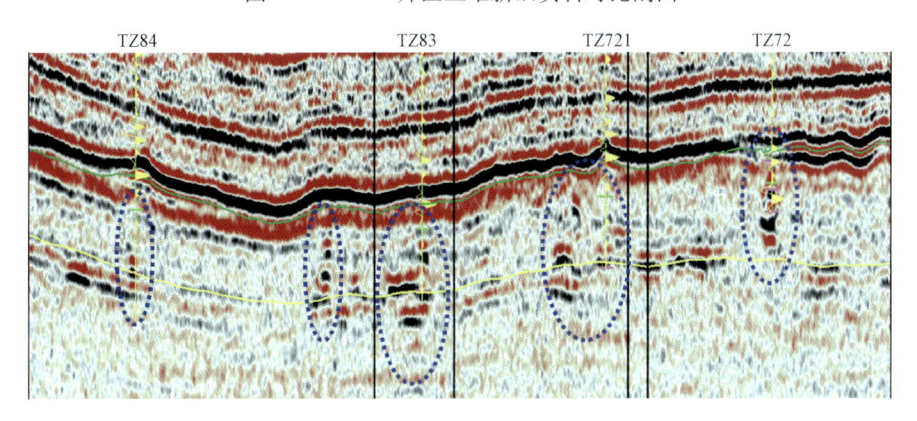

图 3-8 塔中地区连井三维地震剖面

在新资料的基础上,通过深化地震储层预测技术,对塔中三维工区"串珠"体进行雕刻,揭示了碳酸盐岩储层空间上的变化规律,奥陶系良里塔格组在塔中地区广泛分布,有利储层面积 2168km² (图 3-9)。经钻探证实,发现了塔中 I 号断裂坡折带台缘礁滩复合体大型油气藏。

这一阶段以较高覆盖次数采集技术为基础,得到高品质的地震原始资料。在处理解释方面,以叠前时间处理技术及地震相干和振幅属性为代表的精细缝洞刻画解释技术全面开展碳酸盐岩储层预测,取得了大量的研究成果和勘探效果。

(三)量化碳酸盐岩缝洞储层单元的高精度多维地震勘探阶段

1. 以缝洞储层量化描述为核心的高精度三维地震探测阶段

大面积连片三维地震勘探的实施揭示了塔北、塔中地区碳酸盐岩层间岩溶分布广泛,发现了大量的缝洞型储层。基于弯曲射线各向异性叠前时间偏移处理、地震多属性技术提高了"串珠"成像品质和"串珠"识别能力,为钻探提供了大批圈闭目标。但随着勘探开发的深入,常规三维地震勘探资料的不足逐渐暴露出来,主要表现在对连片和小的溶洞体刻画精度不高,裂缝预测精度低,空间成像不准,最终导致开发阶段碳酸盐岩储层高产稳产井比例偏低,塔中、塔北高产稳产井比例均低于 30%。

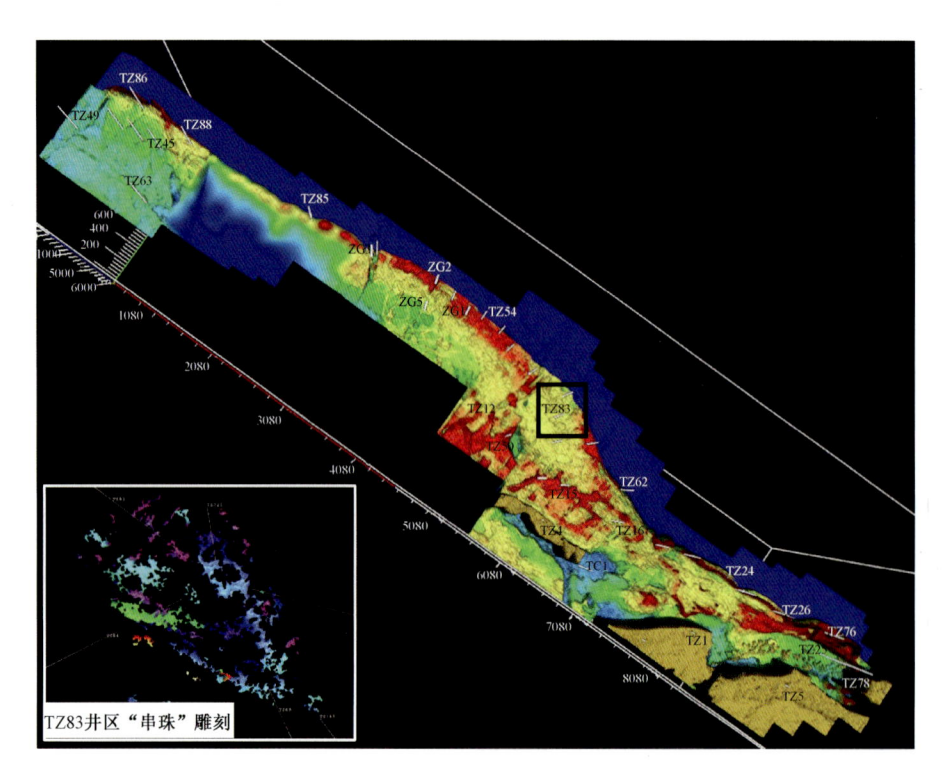

图 3-9　TZ 三维区碳酸盐岩缝洞型储层雕刻成果图

针对缝洞型碳酸盐岩储层空间量化雕刻及裂缝预测,2010 年以来,开展了持续性攻关,采集上先后进行了拟全三维、全三维、三分量三维采集攻关试验;处理上从叠前时间偏移迈向了叠前深度偏移,从各向同性偏移发展到各向异性偏移,从沿层速度建模发展到网格层析速度建模,探索了 FWI 全波形层析反演。从克希霍夫积分法发展到波动方程偏移、逆时偏移等多种算法,使得资料品质产生了质的飞跃。以 XK 地区为例,虽然叠前时间偏移剖面上明显可见"串珠"缝洞体,但钻井打下去却未见好的储层,叠前深度偏移处理的剖面上,缝洞体空间位置向南偏移 193m,XK9 井往南侧钻,获高产工业油气流(图 3-10)。

在新资料基础上,开展井震联合多相建模,应用构造信息、反演波组抗信息及钻井等信息,雕刻有效孔隙度体积,容积法计算有效储集空间,实现了缝洞储层量化雕刻的目标,形成了碳酸盐岩缝洞体雕刻描述技术。LG 地区应用该项技术基本明确了不同级别缝洞体的体积,初步确定了油藏储量规模,如 H7 井在时间域和深度域预测有效储集空间分别为 $59.72 \times 10^4 m^3$ 和 $18.3 \times 10^4 m^3$,深度域结果与油田开发动态模拟结果相符(图 3-11)。

缝洞体雕刻描述成果充分展示了缝洞体的空间形态、分布特征、体积大小、相对高低,为高效井位的部署、措施制订、储量计算打下了基础。通过这些技术的发展、完善和应用,XK 和 H6 井区针对碳酸盐岩的钻井成功率达 87%,促成了哈拉哈塘奥陶系及塔中下奥陶统油气勘探的重大发现,开辟了 LG7、TZ 东部、YM2、H6 四个高效开发实验区。

2. 宽方位高密度三维地震勘探阶段(2013 年至今)

"十二五"初期,针对碳酸盐岩缝洞储层勘探形成了一系列地震采集技术,但随着碳酸盐岩油气田逐步转入开发阶段,已有的地震勘探资料不能精细刻画储层特征、裂缝发育规律及油气检测,导致高效开发井成功率低。针对此问题,从 2012 年开始,在塔里木开展了全方位高密

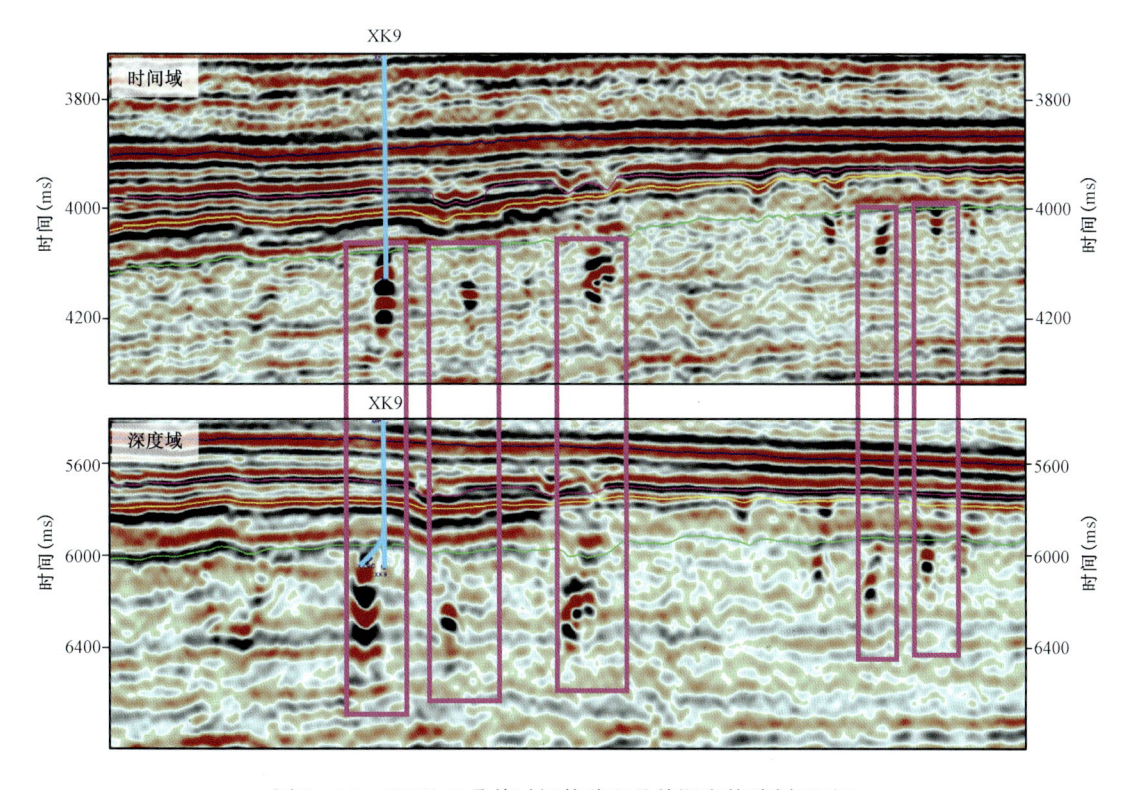

图 3-10　XK 地区叠前时间偏移和叠前深度偏移剖面对比

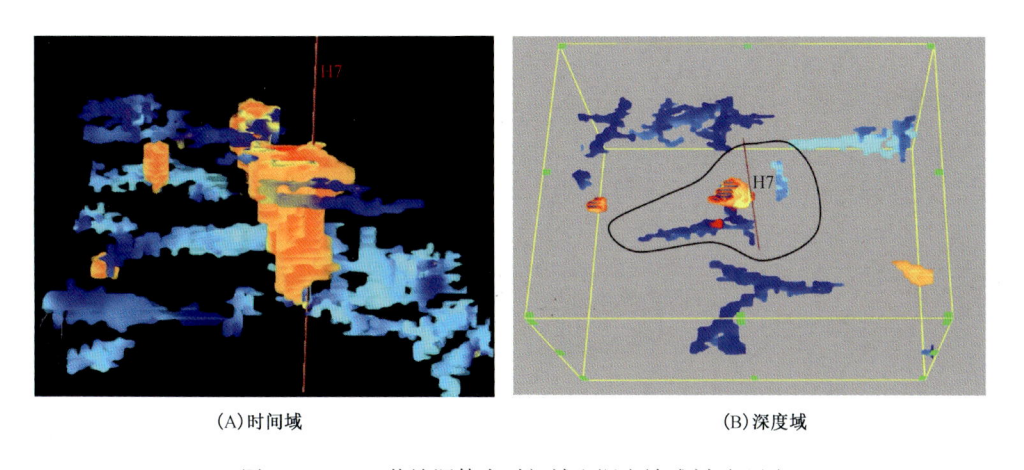

(A)时间域　　　(B)深度域

图 3-11　H7 井缝洞体在时间域和深度域雕刻对比图

度三维地震勘探技术攻关。通过采集、处理和解释技术攻关，地震勘探资料品质、储层预测精度均取得了大幅度提高，并形成了相应的技术系列(图 3-12)。随后，塔里木油气勘探进入了宽方位高密度三维勘探推广应用阶段。

2013 年实施的 ZG8 三维是塔里木大沙漠区的第一块全方位高密度地震勘探资料，地震勘探资料品质较以往有大幅提高。在新采集处理的地震剖面上，反射同相轴和断层清楚，缝洞体非常明显，数量较老资料明显增多，为圈闭精细落实和高效滚动开发提供了保障(图 3-13)。

应用 ZG8 井区全方位高密度三维资料，进行缝洞体雕刻，解释"串珠"132 个/8.94km²，远远多于老资料的"串珠"总数的 41 个/3.63km²。提供井位 15 口，完钻 9 口井，均试获油气，钻

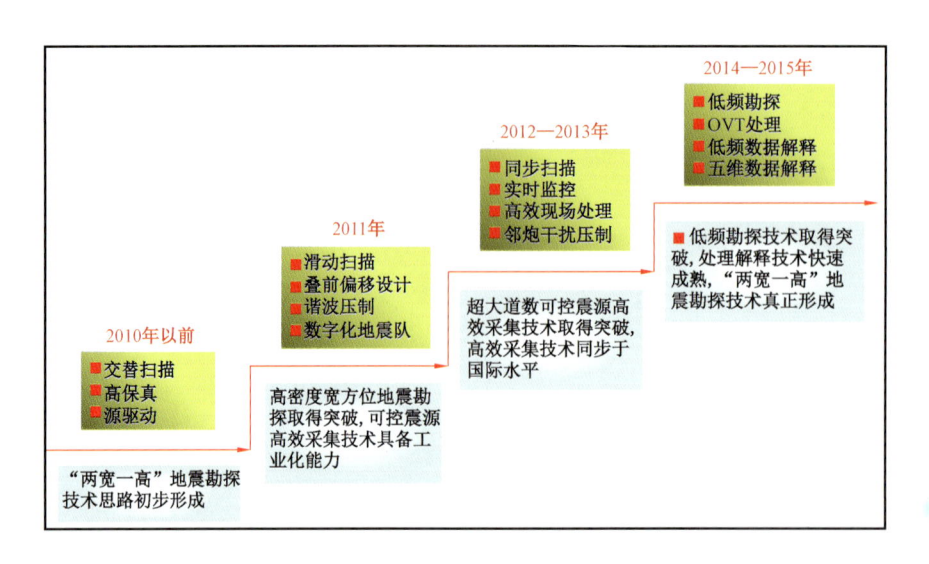

图 3-12 "两宽一高"地震勘探配套技术发展历程图

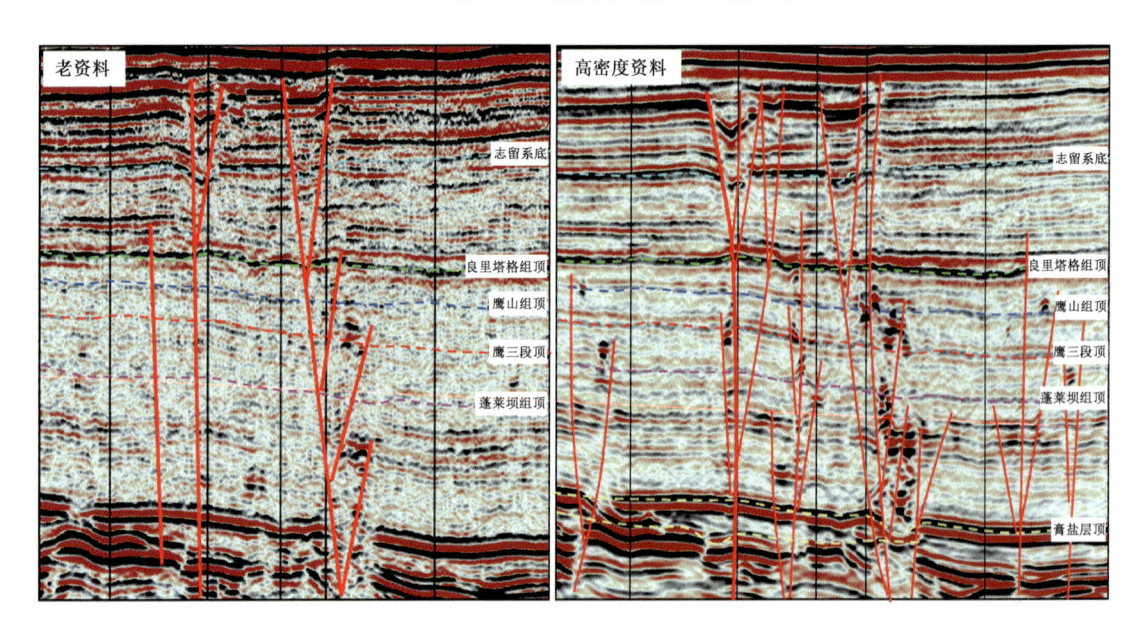

图 3-13 ZG8 井区新老资料对比剖面

井成功率100%,建成了ZG11高效井区(图 3-14)。以后又陆续开展了TZ16、TZ24井北、ZS等高密度三维地震勘探,其中ZS三维观测方位为0.7,道密度52.8万/km²,高品质地震勘探资料助推塔中碳酸盐岩油气勘探不断取得突破。

宽方位较高密度三维地震勘探在塔北地区也取得了良好的应用效果。塔北地区自2012年起推广应用该技术,先后实施了YM、FY、YK、GL等三维地震勘探,观测系统道密度均达到30万/km²以上,观测宽度在0.7km以上。地震勘探资料品质的提升促进哈拉哈塘地区碳酸盐岩勘探不断向南扩展,有利层段突破7000m深度大关,7000~7500m深度范围内碳酸盐岩有利勘探面积新增4600km²,为塔里木石油增储上产奠定了资料基础。

针对高密度资料,应用叠前弹性阻抗及AVO反演、叠后裂缝预测、各向异性裂缝预测、基于五维数据的AVO油气检测等技术,极大提高了储层预测的精度以及油气检测的可靠性,基

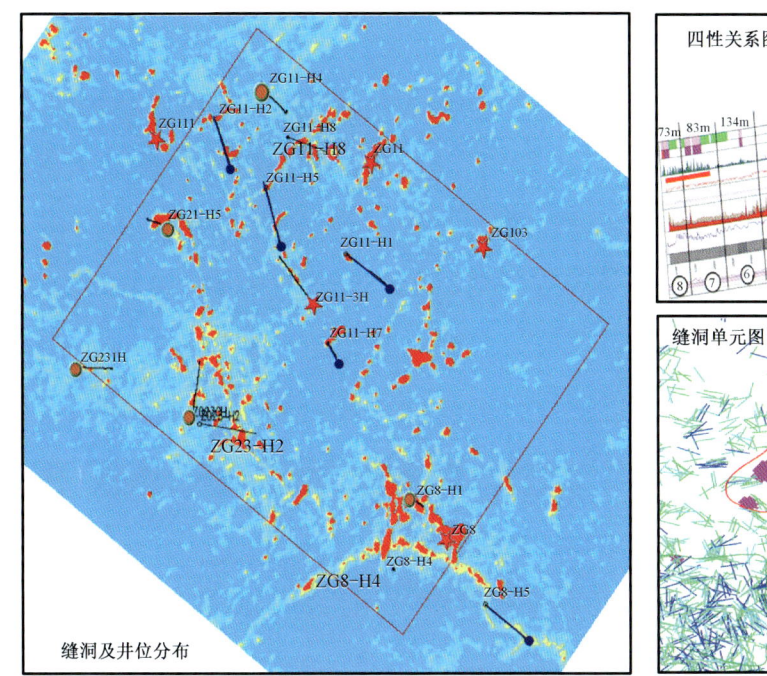

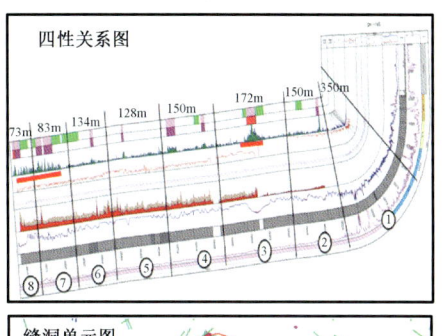

图 3-14 ZG8 井区勘探成果图

本实现了缝洞型碳酸盐岩油气藏的量化描述。在 JY 高密度三维资料平台上,应用基于五维的裂缝预测技术,对 JY4 井区缝洞体连通性和井点出油与出水状况做了分析,认为 JY4 和 JY4-1 为一个缝洞体,JY4 井钻在构造高点上,获得高产油流,JY4-1 井钻在低部位,测试出水,而 JY4-2 井钻在另一个独立的缝洞体上,获高产油流(图 3-15)。在综合研究的基础上,在 JY 地区提出并上钻的 6 口探井全部获得高产工业油气流(图 3-16)。

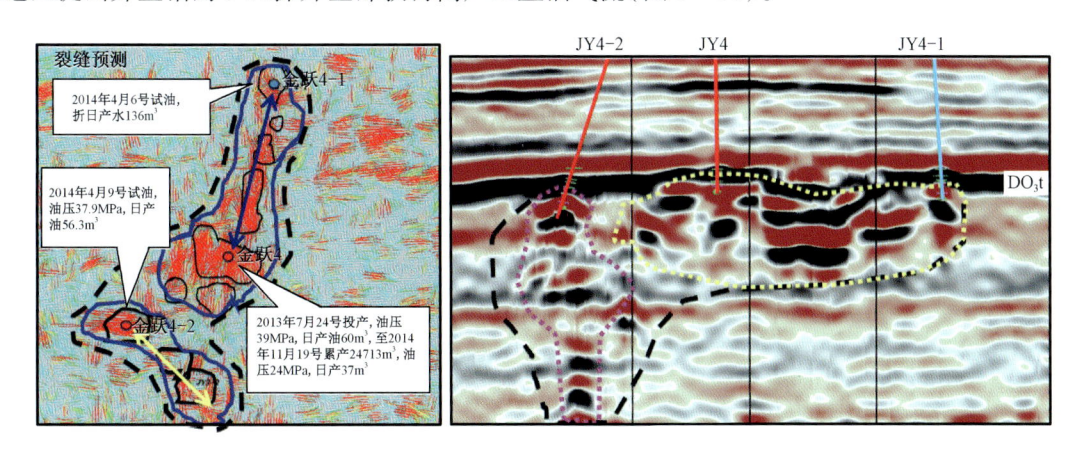

图 3-15 JY 地区缝洞体刻画综合成果图

在新采集三维地震勘探资料解释的基础上,在塔北 YM 地区针对碳酸盐岩缝洞型储层,提出并上钻的 53 口中获工业油气流井 48 口,勘探成功率 91%;投产 45 口,投产率 94%(图 3-17)。

迄今为止,奥陶系碳酸盐岩已经成为塔里木油田重要的勘探领域,塔北、塔中隆起完成二维地震勘探十万多千米,三维地震勘探两万多平方千米,钻探井位近千口,目前已发现轮古、哈

— 65 —

拉哈塘、英买力、塔中、和田河等多个油气田。2016年塔北、塔中奥陶系碳酸盐岩已控制含油面积五千多平方千米。

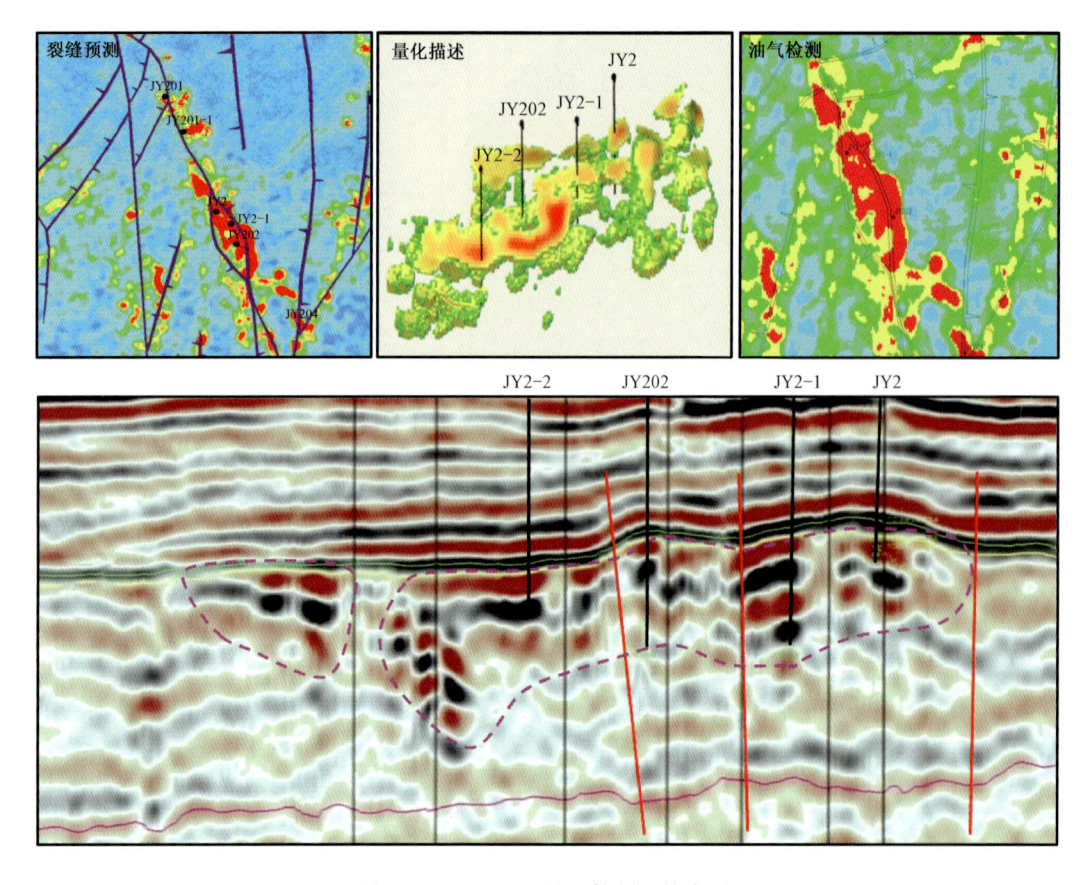

图3-16 JY地区缝洞体刻画综合图

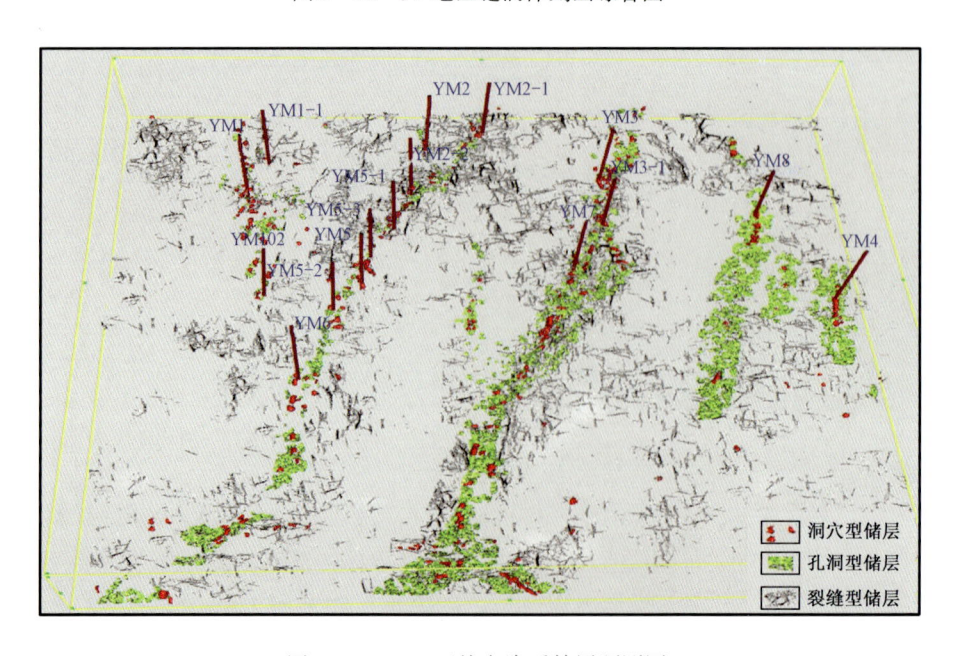

图3-17 YM区块奥陶系储层预测图

第二节 缝洞型油气藏地震勘探资料采集技术

一、地表及地下地质条件

塔里木盆地塔北、塔中古隆起已被勘探证实为台盆区油气最富集区,缝洞型碳酸盐岩在该区域广泛分布。塔中地区地表被起伏剧烈的疏松沙丘所覆盖,塔北地区地表类型复杂多样,小沙丘、浮土、农田、沼泽、水网均有分布。现阶段,碳酸盐岩缝洞型油气藏主要分布于奥陶系,目的层埋深为 5000~8000m,整体上,塔里木盆地碳酸盐岩勘探具有地表条件复杂多样、目的层埋藏深、地下地质条件复杂的特点。

(一)地表条件

复杂地表类型严重影响了缝洞型碳酸盐岩地震勘探资料品质。如巨厚沙漠覆盖区能量吸收衰减严重,可控震源又难以展开实施,常规采集的地震勘探资料信噪比低;而沙漠外围区以小沙丘、浮土、沼泽、农田、水网为主,邻近山前带的局部地区分布戈壁砾石,地表类型多变,影响地震勘探资料一致性,同时碳酸盐岩目的层以上地层速度变化大,不利于成像归位,必须开展叠前深度偏移处理,要求三维观测系统属性具有充分、均匀和对称采样的特点。

1. 巨厚沙漠覆盖区地震勘探资料信噪比低

塔里木盆地腹部的塔克拉玛干沙漠是中国第一大、世界第二大流动沙漠。沙漠区地表总体呈东南高西北低的特点,海拔高程位于 900~1200m 之间。沙丘起伏剧烈,相对高程一般在 2~200m 之间。沙丘类型主要受两个长期风向交叉作用的影响,从南到北以新月形、条带状、蜂窝状沙丘为主。其中,新月形沙丘主要分布在沙漠区的北部,条带状沙丘分布在沙漠区中部,蜂窝状沙丘分布在沙漠区的东南部及玛山北部。这些沙丘基本上是以流动性沙丘为主,结构非常疏松,尤其是沙丘的背风面及沙窝更加松软(图 3-18)。

(A)局部沙漠区卫星照片　　(B)沙丘照片　　(C)微测井时距曲线

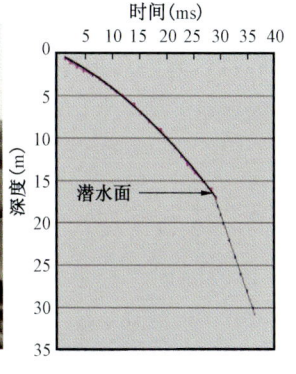

图 3-18　沙漠区表层结构特点

整个沙漠区具有一个稳定的高速顶界面,即潜水面,是一个呈东南高西北低的平滑曲面。以这个稳定的潜水面为界,工区内的近地表结构分为潜水面以下的高速层和以上的低速层两层结构,潜水面以下为含水砂层,速度分布稳定,在 1600~1900m/s 之间,为沙漠区表层的高速层;潜水面以上为疏松沙层,统称为低速层,受压实作用影响,低速层具有连续介质性质,从上到下速度一般在200~1000m/s,平均速度在350~700m/s之间(图3-18)。低速层厚度整体趋势是从北到南逐渐变厚,最厚可达200m以上。这种地表条件对缝洞型碳酸盐岩地震勘探主要产生了以下几方面的问题:

(1)疏松沙丘对地震波能量及频率吸收衰减强烈,提高地层分辨率难度非常大。从吸收衰减调查结果来看,近地表3~5m的沙层可使主频45Hz的地震波衰减为35Hz;所获得的奥陶系石灰岩顶面反射波主频基本上在20Hz以下。

(2)疏松沙丘引起的噪声干扰强,严重影响了资料信噪比。地震波传播过程中,浅表层的疏松沙丘是以相互间空隙较大、黏附力很小的沙粒为振动点,阻尼系数非常小,因此,振动延续时间非常长,造成尾振干扰;同时,在地震波激发过程中,也极易产生较强的散射干扰。另外,在地震波传播过程中,疏松沙丘的地表面与之下的高速层顶面之间形成了复杂的多次折—反射、反—折射、反—反射等各种近地表多次波。这些干扰的存在严重影响了中、深层地震勘探资料的信噪比。图3-19为不同沙丘厚度的共检波点道集记录,可以看出浅、中、深层地震勘探资料的信噪比变化较大。

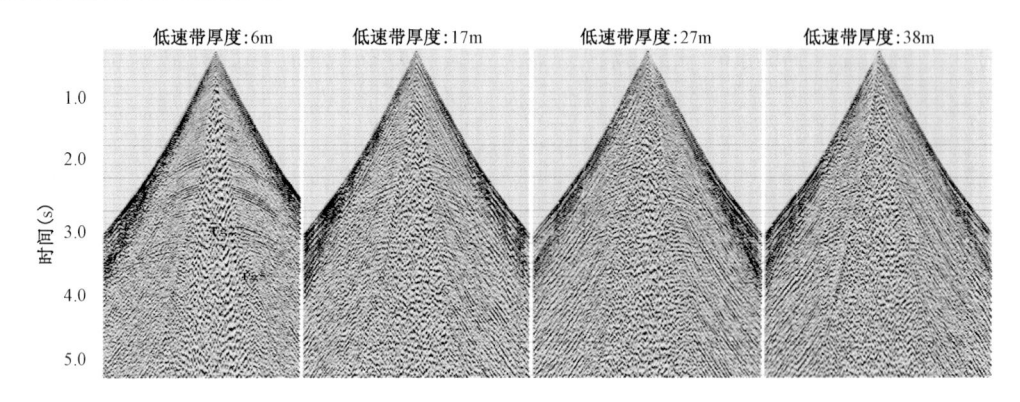

图3-19 不同沙丘厚度的共检波点道集记录

(3)起伏剧烈的沙丘引起的静校正问题突出(图3-20)。尽管该区具有稳定的潜水面,使确定高速层面以及填充速度的选择变得简单,但潜水面以上的低速层的连续介质特性在不同区域、不同沙丘性质均存在着较大的差异,且全部采用了潜水面以下的激发方式,应用初至波静校正方法具有一定难度。

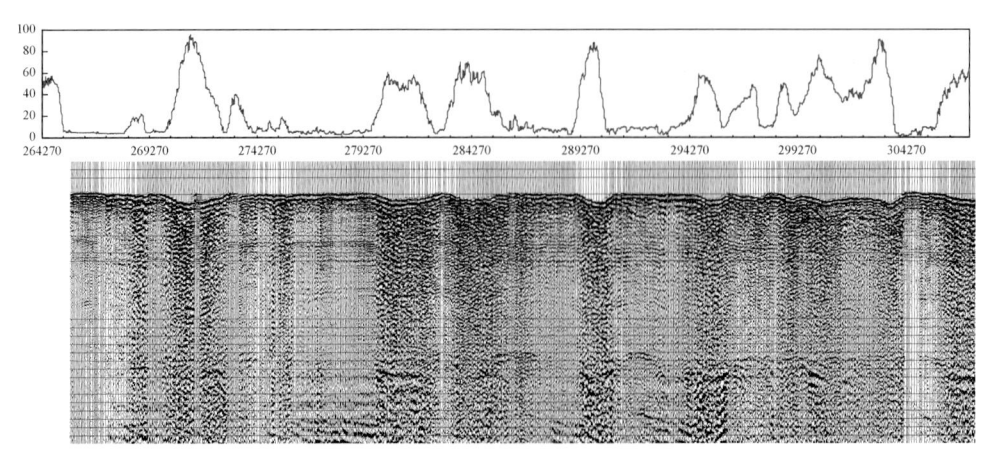

图3-20 塔中地区二维共偏移距剖面(固定增益、偏移距2km)

2. 沙漠外围区地表类型多变、障碍物多，对地震勘探资料影响大

沙漠外围区的碳酸盐岩勘探主要以塔北地区为主。该区地表类型主要以小沙丘、浮土、沼泽、农田、水网为主，邻近山前带的局部地区分布戈壁砾石，地表类型多变。塔里木河从西到东贯穿整个塔北地区中部，该河流域密布农田、沼泽、水网，也生长了茂盛的灌木丛及胡杨林。同时也是人口密集分布的地区，分布有密集的城镇、村庄、道路、管网等各种人文设施。另外，塔北地区也是塔里木盆地油气勘探程度最高的区域，分布了大量的油田作业区（图3-21）。

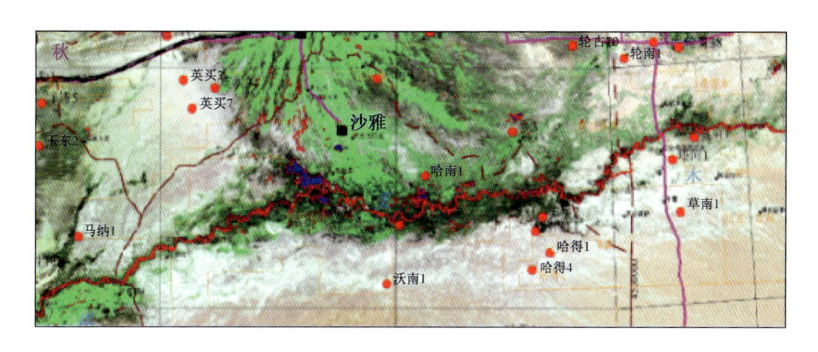

图3-21 塔北地区卫片图

该区近地表存在一个以稳定、光滑的潜水面为界的双层表层结构（图3-22）。潜水面以下为高速含水砂层或泥砂层，速度分布稳定，在1600～1900m/s；潜水面以上的低速层厚度一般在1～12m，平均厚度在6～8m，平均速度在400～600m/s。

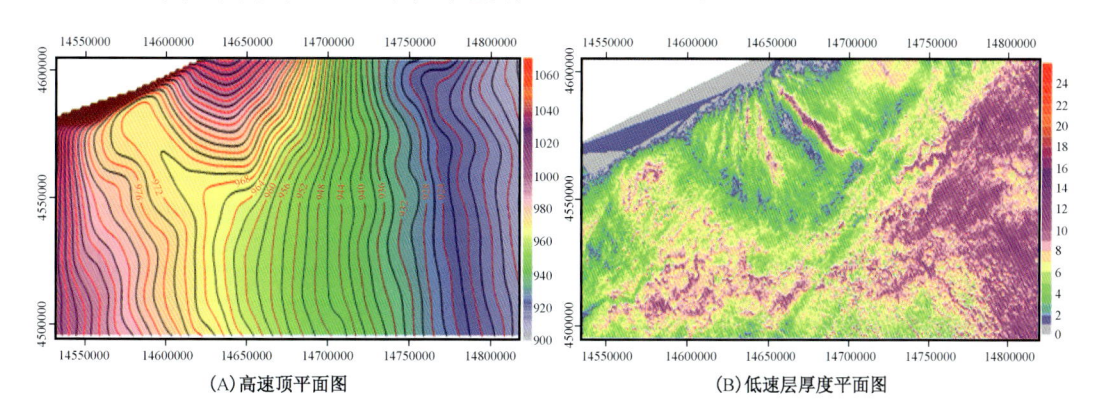

(A) 高速顶平面图　　(B) 低速层厚度平面图

图3-22 塔北地区表层结构平面图

对沙漠外围区的表层地震地质条件进行分析，主要存在以下几个方面的问题：一是沼泽、浮土、小沙丘、农田等多种地表类型，导致地震勘探中激发接收条件变化大，影响地震勘探资料保真度；二是河流、城镇等各种障碍物相间分布，观测系统正常实施困难，影响地震属性的真实反映；三是厂矿、运输路密集，干扰源发育，对地震勘探资料品质亦造成了严重的影响。

（二）地下地质条件

塔里木盆地地下结构变化较大，在厚度5000～8000m的地层中，既发育有古近系砂泥岩+底部膏泥岩，又有二叠系不规则的火成岩发育，地震波能量经过多次的反射和吸收衰减，能量弱，同时奥陶系碳酸盐岩与上覆碎屑岩由于速度差异大，形成很强的反射界面，地震波下传至奥陶系能量更弱，奥陶系发育巨厚碳酸盐岩，内幕难以见到较强的反射界面，整体呈现弱

反射特征,加之碳酸盐岩由于溶蚀作用强、缝洞储层发育、单体规模相对较小等影响,碳酸盐岩反射成像更为困难。

1. 目的层埋藏深,地震反射能量弱、频率低、速度不敏感

该区沉积盖层厚度较大,其中,古生界是以海相、海陆交互相沉积为主,中新生界以陆相沉积为主。中生界、新生界在本区发育齐全,而上古生界缺失较多,下古生界较为稳定。大部分地区石炭系至中生界、新生界较为平缓,构造简单,没有发育明显的大断裂及隆坳格局,而下古生界受多期构造运动影响,断裂系统非常发育,断隆、断背斜、潜山等构造发育,且在下古生界与上古生界之间存在明显的区域不整合。综合起来,该区的主要勘探层系具有以下两方面的地震地质特点:

(1)目的层埋藏深,地震波能量及频率衰减强。奥陶系碳酸盐岩石灰岩顶面的埋深一般在4500~8000m,地震波传播路径长,地震波能量及频率将受到很大程度的衰减,以5000m的目的层埋深,按自激自收方式计算,不考虑吸收及透射损失,地震波能量将衰减80dB。

(2)准确识别碳酸盐岩缝洞储层及细小断裂体系对所需要的地震勘探资料的信噪比和分辨率要求比较高,难度非常大。

2. 二叠系火成岩不规则分布,对下伏碳酸盐岩缝洞成像影响大

塔里木盆地火成岩分布广泛,主要发育四期火山活动,分别为震旦—寒武纪、晚奥陶世—志留纪、早二叠世、白垩纪,其中以二叠纪火山活动最为强烈,规模最大。塔北二叠纪火山喷发期主要为早二叠世茅口期,其中在满西、英买力、哈拉哈塘地区岩浆活动较强烈,岩性以中酸性火成岩为主。塔中地区火成岩主要分布在中西部,在古生代早期发育基性侵入岩,中晚期发育基性喷发岩,岩性以基性火成岩为主,分布面积广、厚度大。火成岩按岩石类型划分,主要为玄武岩、安山岩、英安岩、流纹岩、花岗岩,地震相主要有平行板状、亚平行、丘状、烟柱状、杂乱空白地震相(图3-23)。

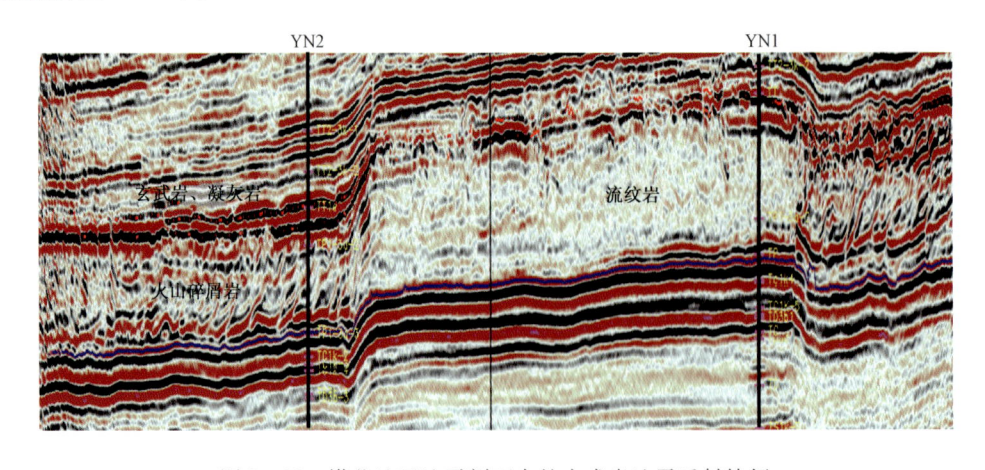

图3-23 塔北地区地震剖面中的火成岩地震反射特征

火成岩虽然对碳酸盐岩储层改造起到了积极作用,但由于其在平面上分布不均,岩层厚度和速度变化大,岩性和地震相特征复杂,对下伏地层的勘探产生了较大的影响。主要包括三个方面:(1)二叠系火成岩的发育,造成了其与石炭系界面难于区分,同时对下伏地层,特别是对志留系底界和泥盆系底界弱反射界面的影响较大;(2)二叠系以下地层由于火成岩的屏蔽(速度高)、反射杂乱造成的散射,造成频率和信噪比降低;倾斜线性干扰、高速不连续火成岩体的绕射(近似直线),有效反射同相轴干涉,拾取速度困难,降低了中上奥陶系内幕反射品质。

(3)火成岩体相对于围岩的高速异常影响了叠前偏移速度场的建场精度,不仅影响到缝洞体的成像质量,也造成了缝洞体空间位置的偏移。因此,在地震勘探中有必要通过火成岩地震相识别和平面追踪,了解火成岩层速度在平面上的变化规律及平面地震相的分布特征,为准确建立偏移速度模型、保证下伏碳酸盐岩缝洞储层及断裂的成像精度提供保障。

3. 碳酸盐岩缝洞型储层非均质性强,对地震成像精度要求高

由于碳酸盐岩岩性的特殊性,碳酸盐岩地层往往发育出各种各样的喀斯特地质现象。以塔里木盆地轮南奥陶系潜山为例,其潜山顶面表现为沟壑纵横、峰峦叠嶂的典型喀斯特地貌,落水洞星罗棋布,内部发育大量的溶蚀孔洞和裂缝,波阻抗界面不光滑,反射能量不稳定。

碳酸盐岩内幕储层受溶蚀、构造改造和岩浆熔蚀等相关作用的控制,基质孔隙度很低(一般小于5%),次生的溶蚀缝洞为主要的储集空间,发育为溶洞型、溶孔型、裂缝型等,表现为高度非均质性,没有良好的波阻抗界面,地震波绕射能量弱,对地震成像精度要求高(图3-24)。

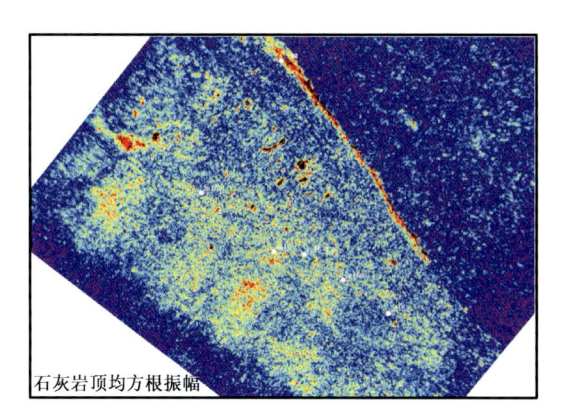

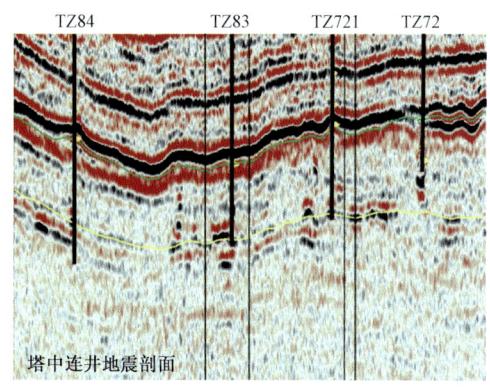

图3-24 台盆区碳酸盐岩储层特点

二、地震勘探资料采集配套技术

针对塔里木盆地碳酸盐岩储层埋藏深、非均性强和地表条件复杂多变的特点,通过多年的攻关与实践,创新了基于绕射波成像的三维观测系统量化设计技术、保证子波稳定的激发技术和基于沙丘性质的逐点高差设计与检波器组合接收技术等三维地震采集技术,提高了地震勘探资料品质。尤其是通过近几年的深入攻关,逐步形成了以提高超深碳酸盐岩储层预测精度为目标的宽方位较高密度三维地震采集技术系列,这些新技术方法的应用为实现塔里木盆地碳酸盐岩快速增储上产奠定了良好的资料基础。

(一)碳酸盐岩缝洞储层高密度宽方位地震采集技术

近几年,通过不断地攻关试验,形成了针对碳酸盐岩勘探的三维观测系统优化设计方法。该技术主要包括四个方面的内容:一是三维观测系统设计;二是观测系统参数的量化设计;三是变观设计技术;四是三维观测系统参数优化设计。

1. 基于波动方程模型正演的三维观测系统设计

碳酸盐岩风化壳岩溶缝洞型储层属于典型的、复杂的非均质范畴,可视为由准均匀介质中呈不规则分布的、大小和形状各异的低速体共同组成的非层状储集体。地震剖面上看到的储集体的波阻特征,应是这些低速体的散射(绕射)叠加结果。这里,采用具有一定近似性的等效地质模型来替代实际复杂的缝洞系统,运用统计学方法中非均匀性随机介质理论来描述缝洞型油气藏,并采用非均质弹性波波动方程进行正演模拟计算,进而得到比较接近实际的地震波场。

根据上面提到的建模方法,即可以针对碳酸盐岩储层进行波动方程正演分析(图3-25),从而指导观测系统设计。

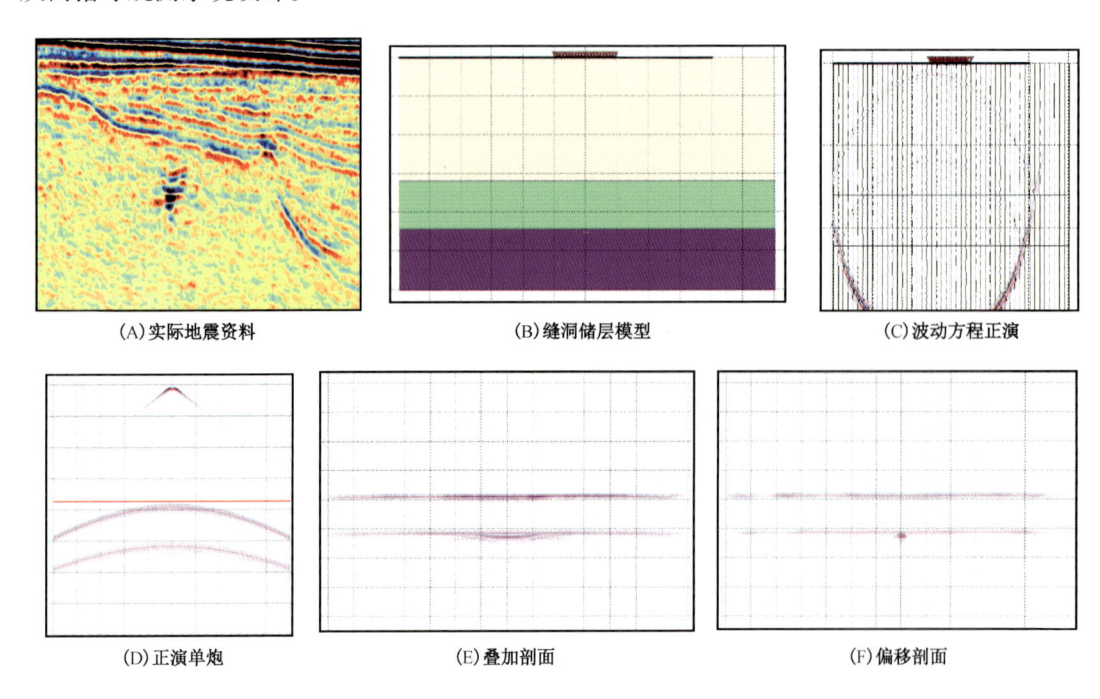

(A)实际地震资料　　(B)缝洞储层模型　　(C)波动方程正演

(D)正演单炮　　(E)叠加剖面　　(F)偏移剖面

图3-25　波动方程正演分析示意图

模型正演结果表明:缝洞宽度为地震波在围岩中传播的 $\lambda/4$ 时,振幅最强,宽度继续增大时,振幅减小趋势缓慢;缝洞引起的反射为负极性,强振幅代表缝洞的顶面;缝洞体在地震勘探资料上反射峰值0.7倍的振幅值所限定的宽度为有效反射宽度;缝洞体在地震勘探资料上的可识别极限宽度为 $\lambda/4$,且信噪比高于2时才能易于识别,保证弱储层反射信噪比是达到极限宽度的基础(图3-26)。

对正演单炮进行了不同道距的叠前时间偏移处理(图3-27)。通过对比看出,过小的面元并不能使地震勘探资料对碳酸盐岩储层具有更高的识别能力,因此,面元尺寸主要应考虑不大于可识别的极限宽度,即地震波在围岩中传播的 $\lambda/4$。

2. 基于缝洞型油气藏的三维观测系统量化设计方法

碳酸盐岩三维勘探的观测系统设计与常规构造勘探的设计方法不同,它是基于绕射波成像原理,参数的论证更侧重于偏移成像质量方面。在设计方法上,实现了由以往基于水平叠加资料的参数分析向基于叠前偏移资料的参数分析方法,从与反射同相轴成像相关的覆盖次数设计、窄方位观测向缝洞储层偏移成像质量的炮道密度设计、宽方位观测等的转变。

1)面元设计

(1)考虑的主要因素。

狄帮让等(2006)认为,面元大小的选择需要满足常规三维设计中的偏移时无假频、横向

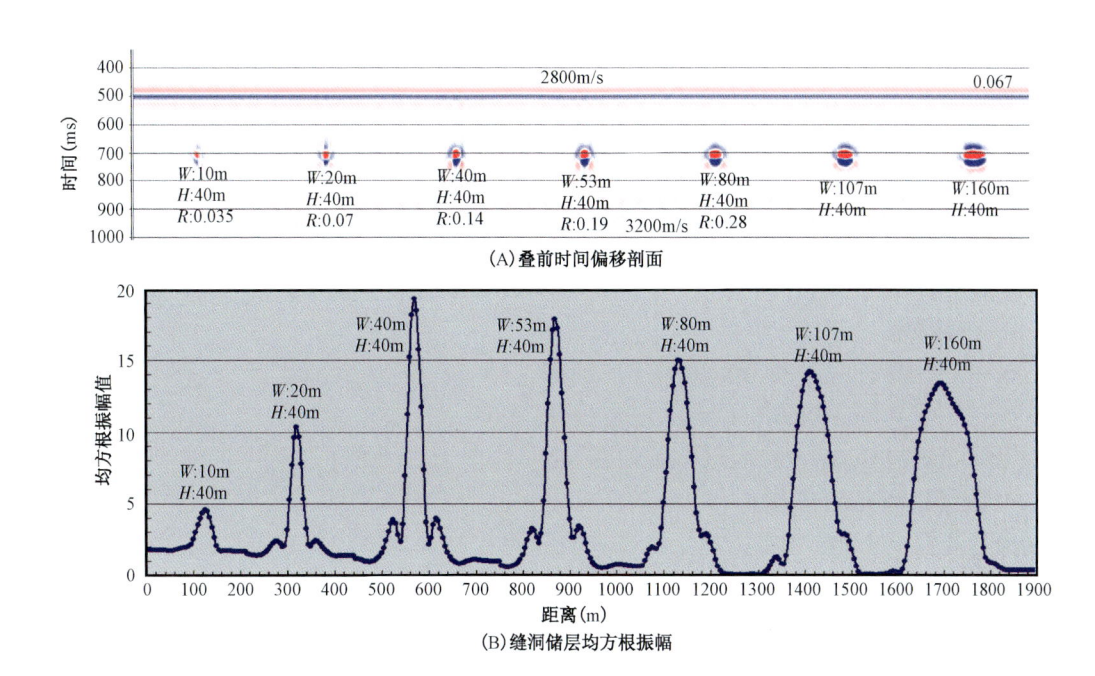

图 3 - 26 不同缝洞宽度正演分析

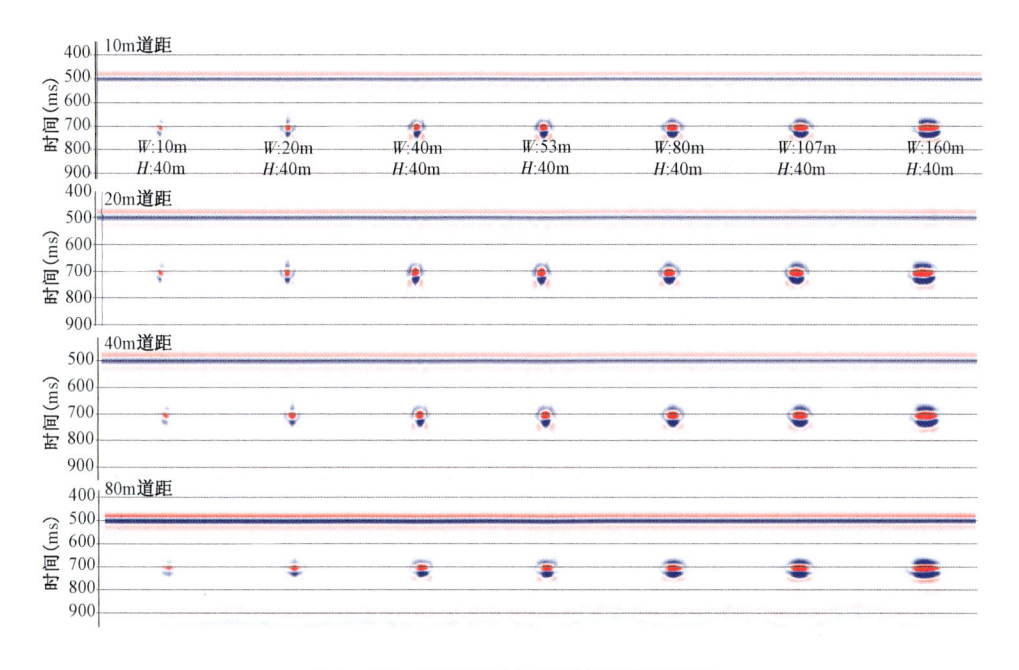

图 3 - 27 不同面元的正演偏移剖面对比

空间分辨极限及 1/3 最小目标体宽度的要求。狄帮让、顾培成等(2005)对地震偏移成像分辨率的定量分析过程进行了数值模拟实验。结果表明,影响偏移成像水平分辨率的主要参数是介质速度、地震子波主频和偏移处理的孔径和角度。在实验分析的基础上,给出了叠前偏移成像水平分辨率的经验公式,根据该经验公式可以给出理论情况下满足横向分辨率要求的面元值:

$$b = \frac{Cv}{2f\sin\phi} \qquad \phi \leq \phi_0$$

$$b = \frac{Cv}{2f} \qquad \phi > \phi_0$$

式中　b——面元大小；
　　　C——常数；
　　　v——均方根速度；
　　　f——地震波主频；
　　　ϕ——孔径角；
　　　ϕ_0——临界角。

在 crossline 方向，$\phi_0 = 60°$ 时，$C = 0.9$；在 inline 方向，$\phi_0 = 60°$ 时，$C = 1$。

（2）面元设计的最小极限值。

碳酸盐岩储层在地震勘探资料上的横向分辨率与常规地质体存在着区别。姚姚（2003）通过大量的数值模拟给出了明确的结论，碳酸盐岩缝洞型储层可检测的极限为地震波在围岩中传播的1/4波长。因此，在地震波主频一定的情况下，面元大小存在极限值，计算公式为

$$b \geq \frac{vw}{4n_s f_d}$$

式中　w——剖面上反映的储集体宽度；
　　　v——围岩速度；
　　　f_d——地震波主频；
　　　n_s——在单向上储集体所需的空间采样点数。

因此，面元大小的选择，除了要考虑偏移时无假频、最小目标体宽度的要求，同时，还要考虑目标区的地震地质条件所决定的储层可检测的极限值，即面元存在着极小值。

在塔里木盆地塔中地区，根据上述面元设计公式，按5500m/s碳酸盐围岩速度、地震波主频20Hz计算，缝洞储层在地震偏移剖面上能被识别的最小反射波长度为68m。按上述面元设计原则，在 TZ85 井区将面元设计为 12.5m、覆盖次数 66 次，同以往 25m 面元、覆盖次数 66 次对比，可以看到，小面元三维提高了对更小缝洞体的识别精度（图 3 – 28）。

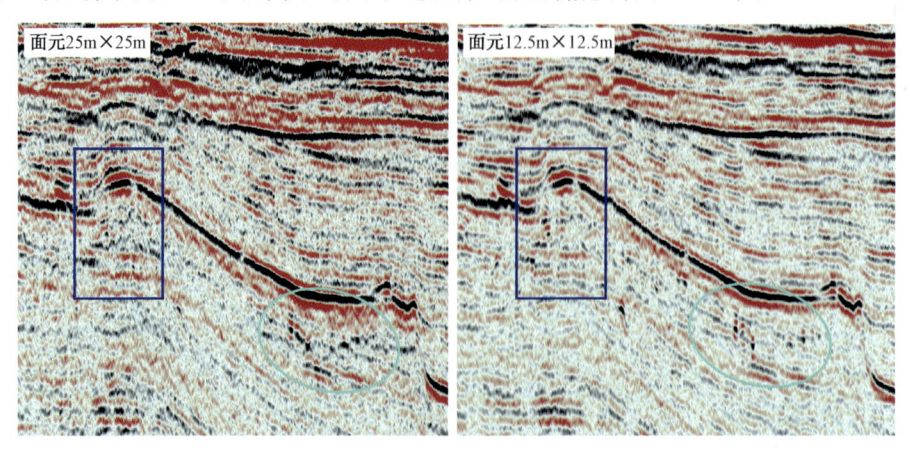

图 3 – 28　塔克拉玛干沙漠某三维区地震采集技术应用前后剖面对比图

2)覆盖次数设计

要提高对碳酸盐岩储层的分辨能力,必须要保证地震信号的信噪比,而碳酸盐岩内幕储层反射波的信噪比取决于叠加覆盖次数和可偏移的绕射波的数据量。设计满足要求的覆盖次数,可借助于钻井及测井资料,通过分析工区内或相邻工区的较高质量的三维地震勘探资料来进行量化设计。

在三维资料上,确定被钻井证实的碳酸盐岩缝洞储层,分析三维偏移后该缝洞储层反射波的信噪比提高比率及信噪比,根据钻井资料确定该储层特性参数及反射系数,利用三维资料,求出该三维覆盖次数下的信噪比,再根据目标储层与该储层的反射系数差,可以计算目标储层所需的覆盖次数。

根据碳酸盐岩内幕储层的性质以及覆盖次数与信噪比之间的关系,可以推导出如下计算覆盖次数的公式:

$$F_\mathrm{d} = \left(\frac{r'_\mathrm{sn} R_\mathrm{o} b_\mathrm{d}}{C r_\mathrm{sn} R_\mathrm{T} b_\mathrm{o}}\right)^2 F_\mathrm{o}$$

式中 F_d——小面元三维所需的覆盖次数;

F_o——老三维的覆盖次数;

r_sn——老三维偏移资料中反射系数为 R_o 的储集体的有效波信噪比;

r'_sn——小面元三维中拟识别的最小储集体的有效波要达到的信噪比;

R_o——老三维中可以被识别的储集体的反射系数;

R_T——小面元三维中拟识别的最小储集体的反射系数;

b_o——老三维的面元尺寸;

b_d——小面元三维的面元尺寸;

C——资料处理中的实际压噪系数。

上述公式表明,覆盖次数与面元尺寸之间有着直接的联系,因此设计过程中应综合考虑工区的地质需求与勘探成本之间的平衡,合理设计覆盖次数和面元大小。例如在钻井成本比较高的地区,可以采用缩小面元的方式替代单纯通过增加炮点数来提高覆盖次数,达到提高信噪比和节省勘探成本的目的。

3)宽度系数的设计

物理模拟结果表明,针对碳酸盐岩缝洞储层的三维观测系统应采用宽方位角。常规意义上宽窄方位的定义是指最大非纵距与纵向最大炮检距的比值,而与纵、横向的覆盖次数分布无关,明显存在着不准确性。牟永光(2003)通过大量的物理模拟实验和理论分析,提出了采用三维观测宽度系数来衡量三维观测系统方位宽窄的方法。三维观测宽度系数定义为

$$\gamma = \frac{\theta}{2\pi} \cdot (C_1 \gamma_\mathrm{t} + C_2 \gamma_\mathrm{n})$$

式中 γ——三维观测宽度系数;

θ——半炮检线的张角;

γ_t——模板模纵比;

γ_n——横纵覆盖次数比;

C_1、C_2——γ_t、γ_n 有关的系数,$C_1 < 1$、$C_2 < 1$,且 $C_1 + C_2 = 1$。

三维观测系统方位宽窄的衡量标准规定如下:

γ<0.50 时为窄方位观测系统；

γ≥0.50 时为宽方位观测系统；

γ≥0.85 时为全方位观测系统。

对于碳酸盐储层，三维观测系统的设计应至少保证宽方位观测。

3. 基于高精度遥感的变观设计技术

随着经济建设的快速发展和油气勘探程度的不断深入，地震勘探区域的地表条件往往变得越来越复杂，如油田作业区的各种设施、城乡建筑、河流水域等。这些地表条件造成了地震施工困难、设计的方法难以正常实施，同时诸多干扰源对地震勘探资料品质亦造成了严重的影响。为了解决以上问题，在野外采集中采用变观方法是解决该类问题的主要途径。目前采用的是基于高精度遥感数据体的动态变观设计技术，主要包括：利用高精度遥感数据体进行详细的室内预踏勘，并结合野外踏勘，确定障碍物及干扰源等，定量化计算和分析障碍物引起的空炮或空道对地震资料影响，纵横向恢复性变观，以炮补道及卫片等多信息辅助变观设计方法。

1）障碍区空炮、空道的影响分析

密集房屋、陡崖等区域往往会造成野外采集中空炮或空道，需要在施工前预测由空炮或空道引起的剖面缺口的深度及对目的层有效覆盖次数的影响，以采取相应的措施。空炮或空道造成的剖面缺口深度为切除后的 CMP 道集上原有资料的最浅深度。CMP 道集上的切除深度由折射波干扰范围和动校拉伸畸变所决定，一般情况下它仅受动校拉伸畸变值决定。采用中间对称观测系统情况下，空炮或空道引起的剖面上的最大缺口深度可由下式计算：

$$T_0 = \frac{NS}{v_r \sqrt{2D}}$$

式中　T_0——空炮或空道后对应剖面上的最大缺口的双程反射时间；

　　　N——系数（仅空炮或空道时为 1，既空炮又空道时为 2）；

　　　S——空炮或空道距离；

　　　D——动校拉伸畸变允许值；

　　　v_r——估算的最大缺口深度处的均方根速度。

采用中间对称观测系统、常规处理流程时，由空炮或空道引起的目的层有效覆盖次数的变化，可按下式计算：

$$R = 1 - \frac{NS}{X_{max}} \quad (S < X_{max}/N)$$

$$X_{max} = v_r T_0 \sqrt{2D}$$

式中　R——空炮或空道之后与之前的有效覆盖次数的比值；

　　　S——空炮或空道距离；

　　　N——系数（仅空炮或空道时为 1，既空炮又空道时为 2）；

　　　X_{max}——接收目的层反射波的最大有效偏移距；

　　　T_0——目的层双程反射时间；

　　　D——动校拉伸畸变允许值；

　　　v_r——目的层均方根速度。

当 $S \geq X_{max}/N$ 时，目的层出现缺口，缺口宽度为（$S - X_{max}/N$）。当为空炮或空道时，在剖面上将出现倒三角的缺口形状;当炮、道全空时,在剖面上将出现倒 M 的缺口形状。

除利用上述公式进行空炮、空道对地震勘探资料影响分析外,还可以直接利用工区以往的二维数据,在 CMP 道集和共炮集上直接进行模拟分析。

2)变观技术及应用效果

在利用上述量化分析方法确定固定干扰源及障碍物等引起的空炮或空道对地震勘探资料的影响程度基础上,可以采用如下方法进行变观设计,降低施工难度并保证资料完整及品质。

(1)纵、横向恢复性变观方法。

对于障碍物等复杂地表引起的空炮所造成的覆盖次数的缺失,常规做法是沿接收线正、反两个方向进行恢复加密。当障碍物分布范围较大时,常规恢复方法对于三维勘探往往会造成炮点恢复距过大,造成面元内的不同炮检距缺失严重,因此,变观设计时应尽量减少恢复距离。根据三维观测系统的几何性质,除了可以沿接收线方向进行恢复外,还可以在垂直接收线方向上按接收线距的整数倍进行恢复变观。在实际工作中,应根据障碍物分布情况,以尽可能减少恢复距离、剖面缺口及使恢复后的炮点分布尽量均匀为原则,将纵、横向恢复性变观方法结合起来灵活应用。

(2)以炮补道变观方法。

当检波点无法布设或检波点被严重干扰、炮点可以选择性布设(如水域)时,根据炮检射线路径互换原理,可以采用以炮补道的变观方法。图 3-29 为利用炮检射线路径互换原理变换示意图,其中 R_1、R_2、R_3 分别代表检波点,S_1、S_2、S_3 分别代表炮点。当检波点 R_3 无法布设时,可以在 R_3 两侧最近的炮点位置处增加激发点 S_2 或 S_3,由 $S_2(S_3)$ 与 $R_2(R_1)$ 的共中心点位置与要弥补的 S_1 与 R_3 的共中心点位置相同,且其射线路径也相近,这样就可以最大限度地弥补由于 R_3 检波点的缺失造成的炮检距及有效覆盖次数的缺失,从而保证资料品质。

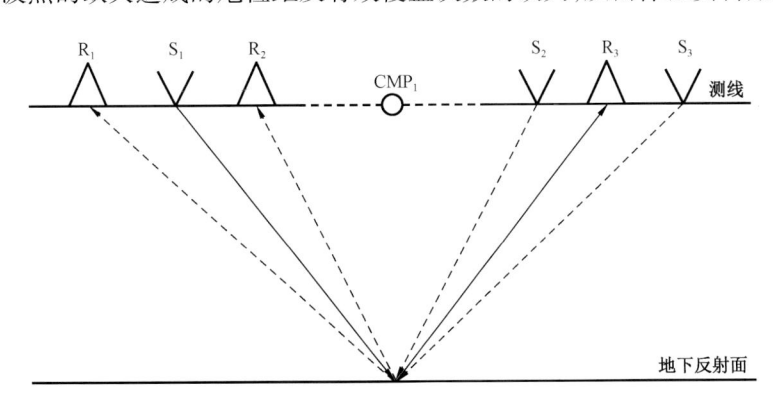

图 3-29 利用炮检射线路径互换原理变换示意图

(3)利用卫片等多种信息辅助设计。

为了使上述变观思路能够可靠实施,可以充分利用卫片等能准确反映地面障碍物分布范围的辅助工具进行变观设计。

图 3-30 为某三维采集项目利用卫星遥感数据确定村庄、古迹等障碍区,通过室内论证与野外实测相结合进行变观设计,使变观方案更为合理。

4. 面向缝洞型碳酸盐岩的观测系统参数优选技术

为进一步分析塔中碳酸盐岩三维勘探方法,在三维叠前时间偏移数据体的基础上,对面元尺寸、炮道密度、线距、宽度系数等参数进行了对比分析工作,从而明确了塔中地区三维观测系

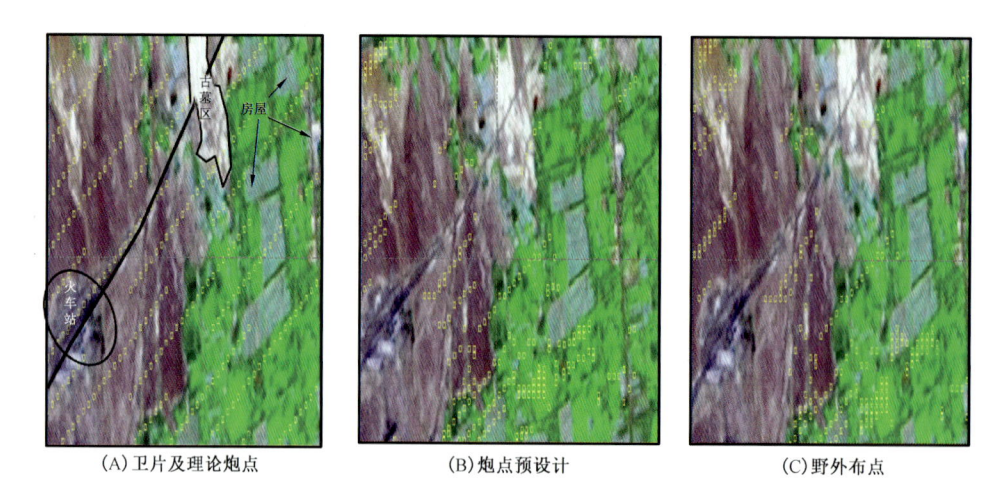

(A) 卫片及理论炮点　　　　　(B) 炮点预设计　　　　　(C) 野外布点

图3-30　利用卫片实现障碍区变观预设计

统参数设计原则及方向。

从图3-31可以看出,在相同宽度系数下,小面元、高炮道密度对奥陶系内幕弱反射信噪比改善明显,有利于提高奥陶系"串珠"状储层成像质量,对断裂的识别更加清晰。因此,高炮道密度是提高缝洞型碳酸盐岩地震勘探资料品质的基础,从"串珠"状储层成像角度考虑,炮道密度应在100万/km²以上。

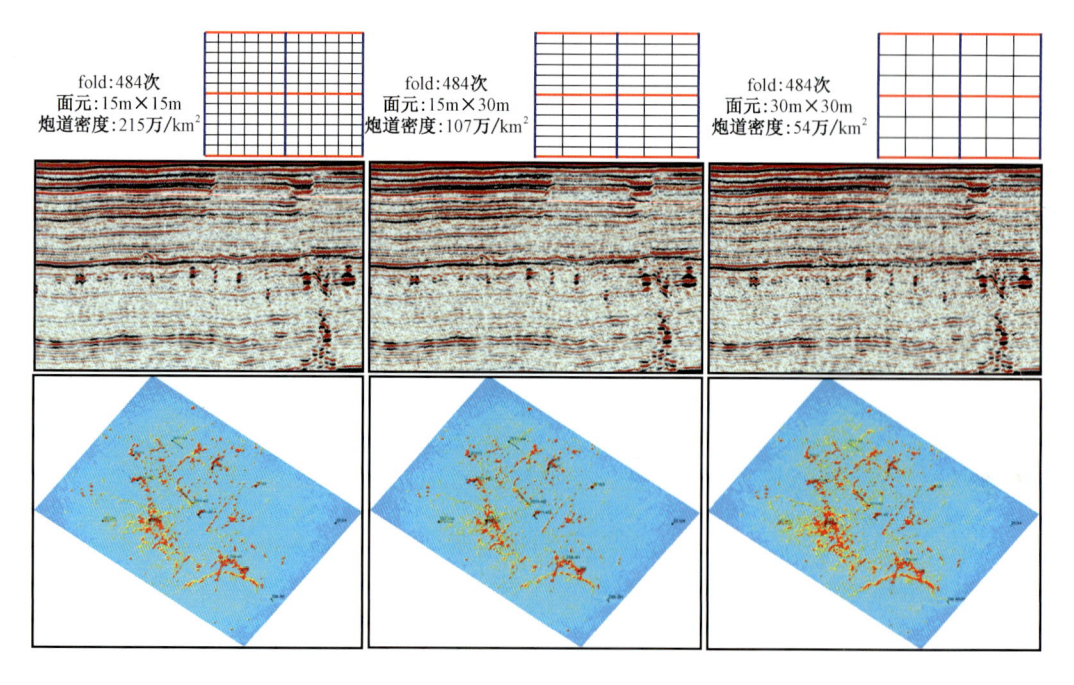

fold:484次　面元:15m×15m　炮道密度:215万/km²

fold:484次　面元:15m×30m　炮道密度:107万/km²

fold:484次　面元:30m×30m　炮道密度:54万/km²

图3-31　不同面元尺寸和炮道密度的PSTM剖面及属性图对比

在相同炮道密度条件下,适中的面元尺寸、较高覆盖次数比较小面元尺寸、较低覆盖次数获得的资料品质更优(图3-32)。因此,对于缝洞型碳酸盐岩勘探,高覆盖是获得优质资料品质的保证,同时也是高性价比勘探的方向。

两种方案对比显示(图3-33),炮道密度、覆盖次数和面元尺寸近于相同的情况下,小线距、窄方位方案对弱反射信噪比有提高,背景噪声弱,但对"串珠"状储层的成像质量比大线距、宽方位要差。说明小线距有利于压制噪声,宽方位有利于提高"串珠"状储层成像质量。

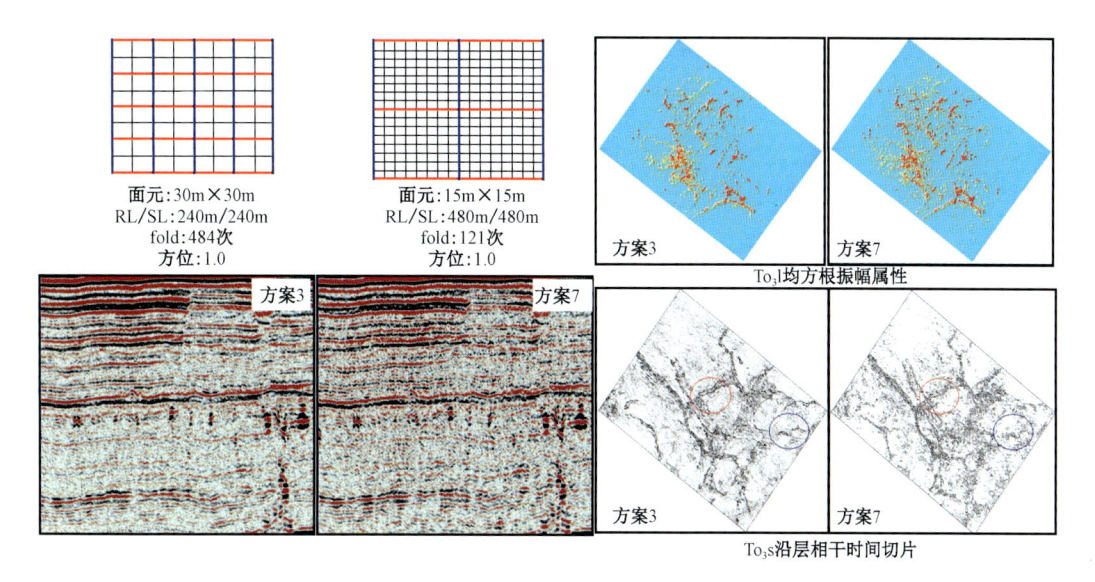

图 3-32 相同炮道密度不同面元尺寸和覆盖次数剖面及属性图对比

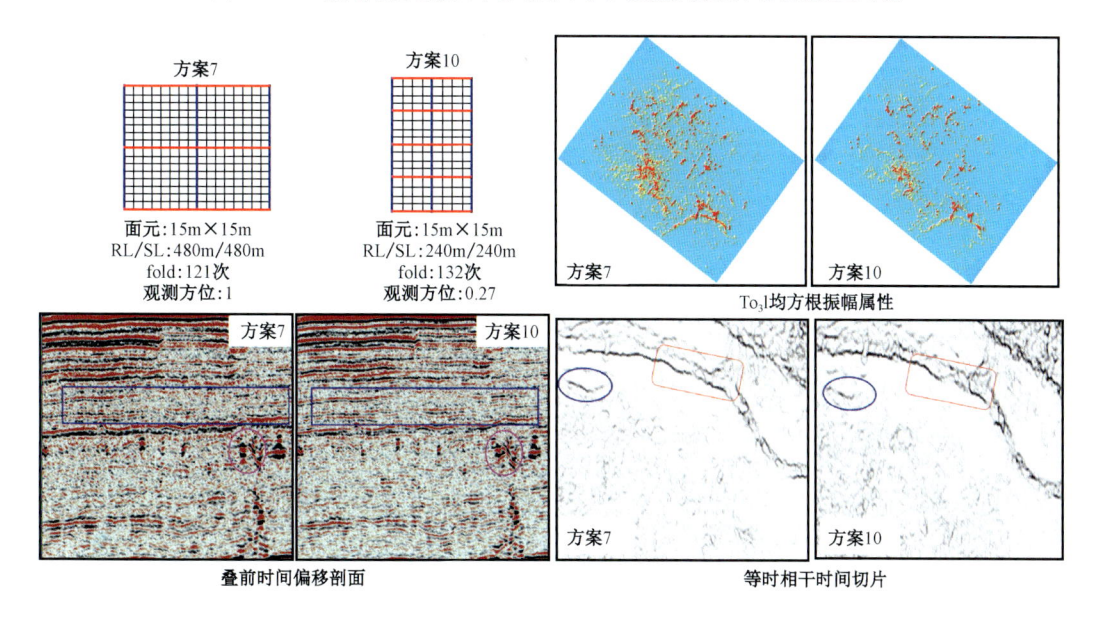

图 3-33 相同炮道密度不同线距和宽度系数剖面及属性图对比

通过上面的分析,可以得出以下认识:

(1)对于塔中超深目的层,相同炮道密度下,提高覆盖次数比缩小面元尺寸效果更明显。

(2)针对碳酸盐岩勘探,在勘探投入一定的条件下,炮道密度和宽度系数是影响"串珠"状储层成像质量的关键因素,首先保证较高的炮道密度和宽方位,其次缩小线距提高内幕弱反射层信噪比,采用适中的面元提高成像精度。

(3)塔中西部区,针对缝洞储层,炮道密度应不低于100万/km²,宽度系数达到0.75;对于内幕弱反射层,为使信噪比达到3,炮道密度不低于150万/km²,线距小于240m×480m。

(二)基于表层特点的激发技术

1. 基于地质目标的激发深度选取技术

目前,陆上的地震激发技术以在高速层以下激发效果最佳。但是,究竟高速层以下多少米激发效果最佳?为此,在塔中地区进行了潜水面(高速层)以下5m、10m、15m、20m的激发效果对比。

从原始记录(图3-34)上可以看出:随着潜水面以下激发深度的增加,深层资料的信噪比逐渐增高,同相轴连续性随之增强,但视频率也随之降低。从不同激发深度单炮滤波后记录(图3-35)可以看到潜水面以下5m激发单炮目的层附近同相轴连续性优于其他激发深度的单炮记录。综合以上分析,实际施工应采用潜水面以下5m激发效果较好。

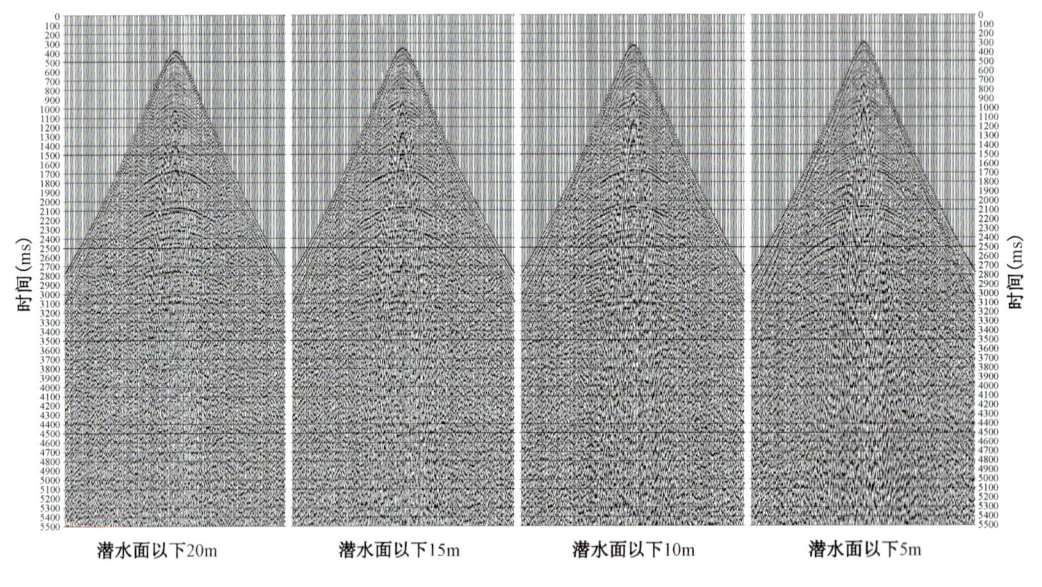

图3-34 塔中虚反射试验单炮原始记录

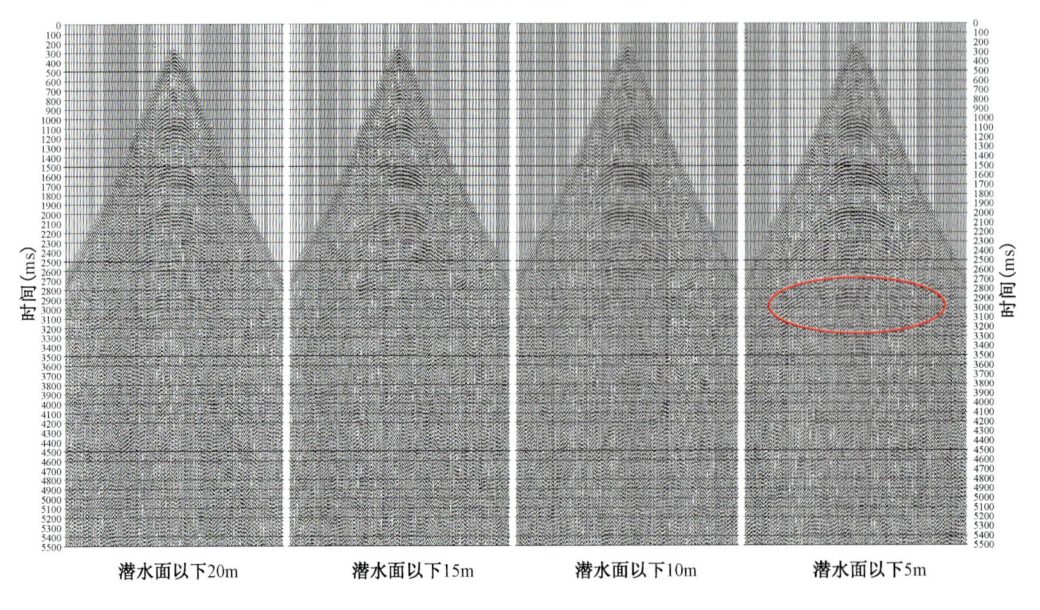

图3-35 塔中虚反射试验单炮三角滤波记录

2. 激发药量的优化选择

Sharpe认为,爆炸产生的震源子波的振幅与孔穴半径近似成正比,而震源子波的视频率则与孔穴半径近似成反比。在离开炸药的距离超过孔穴半径几倍时,震源子波与孔穴半径的关系是比例缩放关系,孔穴半径增加一倍,则震源子波的振幅增大一倍,沿时间方向拉长一倍。增大药量,振幅增大,低频成分增大比高频成分增大快,高频成分也有增大,但所占比例反而缩小。

地震记录上的高频成分减弱的原因不仅在于传播过程中的衰减,震源子波本身也有高频减弱的作用,激发药量越大,这种作用越明显。这说明在提高分辨率勘探时,药量不应该过大。但在塔里木盆地碳酸盐岩勘探中,目的层埋藏深度较深,药量太小难以得到反射。因此如何保障在足够能量和信噪比的基础上,尽可能减小药量、提高信噪比是地震采集工作的一个非常关键的问题。

在塔中地区进行了不同药量大小的激发参数试验,实验结果表明过小的激发药量确实不利于提高深层资料的信噪比,选择激发药量不小于12kg即可满足要求。激发药量达到12kg后,继续增大激发药量,反射波能量增大的趋势趋于平缓,激发药量选择在12kg左右较为合适(图3-36)。

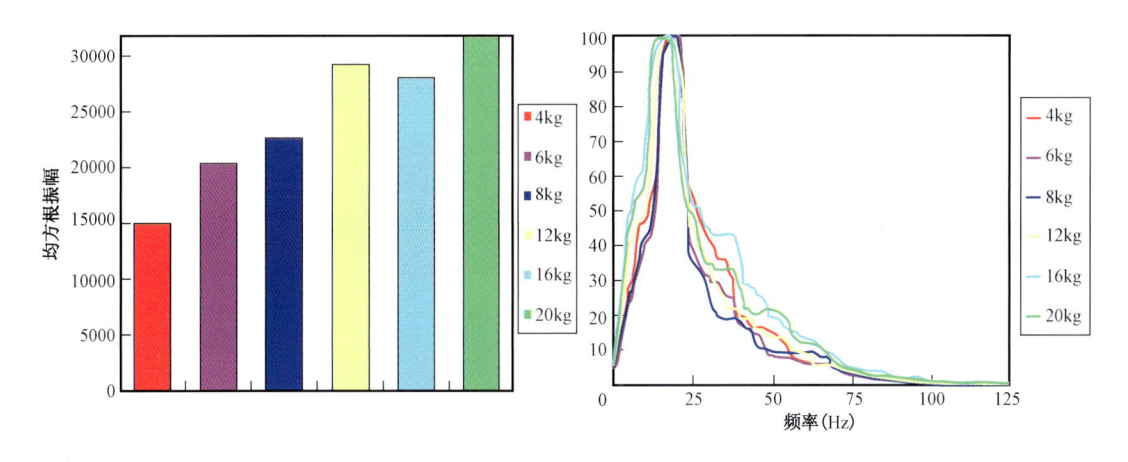

图3-36 不同激发药量试验对比定量分析

图3-37为沙漠区采集的不同激发药量对比剖面,其中激发炮点分别为单井20kg和单井4kg相互间隔布设在同一条测线上,采用相同的接收排列接收。从对比剖面中可以看出,尽管药量相差了五倍,但剖面反映的构造特征基本一致,3.0s左右碳酸盐岩顶面目的层反射同相轴连续性也没有本质的区别。这表明在具有一定信噪比的前提下,激发药量可以适当缩小。由于塔中地区碳酸盐岩储层埋藏深,且信噪比低,综合考虑,目前采用单井激发药量为12~16kg。

(三)基于沙丘性质的检波器组合接收技术

1. 沙漠区检波器组合图形设计方法

检波器组合具有方向效应、统计效应和平均效应。通过对沙漠区干扰类型及特征进行分析,检波器组合应在保护有效波同相叠加的基础上,重点对浅层多次折射和激发过程引起的不规则干扰进行压制。为此,以四种常用的30个或40个检波器面积组合图形为例,讨论分析对线性干扰及不规则干扰的压制效果(图3-38)。

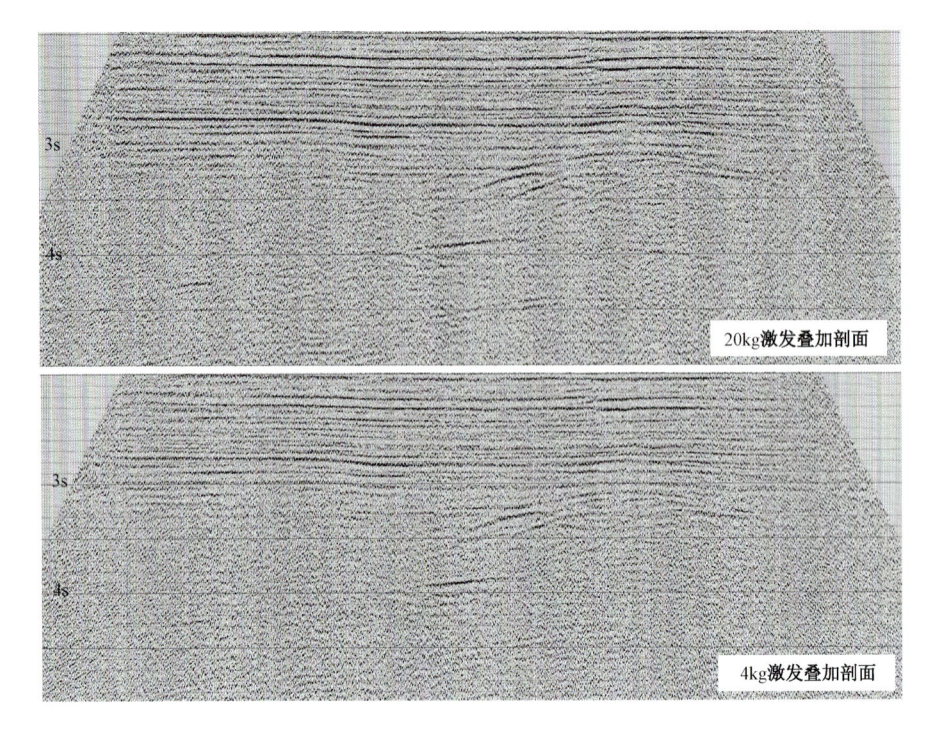

图 3-37 沙漠区同年度同一测线不同药量激发剖面对比

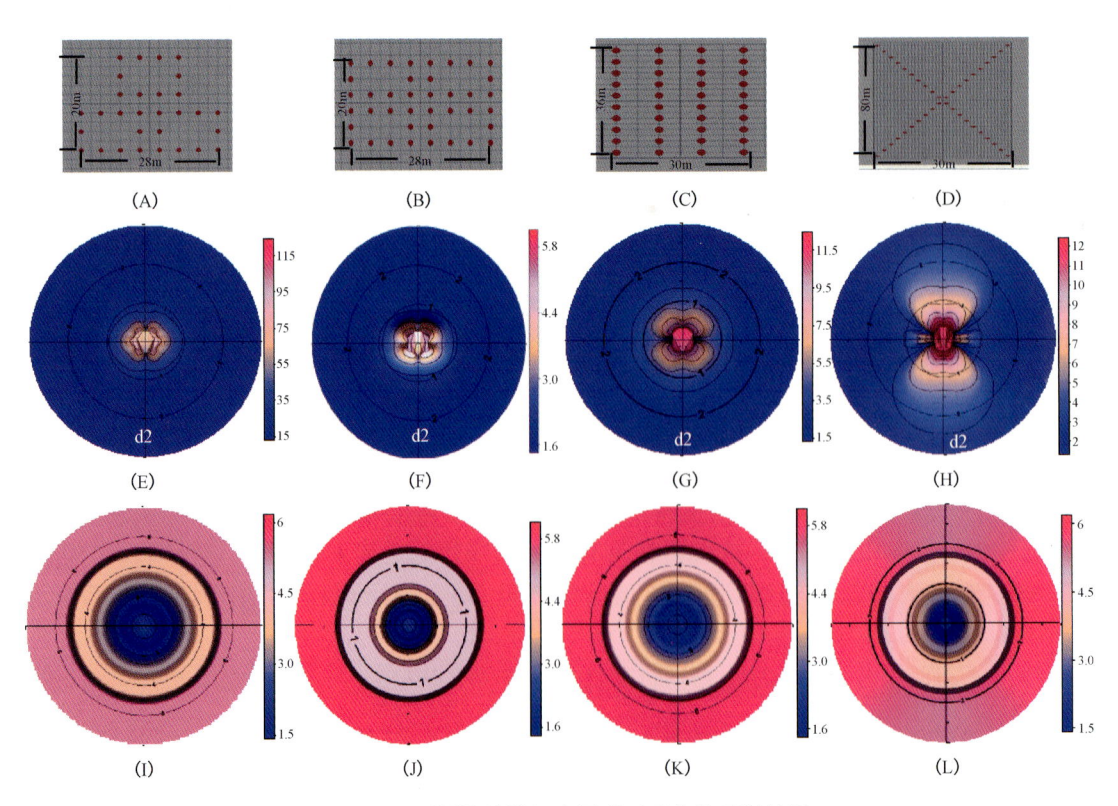

图 3-38 不同检波器组合图形对干扰的压制效果
（A）—（D）检波器组合图形；（E）—（F）分别为相对应的组合图形对线性干扰的压制效果；
（I）—（L）分别为相对应的组合图形对不规则干扰的压制效果

图中(E)—(H)分别为与(A)—(D)相对应的组合图形对线性干扰在不同方向上的压制效果(组合后目的层反射波的均方根振幅与线性干扰的均方根振幅的比值),其中干扰视速度为300~3000m/s,干扰波视主频为30Hz,目的层埋深为5000m,均方根速度为3500m/s,反射波主频为25Hz,偏移距为5000m。可以看出,40个检波器组成的器字形组合在各方向的响应特征最均匀,对于视速度不大于500m/s的线性干扰,组合后信噪比在各个方向能提高5~10倍。30个检波器组成的品字形组合和40个检波器组成的"ⅠⅠⅠⅠ"形组合在各方向的响应特征比较均匀,品字形在垂直测线的窄角度内对线性干扰压制效果差、在0°方向最好,除这个角度外压制效果与"器"形相当。"ⅠⅠⅠⅠ"形在沿测线的窄角度内对线性干扰压制效果差、在±45°方向压制效果最好,对于视速度小于1000m/s的线性干扰,信噪比能提高五倍以上。40个检波器组合的X形均匀性差、方向性最明显,对线性干扰的压制沿两条检波器线方向最好;对于视速度小于1500m/s的线性干扰,信噪比能提高五倍以上;其次是两条线所夹的窄带,两条线所夹的钝角带效果最差,尤其是在垂直检波器线方向,几乎没有压制作用。组合图形对线性干扰的压制效果主要受在投影方向上的组合基距影响。

图中(I)—(L)分别为与(A)—(D)相对应的组合图形对激发过程中的不规则干扰的压制效果,其中不规则干扰的相关半径为5m,组合图形的组内距为0.1~8.0m,目的层埋深为5000m,均方根速度为3500m/s,反射波主频为25Hz,偏移距为5000m。可以看出,当组内距大于不规则干扰的相关半径后,各种组合图形的压制效果一致;当组内距小于不规则干扰的相关半径时,"器"和"X"形压制效果最好。

图3-39是采用线性组合分析不同组内距及组合个数对不规则噪声的压制效果(图中论证采用的相关半径为5m)。从图中可以看到,组合后对不规则噪声压制后的信噪比达到5、组内距大于5m时,所需检波器组合个数为25个,而当组内距为2m时,需要检波器组合个数为68个,组内距为2.5~4.5m时,所需检波器组合个数比较接近,基本上为46个左右。因此,要发挥检波器的压噪作用,应大于不规则干扰的相关半径的一半,最好应保证组内距大于不规则干扰的相关半径。

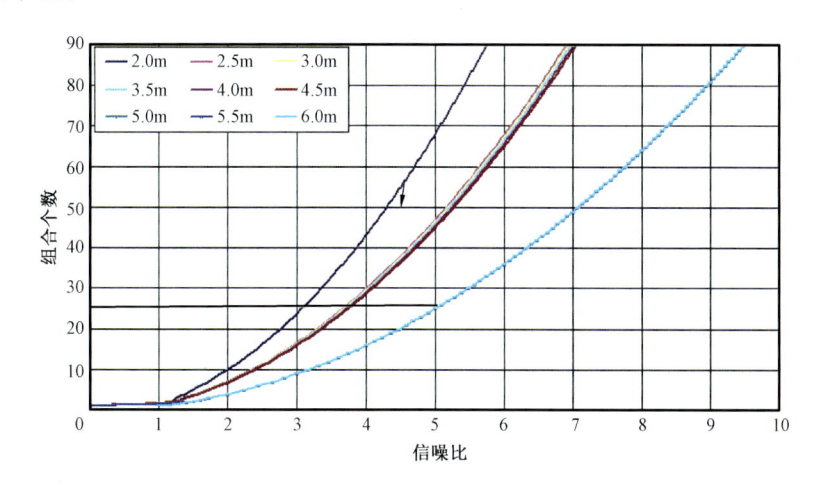

图3-39 不同组内距及组合个数对不规则噪声的压制效果($R=5m$)

由于沙漠区的干扰主要是浅层多次折射和激发过程引起的不规则干扰,因此,检波器组合图形应重点考虑对这两种干扰的压制。考虑沙漠区的地表起伏、检波器组合图形摆放的可变性,应选择在各方向响应均匀的组合图形。对于40个检波器而言,可以选择"器"字形组合图

形。通过理论分析,检波器组内距及组合基距应满足如下公式:

$$\max\left\{\frac{1}{n}\lambda_{N\max}^*, R_N\right\} \leq \Delta x \leq \min\left\{\frac{n-1}{n}\lambda_{N\min}^*, \frac{1}{2n}\lambda_{S\min}^*\right\}$$

$$\lambda_{N\max}^* \leq Lx \leq \min\left\{(n-1)\lambda_{N\min}^*, \frac{1}{2}\lambda_{S\min}^*\right\}$$

式中 Δx——组内距;

Lx——沿测线组合基距;

$\lambda_{N\max}^*$——压制的线性干扰的最大视波长;

$\lambda_{N\min}^*$——压制的线性干扰的最小视波长;

$\lambda_{S\min}^*$——保护的反射波的最小视波长;

R_N——不规则干扰的相关半径;

n——投影方向的均匀分布的检波器组合个数。

2. 沙漠区检波器组合高差设计方法

对于野外采集来说,检波器组合是压制疏松沙丘产生的各种噪声的最有效的方法之一。但是按照行业标准规定的 2m 组合高差,起伏沙丘区的检波器组合图形将难以拉开(表 3-1),因此,越是起伏大的沙丘,检波器组合的压噪作用越是受到限制。起伏大的沙丘组合高差能不能适当放大? 应该遵循什么样的原则?

表 3-1 不同坡度下 2m 组合高差所允许的最大组合基距

坡度(°)	5	10	15	20	25	30	35	40	45	50
基距(m)	22.9	11.3	7.5	5.5	4.3	3.5	2.9	2.4	2.0	1.7

在塔中沙漠区地震勘探项目中,探索并提出了根据沙丘性质逐点设计检波器组合高差的方法。该方法使高大沙丘区的检波器组合面积放大了 2~3 倍,提高了压噪效果。

组合高差主要取决于反射波同相叠加允许的组合时差和近地表速度两个因素。近地表速度可以根据表层调查数据进行拟合得到速度变化函数。组合时差主要由两部分构成,一是反射波在低降速层中传播时由组合图形引起的反射时差,对于沙漠区,由于浅表层速度较小,反射波基本上是近于垂直出射地表,因此,可以认为该部分引起的组合时差即为低降速层厚度和速度变化所引起的时差,用 dt_0 表示;第二部分是地震波在地层传播时由检波器位置不同所引起的反射时差,用 dt_1 表示。

假设反射波垂直出射地表,则由低降速层所引起的组合时差可以表示为

$$dt_0 = \frac{H_0 + dH}{v_a(H_0 + dH)} - \frac{H_0}{v_a(H_0)} \tag{3-1}$$

式中 dt_0——低降速层所引起的组合时差;

H_0——检波器组合中的最小低降速层厚度;

dH——检波器组合高差;

$v_a(H_0)$——低降速层厚度 H_0 所对应的平均速度。

假设目的层为水平反射界面或反射界面倾角不大时,则可以根据反射波时距曲线方程通过泰勒展开($X \ll 2h_0$)获得由检波器位置不同所引起的组合时差的近似计算公式:

$$dt_1 = \frac{2XLx + Lx^2 + \dfrac{Ly^2}{4}}{4v_r h_0} \qquad (3-2)$$

式中 dt_1——检波器位置不同所引起的组合时差；

X——偏移距；

Lx——沿测线方向的组合基距；

Ly——垂直测线方向的组合基距；

h_0——目的层埋深；

v_r——目的层的均方根速度。

由公式(3-1)可知,当低降速层的平均速度变化函数为线性函数时,由低降速层所引起的组合时差为0;当平均速度变化函数为指数小于1的非线性递增幂函数时,由低速层所引起的组合时差将随组合高差的增加而增加,且增加幅度随低降速层厚度的增加而减小,这时,在相同组合时差时,低降速层厚度越厚允许的组合高差越大。

由公式(3-2)可知,由检波器水平位置不同所引起的组合时差将随炮检距和组合基距的增大而变大,随目的层埋深和均方根速度的增大而变小。

图3-40为由低降速层厚度及检波器位置不同引起的组合时差对反射波振幅和主频的影响分析。其中,目的层埋深为5000m,均方根速度为3500m/s,反射波主频为25Hz,偏移距为5000m,检波器个数为8个,线性组合组内距为4m,由检波器位置不同引起的组合时差约为3.25ms。从图中可以看到,随着组合时差的增加,反射波主频及最大振幅值均降低。因此,组合时差的选择应根据特定的勘探目标进行针对性论证,从提高信噪比角度考虑,组合时差应控制在$T/5$以内,从提高分辨率角度考虑,组合时差应控制在$T/10$以内。

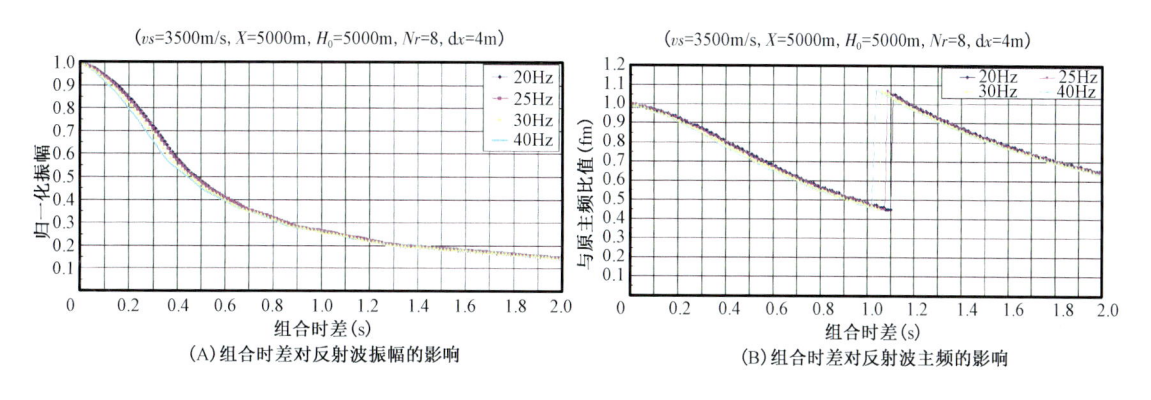

图3-40 组合高差引起的时差对反射波的影响

检波器组合高差逐点设计方法在塔东、塔中沙漠区三维项目中得到了应用。图3-41为TD1井区、GC4井区、TZ54井南区三个地区的检波器组合高差设计示意图,图中可以看到,塔中及塔东地区低降速层的平均速度随沙丘厚度的变化规律基本一致,TZ54井南地区沙丘的平均速度比塔东地区的略高一些。从平均速度拟合情况来看,三个地区的平均速度均为沙丘厚度的1/4次的幂函数。

图3-42为塔中地区ZG21井南三维应用检波器组合高差逐点设计后的单炮,与2006年、2007年TZ85井三维和TZ54井南三维2m组合高差的单炮对比(其他采集因素一致),图中的低降速层厚度分别为17m、14m、14m、13m。从单炮对比情况来看,起伏沙丘区通过逐点设计

检波器组合高差后检波器组合面积得到了放大,单炮上有效波的信噪比得到了不同程度的提高,检波器组合的压噪效果明显。

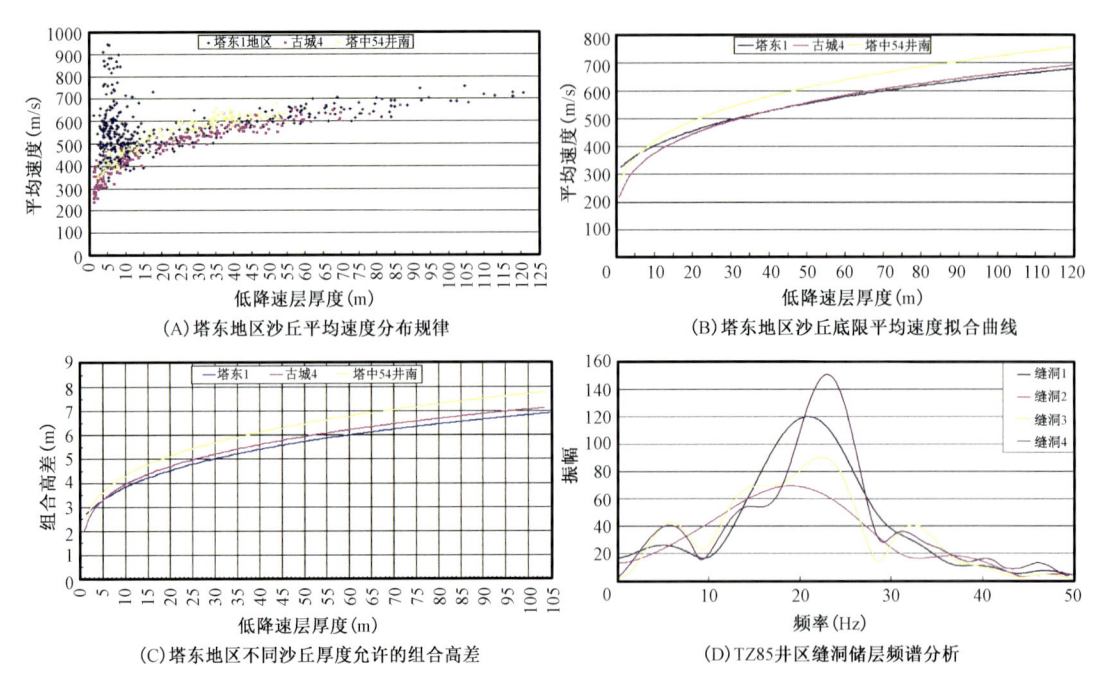

图3-41 塔中及塔东沙漠区组合高差设计示意图

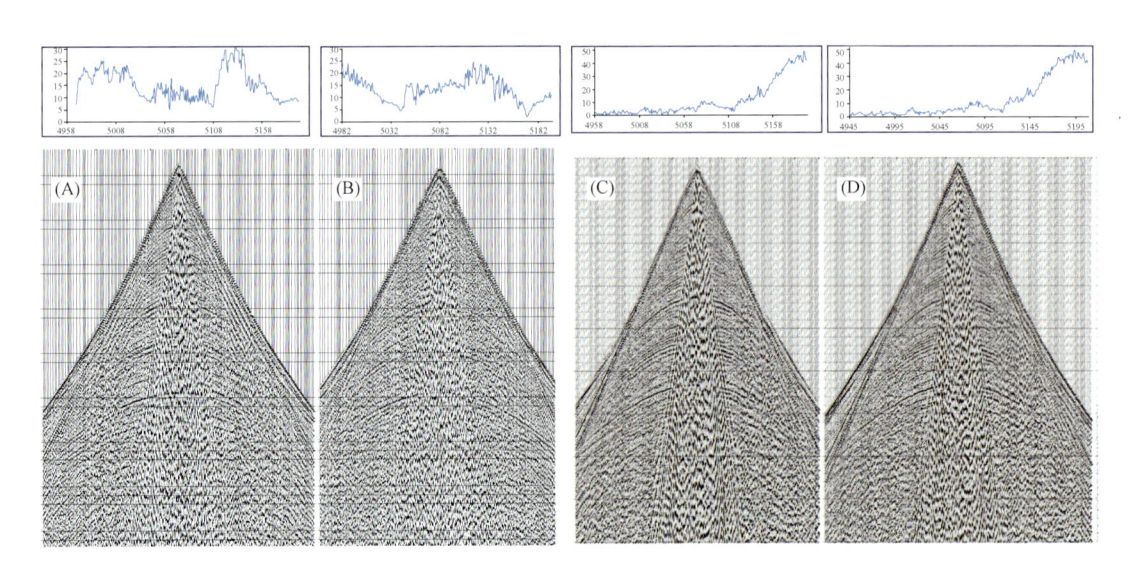

图3-42 塔中三维检波器组合高差逐点设计前、后的单炮效果对比
(A)、(C)为组合高差逐点设计;(B)、(D)为组合高差2m

通过以上分析,主要取得以下几个方面的认识:

(1)沙漠区的检波器组合图形应重点考虑对浅层多次折射和激发过程引起的不规则干扰。这两种干扰的压制,应选择在各方向响应均匀的组合图形,组内距应至少大于不规则干扰的相关半径的一半,最好大于不规则干扰的相关半径。

（2）检波器组合高差需根据特定的勘探目标进行针对性论证。针对塔里木盆地沙漠区5000m埋深的目的层，从提高信噪比角度考虑，组合高差应使低降速层厚度引起的组合时差控制在 $T/5$ 以内，从提高分辨率角度考虑，组合时差应控制在 $T/10$ 以内。

（3）塔里木盆地沙漠区可以根据沙丘性质逐点设计组合高差，使检波器组合图形进一步放开，提高起伏沙丘区的检波器组合压噪效果，从而提高单炮资料品质。

（四）野外采集实时量化质量监控技术

随着地震勘探技术迅速发展，地震数据采集已进入高精度、高密度、高效率勘探时期，超万道接收、高覆盖、高炮道密度观测系统的应用和科学高效的生产管理，采集日效较以往有了较大幅度的提高，通过对单炮记录回放来进行质量监控的方式已无法适应勘探技术的发展。2010年，在塔里木油田公司的大力支持下，东方公司首次在YD1井地区探索适合三维高密度、海量数据、高效采集的现场质量监控方法，通过不断改进、逐步完善，实现了野外采集质量的实时、定量、自动、无纸化监控，在近几年的地震勘探项目中得到了全面应用，有效地保障了高密度、高效采集的施工质量。

1. 地震采集实时质量监控系统实现方法

地震采集实时质量监控技术是通过与仪器网络相连，利用软件实时地对仪器生产的单炮进行能量、频率、噪声、工作状态等分析与评价，对有问题单炮进行颜色提示或者声音报警提示，达到实时监控的目的。

软件和仪器的联机就是为了实现实时的目的，利用局域网传输技术（包括网络映射、网络共享、多线程传输、FTP服务等技术），将仪器生成的数据实时传送到监控的机器上，监控软件快速进行质量控制分析。不同仪器具有不同的网络拓扑结构（图3－43），同时支持不同的局域网服务技术，目前软件已经支持SN388、408UL、428XL、Scropion、G3I等常用仪器。

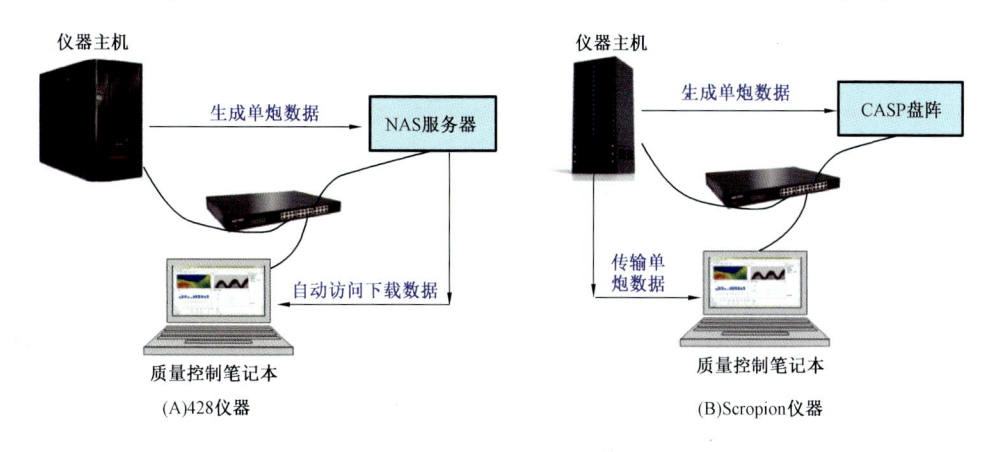

图3－43 不同仪器网络拓扑结构图

2. 实时量化监控数据采集系统，保证数据采集质量

通过大量的试验分析与研究工作，目前已形成了一套针对地震仪器采集系统的质量监控方法及标准，尤其是形成了对检波器工作状态的实时量化监控方法，确保了采集过程中地震仪器采集系统性能稳定。

在采集中，重点是监控检波器电阻、漏电和倾斜度三项指标。主要采用以下方法进行实时量化监控：（1）以1~2h为周期进行检波器测试，即动态日检；（2）统计每炮所有道中检波器的指标状况,并计算合格率;(3)将每炮检波器测试的统计结果,在单炮窗口显示,拷贝图形并保存,最后作为施工档案存档。

利用上述方法,能够实时获得单炮中存在不合格检波器的比例,既能指导野外采取整改措施及时排查问题,又能对资料进行有量化依据的评价,还能为管理者检查施工质量提供不可更改的第一手资料,真正达到了有效监控仪器指标的目的。

3. 应用地震数据实时量化质量监控技术,严格控制资料采集质量

该技术首先是根据勘探区地质任务的要求以及地表及地下地震地质条件的特点,确定适合该区的监控流程及监控内容,然后,在监控过程中建立标准炮,即可对野外资料采集数据的全面、实时、量化监控。监控的内容包括单炮的能量、单炮目的层的能量、单炮目的层的信噪比、TB 时间、炮点位置、不正常道等,也可以对当天或整个区域的资料质量情况进行综合分析和评价(图 3-44)。

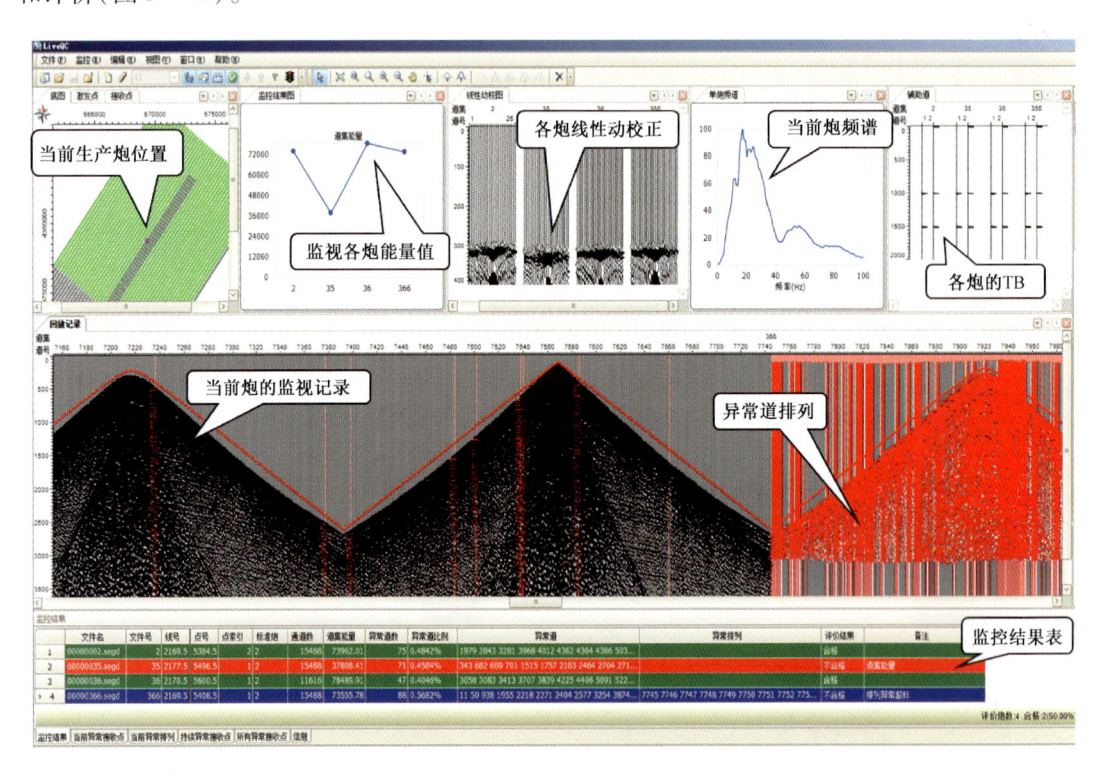

图 3-44　ZG8 三维实时质量监控项目综合显示图

该项技术主要具有八个方面的优点。一是实时性:从以往的事后监控转变为实时监控,与野外生产进度步调一致,发现质量问题,及时采取措施。二是全面性:监控内容涵盖了塔里木盆地勘探需求的各项质量监控及分析评价内容。三是客观性:根据用户设置的评价标准,采用计算机自动进行计算、质量评价,不受人为因素影响,评价结果客观、稳定、公正。四是高效性:对 6 万道、700M 的单炮数据,平均分析监控时间能在 10s 内可完成。五是量化性:质量监控由以往的定性转变成定量,用数值衡量,用图表展示,可进行精确评价。六是自动性:现场施工一炮,软件系统自动分析监控一炮,对不合格炮自动报警,并自动进行质量控制生成报告。七是准确性:以先进地震勘探资料分析方法为理论基础,采用精确的计算方法,保证数据分析的科学性。八是存档电子化:自动生成不可更改的评价报告。

目前,地震数据实时量化质量监控技术在塔里木盆地地震勘探项目中得到全面应用。与人工评价对比,该项技术对辅助道和掉排列异常炮识别准确率达到100%,对能量弱及不正常炮识别准确率达到85%以上。在台盆区生产日效达到1000炮以上时,仍能保证一级品率达到99.6%以上。

第三节 缝洞型油气藏地震勘探处理技术

一、影响缝洞型储层成像因素

塔里木盆地碳酸盐岩勘探具有地表条件复杂、目的层超深的特点,地震地质条件差。具体而言,塔里木盆地碳酸盐岩缝洞型储层储集空间为不同尺度的溶孔、溶洞及裂缝,溶洞形状和裂缝发育方向不规则,具有极强的非均质性,储层内幕没有良好的波阻抗界面,对地震成像精度要求极高;地层速度变化大,造成时间域偏移成像归位不准,无法满足储层精细雕刻需求;储层埋藏深,反射波高频能量衰减大,面波及随机干扰强,尤其是上覆二叠系火成岩屏蔽作用造成目的层有效反射能量弱,储层地震勘探资料信噪比和分辨率低。以往常规三维地震资料道密度较低,方位角较窄,小缝洞体识别难度大,裂缝预测和缝洞体系雕刻精度低,难以满足油田勘探开发的需要。

通过对原始资料的品质分析研究,认为影响缝洞型储层成像的关键因素主要包括干扰波、频率、多次波、速度等。在成像之前,必须对这几个因素开展分析。

(一)干扰波分析

受地表条件的影响,研究区内面波比较发育,主要干扰均为面波干扰。面波的最高速度达1200m/s。从频谱分析上可以清楚地看到,低频端面波的频谱能量远远大于该频段有效波能量,面波频率范围在2~12Hz。另外原始单炮记录上还发育一些随机噪声及一些线性关系较差的次生干扰。

(二)频率分析

由于表层沙漠对高频能量吸收强烈,加上目的层埋深大、吸收衰减严重,导致目的层原始主频比较低,高频信号弱,很难清晰反映缝洞型储层。通过对原始单炮记录的频谱分析,目的层反射波的主频在18Hz左右,浅层有效波高频可以达到80Hz,目的层有效波高端截止频率为40Hz,目的层频率范围集中在6~40Hz。

(三)多次波分析

在地震时间3500ms以下的奥陶系内幕,多次波普遍比较发育。多次波与有效信号混淆在一起,对目的层的信噪比和连续性有一定影响。通过对多次波速度场分析,工区内多次波速度在2600~3000m/s。如何有效地压制多次波干扰,是缝洞型储层目标处理的关键之一。

二、缝洞型储层成像关键技术

针对以上问题,通过持续开展塔里木盆地碳酸盐岩处理技术攻关,使得三维地震处理技术经历了从叠后到叠前、从时间域到深度域、从各向同性到各向异性的不断进步,逐步形成了一整套针对深层碳酸盐岩缝洞型储层的处理思路及配套处理技术系列。

(一)时间域保幅、保真处理

1. 保幅、保真的多域联合去噪技术

提高信噪比处理技术按处理方式不同分两类:一类是直接压制噪声以突出信号来提高信噪比;另一类是通过恢复和加强有效信号来压制噪声提高信噪比。二者有本质的不同,前者是压制噪声提高信噪比,而后者是加强信号的相干性提高信噪比。对以缝洞体系为主要勘探目标的碳酸盐岩资料处理,在提高信噪比的同时,要保证有效信号振幅的相对关系和波形特征不变。

塔中、塔北地区奥陶系由于埋藏深及地表复杂条件的影响,地震反射信号弱、信噪比较低。因此,地震处理中需要采用各种叠前噪声压制方法,压制各种干扰波,提高地震勘探资料信噪比。在噪声压制中,保持振幅的波形特征非常关键。因此,需要采用尽可能少的伤害反射波振幅信息的方法,如地表一致性异常振幅处理、自适应滤波等方法。

针对碳酸盐岩储层发育区的不同噪声类型,对去噪技术经过深入细致的研究和实践探索,逐步形成了针对碳酸盐岩地震勘探资料处理的面波压制、线性干扰波压制、多次波压制、随机噪声衰减等多域分步迭代系列去噪技术。为了能够科学、准确地判断各种去噪方法的优劣,对每一项去噪试验结果都采用多种质量控制图件综合地进行分析。主要应用技术有:炮域压制低频面波的十字交叉锥形滤波技术和自适应滤波方法、多域压制强能量噪声的地表一致性区域异常振幅压制和分频去噪技术、CMP域压制异常振幅的双向去噪技术、定量化的叠后三维随机噪声衰减技术等。

十字交叉排列去噪是指由炮集记录,沿垂直于检波线方向,按炮点递增或递减的顺序形成十字交叉排列子道集,此时炮集上的非线性面波转换成线性干扰,再通过应用一个锥形滤波器在 $F—K_x—K_y$ 域将其消除。十字交叉排列子道集为三维地震勘探资料处理提供了新型的道集类型,许多三维处理模块可以在其中实现真正全三维空间的数据处理。

研究表明,十字交叉锥形后的单炮上仍残存线性干扰及强能量干扰(图3-45、图3-46)。这是因为野外采集时,空间采样间隔较大,面波产生了空间假频。假频的频率与

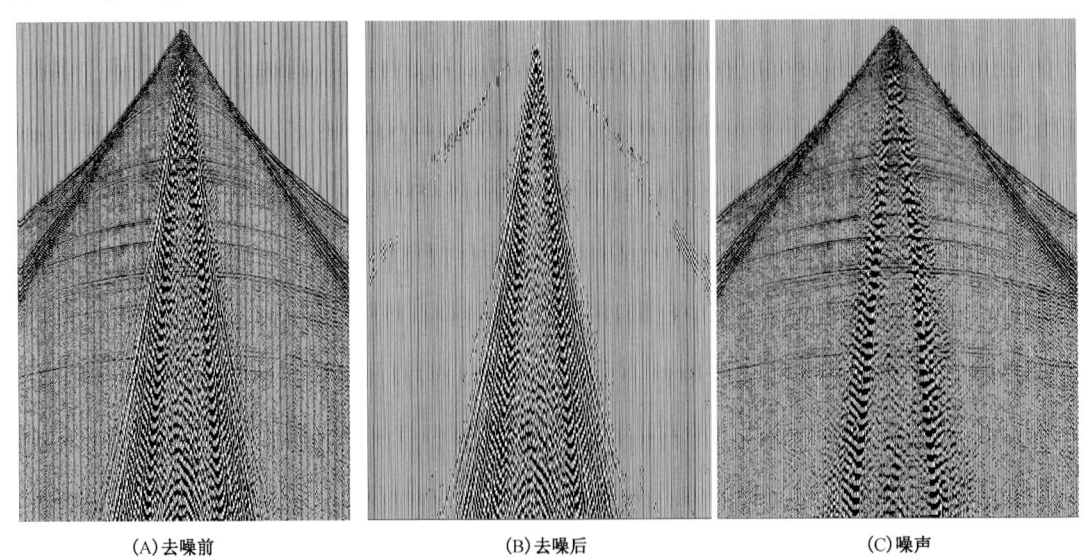

(A)去噪前　　　　　　　　(B)去噪后　　　　　　　　(C)噪声

图3-45　十字交叉锥形滤波前、后及噪声单炮对比

有效信号混叠在一起,用十字交叉锥形滤波的方法难以去除。二维 $F—K$ 谱分析发现,当空间采样间隔由 60m 变成 30m 时,折叠频率 17Hz 提高到 28Hz,此时进行十字交叉锥形,噪声明显得到更好的压制(图 3-47、图 3-48)。

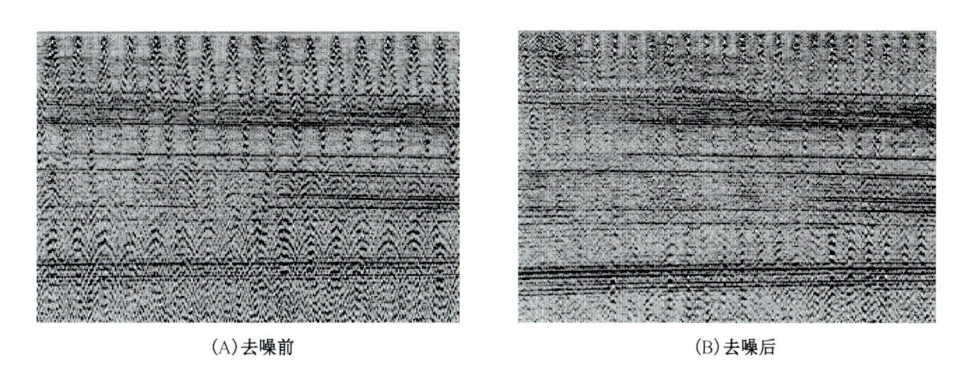

(A)去噪前　　　　　(B)去噪后

图 3-46　十字排列相干噪声压制压制前后的叠加剖面对比

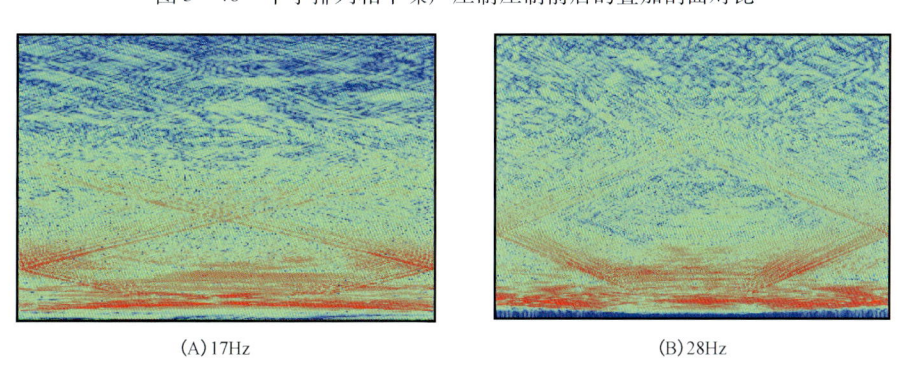

(A)17Hz　　　　　(B)28Hz

图 3-47　不同空间采样间隔数据二维谱分析

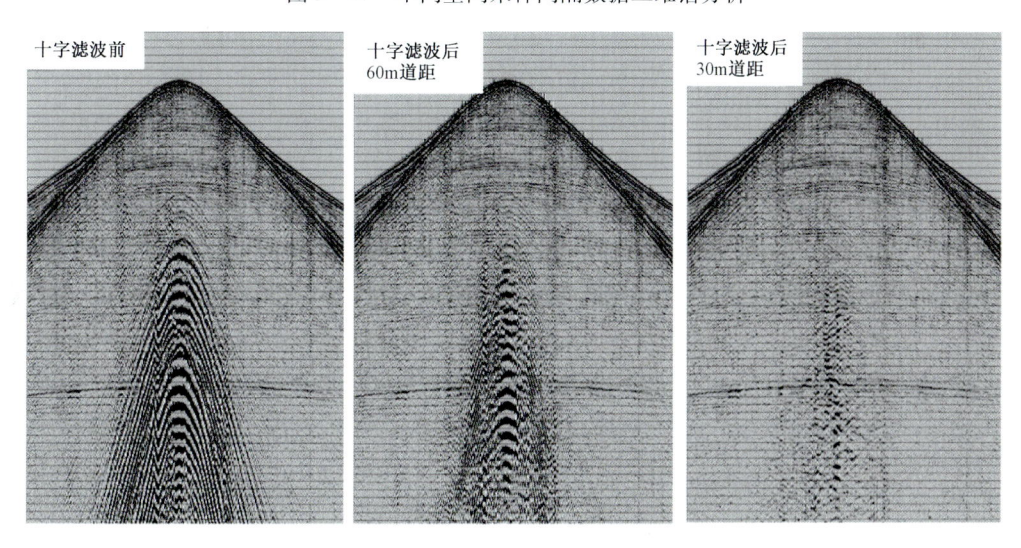

图 3-48　不同空间采样间隔数据去噪效果对比

高能干扰分频压制技术是根据"多道识别,单道去噪"的思路,在不同的频带内识别地震记录中存在的强能量干扰,确定出噪声出现的空间位置,根据给定的门槛值和衰减系数,采用时变、空变的方式予以压制。计算中使用的识别参量为数据包络的横向加权中值。

图 3-49 是应用高能分频干扰压制前后单炮及噪声记录对比图,可以看出,原始记录中从浅到深存在着强能量的异常干扰,去噪后这些噪声得到了很好的压制,有效信号可以比较清楚地识别出来。

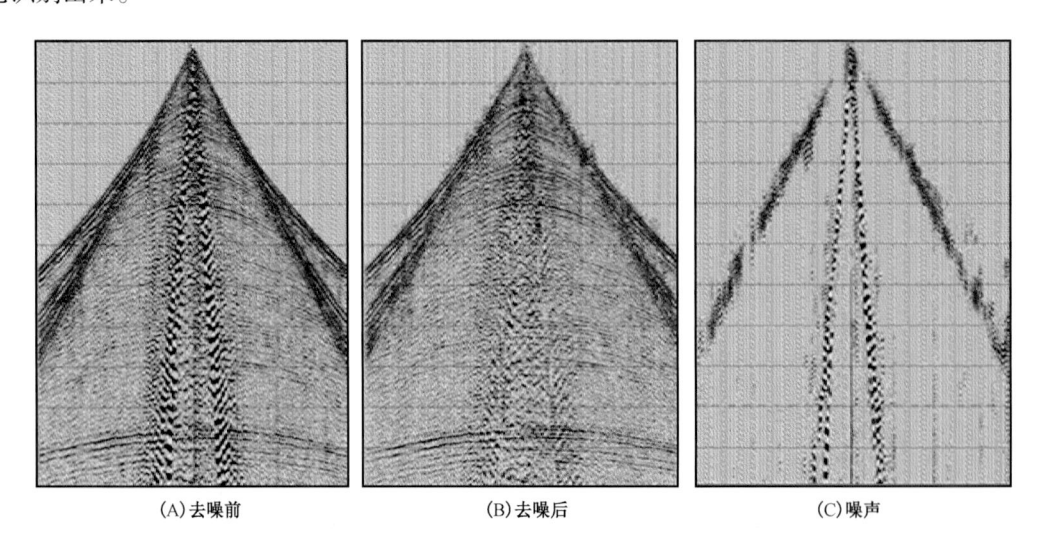

(A)去噪前　　　　　　　　(B)去噪后　　　　　　　　(C)噪声

图 3-49　高能噪声分频压制前、后及噪声单炮对比

在塔里木盆地碳酸盐岩地震勘探资料处理中,对目的层资料品质影响较大的主要是层间多次波,其特点是:与一次反射波速度差异小,多次波和一次波能量都非常弱,难以有效识别。近年来针对该问题进行了持续攻关,基本形成了适合该区层间多次波压制处理方法,主要流程是先在叠前道集上进行随机噪声衰减,再通过高精度拉东变换压制多次波;或在叠前偏移后的CRP道集上进行叠前随机噪声压制后,再进行高精度拉东变换压制多次波。该方法具有分辨率高、反假频的特点。通过该方法处理,多次波得到明显压制,储层内幕有效波成像得到明显改善(图 3-50、图 3-51)。

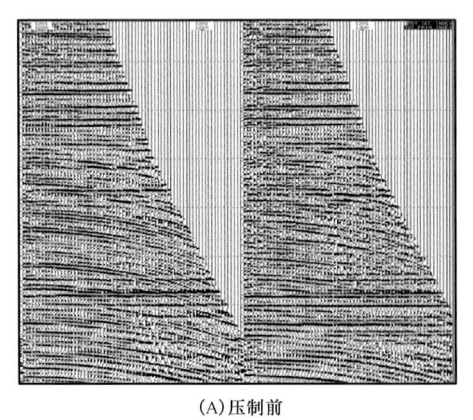

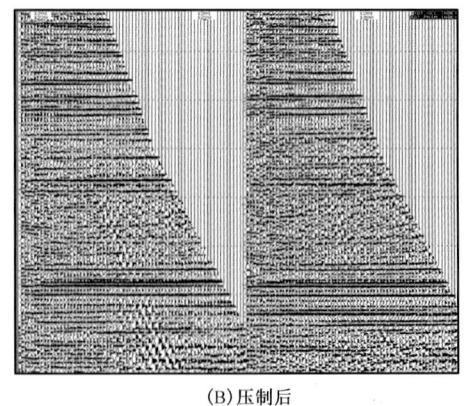

(A)压制前　　　　　　　　　　　　　　(B)压制后

图 3-50　多次波压制前后 CRP 道集对比

塔里木盆地碳酸盐岩储层特征主要表现为两种形式:一种是"串珠"状强反射,一种是断层发育带的弱反射,因此,保幅处理对于碳酸盐岩缝洞系统的刻画和储层预测具有重要意义。合理组合叠前去噪流程,优化叠前去噪参数非常关键,只有这样才能有效地改善地震勘探资料内幕信噪比,保证缝洞体的振幅特征。

(A)压制前　　　　　　　　　　　　　(B)压制后

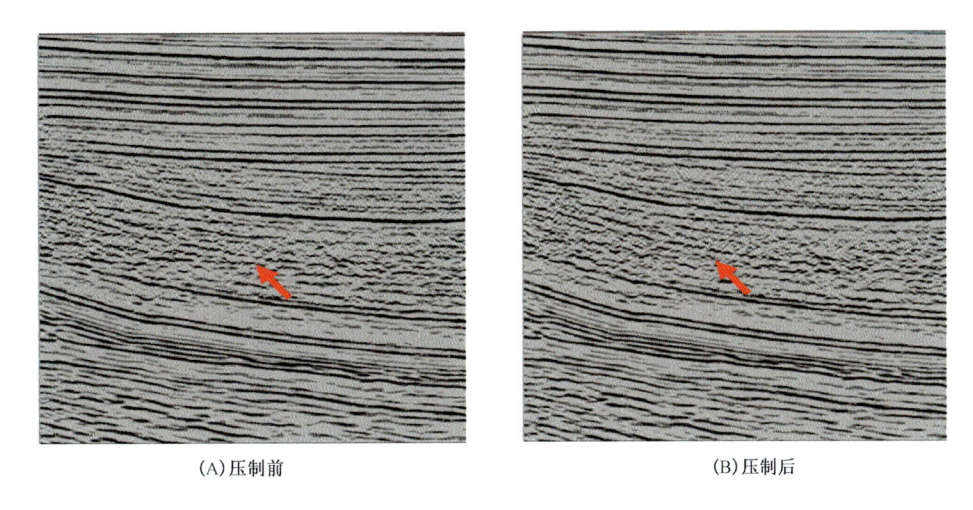

图 3-51　多次波压制前后剖面对比

2. 井驱动的真振幅恢复技术

井控地震处理的方法是通过 VSP 资料分析求取球面扩散补偿因子、Q 补偿因子、速度、各向异性和反褶积等参数,用于约束地面地震处理,以提高地震勘探资料的分辨率和信噪比的方法。在碳酸盐岩地震处理中应用较广泛的是振幅恢复,该方法比常规方法更准确、更符合实际情况。振幅恢复是从地面检波器记录到的振幅中消除波前扩散的影响,使其恢复到仅与地下反射界面的反射系数大小有关的振幅值。振幅恢复是基于球面波传播假设,在处理过程中首先根据均方根振幅值对每个记录道 $S(t)$ 进行振幅归一化处理,然后用时变增益控制幅度,对幅度的球面扩散效应进行相应的补偿。图 3-52 是由哈 7 井的 VSP 资料得到的振幅与走时关系曲线,根据这一关系曲线,拟合出 TAR(振幅恢复)因子,用该因子对该井区的地震勘探资料进行振幅恢复,恢复后的振幅与走时的关系和单炮对比如图 3-53、图 3-54 所示。由图可以看出:补偿后的单炮记录浅、中、深层均得到较好补偿,低、中、高频能量总体均衡。

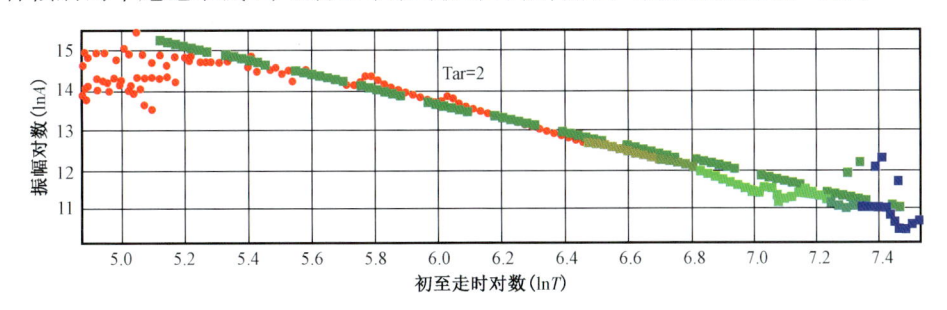

图 3-52　振幅恢复前振幅与走时关系

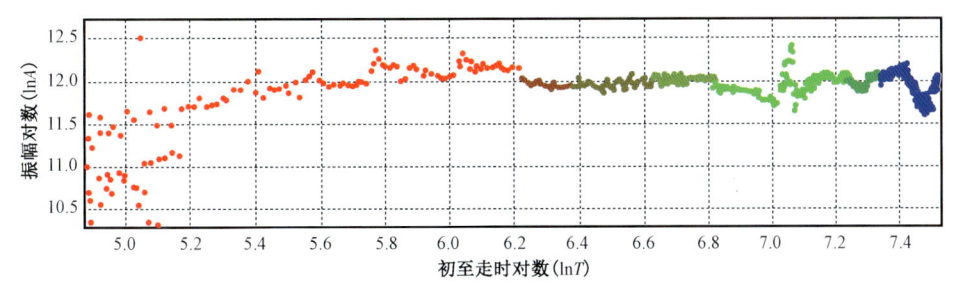

图 3-53　振幅恢复后振幅与走时关系

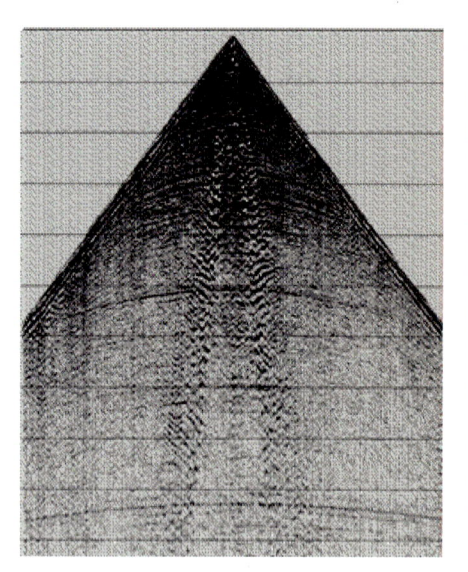

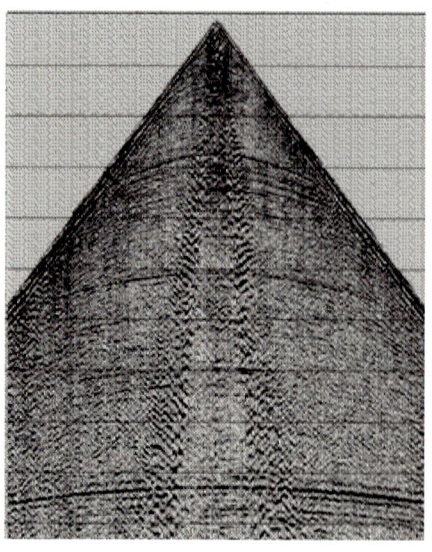

图 3-54 真振幅恢复前后单炮记录

Q 值是一个表征岩石特性的参数,是储能和耗散能的比率,它是描述不同频率的地震波在黏弹性介质中衰减的参数,并直接影响地震信号的相位和分辨率。Q 值测量的就是地震波随传播距离的变化而引起的不同频率成分信号的能量的变化。地震波波场在沿地层向下传播过程中,可以在井筒中通过放置检波器对波场数据进行采样,因此 VSP 采集到的下行波场数据是进行 Q 分析的理想数据。一般情况下,选取一定长度的时窗(一般包含直达纵波即可),利用速度滤波提取下行直达纵波,然后对时窗内的直达纵波数据进行 Q 分析。通过 VSP 分析得到的 Q 值质量取决于资料的信噪比、波的散射和检波器的耦合情况。计算 Q 值的最常用方法是谱比法,该方法针对某频率范围内的数据,分析给定频率成分的振幅随深度的变化,得到的斜率就是 Q 值。实际处理中,井控地震处理方法是分析不同分析频带得出的 Q 值与井资料多谱比法求取的 Q 值互为校准,并将应用不同 Q 补偿的偏移剖面与井资料进行匹配分析,达到最佳匹配的即为最佳参数分析频带。从 Q 补偿前后的叠前时间偏移结果可以看出,补偿后比补偿前的叠前时间偏移剖面在信噪比和分辨率方面有了较大程度的提高,振幅空间关系更好(图 3-55)。

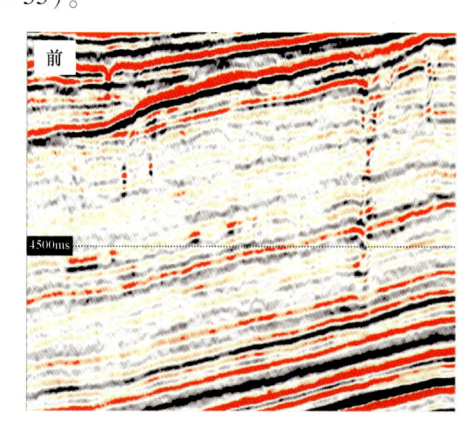

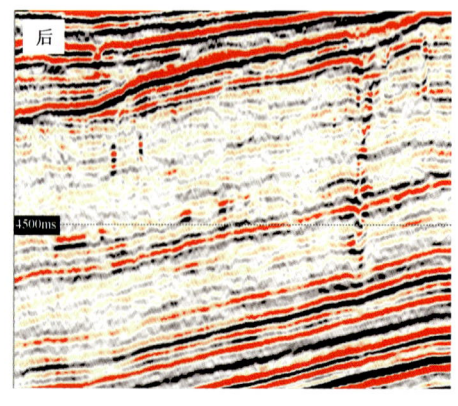

图 3-55 Q 补偿前后叠加剖面对比图

(二)深度偏移成像与速度建模技术

1. 火成岩下成像技术

1)火成岩振幅透射补偿技术

塔北地区二叠系火成岩非常发育,且火成岩的厚度、岩性、速度在空间上变化剧烈,火成岩对通过地震波能量的吸收衰减作用在空间上会产生非一致性的结果,不同岩性火成岩下伏地震反射能量差异较大,图3-56A 是经过了精细的井控振幅恢复和地表一致性振幅补偿后的纯波剖面,很明显火成岩下伏地层的横向振幅关系依然存在问题,表现为下伏地层的能量强弱与火成岩的分布呈正相关,这样的振幅关系会给储层预测带来错误的结果。

为了消除这种影响,采用了火成岩下伏地层振幅补偿技术,即首先选定包含火成岩下伏所有地层的时窗,然后在 CMP 域统计出时窗内各道集的平均振幅和全区道集的平均振幅,利用迭代的方法,分解出每个 CMP 道集的振幅补偿因子,并在时间方向上拟合出相应的补偿曲线,最后分别应用在各 CMP 道集上,消除火成岩对下伏地层反射振幅吸收衰减的影响。图3-56是常规振幅补偿前后的叠加剖面,可以看到无火成岩影响的剖面纵横向能量得到了较好的补偿。图3-57是应用火成岩下伏地层振幅补偿前后的剖面,可以明显看到补偿后的剖面在火成岩的下伏地层反射能量得到较好的恢复。图3-58是火成岩下伏奥陶系顶面补偿前后的振幅属性对比,补偿前振幅关系与火成岩分布相关性非常强,补偿后这样的相关性得以消除,其振幅关系更能反映地下地层的反射特征。

(A)补偿前　　　　　　　　　　　　(B)补偿后

图3-56　井控振幅恢复+地表一致性振幅补偿叠加剖面对比

2)火成岩建模技术

在塔北火成岩发育区,火成岩以上地层构造简单,速度变化稳定,资料信噪比很高,按照常规的层速度迭代方法完全可以得到比较准确的层速度。但由于火成岩速度、厚度在空间方向变化快,采用常规的层速度迭代思路无法解决火成岩速度建模的问题。因此,对火成岩形态的刻画,特别是火成岩顶、底的准确刻画和火成岩速度精细描述是火成岩速度建模的关键。

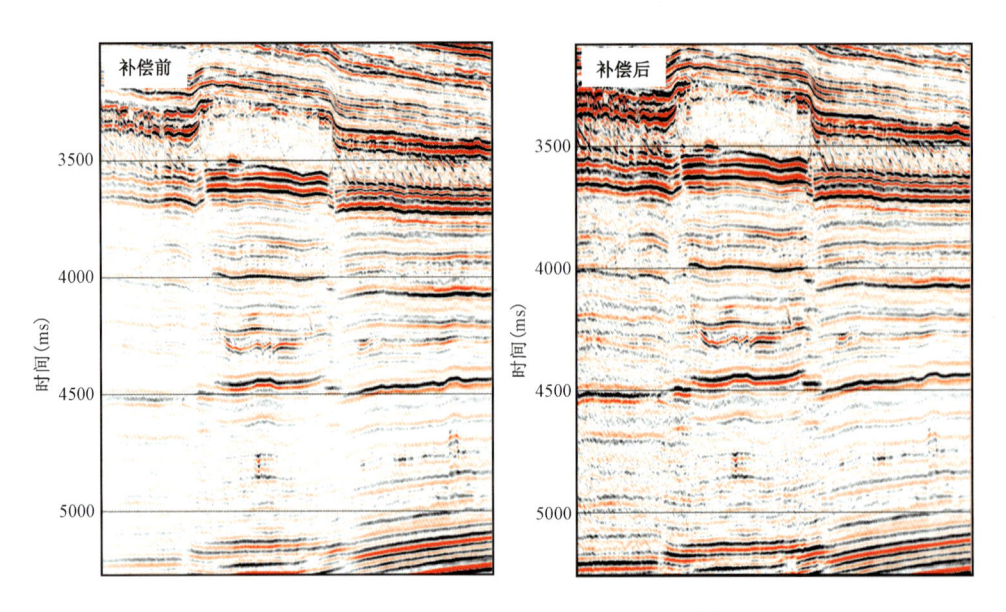

图 3-57 火成岩下伏地层振幅补偿前后纯波剖面

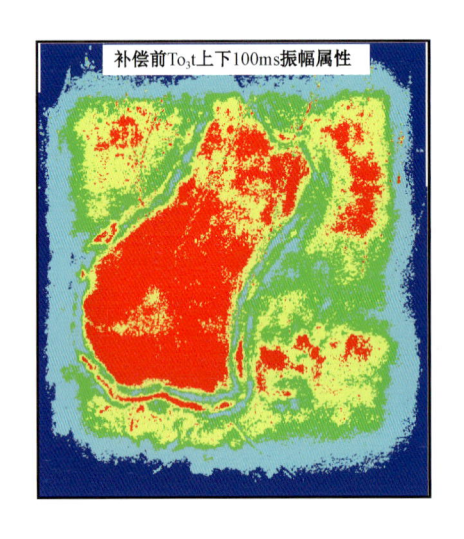

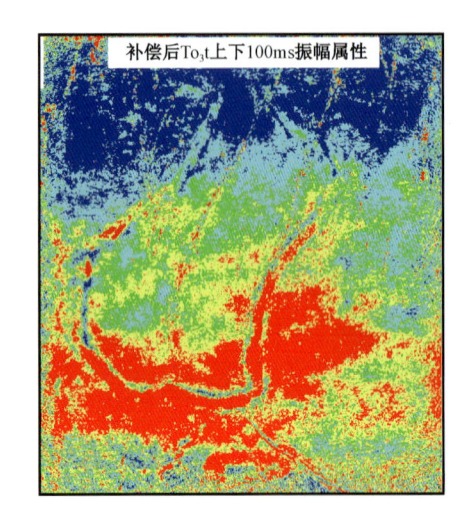

图 3-58 火成岩透射补偿前后沿层振幅属性

预测火成岩厚度时,首先要预测二叠系底的构造形态,即在钻井分层约束下对火成岩底界进行不同半径的平滑从而得到预期的底界层位,这样可以保持原层位构造趋势,确定合理的预期层位。将预测厚度与深度偏移剖面上的成像厚度进行比对,根据该厚度的差异,通过计算得到一个速度系数,应用到火成岩精细描述前的层速度上,从而得到精细描述后的火成岩层速度(图 3-59、图 3-60)。以上处理过程可以多次迭代,直到得到满意的结果,建立最终的火成岩速度模型。图 3-61 是火成岩建模迭代过程的偏移结果,新剖面消除了高速层火成岩下地层成像深度较浅的影响,与钻探相吻合,同时提高了火成岩下的成像品质。

2. 网格层析建模技术

网格层析建模技术是近年来发展起来的一种高精度、高效的速度模型优化技术。具体原理如下:

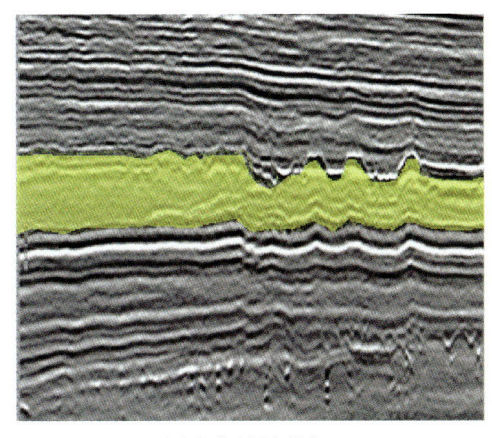

(A)火成岩厚度变化　　　　　　　　(B)火成岩变速填充

图 3-59　火成岩厚度变化及火成岩变速填充

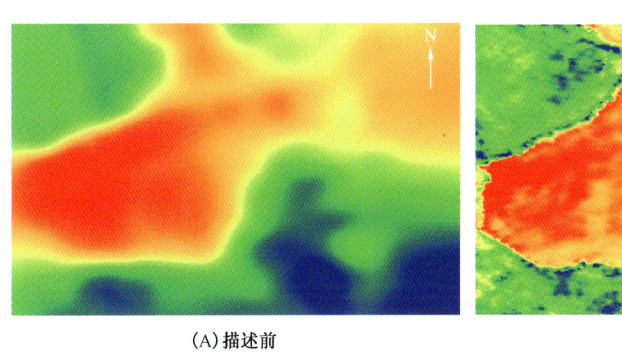

(A)描述前　　　　　　　　(B)描述后

图 3-60　火成岩速度描述前后速度场切片对比图

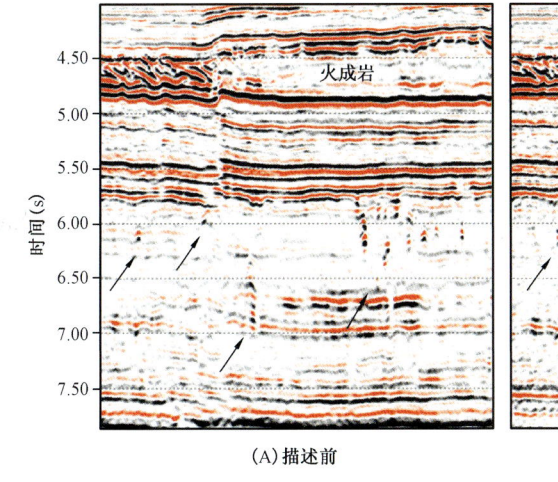

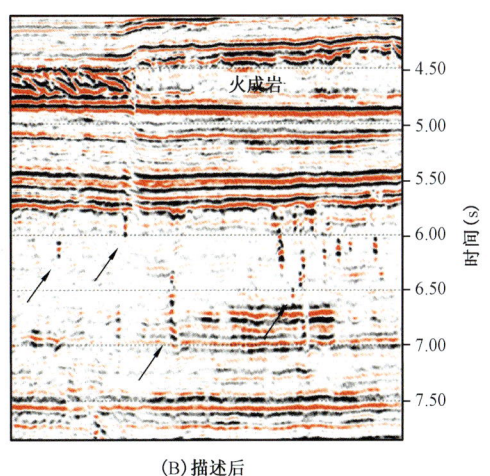

(A)描述前　　　　　　　　(B)描述后

图 3-61　精细描述火成岩速度前后的叠前深度偏移剖面对比

利用层析反演将地下地质体进行高密度速度单元划分,将地震波的走时描述为对介质慢度函数沿射线路径的线积分[公式(3-3)]:

— 97 —

$$T = \int_s^r S(x,z)\,\mathrm{d}l \tag{3-3}$$

式中 $S(x,z)$——地下介质的慢度函数；

　　　$\mathrm{d}l$——射线路径的积分；

　　　T——地震波从源点 s 到接收点 r 的旅行时。

层析反演就是根据已知波的走时矩阵 T 反演慢度函数 $S(x,z)$ 的方法。在反射波旅行时层析反演中，可从地震数据中拾取反射波旅行时矩阵 T，反演出地层速度模型 S，用于偏移成像。

层析反演是一种非线性问题。旅行时 T 的微小扰动与慢度（速度）模型 S 的微小变化是线性相关的，因此对粗略的初始速度模型，利用广义线性反演（GLI），经过层析反演迭代修正，可以获取更准确的速度模型。在层析反演过程中，首先依据经验或其他途径，估计并给定一个简单粗略的初始慢度场 S，通过正演计算，求得射线路径 A 和理论走时 T，进而计算走时时差矩阵 ΔT 和慢度修正量 ΔS，再迭代求解矩阵方程组［公式(3-4)］，当正演旅行时和实际旅行时误差最小时，该速度场即为最终修正的精确速度场。

$$A \cdot \Delta S = \Delta T \tag{3-4}$$

式中 A——射线路径集合的 Jacobi 矩阵；

　　　ΔS——慢度修正量；

　　　ΔT——旅行时残差。

图 3-62 是网格层析前后的偏移剖面，在局部的低幅度构造和"串珠"成像精度方面有所改善。

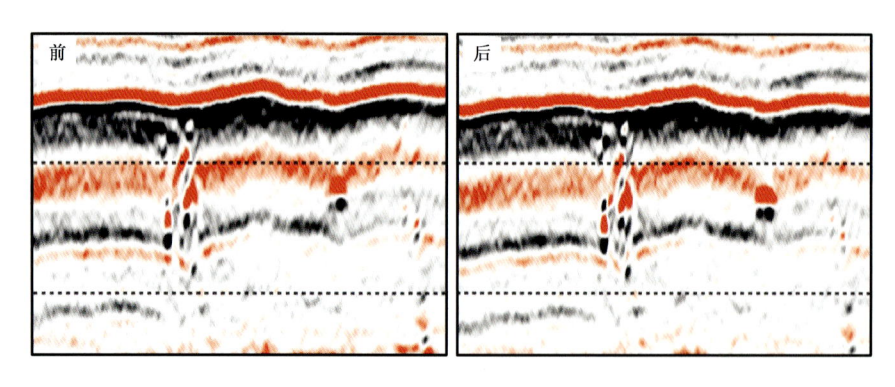

图 3-62　网格层析前后偏移成像对比

3. 克希霍夫各向异性叠前深度偏移

克希霍夫叠前深度偏移是一个单道处理过程，它与野外观测方式的变化基本无关。由于克希霍夫叠前深度偏移可在起伏地表积分求和，因此，在工业化生产中克希霍夫叠前深度偏移得到了广泛的应用。克希霍夫叠前深度偏移被认为是一种高效实用的叠前深度偏移方法，积分法具有高偏移角度、无频散、占用资源少和实现效率高的特点。它能够适应变化的观测系统和起伏的地表，优化的射线追踪法和改进的有限差分法能够在速度场变化的情况下，快速准确地计算绕射波旅行时，从而使积分法能够适应复杂的构造成像。

深度域 VTI 各向异性参数主要有 δ、ε 和各向同性层速度体。克希霍夫各向异性叠前深度偏移目前已经由 VTI 发展到 TTI，TTI 各向异性在 VTI 的基础上增加了地层的倾角 θ、走向角 ϕ 两个参数。TTI 各向异性偏移需确定的参数为：Vint、δ、ε、θ、ϕ。TTI 各向异性最终参数模型建立基本步骤如下：

(1) 使用 VSP 层速度约束各向同性层速度模型建立各向异性层速度模型，这样的过程既可以保留地层速度的空间变化趋势，又提高了与地层真实速度的一致性。

(2) 当前通行的做法是 VSP 提供的层速度和 δ 配套使用，因此通过公式计算得到的 δ 直接建立深度域 δ 模型即可。

(3) 对提供的初始 ε 模型进行逐层迭代，建立具有空间变化的深度域 ε 模型，同时根据深度域实体模型计算出每一点的倾角 θ、走向角 ϕ。

图 3-63 是过 RP3 井的各向同性与各向异性深度偏移剖面对比，各向同性 PSDM 数据火成岩顶误差为 30m，火成岩底误差为 70m，奥陶系顶误差为 109m，各向异性 PSDM 数据火成岩顶误差为 4m，火成岩底误差为 9m，奥陶系顶误差为 7m。各向异性对井精度更高，"串珠"的收敛有一定改善。从工区井资料的火成岩顶底及奥陶系石灰岩顶的井震误差统计曲线看，各向异性深度偏移井震误差更小（图 3-64）。

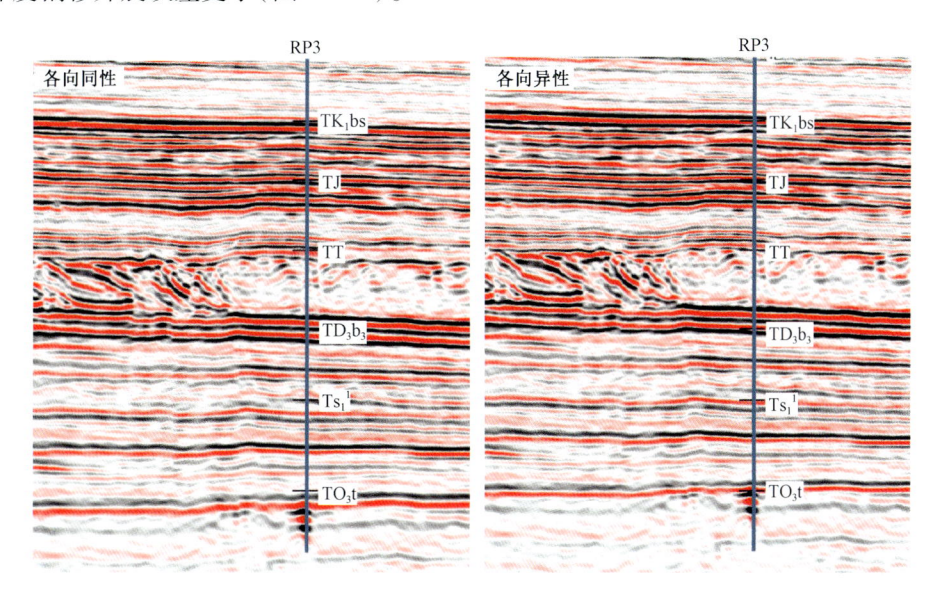

图 3-63 过 RP3 井各向同性与各向异性深度偏移剖面对比

4. 单程波深度偏移

基于单平方根波动方程叠前深度偏移的基本思路是，首先对每一炮进行单炮偏移成像，然后再把各炮成像结果在对应地下位置上叠加，从而得到整个成像剖面。对于每一炮，标准的波动方程叠前深度偏移可以通过震源波场的正向延拓、炮集记录波场的反向延拓和应用成像条件求取成像值。

对于塔里木盆地碳酸盐岩缝洞体成像问题的关键是绕射点的收敛与振幅特征保持，能够充分发挥单程波动方程偏移的优势，对提高小尺度缝洞的成像精度以及提高资料保幅性方面起到了明显效果，非常有利于提高储层预测精度，在提高钻井成功率方面发挥了重要作用。目前，在塔北哈拉哈塘地区大部分三维区块处理中，对比完成了各向异性单程波动方程偏移的处理工作，为油田原油上产打下了坚实的地震勘探资料基础。图 3-65 是单程波和积分法叠前深度偏移效果对比，可见，单程波动方程较积分法背景噪声小，偏移画弧现象弱，整体信噪比得到改善，"串珠"成像精度更高。

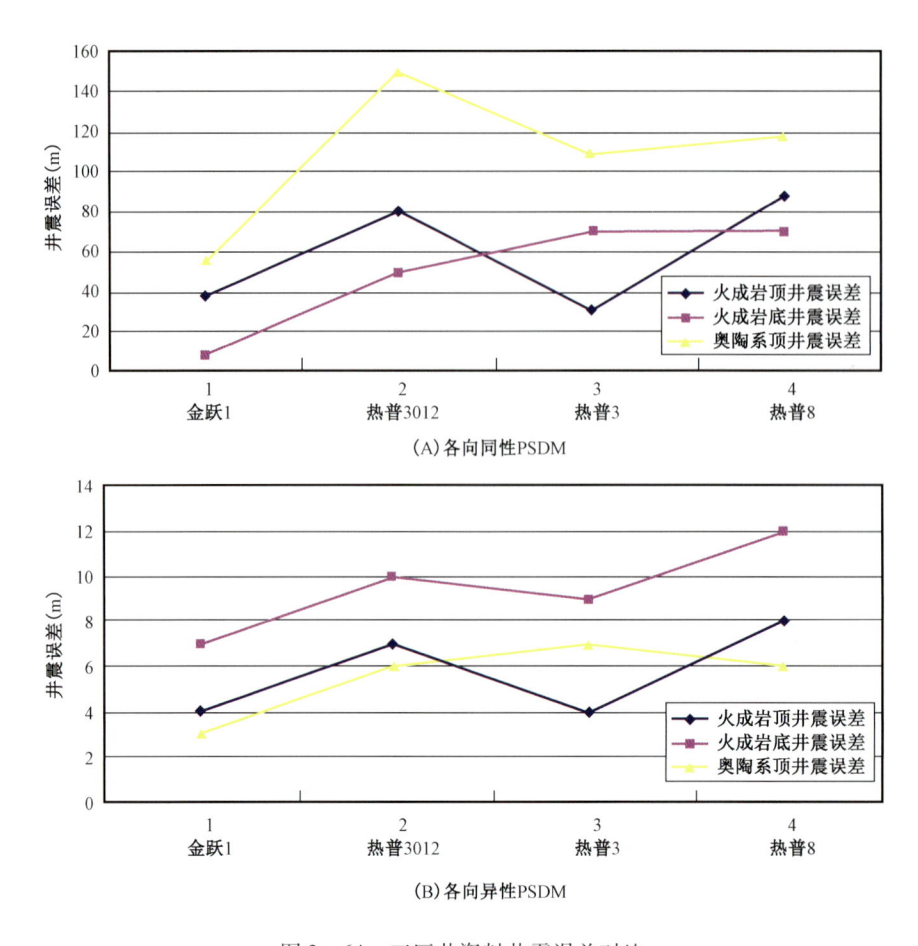

图 3-64 工区井资料井震误差对比

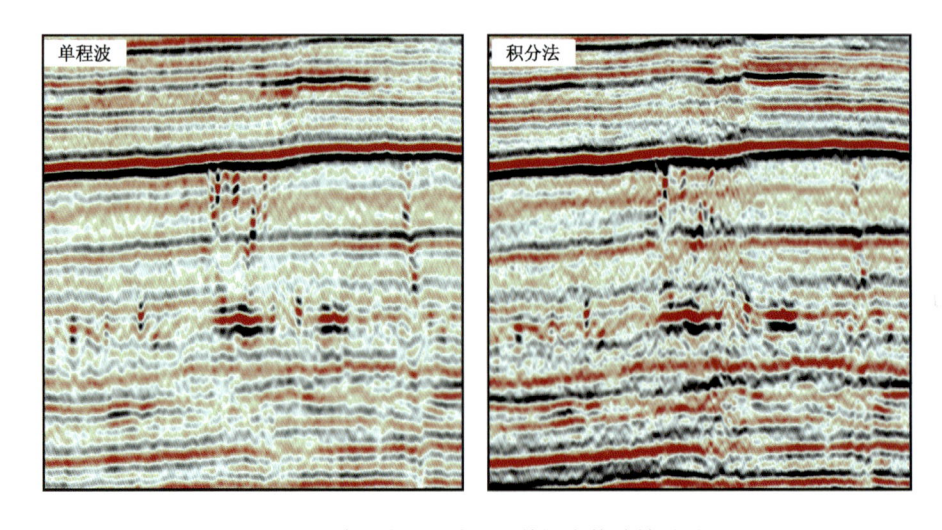

图 3-65 单程波和积分法叠前深度偏移效果对比

(三) 宽方位数据 OVT 域处理技术

在裂缝型地层中常存在 HTI 各向异性的影响,主要表现在振幅、速度、反射波形和相位随测线方位变化而发生变化。特别是在宽方位地震勘探采集资料中,由于 HTI 介质地震纵波速度的方位各向异性现象表现更为明显。

能够反映裂缝非均质方向各向异性的地震属性有振幅、层速度、旅行时差、方位 AVO 梯度、方位层频率等。如果仅从 HTI 介质的运动学特征考虑,可以采用 Rüger(1996)给出的 HTI 介质平面纵波速度公式:

$$V_{P0}(i,\varphi) = \alpha[1 + \sin^2 i\cos^2\varphi + (\varepsilon^{(V)} - \delta^{(V)})\sin^4 i\cos^4\varphi]$$

式中　i——入射角;

　　　α——垂直入射时 P 波速度;

　　　$\varepsilon^{(V)}$、$\delta^{(V)}$——HTI 介质的 Thomsen 参数;

　　　φ——方位角,即炮检方位与 HTI 介质对称轴的夹角。

通常,不同炮检距(入射角)处的方位各向异性特征不同,一般中远炮检距的方位各向异性表现明显(图 3-66)。

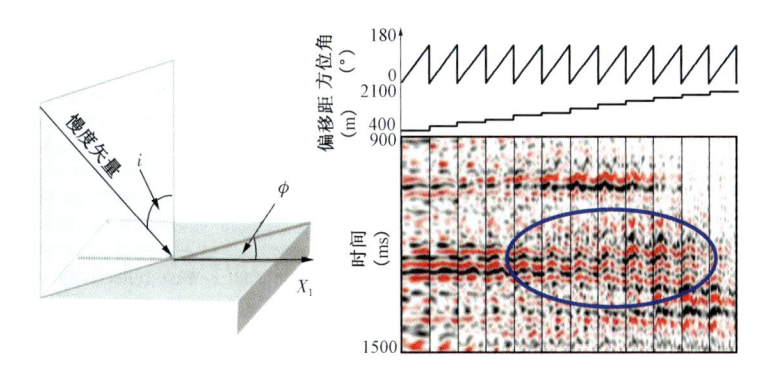

图 3-66　不同入射角(炮检距)的方位各向异性特征

利用这些方位各向异性特征可以消除方位各向异性影响,改善成像或进行裂缝预测。以往对方位角信息的利用,主要采用基于地面扇区划分的方法,对窄方位角采集的地震数据进行分方位处理时,为满足一定的覆盖次数和各方位之间的均匀度,每个扇区的方位角划分较大,导致了方位角信息的模糊和采样稀疏,不利于准确精细地描述方位各向异性的影响。

对称采样理论越来越受到人们的重视,三维地震的叠前数据是五维的数据,它包括时间坐标、X 坐标、Y 坐标、炮检距坐标和方位角坐标。在五维空间中进行地震数据的分析研究,可以进一步提高地震成像的精度。如何在五维空间中处理好地震数据,特别是利用好方位角信息是目前关注的方向。

1998 年,Vermeer 提出了炮检距矢量片(Offset Vector Tiles)概念。OVT(Offset Vector Tiles)道集是新提出的一种数据分域方式,是十字排列子集的细分和重新整合形式,每个 OVT 子集就是一个限制方位角、炮检距范围的偏移距组。图 3-67 为 OVT 子集抽取示意图。共炮检距矢量片(OVT 域)处理具有如下优势:炮检距矢量片能够拓展到整个探区,并且空间不连续性幅度小;偏移距和方位角相对恒定,有利于规则化和偏移处理;偏移后的数据更好地保持地震数据的方位角信息;有利于进行方位各向异性分析和裂缝检测。图 3-68 为 OVT 道集偏移后抽取的道集(螺旋道集),保留了炮检距和方位角信息,特别重要的是,处理员可以在道集叠加之前消除方位各向异性的影响来改善成像。基于 OVT 域的数据处理已成为国际上高密度宽方位地震数据处理的常规技术。

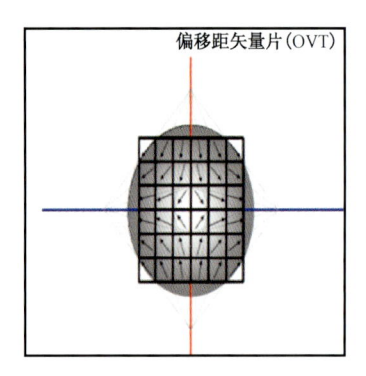

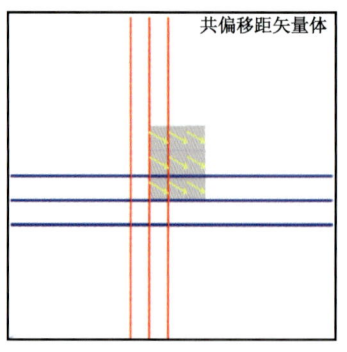

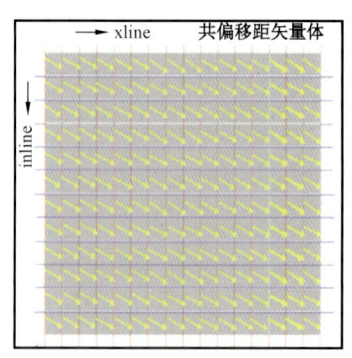

图 3-67 OVT 子集抽取示意图

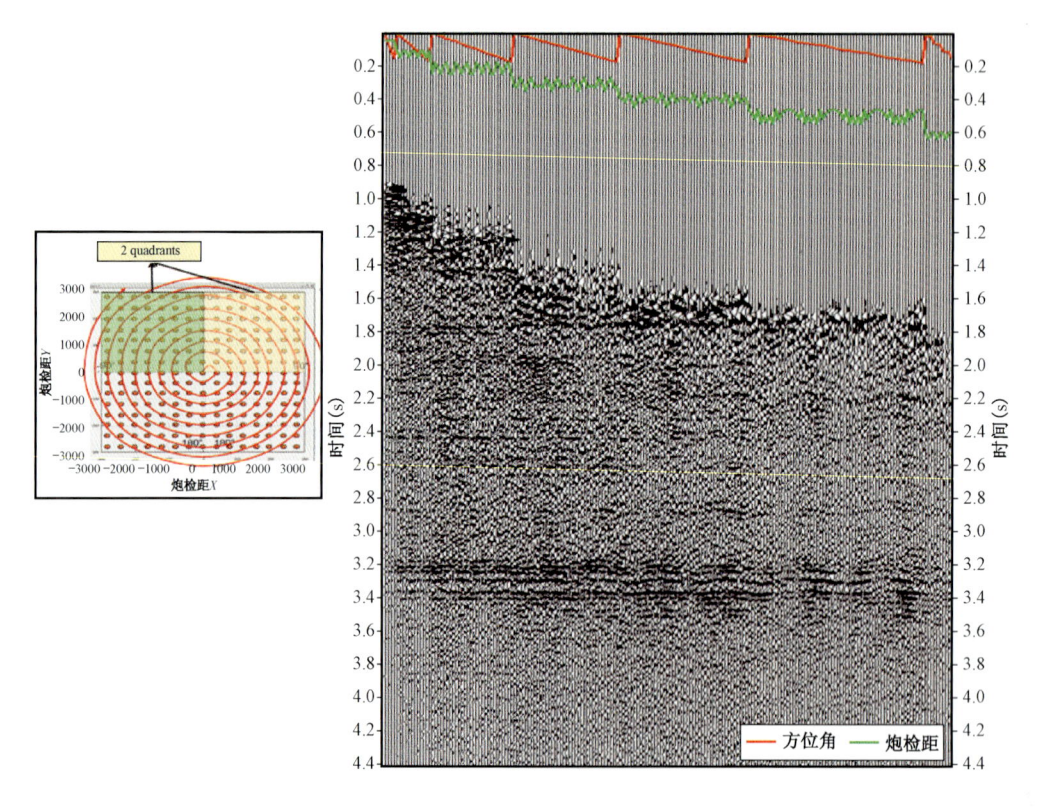

图 3-68 螺旋道集表现出的明显的方位各向异性

由于 OVT 道集在偏移后，能够保留所有方位角的信息，因此，更加有利于偏移后进行与方位有关的各向异性分析及校正，利用方位各向异性时差可以很好地开展裂缝发育密度及方向的检测，同时通过消除 OVT 域偏移后的螺旋道集中的方位各向异性时差，道集得到校平，其叠加后就可以得到较常规偏移精度更高的成像结果。OVT 域偏移后的螺旋道集方位时差校正工作共分三步完成，即时差拾取；根据时差，拟合椭圆，分解快方向速度、慢方向速度和快方向速度的方位角；根据分解出的快方向速度、慢方向速度更新速度场，对螺旋道集进行高精度动校正，消除方位各向异性。

鉴于 OVT 域处理的优势，结合塔北地区碳酸盐岩缝洞储层裂缝较发育的特点，从 2012 年开始，OVT 域处理在塔北哈拉哈塘三维区块应用，并取得了初步效果。图 3-69 是方位时差校正前后叠加剖面对比，由于消除了道集的方位时差，使得来自同一地层的反射能量可以更好地同相叠加，因此局部的成像有所改善。图 3-70 是 OVT 螺旋道集方位时差校正前后对比，可以明显看出校正后的螺旋道集消除了各向异性的影响，特征保持得更好，更能反映地下的物性参数，用于流体检测的效果会更好。图 3-71 是由 OVT 螺旋道集衍生的各种道集，图中不同方位道集，可用于不同方位叠加，即是原来的分方位处理结果；也可用于不同方位的流体检测，相互验证，提高流体检测的符合度；还可以衍生出 AVA 道集，用于检测流体、裂缝等。

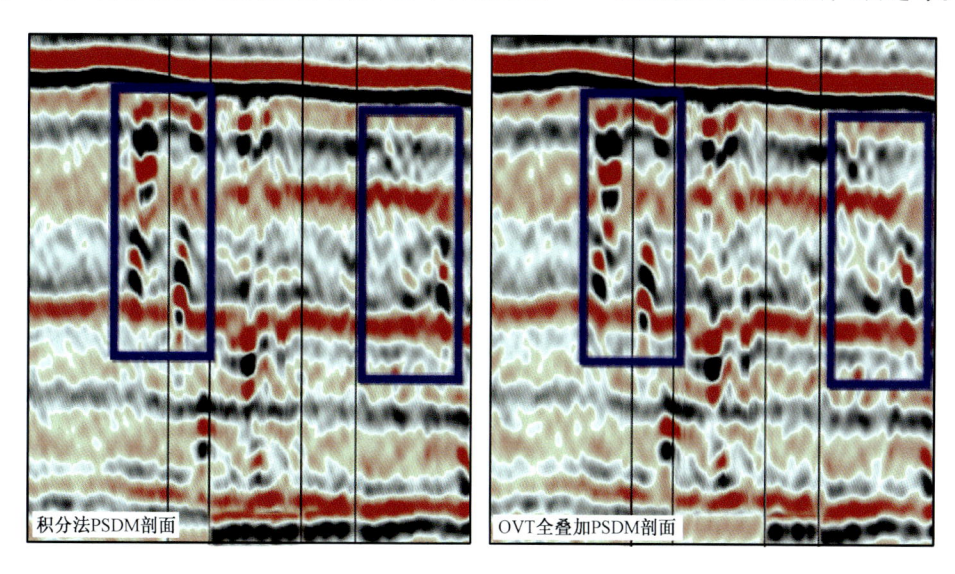

图 3-69　YM 三维常规积分法偏移与 OVT 域方位时差校正后的偏移叠加剖面对比

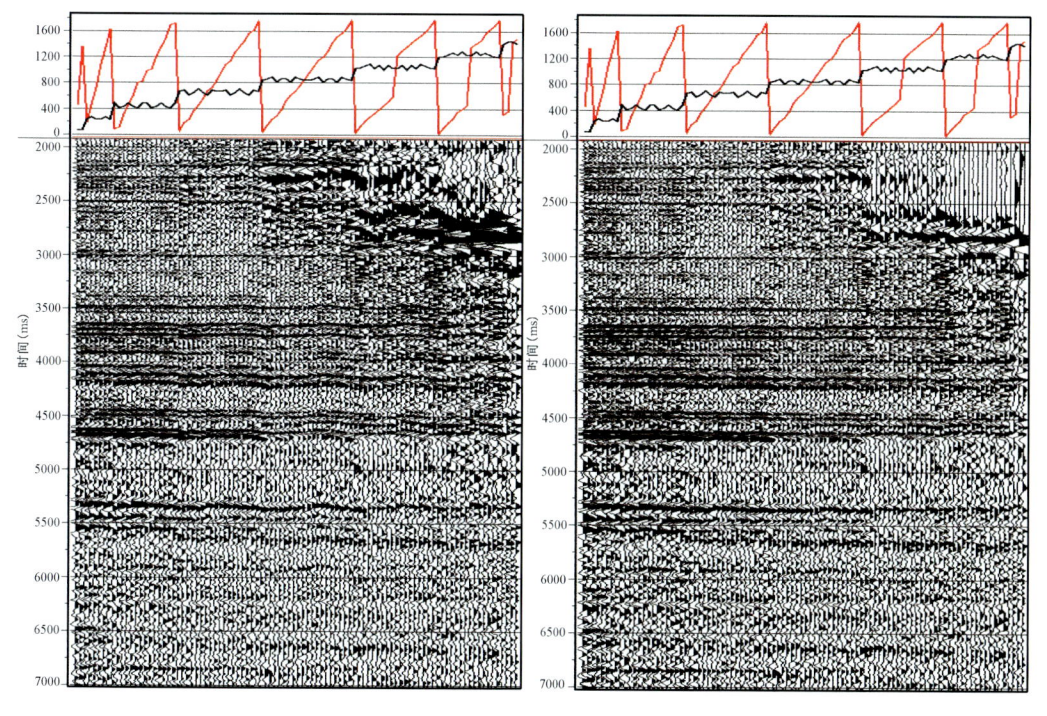

图 3-70　YM 三维 OVT 螺旋道集方位时差校正前后对比

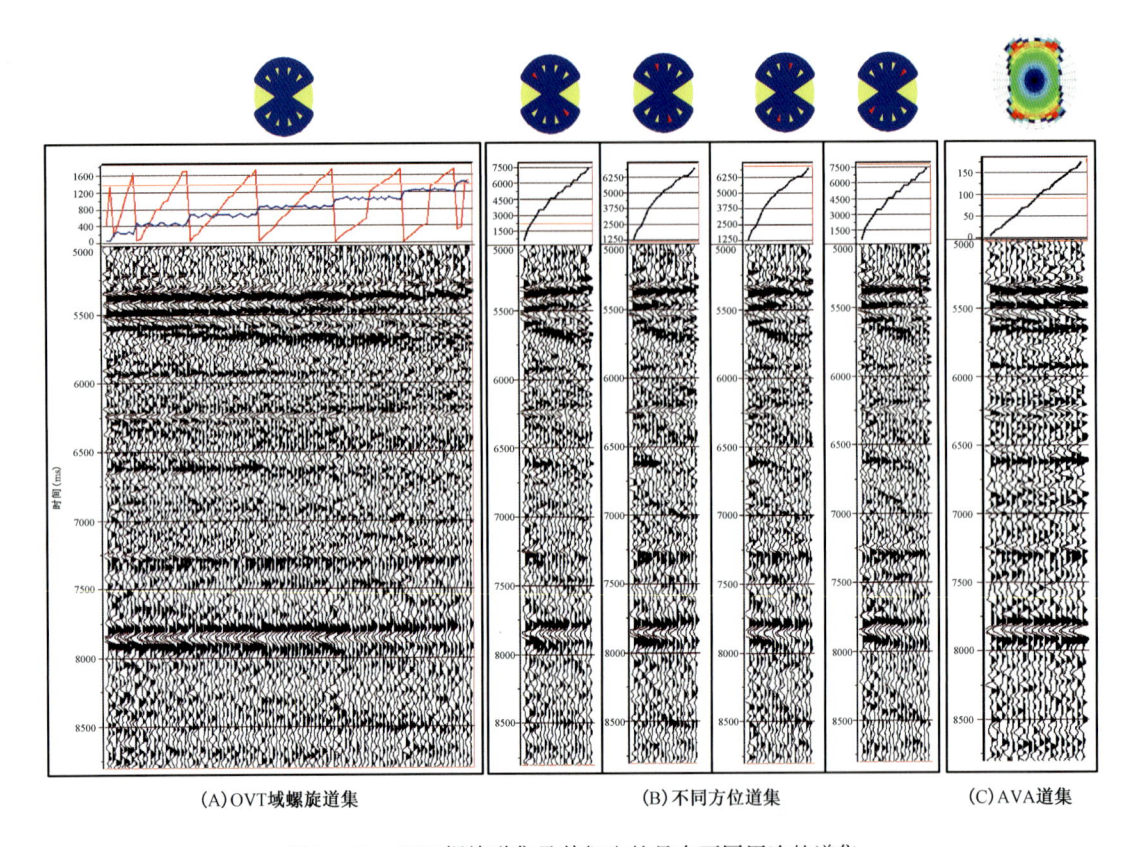

(A) OVT域螺旋道集　　　　　　　　(B) 不同方位道集　　　　　　　　(C) AVA道集

图 3-71　OVT 螺旋道集及其衍生的具有不同用途的道集

三、缝洞型碳酸盐岩储层地震勘探处理效果

多年来,塔里木油田公司在塔北、塔中地区实施了多块高密度、宽方位地震采集工作,经处理攻关都取得了品质非常好的资料。

(一) ZG8 井三维处理效果

ZG8 井三维资料是塔中探区第一块真正意义上的宽方位高密度采集的地震勘探资料。新采集资料品质较以往三维资料有了非常明显的改善,具体表现在:

(1) 新地震勘探资料的信噪比、分辨率有了明显提高,走滑断裂拉分特征明显,断点、地层尖灭点反射特征清晰,剥蚀现象明显(图 3-72)。

(2) 新地震勘探资料"串珠"反射成像更加清晰,相对比于常规资料,"串珠"明显增多,反射能量更聚焦,收敛效果好,地质体分辨率高(图 3-73)。

(二) 塔北哈拉哈塘南部三维处理效果

跃满、富源三维区位于塔北隆起南部,是哈拉哈塘凹陷、轮南低凸起和满西低凸起的延伸段,油气资源较为丰富。通过高精度三维采集、处理攻关,地震勘探资料品质得到了较大提高。特别是叠前深度偏移技术的应用,较好地解决了上覆地层速度的横向变化,消除了火成岩对下伏地层构造形态的影响,恢复了"串珠"储层的真实空间位置。

(1) 与叠前时间偏移资料相比,跃满、富源三维叠前深度偏移资料成像较好,信噪比、分辨

(A)常规三维资料 (B)高密度资料

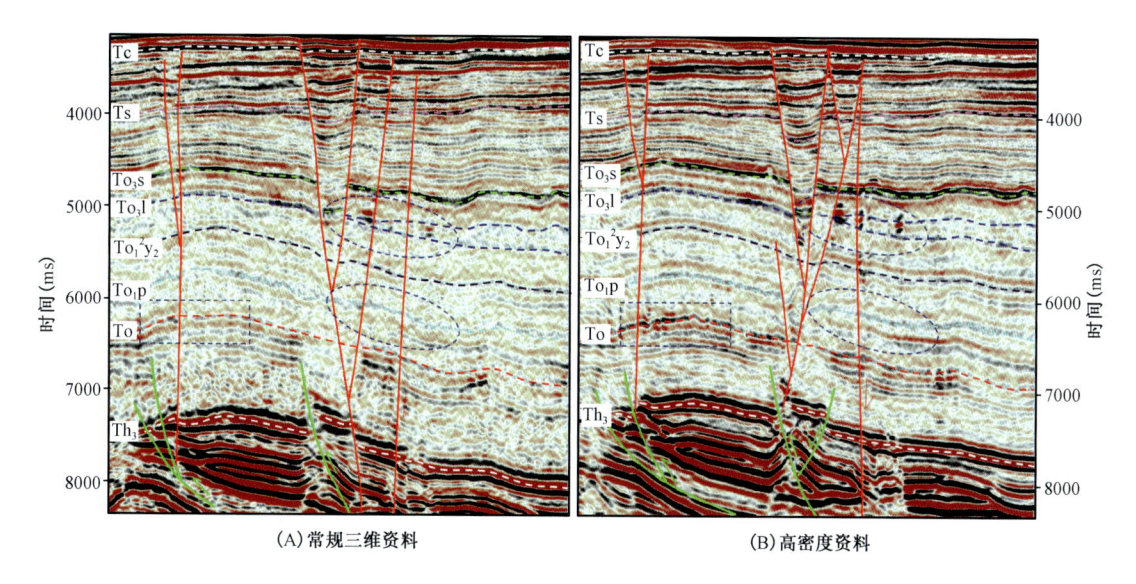

图3-72 常规三维资料与高密度资料叠前深度偏移剖面

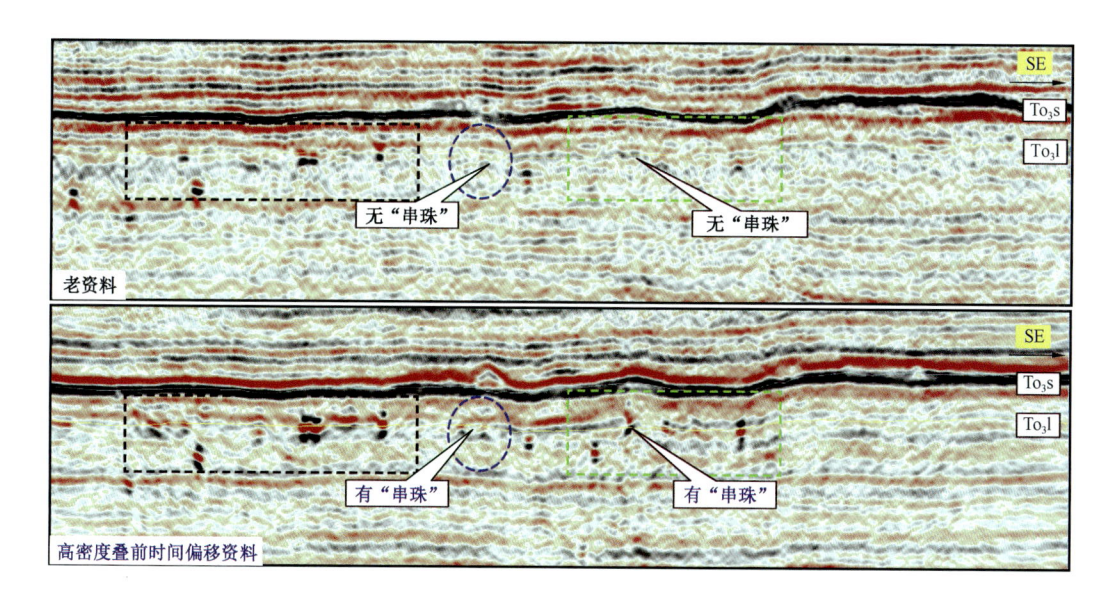

图3-73 ZG8三维区新老叠前时间地震勘探资料对分析

率都有明显提高,对断裂与"串珠"刻画更清楚,断点的归位、"串珠"的收敛性明显好于时间域资料。特别是跃满二叠系火成岩影响区,叠前深度偏移资料消除了火成岩速度差异造成的构造假象和断裂假象。相对于时间域资料,跃满三维区深度域资料信噪比高,反射同相轴连续,"串珠"成像品质相对较好(图3-74)。"串珠"深度域位置空间有偏移,水平偏移距离在0~60m范围内(图3-75)。

(2)从富源与邻区三维资料拼接效果看(图3-76),富源工区地震勘探资料品质整体与北部三维区地震勘探资料相当,整体资料信噪比较高,石灰岩顶面同相轴连续,全区可连续识别追踪。

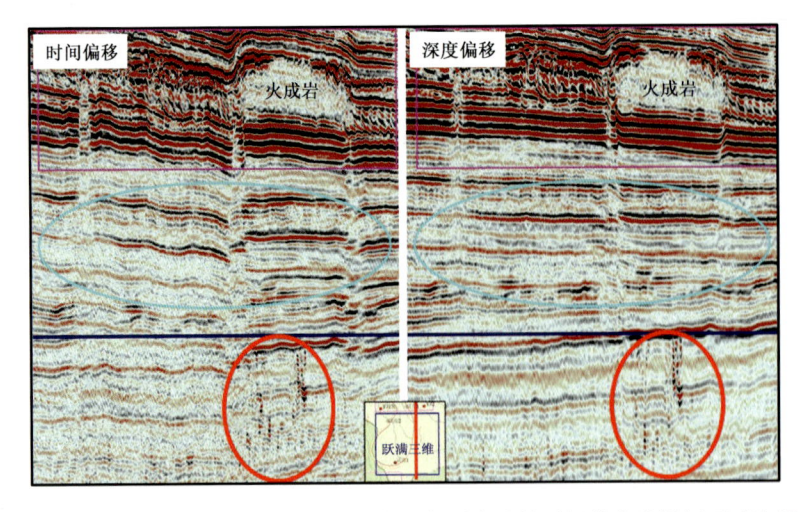

图3-74 跃满三维区叠前深度偏移剖面与对应叠前时间偏移地震剖面对比图

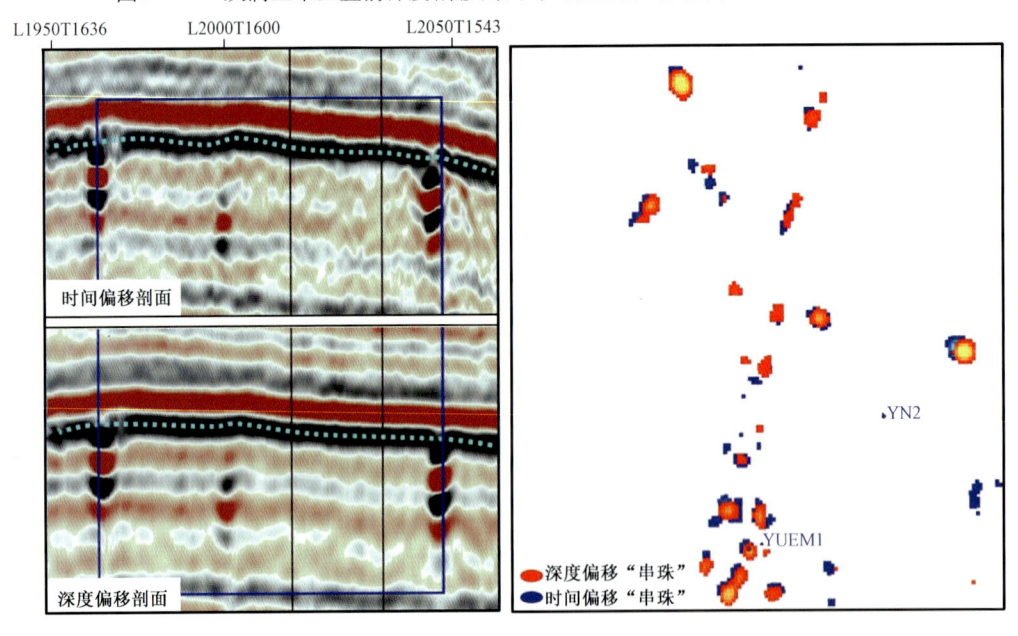

图3-75 跃满三维区深度偏移与时间偏移地震剖面及"串珠"平面位置对比图

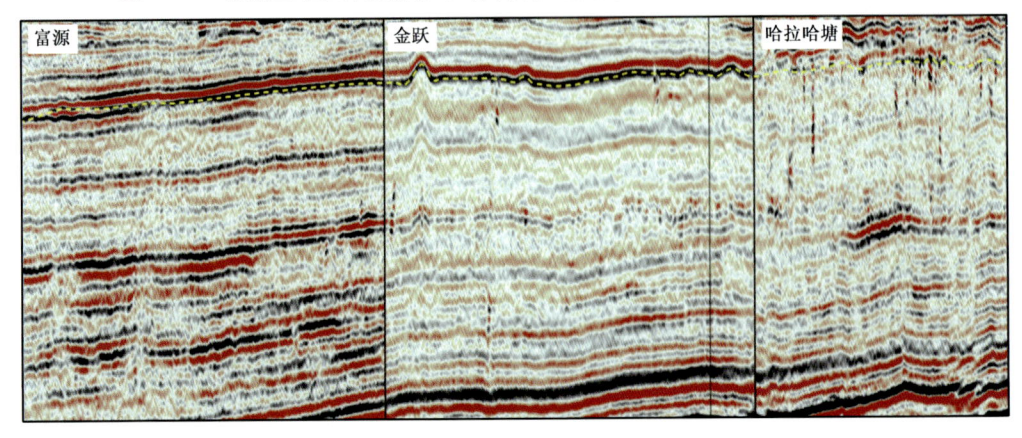

图3-76 富源三维区与北部三维区资料对比图

第四节　缝洞型油气藏地震综合解释技术

近些年来,随着大量地震解释新技术的应用和完善,解释资料从时间域向深度域发展,由二、三维资料向四维、五维拓展,解释目标逐步由简单的构造圈闭向复杂隐蔽圈闭发展,储层各向异性、叠前弹性反演、油气检测等技术不断创新,解释领域也从油气勘探领域向油藏开发领域拓展和深入,极大推动了碳酸盐岩缝洞型油气藏勘探的突破。

一、断裂精细解释及裂缝预测技术

在碳酸盐岩油藏勘探开发过程中,裂缝的研究具有非常重要的作用,裂缝本身能够提供有效储集空间,同时又是渗滤通道,裂缝的发育程度是油气井能否高产稳产的关键因素。因此,针对碳酸盐岩储层裂缝发育程度的地震预测技术研究,一直是人们长期关注的重点。裂缝分布复杂、规律性差,识别和预测比较困难,其最大难点是如何预测储层中的裂缝发育程度、产状及其分布范围。目前生产中主要应用叠后纵波检测、纵波方位各向异性检测等技术进行裂缝解释与预测。

(一)叠后裂缝预测

叠后三维地震属性分析是裂缝识别与预测的最常用方法,在已有研究中,振幅类、频率类、相位类和曲率类等地震属性已被广泛应用于识别和预测裂缝发育带。叠后裂缝预测是运用叠后三维地震勘探资料间接预测裂缝,它是基于对裂缝发育规律的认识,通过对地层的不连续性、构造变化程度等进行地震描述,预测地层、构造突变带的裂缝发育特征。裂缝预测中效果较为明显且比较常用的属性有相干类属性、曲率类属性等。

1. 相干类属性

1)相干体技术

相干分析技术通过对地震波形纵向和横向相似性的判别,得到地震相干性的估计值,相似地震道具有较高的相干系数,而不连续性强的地方具有较低的相干系数。该技术自1995年出现,经历第一代的基于互相关的相干、第二代的多道相似相干、第三代的基于本征值相干,目前已发展到基于几何结构张量的相干。相干体的应用大大减少了剖面断层解释及断层平面组合的劳动强度,使得断裂系统的平面成图变得十分方便、准确,精度大幅提高,同时也为利用叠后资料预测裂缝提供了有效的途径。

2)相干加强技术

相干加强属性是通过对相干数据体进行边缘检测之类的强化处理,可以突出细微的不连续性,压制明显的不连续性,从而实现对小尺度断层及裂缝的预测,称为相干加强。图3-77是塔中某三维区块相干与相干加强属性的预测结果对比,可以看出二者揭示的地质现象具有很大差异:相干属性侧重于预测大尺度的断层,相干加强侧重预测小尺度的断层。图3-78中,上两幅图为目的层地震相干加强成果,TZ18井点处裂缝发育,TZ16井点欠发育;下两幅图为成像测井成果,TZ86井反映裂缝发育,ZG16井裂缝欠发育,相干加强裂缝预测成果与钻井情况吻合。

(A)相干　　　　　　　　　　　　　　(B)相干加强

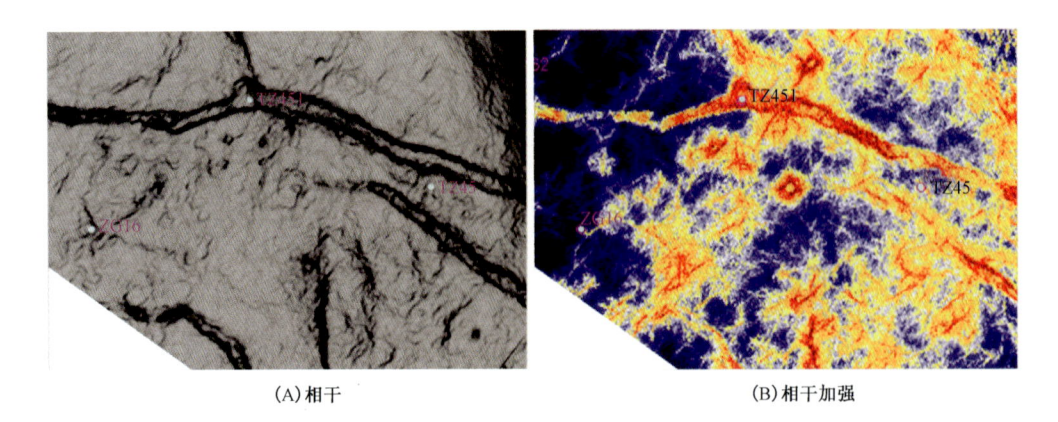

图3-77　相干属性与相干加强属性对比平面图

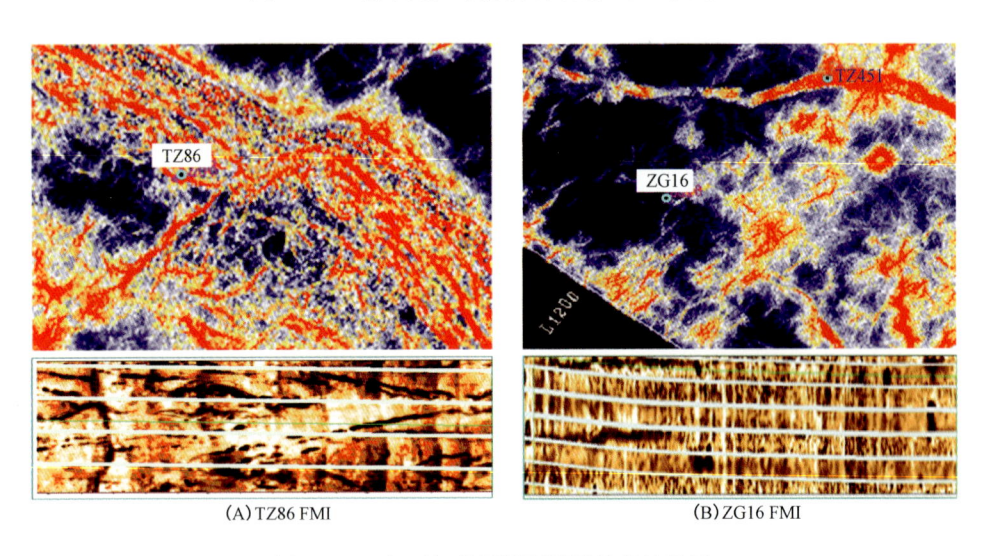

(A)TZ86 FMI　　　　　　　　　　　(B)ZG16 FMI

图3-78　相干加强属性预测裂缝的效果图

3)蚂蚁追踪技术

蚂蚁追踪技术是一种断裂系统自动分析、识别技术,其基本原理是模拟蚁群觅食行为中对路径的选择与优化,对数据体中的断层信息进行追踪。所使用的数据体可以是任意一种突出不连续性的数据体,如相干体、方差体等。图3-79是塔中地区相干加强属性体切片与基于该数据体的蚂蚁追踪体切片的对比图,可见后者在保留整体规律的同时,对裂缝的刻画非常细致,有利于对裂缝发育方向进行定性预测。

(A)相干加强属性体切片　　　　　　(B)蚂蚁追踪体切片

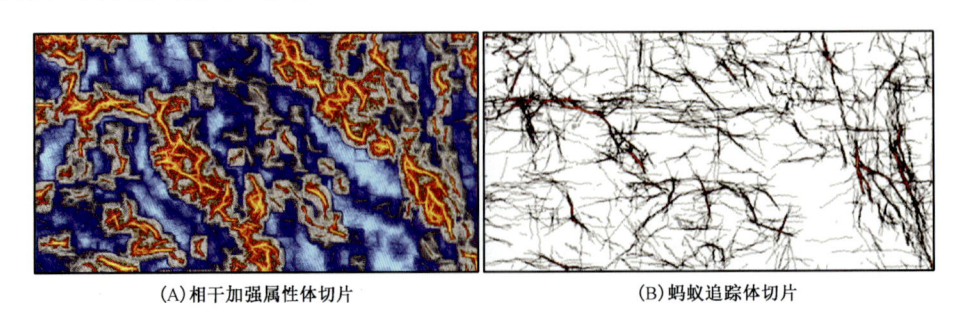

图3-79　相干加强属性体切片与蚂蚁追踪体切片对比图

4)分频相干技术

由于地震勘探资料往往是一定频带内的地震信息的综合响应,而实际上不同频段的信息对不同尺度的断层及裂缝的识别能力不同。通常,低频段的地震信息识别大尺度断层,随着频率的升高,其识别的断裂尺度越来越小。因此为了突出小断层的识别能力,通过探索在频谱分解的基础上再进行相干处理,达到提高裂缝预测精度的目的。图3-80是轮南某区不同单频体的相干属性平面图对比,可见相对于全频段数据体,高频数据对断裂和裂缝的刻画要改善许多。

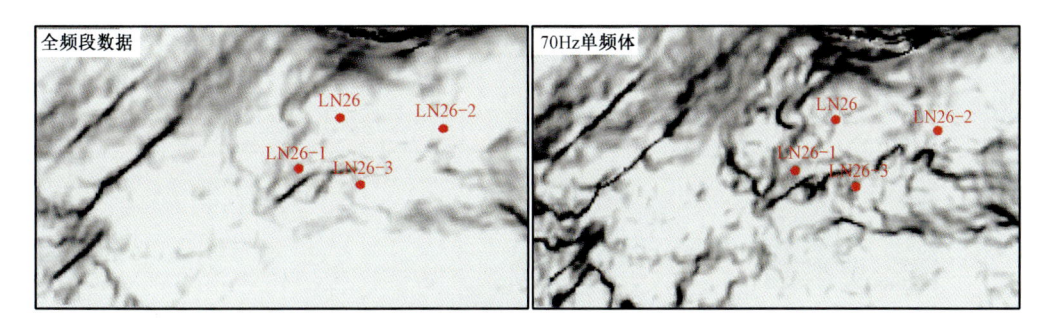

图3-80 轮南某区全频段数据体与70Hz单频体的相干属性平面图对比

2. 曲率类属性

储层预测中曲率属性反映了地震数据体的几何变化,且在地层断裂的地方反应剧烈,所以,曲率属性能够非常迅捷地识别各种尺度的断裂。图3-81是塔中某区块相干加强属性和最大正曲率属性平面图对比。曲率属性主要利用了相邻地震道的相关采样点由于空间位置的不同而形成的曲面的形态差异,而相干类属性主要利用相关采样点之间振幅、相位等的差异,两者有着本质区别。由图3-81可见相干属性偏重于对断层的刻画,而曲率属性对小断层、小挠曲的反映更加敏感和丰富。两者各有优势,可以互为补充。

(A)相干加强属性　　　　　　　　　　(B)最大正曲率属性

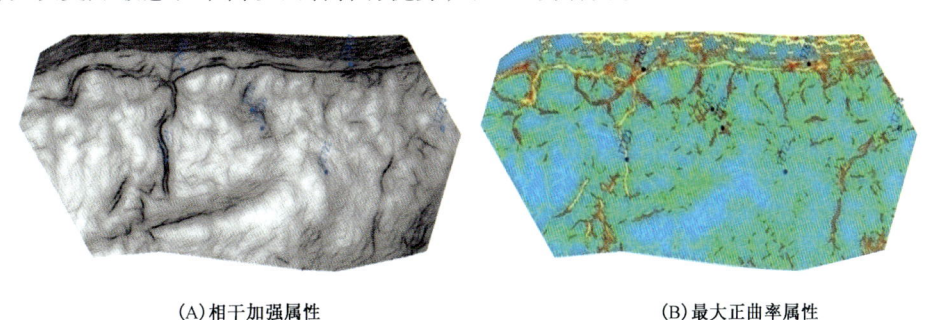

图3-81 塔中某区块相干加强属性和最大正曲率属性平面对比图

3. 应力场数值模拟方法预测裂缝

通过对应力场进行数值模拟来预测裂缝分布是另一种常用的叠后裂缝预测方法。该方法利用地质、钻井和测井资料,计算拉梅常数和剪切模量等参数,建立地质模型、力学模型及数学模型,运用三维有限差分数值模拟方法对应力场进行模拟,研究构造、断层、地层厚度、区域应力场等地质因素与裂缝分布的关系,预测与构造有关的裂缝发育特征及分布。

应力场分析主要定性预测构造裂缝发育分布。假设所研究地层是均匀连续、各向同性、完全弹性的,认为地层构造完全是由构造应力作用形成的。其地质模型的建立是做好应力场模拟的先决条件,首先将研究层连同上覆盖层和下伏层作为一个岩石块体的隔离体来计算,然后从地质的角度提出构造成因、构造裂缝特征、构造应力场的宏观特征及断层发育史。研究地质体构造应为相应时期的古构造。对于挤压构造,应取受挤压之前的古构造作为地质体构造;而对于伸展构造,考虑到伸展作用的长期性及伸展对构造缝所形成的控制作用,应取伸展之后的古构造作为地质体构造。在此基础上,恢复古构造剖面图,推断地质隔离体的受力方向及大小,设定边界条件并提出反演应力场及裂缝特征的地质标准。

对塔中 ZG43 井区奥陶系鹰山组顶界进行构造应力场数值模拟及应力场分析,分别得到了构造应力、应变和曲率等裂缝参数,得到构造裂缝发育强度及方向和断裂叠合图(图 3 – 82)。结果表明,奥陶系鹰山组构造裂缝主要沿 ZG43、ZG8、TZ23 构造带发育,受断裂控制明显,发育方向主要为北东向。

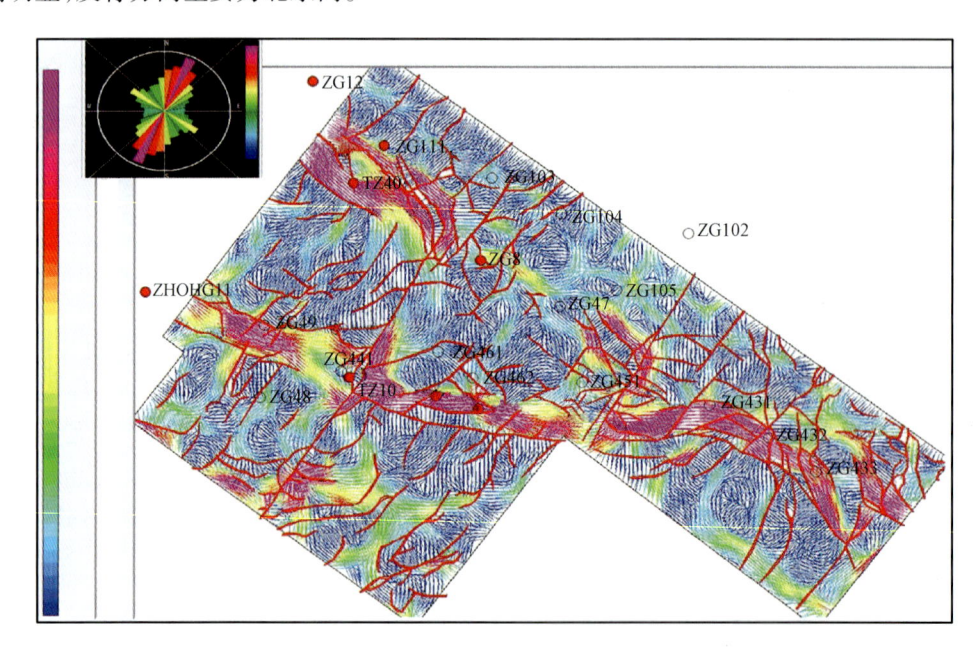

图 3 – 82　ZG43 井区奥陶系鹰山组构造裂缝发育强度与断层叠合图

(二)纵波各向异性裂缝预测

裂缝诱导的方位各向异性对纵波、横波和转换波的传播特征有着重要的影响,早期研究关注的重点是近垂直入射情况下分裂横波的时间延迟及反射振幅的变化,但横波类的检测方法虽然能给出垂直裂缝系统的方位和强度(裂隙密度)信息,但对裂缝充填物的响应并不敏感。随着研究的深入,研究者逐渐认识到纵波信号所携带的与方位相关的变化特征不仅可用于解决裂缝的方位、密度问题,而且对了解裂缝充填状况有所帮助。纵波检测裂缝方法由于费用和资料品质等方面较之于横波、转换波更具优势而日益受到重视。尤其是随着宽方位资料的大面积推广,纵波裂缝检测方法已有成功应用实例。目前利用纵波各向异性进行裂缝检测的方法有动校正(NMO)速度方位变化裂缝检测、正交地震测线纵波时差裂缝检测、纵波方位 AVO(AVOZ/AVAZ)和纵波阻抗随方位角变化(IPVA)裂缝检测方法。

生产中应用最广泛的裂缝预测方法是基于方位 AVO 的预测方法。它利用了裂缝的各向异性特征,即裂缝发育具有明显的方向性时,由于裂缝面与原地层物理性质的不同,地震波在裂缝介质中的传播速度、反射系数、频谱衰减特征、AVO 特征等物理性质会随着传播方向与裂缝走向的夹角变化而变化,夹角越小,传播速度越快。在实际地层中,主要存在两种各向异性。一种是大套地层引起的,如果整套地层是由许多层速度不同的小层组成,这时候低速的小层就相当于裂缝面,高速的小层就相当于原地层。当地层倾斜时,地震波在地层中的传播速度与它的传播方向与地层倾角之间的夹角有关,往往是顺层传播速度快,垂直地层传播速度慢。这种地层被称为 TTI 介质,通常由互层的砂泥岩地层组成,它主要影响下伏构造位置的精确落实。另一种各向异性是由单套地层中的垂直裂缝引起的,由于上覆载荷的压实作用,地层中的水平缝或低角度裂缝近乎消失,保留下来的都是高角度缝和垂直裂缝。当地层仅发育单组裂缝,或总体表现为某一方向是裂缝发育的主要方向时,将会呈现出明显的各向异性特征。这种地层被称为 HTI 介质。地震波传播速度随方位角变化,沿裂缝主方向传播时($\phi=0°$)速度最快,垂直于这个方向($\phi=90°$)传播时速度最慢,整体表现为一个椭圆(图 3-83)。在碳酸盐岩裂缝研究中,主要研究的就是这种裂缝预测方法。

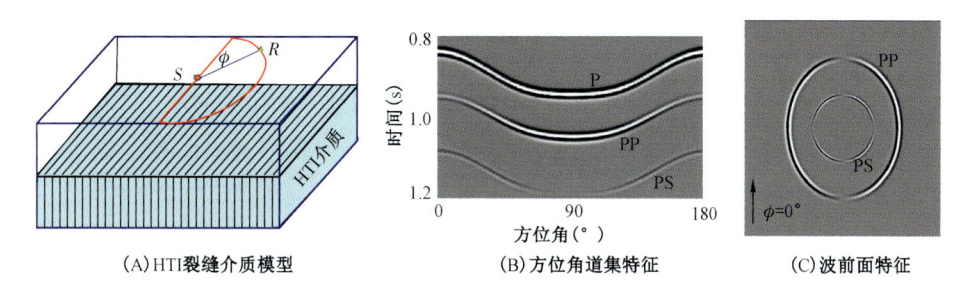

(A)HTI裂缝介质模型　　(B)方位角道集特征　　(C)波前面特征

图 3-83　HTI 介质的正演模拟

东方公司自主研发的 GeoEast-EasyTrack 软件在叠前裂缝预测模块里提供了丰富的技术手段,可以实时调整五维地震道集数据的偏移距和方位角,优化参数,达到最佳预测效果。利用 GeoEast-EasyTrack 软件开展叠前各向异性裂缝预测的流程分两步:第一利用未进行方位时差校正的五维道集数据开展走时各向异性的分析,预测单组裂缝;第二就是利用方位时差校正后的五维道集数据开展振幅各向异性的分析,进一步预测裂缝。

不只是传播速度与反射系数,其他属性也有类似的特征。比如,P 波的 AVO 梯度在平行于裂缝走向和垂直于裂缝走向上存在较大差异。AVO 梯度较小的方向是裂缝走向,梯度最大的方向是裂缝法线方向,并且差值本身与裂缝的密度成正比,由此可以标定出裂缝的密度。如果用 AVOZ(方位 AVO)分析法计算出 360°范围内的每一组方位角的梯度值,就可以得到不同方位角对应的最大梯度差值(相当于椭圆的长轴与短轴之差),据此判定裂缝的走向。又比如,HTI 介质中纵波的能量衰减也是随方位变化的。能量最弱的方向就是垂直于裂缝的方向,反之则为平行于裂缝的方向。同时,能量衰减越明显,说明裂缝越发育,反之亦然。因此,通过拟合振幅、速度、AVO 梯度、能量衰减、频率等属性的各向异性椭圆,可以预测出裂缝的方向和相对密度。

裂缝研究需要解决两方面问题:裂缝的走向和裂缝的密度。以往使用测井数据来进行裂缝检测,检测结果只能对井点周围很小的范围内有效。由于裂缝的复杂性,井间地层的裂缝方向和密度难以依靠井中结果的外推。当研究区井数据不丰富时,就必须寻找其他方法进行裂缝研究,地震勘探资料无疑是最好的选择。对 HTI 介质而言,地震波的速度、衰减、振幅、AVO 等都会表现为与裂缝发育方向有关的椭圆,其中椭圆的长轴方向即平行(或垂直)于裂缝走向,而椭圆的扁率则反映了裂缝发育密度,据此就可以实现裂缝的定量预测。

从各向异性裂缝预测的方法上可以看到,其预测的精度取决于椭圆拟合的可靠程度,而椭圆拟合是否可靠的关键因素就是它是否有足够的样点支撑,对于实际研究来说就是地震勘探资料的方位和覆盖次数能否满足精细的方位划分。因此,进行各向异性裂缝预测,要想得到理想的预测结果,宽方位高覆盖三维地震勘探资料是基础条件之一。

进行裂缝预测时,一种是对资料进行分方位处理后提取属性进行裂缝预测,一种是直接利用OVT道集或螺旋道集进行裂缝预测。

1. 分方位各向异性裂缝预测

利用方位各向异性预测裂缝的关键,在于保持各个方位相关地震信息的相对关系不变,同时也不带入由于覆盖次数、偏移距等不同而产生的差异。因此,进行分方位裂缝预测首先要求资料预处理必须做好叠前精细相对保幅处理,为裂缝预测方法提供可靠相对振幅变化的CMP道集,这是预测结果是否可靠的基础。具体做法上需要重点注意的步骤包括:

1)方位划分方案的确定

裂缝发育往往伴随断裂附近发育,沿断裂带附近裂缝的发育程度强于远离大断裂的区域,裂缝发育的方向与大断裂的走向关系紧密。而为了提高裂缝预测的精度,方位角划分后最好是在平行裂缝的走向和垂直裂缝的走向上都有数据。因此,方位划分需要根据研究区的实际情况确定方位角划分方案。H6井三维工区主要发育北东—南西和北西—南东两组大断裂,其中北东—南西向断裂方位角为23°,北西—南东向断裂方位角为68°。为了更清楚地刻画这两个方向的裂缝发育特征,使得在裂缝的走向和法线方向都有正交的两个方位资料上体现出明显的振幅差异,最终确定划分六个方位,并以-22°开始,每30°形成一个方向的方位叠加数据(图3-84)。在方位划分时,还要考虑资料的面元属性,选择合适的偏移距,尽可能保证各个方位的覆盖次数接近,最大限度地保持由地层各向异性引起的方位间的差异。

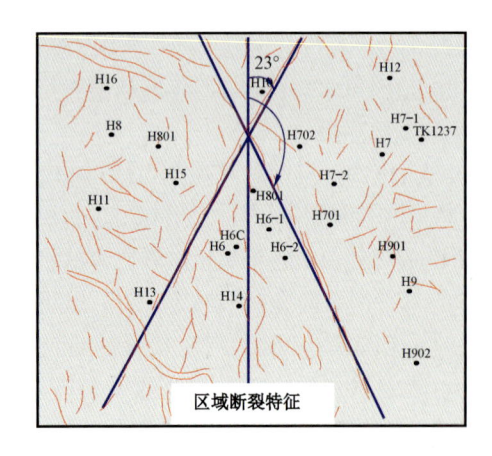

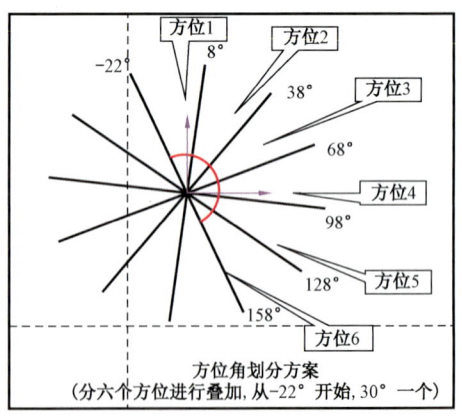

图3-84 分方位划分方案示意图

2)宏面元组合

由于一些地区三维采集覆盖次数太低,为确保方位划分之后每个方位角道集具有一定的叠加次数,必须进行宏面元组合。其目的是克服随机噪声、提高方位角叠加数据体的信噪比,有利于AVA处理结果的稳定性。当然,过大的宏面元组合将影响裂缝识别的分辨率。对于高覆盖宽方位资料而言,该步骤可忽略。

3)分方位处理

碳酸盐岩的非均质性以及裂缝的发育等都会产生方位各向异性,这导致不同方位地震波的传播速度产生差异,速度差异致使综合成像速度不能使所有方位的数据归位,因此要进行高精度分方位成像速度分析,用各个方位的最佳偏移速度去成像。从图3-85可以看出,两个不同方位数据的相干数据沿层属性,在能量基本相当的背景上,对不同走向的断层、河道的反映是不同的(图中红色椭圆标记处),说明这套分方位处理的数据能够反映地下地层的各向异性特征。

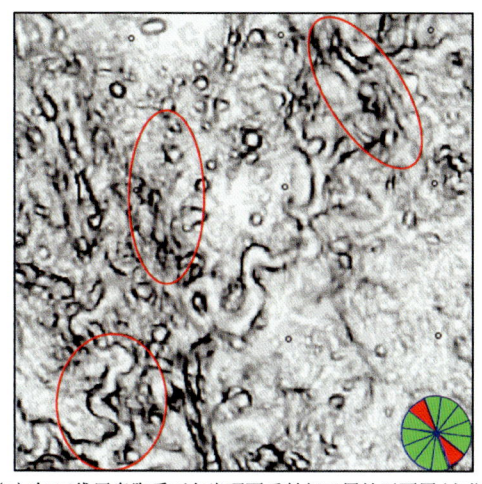

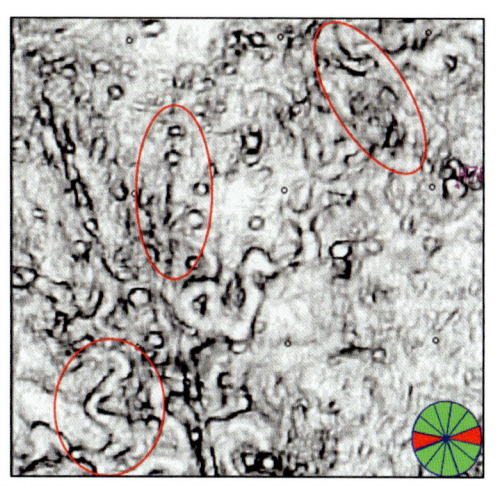

(A)哈7三维区奥陶系石灰岩顶面反射相干属性平面图(方位6)　(B)哈7三维区奥陶系石灰岩顶面反射相干属性平面图(方位4)

图3-85　不同方位数据的相干属性平面图对比

在上述资料的基础上,利用HTI介质的各向异性特性来对裂缝进行定量预测。通常裂缝方向和裂缝密度的预测是同时实现的,但同一属性对方向和密度的敏感程度或可靠性不同,因此有时选择不同的属性分别进行方向和密度的预测。在H7三维区,利用振幅的各向异性进行裂缝定量预测的探索,取得了一定的效果。图3-86A为H7三维区奥陶系上部石灰岩裂缝预测平面图,图中彩色细线条的颜色代表裂缝强度,方向代表裂缝走向。图3-86B是该层段的相干属性平面图。两者对比,既有相似性,又有较明显的差异。相似性表现在两点,一是图A中的裂缝发育区同时也是图B中的断层发育区,都位于工区的北部;二是图A中的裂缝发育的方向与图B中断层的走向基本一致。差异性表现在,图B中断层展布的连续性很好,而图A中裂缝的分布则比较零星,规律性不是很明显,分析认为这是由于这两种方法的基本原理不同而形成的正常现象。前面提到,利用方位各向异性预测裂缝的关键在于发现各不同方位地震属性的差异性,然后利用这种差异性拟合各向异性椭圆,并根据椭圆的长轴方向与扁率来确定裂缝的方向与相对密度。可见这种方法的假设条件是地层"具有单组裂缝或裂缝发育具有明显的方向性",即地层基本满足HTI介质条件,这时候各向异性特征才表现为椭圆。对两组相同密度的正交裂缝进行正演模拟,并将模拟结果用于裂缝反演,计算得到的裂缝方向是两组裂缝走向的中线所在方向。由此可见,方位各向异性裂缝预测方法的应用是有前提条件的,只能用于单组裂缝或具有明显方位优势的多组裂缝的预测,且对后者的预测结果只能是综合效应而不是准确值。这种方法不能用于没有明显方位优势的多组裂缝的预测;事实上,当发育多组明显不同走向的裂缝时,地层的各向异性特性就不再明显甚至完全消失,该方法不再适用。而相干的基本原理是利用同相轴的不连续性,即只要有裂缝,就能反映出来。从图3-86B看,北部的断层具有明显的方向性,而西南部的断裂却明显是彼此交错,因此在裂缝密度预测上,各向异性方法与相干、曲率等方法需要结合起来,相互参照印证,才能得出更加合理的解释。得到相对裂缝密度之后,通过测井标定并进行校正,就可以得到绝对裂缝密度。

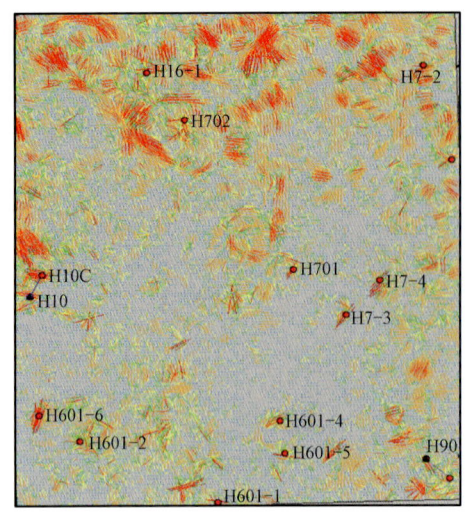

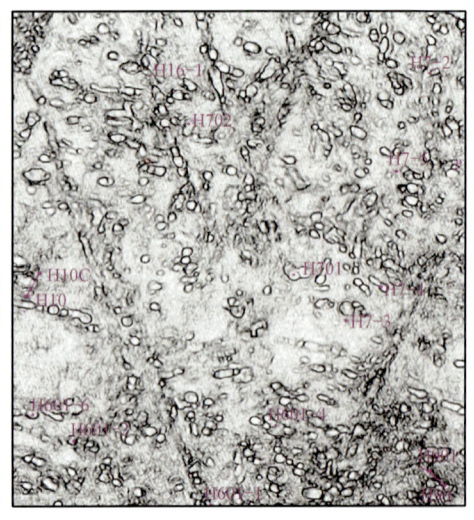

(A)裂缝预测平面图　　　　　　　　　(B)相干属性平面图

图3-86　H7三维区奥陶系石灰岩裂缝预测平面图与相干属性平面图对比

需要特别强调的是:由于叠前裂缝预测的前提是介质具有各向异性;对于发育多组不同走向的裂缝的区域,这种方法是不可靠的。因此现在一般采用叠前与叠后相结合的办法进行裂缝综合预测:(1)在叠前和叠后预测都表明裂缝发育的地区,以叠前预测结果为准;这时裂缝多为单组缝且方向明确;(2)在叠后预测裂缝发育而叠前预测结果不发育(或欠发育)的地区,以叠后预测结果为准,这时裂缝多为多组缝;(3)在两种方法均认为裂缝不发育的地区,裂缝可能不发育;(4)少见叠前预测发育而叠后预测不发育的情况。

2. OVT道集裂缝预测

OVT道集指的是OVT处理得到的五维道集数据(蜗牛道集),与传统的AVO道集或方位道集不同,它同时包含了偏移距和方位角信息,且其整体能量更均衡,近、中、远道能量趋于一致,而常规CRP道集近、远道能量弱、中间能量强(图3-87)。可见,OVT域道集较常规道集在资料的保真度上有较大提升,为叠前储层预测提供了更客观的资料基础。

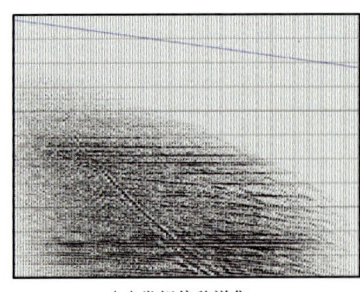

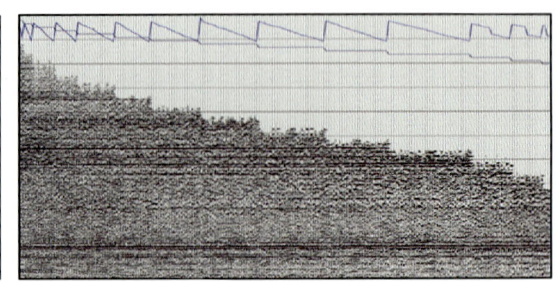

(A)常规偏移道集　　　　　　　　　(B)OVT域偏移后的螺旋道集

图3-87　常规CRP道集与OVT螺旋道集对比图

OVT(Offset Vector Tile)通常翻译成"炮检距向量片技术",最早由Vermeer于1998年提出,近年来随着OVT处理技术的应用,其在解决各向异性成像方面的优势得到越来越广泛的认可。基于OVT道集的裂缝预测技术是近两年才发展起来的新技术。

与常规的分方位裂缝预测相比,OVT道集的最大优势是分方位处理要求的方位划分、偏移距优选以及面元扩大等技术手段都可以在裂缝预测过程中实现可视化的交互分析,一些资料本身造成的各向异性(如覆盖次数不均等)可以更有效地得到消除,从而大大提高预测精度。运用 GeoEast 软件在塔里木的哈拉哈塘地区已见到了很好的效果。

针对叠前方位各向异性裂缝预测对地震数据的高要求,首先要对五维地震数据进行优化,灵活应用偏移距或者入射角优化,甚至是面元叠加等方式,选择各方位覆盖次数均匀,能真实反映各向异性特征且资料品质符合研究需求的数据,使参与椭圆拟合的数据收敛;其次通过可信度分析与质量控制等手段,提高椭圆拟合的稳定性,对拟合椭图的离心率进行刻度,椭圆离心率越大,同时拟合椭圆的解越少,则可信度越高;第三则与实际钻测井解释资料进行交互式分析,使所拟合椭圆的长轴与 FMI 成像测井结果的裂缝走向趋于一致,不断提高裂缝预测精度。过 H601-4 井目的层段的测井解释裂缝方向为北西西—南东东方向(图 3-88A),如果直接选取的偏移距范围过大,拟合的椭圆长轴方向为北北西—南南东方向(图 3-88B),预测的裂缝方向与实际钻井存在偏差(图 3-88C);当选取合适的偏移距范围,预测的拟合椭圆的长轴方向与裂缝走向高度吻合(图 3-88D),预测的裂缝走向与井吻合(图 3-88E)。通过 OVT 道集的裂缝预测,使裂缝方向的预测吻合率由 55% 提高到 75%,符合率明显提高,充分说明了利用 OVT 道集进行裂缝预测优势明显。

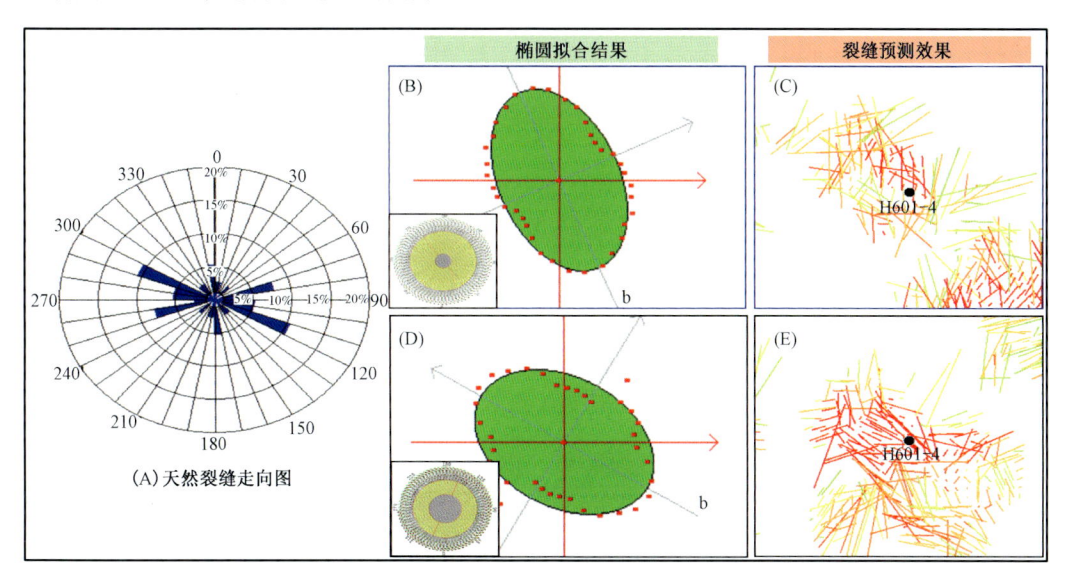

图 3-88　H7 三维区 OVT 交互裂缝预测平面图

图 3-89 为进行偏移距优化前后的跃满地区奥陶系一间房组顶面叠前裂缝预测平面图。利用全偏移距数据进行裂缝预测,预测效果差,平面上看不出裂缝发育规律;通过偏移距优化后,去除近偏移距和远偏移距数据,并结合叠加道处理,再进行裂缝预测,裂缝预测效果明显改善。从图中可以看出,跃满地区北部裂缝发育,主要断裂呈北东向展布,YM3、YM5 井区裂缝发育,钻探均获得高产。

二、缝洞型储层的精细雕刻技术

缝洞是碳酸盐岩储层的主要储集空间,而缝洞本身由于和周围围岩存在明显的阻抗差异,从而于周缘都有明显的反射边界,在剖面上形成类似于亮点的"串珠"状反射,该类储层主要分布于塔里木盆地塔中和塔北地区。

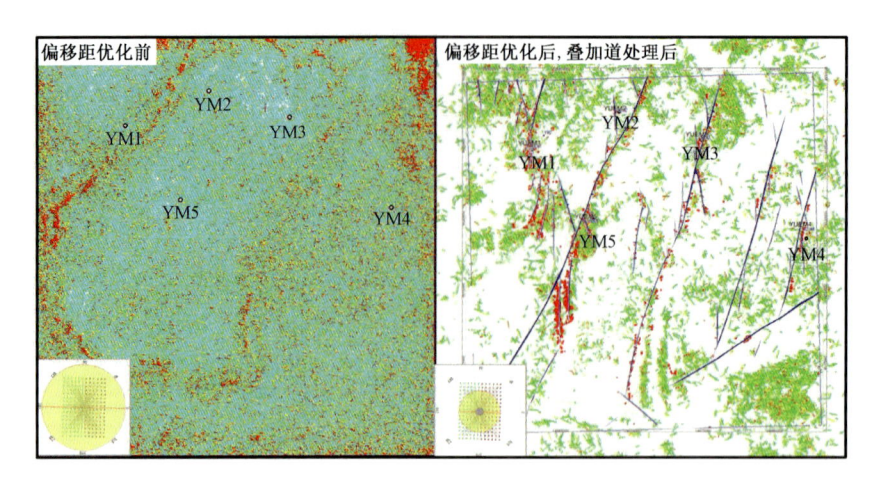

图 3-89 YM 三维奥陶系一间房组顶面叠前裂缝预测平面图

(一)缝洞型储层雕刻技术分类

经过大量的理论研究、地震勘探资料解释和钻井勘探实践,现在普遍认为缝洞型储层的精细雕刻技术已经日臻成熟,主要划分为孔洞雕刻技术、缝洞雕刻技术、地震反演刻画技术和缝洞体规模量化技术。

1. 孔洞雕刻技术

三维储集体精细雕刻的前提是要对已钻遇的缝洞系统进行精细标定,确定岩溶储集体参数分布范围(振幅、频率等),然后利用三维振幅透视的解释技术,对三维岩溶储集体进行精确刻画,确定每一个储集单元的空间分布状况,用于指导井位部署和开发方案的实施。以 ZG8 区块为例,在鹰山组孔洞雕刻完成后,对规模较大的"串珠"状储层,建议上钻直井进行开发,Z8 井累计产油 16500t 以上,累计产气 $2180 \times 10^4 m^3$;对于连续强反射及中等连续反射储层,建议钻探水平井,就可以获得经济效益,因此建议 Z23 井沿裂缝方向钻水平井(图 3-90)。

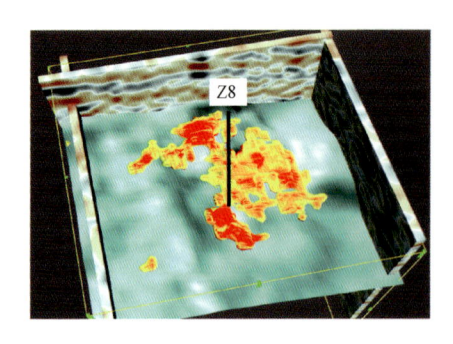

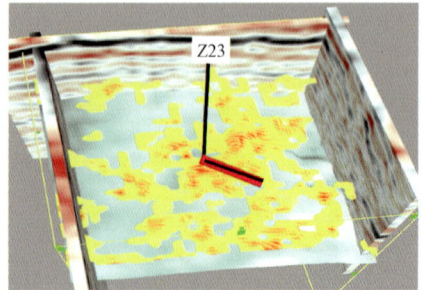

图 3-90 ZG8 区块鹰山组孔洞雕刻立体图

2. 缝洞雕刻技术

缝洞雕刻技术是在确定有效孔洞的基础上,与小尺度断裂及裂缝组共同置于一个空间,能够清晰地显示缝洞配置关系,为进一步划分缝洞单元及指导井位部署和开发方案的实施提供科学依据。在 GC 三维区缝洞雕刻图上,红黄色部分为溶洞,蓝色为裂缝,溶洞体体积为 $10.8 \times 10^8 m^3$,裂缝体积为 $23.8 \times 10^8 m^3$。从图上可以明显看出一些"串珠"通过裂缝互相联通,一些是孤立的溶洞,同时还可以发现断裂发育东强西弱,而溶洞发育则为西强东弱。推测该区储层类型应为以溶洞为主的缝洞型储层,而东部发育的裂缝尚不能形成有效储层,需要与其附近发育的溶洞相匹配进而形成有利储层(图3-91)。

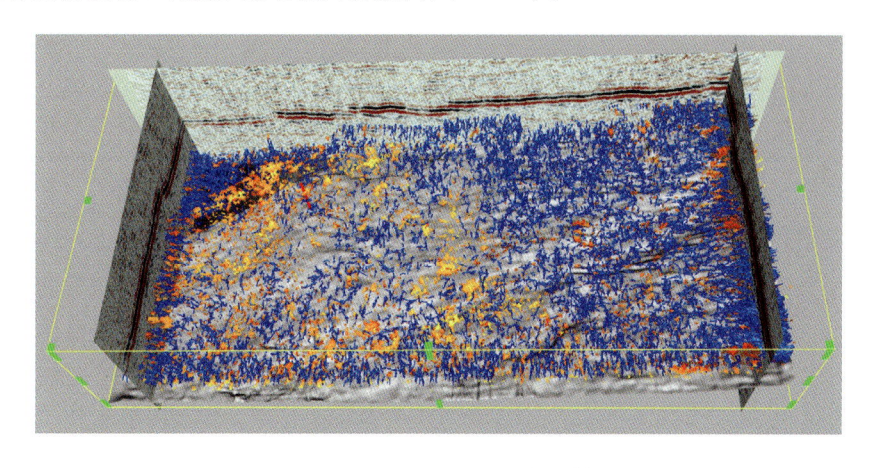

图3-91 GC地区缝洞雕刻立体图

3. 地震反演刻画技术

大的溶洞对应的地震响应为"串珠"状反射,但"串珠"状反射并不代表溶洞体的真实形态,如何将"串珠"状反射还原为溶洞真实的空间形态是碳酸盐岩缝洞储层定量雕刻的关键。地震反演既能很好地消除子波影响,又能引入测井资料进行约束,因此地震反演刻画的溶洞形态较为真实可靠。在反演方法的选择上,应选用反演效果好、精度高的地质统计学反演。在H6井区缝洞体立体显示图上,红黄色表示用波阻抗体雕刻的缝洞体,蓝黑色为用蚂蚁体雕刻的裂缝带,缝洞空间叠置关系非常明显,刻画"串珠"1569个,缝洞体总容积$1.72 \times 10^8 \text{m}^3$(图3-92)。

图3-92 H6区块缝洞雕刻立体图

4. 缝洞体规模量化技术

碳酸盐岩定量研究的最终目的就是确定缝洞储层的规模,也就是计算缝洞储层有效储集空间,这也是碳酸盐岩缝洞储层定量研究最关键的一步。其主要步骤是先计算出缝洞储层在空间上的孔隙度分布特征,得到一个能代表缝洞体储层空间分布特征的孔隙度属性体,再利用这个属性体计算有效的储集空间,进而估算研究区的储量。

在定量雕刻过程中,利用"分级雕刻、分算求和"的方法计算总容积,将不同孔隙度范围内的储层分别进行雕刻并求和,计算出缝洞体的总容积。其计算公式如下:

$$缝洞体容积 = \sum 深度域体积 \times 校正系数 \times 孔隙度$$

计算出缝洞体的容积后,根据不同缝洞体的含油饱和度、原油密度就可以很容易地计算出该缝洞体的原油储量。事实证明,采用这种分级求和的方法计算的有效体积要比过去整体预测的有效体积更准确。在塔北 LG 地区应用缝洞型储层雕刻技术进行储层精细雕刻,发现了 I 类缝洞系统分布区面积 382km^2,提供高产稳产井多口,大多数井在奥陶系获高产油气。其中 LG101 井缝洞体单元面积 3.46km^2,其上部署的四口开发井日产油均在 100t 以上(图 3-93)。

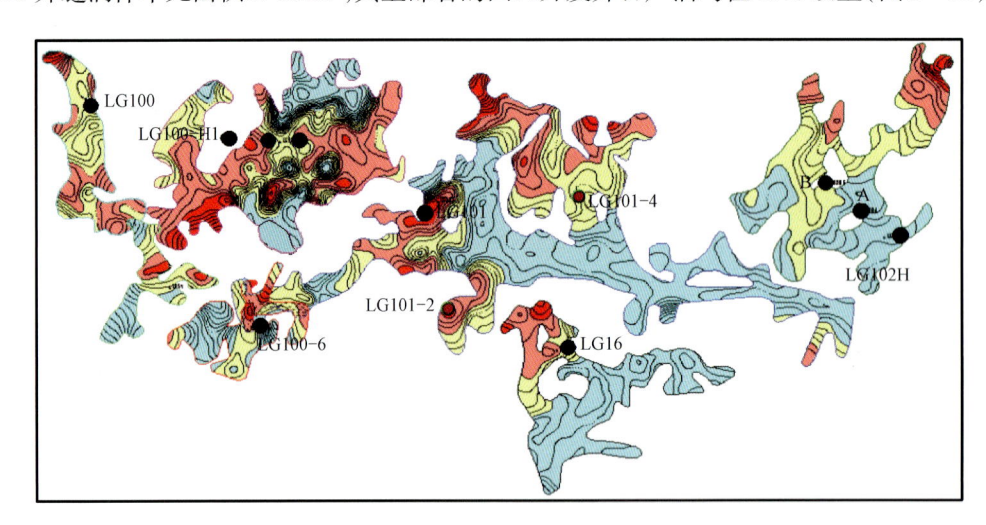

图 3-93 塔北 LG 地区奥陶系潜山碳酸盐岩缝洞系统平面图

(二)缝洞型储层预测关键技术

1. 地震振幅信息应用技术

在实际应用中,振幅类信息是解释工作最常使用的地震属性。振幅类属性主要包括常规地震振幅,反射强度、振幅变化率、单频振幅以及 AVO 截距等多种形式,是地震勘探资料中最直观、地球物理意义最明确的属性参数。振幅类属性能够很好地反映缝洞体的发育特征。比如石灰岩内部的储层形成"串珠"状强反射,而顶部的储层则会形成弱反射等。不同的振幅属性反映了储层特征的不同方面。

1)均方根振幅

由于常规地震振幅是最原始的信息,当资料的保幅性满足需求时,振幅是最真实和客观且没有畸变的信息,能够解决绝大多数缝洞体预测问题,是实际生产中最实用的地震属性。

对具有一定规模的大型缝洞系统,在高精度三维地震数据体上往往形成强能量的"串珠"

状反射,很容易在地震剖面和平面信息上识别。平面上独立的"强反射"点,根据其在岩溶地貌和岩溶相带的分布位置,按照现代岩溶学的观点,一般解释为垂直渗流带的"落水洞"或"天坑"。狭窄而且具有一定延伸范围、平面上呈河道状断续分布的强反射条带,一般解释为径流溶蚀带的地下暗河等。以上是岩溶储层中最基本的两类储集体。

图 3-94 展示了地震勘探资料上的岩溶地质现象。图 A 是沿奥陶系潜山面以下 20~60ms 提取的地震均方根振幅属性与潜山溶蚀残丘的叠合图(红、黄色表示振幅强弱,蓝、绿色表示地貌高低),可见该区发育多个条带状强振幅,正是地下暗河的反射特征。沿其中一条暗河切任意线剖面(A 图中线①),可见潜山面下为断续发育的强反射,在部分地貌低洼部位可能转变为地表明河,形成一条完整的岩溶区河道。图中蓝色地震层位为潜山风化壳顶面反射,红色层位代表存在暗河的区域(不代表暗河的真实位置)。图 3-94B、C 分别是图 A 中的线②与线③,它们与线①垂直。由图可见线①中构成地下暗河的"连续"强反射在这两条剖面上表现为"串珠"状反射,而其他强反射点则为孤立的溶洞或其他暗河的地震响应。该图不仅揭示了喀斯特地貌中明河、暗河、落水洞之间的关系,也说明了振幅属性能够在空间上很好地反映这些岩溶现象。

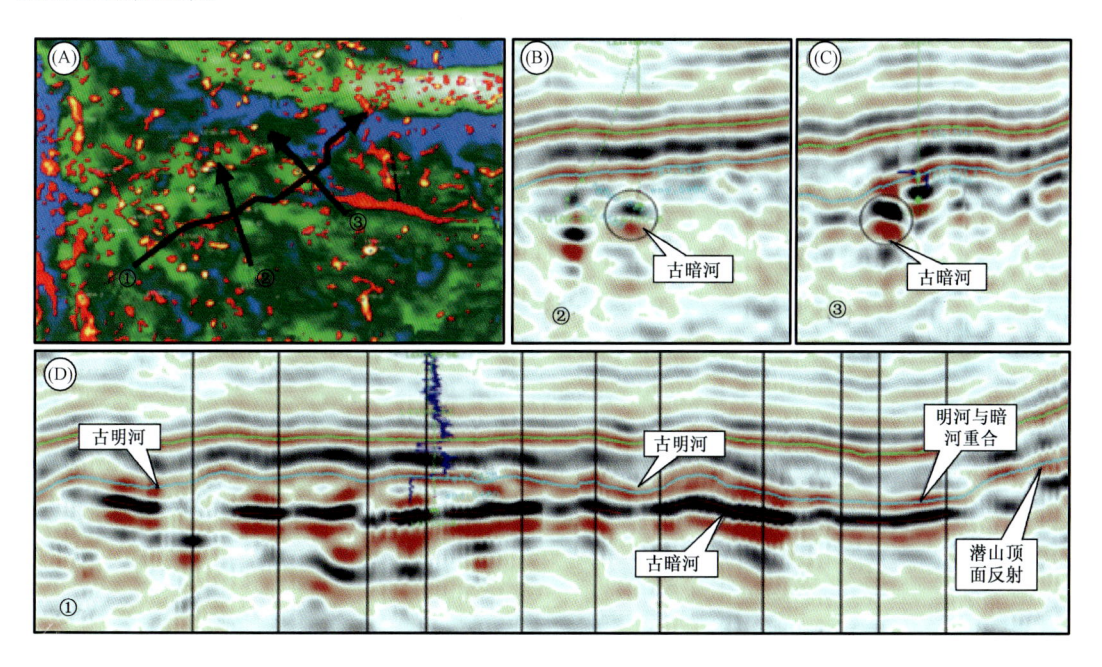

图 3-94 岩溶地质现象的振幅平面图与剖面特征

2)振幅变化率

在实际研究过程中,一些地质条件复杂的地区,碳酸盐岩上覆地层差异较大,这会造成碳酸盐岩顶面地震反射振幅由于岩性组合不同而存在明显的差异,常用强振幅属性(均方根或反射强度)对全区按同一振幅刻度不能准确反映储层发育的相对关系。塔河油田的李宗杰等专家首先将振幅变化率(Amplitude Variance Rate)属性应用到碳酸盐岩储层描述中,该技术在塔里木盆地缝洞型储层平面预测中效果明显。振幅变化率的数学表达式为

$$AVR = \sqrt{\left(\frac{\mathrm{d}A}{\mathrm{d}x}\right)^2 + \left(\frac{\mathrm{d}A}{\mathrm{d}y}\right)^2}$$

式中　AVR——振幅变化率；
　　　A——振幅。

可见它主要反映振幅的相对大小,能够在一定程度上消除背景值的影响。即它只与沿层时窗内振幅的横向相对关系有关,而与振幅的绝对值无关。研究结果表明振幅横向变化率较大的区域可能是裂缝、溶洞发育带。

图3-95是H6井区振幅与振幅变化率的对比,可见工区北部振幅值整体偏高,南部的振幅异常在常规振幅平面图上被压制,而在振幅变化率平面图上则能较好地反映南部的储层发育状况。

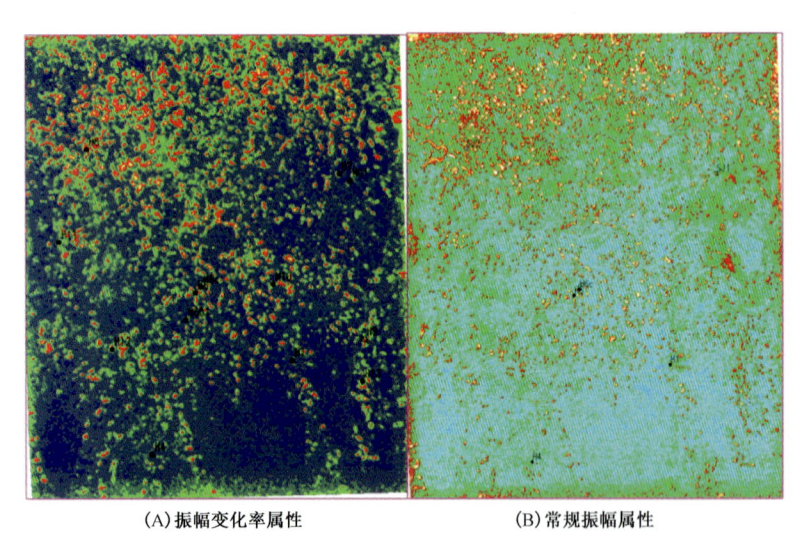

(A)振幅变化率属性　　　　(B)常规振幅属性

图3-95　H6井区振幅属性与振幅变化率属性对比

3)反射强度

反射强度即通常所说的瞬时振幅,是对复数道的虚部和实部分别平方后求和再开方,由于是平方后参与运算,仅与大小有关而与符号无关,所以又称为振幅包络。在碳酸盐岩研究中,由于反射强度直接体现反射能量,从而间接反映储层与围岩的波阻抗差。在缝洞型储层的研究过程中通常需要对地震数据体进行一定的属性计算将"串珠"的轮廓刻画出来,便于通过振幅透视等手段描述出"串珠"的实际形态和体积,因此工作中经常用到反射强度属性。

图3-96为工区内常规地震剖面和反射强度剖面对比,从图上可以看到在常规地震剖面上"串珠"状反射的特征虽然都是强振幅,但其表现形式多种多样,有三个或三个以上的多个波峰与波谷的多种组合方式;而在反射强度剖面上,不管是波峰还是波谷,均表现为一个整体的强振幅异常,并且能够清晰地反映出"串珠"和其他反射的差异,"串珠"边界也很清晰;同时"串珠"之间的强弱差异也能在反射强度体上得到较好的反映,这样就很容易通过可视化雕刻的手段,尽可能全面反映出串珠的空间位置和形态,对于"串珠"型储层的识别和后续的研究十分有利。

4)分频振幅

单频振幅是对地震数据进行频谱分解后,得到的某单一频率成分(如20Hz)的振幅值,也可以是某一窄带频率成分(如20~25Hz)的峰值振幅。这种振幅的最大优势是频率成分相对单一,因而能够跟储层厚度更好地关联。在碳酸盐岩缝洞研究中,主频段的单频振幅无论从剖面上还是平面上,都能比常规地震振幅更清晰地反映出振幅异常。

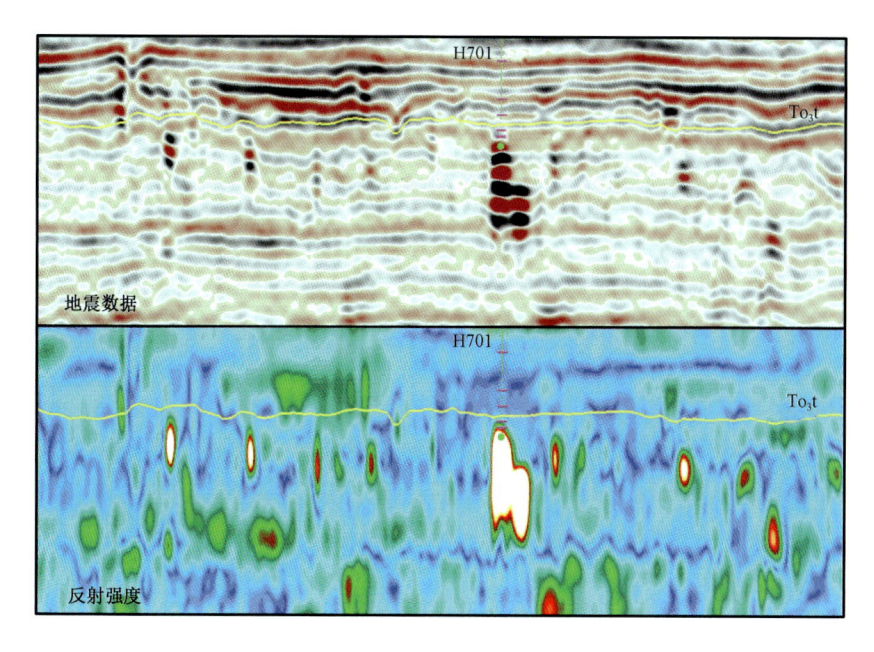

图 3-96 过 H701 井南北向常规地震剖面与反射强度剖面对比

通过大量深入对比研究后发现，单频振幅的应用存在着较大的不确定性或陷阱，使得在进行精细储层描述时容易造成错误认识。例如，低频剖面往往将异常反射的范围在纵向上过度放大，而高频剖面上往往产生谐振和噪声，精细的属性标定表明这些现象与实际情况不符（图 3-97）。因此，单频属性只适合于定性研究，而不能在定量研究中使用。

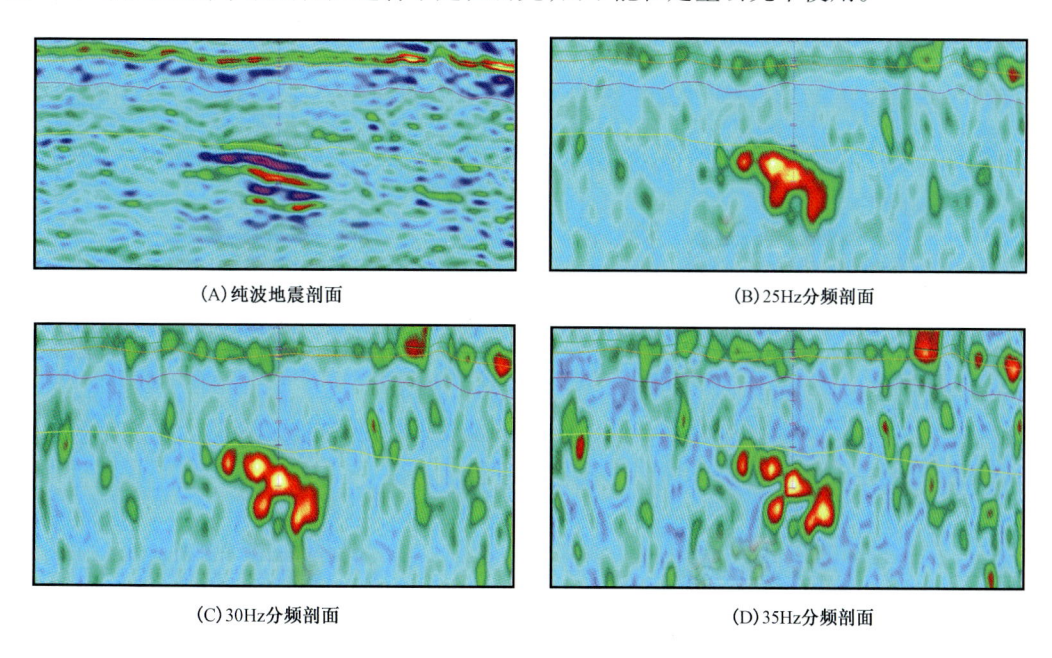

(A) 纯波地震剖面　　　(B) 25Hz 分频剖面

(C) 30Hz 分频剖面　　　(D) 35Hz 分频剖面

图 3-97 同一地震剖面的不同单频振幅剖面对比

2. 地震反演关键技术

振幅信息虽然在缝洞型储层预测中得到了广泛应用，但单纯的地震信息不能满足人们对复杂碳酸盐岩油气藏勘探与开发的需求。随着地震处理解释技术的发展和不断完善，波阻抗反演技术已成为油气田生产中进行缝洞型储层研究不可或缺的关键技术。

从实际应用中依托的地震勘探资料的差异,反演方法可分为叠后反演和叠前反演两大类,叠后反演以常规叠加资料作为输入,叠前反演以叠前角度(或偏移距)道集为输入,二者的实现方法有差异,得到的结果也有所不同。

1)叠后反演

叠后地震波阻抗反演以褶积模型为基础,关于这方面的知识许多文献都有描述,本书不再赘述。叠后反演种类较多,如稀疏脉冲反演、宽带约束反演、地质统计学反演及基于非线性算法的神经网络、模拟退火等。其中生产中应用效果较好的是稀疏脉冲反演和地质统计学反演。

(1)稀疏脉冲反演。

对缝洞体的刻画通常需要描述其空间形态,目前有多种方法可以将常规的地震反射剖面转换为可以表现地质体形态的剖面,除了前面提到的单频体、反射强度等属性外,波阻抗是一个更关键的预测方法。与振幅类属性相比,波阻抗的一大优势是加入了钻井信息,拓宽了资料频带,综合了地震勘探资料横向采样密度高和测井资料纵向采样密度高两大优点,在缝洞储层的顶、底面刻画方面更具优势。

如图3-98所示,一个15m高的洞穴对应的地震响应为一个一峰一谷的"串珠"状反射,在分频剖面、反射强度剖面及地震反演剖面上都对应为一个较大的洞穴,说明这三种方法都能还原溶洞的形态。但是可以清楚地看到,分频和反射强度对溶洞都有很强的放大作用,使溶洞的形态严重失真,而波阻抗剖面反映的缝洞体形态和钻井一致,较为真实可靠。通过分析认为,分频往往只能选取单一的频率成分,只能反映特定大小的溶洞,对其他溶洞的刻画失真较为严重。反射强度也因为无法消除子波旁瓣的影响,对实际缝洞纵向明显放大,失真也很严重。而地震反演既能较好地消除子波的影响,又能引入测井资料进行约束,因此刻画的溶洞形态较为真实可靠。

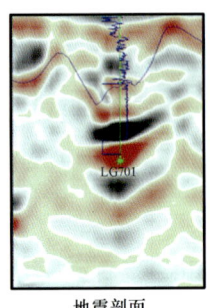

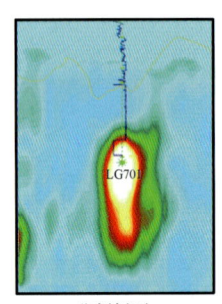

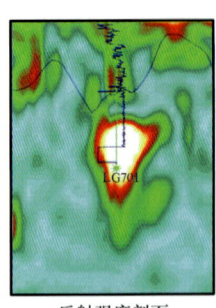

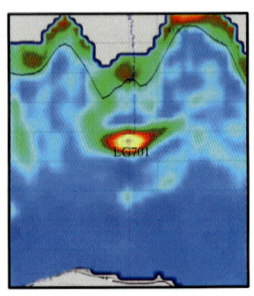

| 地震剖面 | 分频剖面 | 反射强度剖面 | 波阻抗剖面 |

图3-98 缝洞系统雕刻各方法对比剖面

(2)地质统计学反演。

常用的波阻抗反演方法为基于地震和测井资料的稀疏脉冲反演。该方法的分辨率等于地震分辨率,具有一定的局限性。随着碳酸盐勘探开发的深入,要求识别的缝洞储层越来越精细,因此发展了基于地质统计理论的波阻抗反演,它是目前波阻抗反演中储层分辨率最高的反演技术。该方法以约束稀疏脉冲反演结果作为输入数据,以测井数据为主,井间变化用地质统计规律和地震数据约束,生成多个等概率时间域或深度域的属性模拟结果。理论上其分辨率可达到一个采样间隔。利用此方法,可以很好地解决目前对小尺度的缝洞储层无法识别的难题。图3-99为LG地区过LG154井的稀疏脉冲反演和地质统计学反演的波阻抗剖面对比图,从图上可以看出地质统计学反演刻画的缝洞储层更为精细。

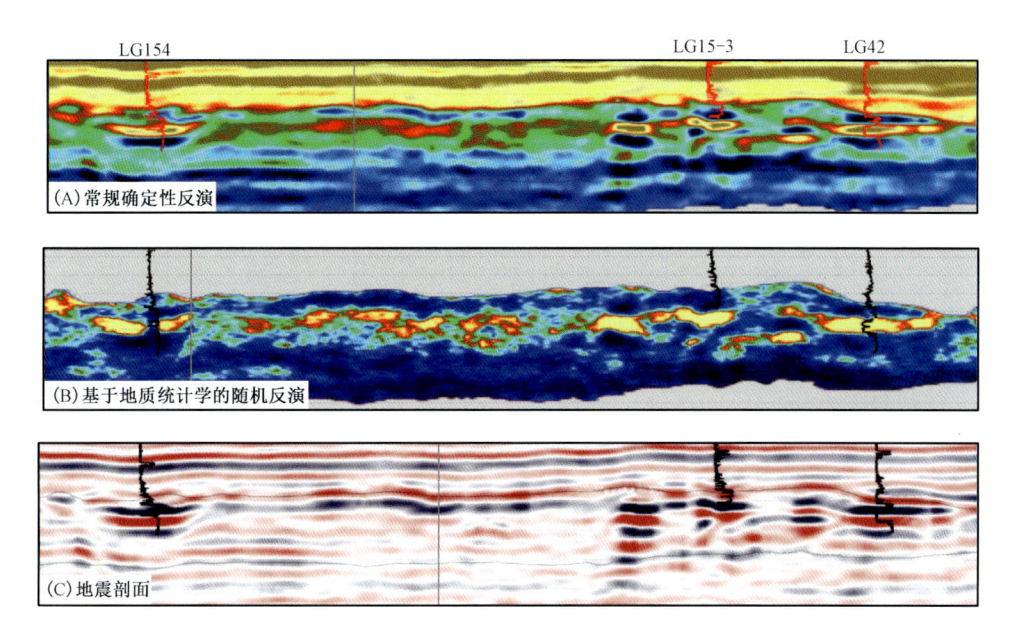

图 3-99　确定性反演、地质统计学反演与常规地震对比

地质统计学反演在哈德逊地区得到了很好的应用。油藏顶面的平均波阻抗平面图表明（图3-100），目的层段波阻抗趋势变化合理，消除了由于地震子波的调谐作用而造成的北部潜山区和南部层间岩溶区地震能量差异巨大的现象。北部潜山区和工区中南部表现为连片高阻背景下分布与断层、古河道相配置的零散、孤立的低阻抗洞穴，中部 H11-1、H11、H11-2、H12-2、H10、H701 井区发育条带状、较为连片的低阻抗特征，对应于古地貌从潜山风化壳向水平面以下过渡的区域，沉积石灰岩被改造为层间岩溶带，形成较为连片、物性较好的孔洞型储层。

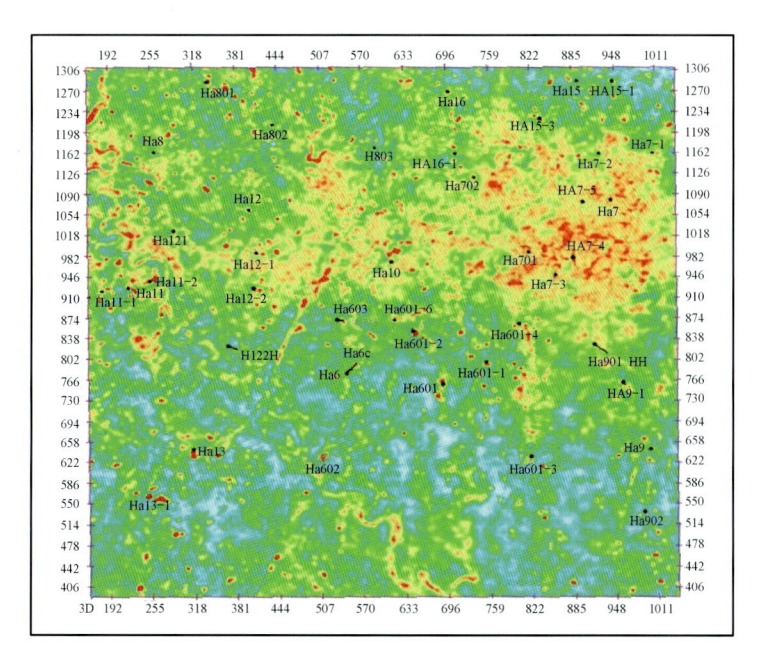

图 3-100　H6 工区一间房组地质统计学反演波阻抗平面图

从过井剖面看(图3-101),工区北部储层较发育。北部潜山区顶部发育一套高阻抗地层,有利储层主要发育在鹰一段,表现为连续低阻抗的层间岩溶带特征,层间岩溶带在南部主要在一间房组顶部发育,但在局部又有变化,表现为似层状、强非均质性储层的特点。

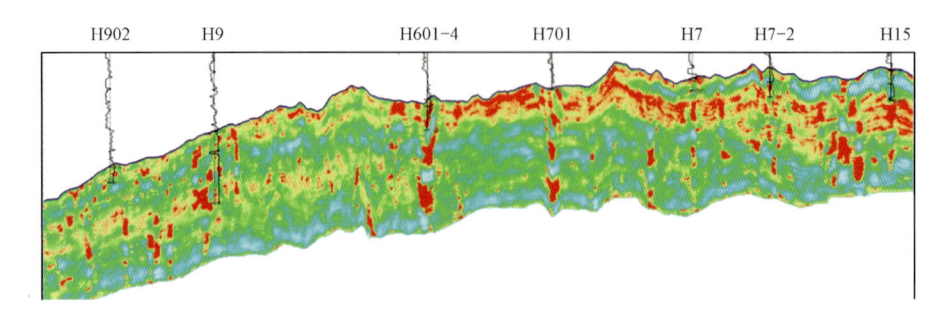

图3-101 H6工区地质统计学反演连井波阻抗剖面

2)叠前反演

近20年来,叠后反演取得了较大进展,已形成了多种成熟技术,但由于叠加过程中损失了振幅随炮检距变化的信息,叠后反演解决地质问题的能力和精度都受到了很大限制,对于复杂条件下特殊储层和流体预测等问题还不能较好地解决。

为了更好地获取更多的地层弹性参数信息,必须考虑从叠前信息入手,进行叠前反演技术的研究。从20世纪80年代开始,人们不断地探索并发展叠前地震勘探资料反演理论和方法。理论的不断突破促进了反演方法的不断进步。叠前反演可以得到叠后反演无法得到的参数,尤其适用于物性和流体变化较敏感的储层。因此,叠前反演以它特有的优势逐渐应用于生产中,并取得了良好的效果。

地球物理技术经过近30年的发展,叠前反演技术也得到不断地丰富和发展。由于叠前反演的理论基础Zoeppritz方程形式比较复杂,不方便利用,不同的学者对其做近似处理,在此研究过程中,根据假设条件和研究目标的差异逐渐发展形成了叠前弹性阻抗反演、叠前同时反演、纵横波联合反演和地震波形反演等主要反演技术。其中叠前弹性阻抗反演和叠前同时反演在生产中都得到了广泛应用。

(1)弹性阻抗反演。

弹性反演应用不同的弹性波阻抗曲线和不同角道集数据进行反演,产生弹性阻抗数据体,进而获得纵波速度、横波速度、泊松比等岩石弹性参数体,同时结合岩石物理模拟的结果,进一步计算出岩性体、含油气储层及其物性特征。

弹性阻抗是声波阻抗的推广应用,它是纵波速度、横波速度、密度及入射角的函数,可以简单地表示为

$$R(\theta) = \frac{E_2 - E_1}{E_2 + E_1}$$

其中,E_1、E_2分别为地震波能量传播时反射界面上、下两层介质的弹性阻抗,是纵波速度V_p、横波速度V_s、密度ρ及入射角θ的函数。$R(\theta)$是以θ角入射时的反射系数。在应用中,把经过叠前精细保幅处理和偏移的共反射点道集,分成多个入射角叠加,形成不同入射角数据,将三个及以上不同入射角剖面分别进行子波提取和叠后(弹性)阻抗反演,得到不同角度下的弹性阻抗$EI(\theta_1)$、$EI(\theta_2)$、$EI(\theta_3)$,并形成方程组,就可以联合求出纵、横波速度及密度。弹性

阻抗反演能有效地解决地震子波随炮检距变化的问题,得到不同入射角的弹性阻抗;这是以另一种方式来表示 AVO 信息的方法。通过联合求解岩石物理参数后,可以进一步开展多信息交会进行岩性和含油气性的综合解释。

(2)叠前同时反演。

叠前同时反演就是利用不同角道集的地震数据、层位数据、测井数据进行反演,直接得到纵、横波阻抗和密度。与上述叠前弹性阻抗反演相比,理论上并没有本质区别,仅是不用先进行不同角度弹性阻抗反演,再解联合方程,而是一步到位同时反演出纵、横波阻抗及密度等数据。该方法可有效降低分角度纵波弹性阻抗反演的多解性,具有全局优化、算法稳定、质量控制手段多、抗噪能力强的优点,能够有效地进行流体识别,目前使用广泛。

以塔中 ZG5-8 井区为例说明叠前同时反演的应用情况。图 3-102 是过 ZG11C 井纵波阻抗、横波阻抗反演剖面。从图中可看出,对于纵波阻抗剖面,红黄色代表的是低阻抗,蓝色代表的是高阻抗,在奥陶系鹰山组内幕有零星分布的低阻抗条带,该低阻抗是缝洞储层的反映;同样对于横波阻抗剖面在奥陶系鹰山组内幕有零星分布的低阻抗条带,高横波阻抗背景下的一系列黄色、红色低横波阻抗,连续性比纵波阻抗好,反映的是岩性的变化。

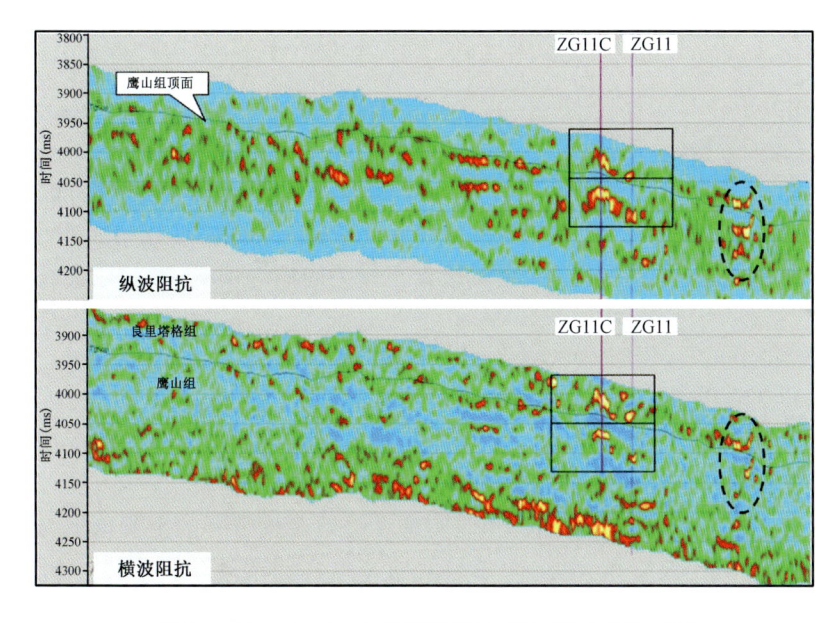

图 3-102 过 ZG11C 井纵波阻抗、横波阻抗反演剖面

ZG11 井为水井,位于低部位;ZG11C 井为油气井,位于高部位,是 ZG11 井的侧钻井。在良里塔格组(上部实线矩形框内),两井的纵波阻抗和横波阻抗差异不大;而在鹰山组(下部实线矩形框内),可见 ZG11 井的纵波阻抗和横波阻抗差异不大而 ZG11C 井有着明显差异。这种差异很可能是由于 ZG11C 井含气引起的。因为流体性质对横波阻抗影响小,对纵波阻抗的影响很大。由此可以推测,图中右侧椭圆虚线内的地层含油气的可能性较大。

3. 基于建模的缝洞储层雕刻技术

储层地质建模是目前最为精细的储层研究手段之一,对于结构复杂、非均质性强的碳酸盐岩,三维地震描述并不能提供理想的预测效果,开展三维地质建模并在此基础上进行量化描述可能是更好的途径。地震采集、处理技术的快速发展为碳酸盐岩缝洞储层成像提供了可能,缝洞储层准确成像是构建真实的、具有地震约束的岩溶储层地质模型的关键。

基于建模的缝洞储层雕刻首先是利用高保真、高保幅的地震数据体,通过裂缝和溶洞的地震雕刻,构建地震尺度下的缝洞体空间几何结构模型;其次是充分利用井数据、井资料,包括测井资料、岩心和生产数据,量化井上的缝洞储层特征;然后利用井上的储层特征、地震波阻抗属性和缝洞体空间几何结构模型,实现缝洞体内部储层类型和孔隙度的空间分布特征的量化描述;最后结合原油饱和度、体积系数等参数计算缝洞体地质储量。

1)缝洞体几何结构模型建立

构建缝洞体的三维结构模型,大致可以分为三步:首先是分别提取与储层、微断裂和裂缝有关的地震属性;其次是采用多属性地震相分析技术,识别储层地震相和裂缝地震相;最后是建立地质模型,并将储层地震相和裂缝地震相的分类结果输入地质模型中,并根据储层和裂缝在地质模型中的连续性,搜索得到缝洞连通体,其地质意义在于岩溶储层体往往与断裂和裂缝通道相伴生。

(1)建立缝洞体三维结构模型。

定量地描述岩溶缝洞系统,建立缝洞系统的几何结构模型。首先将基于地震勘探资料的断层解释成果以及连井对比的断点数据转换成断层柱面网格模型,然后处理断层的交切关系,建立断层模型;最后是建立层面模型,构造层面模型为地层界面的三维分布,叠合的构造层面模型即为地层格架模型。

(2)地震相分析。

① 储层地震相分析。

通过井震标定,明确储层地震反射特征,在此基础上优选敏感地震属性,识别储层反射。采用反映微断裂—裂缝的相干、曲率类地震属性和反映储层的敏感地震属性进行交会分析,约束储层地震相解释,提取与微断裂—裂缝通道分布相关的储层信息,确定地震属性门槛值,识别储层地震相。

② 裂缝地震相分析。

塔里木盆地碳酸盐岩地层发育多种类型的裂缝,而裂缝是碳酸盐岩储层的主要渗滤通道,同时也可作为储集空间储存油气。综合利用地震相干、曲率、相干加强等属性进行交会分析,可以有效地从这些地震属性中提取与微断裂—裂缝相关的共同特征,并对微断裂—裂缝进行识别和裂缝分级。地震几何属性的物理和地质意义是地震相解释的重要依据,微断裂—裂缝通道会表现为大的 AFE 裂缝预测值、大的最大曲率值和弱的地震相干性。相反,对于微断裂—裂缝不发育的基质而言,会表现为小的 AFE 裂缝预测值、小的最大曲率值和强的地震相干性。

2)缝洞体储层类型模型建立

缝洞体储层类型模型的建立主要分为两步:首先是综合利用常规测井、成像测井以及岩心等井筒资料建立井上储层类型;其次是在缝洞体地震相模型约束下,采用序贯指示模拟方法建立三维储层类型模型。

(1)建立井上储层类型。

首先利用常规测井曲线划分测井电相,其中包括了常规测井曲线的主分量分析和基于贝叶斯概率模型的聚类分析;其次结合成像测井、岩心资料以及生产数据将测井电相标定为储层类型。

(2)建立三维储层类型模型。

在构造模型建立的基础上,以井筒储层类型数据为硬数据,结合地震勘探资料,采用序贯指示等随机模拟方法即可建立三维储层类型模型。

3) 缝洞体孔隙度模型建立

碳酸盐岩储层地质建模目标之一是描述各缝洞体的有效体积,实现对研究区缝洞储层有效储集空间的计算,再结合其他储量参数,计算研究区原油、天然气地质储量,孔隙度是定量描述岩溶储层有效体积的必要参数。为了提高孔隙度模型建立的精度,通常是以沉积相、岩相、地震相作为属性模拟的约束条件,因为不同的沉积相、亚相、甚至是微相,其孔隙度的变化规律都是不一样的。

借鉴碎屑岩孔隙度模型建立的经验,结合缝洞储层非均质性强的特点,以储层类型地质模型作为约束条件,建立缝洞储层孔隙度地质模型,会有效地减少孔隙度模型的不确定性。此外,地震反演的波阻抗属性可以作为孔隙度模型建立的空间约束,为此,需要分析每一种储层类型的孔隙度与地震波阻抗的相关关系。

4) 缝洞体储层空间雕刻、连通性分析及有效容积计算

经过多年的生产实践经验总结,只有那些互相连通的孔隙才有实际意义,它们不仅能储存油气,而且可以允许油气在其中渗滤,孔隙度太小的储层可能不具有开采价值,那么就存在一个有效孔隙度的下限门槛值(对于不同地区、不同类型的储层,有效孔隙度的下限值可能存在差异)。利用测试资料、生产测井资料确定储层有效孔隙度的下限值,将其从孔隙度模型计算的总孔隙度中扣除,就得到缝洞连通体的有效孔隙度模型。

通过地质建模的方法建立缝洞连通体内的储层类型和孔隙度模型后,对缝洞体进行连通性分析,然后通过"分级雕刻、分算求和"的方法计算总的有效体积,即将不同孔隙度范围内的储层分别进行雕刻并求和,计算出缝洞体的总容积。其计算公式如下:

$$缝洞体容积 = \sum 深度域体积 \times 校正系数 \times 孔隙度$$

通过对 H6 地区奥陶系碳酸盐岩缝洞储层孔隙度属性体的分级精细雕刻(图 3 – 103),孔隙度大于 10% 的储层主要为洞穴型储层,共计 276 个洞穴体,溶洞体积为 $2.38 \times 10^8 m^3$,有效体积为 $0.714 \times 10^8 m^3$;孔隙度范围在 4% ~10% 的储层为孔洞型和缝洞型储层,储层体积为 $8.6 \times 10^8 m^3$,有效储集空间为 $0.602 \times 10^8 m^3$;孔隙度范围在 2% ~4% 的储层为裂缝型、孔洞型储层,储层体积为 $10.2 \times 10^8 m^3$,有效储集空间为 $0.306 \times 10^8 m^3$。H6 地区奥陶系碳酸盐岩储层总的有效容积为 $1.622 \times 10^8 m^3$。

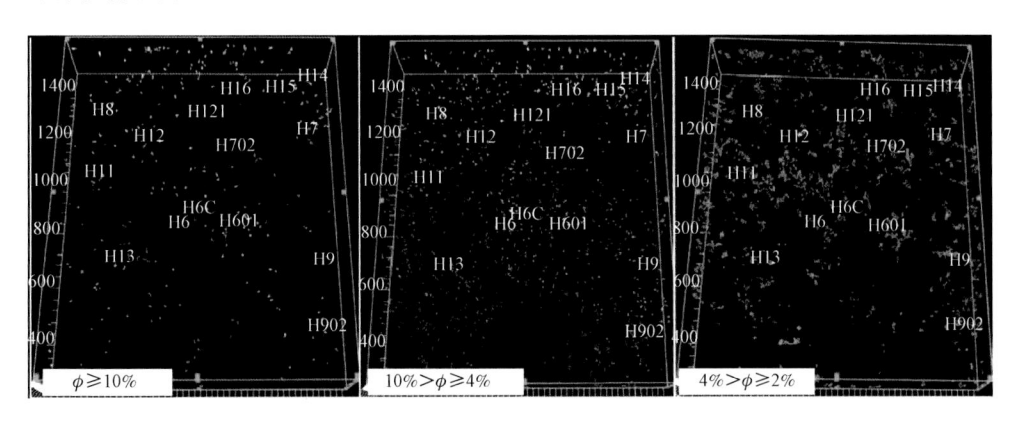

图 3 – 103　H6 地区奥陶系碳酸盐岩缝洞型储层孔隙度属性体分级雕刻图

三、缝洞型储层油气检测技术

油气检测能够有效降低钻探风险,是碳酸盐岩高效井位优选重要的研究内容之一。由于碳酸盐岩储层埋深大且具有极强的非均质性,判别储层的含油气性,特别是预测油气富集程度是碳酸盐岩勘探的最大难点。通过长期研究和持续攻关,发展了一系列针对塔里木碳酸盐岩缝洞型储层油气检测的技术方法系列,并在提高钻井成功率方面中发挥了重要作用。

(一)叠后油气检测

叠后油气检测理论基础是利用含油气层对高频信号的强烈吸收或衰减作用,通过分析穿过不同储层时高频信号的衰减程度,来间接预测储层的含油气性。通常,含气层对地震高频信号的吸收衰减作用强,水层的吸收衰减作用弱,油层对高频信号的吸收衰减作用介于含气层和水层之间。利用地震信号的吸收衰减作用进行含油气性检测的较常用方法有主频迁移判别法、能量比值判别法、低频伴影法和频谱衰减法等。这里重点介绍前两种方法。

1. 主频迁移判别法

该方法是基于当地震波穿越含油气层时,会产生高频损失现象,通过标准化表现为高频降低、低频增强的现象,从表面上看,出现地震时频体由高频向低频迁移,故称为主频迁移判别法。其原理是通过直接研究地层反射能量在频率域的变化特征,分析气层之上的频谱与气层之下的频谱相对关系,若主频发生迁移,带宽变窄,则表明目的层含油气(图3-104)。

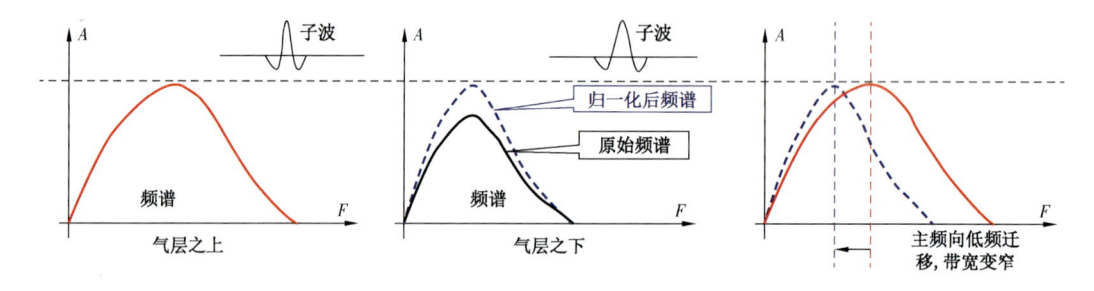

图3-104 主频迁移判别法原理简介示意图

塔里木盆地 ZG21 井为高产油气流井,目的层段吸收衰减效果明显,其在频率域有明显的频率衰减;ZG1 井为水井,储层较好,频率域没有吸收衰减(图3-105)。根据初步计算,油气井主频相对迁移斜率在 15°~45°,而水井、干井主频迁移斜率小于 15°。

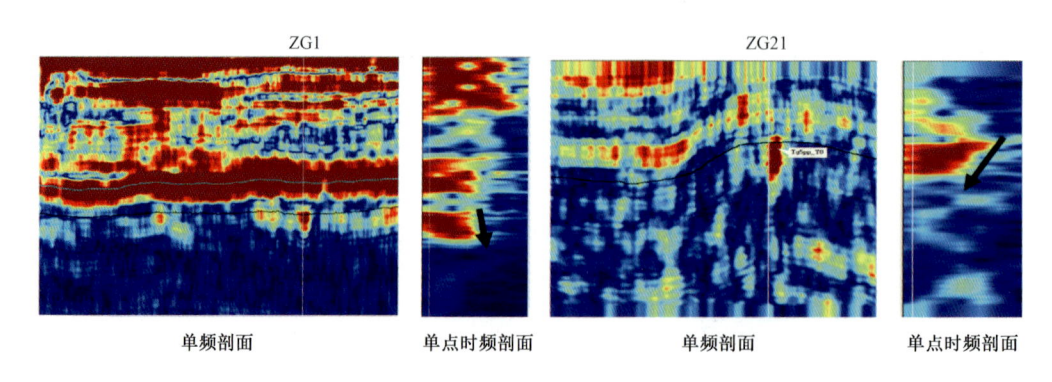

图3-105 利用时频分析技术进行含油气性检测

此外,也可以利用储层上部及下部的频谱特征差异来进行油气检测,其理论依据同样是含油气层对高、低频信号能量的差异性吸收,只不过表现这种吸收差异的方法与参数不同而已。

2. 能量比值判别法

根据双相介质的定义,油气储层是典型的双相介质。即由固相的具有孔隙的岩石骨架和孔隙中所充填的流相的油气水组成。不同性质的流体,第二纵波的特征会有差异。研究发现,当流体为油气时,地震记录上具有更为明显的"低频共振、高频衰减"动力学特征。"高频衰减"现象已为人们所熟悉,但"低频共振"却是一个有意义的新发现。该方法软件的开发正是基于这一发现进行油气检测的,判断高、低频能量曲线,若存在"低频共振、高频衰减"现象,则可以基本确定目的层段内含油气。

该方法软件为东方公司自行研制的 KLINVERSION 系统,其油气检测子模块是核心子系统,可以进行油气检测、各向异性检测和地震属性分析等分析研究工作。图3-106是对分别含油、气、油气、水、干井的"串珠"型储层进行油气检测的正演分析图,结果表明无论孔隙度大小,该方法检测含气效果最好,油气次之,油和水检测较差。

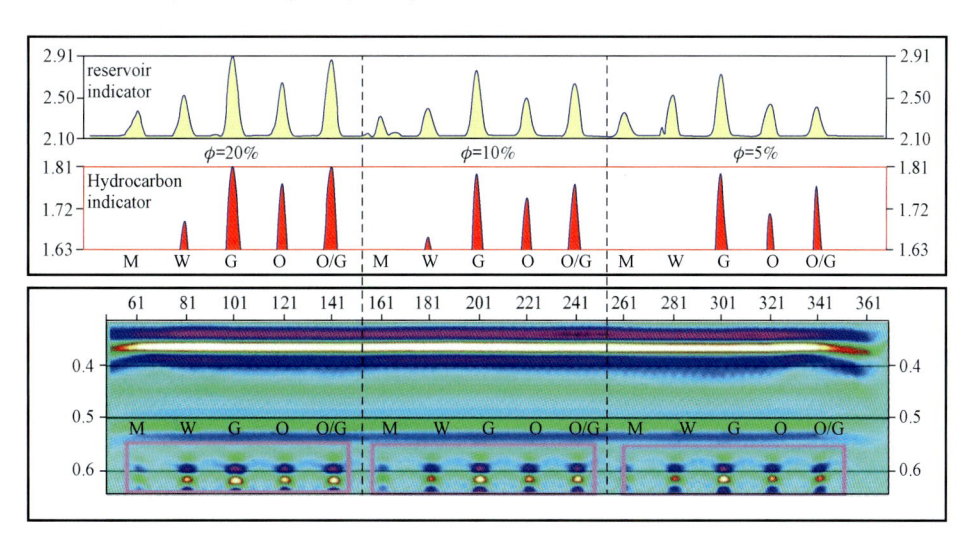

图3-106 KLINVERSION软件油气性检测正演图

研究人员通过 KLINVERSION 软件应用,优选出塔里木盆地塔中油气井的指示指数,同时根据塔中完钻井的认识,增加了构造指数,得到油气井特征为三高:构造高部位、振幅能量高、油气指示指数高。图3-107是塔里木盆地ZG11井油气检测结果,中古11井原井点钻遇缝洞体低部位,日产水184m³,侧钻后获得成功,获日产42t油,9×10⁴m³气的高产油气流。从图上可以看出,ZG11井的三个油气井指数特征:侧钻点构造指数高于原钻点,说明侧钻点位置高于原钻点;储层响应指数原钻点与侧钻点均比较高,说明两个钻点储层均发育;油气指示指数原钻点远远低于侧钻点,说明侧钻点具有油气,而原钻点没有。该井的钻探很好地验证了KLINVERSION 软件烃类检测的效果。

(二)叠前油气检测技术

随着地震采集处理技术的进步,尤其叠前偏移技术的发展和推广应用,研究人员可以得到来自地下真实反射点的叠前道集(CRP道集),为叠前烃类检测技术的发展奠定了资料基础。

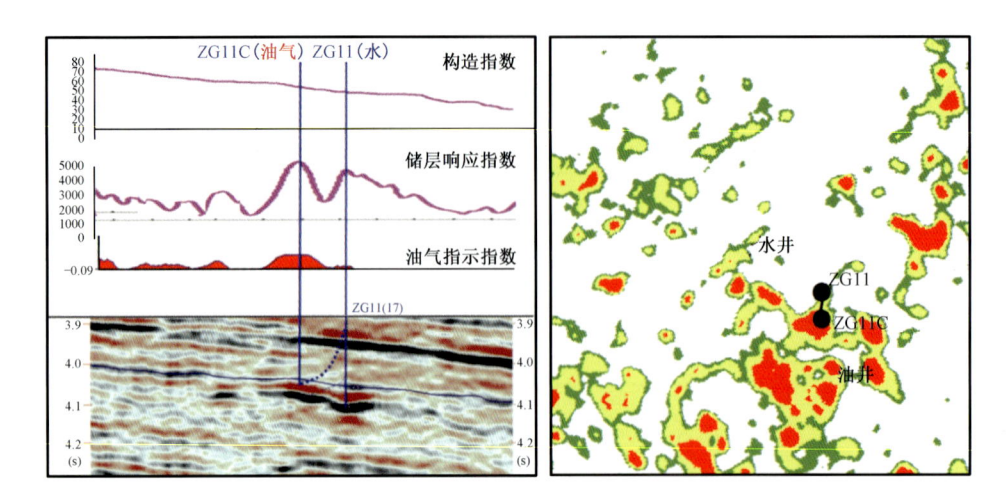

图 3-107 ZG11 油气检测剖面与平面图

目前基于叠前道集的直接烃类检测方法主要有两种：一种是在岩石物理建模的基础上进行叠前道集 AVO 响应特征分析；一种是利用多个限角叠加数据体进行叠前弹性参数反演，利用纵横波波阻抗、纵横波速度比、泊松比、拉梅系数等敏感属性反映含油气性。具体又可演变为多种形式，这里重点介绍基于五维地震道集数据的 AVO 油气预测研究。

在塔里木盆地塔北跃满区块，利用 OVT 域处理五维道集地震数据，探索了基于五维数据的分方位 AVO 油气预测方法。早期利用常规 CRP 道集进行 AVO 分析，计算流体因子，预测效果较差，吻合率低，其主要原因就是由于哈拉哈塘奥陶系碳酸盐岩发育地区裂缝非常发育，而裂缝的发育会产生强烈的地震各向异性特征，地震波垂直裂缝传播时，地层 AVO 响应很明显，也就是说以前做的 AVO 分析大多受到了地层裂缝的影响。因此在本次研究中，利用五维地震数据，对目标进行分方位 AVO 分析。

分方位 AVO 分析主要思路就是首先利用叠前各向异性方法预测缝洞型储层裂缝的发育方向，然后优选平行于裂缝方向的地震道集数据进行 AVO 分析，计算流体因子，预测油气。分方位 AVO 油气预测技术在哈 7 井区得到应用并取得了较好的效果。图 3-108 是 H601-2 井、H7-6 井分方位 AVO 分析图，从图中可以看出，利用全方位道集预测 H601-2 井、H7-6 井缝洞储层油气，均表现出较强的 AVO 油气特征，流体因子平面图上均表现为有油气。但利用平行于裂缝方向上的道集进行 AVO 分析，H601-2 高效井仍表现为强的 AVO 响应，流体因子预测也很好，而作为干井的 H7-6 井，平行于裂缝方向上的道集 AVO 响应不明显，流体因子预测也没有油气。预测结果与钻井吻合。

碳酸盐岩储层流体检测技术的发展对碳酸盐岩油气勘探开发起到非常重要的推进作用，钻探成功率可以达到 70% 以上。但烃类检测技术总体上来说只是一种手段，研究中利用其甄别油气的同时应该结合考虑现代地貌高与油气的富集关系、断裂对油气的运移控制、储层发育规律对油气分布的控制等多种因素进行综合性的判别和确定，从而提高油气钻探的成功率，获得碳酸盐岩油气勘探的突破。

四、缝洞型储层综合评价与井位优选技术

储层综合评价与井位优选就是将叠前多种地震属性、岩溶地貌单元和断裂体系等信息相结合进行多属性聚类、多参数融合和三维可视化体解释，对储层有利区带进行综合分析与划分，在此基础上优选有利井位目标。

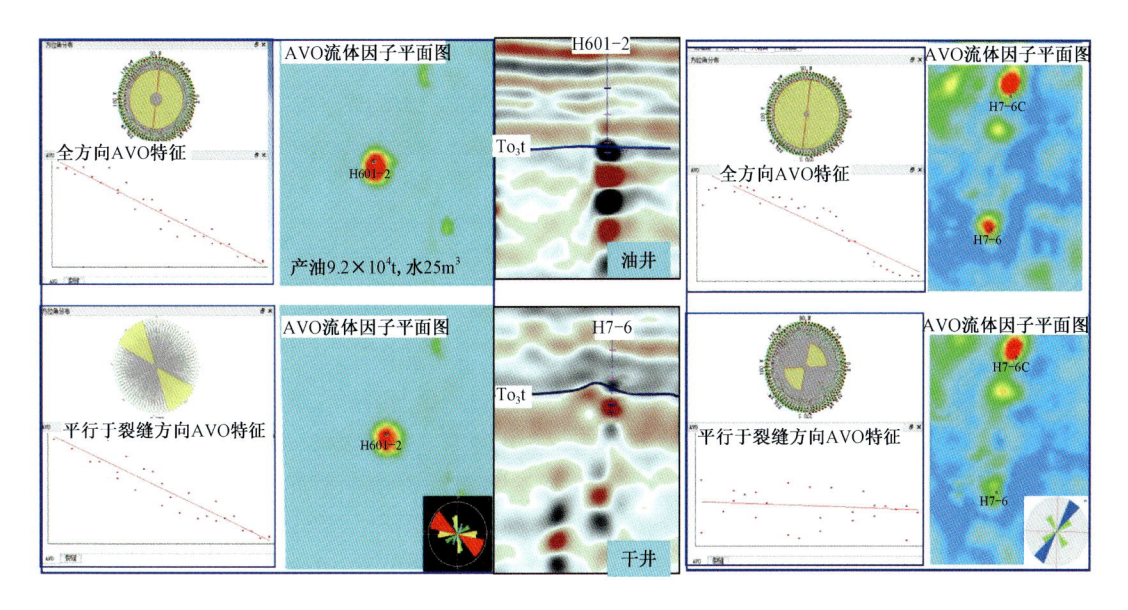

图3-108　H601-2井、H7-6井分方位AVO分析

(一)缝洞型储层综合评价标准

根据缝洞型储层储集空间的类型以及组合关系,将塔里木台盆区奥陶系碳酸盐岩缝洞型储层划分为四种类型:裂缝型、孔洞型、裂缝—孔洞型及洞穴型。

裂缝型储层以裂缝作为其主要储集空间和连通渠道,通常岩石基质物性差,原生孔隙和次生孔洞不发育。裂缝型储层测井响应特征表现为自然伽马值较低;双侧向电阻率值降低,且具有明显差异;井径微扩,三孔隙度曲线值变化较小,在骨架值附近波动;电成像测井图像上表现为低阻暗色的"正弦"曲线。

孔洞型储层的储集空间主要为原生孔隙及溶蚀改造形成的溶蚀孔洞,裂缝欠发育。测井响应特征自然伽马值为低—中等;双侧向电阻率值降低,差异不明显;三孔隙度曲线值明显小于骨架值,反映储层有效孔隙性较好;电成像测井图像上表现为"豹斑"状不规则低阻暗色星点分布。

裂缝—孔洞型储层溶蚀孔洞和裂缝都较发育,多伴随有裂缝溶蚀扩大,相比孔洞型储层,这类储层渗流条件更好,是一种较为有利的储层。这类储层综合了裂缝与孔洞型储层的储层特征,在测井资料上也综合了两种储层的响应特征,因此,在常规和成像测井资料上比起上述两类储层更容易识别。

洞穴型储层储集空间较大,在钻井过程中常发生放空或井漏现象,一般不经过酸化压裂就可以获得很高产量。这类储层的基本测井响应特征是自然伽马值一般较纯石灰岩高,电阻率值低,深浅双侧向具有明显差异;三孔隙度曲线变化大,同时伴随扩径;电成像测井图像上表现为低阻暗色块状分布;偶极子声波成像测井变密度图在洞顶底界面上呈"人"字形条纹,洞穴部分波形杂乱,能量衰减严重。当洞穴中有泥质充填时,总伽马和无铀伽马都增高;当洞穴无泥质充填时,总伽马增高,但无铀伽马基本不变。

(二)多参数融合的储层综合评价技术

单独的地震属性信息在一定程度上反映了该属性所预测的储层发育情况,但由于单个地震属性的局限性,所反映的缝洞型储层信息不一定全面,因此优选互不相关的叠后地震属性中的缝洞敏感属性(如地震振幅或振幅变化率、相位、频率等)与叠前缝洞敏感属性(流体因子异常、截距与梯度乘积)等储层预测参数,利用多属性聚类分析等进行科学的综合运算,确定合理的评价指数,进而开展半定量—定量化的储层综合评价,就能够得到多种信息反映较为一致的缝洞型储层发育区带。

主要应用的技术手段有：
(1)使用叠前深度偏移资料预测缝洞储层,准确落实缝洞储层空间位置；
(2)正演、反演结合,进行储层储集空间的定量计算,明确缝洞体有效储集空间；
(3)进行岩石物理建模,分析碳酸盐岩缝洞储层岩石物理特征；
(4)开展叠前 AVO 分析和叠前弹性反演,预测缝洞型储层含油气富集区。

综合以上技术,碳酸盐岩缝洞型储层综合评价的主体思路就是以下四步："定形态、定位置、算孔隙度、算体积及储量"。第一定形态,要优选有效属性(如地质统计学反演体)来刻画缝洞储层的空间形态,然后利用三维可视化技术,通过对缝洞体的识别和雕刻,用"有机分子"结构的形式表现缝洞单元中各缝洞体的空间形态及相互连通关系；第二是定位置,就是要明确缝洞储层在地下真实的空间位置,要将时间域的储层预测属性转换到深度域,直接从深度域明确储层的空间具体位置；第三就是算孔隙度,碳酸盐岩储层非均质性强,不同缝洞体其孔隙度不同,在测井孔隙度资料约束下准确计算不同级别储层的孔隙度,这一步是储层定量刻画的关键；第四步就是根据储层孔隙度体积计算缝洞体的有效储集空间,然后结合含油饱和度、原油密度、压力、温度等参数计算储量(图3-109)。

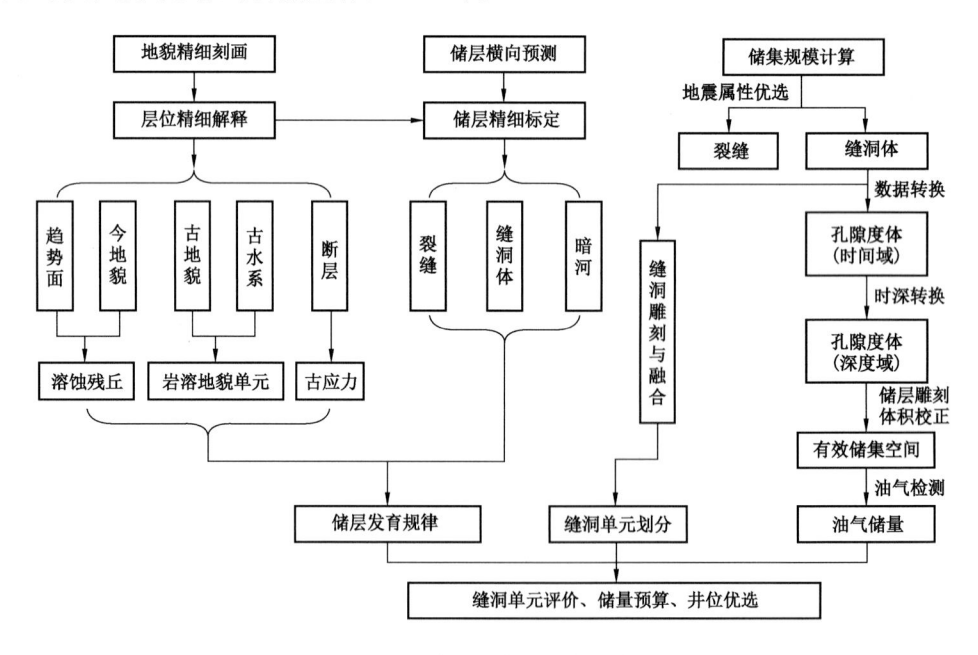

图3-109 缝洞型储层综合评价与井位优选流程图

总之,缝洞型储层综合评价与井位优选技术就是立足研究区地震、钻井、地质等资料,开展精细构造解释,综合应用碳酸盐岩缝洞型储层配套解释技术进行储层预测,明确缝洞型储层有利储层空间展布,结合研究区及邻区已知油气藏解剖、失利井分析,深化石油地质条件、成藏机制、油气富集规律研究,优选有利勘探区带和勘探目标,提出井位部署建议。

第五节 缝洞型储层油气藏勘探成效分析

塔里木盆地物探技术与油气勘探生产有机结合,极大地推动和促进了缝洞型碳酸盐岩油气藏的勘探开发工作。地震采集、处理和解释技术的不断进步,既提高了地震勘探资料的品质,又提高了圈闭落实程度和碳酸盐岩储层预测精度,进而大幅度提高了钻探成功率,加快了油气勘探和油气田产能建设的步伐,碳酸盐岩油气藏已成为塔里木油田上产增储最重要的领域之一。

一、塔北地区碳酸盐岩勘探成效

塔北隆起包括喀拉玉尔滚—玉东地区、英买力地区、哈拉哈塘地区、牙哈地区、轮南周缘地区,勘探面积约41840km², 中国石油矿权25335km²。四次资评预测矿权内石油资源量 15.8×10^8 t, 天然气 3850×10^8 m³, 目前已成为塔里木盆地最大的黑油油田区块。随着哈拉哈塘碳酸盐岩油气的发现,三维地震勘探节奏明显加快,在哈拉哈塘周缘相继实施了其格、金跃、跃满、富源、玉科、果勒、跃满西、鹿场等多块三维地震勘探,使英买力—哈拉哈塘—哈得逊—玉科实现了三维整体连片并持续向南扩展。同时在哈拉哈塘大力开展了叠前深度偏移处理,在轮古进行了井控各向异性叠前时间偏移处理,新采集处理的高品质三维地震勘探资料为塔北哈拉哈塘、轮古勘探开发的快速推进提供了有力的支撑。

(一) 轮南地区

通过地震采集、处理、解释一体化攻关研究,精细刻画了轮南奥陶系碳酸盐岩潜山顶面的喀斯特岩溶地貌特征,提高了对缝洞体储层发育特征、分布以及油气聚集规律的认识。

1. 地质新认识

轮南潜山主力产层为中上奥陶统一间房组和鹰山组,与上覆地层不整合接触,与下伏奥陶系蓬莱坝组整合接触,岩石类型主要为砂屑灰岩、泥晶灰岩和云质灰岩等。储层以碳酸盐岩缝洞型储层为主,非均质性强,储层主要在潜山面以下 $0 \sim 160$ m 范围内发育,局部深度可达250m。

轮南奥陶系遭受长期的风化淋滤溶蚀,发育大量的岩溶缝洞型储层,岩溶储层纵向上具有分带性,自上而下分为表层岩溶带、垂向渗滤带、径流溶蚀带及潜流溶蚀带(图 3 – 110)。

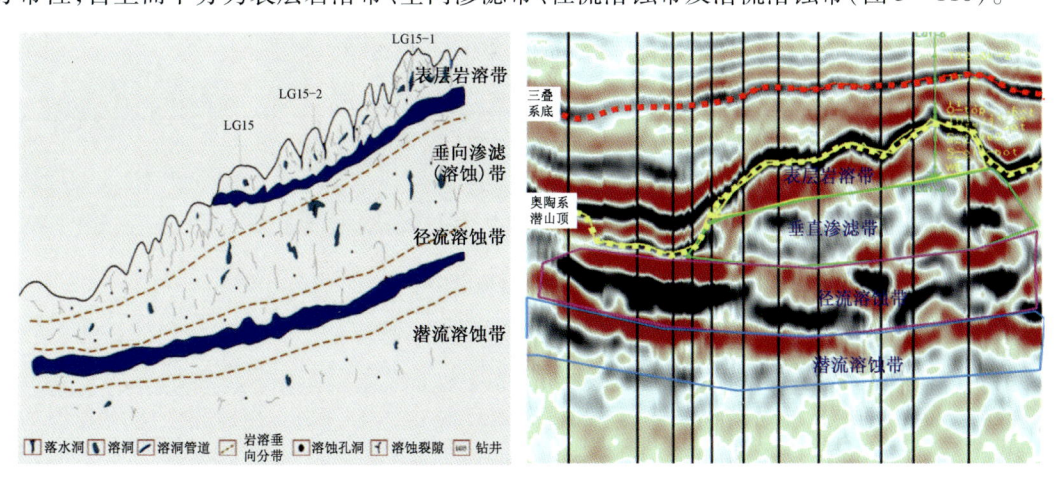

图 3 – 110 轮南奥陶系潜山古岩溶垂向分带示意及地震剖面划分图

(1)表层岩溶带:表层岩溶带位于奥陶系顶部风化壳表面以下0~40m。岩溶空间规模相对较小,溶蚀空间连通性较强,局部发育小型岩溶通道,不同地貌单元的分带厚度具有明显的差异。

(2)垂向渗滤带:该带位于侵蚀面之下的地下水渗流带。岩溶水主要沿着岩层中的垂直裂隙和断裂向下渗流,对碳酸盐岩进行淋滤、溶蚀,形成一些垂直或者近似于垂直的溶蚀缝或者"串珠"状小型溶洞。

(3)径流溶蚀带:该带位于地下水径流带,地下水流速相对较快,地下水沿着断层或裂隙附近水平方向径流,对碳酸盐岩进行溶蚀,形成了一系列近水平的溶缝、溶洞或岩溶管道系统,空间规模相对较大。

(4)潜流溶蚀带:该带位于地下水径流带之下,地下水流速相对较慢,地下水沿断层或裂隙潜流对碳酸盐岩进行溶蚀。溶蚀空间相对较小,岩溶发育极不均匀,以化学沉积充填作用为主,岩溶储层发育较弱。

根据对已钻井古岩溶的剖析,从不同岩溶相带钻遇洞穴型岩溶储层的情况统计,发现洞穴型岩溶储层在垂向上存在以下规律:表层岩溶带、径流溶蚀带发育洞穴型岩溶储层,其次为垂直渗滤带和潜流溶蚀带;径流带洞穴充填程度远远高于表层岩溶带和垂直渗滤带。

2. 缝洞型储层地震特征

轮南奥陶系碳酸盐岩缝洞型储层地震反射特征如下:

(1)奥陶系潜山表层缝洞型储层在地震剖面上表现为潜山顶部地震弱反射。以 LG1 井为例,该井奥陶系顶部钻遇多段裂缝型、孔洞型以及裂缝—孔洞型储层,累计厚度44m,在地震上表现为潜山顶部弱振幅反射特征,在相干剖面上表现为低相干特征,波阻抗剖面上表现为中低阻抗特征(图 3-111)。由此说明,轮南潜山区表层岩溶发育时,可以通过地震属性来预测表层储层的发育程度。

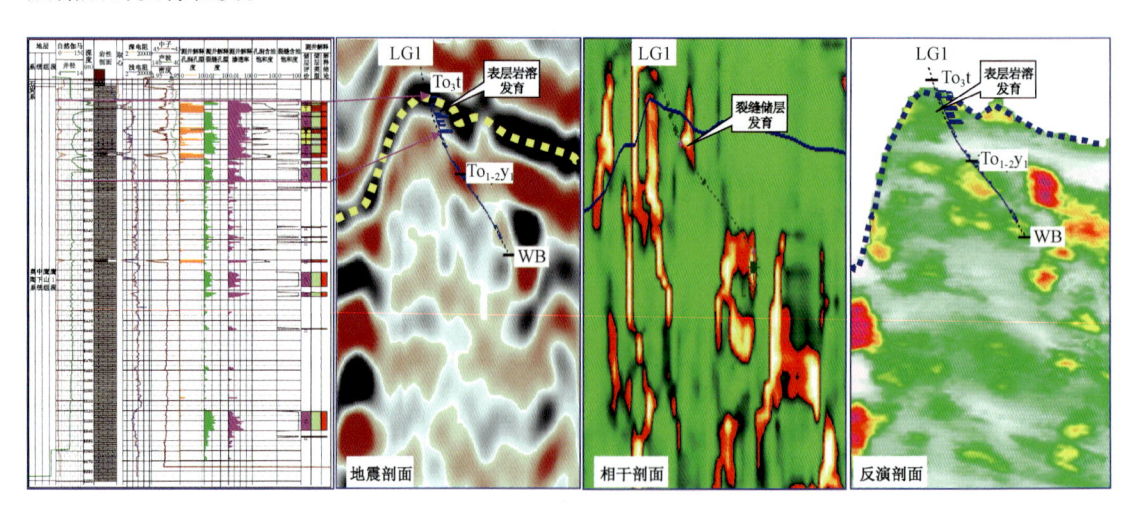

图 3-111 轮古1井奥陶系潜山表层岩溶储层井震标定图

(2)碳酸盐岩内幕缝洞型储层在地震上表现为"串珠"状反射。LG701 井上部钻遇多段裂缝型、孔洞型及缝洞型储层,累计厚度48.4m,在地震上主要表现为次强振幅反射或是杂乱反射(图 3-112),而在底部钻遇大型洞穴型储层,累计放空达 14.68m,在地震上主要表现为强的"串珠"状反射特征。由此说明尺度较小的溶蚀孔洞以及裂缝在地震上表现为次强振幅反射或是杂乱状反射;而规模较大的洞穴型储层在地震上表现为强"串珠"状反射特征。

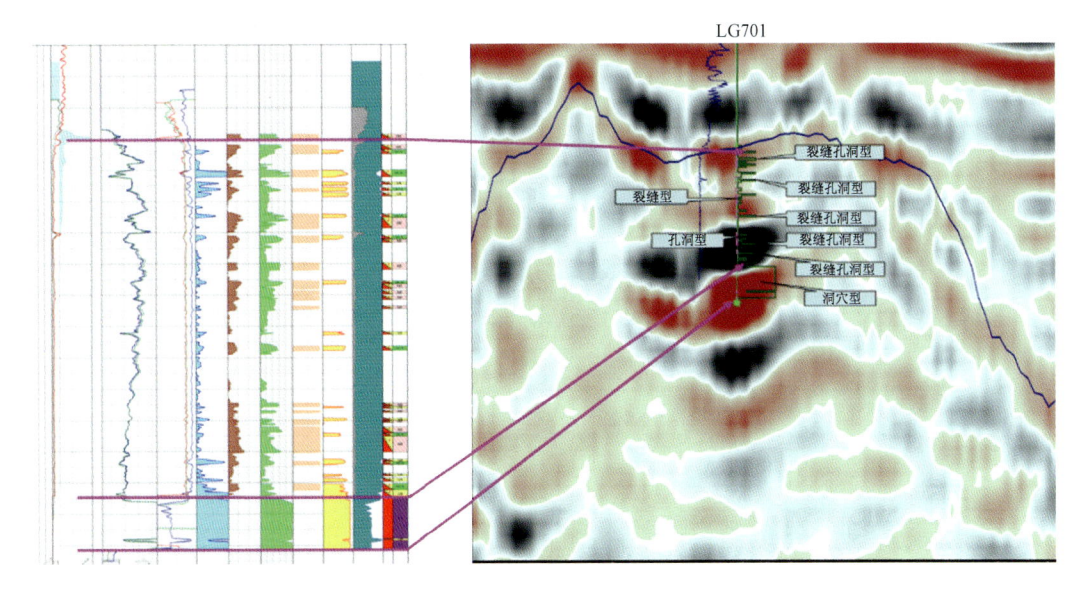

图 3－112　LG701 井储层精细标定图

（3）奥陶系碳酸盐岩内幕暗河型溶洞在地震上表现为连续强反射特征。LG42 井在井深 5810～5830m 处钻遇一大型充填洞穴，洞穴高达 20m，洞内被砂泥质充填。在地震上表现为强反射地震特征，且在地震上横向连续延伸较远，而波阻抗剖面上表现为低阻抗特征（图 3－113）。

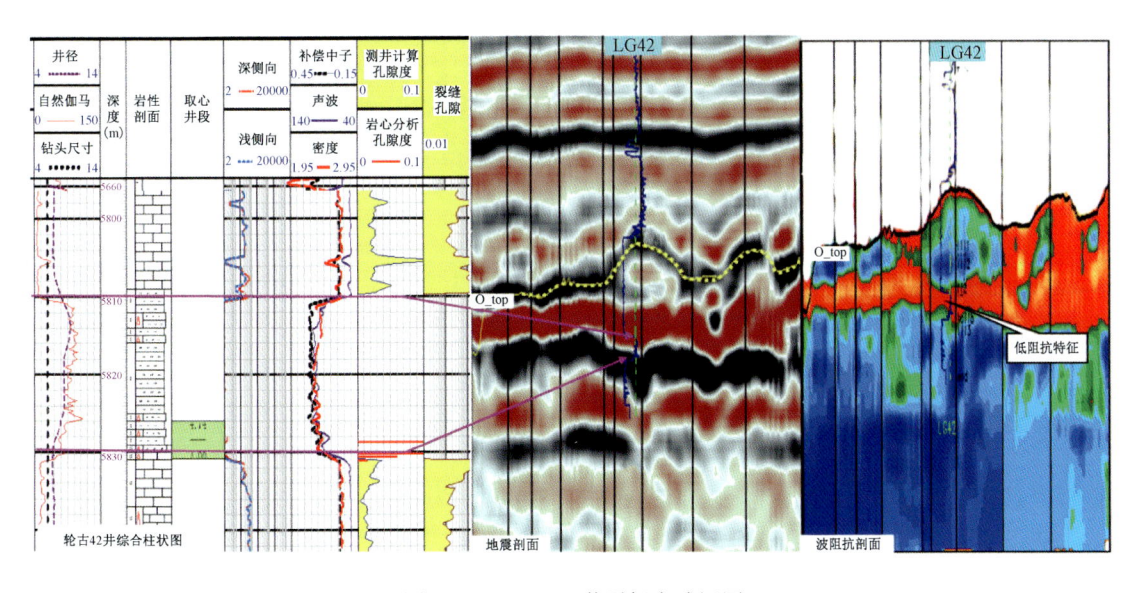

图 3－113　LG42 井震标定暗河图

3. 缝洞型储层与断裂及水系关系

轮南奥陶系潜山碳酸盐岩缝洞型储层的发育主要受断裂、潜山水系的控制。在 LG 中平台区奥陶系缝洞储层与断裂叠合图上，缝洞储层沿断裂呈条带状分布，特别是沿主干大型走滑断裂，储层最为发育。LG 中平台中部、东部，发育的大型暗河几乎都是沿大型走滑断裂分布，说明在岩溶形成期，大气淡水沿断裂流动溶蚀，进而形成暗河（图 3－114）。同时从过暗河发

— 135 —

育的地震剖面上也可以看出,深大断裂控制下"串珠"状储层较为发育,更加说明断裂对储层的控制作用(图3-115)。

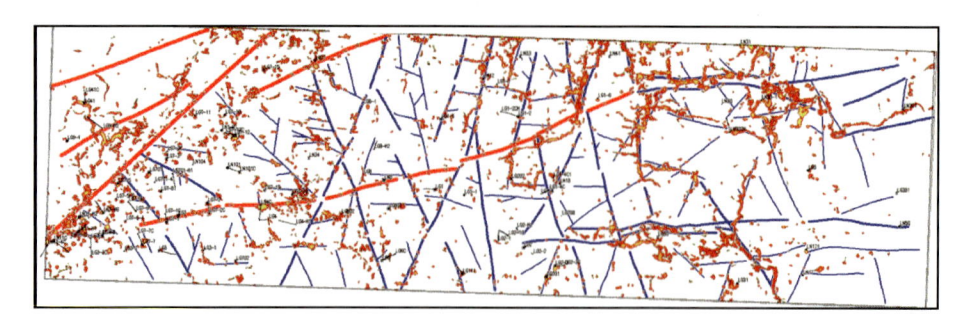

图3-114 LG中平台区奥陶系鹰山组"串珠"与断裂叠合图

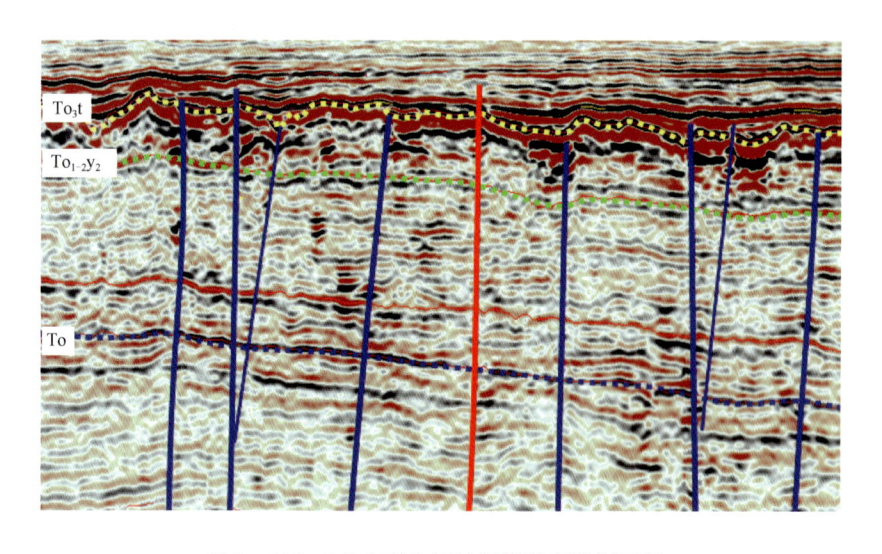

图3-115 LG中平台区过断裂任意线剖面图

4. 轮南岩溶油藏特征

轮南潜山奥陶系鹰山组在加里东中期—海西早期经历暴露溶蚀,形成了一套优质缝洞型储层。碳酸盐岩油气藏中的原油主要来源于中上奥陶统,天然气主要来源于寒武系。奥陶系存在三次油气充注,即加里东晚期—早海西期、海西晚期和喜马拉雅期。轮南地区原油主要受到与构造相伴生的生物降解破坏、水洗和沿断层的扩散作用的影响,无论是正常油、凝析油,还是稠油,轻烃都有不同程度的散失。总之,油气赋存于缝洞体中,油水界面受沟谷趋势面控制,一个缝洞体就是一个独立的油藏,若干个独立的油藏沿不整合面大面积分布,构成准层状的"大油藏"(图3-116)。

轮南碳酸盐岩古潜山准层状油气藏具有以下特征:(1)储层厚度、类型和层系多变,为准层状储集体。即轮南潜山岩溶型储集体风化壳厚度在80~250m范围内变化;储集类型包括裂缝型、洞穴型、裂缝—孔洞型等;储集体从东到西由一间房组—鹰山组—蓬莱坝组逐渐变老。(2)流体分布的准层状特征。即烃类聚集严格受控于储集体的发育程度,也表现为准层状特征。(3)底板相对性概念。由于在油气藏底部的局部地区发育一些原始状态处于封闭状态的断裂或者大的裂缝,在油气藏压力发生变化(开采或酸压)时往往会开启,因而丧失底板的封

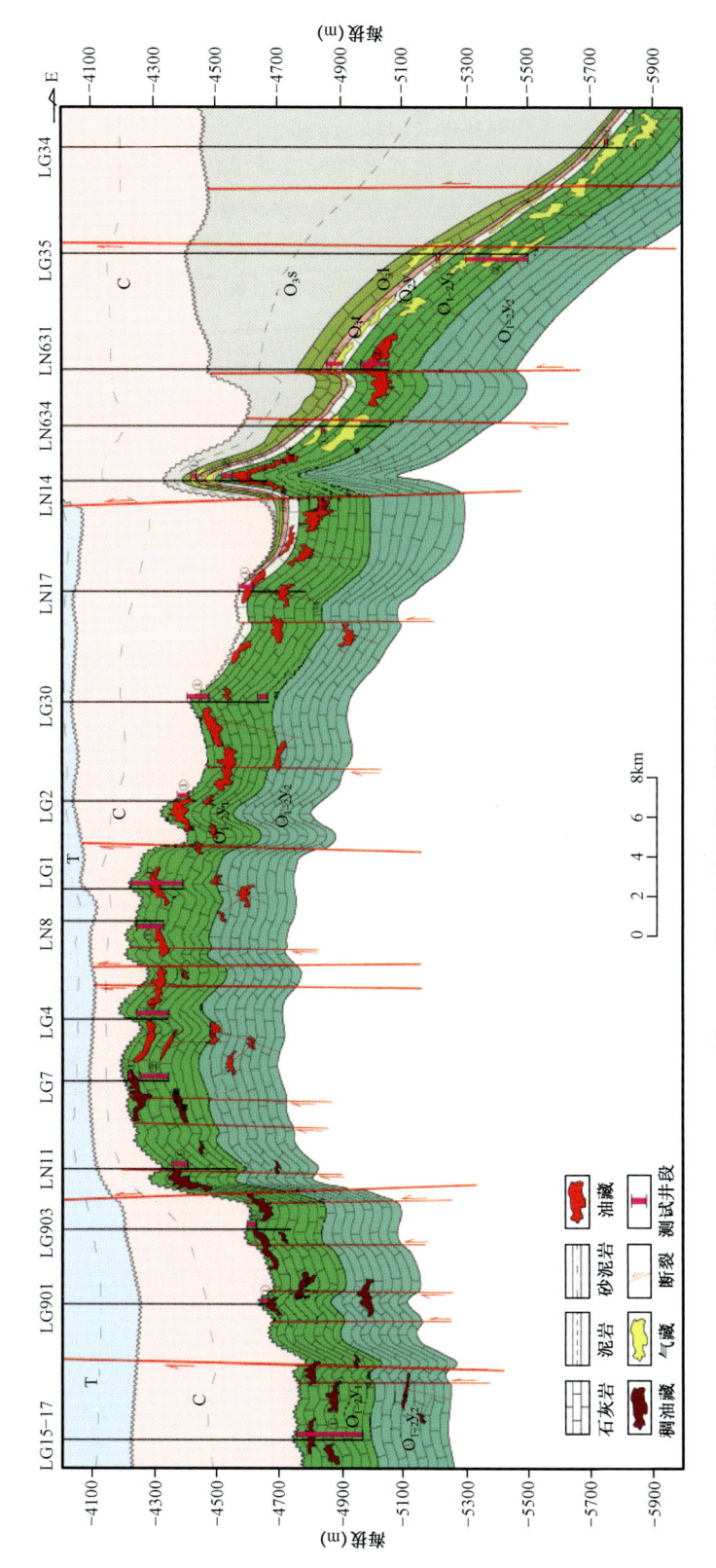

图3-116 轮南古隆起奥陶系准层状油气藏模式图

隔性能,即油气藏之下的致密碳酸盐岩为准底板。底板的相对性决定了水顶的高低起伏,是准层状油气藏与常规油气藏的明显区别。(4)盖层的复杂性。古隆起潜山部位由东南向西北依次为石炭系中泥岩段、标准石灰岩段和上泥岩段乃至三叠系所覆盖。其中,斜坡部位以石炭系致密泥岩为盖层,具有很好的封盖性能;而潜山最高部位因为三叠系—侏罗系砂体直接覆盖在潜山碳酸盐岩之上,形成泄漏区,导致油气动态聚集形成准层状油气藏。

由于轮南地区潜山圈闭成藏的主控因素是储层,因此对碳酸盐岩缝洞型储层的分析就成为研究工作的重中之重。轮南潜山奥陶系碳酸盐岩储层主要受潜山淡水溶蚀而形成,受断裂、构造、明河水系等多种因素控制,整体上岩溶缝洞储层在平面上成团块状、条带状分布(图3-117),储层的不均匀分布造成该地区油气藏的复杂性。在构造高部位,如果储层发育,那么就能富集油气;潜山残丘高部位如果储层欠发育,那么油气就不富集,并且大的潜山沟谷控制了潜山残丘构造高度,也控制了油藏的油水界面。高大残丘构造油柱高度大,获得高产高效的可能性最大(图3-118)。勘探表明,在轮南奥陶系碳酸盐岩潜山区,累计产油大于2×10^4t的井绝大部分发育在潜山局部构造圈闭内,占总数的98%;在潜山局部构造圈闭内效果差的井主要原因是因为储层差,这种井占到了63%;而圈闭外效果差的井主要原因是出水,这样的井占到64%。从LG7井到中平台的油藏剖面可以看出,在残丘能够独立成藏的地方油气富集,像在沟谷附近的LG6井、LG4井全是水,在潜山残丘高部位储层发育区均有油气(图3-119)。此外,油气的成藏过程表现为差异聚集的特点,残丘构造高点是油气富集的有利区。

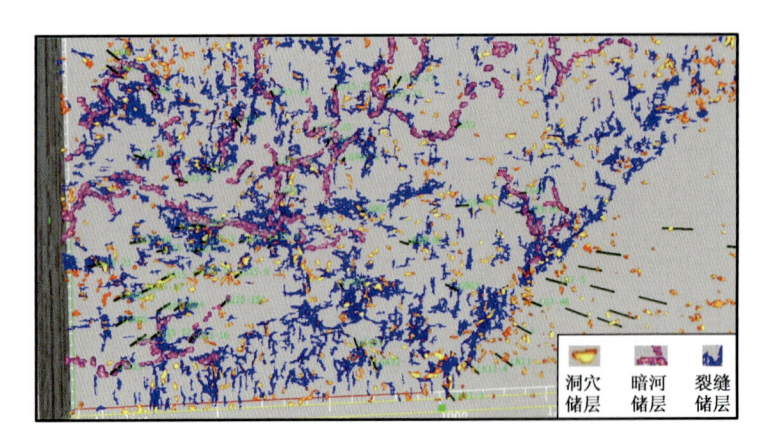

图3-117 LG地区奥陶系潜山缝洞储层雕刻图

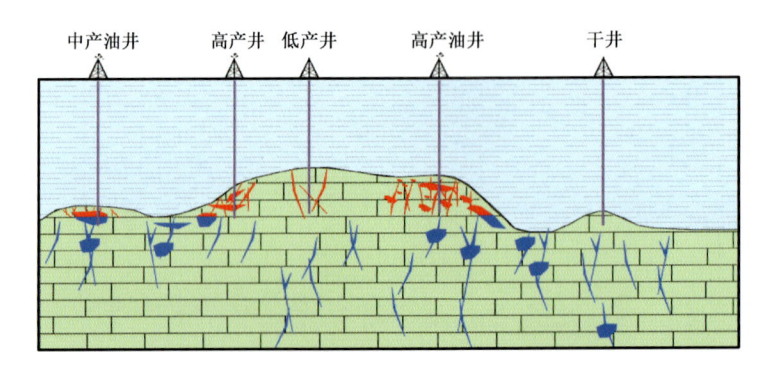

图3-118 轮南奥陶系碳酸盐岩潜山油藏模式示意图

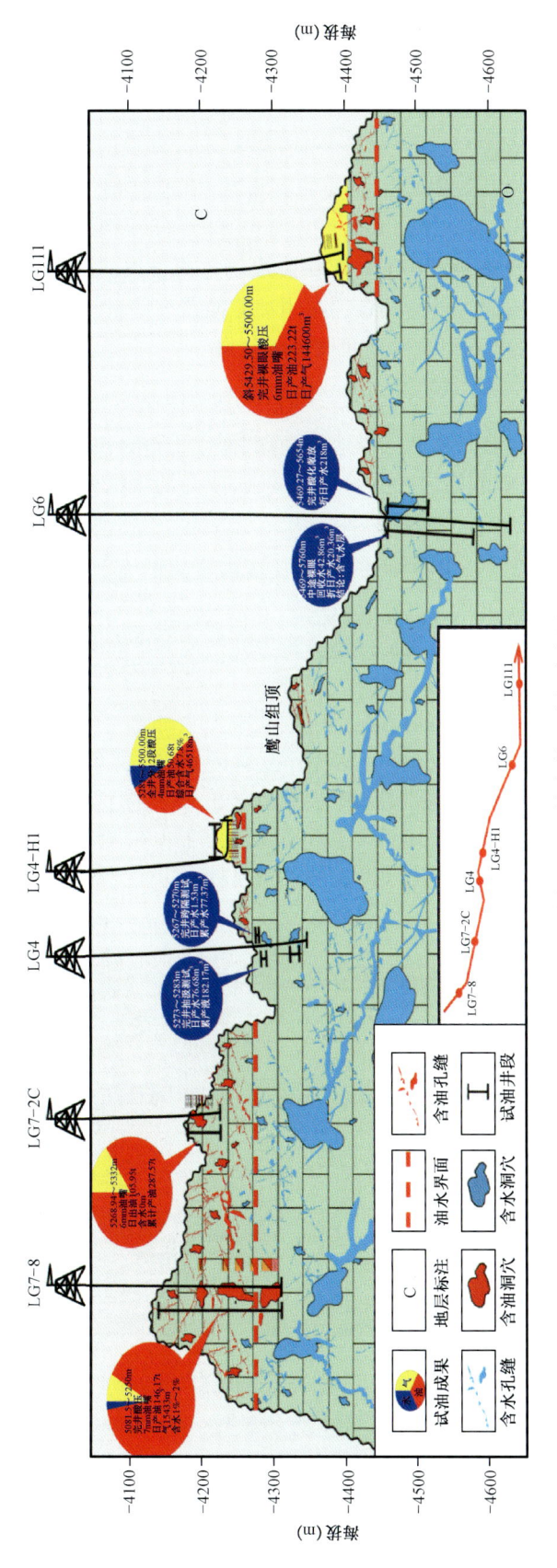

图3-119 轮南潜山油气分布图

通过大面积高精度三维地震勘探,钻探成功率由原来的35%提高到76%,投产井高效井率为43.6%,支撑了轮南奥陶系碳酸盐岩潜山从发现到探明、从低产到高产、从投产到稳产的进程。

油气储量获得了以下突破:

(1)LG地区在奥陶系风化壳勘探不断取得新进展的同时,LG东奥陶系内幕天然气勘探也取得了突破,配合油田公司提交了探明储量。

(2)LG中部平台区以奥陶系潜山油气聚集成藏研究为重点,深化了对缝洞体成藏地质条件的认识。在此基础上,进行井位设计、有利圈闭油藏描述与储量计算,提供评价井三口,经钻探均获得高产工业油流,探明了LG2井区奥陶系油气藏。

(二)哈拉哈塘地区

通过在哈拉哈塘地区实施高精度三维地震勘探,深化了对哈拉哈塘地区的地质认识,为高效井部署提供了坚实支撑,碳酸盐岩勘探获重大突破,成为油气增储上产的接替区。

1. 地质新认识

(1)哈拉哈塘整体表现为一南倾斜坡,是油气运移富集的有利地区。其油气主要来自下部中下寒武统及南部的满加尔凹陷。经成藏期次分析,主要油气充注时期为海西期及喜马拉雅期。其中,英买力鼻隆、果勒鼻隆和哈得逊鼻隆为油气运移的有利指向区,高效井富集,勘探成效最好。

(2)断裂对储层起到至关重要的控制作用。① 平面上储层主要沿着北东、北西向大型走滑断裂分布;单条走滑断裂不同部位储层发育程度有区别;在主干断裂交会的地方储层发育好,同时由于断裂的相互切割,裂缝发育,所以连通性好,纵横向油气充注强。② 断层的发育导致纵向上储层多层系整体发育,"串珠"穿不同地层分布。在YM地区地震剖面上,"串珠"沿断裂穿一间房组、鹰山组发育,是油气勘探的首选目标(图3-120)。

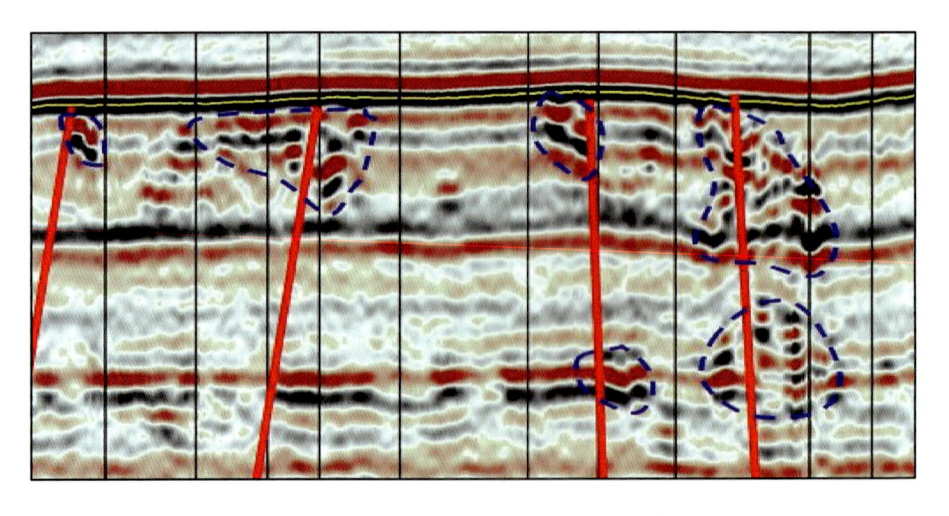

图3-120 YM三维区地震叠前深度偏移剖面

(3)哈拉哈塘地区"X"形深大断裂持续活动控制了哈拉哈塘油气运聚(图3-121)。① "X"形断裂形成于加里东期,继承性多期活动,定型于喜马拉雅期,是该区深层油气南北向运移和横向疏导的主要通道。② "X"形深大断裂纵向上控制储层整体发育,更控制了油气的高部位运聚。高效井主要聚集在"X"形断裂周缘。比如新垦以北地区北东走滑断裂周缘油气富集,金跃及其格地区北西向走滑断层周缘油气富集。距离大断裂超过2km的独立缝洞体,由于周缘致密灰岩的壁垒效应,产油能力差。③结合断裂研究及油气控制规律提出"大型缝洞体"概念,落实了哈拉哈塘富油气区带分布。以断裂为枢纽的缝洞体具有连通性,表现为大型缝洞集合体特征。其油气分布呈统一的"油气藏"特征,缝洞体高部位油气更富集。同一缝洞体内部,不论缝洞体是否穿层发育,都具有高部位出油,低部位出水的油水分布特征(图3-122)。

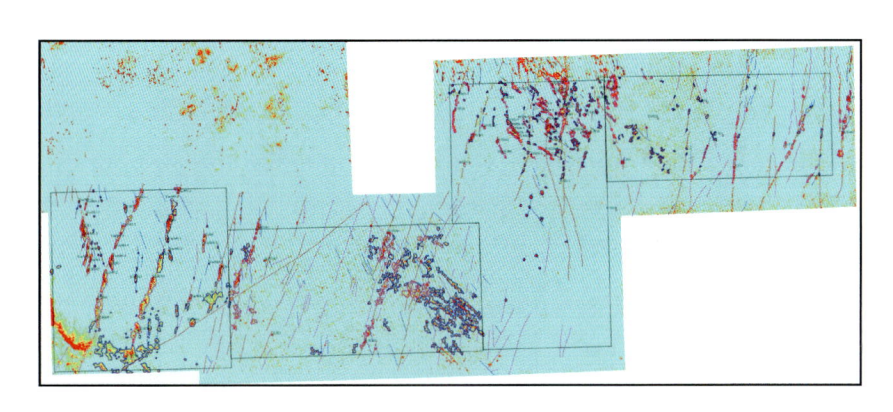

图3-121 哈拉哈塘地区奥陶系断裂与断溶体评价叠合图

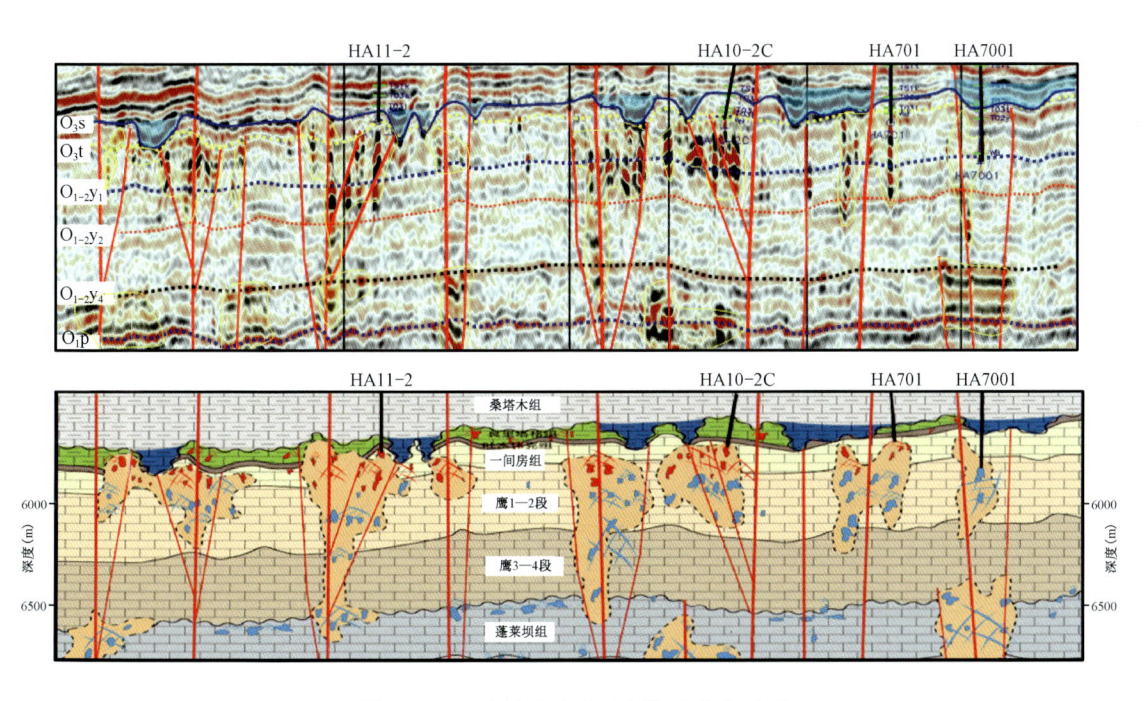

图3-122 哈拉哈塘地区奥陶系油藏剖面

2. 勘探有利区带优选

通过高品质地震勘探资料解释,在哈拉哈塘地区预测埋深7200m以上的碳酸盐岩有利区带面积4430km²,仅跃满—富源—哈得逊—玉科区块就识别Ⅰ类断溶体130个/66km²,Ⅱ类断溶体312个/80km²,提出的多口断溶体井位目标被油田公司采纳并实施钻探(图3-123)。

— 141 —

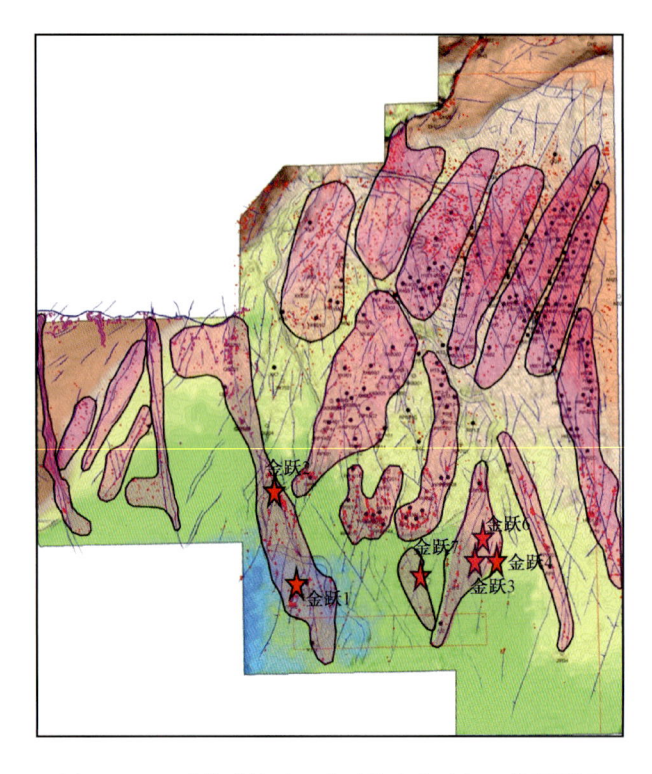

图 3-123　哈拉哈塘地区碳酸盐岩富油气区带预测图

3. 钻井成功率不断提高

金跃、其格区块完钻井取得成功,使哈拉哈塘地区勘探范围南扩西延,勘探层段突破 7000m 深度大关,成为产能建设的接替区;哈得逊地区当年完钻 7 口井均获高产油气流并投产,证实为新的富油气区块。哈拉哈塘区块钻井成功率保持在 80% 以上,大型缝洞体上的新井投产成功率达 80%,高产井比例达 59%。

二、塔中地区碳酸盐岩勘探成效

从 1989 年塔中 1 井获得高产油气流至今,在塔中地区始终坚持碳酸盐岩油气勘探。随着沙漠地震勘探技术的突破,该地区碳酸盐岩勘探取得了显著效果。

(一) 深化地质认识,转换勘探思路

1. 塔中Ⅰ号坡折带控储和控油认识

2002 年以前认为塔中Ⅰ号断裂是一条延伸 200 多千米的大型断裂带,整个塔中地区按照构造模式简单划分为潜山、斜坡和Ⅰ号断裂带,结果造成高部位钻井失利、斜坡区基本放弃的局面。

从 2003 年开始,伴随着地震勘探技术的发展和进步,在塔中地区深化地质认识,不断开拓勘探新领域。根据地震、钻井、地质等多方面研究,认为塔中Ⅰ号断裂带是一个奥陶系大型台地边缘坡折带,其上既发育鹰山组风化壳储层,又发育良里塔格组大型台地边缘礁滩,具有整体成藏连片含油的特点(图 3-124)。进而勘探思路由此转变,即在深化塔中碳酸盐岩坡折带控油的理论基础上,实现由断裂带控油到坡折带控相、控储和控油,由局部构造含油到整体含油认识的转变,突破了局部构造勘探的束缚,实现了由构造勘探向储层勘探思路的转变。工作的重点不再是构造成图和落实构造,而是沉积相、储层预测和流体识别。

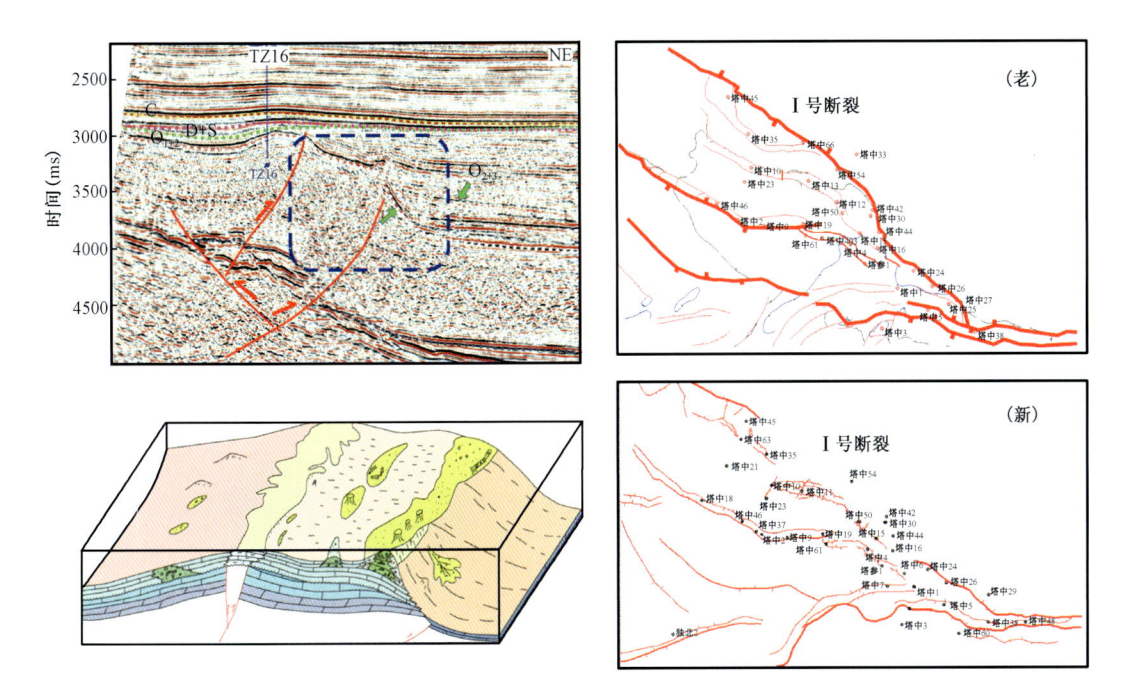

图 3-124 塔中地区碳酸盐岩勘探开发区块划分图

2. 断裂对储层及油藏的控制作用

塔中地区奥陶系碳酸盐岩地层非均质性强，油气的聚集、成藏在很大程度上受裂缝孔洞系统因素制约。因此在断裂解释方面，不仅仅研究其对构造圈闭的控制作用，更重要的是分析断层对储层的改造以及对油气聚集的控制作用。

"X"形断裂的不同期次活动控制了塔中隆起储层发育、油气疏导及聚集成藏。北东向断裂控制了储层的发育分布和油气的平面分区分段；北西向断裂与储层、油气也有密切的关系，它的调节或拉分特征明显，由于近乎平行构造倾向，是储层改造及油气疏通的关键通道，对油气水的平面分布起到控制作用。勘探表明，受北西向断裂疏导作用控制，鹰Ⅰ、Ⅱ段高效井主要分布在拉分断堑块两侧构造高部位或上倾致密区遮挡斜坡区。所以高效井一般处于构造的高部位、平台区、缓坡区及大型拉分断块的周缘，是油气富集的有利区域。

"X"形断裂活动不仅对鹰山组储层发育、油气疏导及聚集成藏有影响，还影响着良里塔格组良Ⅰ、Ⅱ段的储层发育，它与沉积相带共同作用控制着良Ⅰ、Ⅱ段储层的发育。近两年随着塔中Ⅱ区钻探或兼探良里塔格组井出油持续突破，良Ⅰ、Ⅱ段成为塔中产能建设的最现实层系。

以 ZG8 井区断层解释为例，高密度资料比老资料在地震属性应用上分辨率明显提高，依据高密度地震相干切片资料，研究发现了众多的"X"形剪切断裂，有效指导了构造工业成图和储层裂缝预测。与钻探资料相结合，认为北东—南西走向的走滑断层控制了碳酸盐岩地层的储层物性，离断层距离越近，储层物性越好（图 3-125 左）；均方根振幅切片上，高密度资料相比老资料表现出更为典型的缝洞体特征，缝洞体识别数量较多，沿断裂展布。多种地震信息综合分析认为，缝洞型储层的发育与否与断层密切相关（图 3-125 右）。靠近断层同时又位于大型缝洞集合体上的钻井，储层物性好，单井产量高，反之则有效储层不发育。

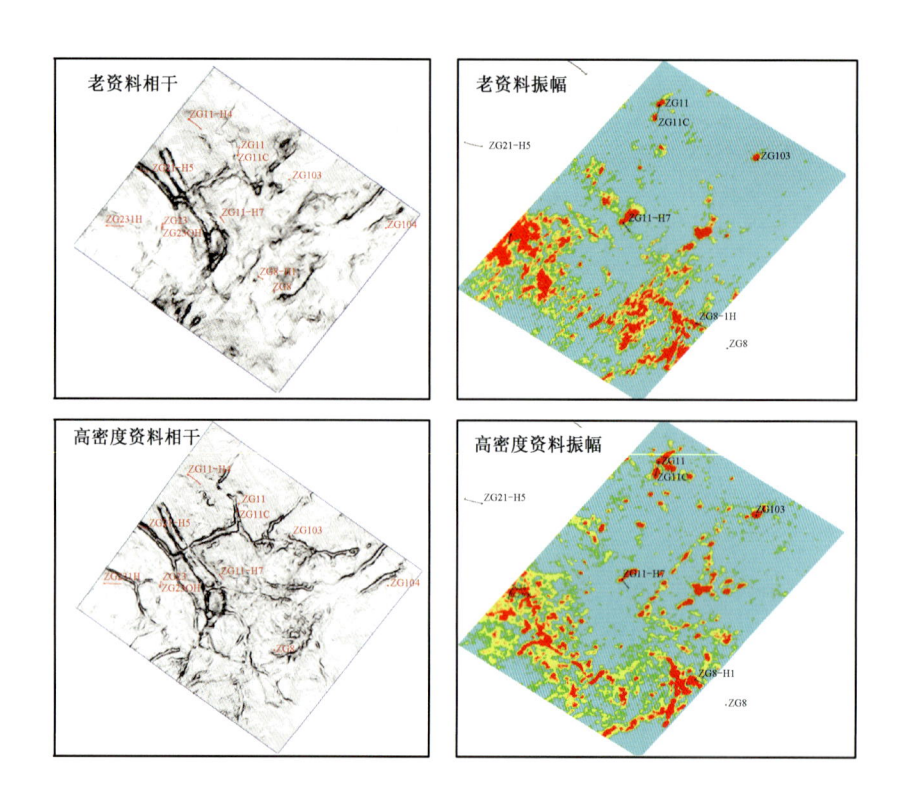

图 3-125　塔中地区 ZG8 井新老资料地震属性对比图

3. 塔中内幕风化壳储层

随着地震勘探技术的逐年进步,地震勘探资料品质有了非常大的提高,对塔中地区地质情况有了更深入的认识,也推动了石油勘探的全面突破。

过去,塔里木缝洞型油气藏勘探主要集中在塔北隆起的轮南地区,塔中等地方由于地震勘探资料分辨率较低,很难在地震剖面上发现"串珠"状反射。现在,随着宽方位高密度地震勘探技术的发展,在塔中地区高品质三维资料上发现石灰岩顶面反射轴之下 200~300ms 范围内发育较多的"串珠"状强反射(参见图 3-13),纵向上沿断层分布,横向上成层性发育,部分地区成片分布。根据其发育层位、深度和地震特征,认为是鹰山组风化壳。其上覆地层为良里塔格组,缺失了满加尔坳陷和塔北隆起广泛分布的一间房组和吐木休克组,其间约有 10Ma 的风化淋滤暴露期,形成了塔中地区大面积分布的风化壳。在此项认识的指导下,鹰山组碳酸盐岩缝洞型油气藏勘探相继取得突破,形成了塔中地区碳酸盐岩多层系立体勘探的良好局面。

4. 塔中奥陶系油气藏

塔中地区油气资源丰富,目前在奥陶系良里塔格组、鹰山组和蓬莱坝组均发现了油气,形成了多层系、多类型的立体勘探场面(图 3-126)。

(1)良里塔格组礁滩油气藏:良里塔格组礁滩主要沿塔中Ⅰ号构造带发育,东西长约 220km,南北宽为 2~8km,形成了大面积、准层状的礁滩油气富集区带。纵向上分为良一段、良二段、良三段、良四段和良五段,不同层段均发现油气,其中良二段和良三段为主力产层,勘探潜力较大。该油气藏具有以下几个特点:油气主要富集在颗粒灰岩段上部 150m 范围内;储集空间为次生孔洞型和缝洞型,缝洞连通性好,储层连通范围较大;油气藏具有近似统一的温度—压力系统,试采稳定,底水不活跃;油气藏多为岩性油气藏。

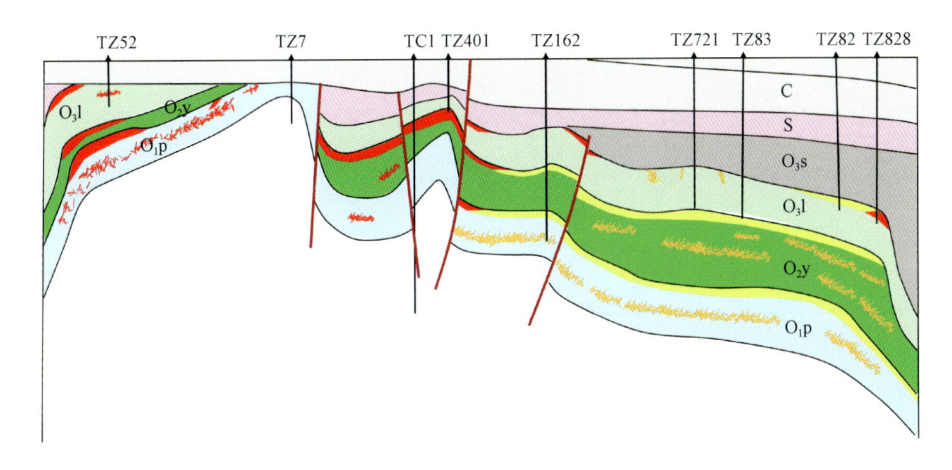

图 3-126 塔中隆起奥陶系油气藏剖面

(2)鹰山组风化壳油气藏:下奥陶统鹰山组为一套巨厚的台地相碳酸盐岩沉积,顶部发育大型岩溶风化壳。岩性以微浅褐灰色泥晶灰岩和亮砂晶灰岩为主,夹白云质灰岩。其油气藏特征为:油气主要集中在不整合面之下 200m 内,沿风化壳呈准层状分布;优质岩溶储层发育,储集空间以溶蚀孔洞和裂缝为主;横向上具有"西油东气,内油外气"的分布特征;多期多源油气充注;良三段到良五段致密灰岩为局部有利盖层;断裂及不整合面沟通烃源岩,改善岩溶储层物性,是油气聚集的有利条件;塔中北斜坡东部鹰山组油气藏主要是凝析气藏。

(3)蓬莱坝组白云岩油气藏:岩性为灰色中厚层状细—粗晶白云岩夹粉晶砂屑砾屑灰岩、藻纹层灰岩。顶面发育不整合面,内幕可见"串珠"状强反射。储集性能较好,储层类型以裂缝、孔洞型为主。储层分布广泛,三维覆盖区预测有利储层面积为 1250km^2,具有较大的勘探潜力。塔中 162 井在该层段见工业气流。

(二)物探技术进步直接推动了碳酸盐岩缝洞型油气藏的勘探

塔中主垒带、斜坡区、坡折带三个勘探领域全线突破,逐渐显现了塔中地区亿吨级大场面。具体表现在以下几个方面。

1. 有利储层预测

应用高密度三维资料,预测塔中碳酸盐岩缝洞型储层有利勘探面积 1100km^2,资源量在 3×10^8t 以上。以 ZG8 井宽方位高密度资料应用为例,通过开展基于五维数据的流体检测和 AVO 油气预测,优选出多个储层发育有利区带和油气富集区。从油气预测结果看,单井点吻合率很高,可以达到 90%以上(图 3-127)。

2. 钻井成功率大幅度提高

地震勘探技术的进步带来了塔中地区奥陶系油气勘探开发的良好态势。2008—2015 年,有 31 口探井和 26 口开发井获得工业产能。近年来,塔中地区钻井成功率保持在 80%以上。

塔中地区高产井成功率达到 83%,全面支持了塔中Ⅰ、Ⅱ、Ⅲ区产能建设。以 ZG8 井为例,该井钻遇了典型的大型缝洞集合体,目前累产 2.7×10^4t 油,3230×10^4m^3 气,生产五年后每天依然有 18t 的产能,证实了高效井位于大型缝洞体顶部的认识(图 3-128)。

3. 整体评价取得突破,油气储量突破亿吨

地震勘探技术不断取得进步,为探明塔中多个含油气区块起到了技术支撑作用,连续多年该地区油气三级储量发现超亿吨。

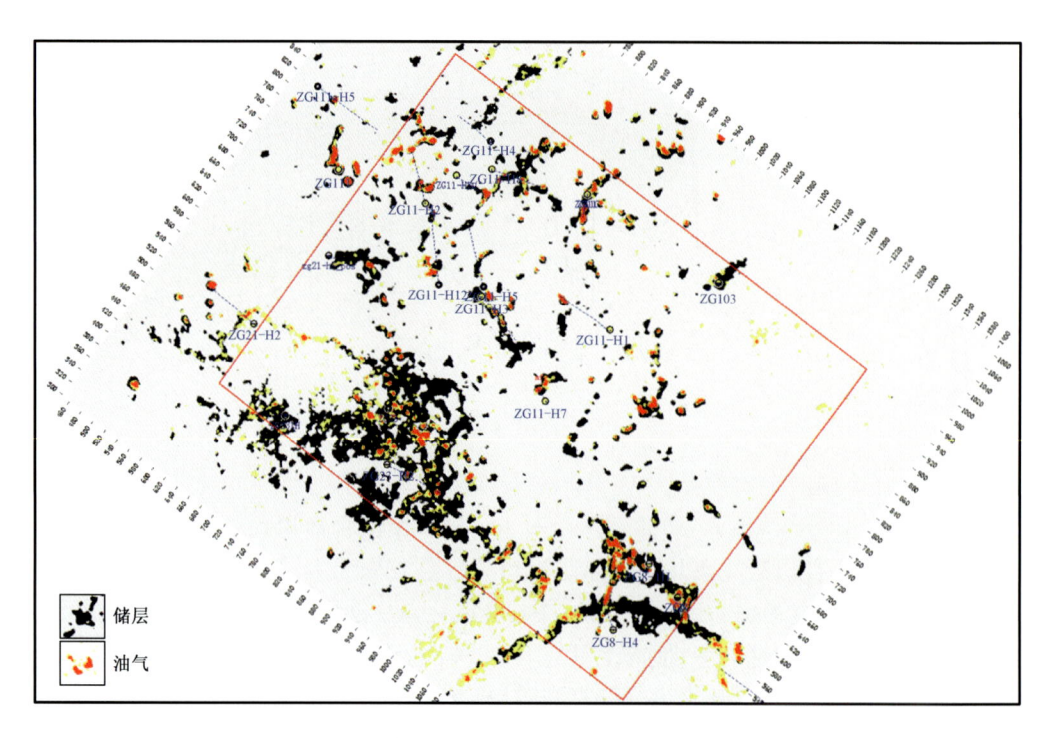

图 3-127 ZG8 高密度三维区鹰山组储层与油气叠合平面图

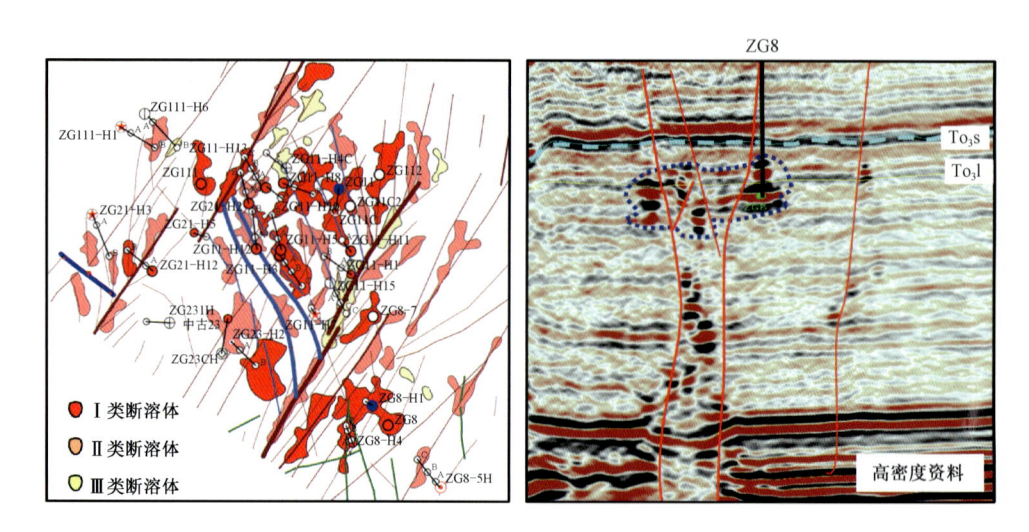

图 3-128 ZG8 井区良里塔格组+鹰1—2段断溶体系综合评价图

第四章 碳酸盐岩风化壳型油气藏地震勘探技术及成效

油气勘探结果表明,世界大型油气盆地均发育碳酸盐岩古风化壳含油气储层,其中20%～30%与区域不整合面有关,暴露的碳酸盐岩形成古岩溶储层为油气藏提供了有效的储集场所。根据统计,俄罗斯、美国和中国的碳酸盐岩古风化壳类型的储层(体)分别占世界第一、二、三位。我国三大稳定地区华北地台、扬子地块和塔里木盆地均发育风化壳型储集体,是下古生界重要的含油气层,鄂尔多斯盆地奥陶系风化壳储层勘探已取得良好的效果。

鄂尔多斯盆地是中国陆上第二大沉积盆地和重要的能源基地,石油、天然气资源丰富。油气分布格局具有中生界含油、古生界含气、南部富(产)油、中北部富(产)气的特点。鄂尔多斯盆地下古生界奥陶系为海相碳酸盐岩沉积,是中国最早发现海相大气田的层系之一。奥陶纪末,加里东运动使鄂尔多斯盆地整体抬升剥蚀,奥陶系上马家沟组遭受风化、剥蚀及岩溶作用,形成区域性的大型古风化壳。主体表现为地势平缓、古侵蚀沟槽、古潜台、古残丘大量发育的特点。

奥陶系顶部广泛发育的古风化壳与天然气成藏有着密切的关系,是天然气勘探的主要目的层之一。盆地中部奥陶系顶部风化壳大气田——靖边气田发现于1989年。当前靖边气田累计建成年产 $60 \times 10^8 m^3$ 的生产能力,天然气储量规模达万亿方。已探明含气面积约 $4500 km^2$,天然气地质储量约 $5000 \times 10^8 m^3$,排名于全球大气田第57位。

第一节 风化壳型油气藏主控因素

鄂尔多斯盆地在奥陶系沉积之后,存在1亿多年的沉积间断,经历了长期的风化淋滤作用形成了大型古风化壳。油气成藏主要受古地貌、烃源岩和储层三个因素控制。钻探情况表明油气一般分布在古地貌相对较高、烃源岩侧向运移条件好和储层条件好的地区。

一、古地貌

奥陶系岩溶古地貌单元可划分为岩溶台地、岩溶斜坡和岩溶盆地三个一级地貌单元(图4-1),又进一步划分为潜台、台地、缓丘、浅洼、坡地、溶丘、洼地、盆地、残丘和沟槽10个二级地貌单元。其中古沟槽在风化壳岩溶发育期是岩溶地表和地下水排泄的主要通道。在平缓东倾的古地貌背景下,古沟槽发育区的上倾方向临近水源供给区,岩溶水补给充分且排泄畅通,地表及地下径流活跃,溶蚀孔洞及岩溶管道格外发育;古沟槽发育的下倾方向,岩溶水流缓慢,溶蚀作用较弱,溶蚀的物质难以被带走,且盐岩溶蚀后容易垮塌,因而溶蚀孔洞被强烈充填。古沟槽对成藏的作用主要体现在沟通气源、改造储层和侧向封堵三个方面。古潜台、古残丘是岩溶风化壳储层发育的有利地带。

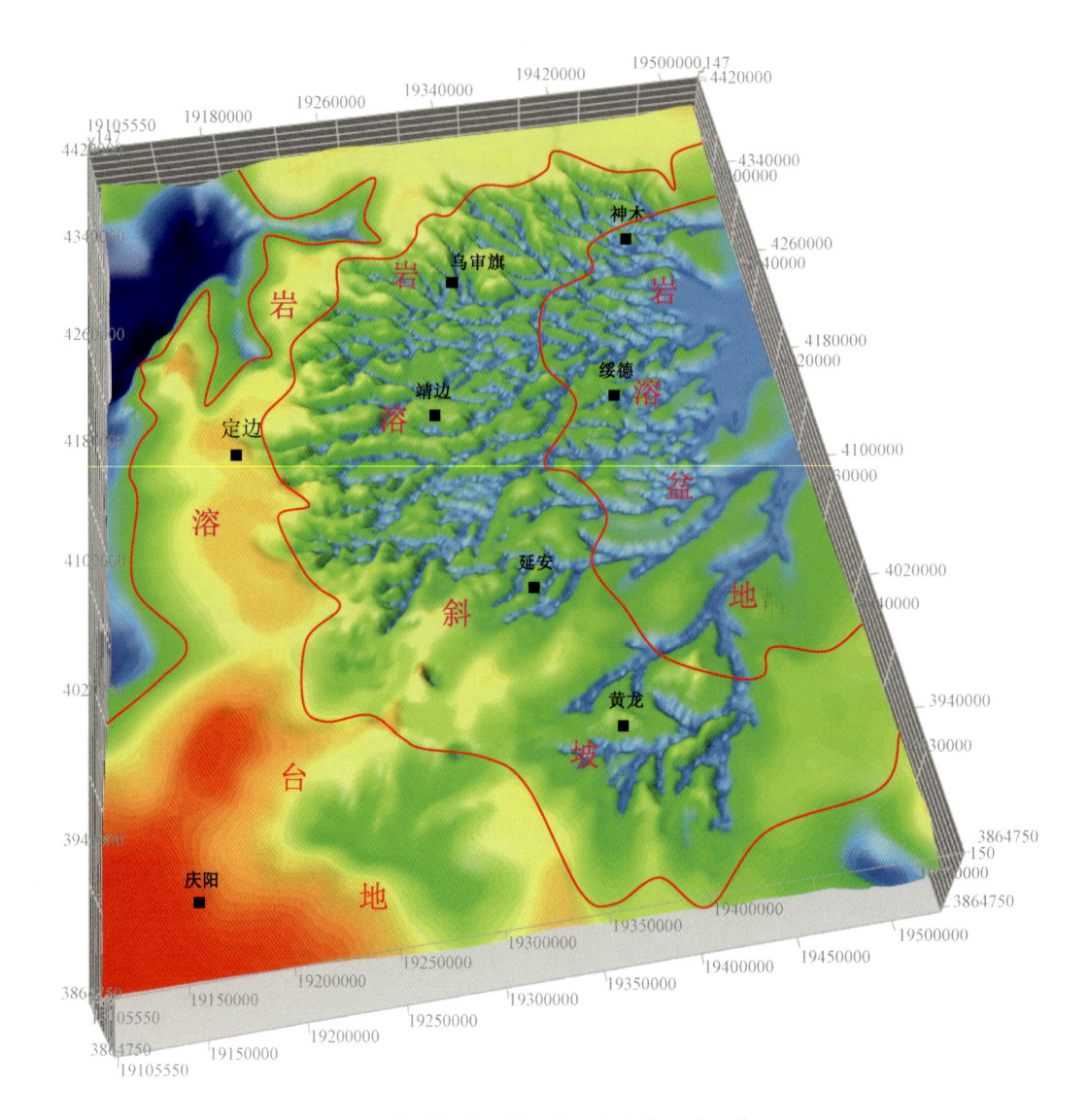

图4-1 鄂尔多斯盆地前石炭纪岩溶古地貌立体显示图

二、烃源岩

中石炭世开始鄂尔多斯盆地在古风化壳上整体开始接受海陆交互相沉积,上古生界石炭—二叠系煤系地层在整个盆地中分布广泛,大面积覆盖在马家沟组顶部的古风化壳上,充填了古风化壳上的沟槽体系,是古风化壳上的残丘、潜台储层的主力烃源岩。沉积的沼泽相煤系烃源岩,煤层厚度6~20m,暗色泥岩厚40~120m,有机质丰度高,具较强的生气能力(图4-2)。

三、储层

风化壳储层主要为马家沟组马五段蒸发潮坪白云岩,白云岩基质多呈泥粉晶结构,略显微细纹层或干裂角砾化构造。其中因存在有准同生期形成的膏质或膏云质结核及膏盐矿物晶体等易溶矿物组分,而在风化壳期大气淡水的淋溶作用下形成有效储集空间。

古风化壳岩溶储层与其他类型储层相比较,具有多个不同特征:(1)古岩溶地层具有明显的垂向分带性;(2)有利储集空间主要由半充填或未充填残余溶蚀孔洞缝组成,优质储层类型

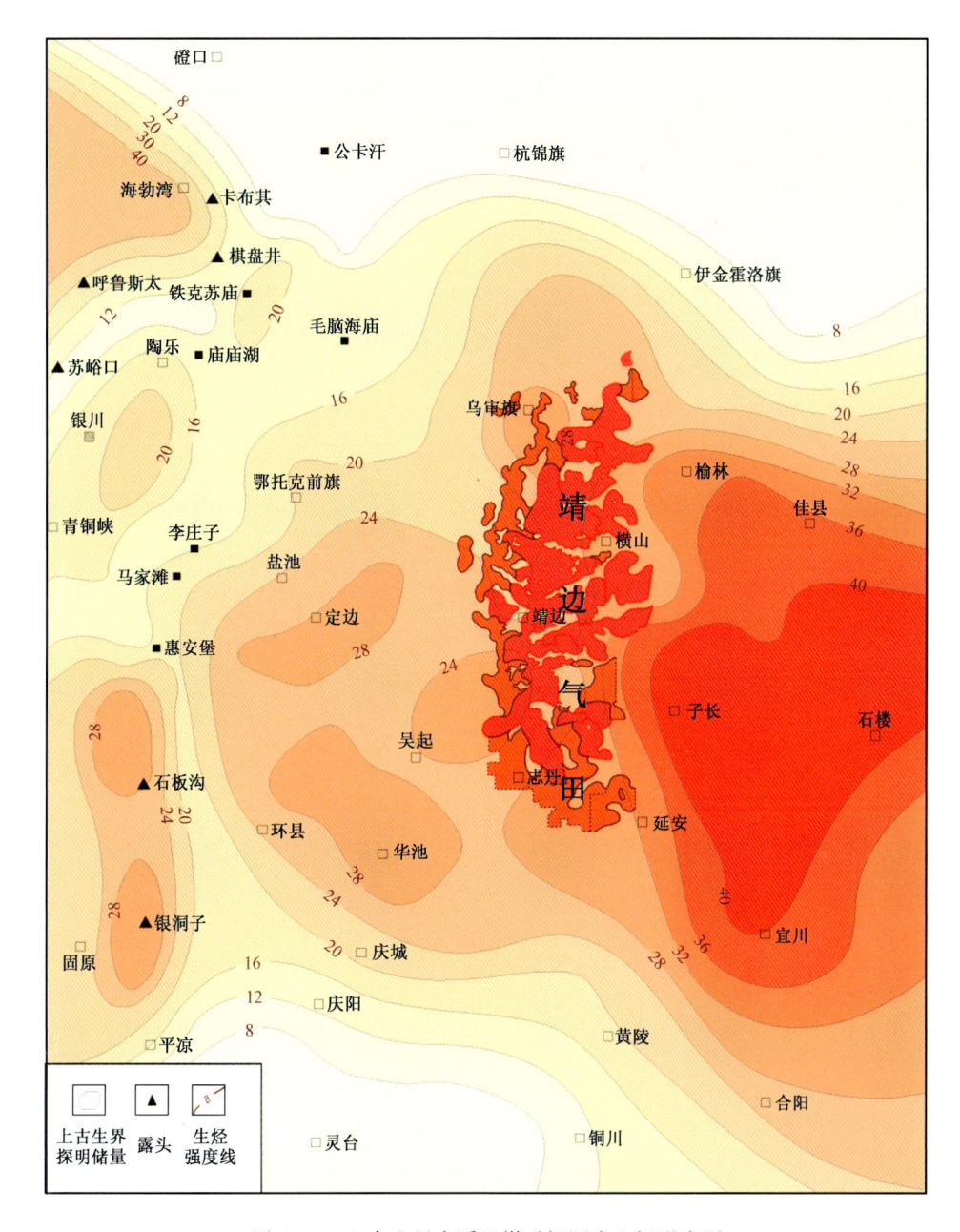

图 4-2　上古生界本溪组煤系烃源岩生烃强度图

以裂缝—溶蚀孔洞型为主;(3)储层类型稳定,分布面积广。

通过对钻遇奥陶系 245 口探井的地震标定和分析表明(其中 128 口工业气流井均位于岩溶潜台、残丘处)风化壳气藏为受古地貌控制的地层岩性气藏。总体表现为:准层状气藏(风化壳以下 80m);多个含油气单元(一个残丘一个藏);受储层发育程度影响;同时也受断层裂缝、古气候、岩石本身性质与结构等因素的影响。天然气富集区与前石炭纪古地貌单元密切相关,古潜台、古残丘是岩溶风化壳储层发育保持的有利地带,周缘的侵蚀沟谷为重要的气源充注通道(图 4-3)。因此,精细刻画鄂尔多斯盆地前石炭纪岩溶古地貌形态是盆地岩溶风化壳成藏研究、储层预测、气藏描述的核心和关键。

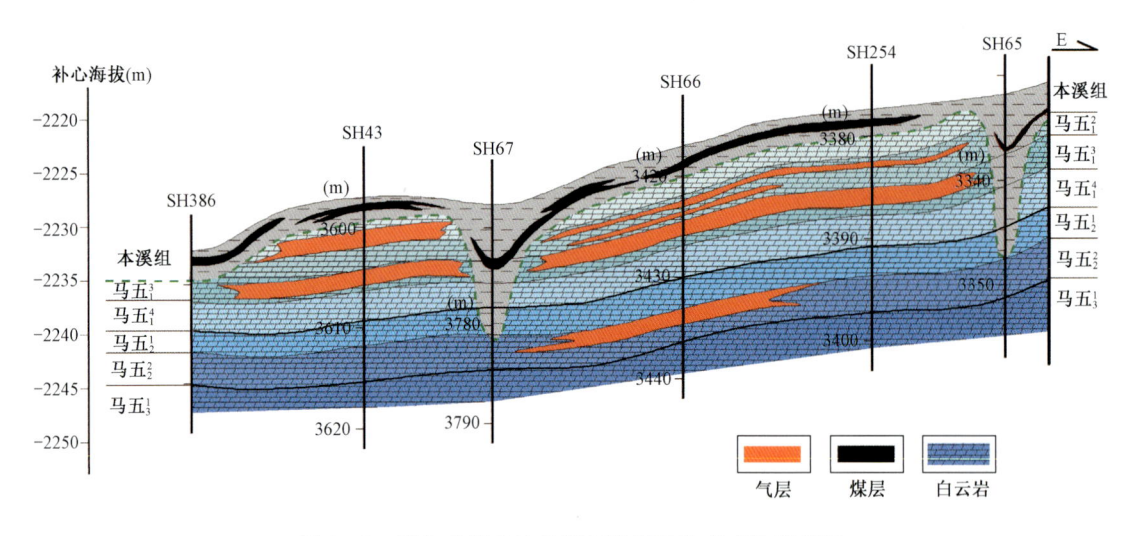

图4-3　鄂尔多斯盆地奥陶系岩溶风化壳成藏模式图

第二节　风化壳型油气藏地震勘探历程回顾

鄂尔多斯盆地风化壳型碳酸盐岩勘探领域行政区隶属于内蒙古自治区鄂尔多斯市乌审旗、鄂托克旗和鄂托克前旗。勘探范围西起内蒙古鄂托克前旗,东至子洲,北抵鄂托克旗的敖包加汗,南至陕西安边,勘探面积 $12.3 \times 10^4 km^2$。地形相对平坦,工区大部分区域被沙漠和黄土覆盖,只有部分沼泽地和草滩。

自20世纪90年代盆地风化壳型储层油气勘探拉开序幕,历经近30年的勘探开发。地震与地质、测井工作紧密配合,不断更新认识。随着二维地震测网逐步加密(目前局部已达1km× 1km),地震预测精度逐步提升,地震预测技术的不断进步,由定性向定量、叠后向叠前,盆地前石炭纪风化壳岩溶古地貌恢复精度不断提升,有效支撑了该领域油气勘探开发。

盆地中部奥陶系风化壳岩溶储层勘探大体可分为勘探探索、开发评价、开发拓展及全面扩展四个阶段:

一、勘探探索阶段

1985年,伊24井在奥陶系风化壳测试获天然气流,1989年在盆地腹部的林家湾和赵石畔隆起钻探陕参1、榆3井,两口井均在奥陶系风化壳获得高产气流。揭开了鄂尔多斯盆地奥陶系风化壳储层规模勘探的序幕。

20世纪90年代初期,在该区黄土塬实施了二维地震直测线3303km。主要采用道距为30~50m,12~24次覆盖,采用12口井组合,井深5m,药量 $12 \times 3kg$ 激发。但黄土塬区原始资料品质低,静校正难度大,成像精度低,且由于地震二维测网较稀疏[$(5 \times 5) km \sim (5 \times 10) km$],导致盆地前石炭纪岩溶古地貌刻画精度偏低。

但该时期通过碳酸盐岩沉积背景和古构造特征分析,提出了"古潜台"的概念。在此基础上应用印模法、残厚法等地震识别技术,初步恢复了岩溶古地貌的区域分布格局及发育形态。

二、开发评价阶段

20世纪90年代末,以地震勘探资料品质提升为目标,在该区进行了沟中弯线采集,共实施二维地震859km(图4-4)。采用道距为25～30m,15～30次覆盖,通过在沟中砂岩单井激发,组合检波器接收,原始资料视主频达到60～80Hz,频宽达到10～160Hz,获得了相对较高信噪比的地震勘探资料,使得该区二维地震勘探资料成像品质及分辨率得到提升(图4-5、图4-6)。但由于沟中弯线难以形成闭合回路,反射点离散而导致剖面位置不精确。

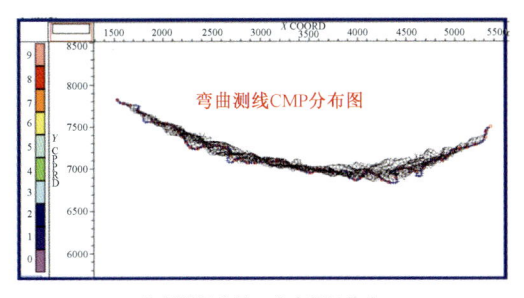

弯曲测线CMP分布图
依据测量成果,室内设计炮点,模拟放炮得出CMP分布图

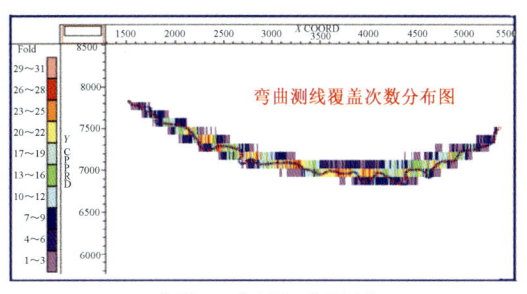

弯曲测线覆盖次数分布图
依据CMP分布图,绘制了各个共反射点的覆盖次数分布图

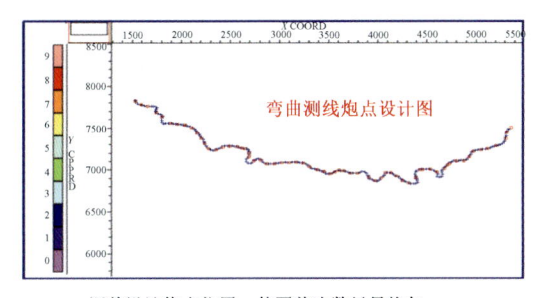

弯曲测线炮点设计图
调整设计炮点位置,使覆盖次数尽量均匀,调整结果作为野外实施的具体打井位置

图4-4　沟中弯线设计及生产流程

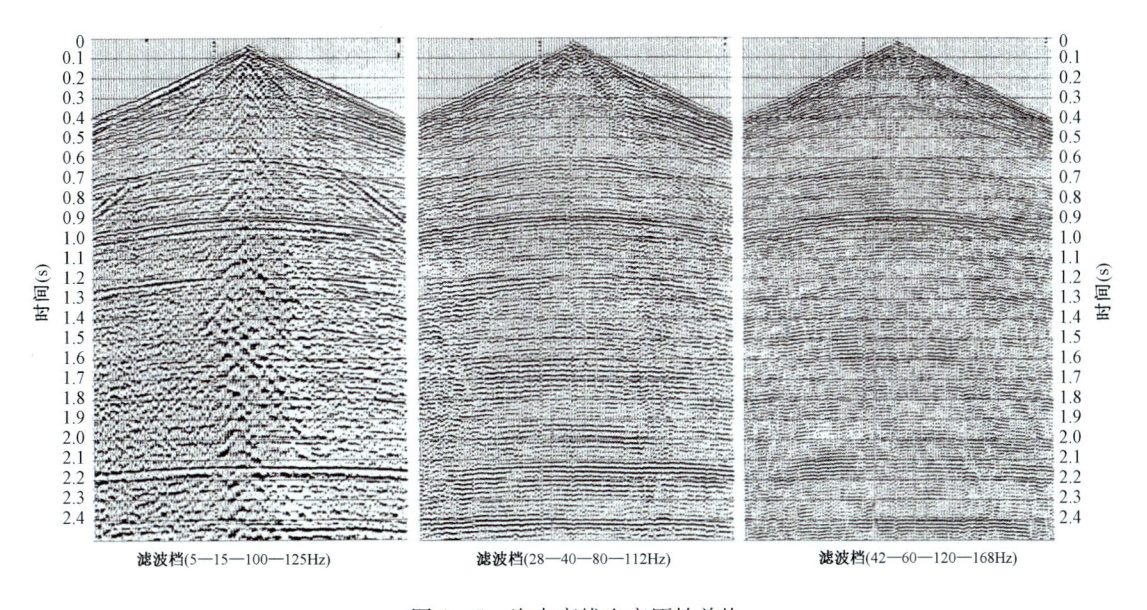

滤波档(5—15—100—125Hz)　　滤波档(28—40—80—112Hz)　　滤波档(42—60—120—168Hz)

图4-5　沟中弯线生产原始单炮

— 151 —

(A)单线黄土直测线剖面　　　　　　　　　　　(B)沟中弯线剖面

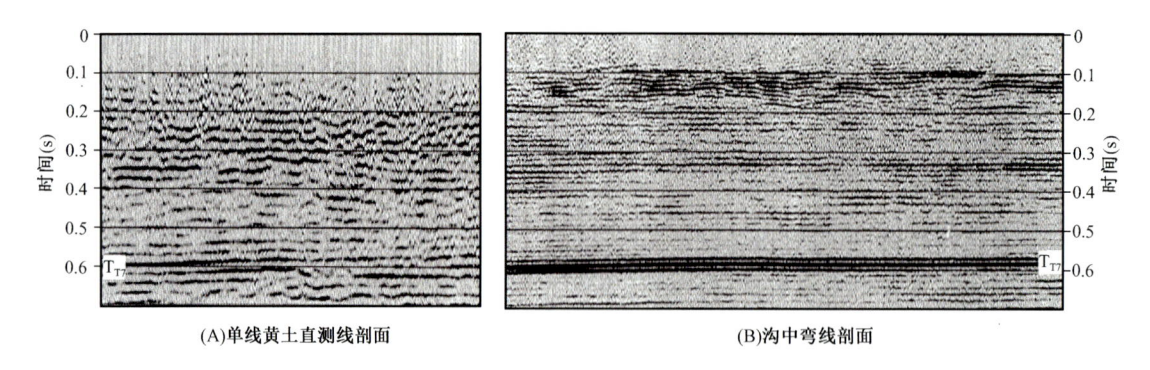

图 4-6　沟中弯线剖面与单线黄土直测线剖面对比

通过沟中弯线采集、精细构造解释与波形特征分析等技术应用(图 4-7),定性识别了沟槽展布,形成"台中有滩、台外有槽"的认识,在靖边岩溶阶地的前缘确定了近南北向主力沟槽,同时开展第二次岩溶古地貌图的编制,为靖边气田的发现和探明起到了技术支撑作用。

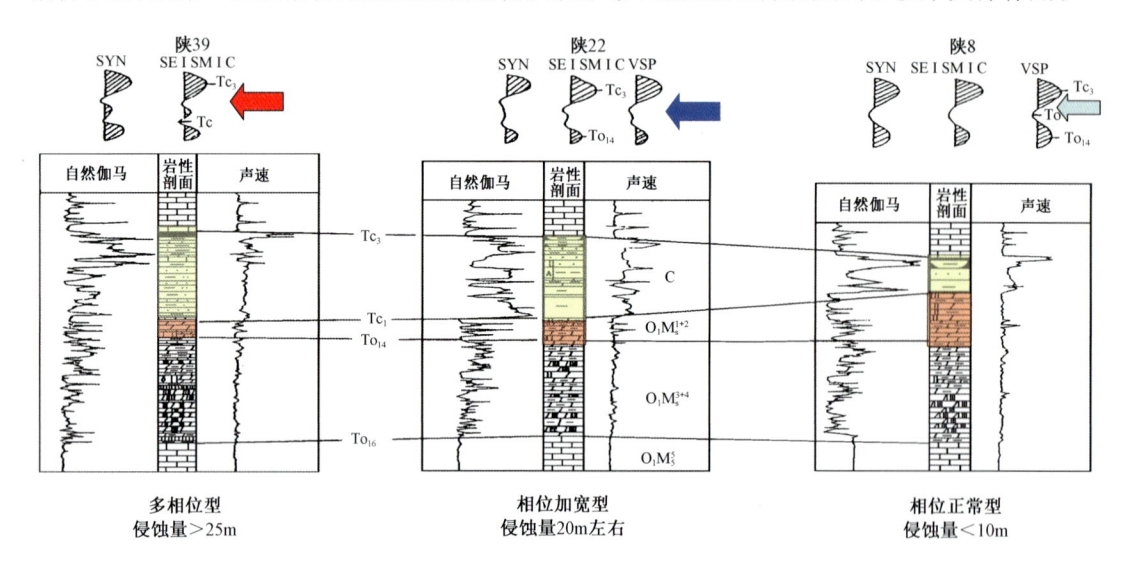

多相位型　　　　　　　　相位加宽型　　　　　　　相位正常型
侵蚀量>25m　　　　　　侵蚀量20m左右　　　　　　侵蚀量<10m

图 4-7　波形特征分析归纳图

三、开发拓展阶段

1999—2008 年,针对黄土山地开展多线物探采集技术攻关,共实施二维地震 6665km。黄土直测线多线采集技术的应用,大幅提升了盆地黄土塬区地震勘探资料品质。其核心思想是采用黄土塬多线面元叠加技术,利用多线邻道叠加压制干扰,提高剖面的信噪比和分辨率。采用的方法主要为 2~3 线接收,道距 25m,接收线距 50m,覆盖次数 75~120 次。激发上采用 11~17 口井组合,井深 18~24m,单井药量 2~4kg(图 4-8)。经过高精度的静校正、处理技术应用,有效指导风化壳储层预测(图 4-9、图 4-10)。迄今为止,黄土山地多线采集直测线仍是黄土塬区有效的地震勘探方法之一。

2005 年,北部沙漠草原区高精度全数字地震采集技术实验成功,随后在北部沙漠区进行了大量高精度数字检波器二维地震测线的部署,利用大偏移距(5000m 左右)、小道距观测系统(5~10m),采用 1~3 口井激发,总药量 12~20kg,逐点设计激发技术(建立精细近地表结构模型,优选激发层位,逐点设计激发因素)(图 4-11)。经过高保真处理(图 4-12),获得了

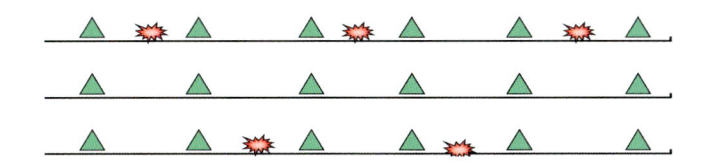

图4-8 黄土山地多线施工示意图

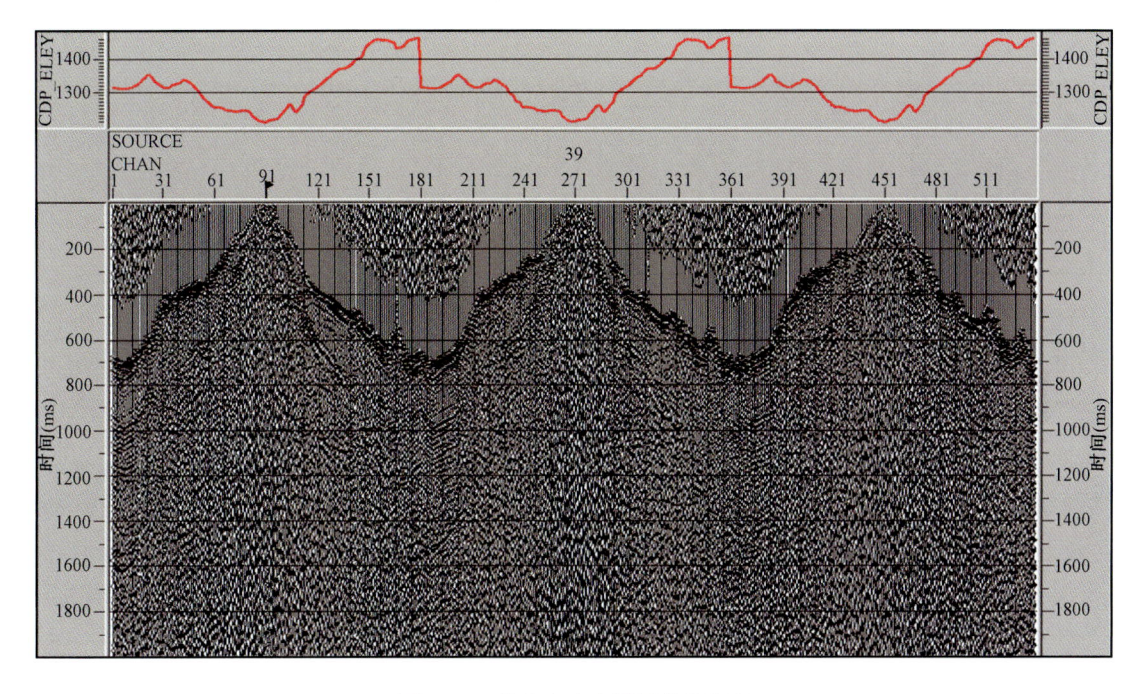

图4-9 黄土山地直测线单炮资料

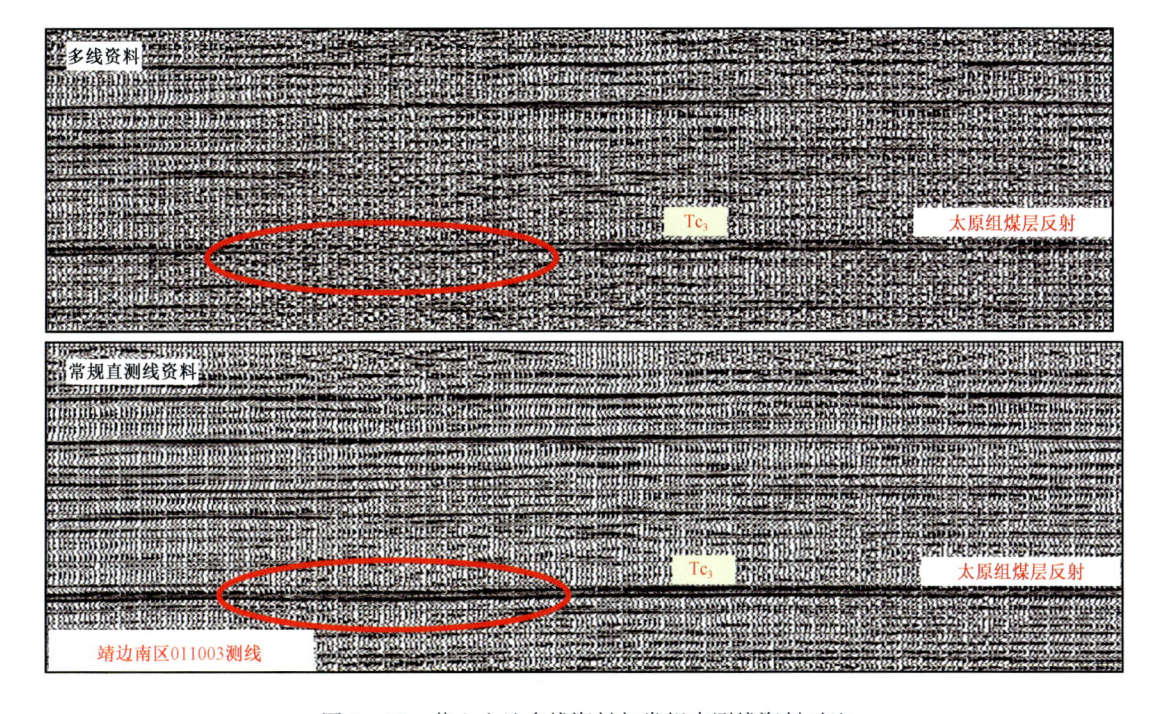

图4-10 黄土山地多线资料与常规直测线资料对比

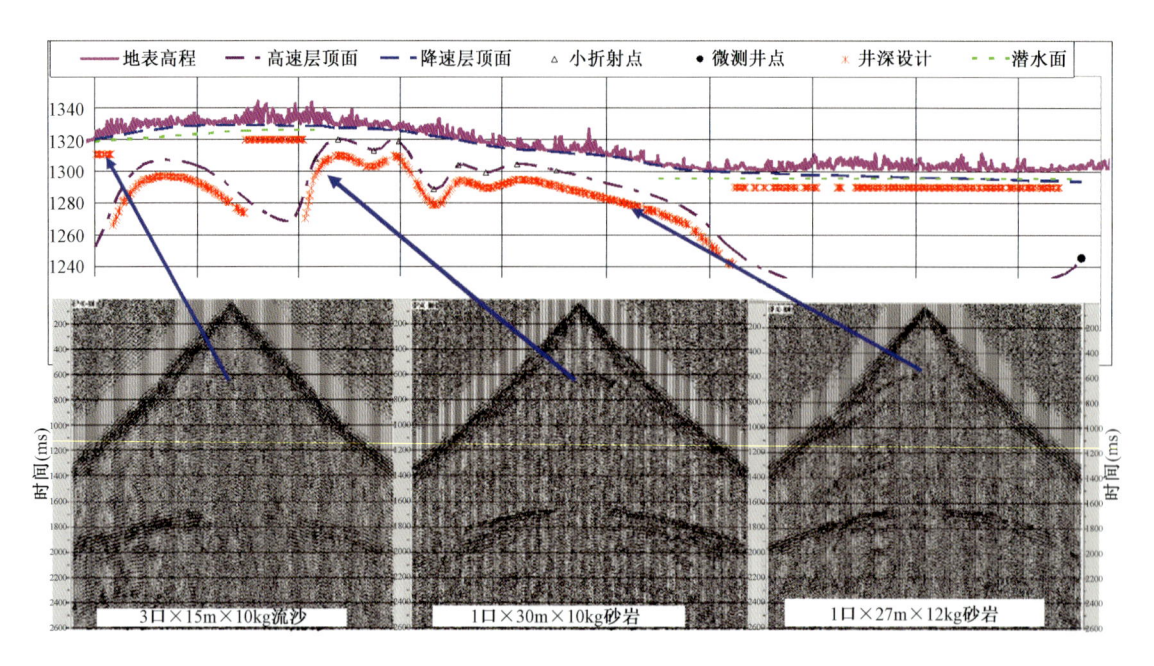

图4-11 逐点激发因素设计

高品质的道集、分偏移距叠加数据,同时 AVO、叠前反演、含气性预测、有利区评价、水平井轨迹设计等地震解释技术手段得到了推广应用。

随着勘探的不断深入,钻井资料的补充及地震预测精度的提高,第三次岩溶古地貌图的编制,改变了主力沟槽南北向展布的方向,预测了由西向东延伸的总体趋势(参见图1-12)。从而为含气面积的向西、向东扩张提供了依据。

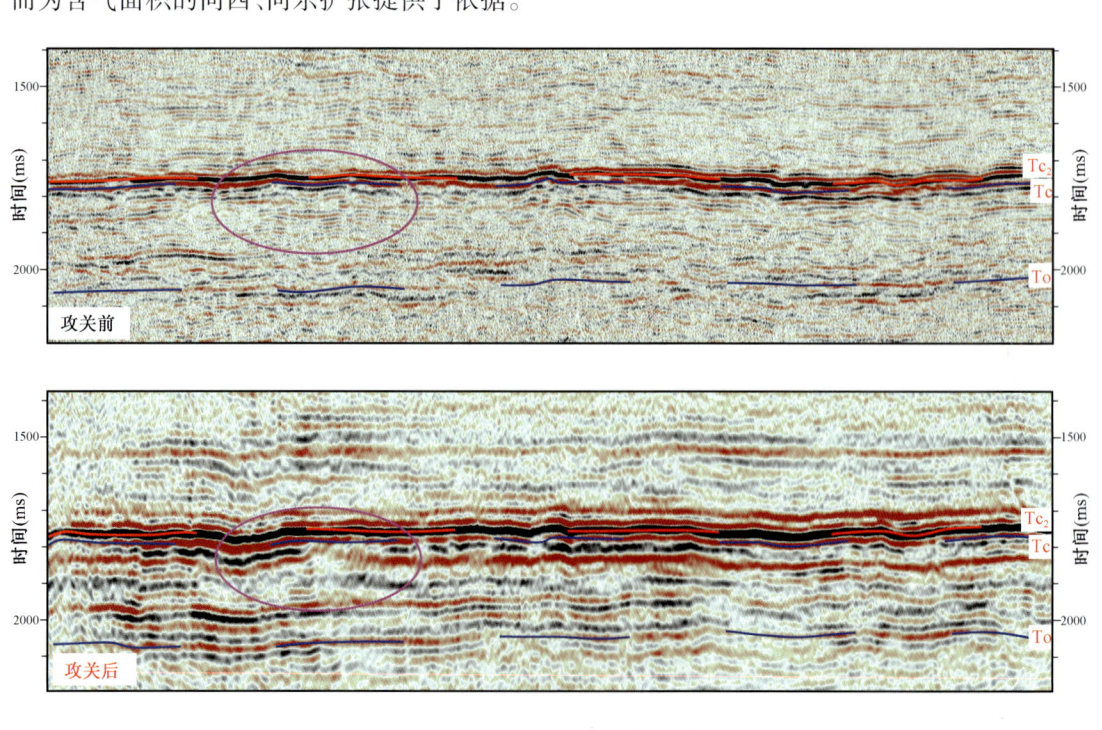

图4-12 07KF6528 保幅保真处理前后对比剖面

四、全面扩展阶段

2009年至今,实施二维地震6127km,至此靖边气田主体部位二维地震测网密度达到(1×1)km~(2×4)km,具备了精细恢复前石炭纪岩溶古地貌的地震勘探资料基础。尤其是2015—2017年针对盆地碳酸盐岩勘探目标,开展了高密度束线地震采集技术的攻关与应用,通过3炮4线的观测系统(图4-13),基于叠前储层预测大偏移距(>5000m),20m道距,700~1000次覆盖,激发参数优选含水性较好的黄土层中激发(12~18m),优化激发组合(3~5口井),通过精细二次选线技术,优化激发点位布设,更注重提升野外激发点位均匀性,地震勘探资料品质有了较大幅度的提升,满足了油气立体勘探需求(图4-14)。

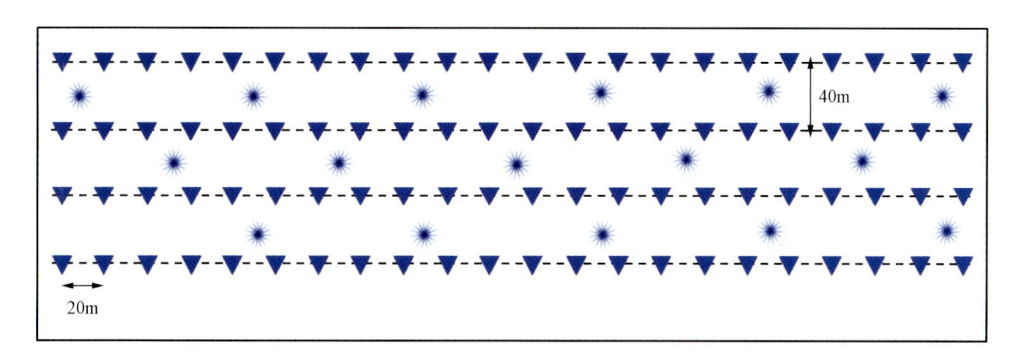

图4-13 黄土山地高密度束线观测系统示意图

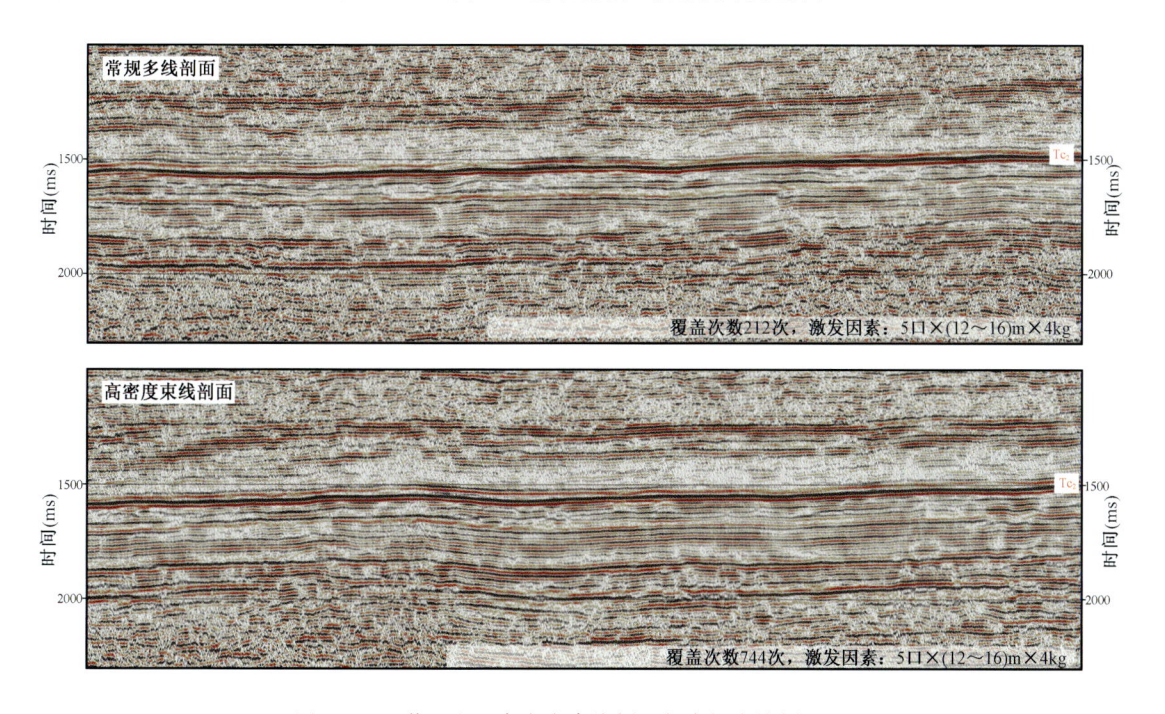

图4-14 黄土山地高密度束线剖面与常规多线剖面对比

2010—2016年在探区内,针对上古生界碎屑岩储层、下古生界风化壳储层进行了宽方位三维地震采集,三维地震勘探技术设计考虑了充分采样、均匀采样和对称采样的要求,采用24线,每线224道接收,接收线距和激发线距均为280m,激发点距和接收点距

— 155 —

均为40m,覆盖次数达到192次,横纵比达到0.75(图4-15)。由于采用了宽方位三维地震采集技术,对下古生界地震勘探资料成像有了进一步的提升,前石炭纪古地貌刻画更为精细(参见图1-14)。

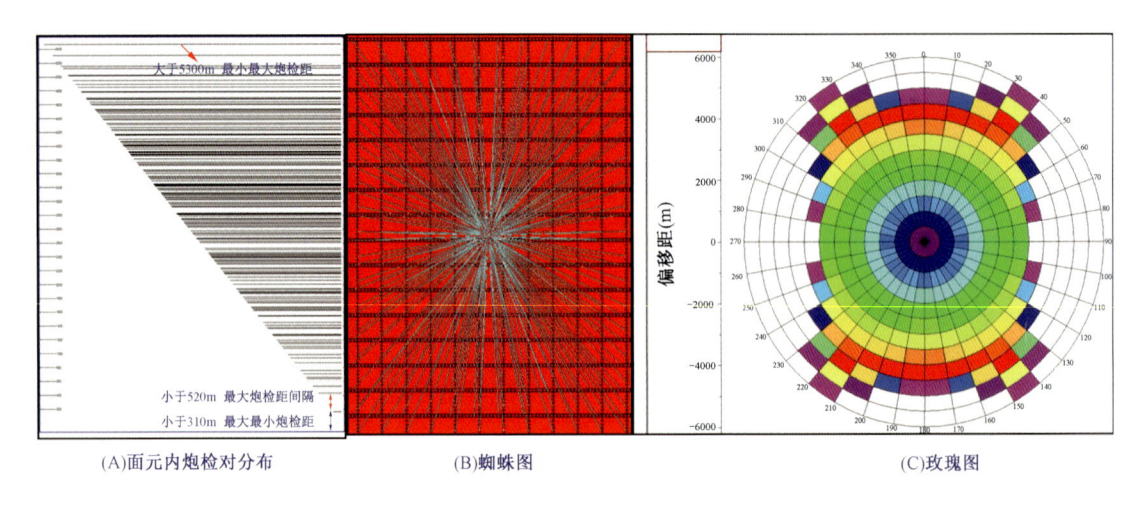

(A)面元内炮检对分布　　(B)蜘蛛图　　(C)玫瑰图

图4-15　宽方位三维地震采集属性图

随着地球物理处理解释技术手段的进一步完善和提高,探索形成了较为系统完备的由定性到定量的风化壳岩溶储层地震预测技术系列(图4-16),即在分区域精细小层对比的基础上,建立10种地质模型并开展地震模型正演,结合层拉平技术形成定性判定,在此基础上应用多种地震属性,叠后井约束纵波阻抗反演和叠前弹性参数交会反演开展定量预测,有效提升了沟槽体系预测及风化壳型储层预测精度,使天然气勘探不断取得新的进展。

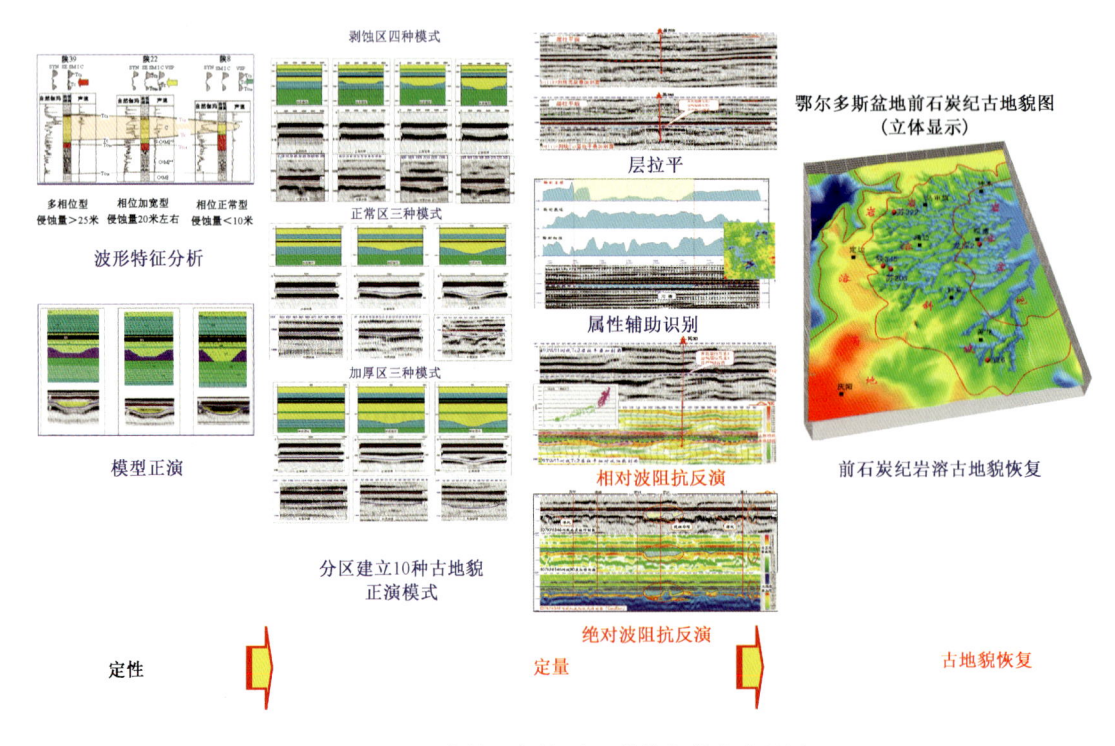

图4-16　"定性—定量"古地貌恢复技术流程图

在物探技术持续进步的有效推动下,地震—地质—测井一体化研究,开展了第四次盆地前石炭纪岩溶古地貌图的编制。古地貌总趋势为西高东低;西部奥陶系剥蚀严重,残留厚度小,保存层位老;而东部奥陶系残留厚度大,保存层位新,局部有马六段分布。台地、残丘、沟槽和潜坑等次级地貌单元发育。古潜台为岩溶斜坡带的主体,占本区总面积的60%以上,古残丘主要分布于靖西地区。古潜台、古残丘周缘发育古潜沟和支潜沟。侵蚀潜沟最大延伸长度大于50km,最大侵蚀深度40m左右。应用地球物理新技术手段刻画落实侵蚀沟槽122条,支沟近400条,潜坑300余个。进一步落实了靖西、靖东地区下古生界奥陶系风化壳型储层有利勘探目标,取得了良好的勘探成效。截至目前,使靖边气田下古生界累计探明天然气地质储量达到约 $5000 \times 10^8 m^3$,其中2012年围绕靖西地区,整体研究、整体部署、整体勘探,落实含气有利区带,一次性新增探明储量 $2210 \times 10^8 m^3$。

第三节 风化壳型油气藏地震勘探资料综合采集处理解释技术

针对风化壳型油气藏,通过对鄂尔多斯盆地多年的地震勘探形成了多项行之有效的地震采集—处理—解释技术系列。探索形成了具有黄土塬特色的保真保幅地震勘探资料处理技术以及风化壳岩溶古地貌刻画、白云岩储层预测和含气性检测等特色解释技术。该技术系列为油田持续稳产,寻找接替领域,发挥了重要的作用。

一、地震勘探资料采集技术

(一)地表及地下地质条件

1. 地表地震地质条件

1)北部沙漠草原区

区域北部为典型沙漠草原地貌,区内海拔1100~1400m,地形相对平坦,地表大部分被松软的第四系流沙覆盖,植被稀少,局部地区呈零星状分布有碱滩,其典型地表如图4—17所示。平坦的地表下,近地表结构变化剧烈。依据近地表结构速度特点,可简单将近地表分为三层:低速层为沙土层,速度介于400~800m/s之间,厚度为5~10m;降速层为风化砂岩或含水流沙,速度介于1500~2000m/s之间,厚度为50~120m;高速层为白垩系砂岩,西部为华池—环江组,东部为洛河组砂岩,速度大于2500m/s。在南部分布巨厚低降速带,沉积物为第四系湖底泥,高速层埋深超过280m,对地震勘探资料品质影响较大。沙漠草原区潜水面是相对稳定的激发层位,潜水面埋藏深度整体较浅,除局部高梁带、河道两侧外,大部分潜水面在10m以内(图4—18、图4—19)。

2)南部黄土山地区

区域南部为典型的黄土山地地貌,表层被第四系巨厚黄土覆盖,黄土经长期的剥蚀、切割形成复杂多变的樑、塬、峁、坡、沟等地形,起伏变化剧烈,沟壑纵横,沟塬高差最大可达300~350m(图4—20)。沟中多为砾石、淤泥,潜水面变化大(50~150m)。

黄土具有"两低两大一连续"的基本特点。两低:密度低、含水率低;两大:孔隙度大(>20%)、吸收衰减大;一连续:纵向地震波速度连续变化。微测井成果表明,潜水面以上黄土层无明显速度分界面,地震波速度随深度加深缓慢加大。黄土岩性根据其密度和含水程度自上而下大致可分为三层:第一层为干黄土,性质干燥疏松,厚度10~30m,层速度300~

沙草地典型地貌　　　　　　　　　　　　　　　局部碱滩

图4-17　北部沙漠草原区典型地貌照片

图4-18　低降速层厚度图

500m/s；第二层为潮湿黄土，厚度40~80m，层速度800~1000m/s；第三层为含水黄土，厚度50~100m，层速度1700~1800m/s（图4-21）。

3）干扰波情况

不同的地表条件下，地震记录表现复杂多样，北部沙漠草原区干扰波相对较少，规律性强，主要为强折射波，速度为1700m/s左右，频率从10~150Hz都有。面波频率在8~20Hz之间，速度300~800m/s，浅层折射波主频在20~30Hz之间，视速度1600~1800m/s。黄土山地区受起伏地表影响，静校正问题突出，同时黄土山地区地震记录具有明显的黄土鸣震、次生干扰等。随着油气勘探的深入，外界油气田设备成为了主要的外界干扰，对记录面貌影响较大（图4-22）。

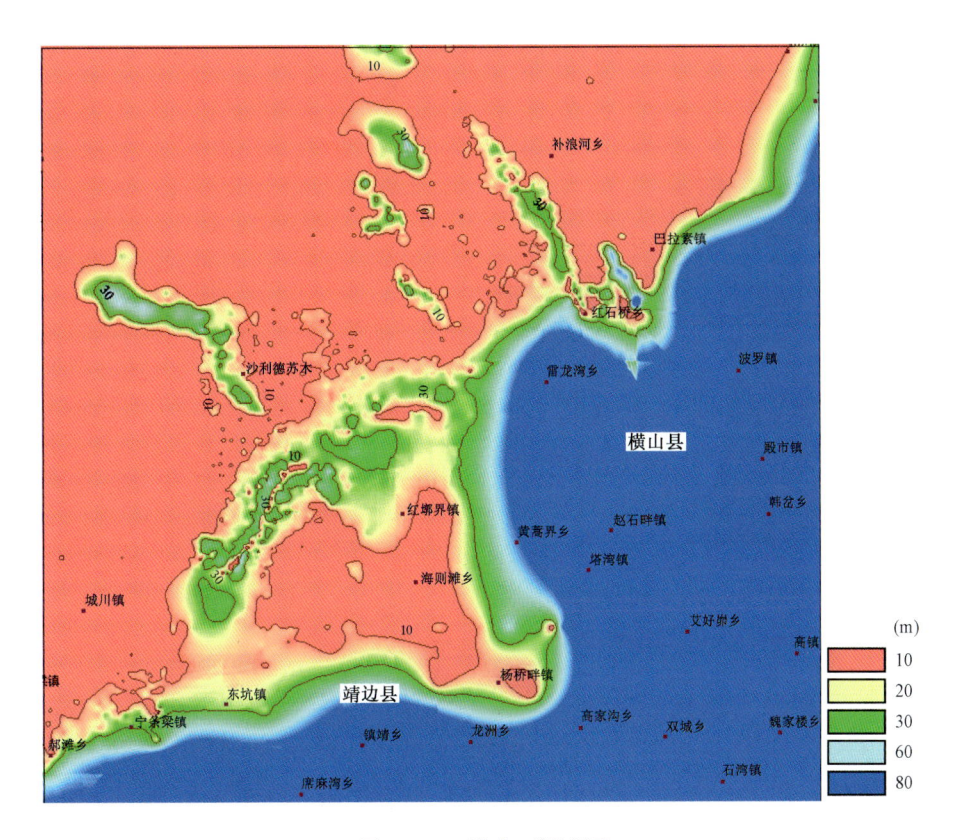

图 4 - 19　潜水面深度图

图 4 - 20　南部黄土山地区典型地貌照片

2. 深层地震地质条件

风化壳储层主体分布于鄂尔多斯盆地伊陕斜坡。伊陕斜坡为鄂尔多斯盆地的主体，是一个由东北向西南方向倾斜的单斜构造，地层较平缓，在西倾单斜的背景上发育了少量的鼻隆构造，倾角不足 1°，构造不发育。

本区沉积地层相对较全，除缺失志留系、泥盆系和下石炭统外，从元古宇到第四系的其他地层均有分布，各层为平行不整合或整合接触关系。

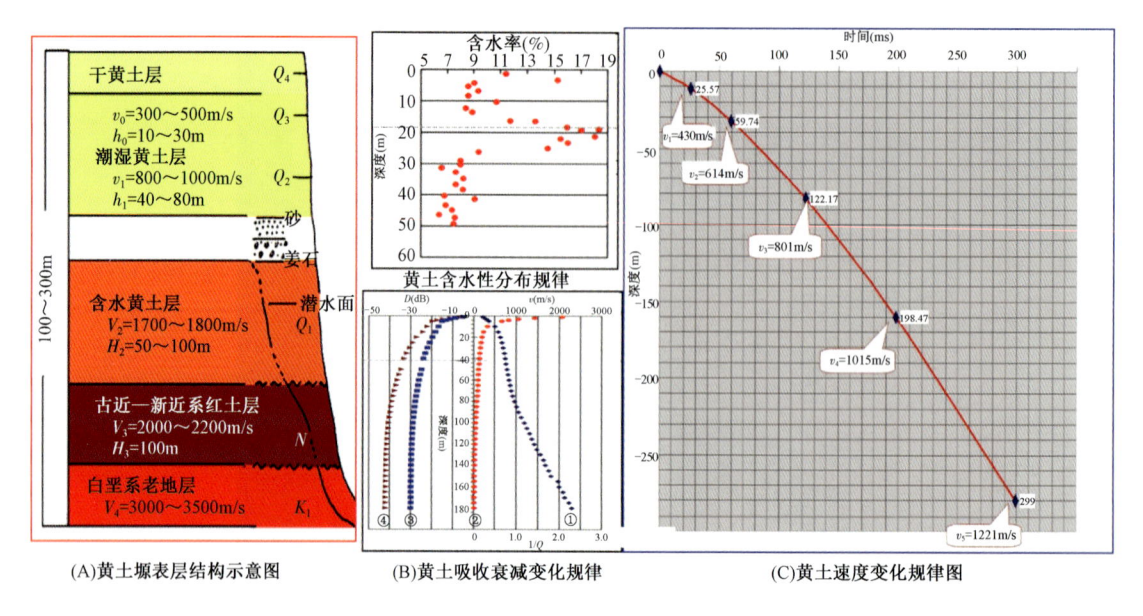

(A)黄土塬表层结构示意图　　(B)黄土吸收衰减变化规律　　(C)黄土速度变化规律图

图4-21　黄土表层结构调查

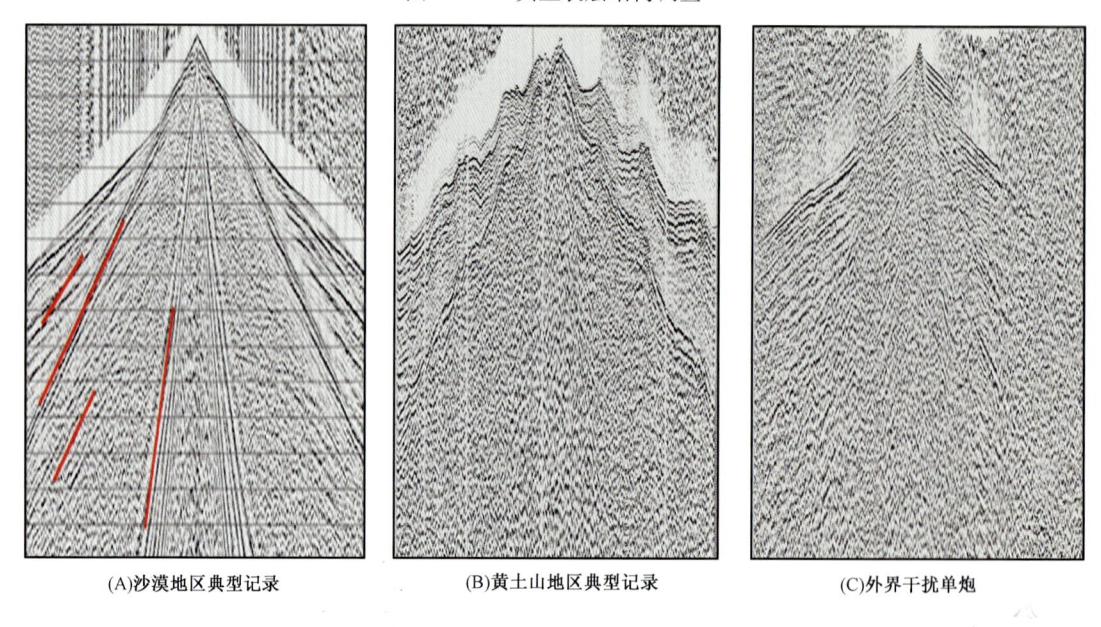

(A)沙漠地区典型记录　　(B)黄土山地区典型记录　　(C)外界干扰单炮

图4-22　区内典型地震记录

(二)地震勘探资料采集配套技术

1．精细表层调查及建模技术

1)沙漠草原区表层结构调查建模技术

利用微测井、小折射、大折射、双边相遇折射技术，对近地表结构进行精细调查，一般做到1个/km，确保能够对近地表结构进行精细刻画。利用三次样条插值函数，建立二维近地表结构模型，应用协克里金函数进行三维近地表结构模型插值。

逐步建成了北部沙漠区近地表结构大数据库，为地震采集各项参数的确定、技术方案的设计，提升地震勘探资料综合品质提供了保障。

2)黄土塬区表层结构调查建模技术

巨厚黄土塬地区低降速层较厚,且山大沟深、交通不便,常规方法难以实施。为了详细研究黄土塬地区的近地表结构、虚反射界面、深度—速度关系、岩性含水性特征、激发因素与表层黄土结构之间的关系等,优选激发井位和井深,确保激发效果,提高静校正精度和地震剖面品质,系统地开展了深井微测井、MVSP 三分量检波器深井微测井、高频瞬变电磁测深法及表层黄土逐向垂向密集取心等多项精细黄土表层结构调查工作,形成了巨厚黄土塬地区精细表层结构调查技术系列。

(1)浅井岩性取心调查胶泥和测试黄土含水性。

对各炮点表层黄土采取高空间密度垂向取心。原则上每一个取样点和炮点段上每个激发点都要进行取心,每米一个取样点,分析胶泥含量等,用以指导优选激发岩性。

利用深井微测井对黄土速度开展调查,对取心段含水率定性、定量测定,为黄土塬地区不同地表模型的建立提供依据,用以指导激发参数设计和静校正模型的建立。含水率定性、定量测定时,可利用样品烘干前后的重量测定有效含水率。

(2)MVSP 三分量检波器深微测井调查巨厚黄土表层结构。

在进行双井微测井和激发生产时,同时进行 MVSP 三分量检波器接收,激发每一个药包的同时,在同一深度放置 MVSP 三分量检波器同步接收,其目的是对不同深度的黄土进行纵横波速度、Q 值等分析。

(3)大炮初至反演求取黄土表层结构和静校正量。

受黄土山地地形影响,常规微测井、小折射调查近地表结构模型受到很大限制,因此利用大炮初至反演,利用层析静校正方法和折射波静校正方法,可以有效建立近地表模型。

初至折射波反演表层模型的公式为

$$h = \frac{t_d g v_w}{\sqrt{1-\left(\dfrac{v_w}{v_r}\right)}}$$

式中 h——模型厚度;

t_d——延迟时;

v_r——折射界面速度;

v_w——表层速度。

从公式中看出,要计算厚度 h,需要知道延迟时 t_d、折射界面速度 v_r、表层速度 v_w,缺一不可。通常延迟时和折射界面速度是从大炮初至时间计算得来,而表层速度无法从大炮记录准确提取。因此,大炮初至折射波在没有准确表层速度条件下建立的表层模型是不准确的。虽然模型不是很准,但其对静校正量计算影响并不大,原因是上面公式中 h 与 v_w 呈正比关系,v_w 增大,h 也增大,这样时间计算公式 $t=h/v_w$ 中,h 与 v_w 会有抵消作用,减少了 v_w 误差对静校正量精度的影响。

2. 逐点精细激发设计技术

在常规地震勘探资料采集中,激发每一个单炮的品质要求都非常严格,为了更经济、更合理地提高地震单炮资料品质,创新应用了逐点激发因素设计技术(图 4-23):

主要的设计思路是利用精细近地表结构模型,设计激发层位,一般情况下,选择在潜水面以下的高速层中激发,激发井数选择在 1~2 口井,单井药量 10~12kg,资料品质高。在局部

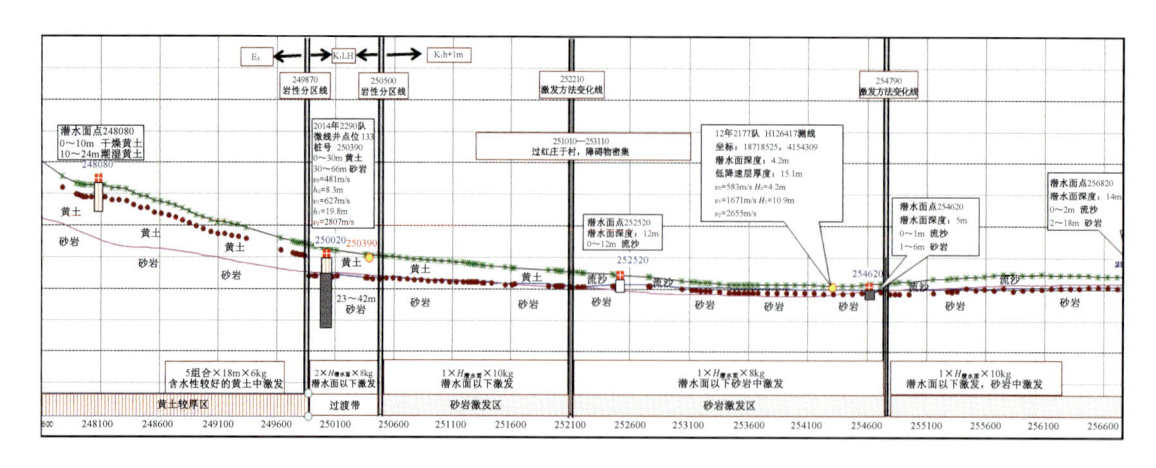

图4-23 沙漠草原区逐点激发因素设计

低降速层厚度巨厚区(>80m区域)钻遇高速层经济性较差，可实施性低，因此在这些区域一般选择在潜水面以下或风化砂岩中，采用3~5口井，单井药量10~14kg，可获得较好的激发效果(图4-24)。

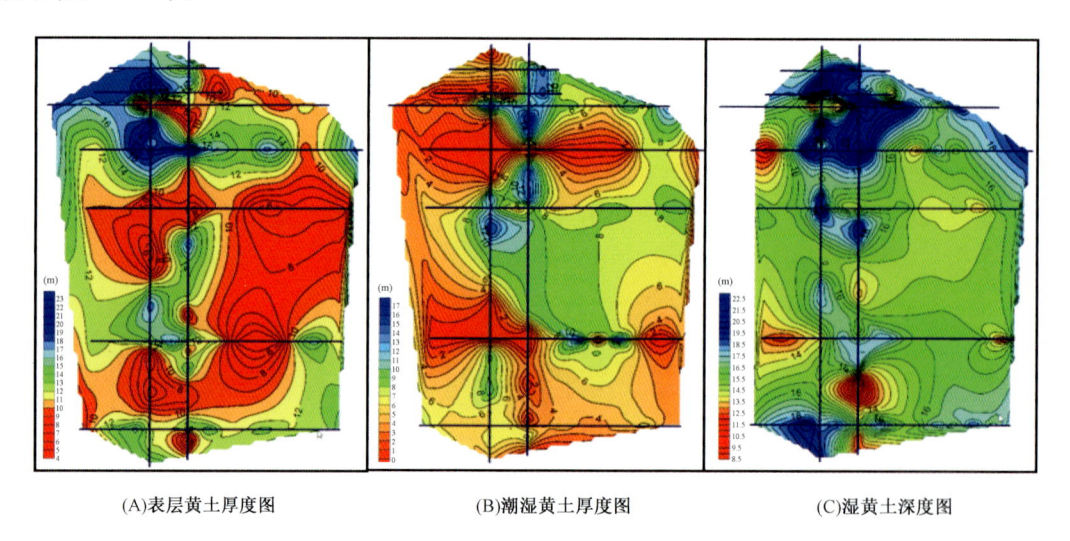

(A)表层黄土厚度图　　(B)潮湿黄土厚度图　　(C)湿黄土深度图

图4-24 黄土山地区逐段含水性调查结果建模

由于鄂尔多斯盆地黄土巨厚，无法打到潜水面以下或在高速层中激发。经过多年的摸索、试验、施工实践，形成了黄土山地区黄土含水性及岩性调查后逐点设计井深技术。其主要设计思路是：在勘探前期，逐线、逐段(一般选择500m)进行黄土浅井岩性取心调查黄土含水性，含水性、压实性较好的黄土层也是激发效果最理想的层位，在调查结束后进行建模(图4-25)，沿测线方向建立最佳含水层剖面图，插值选择激发最佳深度，选用5~11口井激发，单井药量3~4kg。黄土含水性调查及逐段设计激发技术是黄土山地原始资料获得显著提升的关键技术。在含沙的潮湿黄土中与潮湿黄土中激发，选用相同激发井数和药量，资料品质差异明显，尤其是高频段能量差异较大(图4-26)。

3. 黄土塬弯线采集配套技术

因为黄土塬区复杂的地貌、地表、浅地表条件等原因，在黄土塬上进行地震勘探一直是世界性难题，弯线采集技术虽然影响到了剖面的真实性，但它的应用在一定程度上克服了黄土巨

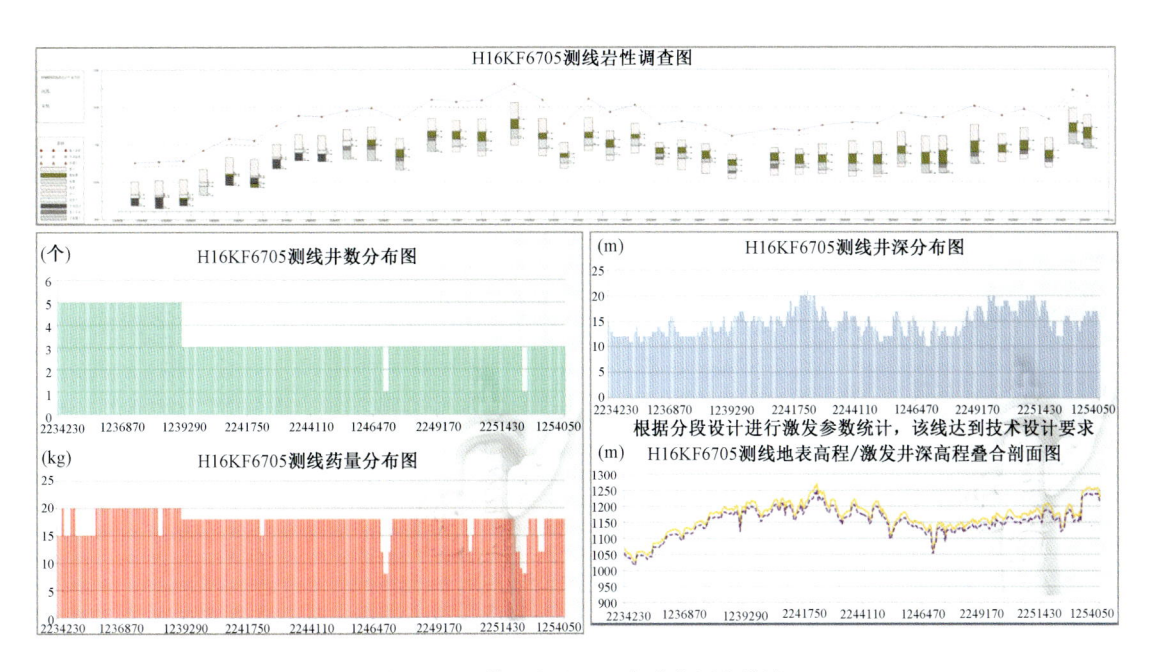

图 4-25　黄土山地区逐点激发因素设计

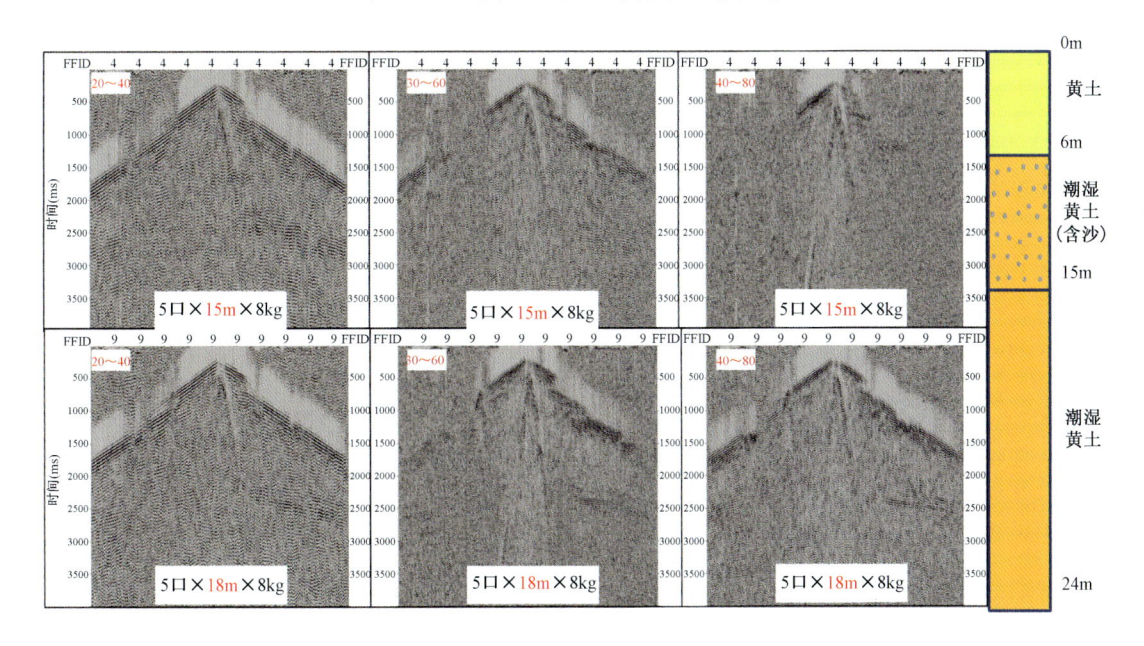

图 4-26　黄土山地区不同激发岩性下资料对比

厚、地表不平、沟坡陡峭、激发接收质量不佳等困难,并取得了较好的效果。

弯线道距、炮点距、理论覆盖次数、接收道数和最大炮检距的选择,一方面可参照二维直线方法,另一方面需要在不同表层结构的地区进行实地试验,根据弯线路径的弯曲弧度,充分考虑炮检中点的分散距(指由于路径弯曲引起各炮检中点偏离面元中心线的垂直距离)和离散距(因界面倾斜引起各实际反射点向界面上倾方向偏离炮检中点自激自收点的距离)。首先要根据探区表层结构、目的层埋深等地球物理参数进行参数论证,确定基本采集参数。采用弯线勘探时,炮检中心分散在一个条带内,数据处理中根据分散的炮检中点自动拟合或人工定义一条面元中心线,以此中心线为基础进行面元网格化。

最大炮检距设计主要从以下两个方面进行研究:叠加成像要求的最大炮检距和地震时窗要求的最大炮检距。观测系统道距主要从横向分辨率和空间假频角度分析,覆盖次数主要考虑目的层的有效覆盖次数、资料的信噪比、干扰能力以及进行 AVO 等叠前分析时资料的近、中、远炮检距的覆盖次数要求等。

4. 黄土塬多线采集配套技术

黄土塬区的相干干扰、次生干扰、黄土谐振干扰极其严重。复杂地形影响的空炮、空道造成的反射空白段,以及激发能量在悬崖、陡坎侧面逸散造成的不良反射段,破坏了共反射点(面元)的属性,且黄土巨厚、干燥疏松、厚度横向变化剧烈、对地震波吸收衰减严重,无法保证全线均匀的高覆盖次数叠加,种种原因造成黄土塬区地震勘探难度大。为解决这种现实问题,在黄土塬区沿沟弯线高分辨率采集技术和黄土山地直测线采集技术成功的基础上,发展起来的黄土山地多线采集技术。

多线采集借鉴了二维测线、三维观测和邻道面元叠加的方法:即参考三维、宽线的观测方式,利用黄土塬独特的静校、去噪和邻道面元叠加的方法,但有别于三维、多线的观测。三维、宽线为了获得优良的三维数据体,一般采用较大的线距(200～400m),具有较大的方位角接收,但黄土塬多线地震采集为了压制干扰波获得高信噪比二维剖面,一般依据干扰波研究结果,设计最佳的线距(一般为 20～60m)以获得最佳炮检联合组合方式。

(1)多线接收增加了覆盖次数提高了对干扰的压制能力;
(2)多线接收增加了炮点优选的机会,降低了空炮概率;
(3)确保全线均匀的高覆盖次数叠加,多线接收是宽方位接收。不同的接收方向,悬崖、陡坎能量的侧向逸散造成的"不良反射段"是不同的,相邻道叠加时,大大消除了"不良反射段"的影响,从而保证了多线均匀高覆盖面元叠加;
(4)邻道叠加压制干扰,可以依据黄土区干扰波发育的特点,设计适当的点阵(线距、道组合点数、点距、基距)来压制干扰。

5. 黄土塬非纵测线配套技术

黄土塬非纵测线配套技术就是消化吸收了三维地震的优点,设计合理的非纵距,即炮点到接收线的垂直距离,实际上就是三维观测系统中某一炮到某一条接收线的非纵距,从传统的二维线元叠加过渡到类似三维的面元叠加,提高压噪效果,从而提高了资料的信噪比和分辨率。二维非纵观测的理论基础就是一种特殊的三维观测系统。

1)黄土塬非纵地震勘探攻关技术

黄土塬非纵地震勘探技术理念就是采用二维的方法尽量避开近炮点强面波干扰,二维模拟三维采集与处理方法,压制地面和近道的各种不规则干扰,从而提高资料品质。

在充分消化吸收黄土塬多线和三维优点的基础上,通过设计合理的非纵采集参数,尽最大可能创造更宽的叠加道集方位角,压制噪声和提高信噪比、分辨率的原理,寻求合理的非纵勘探方法。

图 4-27 为黄土塬非纵野外排列布设方法示意图,在以往非纵采集采用单边线激发的基础上进行了改进,采用双边线激发,可以得到更宽方位角的叠加剖面。

非纵观测系统扩大了采集方位角(图 4-28),对于拓展频宽起到了关键作用。

2)黄土塬非纵采集的理论分析

为保证资料在同一面元内不同非纵距及方位角在整个道集内动校后能同相叠加,最大非

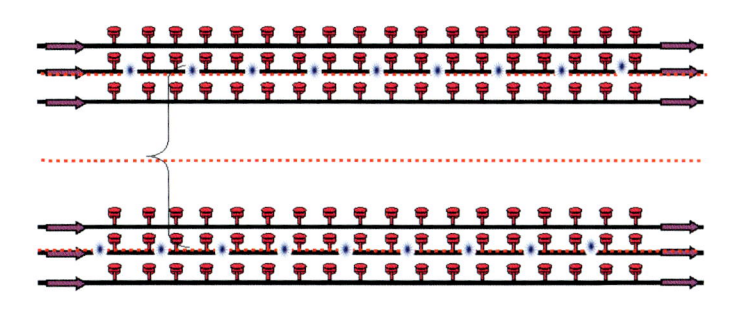

图 4-27 黄土塬非纵野外排列布设方法示意图

(A)黄土塬纵测线玫瑰图　　　　　　　　　　(B)黄土塬非纵测线玫瑰图

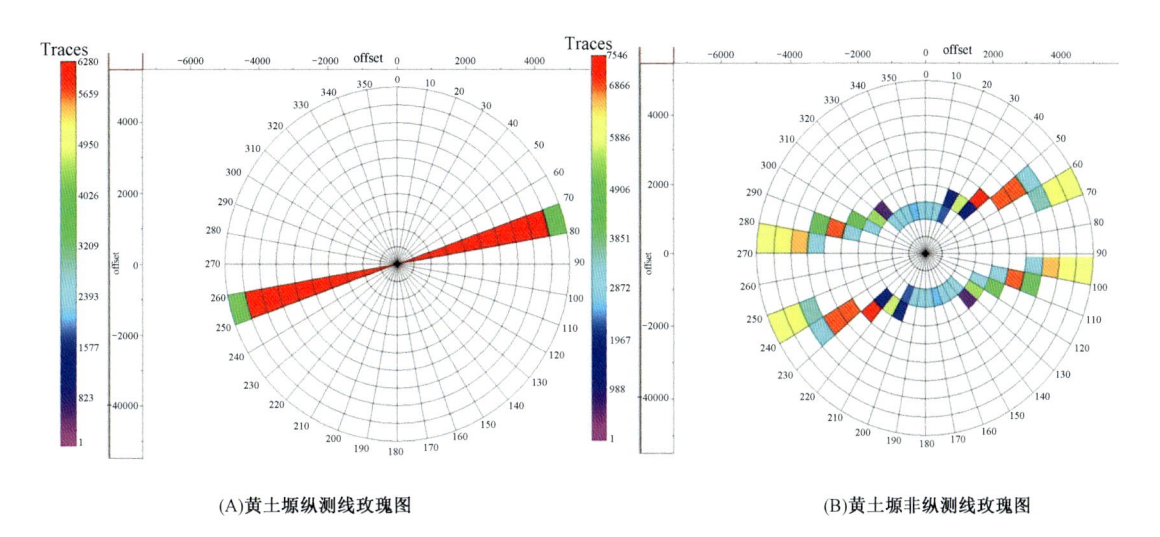

图 4-28 黄土塬纵测线、非纵测线玫瑰图

纵距需满足：

$$y_{\max} \leqslant \frac{v_a}{\sin\theta}\sqrt{2t_0\delta_t}$$

式中　v_a——平均速度,m/s;

　　　θ——地层倾角,°;

　　　t_0——目的层双程旅行时,s;

　　　δ_t——非纵观测误差,一般小于 $t/4$。

针对鄂尔多斯盆地主要反射界面多为水平的情况,所以最大非纵距选择理论上可以很大。一般需要考虑目的层绕射收敛的最大出射角 θ。

通过试验资料分析,不同非纵距所得到的资料品质有非常明显的差别,选择合适的非纵距参数是相当重要的。非纵距的选择要根据有效目的层埋深和反射地震窗的时空位置,以及希望避开的主要干扰的时空位置决定。

3）非纵观测的共深度点时距曲线

从地震反射波的时距曲面方程来看非纵测线共深度点时距曲线方程。假设地面 Q 为平面,反射界面 R 与地面夹角(倾角)为 ψ,界面上部速度为 v,测线沿 X 轴方向布设。取 O 为坐标原点,z 轴垂直向下。如果在 O 点激发,沿 X 测线上的任意点 $S(x,y,0)$ 观测时,在 S 点接收到反射波所走的路经为 OBS。从 O 点向反射界面作垂线 OA，将 SB 延长交 OA 的延长线于点 O^* (x_m, y_m, z_m)（虚震源），从图 4-29 可以得到 OBS = O^*S，因此对于任意点 S(x, y, 0) 来说，沿 OBS 传播的反射时间为

$$t = \frac{O^*S}{v} = \frac{1}{v}\sqrt{(x-x_m)^2 + (y-y_m)^2 + z_m^2} \qquad (4-1)$$

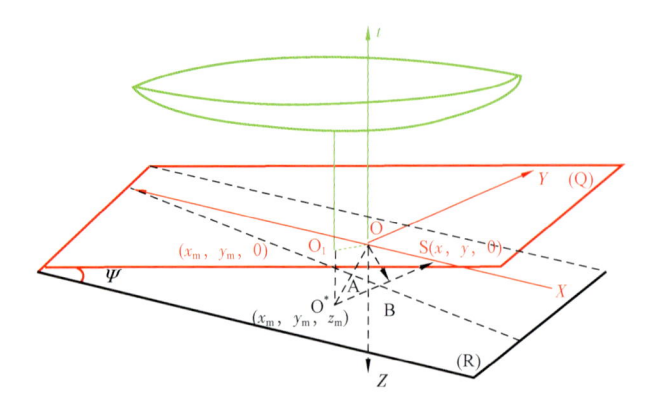

图 4-29 非纵测线反射波时距曲线示意图

这是一个旋转双曲面的方程，双曲面的轴通过 O^* 在地面的投影 $O_1(x_m, y_m, 0)$ 并与时间轴 t 平行。令 OA = h，称 h 为法线深度，从图可看出 $OO^* = 2OA = 2h$，方程(4-1)可写为

$$t = \frac{1}{v}\sqrt{x^2 + y^2 - 2xx_m - 2yy_m + 4h^2} \qquad (4-2)$$

方程(4-2)称为反射波的时距曲面方程。

鄂尔多斯盆地本部地下构造简单，呈西倾单斜，地层倾角不足 2°，可近似于水平界面，因此有 $x_m = y_m = 0$，方程(4-2)可写成

$$t = \frac{1}{v}\sqrt{x^2 + d^2 + 4h^2} = \sqrt{\frac{x^2}{v^2} + \frac{d^2 + 4h^2}{v^2}} = \sqrt{\frac{x^2}{v^2} + t_0^2} \qquad (4-3)$$

$$t_0^2 = \frac{d^2 + 4h^2}{v^2} \qquad (4-4)$$

此时时距曲线也是双曲线，与纵测线完全一致。

工区采用直测线生产，反射界面又近似水平界面，因此在非纵观测时，激发点与各接收点的连线是共线性的，这种共线性就决定了各共中心点所对应的反射点分布是共反射点。这种情况下多次覆盖叠加遵循传统的直测线共反射点叠加方法。

4）黄土塬非纵观测误差估算

根据理论分析，当测线平行地层倾向，非纵测线的观测误差公式为

$$\Delta t = t_0' - t_0 = \sqrt{\frac{y^2\sin^2\varphi}{v^2} + t_0^2} - t_0 \qquad (4-5)$$

式中 φ——地层的真倾角；

y——非纵距。

当测线垂直地层倾向,非纵测线误差公式为

$$\Delta t = t_0' - t_0 = \sqrt{t_0^2 - \frac{y^2 \sin^2\varphi}{v^2}} - t_0 \qquad (4-6)$$

因为鄂尔多斯盆地目的层倾角很小,只有 1°~2°,以该区主要目标层 T_{17} 为例计算,地层的真倾角为 2°,速度为 3750m/s,式(4-5)和式(4-6)中 $\frac{y^2 \sin^2\varphi}{v^2}$ 近似等于 0.000086,可视其非纵观测的误差近似为零。

5) 复杂障碍物区非纵观测的二次选线配套技术

鄂尔多斯盆地黄土塬区各种障碍物密集,特别是在村庄、农田密集区,各种干扰设施多,造成空炮、炮点偏移等情况较多,局部覆盖次数不均匀,减药量等因素造成资料品质降低。

利用高清卫照和航拍资料室内对大型障碍物进行标注,对不能确定的障碍物进行现场调查,确认障碍物的分布范围,依据 HSE 和工农情况确定安全距离范围,根据部署和技术要求设计测线偏移方案。

利用 50cm 分辨率航测影像数据,结合卫星照片开展复杂障碍物区的二次选线的方法。在无其他障碍物情况下,尽可能设计较小的偏移角度,对比拐三角和拐梯形两种方案,选择最合理的一种。

把障碍物输入 mesa,利用软件自动避障功能放炮之后,炮点将垂直/平行偏移到安全距离之外就近的网格上。为了尽量减弱软件自动避障之后,对覆盖次数和偏移距等观测系统属性的影响;结合个别野外实际障碍物变化和地形因素,炮点做一定的调整,效果较好(图 4-30)。

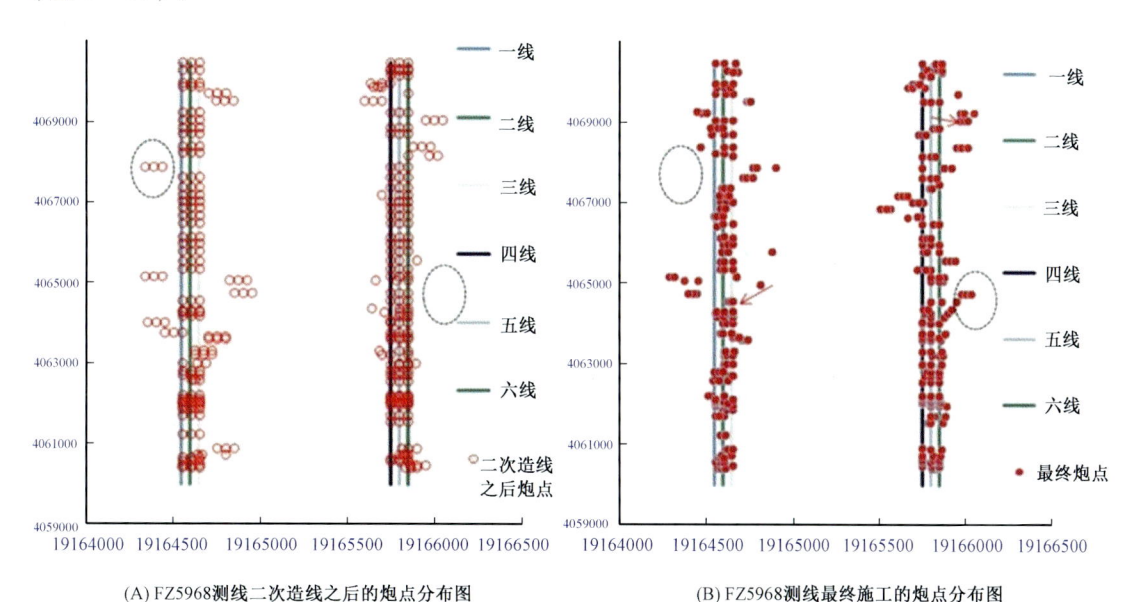

(A) FZ5968测线二次造线之后的炮点分布图　　　　(B) FZ5968测线最终施工的炮点分布图

图 4-30　二次选线之后炮点做一定的调整后对比图

为了实现"正交去噪"观测系统,在对炮点调整时不仅考虑到 Inline 方向的均匀性,并且还考虑到每一组炮点位置和 crossline 方向平行。在障碍物密集区,通过增加接收线数,在确保安全的前提下,保证覆盖次数均匀性和设计要求,完成地震部署。

6. 高精度全数字地震采集配套技术

数字检波器具有高灵敏度、畸变小的特点,与常规模拟检波器性能的对比:理论数据数字检波器线性响应可达 800Hz,振幅特性平坦且增益无变化;从实际资料的频谱对比来看,数字检波器在低、高频段均具有较高的频率响应;对相邻段的地震记录进行统计分析,全数字检波器原始记录主频达到 32Hz,常规模拟检波器主频为 22Hz(图 4-31)。因此选用全数字检波器,可以有效拓宽地震勘探资料频带,为更好地利用地震勘探资料奠定基础。

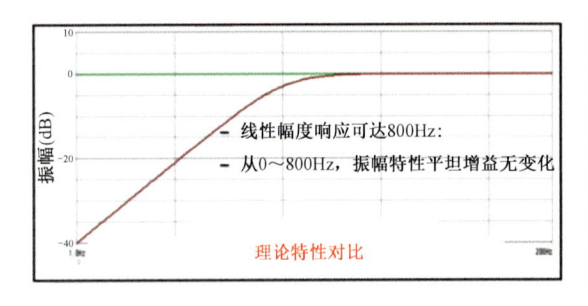

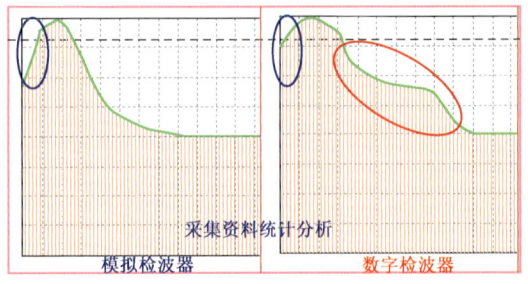

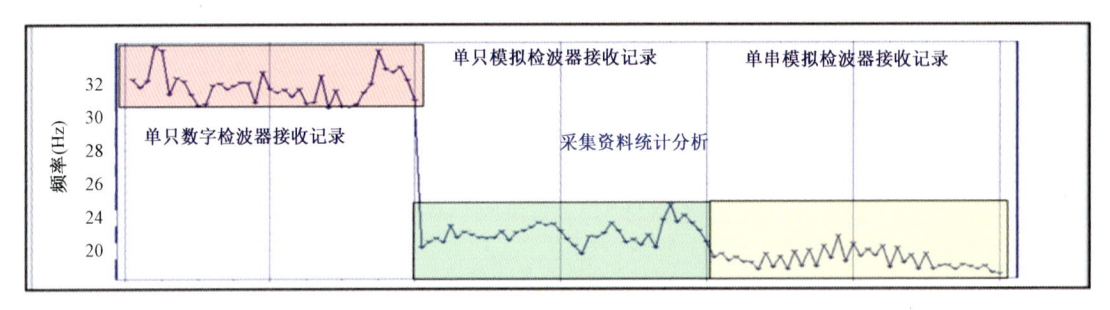

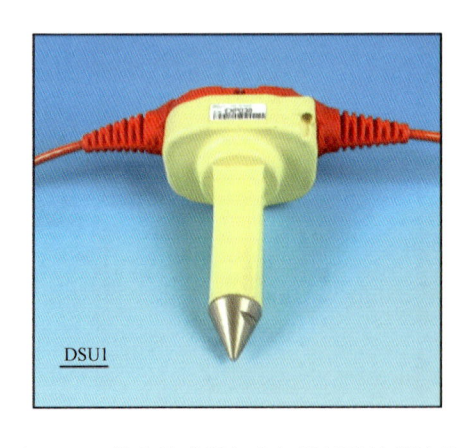

图 4-31 数字检波器与常规模拟检波器性能对比

不可否认的是,采用单点接收以后,原始资料的信噪比产生了大幅下降,因此为了确保最终资料应用效果,通过小道距采集,室内超道集组合达到合理压制噪声和提高弱反射信噪比、分辨率的目的。图 4-32 展示了在合理去噪后的 CDP 道集资料和叠加资料对比,可以清晰地看到,由于数字检波器畸变小,较好地解决了道集资料大偏移距处波形畸变问题,为叠前储层预测技术的利用奠定了坚实基础,从而有效指导井位部署。

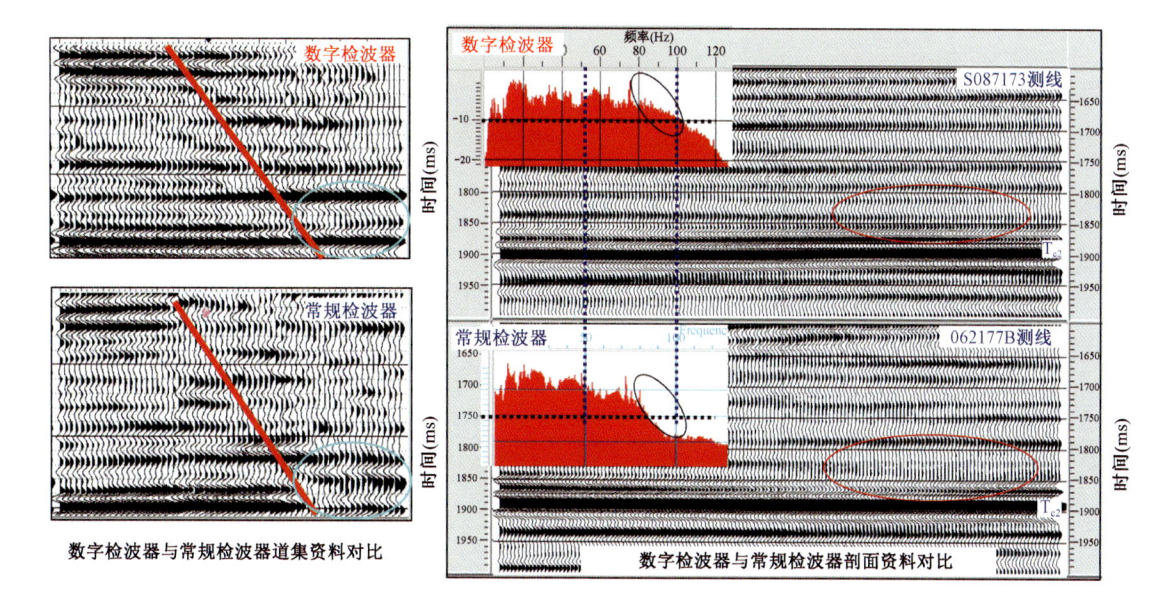

图4-32 数字检波器与常规模拟检波器CDP道集与叠加剖面对比

7. 高密度束线采集配套技术

1) 高密度束线观测系统设计

2011年在鄂尔多斯盆地西部复杂构造区进行了高密度束线的技术攻关，采用了5炮10线的观测系统，在后期的处理中进行抽线、抽炮，分析对比，确定了以3炮4线为主的束线状观测系统（图4-33）。其优势在于：利用多线提高覆盖次数，大幅提升资料信噪比；由于多线采集，可以对表层线性干扰、随机干扰进行有效压制，从而提升成像质量；激发点设计采用3线设计，结合4线检波器接收，可以利用三维去噪模式，大幅提升资料信噪比。

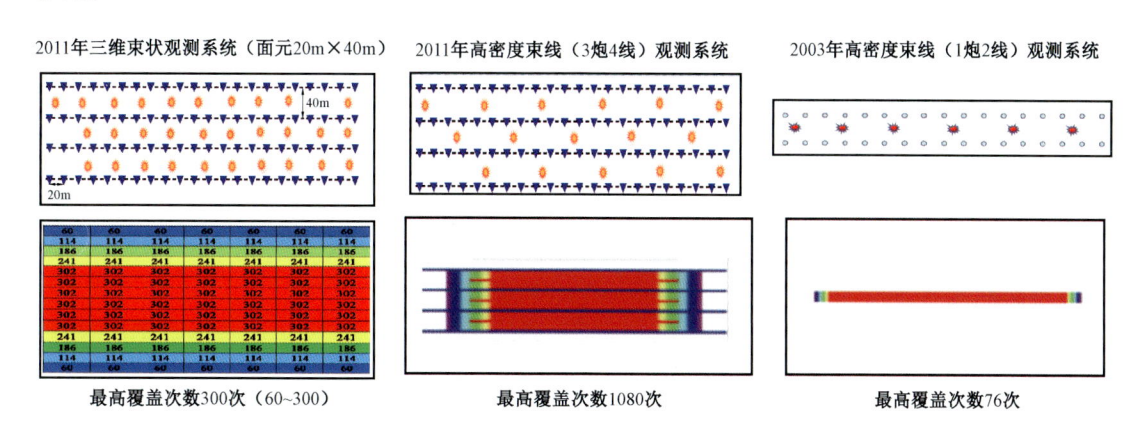

图4-33 高密度束线观测系统攻关示意图

通过高密度束线观测系统与以往常规多线采集直测线面元内属性对比（图4-34），可看到近中远偏移距炮检对分布更均匀，密度更高，方位角更宽，可以在一定范围内应用三维去噪模式。图4-35是高密度束线利用三维随机域去噪和常规二维随机域去噪对比，可以看到采用高密度束线三维随机域去噪，深层奥陶系资料信噪比有了较为显著的提升。

— 169 —

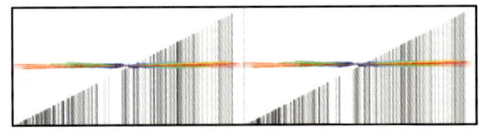

以往黄土山地采集方案炮检对分布　　　　　2014高密度黄土山地采集方案炮检对分布

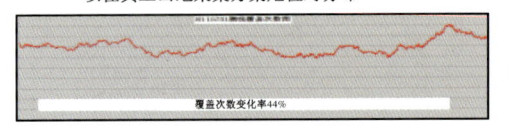

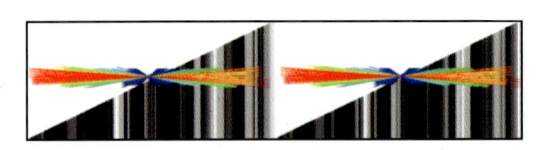

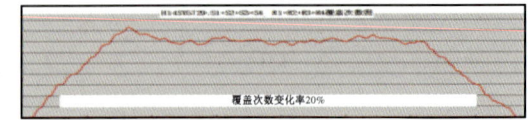

以往黄土山地采集方案覆盖次数分布　　　　2014高密度黄土山地采集方案覆盖次数分布

图 4-34　常规多线采集与高密度束线采集面元属性对比

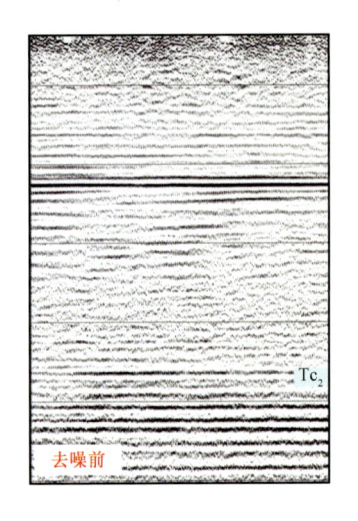

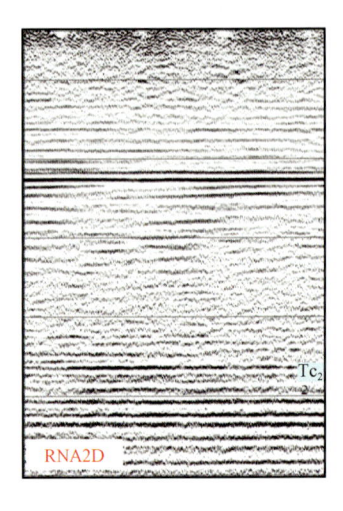

图 4-35　高密度束线利用二维随机域去噪与三维随机域去噪对比

采用高密度束线采集资料，道集内近中远偏移距信息更加丰富，尤其是对不同道集域噪声采集更充分（图 4-36）。对噪声在各域的充分采样，可以有效去除影响叠加成像的线性噪声。对 CDP 域道集资料充分去噪，可以有效提升叠前 AVO 反演精度，减少假象。

2）均匀高密度激发技术

伴随着社会经济的迅速发展，安全环保要求不断提高，利用井炮多井组合激发，一味追逐单炮品质，在地震勘探发展上越来越显得捉襟见肘。密集的村庄、油气勘探设备、基础建设设施等，由于激发药量过大，不得不对激发点进行偏移，造成了覆盖次数差异较大，影响了最终偏移叠加成像效果（图 4-37）。

同时，过大的组合在高密度采集中，会严重影响高频成分，造成资料信噪比大幅降低，因此，不论从技术质量，还是安全环保，都应当选用更适宜的激发方式，提升均匀性，提高偏移成像效果，扩宽频带。图 4-38 展示了不同激发方式在障碍物密集区的分布，绿色圆圈为常规激发方式安全距离，内部黑色圆圈为小组合激发方式安全距离，可以看出，当选用 1~2 口井激发时，激发点与理论设计位置符合率提升了 20%，面元内近中远偏移距炮检对分布也更加均匀。

图 4-39 展示了选用不同激发方式的覆盖次数分布对比，可以看出在高密度束线观测系统下，选用多井组合激发（7~11 口），覆盖次数分布不均匀，且根本无法达到设计覆盖次数，而选用适当的少井组合激发（1~2 口），可以获得更高、更均匀的覆盖次数，更有利于偏移成像和信噪比的提高。

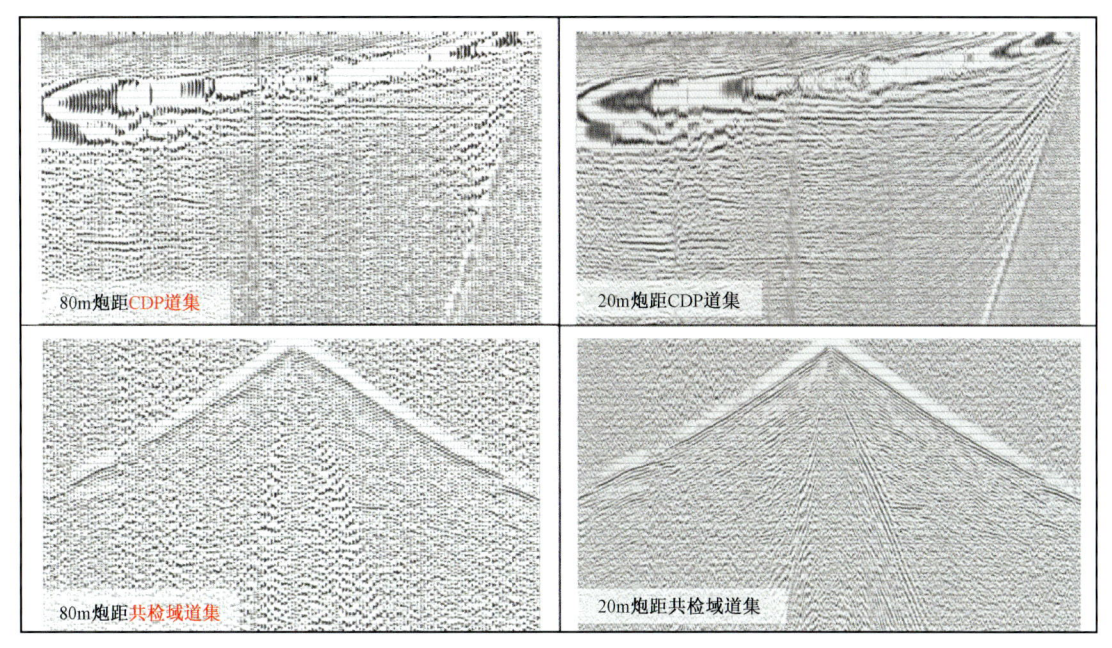

图 4-36 常规多线采集与高密度束线采集道集资料对比

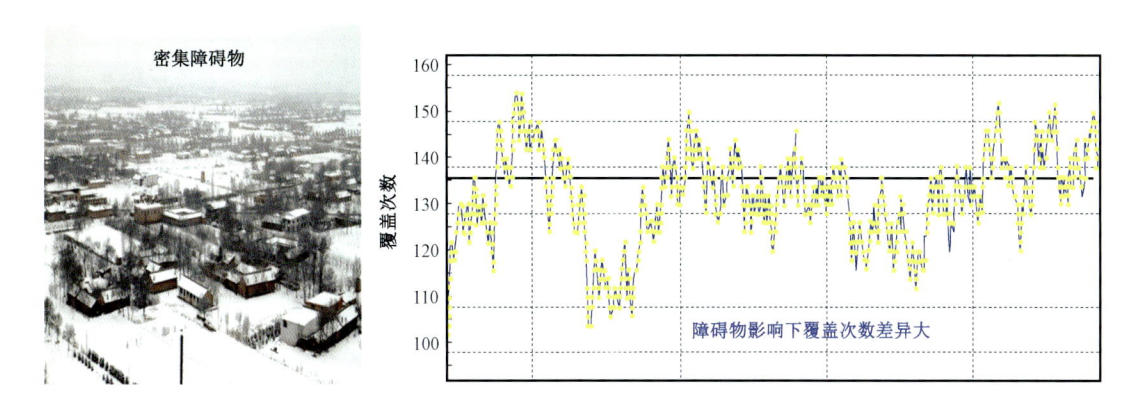

图 4-37 密集障碍物区对覆盖次数的影响

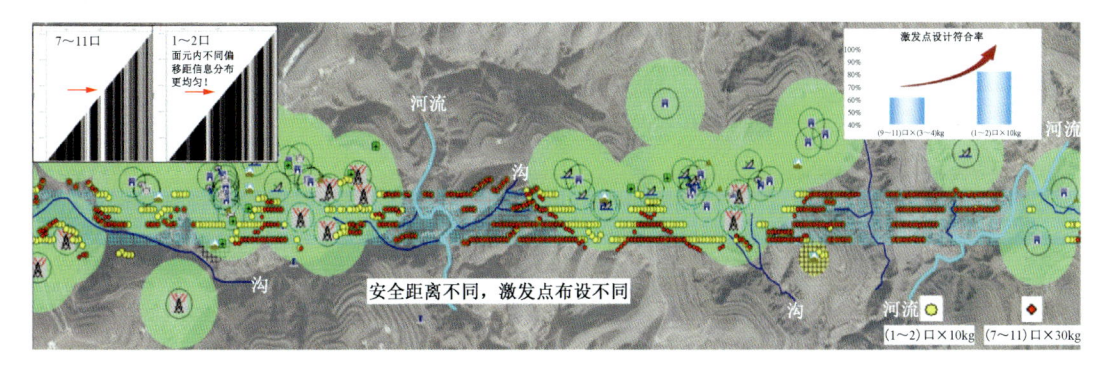

图 4-38 不同激发方式在障碍物区分布对比

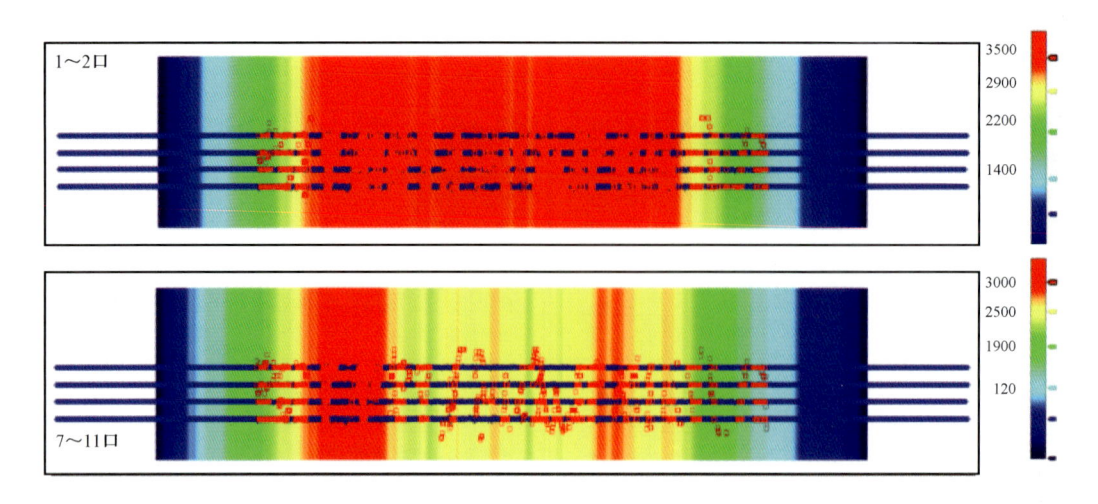

图4-39 不同激发方式覆盖次数分布对比

图4-40A 展示了选用不同激发方式的偏移成像对比,左图选用1口井744次覆盖,右图选用5口井150次覆盖,但成像效果差异却有本质的区别。密度更高、更均匀的激发接收方式,提高了偏移成像效果,对奥陶系目标区的分辨率也更高。

图4-40B 展示了选用不同激发方式的偏移成像对比,左图为选用2口井激发,右图选用5口井激发,可以看出,受地表障碍物影响,造成激发点均匀性变差,因此5口井激发资料储层内幕反射、风化壳成像均不如选用2口井激发效果好。

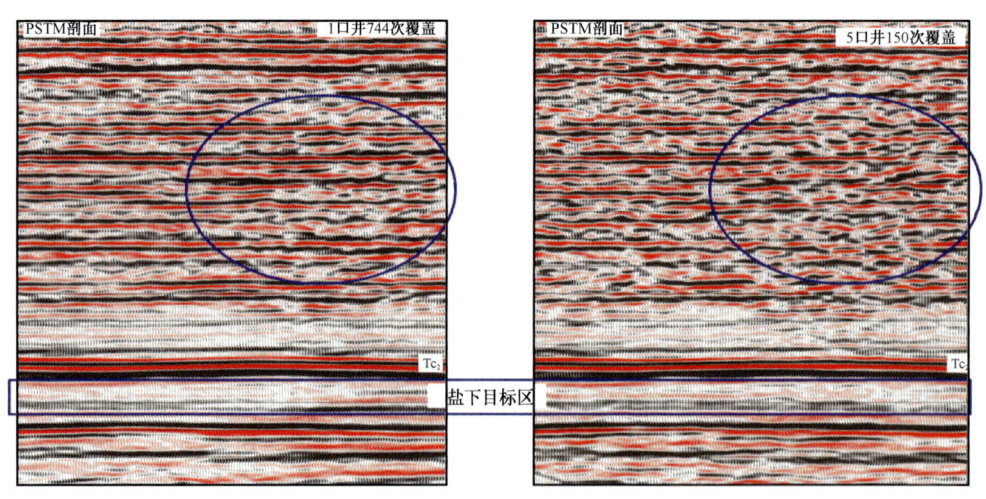

(A)不同激发方式偏移成像对比一

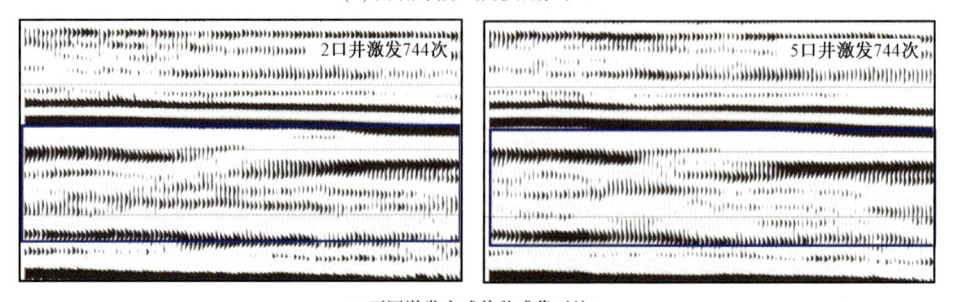

(B)不同激发方式偏移成像对比二

图4-40 不同激发方式偏移成像对比

因此在高密度束线地震勘探资料采集技术应用中,判断合适的激发因素选取原则应当是:有利于激发点位均匀布设;激发能量能够满足静校正初至拾取需求。

3)高密度接收技术

多年的采集经验说明,高密度地震勘探资料采集中,在信噪比允许的条件下,应当尽可能地选取小组合接收,或单点接收,从而最大范围的接收原始信息,提高野外采集资料的保真度,提升最终成像资料的分辨率。

8. 高精度三维采集配套技术

根据风化壳储层特点,在三维地震勘探资料采集设计中的基本思路是满足充分采样、均匀采样、对称采样,通过采用较小的面元,较高的覆盖次数,均衡的激发参数设计,正交、宽方位观测系统设计,提升对风化壳低幅度构造、裂缝发育带的有效识别,有效指导储层预测。经过多年勘探实践,形成了适用于鄂尔多斯盆地油气立体勘探的高精度、宽方位三维观测系统设计技术(图4-41)。

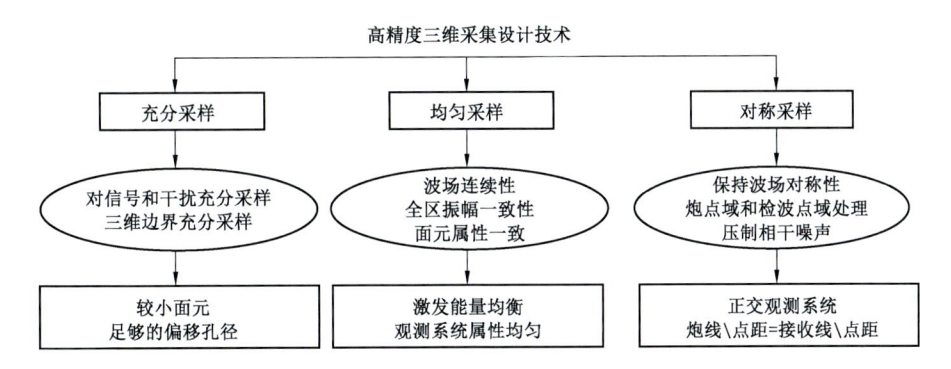

图4-41 高精度三维地震勘探资料采集设计思路

针对目标区的地表和地质特点,最大限度拓宽资料频带,以提高储层预测成功率为目标,重点在观测方向、三维观测方位、激发一致性方面进行参数优化分析。最大偏移距设计考虑目的层埋深、叠前储层预测需求。覆盖次数设计考虑不同炮检距分布均匀,远、中、近炮检距均有一定的信噪比。图4-42是盆地典型高精度、宽方位三维地震勘探资料采集采用的24线7炮224道接收192次覆盖观测系统的方位角和玫瑰图。

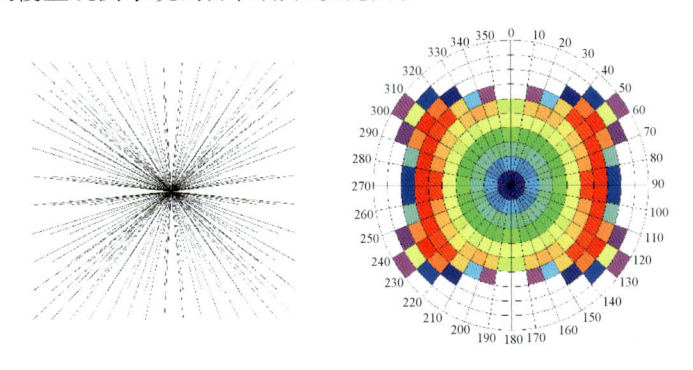

图4-42 24线7炮224道观测系统的方位角和玫瑰图

采用20m×20m小面元,提高空间采样率,提高对地下地质体的识别能力,也有利于折射静校正的计算。采用目的层横纵比0.8的宽方位,空间连续性好,炮检距分布均匀,确保了地质目标的照明均匀性,成像分辨率更高,有利于剖面叠加与属性分析,对识别具有明显方向性的裂隙储层信息更为有利。采用192次的高覆盖次数,48万道/km^{2}炮道密度,有利于提高资料信噪比,也有利于资料处理中偏移成像和含气储层的识别,提高资料对储层预测的精度。

二、地震勘探资料处理技术

在"沟槽控藏"理论指导下,应用东方公司自主研发的GeoEast软件开展处理解释一体化、地震地质一体化研究。实现了资料处理技术从常规到井控、从叠后到叠前、从各向同性到各向异性的三个转变。分频高能噪声压制及剩校后叠前多域去噪提高信噪比;地表一致性振幅迭代及VSP井控同步处理提高分辨率;各向异性叠前时间偏移等技术手段、措施有效保证了三维资料保真、保幅及偏移处理的资料品质(图4-43)。沟槽特征更清楚,井震匹配更好(图4-44)。

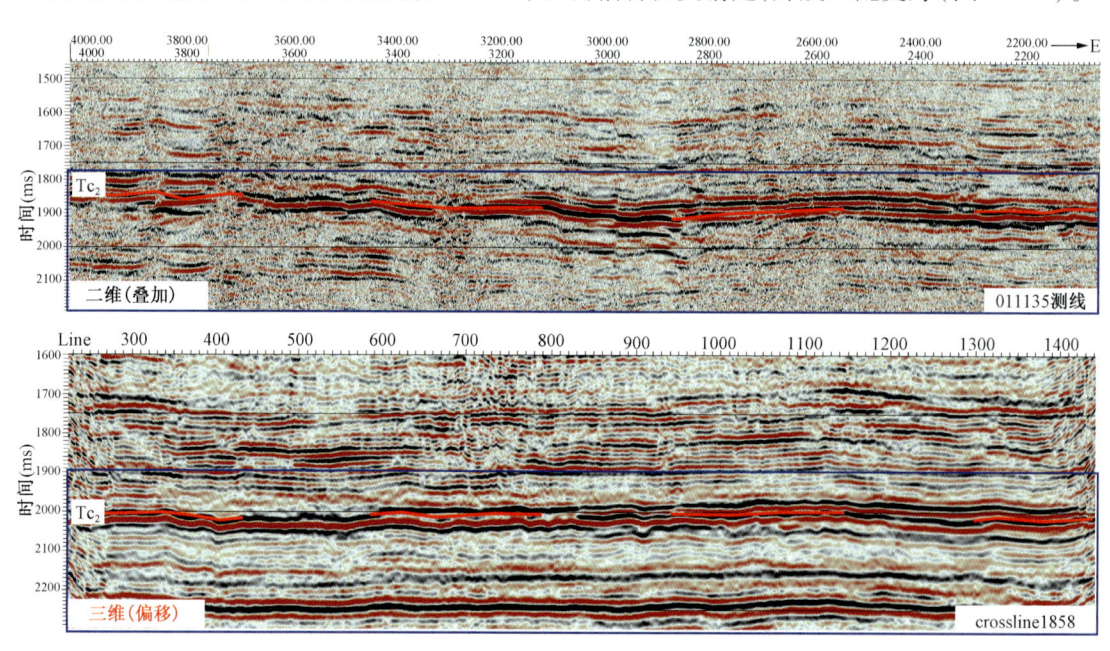

图4-43 三维(cross1858)偏移数据和二维(011135)叠加数据剖面对比

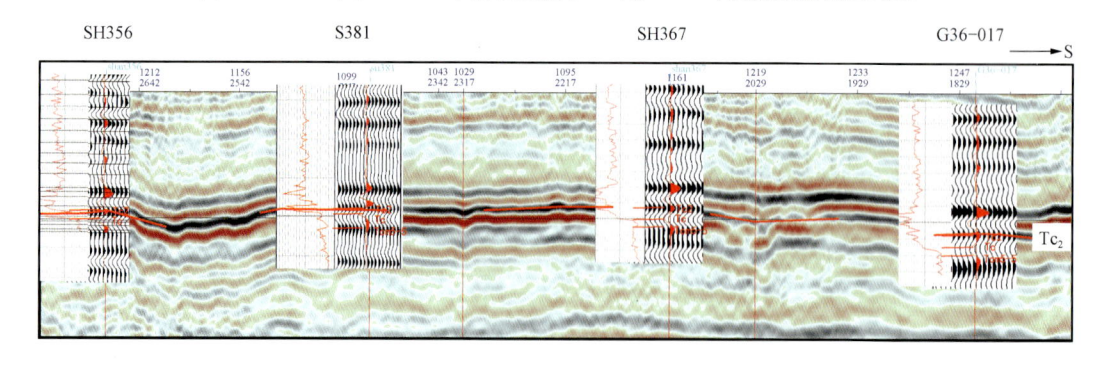

图4-44 S203三维连井剖面

(一)静校正技术

1. 初至折射波法

该方法基于常规的折射原理,可以较好地解决长波长和短波长静校正问题,适用于折射界面稳定的层状介质。

2. 线性模型反演

盆地主体地区近地表主要以层状介质结构为主，南部黄土塬，中部黄土沙漠过渡带，北部沙漠，地表起伏变化大，低降速带变化剧烈，静校正复杂，传统的初至波多域多次迭代方法难以取得满意效果。经过多种静校正方法试验和优选，线性模型反演静校正技术结合微测井资料能较好地解决该区静校正问题。线性模型反演静校正基本原理是通过记录初至拾取时间，给定一个初始慢度模型，使用射线追踪方法计算理论走时，通过空间面元分割及多次迭代的方法，在每个面元中对理论走时与观测走时确定残差量，如果残差量大于预先给定的误差级别，再修改慢度模型，重复上述步骤直到残差量小于预先给定的误差级别为止（图4-45）。

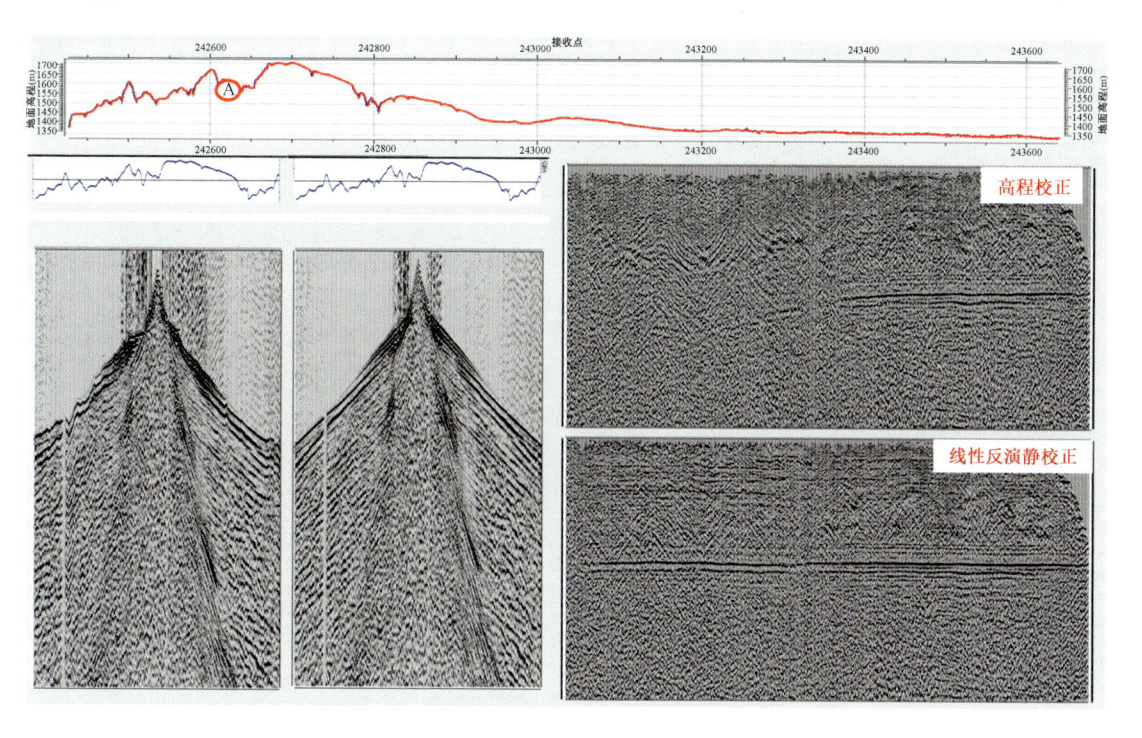

图4-45 H106334测线静校正前后单炮和剖面对比

3. 地表一致性剩余静校正技术

由于基础静校正和速度分析不可避免地存在误差，使得基础静校正和动校正后的数据还存在着明显的短波长静校正量，影响了资料的叠加效果。所以，在资料处理过程中，还要采用多次剩余静校正迭代的方法，消除反射波剩余静校正的问题。多次地表一致性剩余静校正技术迭代的方法解决资料残留的短波长剩余静校正问题，该方法是一种基于反射波地表一致性剩余静校正求取方法，综合利用了最大能量法、模拟退火算法和遗传算法三种算法的优点，交替式混合寻优来求解目标函数的最优解——即炮点、检波点的剩余静校正量。但由于该方法对速度有较高要求，所以在做全局寻优剩余静校正之前，一般要先做一次基于时差分解的剩余静校正来迭代求取一次较准的叠加速度。再利用非地表一致性剩余静校正来提高资料的成像精度，通过四次剩余静校正的迭代使用，有效弥补了黄土塬区资料因干扰严重造成初至拾取不准而带来的静校正误差。

(二)地表一致性振幅补偿技术

鄂尔多斯盆地近地表结构复杂,地震波能量在纵、横向均吸收严重,因此在资料处理前首先对其振幅进行补偿。利用地表一致性振幅补偿可以消除由于地表非均质引起的振幅在横向上的差异,包括主要炮点之间、道与道之间、不同偏移距之间的能量差异。补偿一般分为两个步骤:第一步用球面扩散补偿技术对地震波随深度变化能量衰减的补偿,第二步用地表一致性振幅补偿技术解决随偏移距变化能量衰减的补偿(图4-46)。

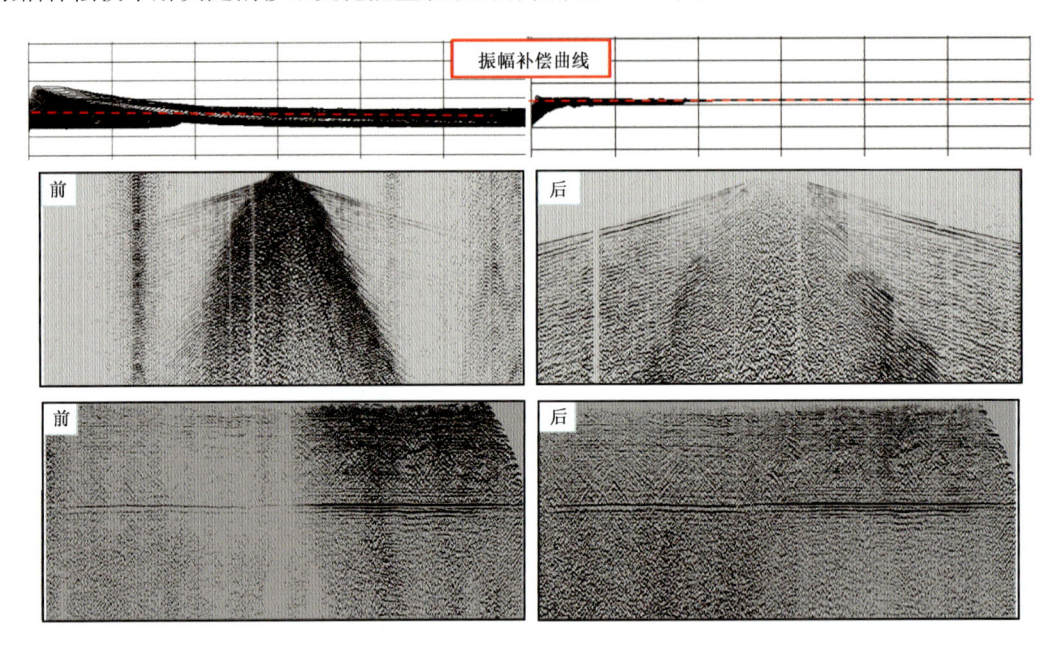

图4-46 H106334测线振幅补偿前后单炮和剖面对比

(三)叠前多方法、多域去噪技术

1. 线性噪声压制

地震勘探资料的主要线性干扰有面波、线性干扰、散射干扰等,在黄土山地过渡带还存在噪声能量很强、频率很高的"导波"等发散线性噪声。针对资料干扰严重的特点,在炮域应用压制线性及非线性的有效手段很好地去除各类噪声,利用有效波与干扰波的速度差异,在动校正后的炮集、道集进一步压制残留的线性噪声,同时采用二维叠前随机噪声衰减(PreStkRNA2D)技术,改善资料信噪比和有效波连续性,从叠加剖面上也可看出信噪比和同相轴连续性得到提高(图4-47)。

针对黄土山地过渡带地区存在"导波"干扰。消除办法是:第一步先量取导波的视速度大小;第二步根据视速度大小利用线性动校正将导波拉平;第三步在导波存在的视窗中,利用GeoEast系统的交互F—K技术,参考F—K谱,将几乎"平行"的导波去掉,去噪时尽量避开近炮点;第四步通过反线性动校正把数据拉回原始状态即达到去噪的效果。

2. 近炮点强能量压制

黄土塬地区原始资料普遍存在近炮点干扰波能量较强,有效反射能量较弱,所以在资料处理前必须对其进行压制。

目前主要采用地表一致性异常振幅处理技术,该方法原理是:地表一致性异常振幅处理由

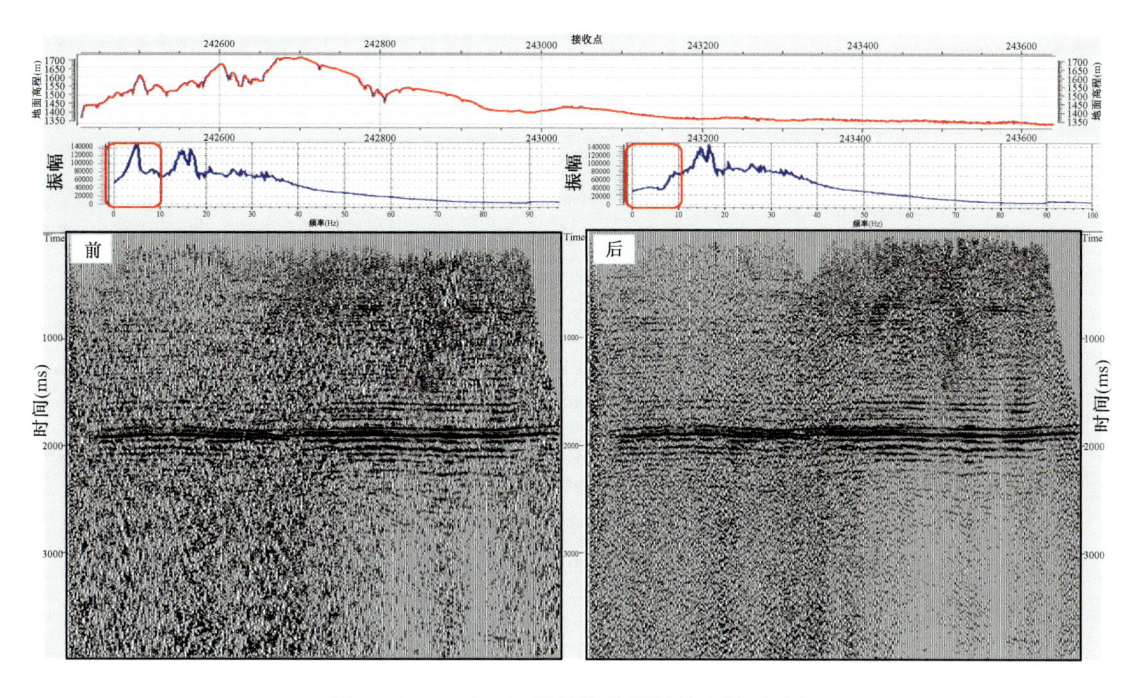

图4-47　H106334线性噪声压制前后剖面对比

三个模块组合完成,按照处理的顺序依次为:拾取模块(SCAnomProcPick)、分解模块(SCAnomProcDecom)和应用模块(SCAnomProcApply)。其中,SCAnomProcDecom模块将调用SCAnomProcPick模块统计计算得到的振幅结果文件,分解成地表一致性的炮点项、检波点项、炮检距项和地下一致的CMP项,并将分解信息输出成外部格式文件,供下一个模块SCAnomProcApply调用,从而实现在地表一致性的约束下进行时窗内异常振幅的衰减处理。

分析黄土塬区的近炮点强能量的特点,根据其均方根振幅的差异,通过采用地表一致性异常振幅处理技术,取得很好的近炮点强能量压制效果,通过压制,剖面的信噪比也得到一定程度的提升(图4-48)。

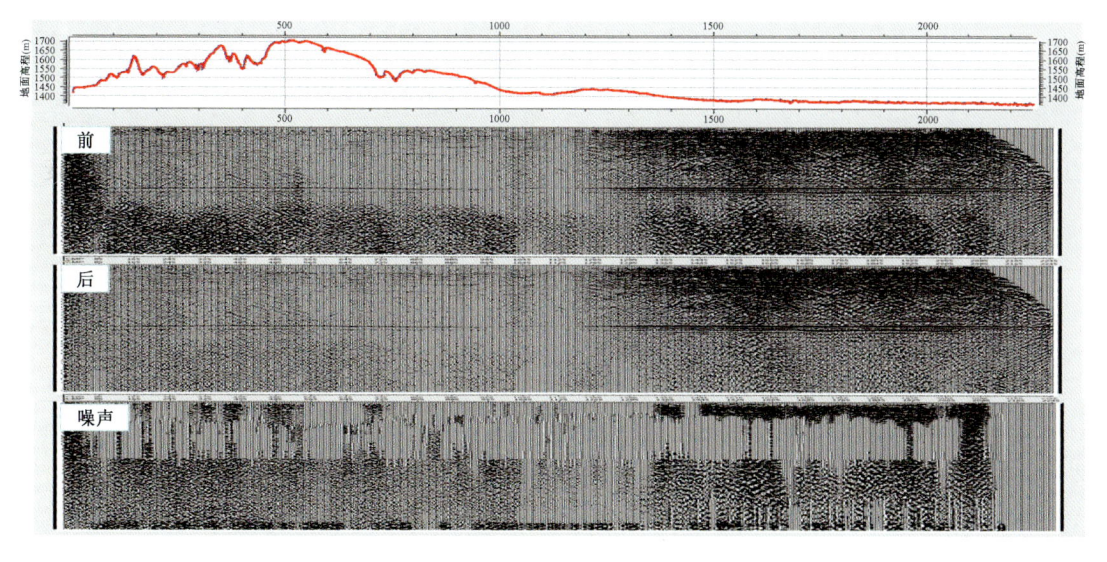

图4-48　H106334强能量干扰压制前后剖面对比

— 177 —

(四)串联反褶积技术

子波一致性处理主要通过反褶积实现,利用反褶积提高地震勘探资料的分辨率,改善波组特征,同时还可以压制层间多次波和虚反射,提高地震勘探资料的信噪比。

单道脉冲反褶积子波压缩最好,但易引入噪声;预测反褶积可以有效地压缩层间多次波和虚反射,但子波压缩效果略逊于单道脉冲反褶积;地表一致性反褶积由于同时考虑了子波受激发、接收、共中心点和偏移距等方面因素的影响,统计所获得的子波比较稳定,在压缩子波的同时,可以保持较高的信噪比。通过对地表一致性反褶积、预测反褶积、串联反褶积的对比试验,在构造不发育区,预测反褶积或者串联反褶积可以在保持较高信噪比的同时较好地压缩子波,但在构造发育区,却大大地降低了信噪比;在构造发育区地表一致性反褶积可以在适度地压缩子波的同时保持较高的信噪比。根据该区地质目标的要求,为了更好成像,最终选择了地表一致性反褶积。

在处理的各个关键环节实施井控技术,利用VSP资料的LOG剖面严格控制常规资料的几套地质层位,再通过利用测井资料的合成记录分析目的层段内幕反射的有效性和保真度及波组特征的合理性,以满足地质的需求。

鄂尔多斯盆地地下构造较为复杂,目的层埋藏较深相对浅层信噪比较低,有效信号频带较窄,在子波处理中为尽可能保证资料相位的连续性,首先满足构造解释的要求,在叠前只做一次地表一致性预测反褶积。在叠加前根据测线的品质情况,进行了拓频处理,突出目的层段内幕分辨率。在模块搭配中对参数进行对比试验和优化选择,确定最佳的白噪系数和算子长度等参数,获得了较好的子波压缩处理效果。采用了串联反褶积技术提高分辨率,反褶积后频谱明显拓宽(图4-49)。

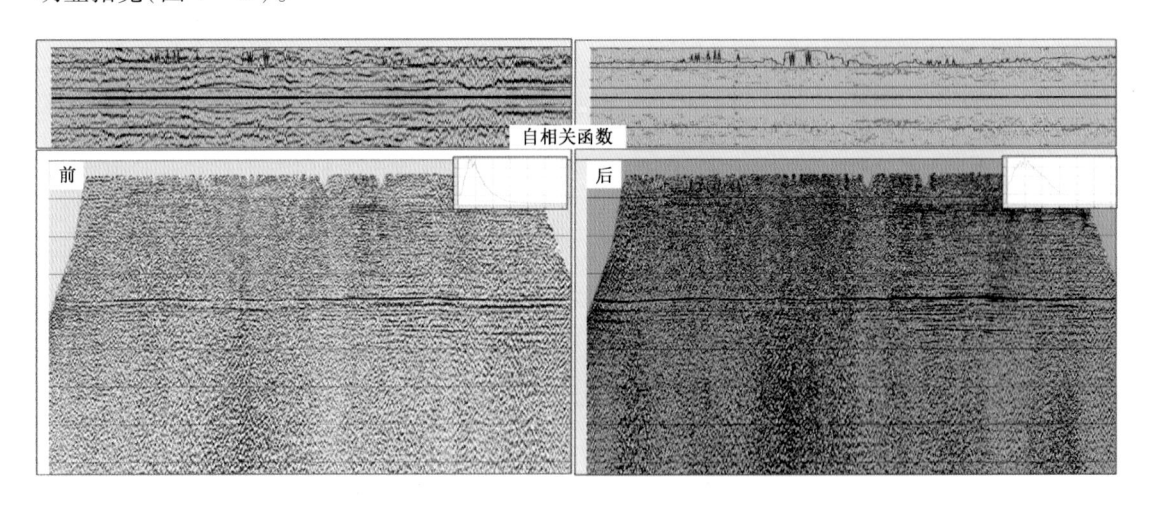

图4-49 H106334测线反褶积前后对比

(五)叠前时间偏移技术

叠前时间偏移参数选取,对于成像品质影响显著。偏移参数试验主要包括孔径、反假频参数、偏移倾角。

偏移孔径的选择直接影响成像的质量和运算的时间,选择太小,偏移不彻底,会出现偏移假象,成像质量不好;如果偏移孔径过大,则增加偏移噪声,影响处理周期。因此,需要对偏移孔径进行多次试验确定。

针对下古生界构造复杂绕射波发育,碳酸岩构造形态不清晰,通过叠前时间偏移技术进一步提高内幕及横向分辨率。在该区做了大量实验,最终选用克希霍夫偏移方法,采用偏移孔径12000m(直径)取得了较好效果。经过叠前偏移处理后沟槽刻画更清晰(图4-50)。

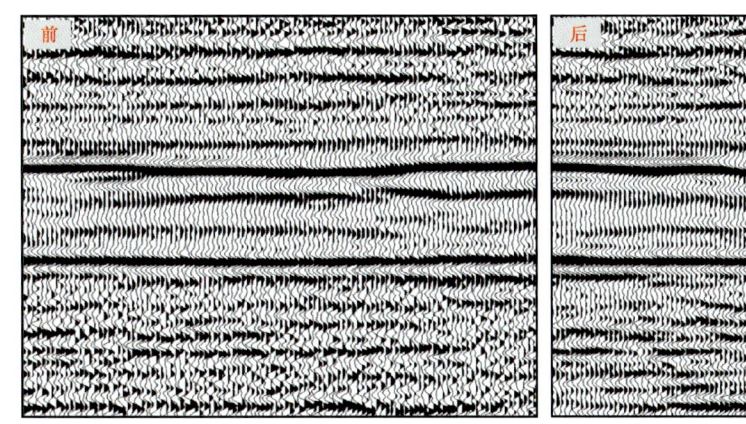

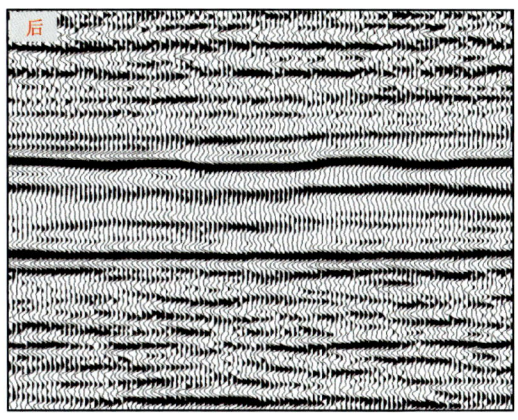

图4-50　01463测线常规叠加、叠前时间偏移剖面对比

三、古地貌精细解释技术

(一)地震地质层位的精细标定

地震地质层位的精细标定是地震解释的基础和前提,它将地震勘探资料与钻井资料相互沟通,使二者之间建立一个准确的对应关系,它影响到地震成果的精度和可信度,也是奥陶系风化壳储层横向预测的关键技术之一。因此,首先对各研究区内测井曲线进行环境校正,然后采用人工合成记录与地震剖面对比的标定方法进行标定。

由于石炭系本溪组煤层发育,在全区分布范围较广,反射能量强,是区分上下古生界的反射标准波,先认准地震反射标准波 Tc_2,在反射标准波的控制下,对其他层位进行标定(图4-51)。通过层位标定为后续的地震地质层位对比追踪、构造解释、侵蚀古地貌研究、储层厚度预测等奠定基础。

在地震剖面上对风化壳顶底、主力储层段底等层位进行准确标定,其结果为:

Tc_2(波峰):鄂尔多斯盆地主要区域的标志层之一,为太原组与本溪组顶部厚煤层之间的反射。该反射同相轴为强振幅反射,全区稳定,可以连续追踪对比,代表地层界面为太原组与本溪组分界面。

Tc(波谷):相当于奥陶系顶部侵蚀面附近反射,能量中—强,位于 Tc_2 反射之后5~30ms,是石炭系本溪组底部砂泥岩与奥陶系顶部碳酸盐岩之间的反射,该反射可以全区连续对比追踪。

To_{14}(波峰):相当于奥陶系马家沟组第五段二亚段(马$五_2$)底部附近反射,能量中—弱,是马$五_{1+2}$段白云岩与马$五_3$段泥质白云岩之间的反射,在马$五_{1+2}$段保留较全地区(台地、沉积洼地、侵蚀残丘),位于 Tc 反射之下10~15ms,在信噪比高、视主频大于35Hz地震剖面上可以断续对比追踪,区域剥蚀区和地震勘探资料变差地区难以识别。

To_{17}(波峰):相当于奥陶系马家沟组第五段五亚段(马$五_5$)底部附近反射,能量中—强,鄂尔多斯盆地下古生界奥陶系马家沟组顶部风化壳主要标志层,是马$五_5$段石灰岩与马$五_6$段顶

— 179 —

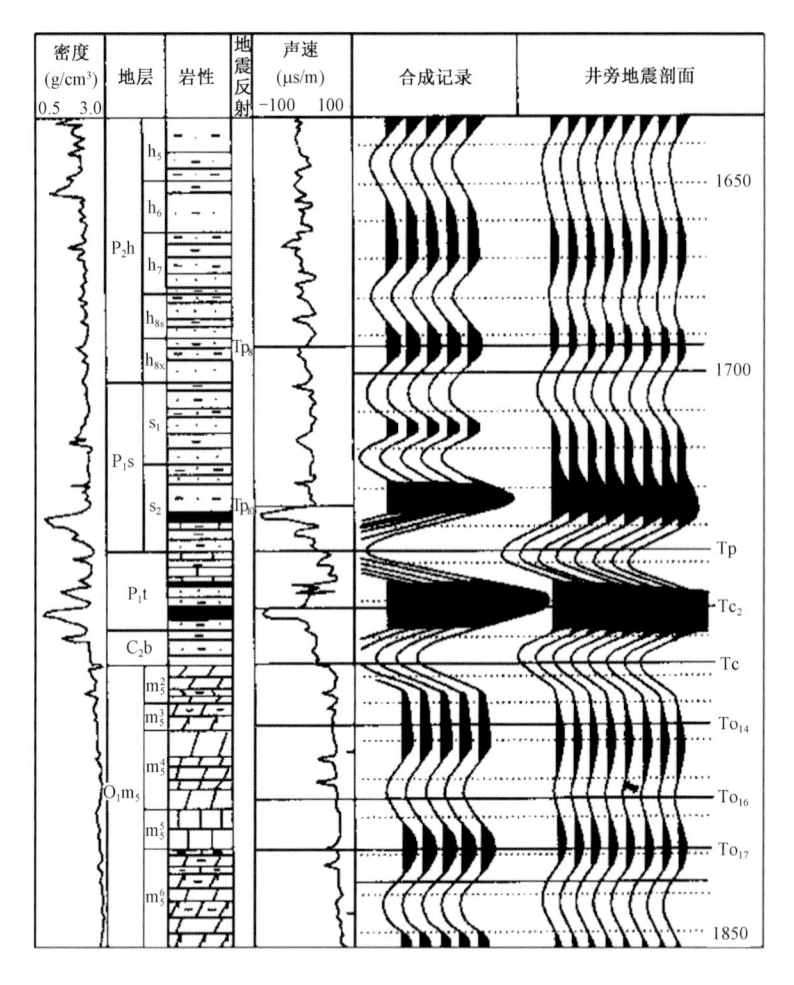

图 4-51 地震地质层位标定图

(Tc₂—本溪组顶部厚煤层顶;Tc—石炭系本溪组底部附近;To₁₄—奥陶系马家沟组第五段第二亚段
(马五₁₊₂)底部附近;To₁₇—奥陶系马家沟组第五段第五亚段(马五₅)底部附近)

部含泥、膏、盐白云岩之间的反射,在马五₃段保留较全地区,位于 To₁₄ 反射之下 25～30ms,全地区可以连续对比追踪。

(二)岩溶古地貌解释技术

鄂尔多斯盆地风化壳储层含气面积与古地貌形态密切相关。因此深入分析和研究岩溶古地貌的形态和展布规律,寻找有利勘探目标区,确定高产富集目标意义重大。

1. 已知井规律分析

由已知井的岩性、电性资料分析归纳出如下规律:

(1)本溪组或太原组为填平补齐沉积;

(2)奥陶系顶部侵蚀面上下岩性差异大,其上为海陆交互相碎屑岩,其下为奥陶系海相碳酸盐岩;

(3)侵蚀面上下地层速度差异大,其上本溪组或太原组层速度为 4000～4500m/s,其下奥陶系风化壳层速度为 6000～6600m/s,即侵蚀面是个强反射界面,在正常极性的地震剖面上对应强波谷。

2. 波形特征归纳

在综合分析不同区带井、震资料特征的基础上,对靖边及其周边地区分三类建立了奥陶系古地貌地震响应10种模式,通过该模式可定性预测马五$_{1+2}$段的分布。此项技术是靖边地区前石炭纪古地貌刻画的关键技术,在气田勘探开发中已经发挥了重要作用。具体做法是:首先,对区内的人工合成记录、井旁地震道、石炭系顶至奥陶系风化壳底部附近的波形进行特征归纳分类;其次,将区内所有钻井揭示的石炭系厚度、奥陶系顶部侵蚀量(以马五$_1^1$段保留全的井侵蚀量为0m)及风化壳厚度进行统计、分类;最后,建立波形分类与石炭系厚度、奥陶系顶部侵蚀量及风化壳厚度分类的对应关系。

根据石炭系厚度及奥陶系马五$_{1+2}$段的区域剥蚀情况,奥陶系顶部侵蚀面可分为(图4-52):

(1)区域剥蚀区:马五$_{1+2}$段的区域剥蚀,石炭系厚度小于20m;奥陶系遭受剥蚀和侵蚀。

(2)正常区:石炭系沉积正常,地层厚度30m左右;奥陶系侵蚀沟槽发育。

(3)加厚区:石炭系沉积加厚,地层厚度大于40m;奥陶系局部存在马六段,侵蚀沟槽较发育。

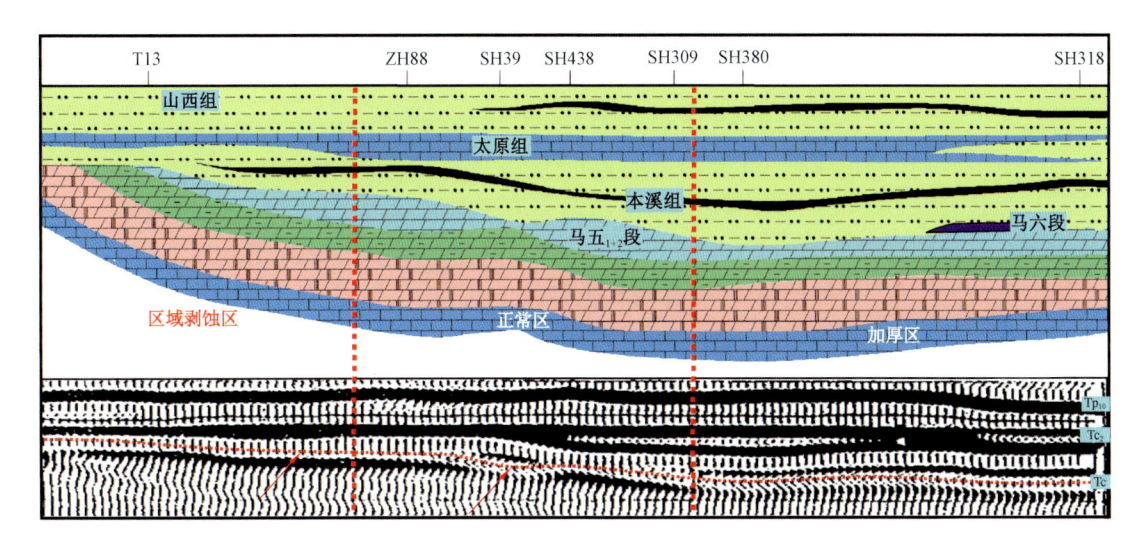

图4-52 奥陶系古地貌三种分区类型的地质模型

各个分区的古地貌地震预测模式分述如下:

区域剥蚀区:石炭系厚度小于20m,奥陶系为区域剥蚀区。

该区域岩石地球物理特征参数为:山西组砂岩夹薄层泥岩,厚度20m,密度2.2~2.5g/cm^3,速度4000~5000m/s;太原组砂岩与石灰岩互层,厚度25m,密度2.4~2.8g/cm^3,速度4500~6000m/s;本溪组煤层及砂岩,厚度小于20m,密度1.7~2.4g/cm^3,速度3500~5000m/s;马五$_{1+2}$段白云岩厚度0~30m,密度2.7~2.8g/cm^3,速度5700~6600m/s;马五$_3$段白云岩厚度55m,密度2.5~2.7g/cm^3,速度5000~6000m/s。

通过模型正演建立了区域剥蚀区奥陶系古地貌地震预测的四种模式(图4-53):

(1)马五$_{1+2}$段保留较全,厚度大于25m。石炭系煤层反射Tc$_2$(波峰、强振幅)与奥陶系马家沟组马五$_{1+2}$顶部反射Tc(波谷为中强振幅)和底部反射To$_{14}$(波峰为中强振幅)呈平行反射,相位正常。

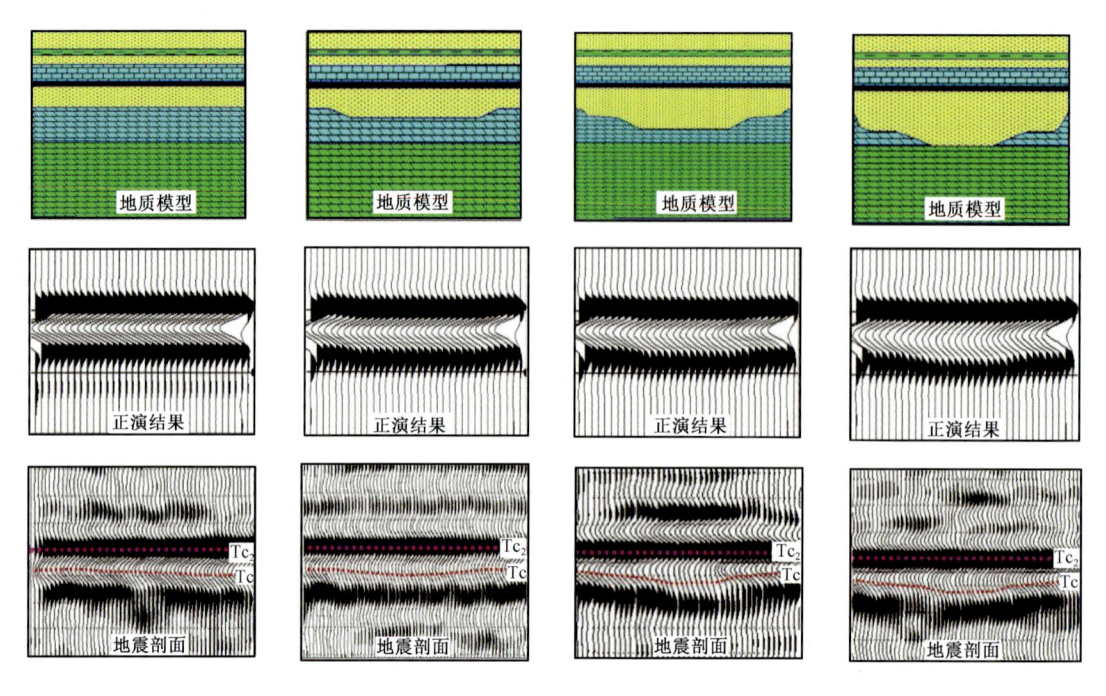

图 4-53 石炭系区域剥蚀区解释模式

(2) 马五$_1^3$主力储层保留,马五$_{1+2}$残余厚度 15~25m。石炭系煤层反射 Tc$_2$(波峰、强振幅)与奥陶系马家沟组马五$_{1+2}$顶部反射 Tc(波谷为中强振幅)和底部反射 To$_{14}$(波峰为中强振幅)呈近似平行反射,相位加宽。

(3) 马五$_1^3$以上主力储层缺失,马五$_{1+2}$残余厚度 10~15m。石炭系煤层反射 Tc$_2$(波峰、强振幅)与奥陶系马家沟组马五$_{1+2}$顶部反射 Tc(波谷为中强振幅)相位加宽;奥陶系马家沟组马五$_{1+2}$顶部反射 Tc(波谷为中强振幅)相位下拉,底部反射 To$_{14}$相位下凹。

(4) 马五$_1$段缺失,马五$_{1+2}$残余厚度小于 10m。石炭系煤层反射 Tc$_2$(波峰、强振幅)与奥陶系马家沟组马五$_{1+2}$顶部反射 Tc(波谷、中弱振幅)相位加宽,奥陶系马家沟组马五$_{1+2}$顶部反射 Tc(波谷为中强振幅)相位下拉更加明显,底部反射 To$_{14}$相位下凹更加明显;奥陶系马家沟组马五$_{1+2}$顶部反射 Tc 与底部反射 To$_{14}$相位靠近并呈复波中弱振幅反射。

正常区:紧邻靖边气田区,储层与侵蚀量大小关系密切。采用波形特征归纳和模型正演两种方法,建立了三种正常区侵蚀沟谷解释模式,恢复前石炭纪古地貌形态。

该区域岩石地球物理特征参数为:山西组砂岩厚度 20m,密度 2.2~2.5g/cm^3,速度 4000~5000m/s;太原组砂岩与石灰岩互层,厚度 20m,密度 2.4~2.8g/cm^3,速度 4500~6000m/s;本溪组煤层及砂岩,厚度 30m,密度 1.7~2.4g/cm^3,速度 3500~5000m/s;马五$_{1+2}$白云岩厚度 5~35m,密度 2.7~2.8g/cm^3,速度 5700~6600m/s;马五$_3$白云岩厚度 50m,密度 2.5~2.7g/cm^3,速度 5000~6000m/s。

按照侵蚀潜沟的系列解释模式,在正常极性显示的 Tc$_2$层拉平放大的地震剖面上进行层位解释和目标追踪,然后将解释出的波形特征异常点段,并依据潜沟解释模式与侵蚀量大小进行归类,再依地震勘探资料质量按可信度分级,继而标注在测线对应位置上,进行平面组合并合理勾绘出潜沟、潜坑的轮廓。

正常区三种侵蚀沟谷解释模式描述如下(图 4-54):

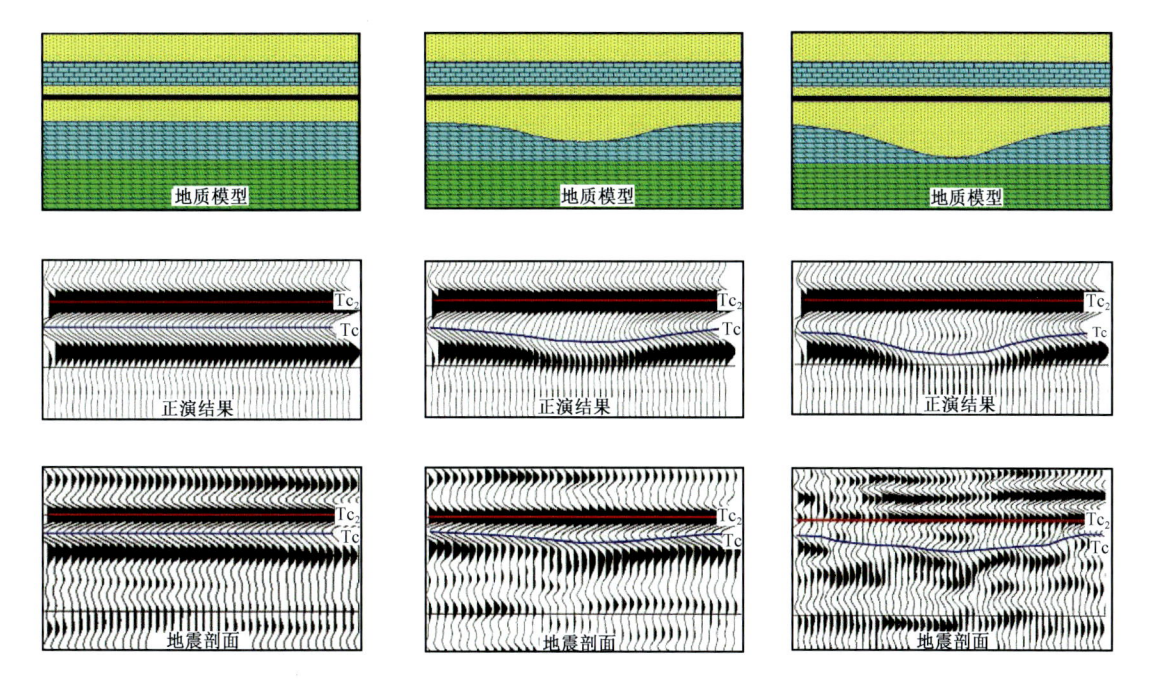

图 4-54 石炭系正常区解释模式

（1）马五$_{1+2}$段保留较全，厚度大于 25m。石炭系煤层反射 Tc$_2$（波峰、强振幅）与奥陶系马家沟组马五$_{1+2}$顶部反射 Tc（波谷为中强振幅）和底部反射 To$_{14}$（波峰为中强振幅）呈平行反射，相位正常，Tc 波谷宽度比较小。

（2）马五$_1^3$主力储层保留，马五$_{1+2}$残余厚度 15~25m。石炭系煤层反射 Tc$_2$（波峰、强振幅）与奥陶系马家沟组马五$_{1+2}$顶部反射 Tc（波谷为中强振幅）和底部反射 To$_{14}$（波峰为中强振幅）呈近似平行反射，Tc 波谷部位明显加宽，波谷最小值下移，呈不对称型波谷。

（3）马五$_1^3$以上主力储层缺失，马五$_{1+2}$残余厚度小于 5m。石炭系煤层反射 Tc$_2$（波峰、强振幅）与奥陶系马家沟组马五$_{1+2}$顶部反射 Tc（波谷为中强振幅）相位加宽，中间夹持一个弱相位，奥陶系马家沟组马五$_{1+2}$顶部反射 Tc 与底部反射 To$_{14}$相位靠近并呈复波中弱振幅反射。

加厚区：当石炭系本溪组加厚（大于 40m 以上）时，由于砂泥岩煤系地层发育，地震反射 Tc$_2$与 Tc 之间多出一个相位。

该区域岩石地球物理特征参数为：山西组砂岩厚度 20m，密度 2.2~2.5g/cm^3，速度 4000~5000m/s；太原组石灰岩、煤层夹薄层泥岩，厚度 25m，密度 1.6~2.8g/cm^3，速度 3300~6000m/s；本溪组煤层、砂岩及薄层泥岩，厚度大于 40m，密度 1.7~2.4g/cm^3，速度 3500~5000m/s；马五$_{1+2}$白云岩厚度 5~30m，密度 2.7~2.8g/cm^3，速度 5700~6600m/s；马五$_3$白云岩厚度 15m，密度 2.5~2.7g/cm^3，速度 5000~6000m/s。

通过已知井分析归纳，建立了三种石炭系加厚区古地貌解释模式（图 4-55）：

（1）马五$_{1+2}$段保留较全，厚度大于 25m。地震反射 Tc$_2$与 Tc 之间多一个相位，石炭系煤层反射 Tc$_2$（波峰、强振幅）与奥陶系马家沟组马五$_{1+2}$顶部反射 Tc（波谷为中强振幅）和底部反射 To$_{14}$（波峰为中强振幅）呈平行反射，相位正常。

（2）马五$_1^3$主力储层保留，马五$_{1+2}$残余厚度 15~25m。地震反射 Tc$_2$与 Tc 之间多一个相位，石炭系煤层反射 Tc$_2$（波峰、强振幅）与奥陶系马家沟组马五$_{1+2}$顶部反射 Tc（波谷为中强振

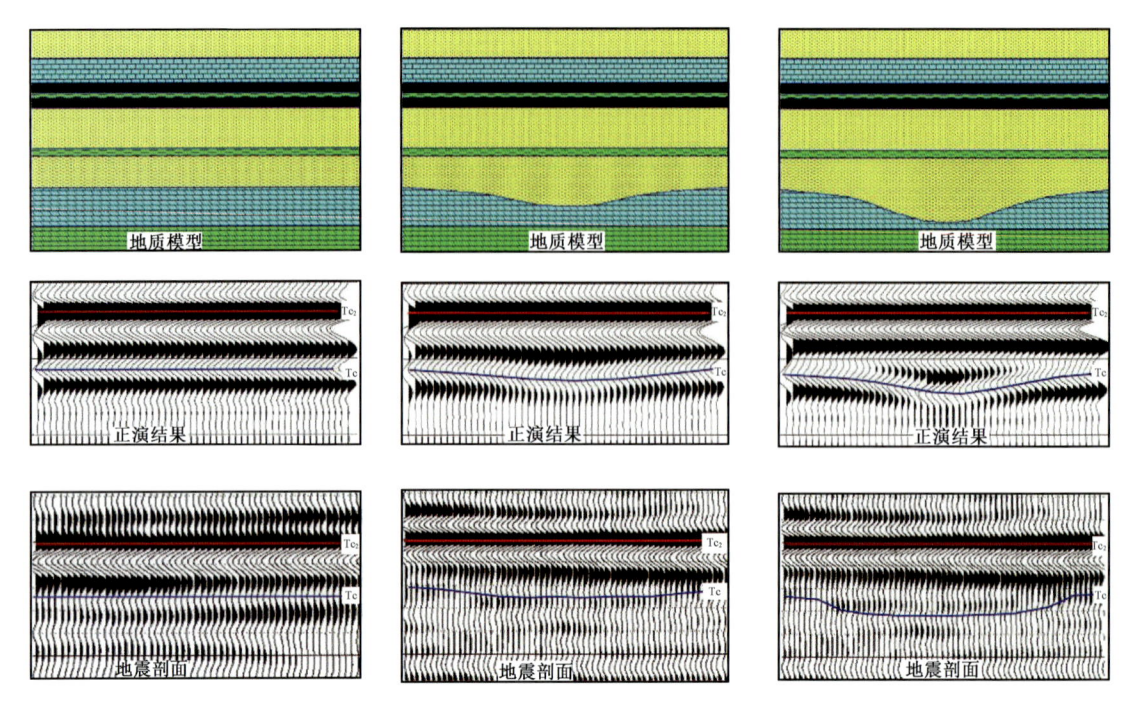

图 4-55 石炭系加厚区解释模式

幅)和底部反射 To_{14}(波峰为中强振幅)呈近似平行反射,Tc 波谷加宽;地震反射 Tc_2 与 Tc 之间多出相位,其波峰亦加宽。

(3) 马五$_1^3$ 以上主力储层缺失,马五$_{1+2}$ 残余厚度小于 5m。地震反射 Tc_2 与 Tc 之间多一个相位,石炭系煤层反射 Tc_2(波峰、强振幅)与奥陶系马家沟组马五$_{1+2}$ 顶部反射 Tc(波谷为中强振幅)相位加宽;中间夹持一个弱相位;奥陶系马家沟组马五$_{1+2}$ 顶部反射 Tc 与底部反射 To_{14} 相位靠近并呈复波中弱振幅反射。

3. 地震层拉平解释技术

在对地震剖面区域标志层 Tc_2 做层拉平,沿 Tc_2 强波峰下的强波谷解释奥陶系侵蚀面 Tc。求取 Tc 至 Tc_2 之间的厚度差,依据印模法和残厚法即可恢复前石炭纪古地貌。通过 Tc_2 层拉平地震剖面可直观、清晰地再现奥陶系风化壳的潜台、残丘以及侵蚀沟槽的形态(图 4-56)。

印模法根据二叠纪太原期沉积末期,前石炭纪地貌基本达到了填平补齐,即石炭系本溪组厚度与前石炭纪古地貌间呈"镜像"关系,以此认识为基础在相对阻抗反演剖面上解释石炭系顶底面反射 Tc_2 和 Tc,根据公式 $\Delta H = 0.5 \times \Delta t \times v$($\Delta t$ 为 Tc 至 Tc_2 时差,v 为本溪组层速度)计算出本溪组厚度值来恢复前石炭纪古地貌。

残余厚度法是将马五$_5$石灰岩底或更深层相对稳定的反射同相轴拉平,利用其上覆地层残余厚度来反映前石炭纪古地貌形态。

针对较为复杂的地区,以上分析方法难以精确恢复前石炭纪古地貌,通过盆地内多口井的岩石物理交会分析,发现下古生界碳酸盐岩纵波速度为 5300~6600m/s,纵波阻抗为 15000~19000g/cc×m/s,石炭系砂泥岩纵波速度为 3500~5200m/s,纵波阻抗为 6500~15000g/cc×m/s,煤层速度为 2600~3000m/s,纵波阻抗为 3500~5500g/cc×m/s,上古生界碎屑岩及煤层与下古生界碳酸盐岩具有明显的波阻抗界面(图 4-57),根据此发现,可以通过纵波阻抗反演技术更加精确地确定奥陶系顶部层位反射,进而恢复前石炭纪古地貌。

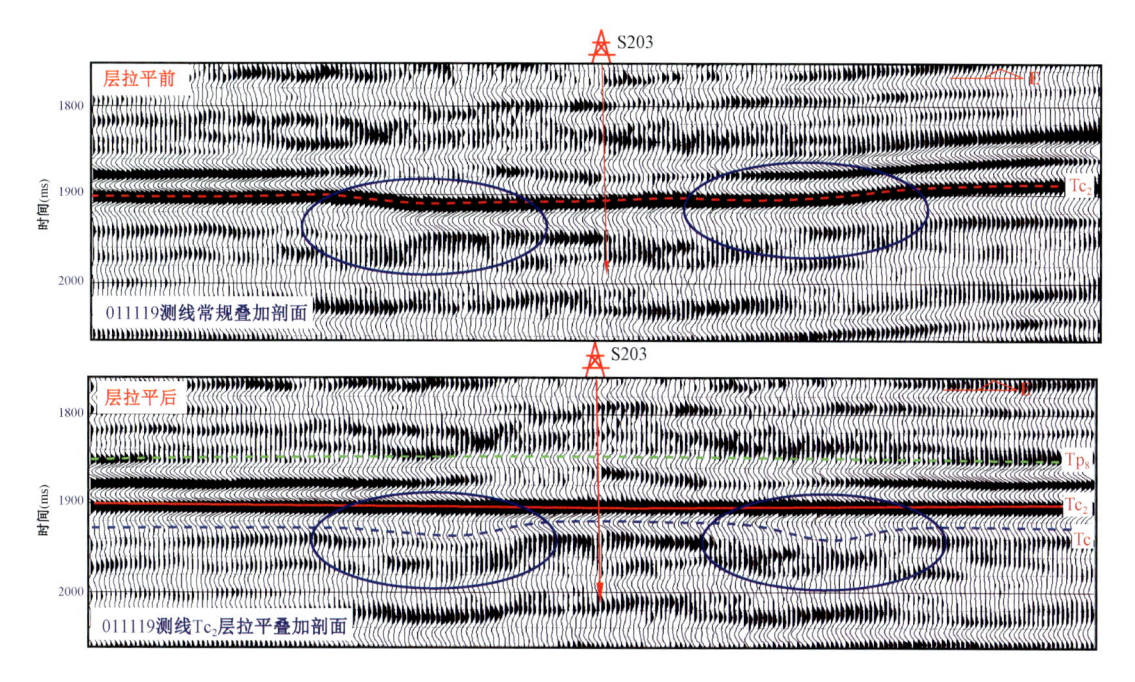

图 4-56　011119 测线 Tc$_2$ 层拉平前后剖面对比

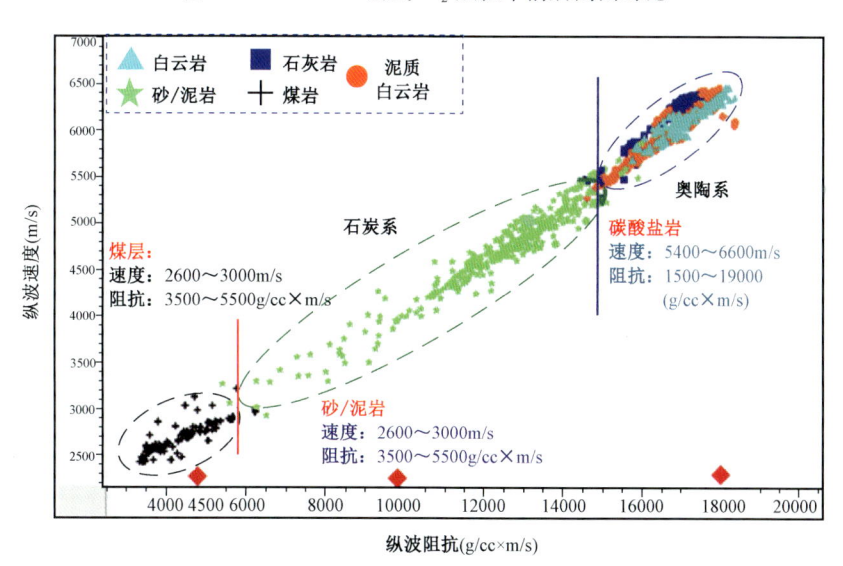

图 4-57　盆地石炭系—奥陶系纵波速度与纵波阻抗交会图

根据以上分析,在盆地范围内采用印模法和残余厚度法来恢复前石炭纪古地貌;针对局部较为复杂的区域剥蚀区,结合瞬时相位等地震属性、相对阻抗反演剖面和纵波阻抗反演技术进行古地貌的精细预测(图 4-58)。

四、风化壳型储层定量预测技术

(一)叠后地震反演技术

储层厚度预测中根据已知井的多少主要采用了三类叠后地震反演:递推反演、约束稀疏脉冲反演和基于模型的测井约束反演。

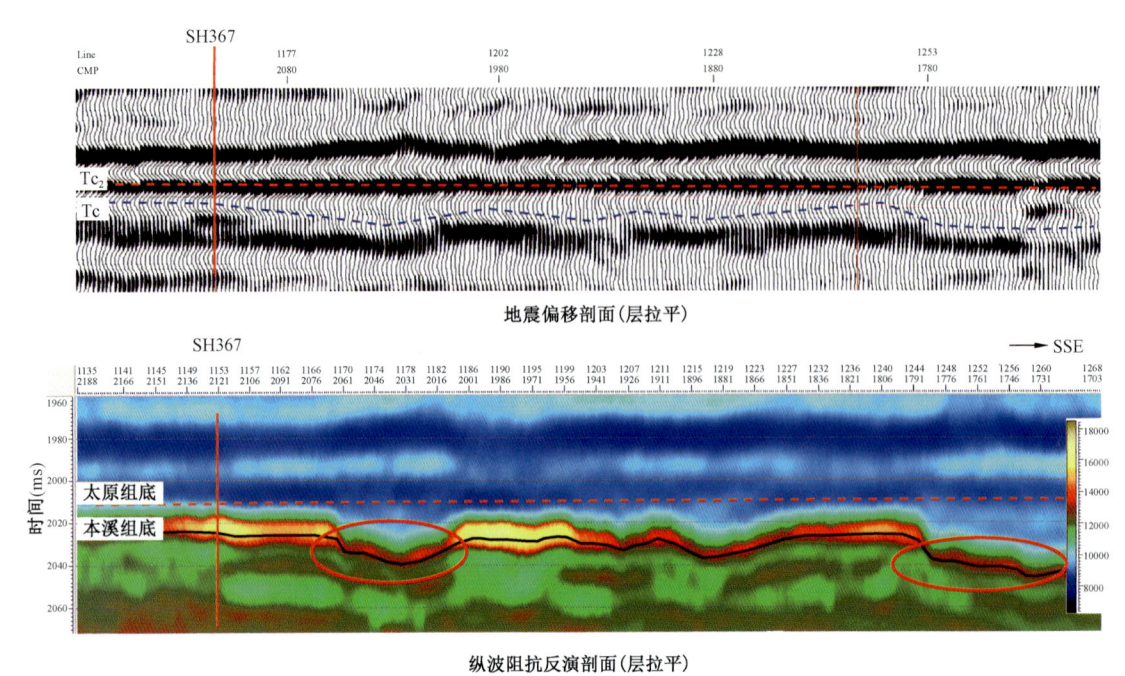

图 4-58　纵波阻抗反演剖面

递推反演：基于反射系数递推计算地层波阻抗的地震反演方法，通过与钻井、测井对比，进而由井外推，得到与已知井吻合的绝对波阻抗信息，从而对储层厚度做出横向预测。通过递推反演显示下古生界奥陶系内部存在岩性变化，进而预测勘探有利区域（图 4-59）。

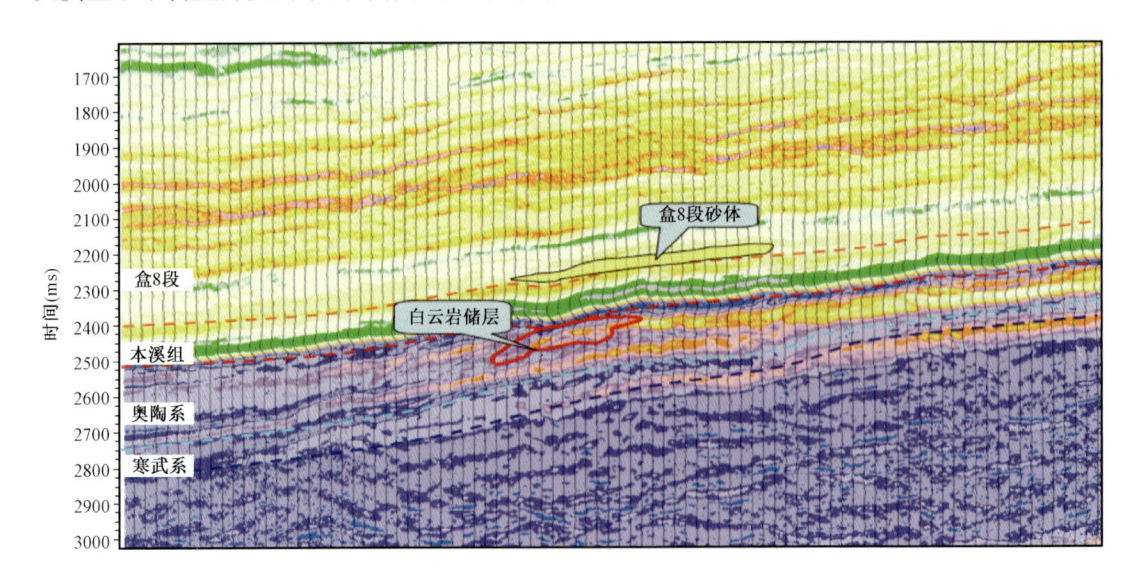

图 4-59　line4 测线递推反演剖面

约束稀疏脉冲反演：是为了解决约束条件下对每一地震道算法的优化问题，波阻抗趋势由解释的层位和井控制，约束条件就是波阻抗趋势加地质控制，以确保结果的可信度。该算法的优势是能够应用解释控制，为获得可靠的低频分量估计提供工具。

基于模型的测井约束反演:从地质模型出发,采用模型优选迭代挠动算法,通过不断修改更新地质模型,使模型正演合成地震勘探资料与实际地震数据最佳吻合,最终的模型数据就是反演结果。

(二)叠前地震反演技术

随着地震处理解释技术的不断进步,地震勘探资料品质尤其是叠前地震勘探资料品质得到大幅提升,使得叠前弹性参数反演成为可能。开创性地在盆地内针对深层低信噪比地区应用多参数交会叠前同时反演技术。

1. 横波测井曲线拟合方法

全盆地可参考的实测横波曲线较少,且马家沟组岩性均为白云岩、泥质白云岩,缺少石灰岩、膏岩、盐岩区横波测井资料,难以满足叠前反演要求,因此探索了碳酸盐岩的横波测井曲线拟合方法。

横波预测方法大致分为经验公式法和岩石物理模型法,经过多种方法试验对比,最终选定适用于风化壳型储层定量预测的方法:Greenberg – Castagna 岩石物理模型方法,该方法拟合横波曲线与实测横波曲线吻合好,误差小。

Greenberg – Castagna 经验公式法首先利用 Greenberg – Castagna 公式拟合一条初始的横波曲线,然后利用给定的岩石物理弹性参数和流体参数不断的循环迭代计算,最终得到与实测横波曲线吻合度最高的最优结果(图 4 – 60)。

实测横波　　　　　　　　　　　　　　　Castagna预测横波

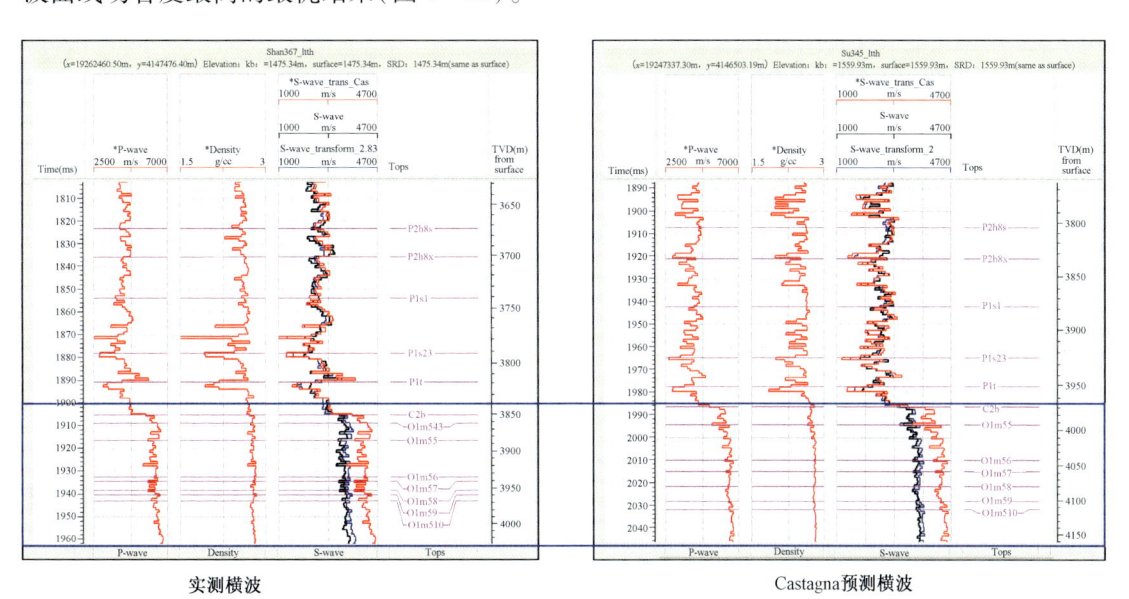

图 4 – 60　预测横波与实测横波对比图

通过测井分析,盆地下古生界马家沟组马五段膏岩具有高速、高密度的特征,石灰岩具有明显的中速、低密度特征,白云岩各亚段速度、密度具有类似的特征,白云岩含气后,速度、密度明显降低,随泥质含量的增加,碳酸盐岩速度明显降低,且降低的级别远比含气后速度降低级别高。针对以上不同岩性的测井响应特征,可以选取合适的岩性敏感参数,通过交会反演,进行岩性预测。

2. 分小层精细的岩石物理分析

通过分析,不同岩性的同一测井响应曲线均有不同程度的叠置,难以通过单一测井曲线进行岩性区分,需通过曲线交会分析进行岩性区分。马五$_{1-4}$段岩石物理交会分析如图4-61所示,马五$_{1-4}$段石灰岩、泥质白云岩、白云岩和白云岩储层可通过纵波阻抗和密度交会识别;马五$_5$段岩石物理交会分析如图4-62所示,马五$_5$段白云岩和白云岩储层可通过纵波阻抗和密度交会及纵波阻抗与纵横波速度比交会识别。

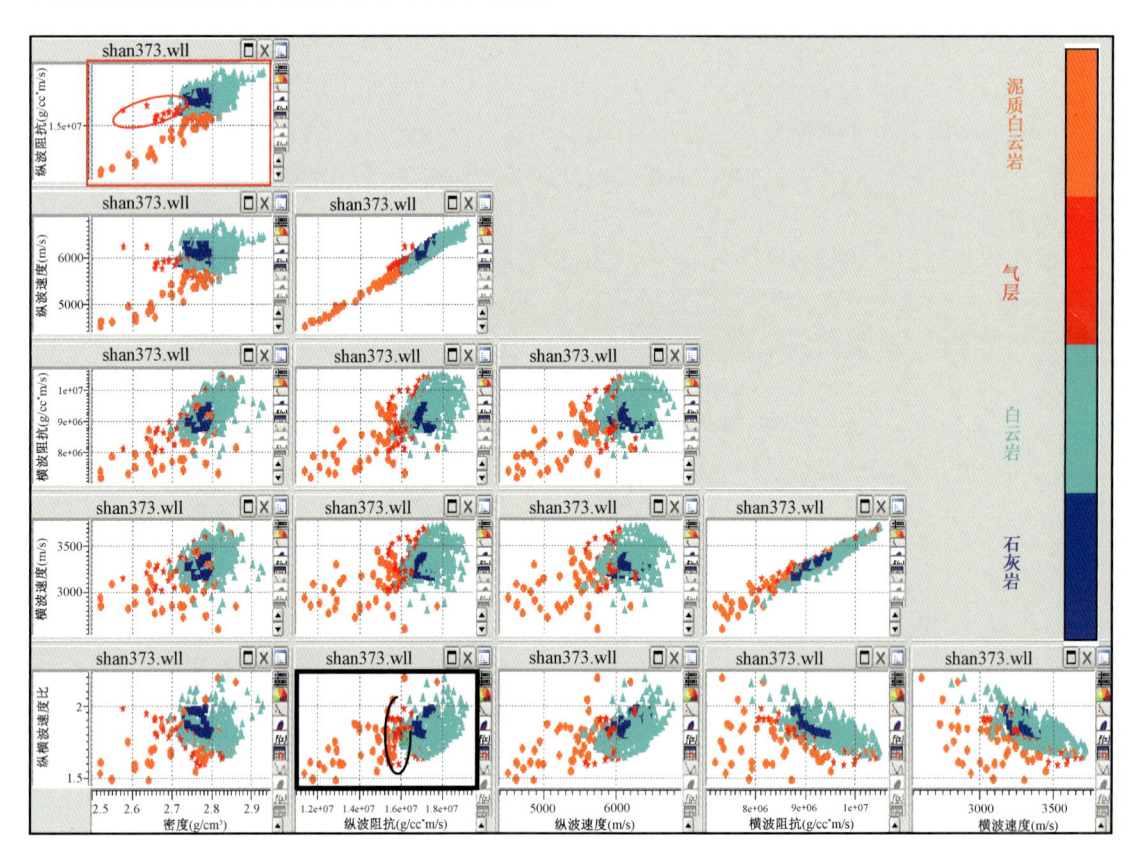

图4-61 盆地下古生界马家沟组马五$_{1-4}$段岩石物理交会

3. 多参数交会叠前同时反演

全区地震测线振幅横向差异大,如何提高叠前反演剖面横向可对比性,是二维地震储层预测的重大挑战。结合研究区叠前资料特点,优化处理参数,提高资料一致性,同时细化叠前反演参数设置,强化叠前反演过程控制,处理、解释紧密结合,提高敏感弹性参数的横向可对比性。

在高质量地震处理结果的基础保证下,影响叠前反演结果的关键步骤有如下几点:子波提取、低频模型、反演过程中的重要参数。

1)子波提取

子波在反演过程中对反演结果的影响仅次于地震勘探资料的质量,因为在反演过程中首先是地震数据道与子波进行反褶积得到反射系数道,然后再进行波阻抗的求取,所以子波是非常重要的。

地震子波会直接影响反演精度,只有在子波提取较精确的情况下,才能获得高精确度的反

— 188 —

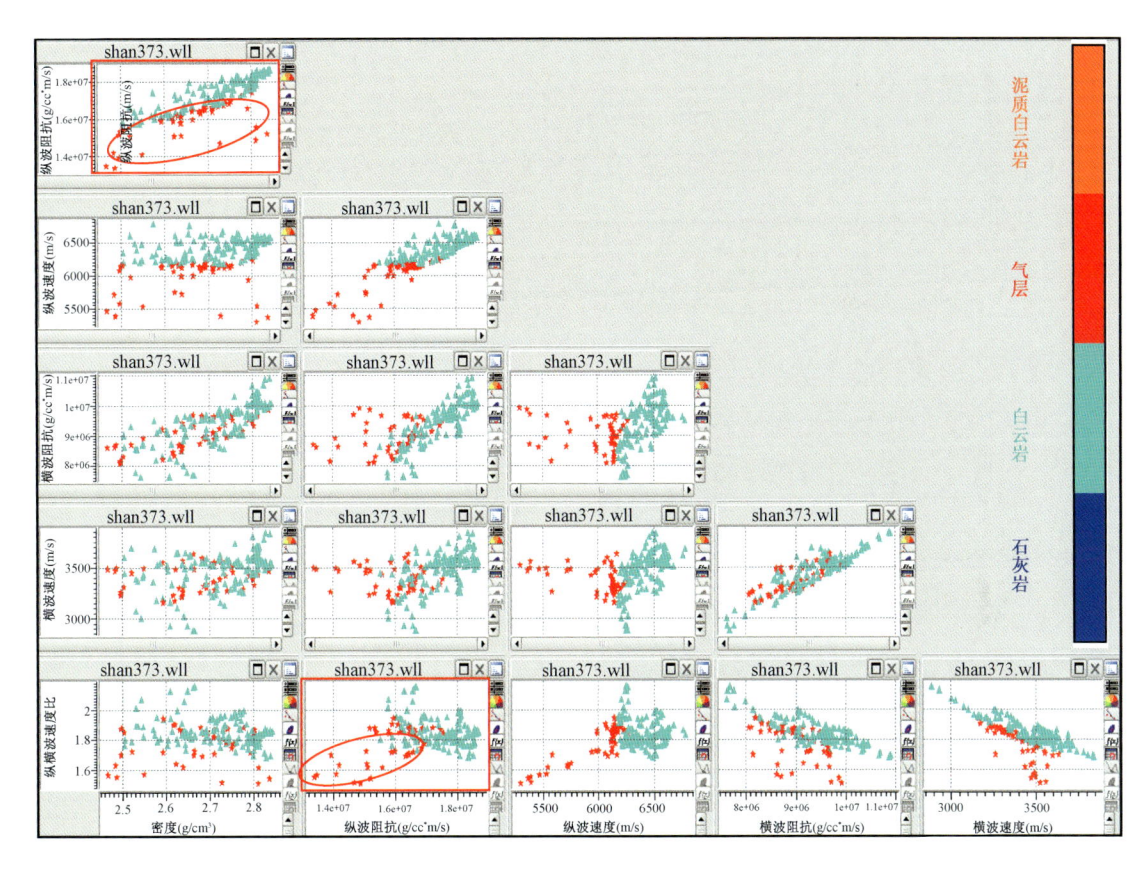

图 4-62　盆地下古生界马家沟组马五$_5$段岩石物理交会

演结果。影响子波提取质量的因素有如下几点：井资料的质量（尤其是声波、密度、纵波波阻抗）；标定过程中的时深关系；提取子波的地震道的质量（是否在断层附近、是否在工区边缘）等。层位标定的好坏也直接影响到子波提取结果，而子波的正确性对层位的准确标定具有影响，它们之间相互制约，相互影响，只有通过子波提取和层位标定步骤的交互迭代才能获取最佳子波。

应用与角度有关的褶积模型：$S(\theta)=R(\theta)\times W(\theta)$来提取角度子波$W(\theta)$，$R(\theta)$用井旁道的$EI(\theta)$来计算；$S(\theta)$为角度地震数据体。每个角度的地震数据体$S(\theta)$对应一个角度子波$W(\theta)$（图4-63）。

2）低频模型

由于地震采集系统的限制，地震直接反演结果中不包含10Hz以下的低频成分，需从其他资料提取予以补偿。从地震勘探资料出发，以测井资料和钻井数据为基础，建立基本反映沉积体地质特征的低频初始模型。

地质模型中的地层模型是根据精细的层位解释结果建立的地层框架表，地层框架表定义了测井数据在每个地层如何进行内插。地层框架表对反演目的层段的地层特征应具有代表性。建立合适的地层框架表是测井数据进行内插的关键。具体做法是根据地震解释层位，按沉积体的沉积规律在大层之间内插出很多小层，建立一个地质框架结构；在这个地质框架结构的控制下，根据一定的插值方式对测井数据沿层进行内插和外推，产生一个平滑闭合的实体模型。因此，合理地建立地质框架结构和定义内插模式是叠前反演很关键的部分（图4-64）。

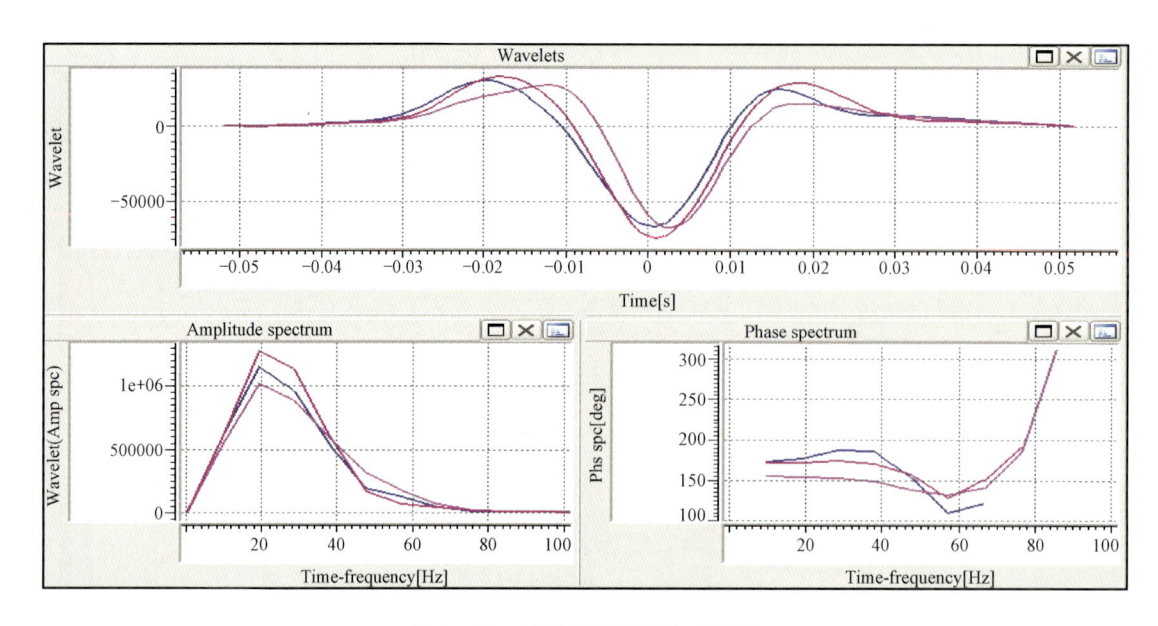

图 4-63 不同角度的子波对比图

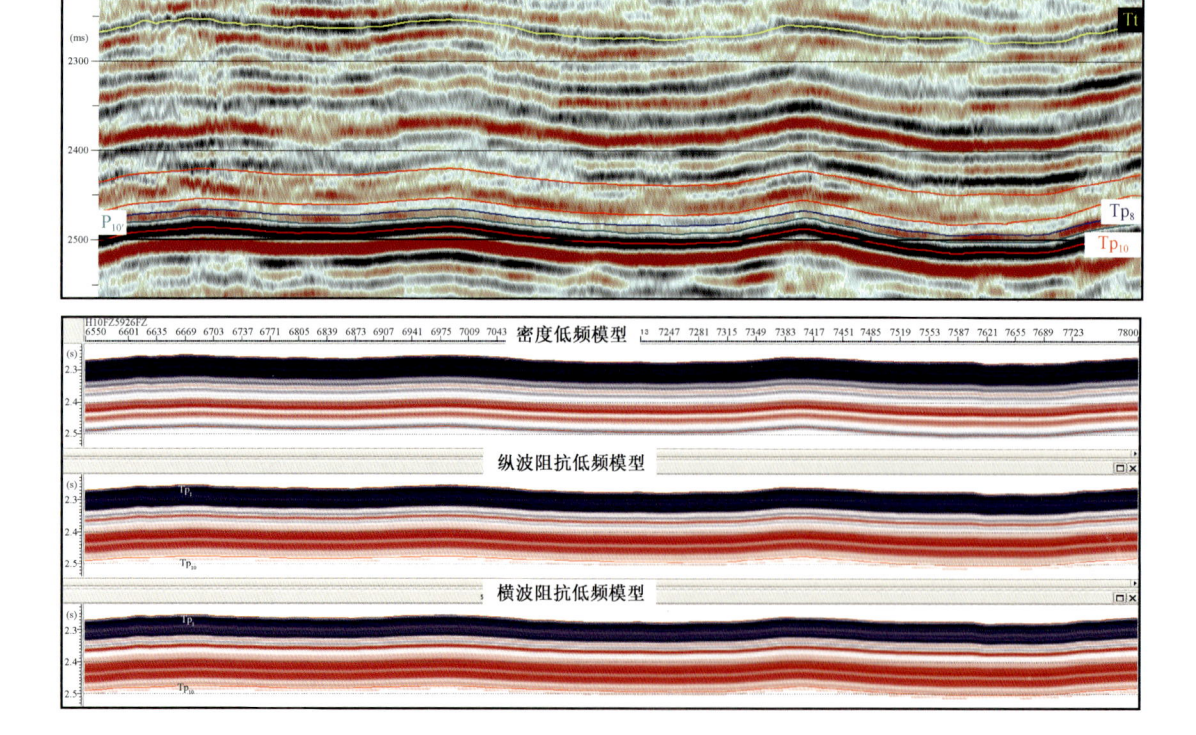

图 4-64 叠加剖面及低频模型

3) 反演过程中的重要参数

在 Jason 软件中,优化反演参数是叠前反演算法的核心部分,通过设置用于计算拟合差的权重来优化反演的结果。

从 EI 中提取纵波速度、横波速度和密度等参数是叠前反演中的重要环节,在最后进行叠前反演过程中需要定义的参数很多。Connolly 对 EI 的定义中建立了 EI 与纵波速度、横波速度及密度之间的关系,提取这些参数需要对 EI 方程进行回归计算。得到纵波速度、横波速度、密度等基本参数后,可以根据岩性参数建立相互计算关系,进一步得到泊松比、纵横波阻抗、拉梅常数等反映岩性特征的参数(图4-65)。

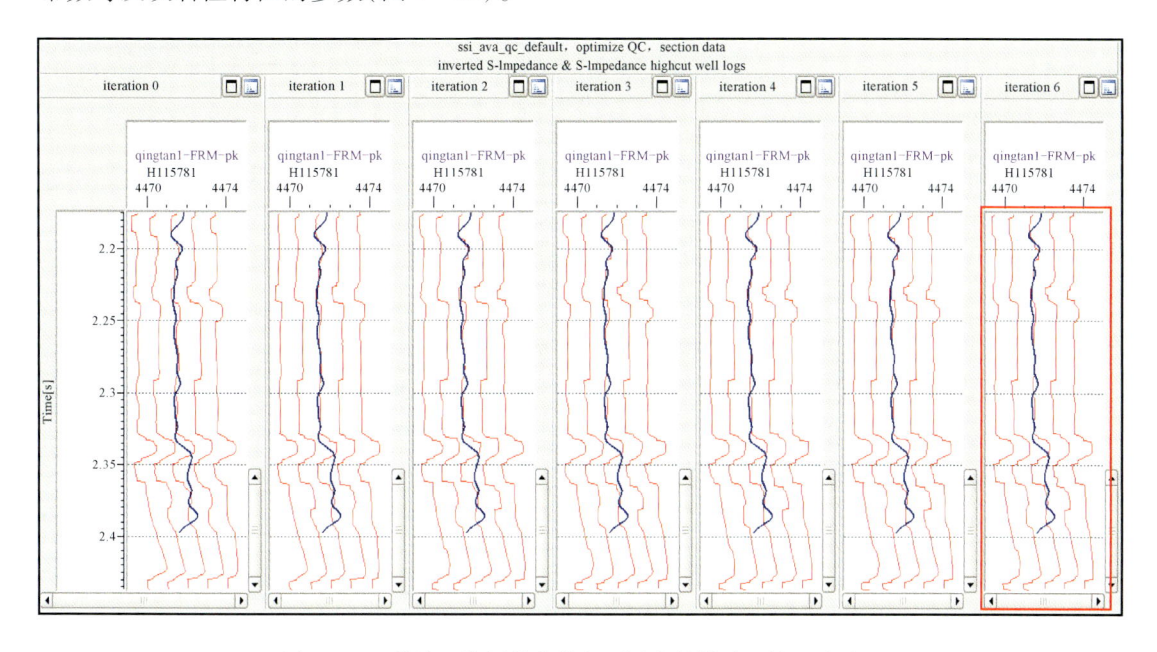

图4-65 横波阻抗测井曲线与不同参数横波阻抗反演对比

在以上高质量叠前同时反演的基础上,采用敏感弹性参数交会分析可以降低单一参数的不确定性,进一步提高预测精度,通过多口井对 H116236 测线多参数叠前同时反演剖面验证有效预测储层含气性(图4-66)。

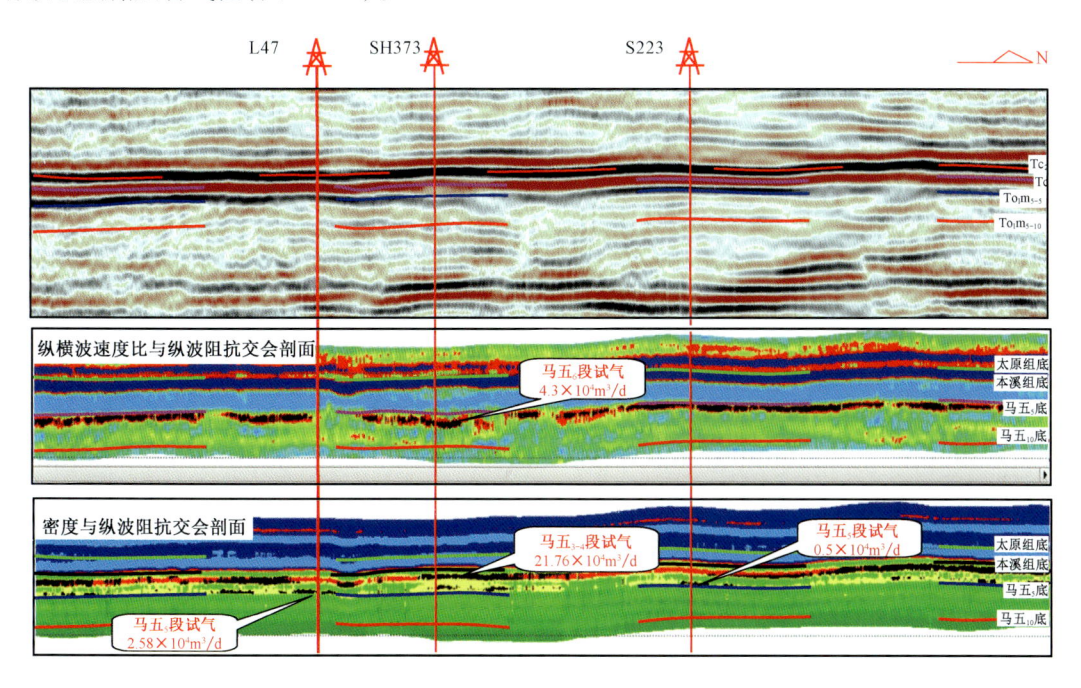

图4-66 H116236 测线叠加剖面与多参数交会叠前同时反演剖面

五、风化壳型储层含气性检测技术

下古生界碳酸盐岩储层类型多样,东部主要为岩溶风化壳储层,储层薄,含气性预测难度大。运用东方公司 GeoEast 处理解释软件,针对下古生界碳酸盐岩含气性进行了探索,取得以下成果。

(一)AVO 含气性检测技术

AVO 技术是继亮点技术之后又一项利用振幅信息研究岩性,检测油气的重要技术。在理论分析和利用实际测井资料做 AVO 正演的基础上,对井旁地震道的实际 AVO 响应进行对比分析,有利于更好地分析研究区的 AVO 环境和该技术的推广应用。

根据盆地下古生界 52 口测井数据的统计,模拟建立了双界面三层介质的地层模型,提取模型的 AVO 响应。三层介质的顶部和底部围岩介质参数相同,纵波速度 $v_{p1}=6150\text{m/s}$,泊松比 $\sigma_1=0.298$,密度 $\rho_1=2.806\text{g/cm}^3$,中部气层介质厚度为 15m,纵波速度 $v_{p2}=5820\text{m/s}$,泊松比 $\sigma_2=0.271$,密度 $\rho_2=2.713\text{g/cm}^3$。地层模型的理论正演模型中白云岩储层含气后气层顶界表现为振幅随入射角增大而增强的 AVO 异常特征。

针对不同厚度气层及含气饱和度进行 AVO 正演分析发现,白云岩储层随着气层厚度增加,AVO 异常特征强度增加;白云岩储层随着含气饱和度增加,AVO 异常特征呈增强趋势(图4-67)。

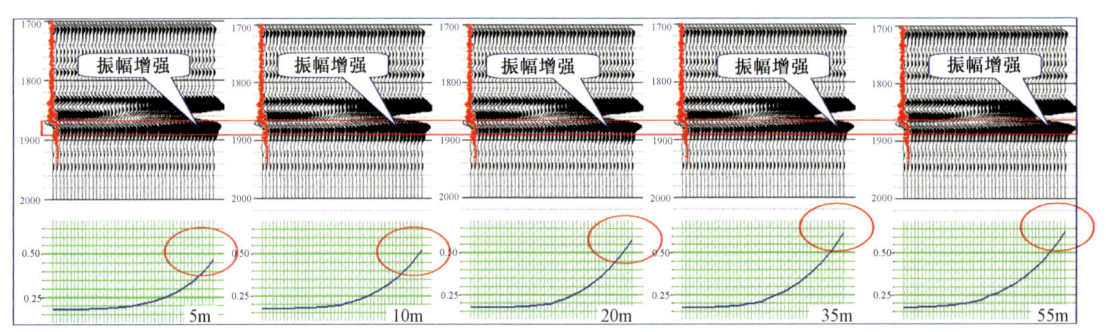

(A)不同厚度气层的AVO正演结果

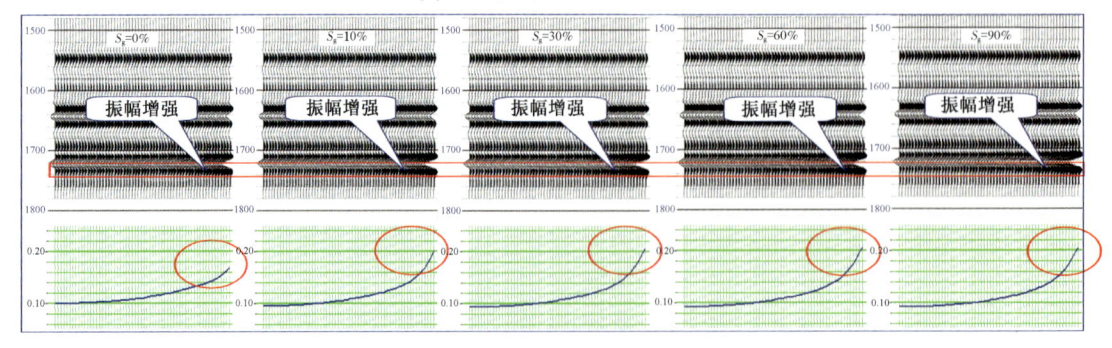

(B)不同含气饱和度的AVO正演结果

图 4-67 AVO 模型正演效果图

(二)流体活动性属性技术

流体活动性属性技术是美国加利福尼亚大学劳伦斯伯克利国家实验室 D. B. Silin 等于

2004年在低频域流体饱和多孔介质地震信号反射的简化近似表达式研究的基础上开发的一套饱和多孔介质储层流体预测技术。

$$\mathrm{Mobility} \approx A\left(\frac{\rho_{\mathrm{fluid}}}{\eta}\right)K \approx \left(\frac{\partial r}{\partial f}\right)^2 f$$

式中　Mobility——流体活动属性(因子);

　　　A——流体函数;

　　　ρ_{fluid}——流体密度;

　　　η——流体黏度;

　　　K——储层渗透率;

　　　f——地震频率;

　　　r——地震振幅。

公式反映出:流体活动性属性与储层渗透率及储层中包含的流体的密度和黏度有关;同时,流体活动性属性与地震勘探资料的频率以及在地震频谱中该频率的幅值有关。储层含不同流体之后,地震振幅在频谱具有明显变化,一般表现为"低频增强、高频吸收"。采用频谱低频段的变化率,很好地描述了低频能量的变化,反映储层的渗透性。利用多条流体活动性属性剖面通过多口井验证符合率达到58%,对白云岩储层烃类检测效果较好(图4-68)。

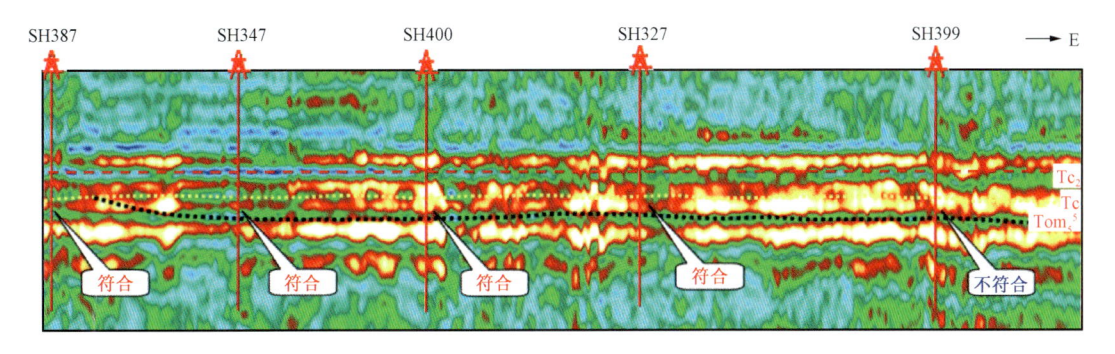

图4-68　流体活动性属性剖面

(三)高亮体属性分析技术

高亮体属性分析技术是将多个单一频率的分频体中的关键信息压缩为两个体:一个是峰值频率体,一个是峰值振幅减去谱平均振幅的数据体(相当于偏差)。认识基础是:低峰值频率对应厚层、高峰值频率对应薄层;小的偏差对应正常的振幅,而大的偏差为异常振幅,高亮体属性更能够突出地震异常,更能够反映岩性、流体变化,在靖边地区高亮体属性含气性预测符合率达到约50%,可作为有效预测风化壳储层含气性的手段之一(图4-69)。

(四)油气检测

油气储层是石油地球物理勘探的主要研究目标,应用东方公司 KLINVERSION 模块开展油气检测工作,预测 SH399 井有较好的含油气前景(图4-70)。

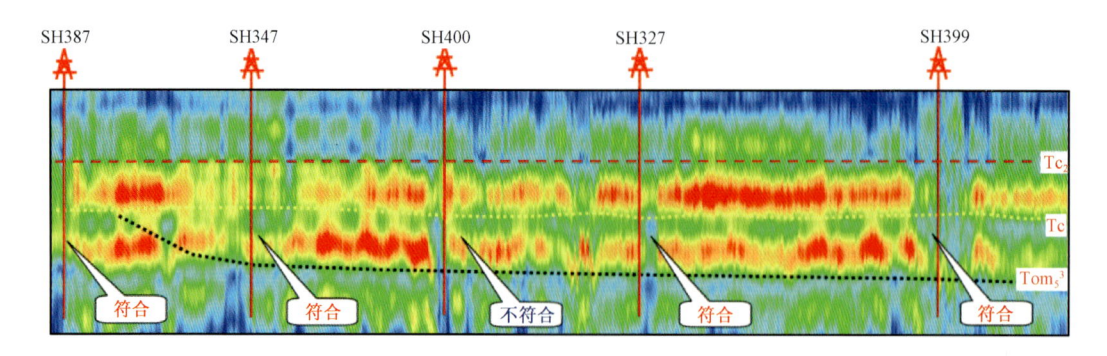

图 4-69 高亮体属性剖面

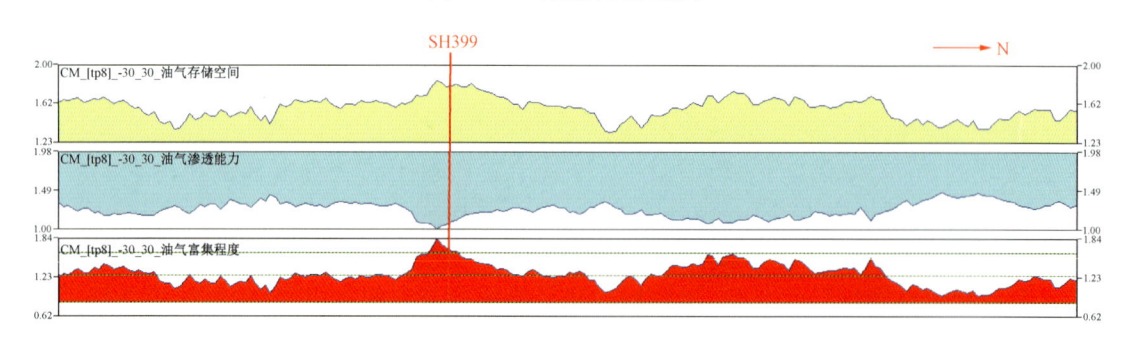

图 4-70 KLINVERSION 含气性检测剖面

六、风化壳型储层综合评价与井位优选技术

在明确风化壳型储层成因、成藏主控因素及预测其分布特征的基础上,开展储层综合评价,优选有利勘探区,进行井位优选。

(一)风化壳储层综合评价

通过层拉平技术结合叠后纵波阻抗反演技术精细刻画风化壳展布,明确古地貌特征,进而有效识别风化壳储层有利分布范围,结合开展叠前 AVO 分析和叠前弹性反演及流体活动性等多属性分析,最大限度地降低了单个技术方法带来的不确定性,精细预测风化壳储层含气富集区。开展半定量—定量化的储层综合评价。

主要应用的技术方法如下:

(1)模型正演分析及波形特征归纳,精细的岩溶古地貌解释技术,准确刻画岩溶古地貌形态和展布规律;

(2)地震层拉平技术及纵波阻抗反演技术预测风化壳储层有利分布区;

(3)进行岩石物理建模,分析碳酸盐岩风化壳储层岩石物理特征;

(4)叠后地震反演技术、叠前地震反演技术综合运用定量预测风化壳储层;

(5)开展叠前 AVO 分析,多种属性分析预测储层含油气富集区。

(二)风化壳储层井位优选技术

立足鄂尔多斯盆地地震、钻井、地质等资料,开展精细构造解释,综合应用碳酸盐岩风化壳储层配套解释技术进行储层预测,明确风化壳储层有利分布区展布,结合研究区及邻区已知油气藏解剖、失利井分析,深化石油地质条件、成藏机制、油气富集规律研究,优选有利勘探目标。

经过多年的探索与实践,逐步形成了一套针对靖边气田碳酸盐岩风化壳气藏的井位优选技术,主要依据六个方面因素确定开发建议井位,形成了"六图一表"的定井模式。

1. 六要素

(1)波形特征:根据对靖边及其周边地区分三类建立的奥陶系古地貌地震响应10种模式定性预测马五$_{1+2}$段的分布,也是前石炭纪古地貌刻画的关键技术;

(2)储层厚度:目标层白云岩储层厚度指导井位部署横向可移动范围;

(3)古地貌特征:主要应用层拉平技术结合叠后纵波阻抗反演技术精细刻画的风化壳展布位置,有效识别风化壳储层有利分布范围;

(4)今构造形态:主要对今构造形态局部可见小幅度的正、负向圈闭构造进行识别;

(5)"太原组+本溪组"厚度:石炭系、二叠系进行了"填平补齐"的沉积覆盖,也就是太原组+本溪组厚度与前石炭纪古地貌间呈镜像关系,可恢复前石炭纪古地貌;

(6)含气性:开展叠前AVO分析和叠前弹性反演及流体活动性等多属性分析,预测风化壳储层含气富集区。

2. 六图一表

(1)古地貌图;

(2)储层厚度图;

(3)今构造图;

(4)"太原组+本溪组"厚度图;

(5)含气性预测常规图;

(6)剖面图(常规、反演、含气性);

(7)建议井位要素表。

目前这套技术是以岩石物性分析为前提、精细层位标定为基础、风化壳古地貌控藏为指导的地震勘探资料储层横向预测的技术方法。在现有资料的基础上,利用AVO分析和叠前弹性反演技术纵向可预测5m左右的储层。根据储层的地球特征和反演的多解性,结合多属性分析技术综合评价,最大限度地降低了单个反演方法带来的多解性,提高了预测精度。该项技术系列的应用,明确了储层的分布状况和储层含气丰度,极大地降低了勘探风险,提高了钻井成功率。

第四节 风化壳型油气藏勘探成效分析

通过地震勘探技术持续攻关研究,进一步细化了鄂尔多斯盆地前石炭纪岩溶古地貌图(参见图1-13),区内古地貌总趋势为西高东低;西部奥陶系剥蚀严重,残留厚度小,保存层位老;而东部奥陶系残留厚度大,保存层位新,局部有马六段分布。潜台、残丘、沟槽等次级地貌单元发育。古潜台为岩溶斜坡带的主体,占本区总面积的60%以上,古残丘主要分布于靖西地区。古潜台、古残丘周缘发育古沟槽(古潜沟和古支沟)。古潜沟最大延伸长度大于50km,最大侵蚀深度40m左右,切割最老层位为马五$_3^2$。截至目前应用地球物理新技术手段刻画落实古潜沟122条,古支沟近400条,古潜坑300余个。其中新落实的古潜沟85条,古支沟178条,古潜坑180余个;修改完善古潜沟37条,古支沟200余条,古潜坑120余个,进一步落实了靖西、靖东地区下古生界奥陶系风化壳型储层有利勘探目标,取得了良好勘探成效,万亿方大气田初具规模。

一、靖西地区风化壳型碳酸盐岩勘探成效

(一)古地貌展布及储层特征

靖西地区岩溶残丘比较发育。侵蚀沟槽切割深度相对较浅,为10~30m。受沟槽控制,古地貌高或岩溶残丘、潜台幅度(20~40m),单个残丘面积较小(50~350km²)。岩溶残丘主要残存马五$_4$至马五$_5$段白云岩,岩溶储层发育。

钻井揭示,在靖西地区的岩溶残丘、潜台部位,马五$_4$至马五$_5$段白云岩储层的气层分布较稳定、连续性较好,气层厚度一般为5~15m。气藏主要受沟槽控制(图4-71)。

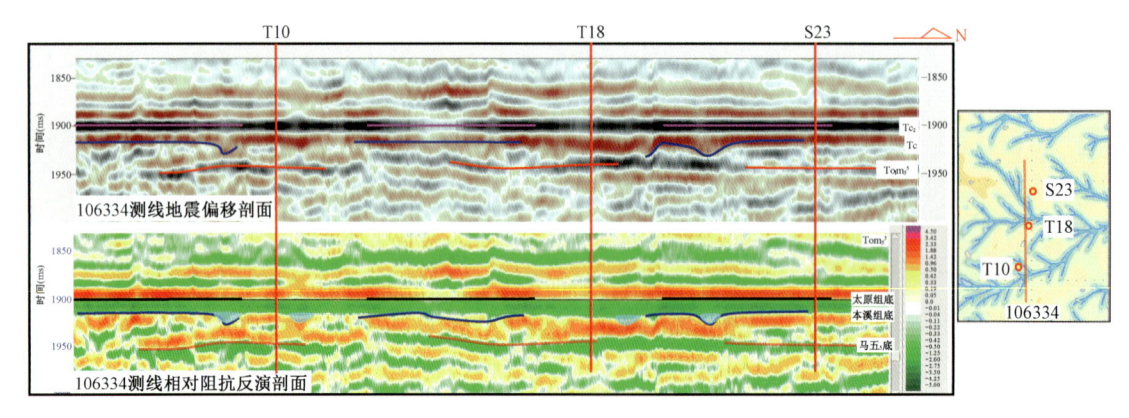

图4-71 鄂尔多斯盆地靖西地区奥陶系风化壳地震剖面图

(二)井位钻探效果

在靖西地区主要围绕井位目标,井震结合精细刻画岩溶古地貌,结合地震、地质、测井资料,综合评价有利区面积3390km²/15个(图4-72)。截至目前提供建议井位423口,采纳316口,采纳率75%。钻井深度预测符合井达到297口(符合率94%),储层预测符合井275口(符合率87%),有力地证实了地震处理解释一体化的攻关成效,构造、古地貌刻画及储层预测技术系列趋于成熟,钻探工业气流井共计191口,成功率达到60%。

二、靖东地区风化壳型碳酸盐岩勘探成效

(一)古地貌展布及储层特征

靖东地区处在岩溶斜坡和岩溶盆地的过渡区,近年来,通过深化风化壳储层形成机理研究,结合地震研究成果,认为靖东岩溶斜坡区沉积相带为有利区,局部地区岩溶作用强烈,溶蚀孔洞发育,仍能形成有效的风化壳型储层。

靖东地区处在岩溶斜坡的较低部位,古地貌相对平缓,古地貌高或岩溶残丘幅度10~25m,处于中等溶蚀带,侵蚀沟槽相对靖西地区不发育,切割深度浅(5~20m),岩溶残丘较发育,以层状岩溶为主,马五$_{1+2}$段是该区岩溶储层发育的主力层段。岩溶储层较发育(图4-73)。

(二)井位钻探效果

通过地震地质综合评价出靖东地区多个含气有利区,面积总计达2893km²(图4-74)。截至目前提供建议井位265口,采纳148口,采纳率56%。钻井深度预测符合井达到135口(符合率91%),储层预测符合井121口(符合率82%),工业气流井共计75口,成功率达51%。

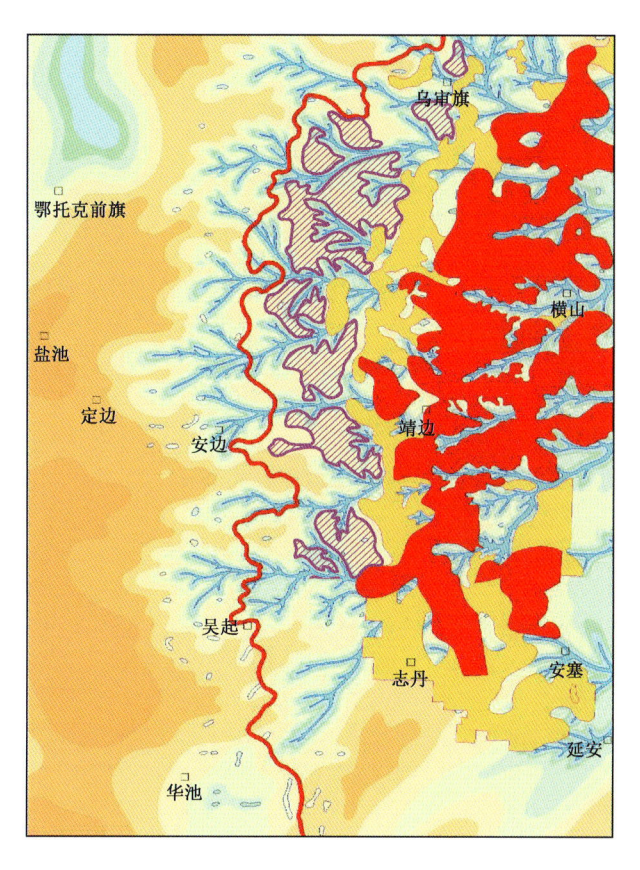

图4-72 靖西地区奥陶系风化壳储层预测图

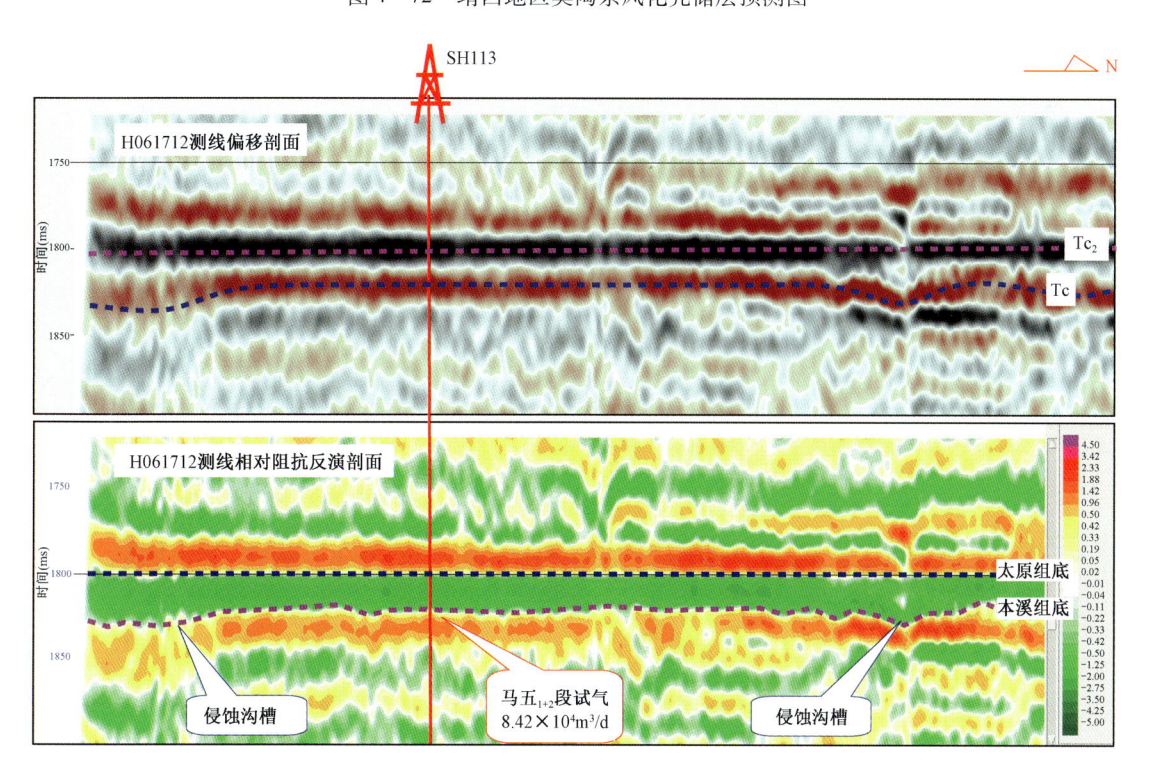

图4-73 鄂尔多斯盆地靖东地区奥陶系风化壳地震剖面图

— 197 —

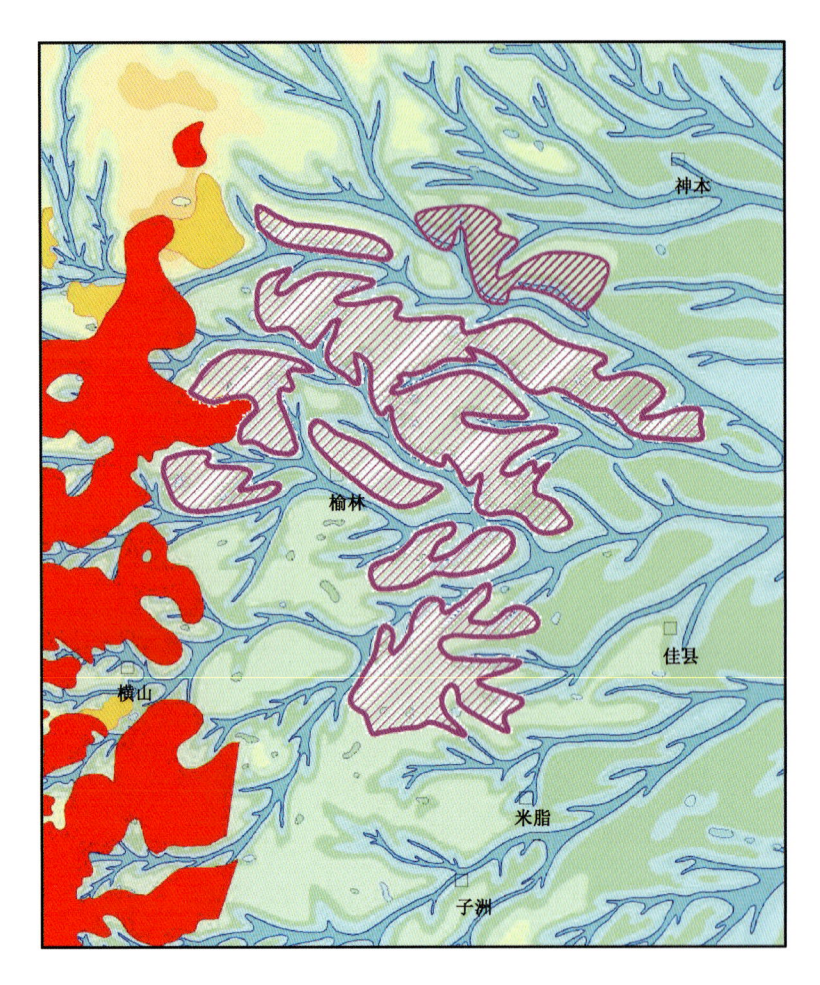

图 4-74　靖东地区奥陶系风化壳储层勘探成果图

第五节　鄂尔多斯盆地碳酸盐岩油气勘探前景

鄂尔多斯盆地海相碳酸盐岩储层是天然气勘探的重要领域。奥陶系风化壳储层区域性展布稳定,层内孔洞和微裂缝匹配良好,具有形成工业产能的储渗能力。可供勘探的储层分布面积巨大,具备形成大气区的有利条件。

一、现实勘探领域及油气勘探前景

在靖东地区油气勘探取得进展的前提下,继续向东扩展勘探。初步分析表明该区域向东发育风化壳弧形带,总面积达 30000km^2,处于古岩溶斜坡部位,是风化溶蚀作用发育带。溶蚀孔洞型准同生白云岩储层发育。目前在榆林、佳县一带的勘探成效较好,是风化壳储层勘探的现实接替目标区(图 4-75)。

上、下古生界生排烃中心,是奥陶系岩溶古地貌成藏的关键因素,从生排烃中心的分布来看,石炭—二叠系生排烃中心位于榆林、宜川、吴堡一带,面积广阔。奥陶系生排烃中心位于靖边、Y9 井一带,受构造热事件的影响,使上下古生界排烃中心先后进入峰值期,并在盆地中东部形成生、排烃主体带。

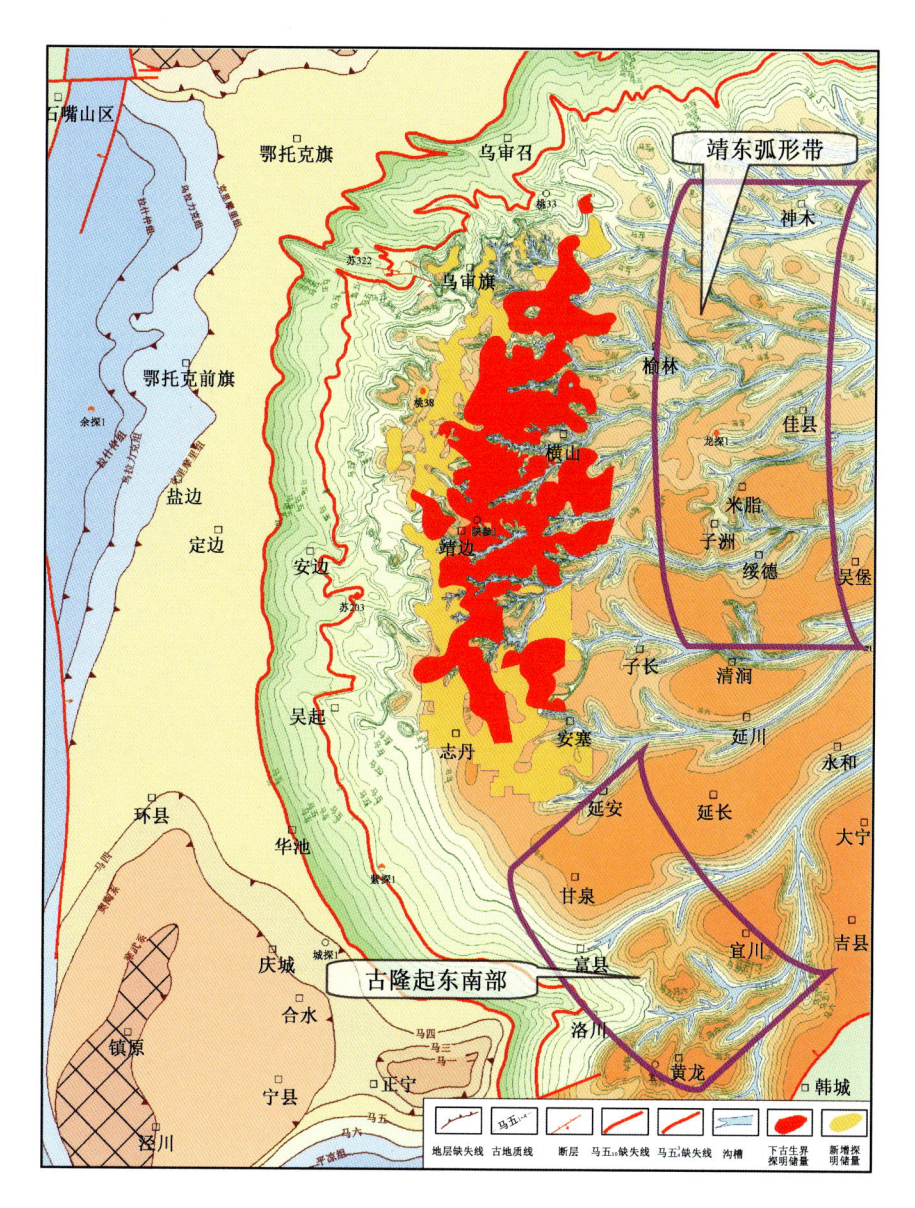

图 4-75　鄂尔多斯盆地前石炭纪岩溶古地貌图

二、潜在勘探领域及油气勘探前景

目前盆地东南部地区风化壳储层勘探还处于初期,钻井极少,邻区 Y6 井在奥陶系顶部层位马家沟组马五$_2$段已取得突破,试气获得 $2.4 \times 10^4 m^3/d$。钻井分析结果表明 Y6 井风化壳储层特征与靖边气田风化壳储层具有类似特征。

鄂尔多斯盆地东南斜坡也有类似中部靖边气田的成藏条件,延安—黄龙白云岩体弧形带为继风化壳弧形带勘探之后下古生界风化壳天然气勘探潜在领域,勘探面积达 $16000 km^2$(参见图 4-75)。其上古生界煤系烃源岩同样具有较强的生烃能力(图 4-76),且处于岩溶斜坡区,受风化溶蚀作用影响,风化壳储层有较好的油气赋存潜力,是盆地奥陶系风化壳储层的远景勘探目标区。

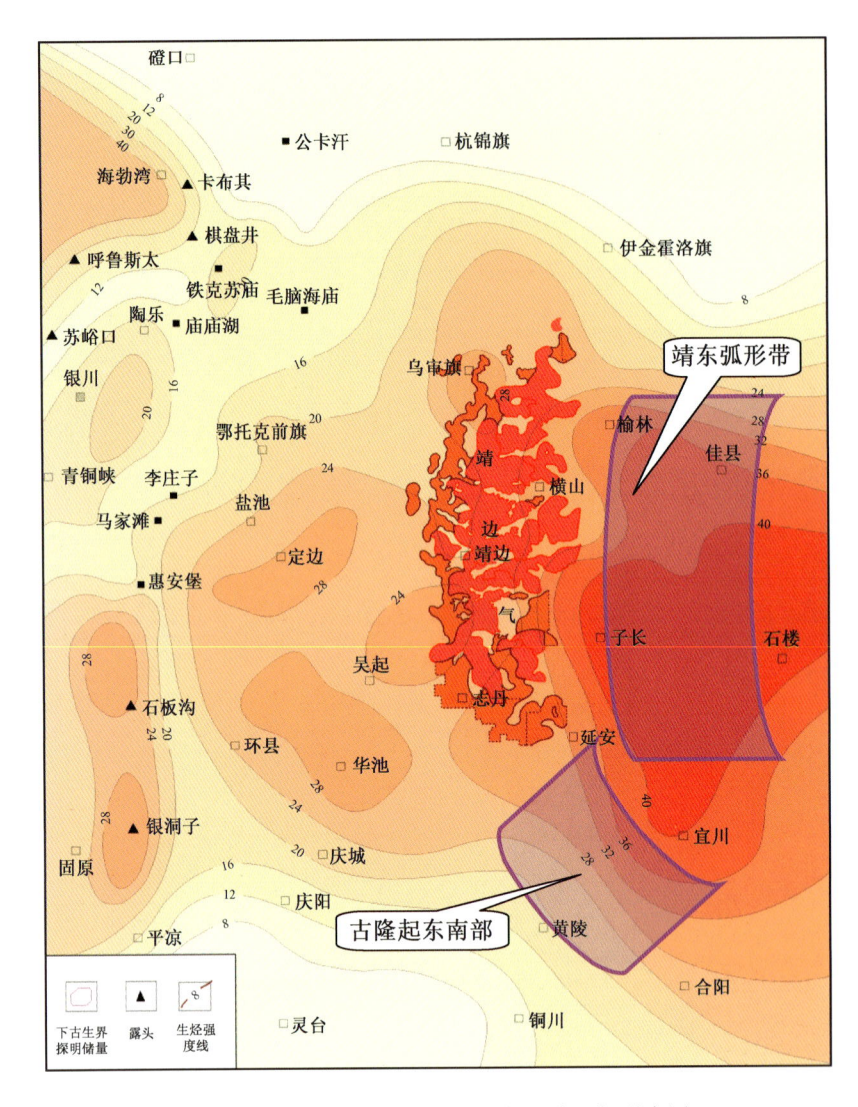

图 4-76 上古生界本溪组煤系烃源岩生烃强度图

第五章　礁滩型油气藏地震勘探技术及成效

在全球碳酸盐岩油气田中,生物礁与颗粒滩储层是主要的储层类型,碳酸盐岩礁滩气藏开发具有高效、高产的特点。全球10个最大的生物礁油气田,可采储量从数亿吨到几十亿吨;碳酸盐岩颗粒滩储层则发育全球最大的油气田——卡塔尔的Ghawar油气田,仅可采储量就达到了$240×10^8$ t。原苏联宾里海盆地发现的田吉兹油气藏、墨西哥的黄金巷油气田等都是著名的礁滩型油气藏。碳酸盐岩领域的勘探成果,充分表明碳酸盐岩储层中蕴藏着极其丰富的油气潜力和巨大的油气前景,而礁滩型储层油气藏是碳酸盐岩勘探重要的领域。

四川盆地的普光、龙岗、元坝、高石梯—磨溪等地区,在礁滩领域获得了丰富的油气发现,显示这一领域勘探的巨大潜力。鉴于四川盆地礁滩特点,本章将主要以东方公司近几年在四川盆地的地震勘探技术、地质认识及相关勘探成效为例加以介绍、论述。

第一节　四川盆地礁滩领域勘探研究概况

四川盆地礁滩领域勘探始于20世纪70年代,经过近50年的勘探取得了丰富的成果与油气发现。但随着勘探领域的拓展,很多问题与难点的出现,持续推动礁滩型油气藏勘探的地球物理技术进步和地质认识成为油田当今工作的重要课题。

一、礁滩储层是四川盆地天然气主要勘探领域

四川盆地礁滩型储层天然气资源非常丰富,最新评价结果表明,四川盆地长兴组—飞仙关组天然气总资源量为$2.5×10^{12}m^3$;震旦系灯影组及寒武系龙王庙组的礁滩勘探中已有重大的发现和突破,初步测算资源潜力超过$4×10^{12}m^3$;下二叠统栖霞组发育滩相储层,也具有较大勘探潜力。

二、礁滩储层发育重点层系

震旦系灯影组:四川盆地及周缘震旦系普遍发育,纵向上岩性特征总体分为两套,下部发育以碎屑岩沉积为主的陡山沱组,上部为以碳酸盐岩建造为主的灯影组。灯影组自下而上按岩性及藻类含量分为灯一段(贫藻亚段,块状白云岩,30~160m)、灯二段(下部富藻、上部贫藻,块状白云岩,350~550m)、灯三段(碎屑岩,0.4~60m)、灯四段(块状含硅白云岩,含菌藻类,厚度200~350m)。其中灯二段和灯四段是主要储层发育段。

寒武系龙王庙组:龙王庙组广泛发育于上扬子地区,碳酸盐岩面积超过$50×10^4km^2$,为中国最古老、保存最完好、相带分布最复杂的碳酸盐岩缓坡沉积。龙王庙组在四川全盆地广泛发育,川中古隆起范围内寒武系发育齐全,包括麦地坪组、筇竹寺组、沧浪铺组、龙王庙组、高台组和洗象池组(图5-1)。受加里东期构造活动影响,寒武系遭受长期风化剥蚀,由川中古隆起边缘至川西核部依次缺失洗象池组、高台组、龙王庙组、沧浪铺组和筇竹寺组。川中古隆起区内寒武系厚0~1500m。川西核部局部地区寒武系完全缺失,地层厚度最大值出现在古隆起南翼窝深1井,钻厚1449m。龙王庙组发育滩相储层,厚度100m左右。

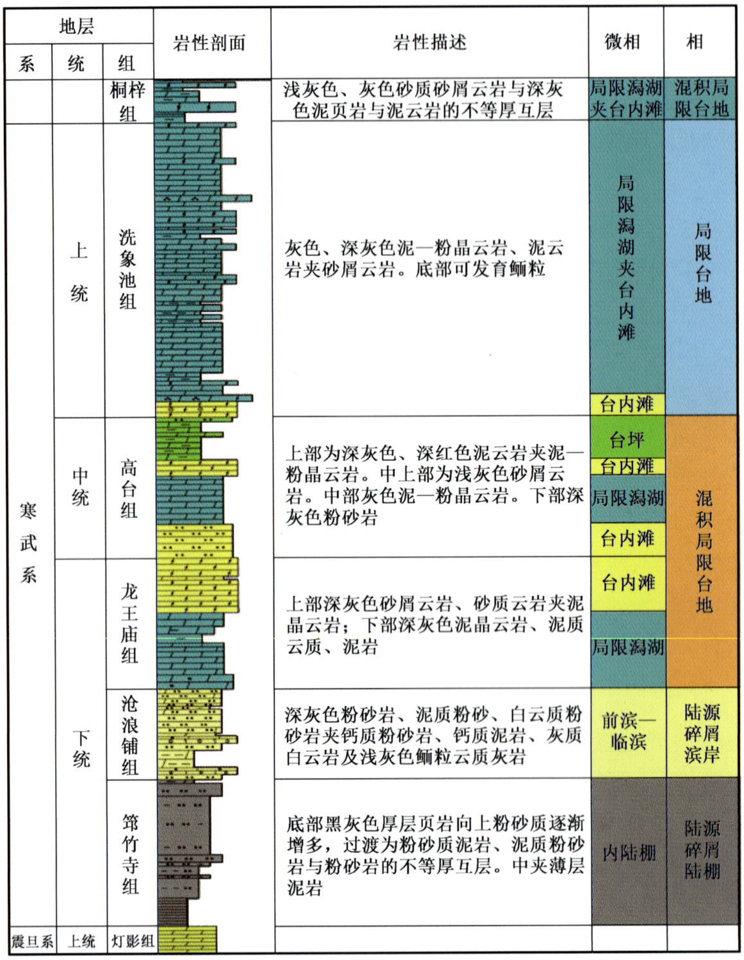

图 5-1 高石梯—磨溪地区寒武系综合柱状图（据西南油气田）

下二叠统栖霞组：栖霞组沉积时，全盆地表现为缓坡台地格局（图 5-2），主体发育开阔台地内缓坡相，岩性为厚 100m 左右的生屑泥晶灰岩、泥质灰岩等，总体表现为受生物扰动的环境，缓坡带发育台内滩。在川西地区形成较深水的外缓坡相，在内缓坡相带和外缓坡相带之间为相当于台缘带的高能相带，呈北东向大体沿龙门山冲断带的前缘带展布，宽达 30~50km，厚约 0~100m，为一套浅灰色亮晶砂屑灰岩和亮晶砂屑生屑灰岩，局部发生白云岩化。外缓坡带向西为深陆棚和盆地相的沉积，为一套深灰色泥晶灰岩夹页岩，厚达 100m。

上二叠统长兴组：长兴组沉积时期，开江—梁平海槽继续拉张，沿海槽的周边发育大量生物礁，形成了典型的镶边型台地边缘（图 5-3）。长兴组主体表现为开阔台地相环境，以生屑灰岩和泥质灰岩为主，沉积厚度 100~150m，台内发育台内滩和以生物礁为主的台内礁。台地边缘相主要为生物礁，在生物礁的上部及顶部多发生白云岩化作用，对礁体的储层物性起到很好的改造增强作用。在开江—梁平海槽和城口—鄂西海槽内的盆地相称为大隆组，为一套深灰色薄层状泥质灰岩、黑色碳质泥岩等，有机质丰富，是一套优质烃源岩。

三、礁滩储层勘探主要区带

碳酸盐岩储层主要集中发育于各沉积时期的高能相带，从前期勘探成效与研究认识看，四川盆地礁滩储层主要集中在三大区域（图 5-4）。

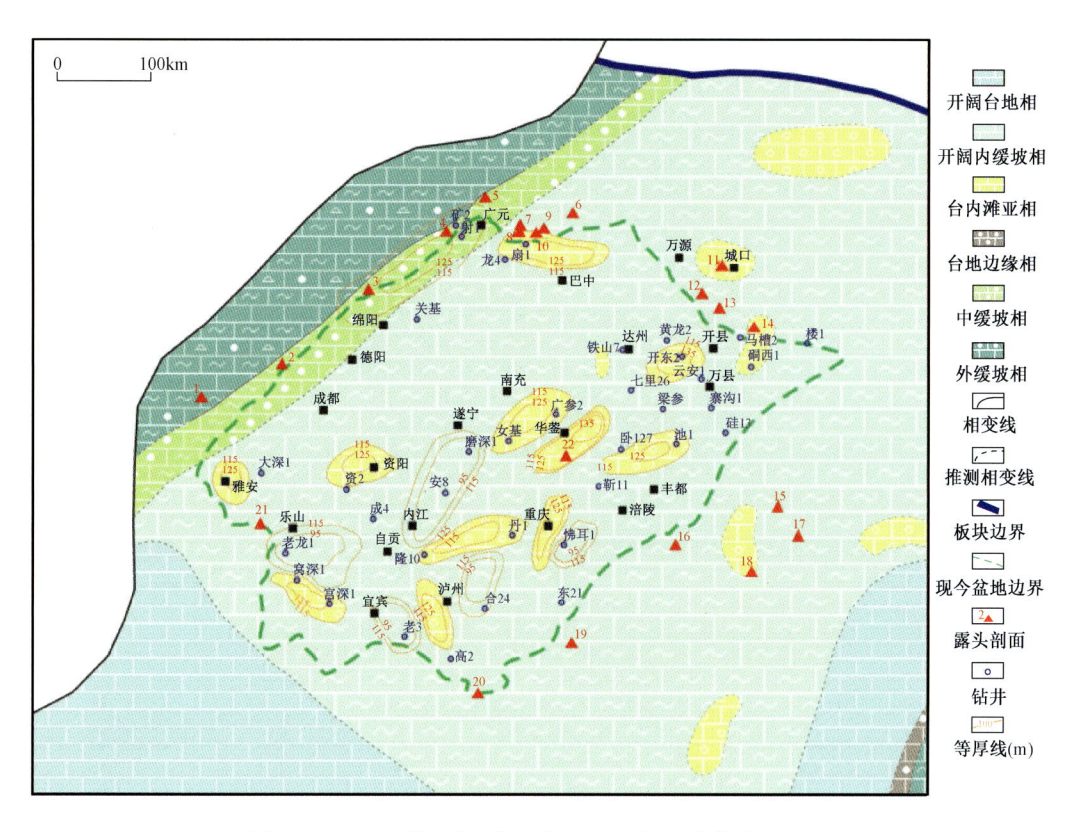

图 5-2 二叠系栖霞组岩相古地理图（据赵宗举等,2012）

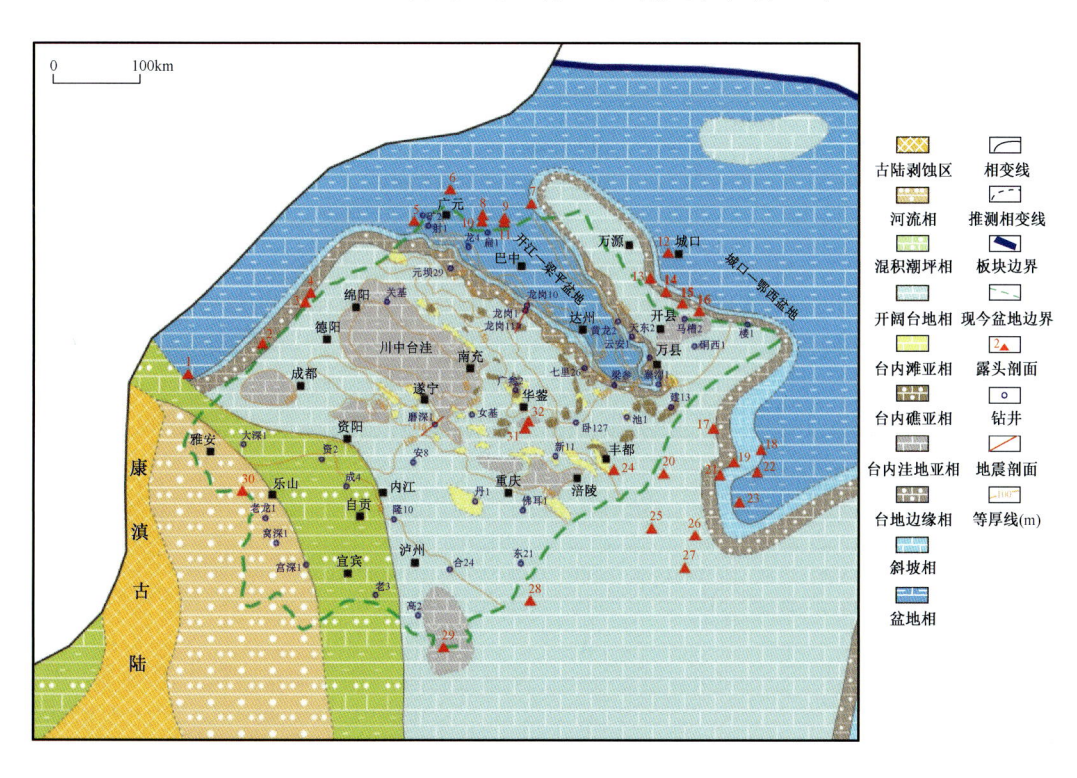

图 5-3 二叠系长兴组岩相古地理图（据赵宗举等,2012）

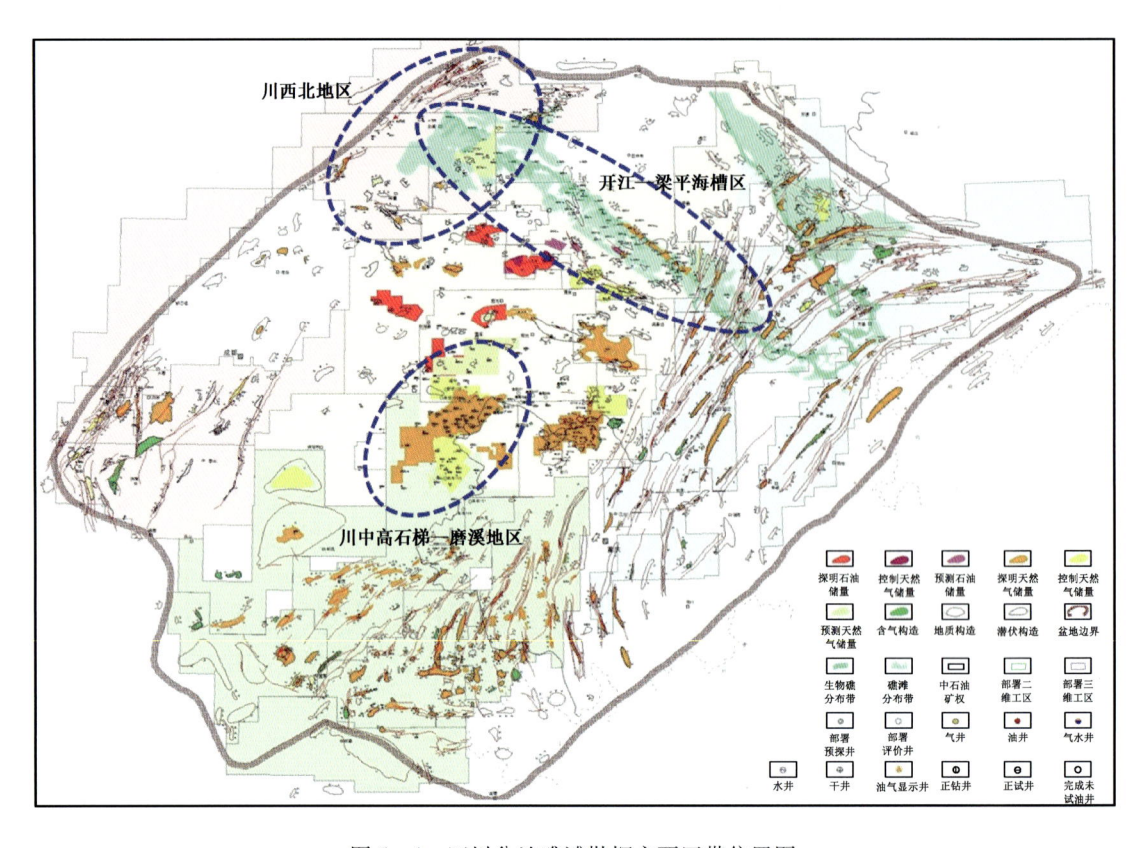

图 5-4 四川盆地礁滩勘探主要区带位置图

环开江—梁平海槽周缘：主要发育长兴组生物礁和飞仙关组鲕滩，目前发现的礁滩气藏集中分布在海槽两侧，此带规模大、延展数百千米。

川中高石梯—磨溪地区古隆起和前震旦系裂谷周缘：前震旦系裂谷控制震旦系灯影组台缘高能相带及洞缝系统，形成优质储层。川中古隆起控制寒武系龙王庙组滩相储层发育及分布，总面积约 $2 \times 10^4 km^2$。

川西北地区的下二叠统：主要发育在龙门山前高能滩相带及台内高能滩，总面积超过 $1 \times 10^4 km^2$。

第二节 川中古隆起礁滩地震勘探技术及成效

自高石 1 井在震旦系钻获高产工业油气以来，川中古隆起的地震勘探持续深入，勘探成果不断扩大。

一、川中古隆起勘探概况

四川盆地地处扬子地台西北侧，川中乐山—龙女寺古隆起作为盆地内最大的构造区带，是组成扬子地台的一个二级构造单元。古隆起震旦纪已具雏形，经历加里东运动、印支运动、燕山运动、喜马拉雅运动多次改造形成现今构造格局。川中古隆起核部面积约为 $6.25 \times 10^4 km^2$（以志留系缺失面积计算），约占四川盆地面积的三分之一。

高石梯—磨溪潜伏构造带位于古隆起东部(图5-5),其东为龙女寺构造,西南邻近资阳古圈闭和威远构造,北边为蓬莱镇构造,南边为荷包场构造。

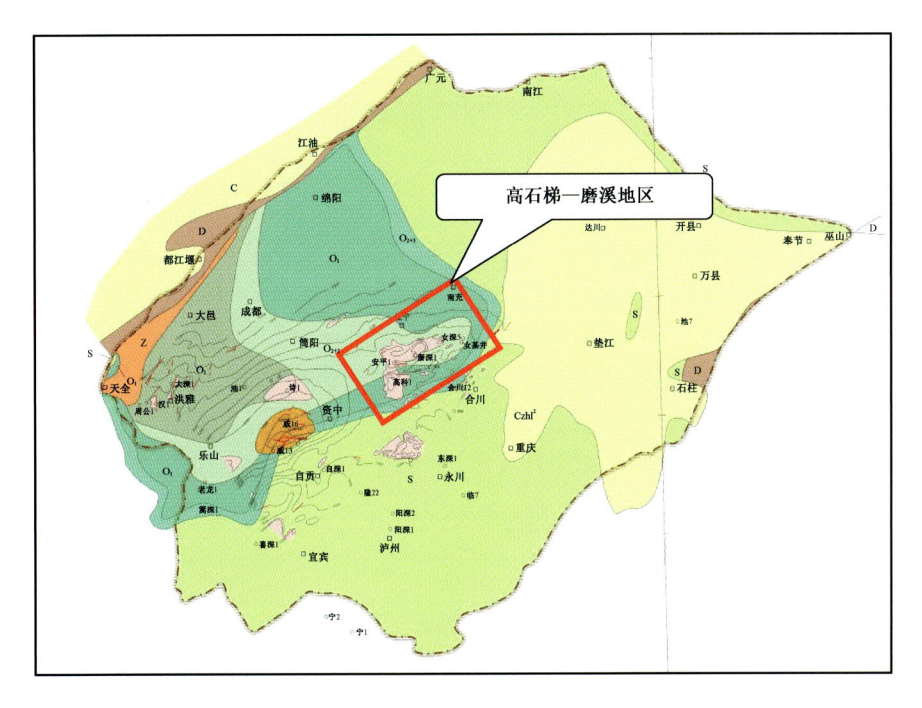

图5-5 川中古隆起高石梯—磨溪地区构造位置图

大川中地区地震勘探合计二维28978km,三维1424km²(磨溪、龙女寺、广安、蓬莱、高石梯)。1970—2000年,以灯影组为目的层,在古隆起范围内共钻构造11个,钻井16口,获工业气井4口。

2010年8月,在乐山—龙女寺古隆起东段高石梯构造上,以震旦系—下古生界为目的层,部署了高石1井,于灯二段试获$102.15 \times 10^4 m^3/d$的高产气流。为了满足高石梯—磨溪地区勘探进度的需求,2010年在安岳地区部署了620km²的三维探区,2011年在高石1井区和磨溪东分别部署了273km²和199km²两块三维探区,2011—2012年在高石梯—磨溪地区部署了790km²的三维探区。

二、处理技术与效果

根据油田勘探需求,针对寒武系、震旦系东方公司开展了高石梯—磨溪等五块三维叠前深度偏移处理及三维地震勘探资料连片攻关处理解释,取得了较好的成效。

(一)地震勘探资料处理难点与对策

根据川中古隆起高石梯—磨溪地区的地质特点,开展对现有资料的数据分析,存在以下研究难点:(1)近地表条件变化快,表层结构复杂,勘探目标构造幅度小,静校正精度要求高。(2)目的层埋藏深,信噪比低,干扰波严重,多次波发育。(3)工区内激发、接收条件变化大,能量、子波存在差异。(4)雷口坡组和嘉陵江组膏岩厚度变化大,区内钻遇震旦系的井少,深度偏移速度建模困难。

研究对策:(1)发挥处理、解释一体化优势,加强基础数据分析、充分试验、严格质控,紧紧围绕深层震旦系及寒武系有利目标,开展保真、保幅处理。(2)充分利用好东方公司自主研发的 GeoEast 软件特色技术,主要包括 RESA 静校正技术、自适应面波压制、分频去噪、聚束滤波、四维去噪等去噪技术,俞氏子波反褶积、叠后零相位反褶积等提高分辨率技术,网格层析速度模型反演、Lightening 等高精度成像技术,提高深层信噪比和成像精度。(3)加强处理、解释一体化,严格质量控制,实行全流程的工程化质量管理与监控。

(二)主要处理技术

首先开展地震勘探资料分析,包括采集参数、资料品质、静校正、能量、频率、极性、子波一致性、拼接调查八个方面开展精细分析。分析表明地震勘探资料有如下特点:(1)采集方位角、排列长度差异大;(2)因近地表因素变化快,存在明显的静校正问题;(3)震旦系信噪比低,主要噪声有多次波、面波、工业干扰、废道、异常振幅等;(4)原始资料能量、子波有差异,震旦系主频低(15Hz)、频带窄(8~40Hz);(5)各块频率、相位特征一致、没有时差,统一网格后可直接连片。

根据采集数据特点及处理任务要求,制订了处理工作流程(图 5-6),主要采用了以下七项关键处理技术。

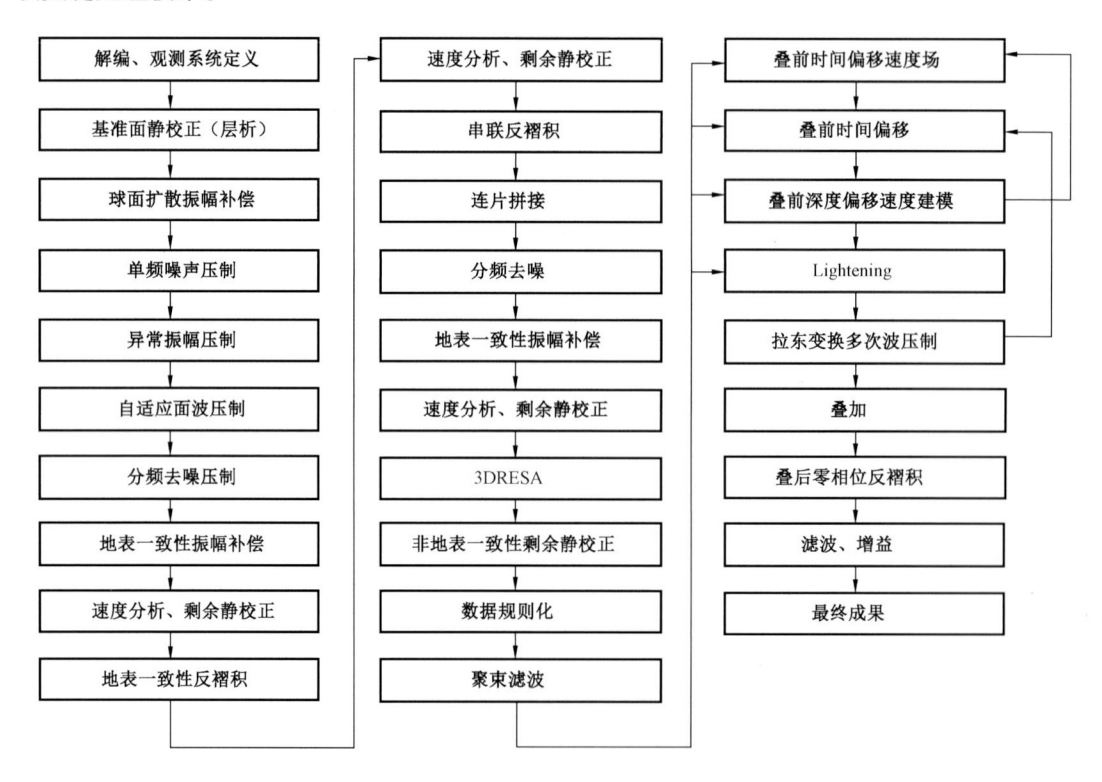

图 5-6 川中古隆起地震连片处理工作流程

1. 静校正技术

工区属浅丘地貌,整体地形起伏较小。海拔在 217~514.4m,但是道间起伏较大,相对高差最大可达 200m。琼江河及涪江河谷区有明显的静校正问题。首先通过对比试验选取层析静校正方法计算基准面静校正,解决了长波长静校正,河道区域资料的信噪比得到明显改善。然后使用三维地表一致性剩余静校正和 3D RESA,解决全区的剩余静校正问题(图 5-7)。

(A)剩余静校正　　　　　　　　　　　　　　　(B)3D RESA

图 5-7　剩余静校正与 3D RESA 剖面 CRL2000

2. 综合叠前去噪技术

连片处理涉及的三维区块中,原始资料噪声类型非常多,主要有:废炮、废道、野值、面波、工业干扰、随机干扰等,城区资料具有高频强振幅干扰。因此,在反褶积和能量补偿处理之前,要进行针对性去噪,而后续去噪根据需要,可以在 CMP 道集上进行。去噪处理的主要思路就是选用保真去噪模块,重点提高震旦系及寒武系的信噪比。

3. 振幅补偿处理技术

首先应用球面扩散补偿技术补偿地震波在传播过程中能量随着地震波传播距离的增加而衰减,造成纵向上能量的差异。其次应用地表一致性振幅补偿主要是补偿地震波在传播过程中由于激发因素和接收条件的不一致性问题引起的振幅能量差异。在统一网格连片后,由于子波整形和预测反褶积使地震数据能量关系又发生了改变,需要在 CMP 道集再次进行地表一致性振幅补偿处理,来解决这种能量不一致的问题。从图 5-8 可见使用振幅补偿技术后消除地震波传播及大地吸收导致的能量衰减,同时也消除地表条件变化导致的空间能量差异,在时间切片上河道影响明显得到消除。

4. 串联反褶积处理技术

应用地表一致性反褶积技术,对地震子波进行校正,消除地表条件差异对地震子波的影响,从而增强地震子波横向稳定性和一致性。应用俞氏子波反褶积用来提高数据的纵向分辨率(图 5-9)。

5. 叠前数据规则化技术

数据规则化技术是连片处理的关键技术之一。主要目的是提高偏移成像精度,为叠前反演提供高品质道集数据。

6. 叠前时间偏移技术

叠前时间偏移是一项常规的成熟技术,本次处理亮点是使用层位控制叠前时间偏移速度分析技术,精细调整优化偏移速度场,从而提高偏移成像精度(图 5-10)。

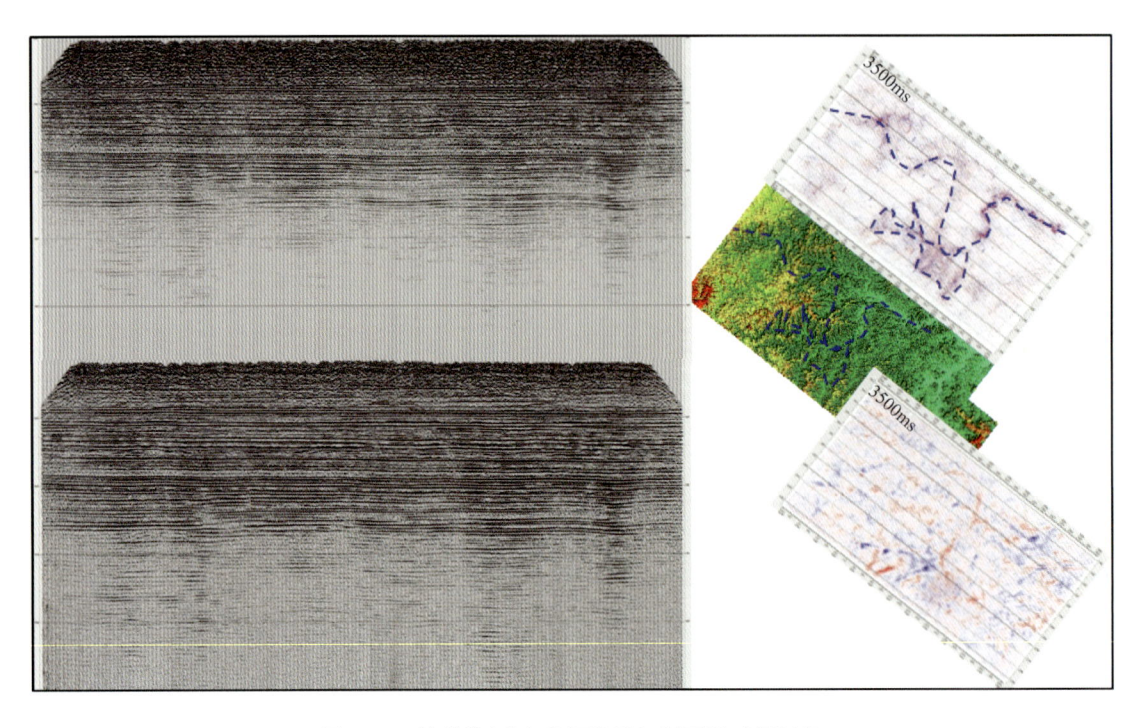

图 5-8 补偿前(上)后(下)叠加剖面及时间切片

反褶积前　　　　　　　　　地表一致性反褶积　　　　　　　俞氏子波反褶积

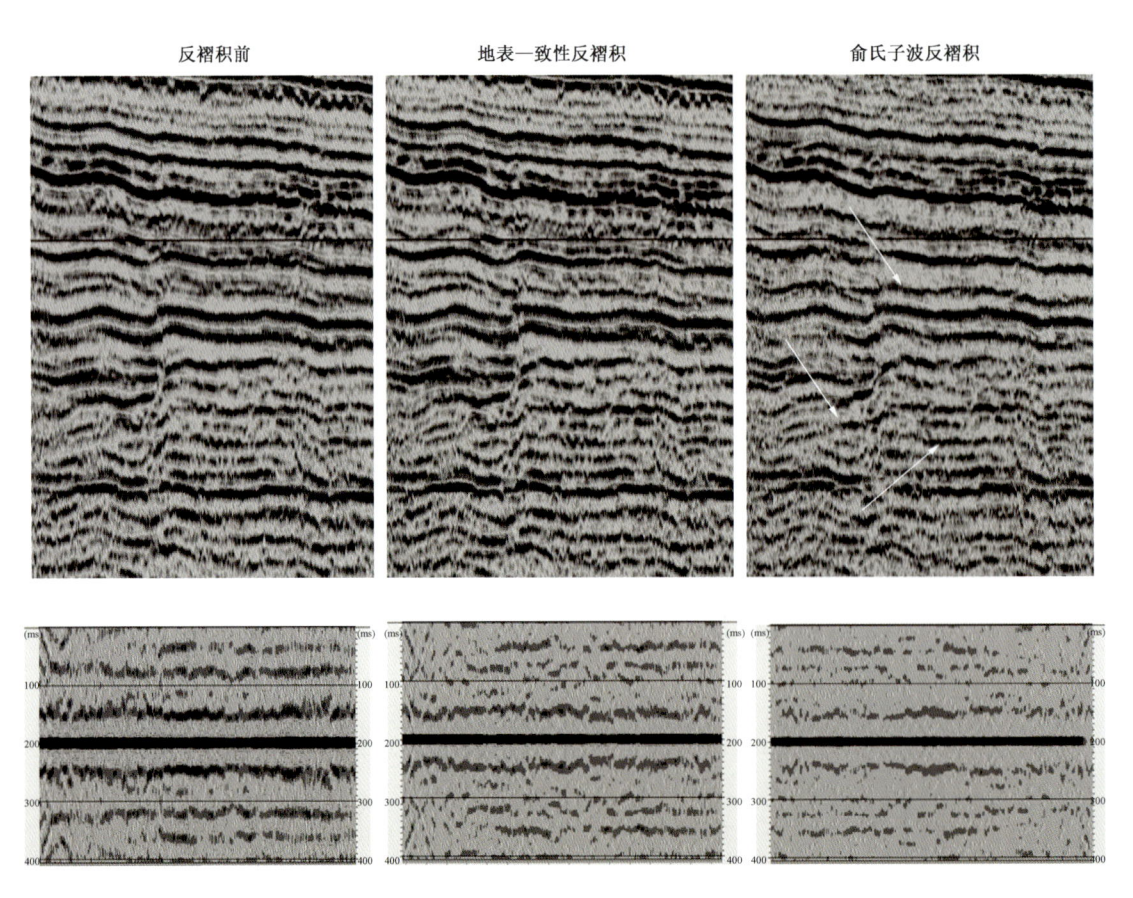

图 5-9 串联反褶积前后叠加剖面及自相关函数

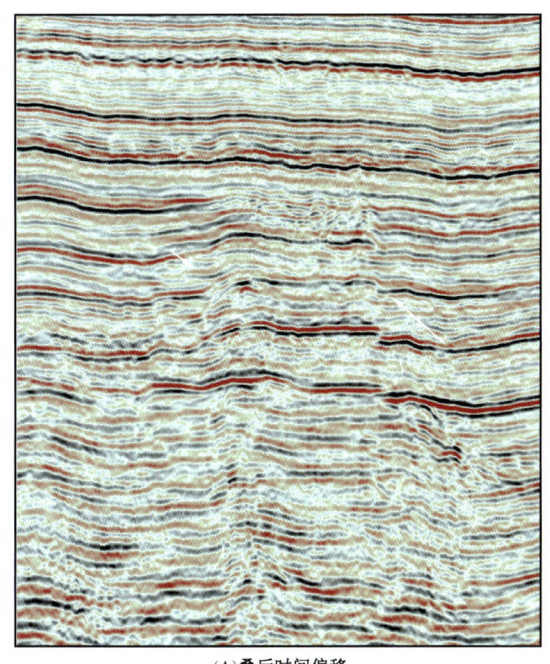

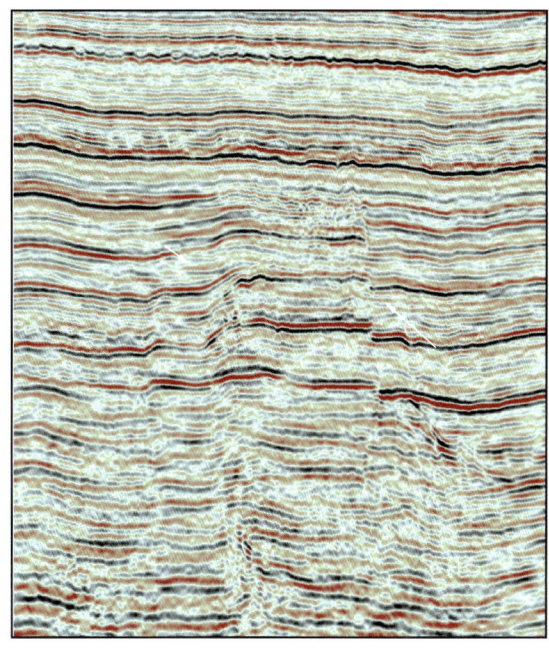

(A)叠后时间偏移　　　　　　　　　　　　　　(B)叠前时间偏移

图 5－10　INL1563 叠后时间偏移与叠前时间偏移对比

7. 叠前深度偏移技术

叠前深度偏移的核心问题是深度—速度模型的建立,这是一个非常复杂的迭代过程,也是处理与解释紧密结合的体现。

深度—速度模型的迭代优化是深度偏移的关键。主要是对叠前深度偏移的层速度模型进行优化,提高叠前深度偏移的准确度。建立相对准确的速度场后,进行叠前深度体偏移。针对体偏移的结果,结合钻井资料对深度成像层位进行标定,分析误差,并用钻井层速度校正深度偏移速度场,进而校正深度域数据体。叠前深度偏移剖面与实际钻井资料震旦系顶深度相对关系一致(图 5－11)。

(三)主要处理效果

通过对原始资料全面认真分析,精细的参数试验及扎实的基础工作,并且与解释人员通力协作,取得了较好的处理效果。

(1)形成川中高石梯—磨溪地区高品质数据体,消除了单块间的相位、振幅、时差等影响,为该区整体研究奠定了资料基础。整体上看,从上到下剖面波组特征清晰,构造接触关系清晰,空间能量均衡(图 5－12)。

(2)最终成果资料与井资料吻合较好。从连井剖面看(图 5－13)多井层位标定一致性好,地震波组反射特征稳定,可连续对比追踪。

(3)最终成果资料地质现象丰富,振幅强弱变化、削截关系、构造形态等内幕信息丰富,有利于地层岩性勘探。从图 5－14 中 A、B、C、D 四个区域可见溶蚀强烈造成地层表面起伏变化,在地震剖面上反映为反射同相轴振幅变弱,连续性变差,同时表现沿层相干不连续和曲率值异常。

(4)高品质的处理成果地质现象丰富,为地震解释提供了可靠的基础。前震旦纪裂谷系

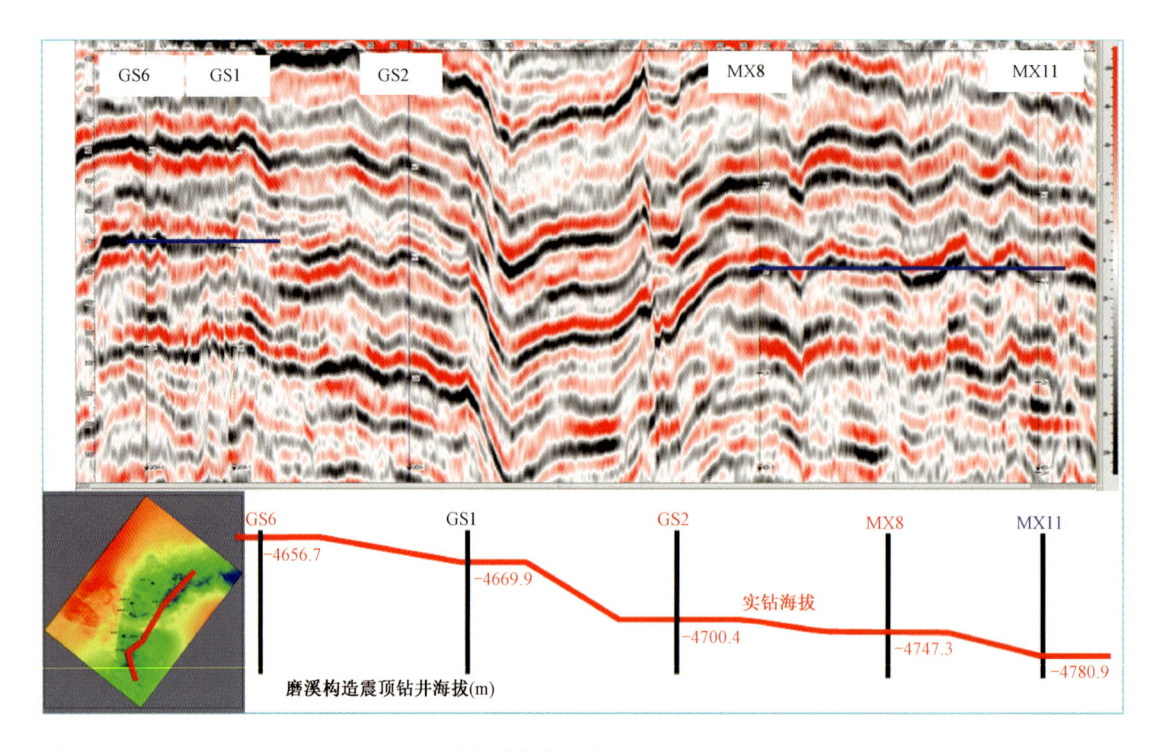

图 5-11 连井线的叠前深度偏移剖面与实际钻井深度图

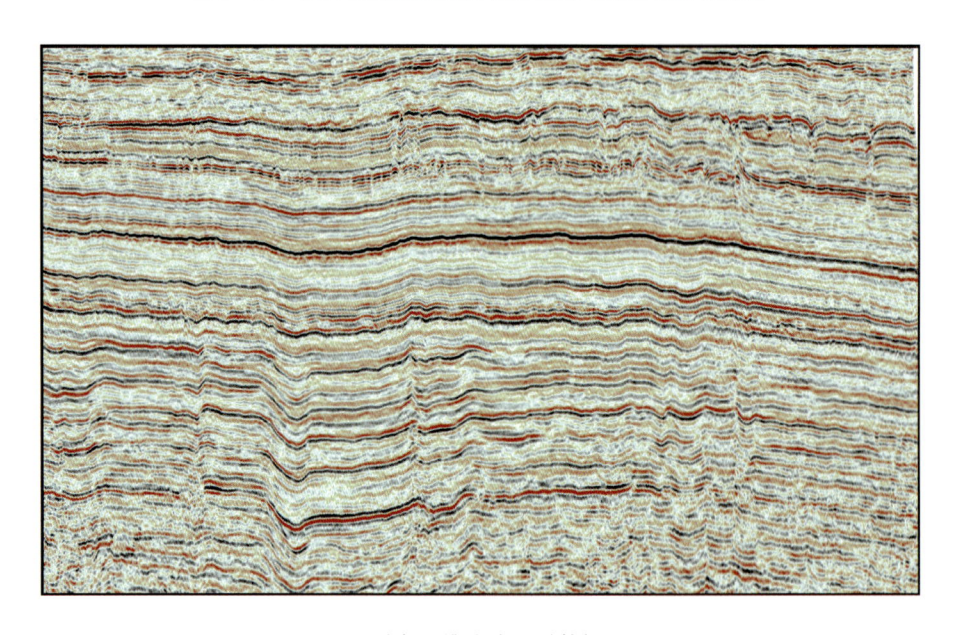

图 5-12 川中三维连片地震数据 Line1951

的继承性活动,控制了研究区震旦系—下古生界断裂展布及沉积演化特征,对上覆寒武系龙王庙组沉积及储层发育有着本质的控制(图 5-15)。

三、解释技术及效果

应用已有地震、钻井、测井及其他资料,开展解释技术应用及地质综合研究,确定勘探方向与领域,落实钻探井位。

— 210 —

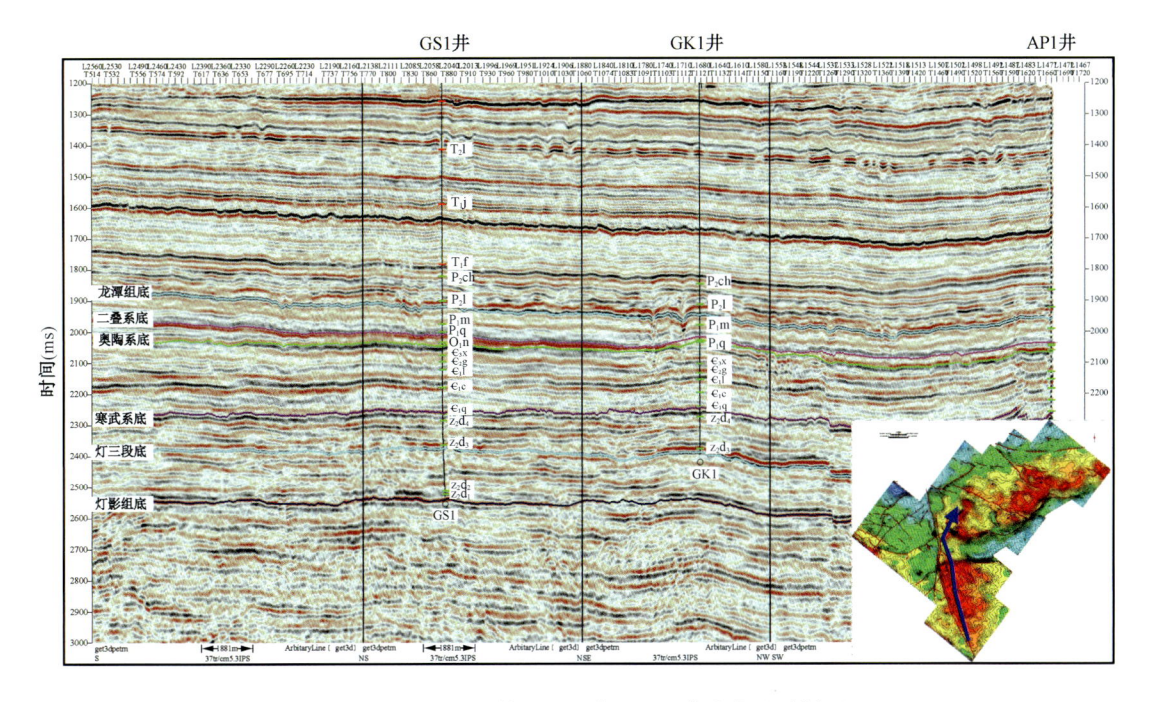

图 5-13 过 GS1 井—GK1 井—AP1 井连井地震剖面

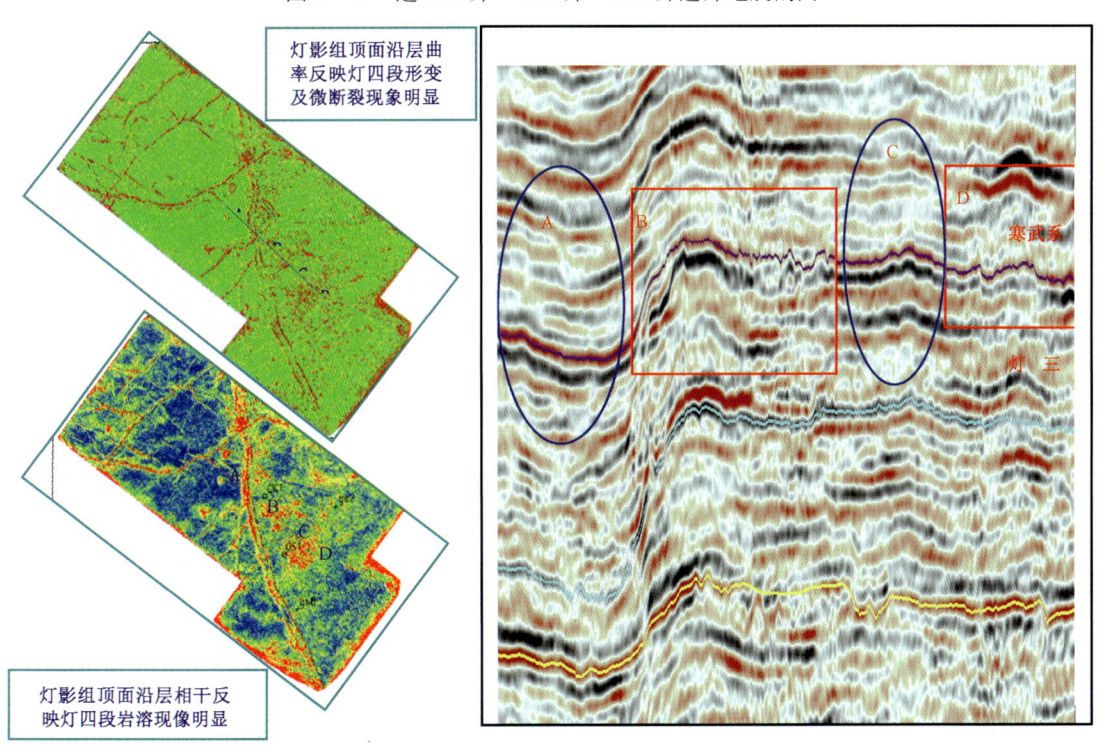

图 5-14 三维连片地震数据 Crossline1071 及相关属性图

(一)主要解释技术

1. 相干体技术

在岩溶发育带,地震波传播过程中将产生散射干扰,岩溶发育带呈现低相干相。由于相干

— 211 —

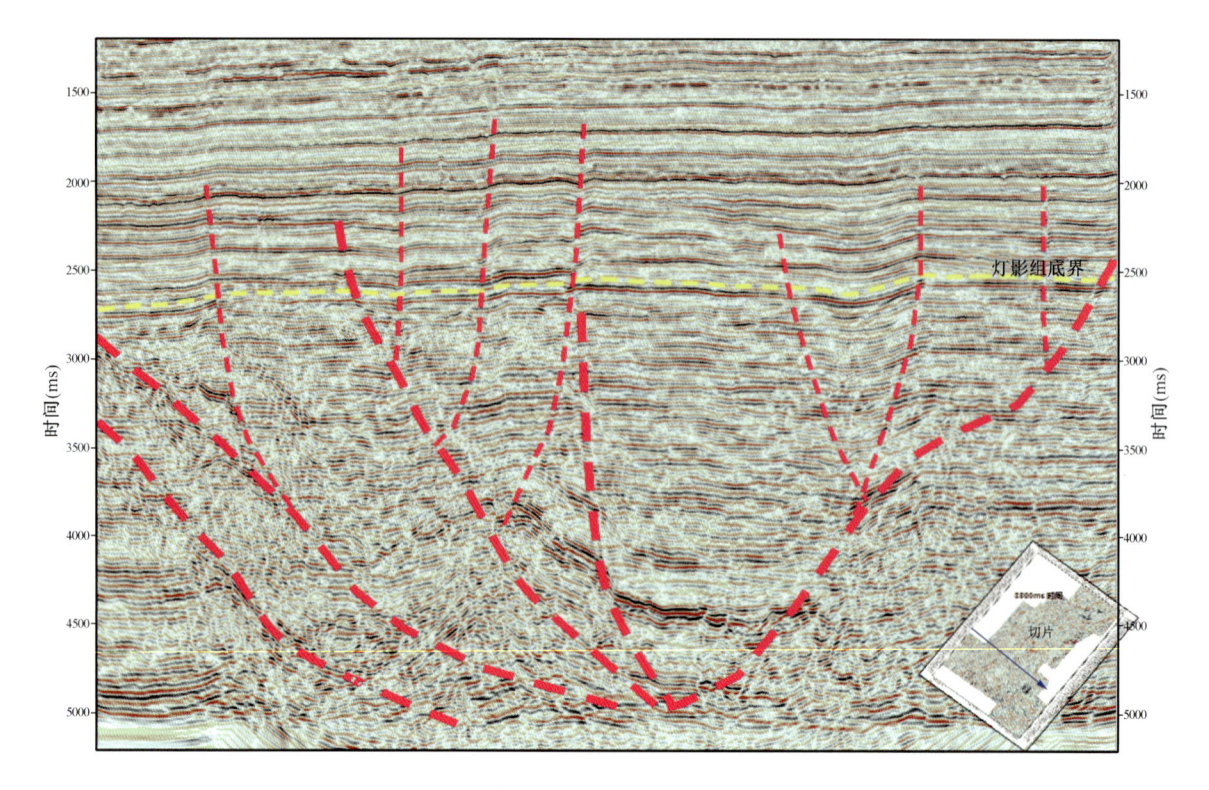

图 5-15　川中大连片三维 Trace1528 线地震剖面

体技术的特点,能够较好地解决岩溶储层平面和空间分布问题。

2. 曲率体属性技术

从多个曲率体属性中优选出一个曲率体属性,进而开展目的层段裂缝预测。

3. 边缘检测技术

在地震时间剖面上,造成相邻地震道上的反射信号发生变化,可以通过边缘检测技术检测出裂缝、古河道、小断裂等地质异常体。

4. 倾角扫描技术

倾角和方位角体体现了倾角和方位角的相对变化关系,通常利用垂直窗口进行倾角和方位角估算,比在拾取的层位进行估算能提供更为稳定的估算结果。倾角和方位角体是构造导向滤波、体曲率和相干能量梯度的基础。

5. 叠前裂缝检测技术

对较小尺度、数量更庞大的小型或微断裂系统,叠后断裂预测技术难以有效识别。利用叠前地震勘探资料具有数据量大、信息量大的特点,检测包含在叠前方位—偏移距二维时空域中微断裂的地震响应信息来检测整个断裂体系。

叠前裂缝检测方法原理:垂直裂缝发育带的存在会引起地下介质的方位各向异性,地下介质的方位各向异性要引起地震波特征的方位各向异性,这就是裂缝发育带叠前地震预测的基础。可以通过地震勘探资料提取地震波特征(速度、振幅、衰减)的方位各向异性来检测垂直裂缝发育带。

裂缝储层的地震散射理论研究表明:地震衰减和裂缝密度场的空间变化有关,沿裂缝走向传播时衰减慢,而垂直裂缝方向衰减快。因此,可以依据裂缝引起的地震波高频衰减的方位各向异性所导致的地震反射频率的方位各向异性特征来检测裂缝。

方位各向异性介质在具有水平对称面条件下,Wright(1986)反射系数方程为

$$R(\theta,\varphi) = R(0) + \frac{1}{2}\left\{\frac{\Delta v_p}{v_p} - \left[\frac{2v_s}{v_p}\right]^2 \frac{\Delta G}{G}\left[\Delta\gamma + 2\left[\frac{2v_s}{v_p}\right]^2 \Delta\omega\right]\cos^2\varphi\right\}\sin^2\theta$$

其中,$\Delta\omega$、$\Delta\gamma$ 分别为横波分裂参数和 Thomsen 各向异性系数差值。经过化简得到 Shuey AVO 近似公式:

$$R(\theta,\varphi) = P(\varphi) + G(\varphi) \cdot \sin^2\theta$$

通过方位角道集数据体提取不同频率属性,可以从频率的角度反映裂缝发育带的方位各向异性,频率属性的差异也可能反映与流体有关的信息。如果裂缝中存在流体,地层中的吸收衰减将增大,会使主频、地震能量对应的频率降低,造成频率衰减梯度增高。因此利用与方位角的各向异性频率分析来检测裂缝,由含油气的开启裂缝造成的地震波的衰减特征,可能会表现得尤为突出。

6. 频谱分解技术

频谱分解技术的主要依据是油气储层的高频吸收特性和薄层反射的调谐原理,通过傅里叶变换等数学手段将地震信号从时间域变换到频率域,利用不同频率对不同尺度地质体之间存在不同的响应特征认识地质体,从而进行地震解释的一种有效技术。碳酸盐岩是非常好的胶结岩石,缝洞发育,不同缝洞的形状和尺寸均会有不同的频谱响应特征,因此可以利用频谱分解技术来预测碳酸盐岩储层。

当地震波经过含油气储层时,其高频成分能量衰减较地震波通过不含油气储层时严重。当薄层厚度增加至四分之一波长的调谐厚度时,反射振幅达到最大值。

当地震数据从时间域变换到频率域,不同频率地震波调谐厚度不同,在振幅谱中,振幅随频率增加逐渐变大,直至达到调谐频率。之后振幅随频率增加而降低,当顶底截面相差二分之一波长时,顶底反射相消,振幅谱振幅达到最小即陷频现象。在理想情况下,振幅随频率呈周期性变化,两个相邻陷频差的倒数就是该薄层的时间厚度。由薄层调谐引起的振幅谱的干涉特征取决于薄层的岩石特性及其厚度。相位谱显示了地质体的横向不连续性。频谱成像通过分频处理得到各频率下的地震能量属性和相位属性,进而更精细地研究储层。

7. 叠后、叠前反演技术

1) 叠后储层反演技术

利用现有的地质、测井、地震、分析化验及各种测试资料,开展精细层位对比解释,构建合理的地质—地球物理模型,在地球物理模型控制下开展地震反演,对目的层段的有利储层进行精细预测研究。

在精细构造解释、储层物性分析、储层曲线电性特征分析的基础上,对主要目的层开展储层反演工作,得到纵波阻抗、孔隙度数据体,确定有效储层门槛值,得到目的层段有效储层的厚度图、平均孔隙度图和储能系数图。

2) 叠前储层反演技术

分析认为,叠后纵波阻抗反演不能完全满足灯影组储层预测要求,需要进行叠前同时反演来开展灯影组储层预测工作,反演工作流程如图 5-16 所示。

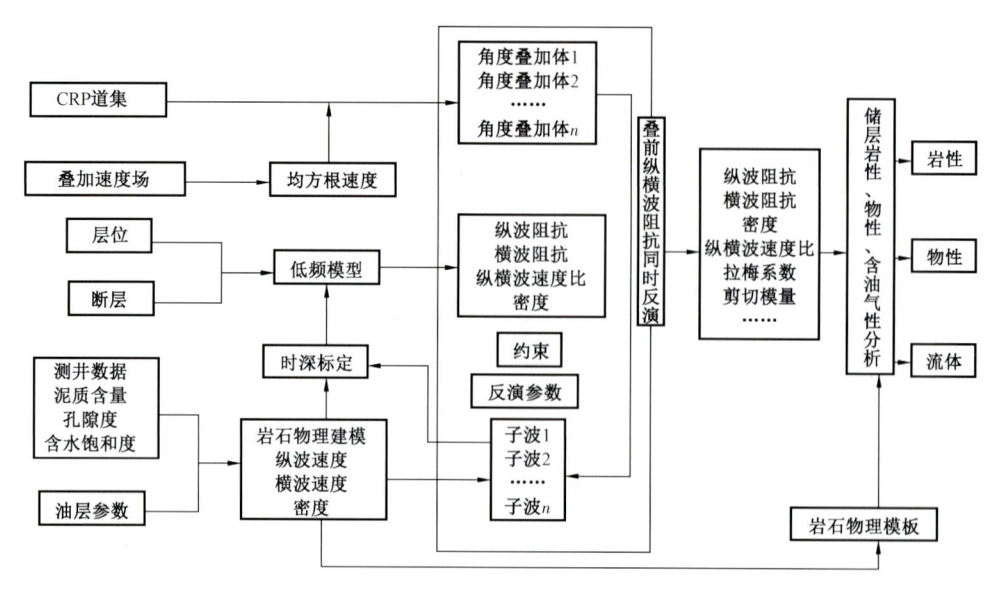

图 5-16 叠前同时反演流程图

叠前反演需要提供三个分角度叠加数据体,每个子体都有一个对应的子波。利用已确定的时深关系的井与每个部分角度叠加体分别进行标定(图 5-17),提取适用于反演的子波。利用分角度叠加数据体、子波、属性模型,在叠前同时反演模块中完成运算,得到纵波阻抗、横波阻抗、密度、纵横波速度比等弹性参数数据体(图 5-18)。

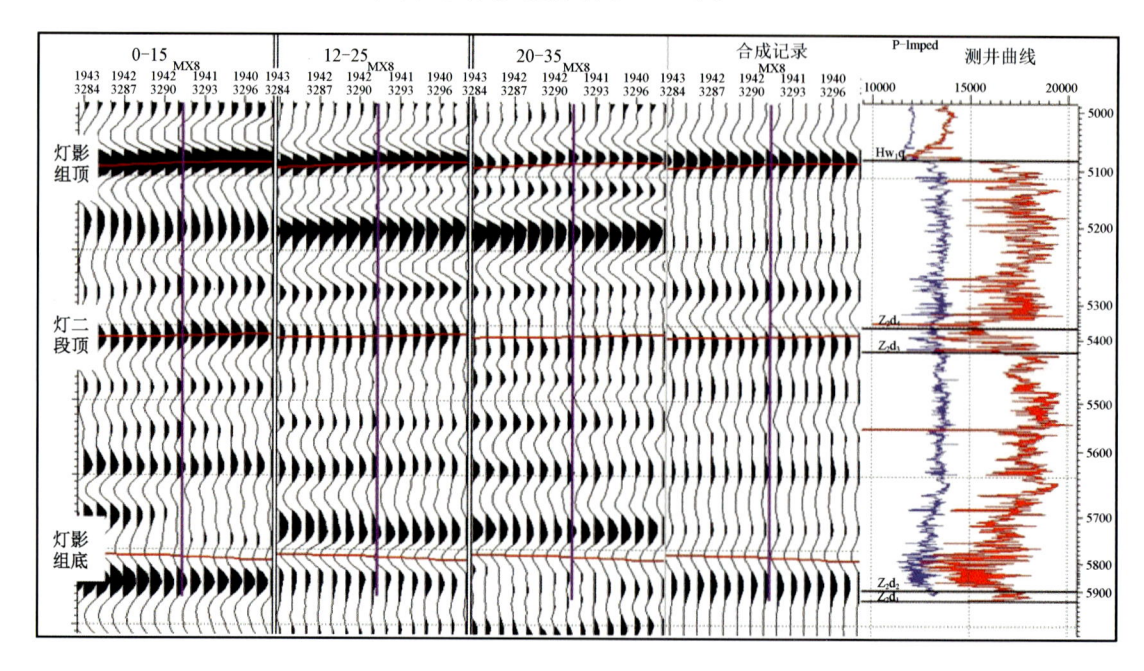

图 5-17 MX8 井分角度叠加数据体标定结果

灯四段由于硅质含量较多,随着硅质含量的增加,岩石的物性会变差,而硅质成分会使得纵横波速度比快速减小,因此灯四段的储层主要表现为中纵横波速度比、较低纵波阻抗特征(图 5-19①);硅质白云岩为高纵波阻抗、低纵横波速度比特征(图 5-19②);由于泥质含量

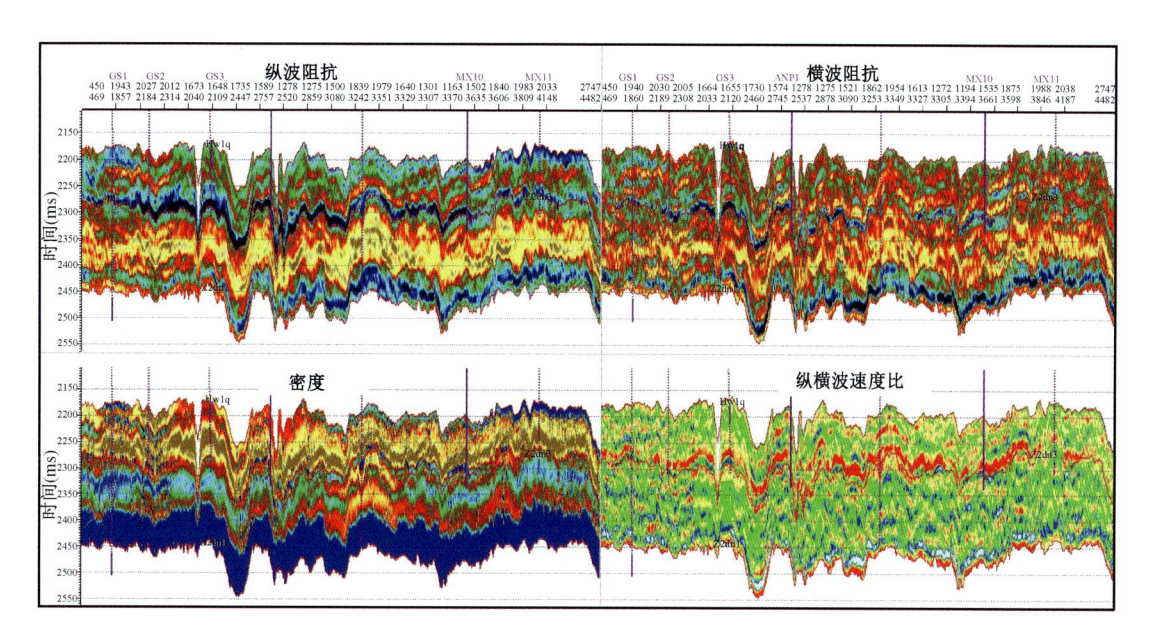

图 5-18 灯影组叠前同时反演结果

的变化,灯三段砂泥岩为低纵波阻抗、纵横波速度比变化较快的特征(图 5-19③)。GS2 井灯四段试气日产 91.14×10⁴m³。灯二段硅质含量较少,纵横波速度比的降低主要受岩石的含气丰度影响,灯二段储层为低纵波阻抗、低纵横波速度比特征(图 5-20④);致密白云岩为高纵波阻抗、高纵横波速度比特征(图 5-20⑤),MX9 井灯二段试气日产 41.35×10⁴m³。

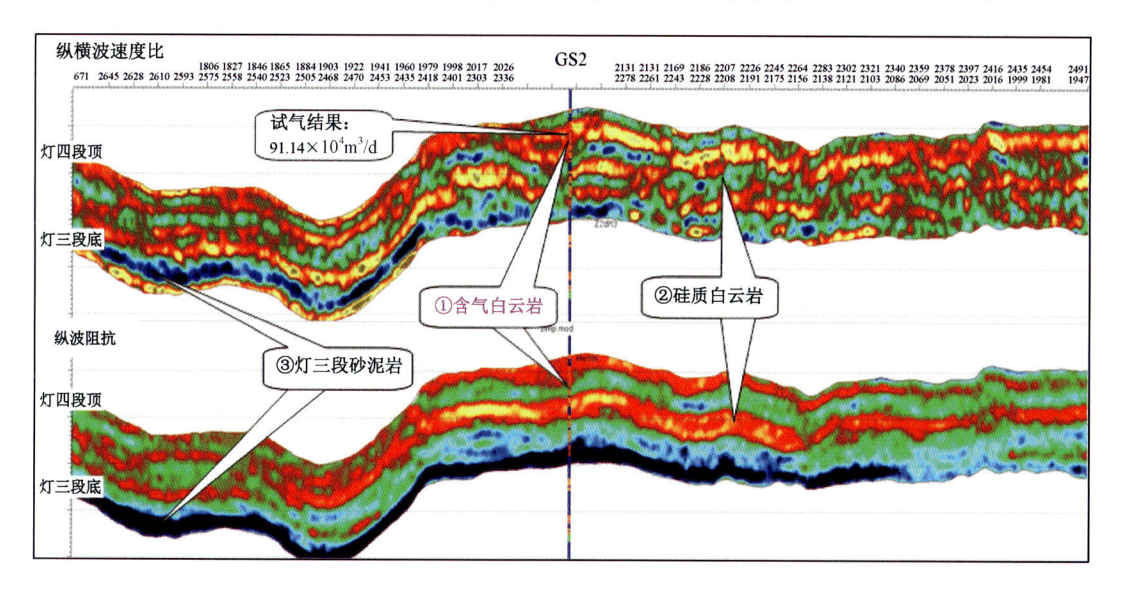

图 5-19 灯四段弹性参数体剖面

8. 油气检测技术

东方公司自主研发的 GeoEast 解释系统提供的碳烃检测是以多相介质理论为基础,以实验室数据为依据,利用地震勘探资料进行油气检测的方法。它不仅利用了地震波高频能量的衰减,同时应用了低频段某一特征频率的能量共振检测目的层段的含油气性。

— 215 —

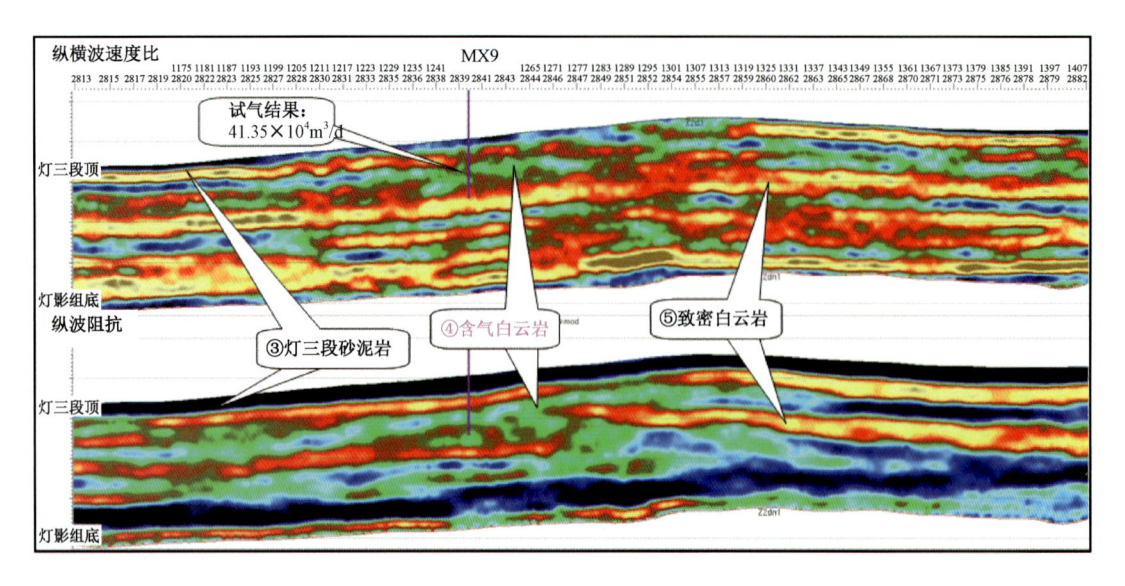

图 5-20 灯二段弹性参数体剖面

根据理论与实验,满足"低频共振,高频衰减"即为油气层。判断高低频能量曲线,则可判定目的层段内含油气与否,圈定剖面上的含油气范围。

(二)主要解释成果

利用大连片处理地震勘探资料,通过层位精细解释,完成大量基础和分析性图件,落实了川中三维区内低幅度构造圈闭,开展了叠前储层预测及含气检测,针对灯影组和寒武系提供多口钻探井位。

(1)通过绘制主要目的层构造图、厚度图、储层预测图等基础图件,为构造演化、古地貌刻画和岩溶储层预测、有利区带评价、高产井位优选提供资料支撑。

(2)通过精细解释及构造成图,落实了主要目的层构造形态及低幅度圈闭。

龙王庙组顶界构造图落实圈闭四个,面积 855.79km²;灯影组顶界构造图落实圈闭三个,面积 1025km²;灯影组灯二段顶界构造图落实圈闭三个,面积 771km²;奥陶系顶界构造图落实圈闭五个,面积 149.5km²。

(3)综合构造、沉积相带、储层预测、裂缝预测及油气检测成果,最终提供 12 口探井井位(图 5-21),推动了高石梯—磨溪气田勘探工作的持续开展。

四、主要勘探成效

通过在川中古隆起开展地震勘探资料连片处理、资料解释及地质综合研究,地球物理技术发挥了重要作用,也形成了一套针对川中地区礁滩类型油气藏的适用配套技术。勘探成效主要表现在以下几方面。

(一)编制完成了一套可靠程度高的基础成果图件

灯影组和寒武系两个主要目的层段的相对误差和绝对误差全部控制在标准范围之内;叠前储层预测成果与实钻吻合性高,绝对误差最大的仅 2.8m。表明编制基础成果图件精度高,处理的地震勘探资料及构造、储层研究的技术方法可靠、适用。

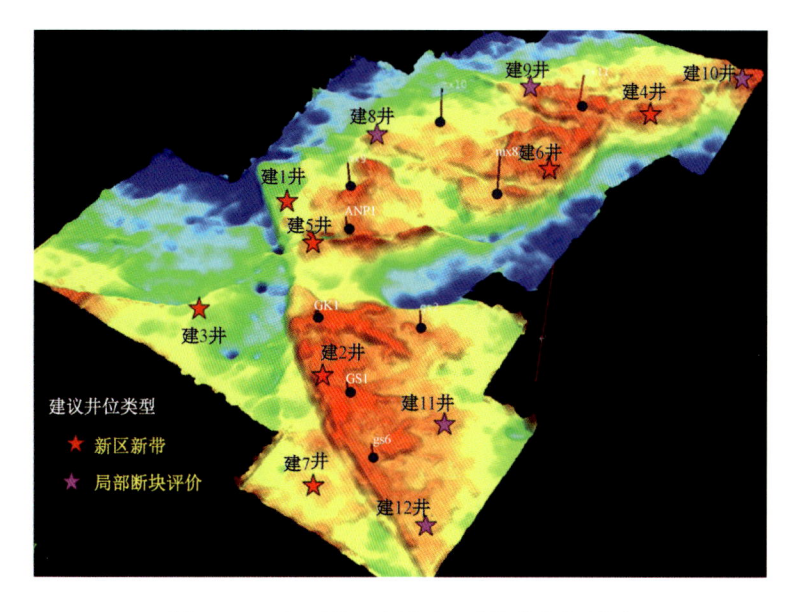

图 5-21 高石梯—磨溪地区建议井位部署图

(二)有利区评价与高产井井位优选

1. 综合构造、储层、岩溶及气水预测,建立了灯影组高产井模式

1)灯影组古地貌高是储层发育有利区带

灯四段沉积末期古地貌表明,沿着台缘带沉积地貌高,也是风化剥蚀期的相对高地貌,发育岩溶高地、岩溶斜坡两种岩溶相(图5-22、图5-23),钻井取心也见到强烈的岩溶特征(图5-24)。灯二段沉积末期古地貌表明,沿着台缘带沉积地貌高,也是风化剥蚀期的相对高地貌,同样发育岩溶高地、岩溶斜坡两种岩溶相。

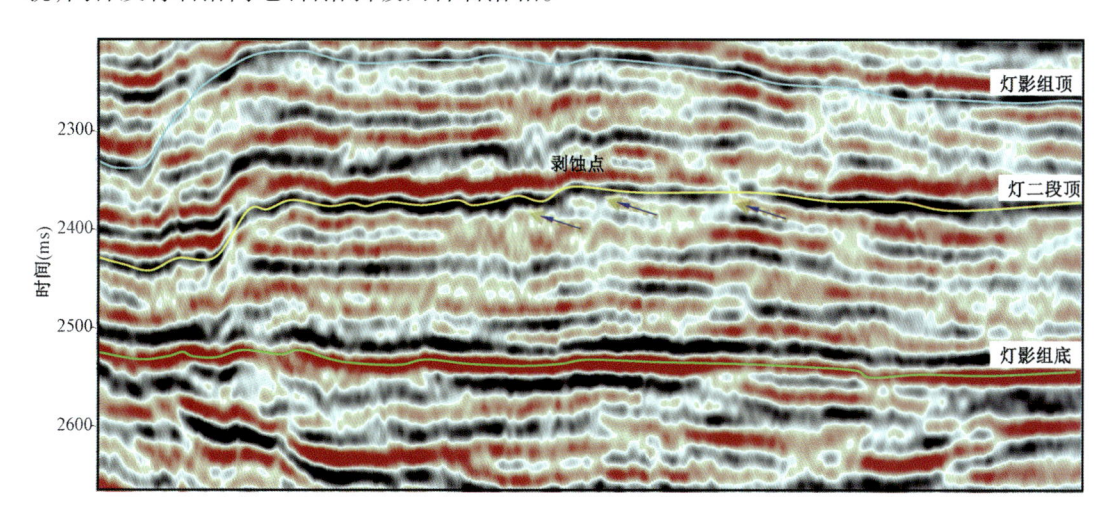

图 5-22 灯四段上部剥蚀地震剖面

2)钻探于古地貌高地(台缘带)的井,均试获高产工业气流

从钻井资料分析,位于古地貌高的"台缘带"的高石1井、磨溪9井、高石3井和高石6井,岩心溶蚀孔洞发育,测井解释储层段集中,储层厚度大,储集性能好,测试产量高。高石1井灯

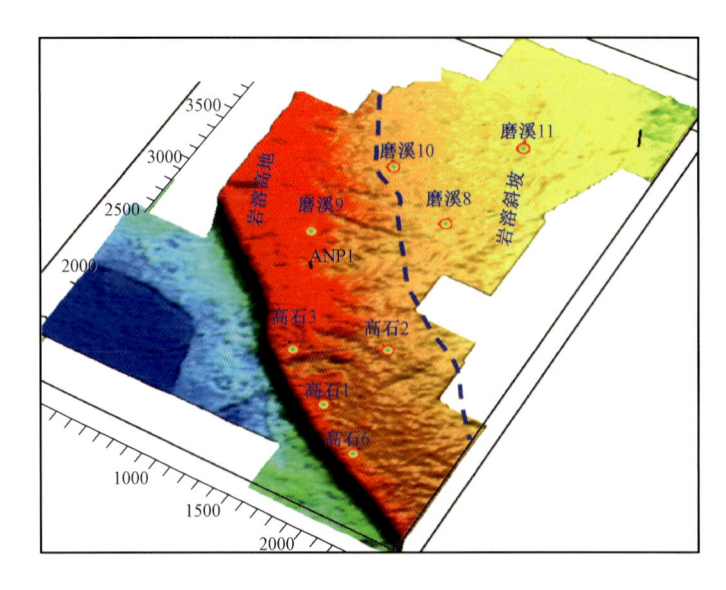

图 5-23 灯四段沉积末期古地貌图

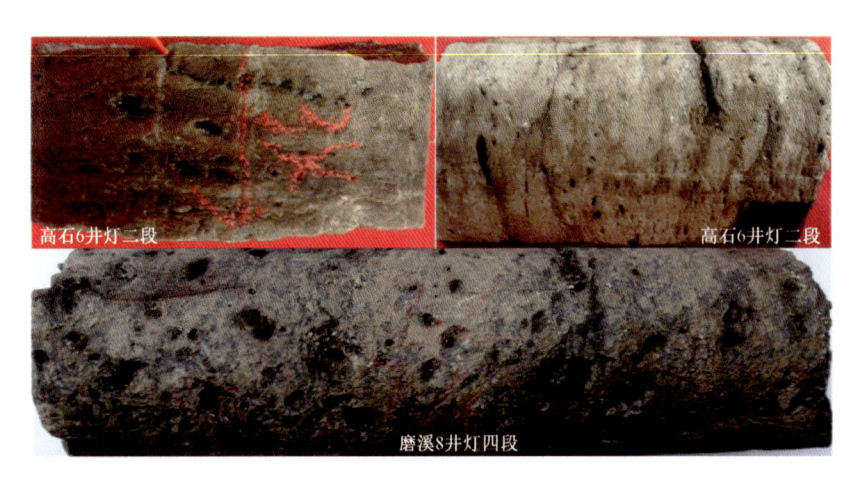

图 5-24 GS6 井、MX8 井取心见溶蚀孔洞发育

二段测试产量 102.15×10⁴m³/d,磨溪 9 井灯二段测试产量 41.35×10⁴m³/d,高石 3 井灯四段测试产量 95.67×10⁴m³/d,高石 6 井灯四段测试产量 205.49×10⁴m³/d。位于古地貌相对较低的溶斜坡区,储层受溶蚀作用改造相对要弱些,洞缝纵向发育较浅,这个区带有磨溪 8 井、磨溪 10 井和磨溪 11 井,岩心溶蚀孔洞相对不发育,测井解释储层段分散,单层储层厚度小,储集性能相对差一些,测试产量低,磨溪 8 井二段试油产气量 11.67×10⁴m³/d,灯四段试油产气量 6.69×10⁴m³/d;磨溪 10 井灯二段试油产气量 4.48×10⁴m³/d;磨溪 11 井灯二段试油气产量 3.76×10⁴m³/d,灯四段试油气产量 8.28×10⁴m³/d。

3)通过钻井精细标定,确定灯影组高产井地震反射响应模式

高产井在地震剖面上表现出杂乱不连续的地震反射特征,岩溶缝洞发育(图 5-25);低产井表现为连续稳定反射特征(图 5-26)。在古地貌示意图的基础上对高石 1 井区局部古地貌进行了精细的刻画和描述(图 5-27、图 5-28)。钻井测试结果、地震响应特征和古地貌具有很好的一致性。高产井都位于古地貌高地上,古地貌高的区域容易受到强烈的溶蚀作用,强烈溶蚀的地方地震反射特征表现为杂乱的不连续的弱反射特征。

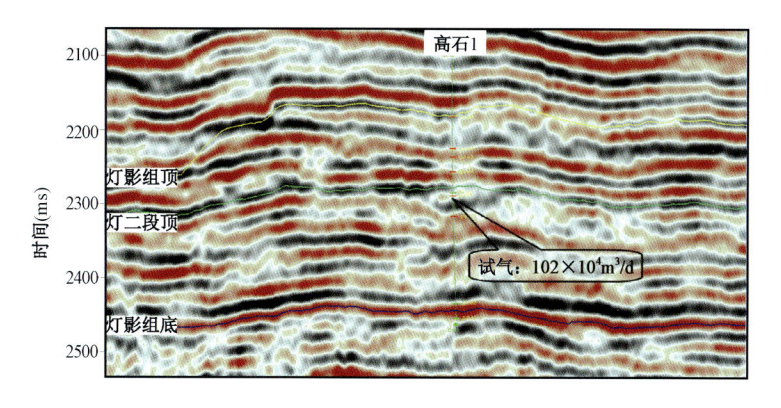

图 5-25 过高产井的地震剖面

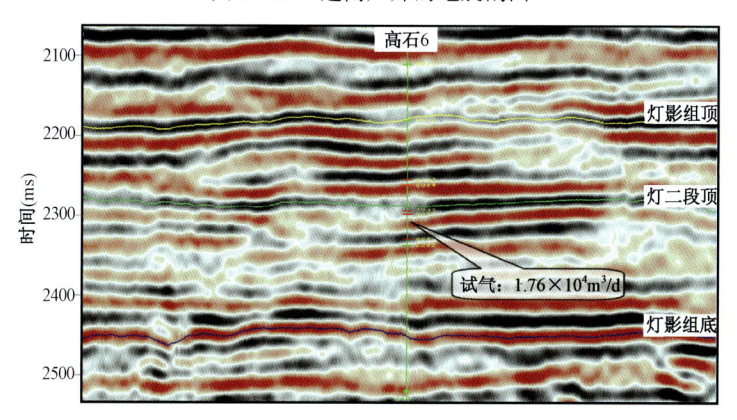

图 5-26 过低产井的地震剖面

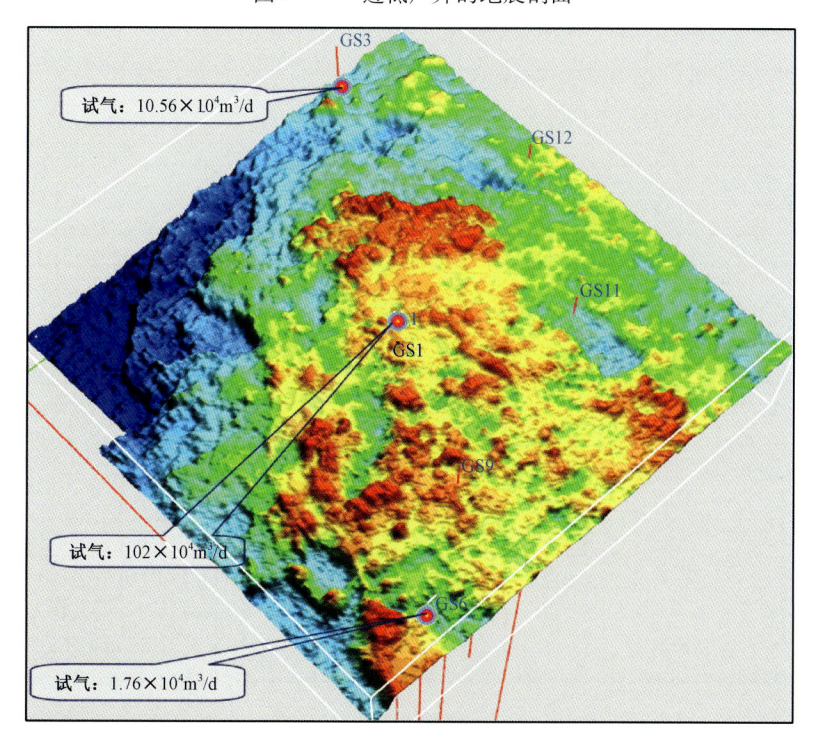

图 5-27 高石1井区灯三段沉积前古地貌(红色代表地貌高,蓝色代表地貌低)

— 219 —

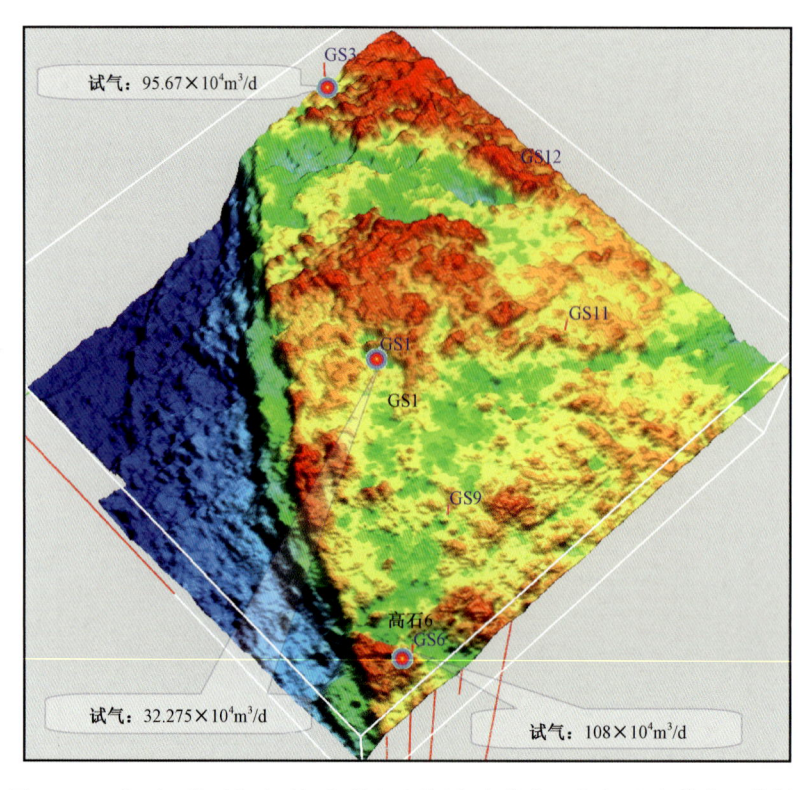

图5-28 高石1井区寒武系沉积前古地貌(红色代表地貌高,蓝色代表地貌低)

2. 形成针对性的油气检测适用技术,建立龙王庙组高产井模式

通过叠前 AVO 分析、频率衰减属性分析、峰值频率等方法试验后,优选了峰值频率属性预测含流体性,建立龙王庙组高产井模式,提高了高产井钻探成功率。

分析对比磨溪地区已钻井频谱特征,发现高产气井具有含气储层峰值频率最高,气水同层次之,水层峰值频率最低的特征(图5-29)。

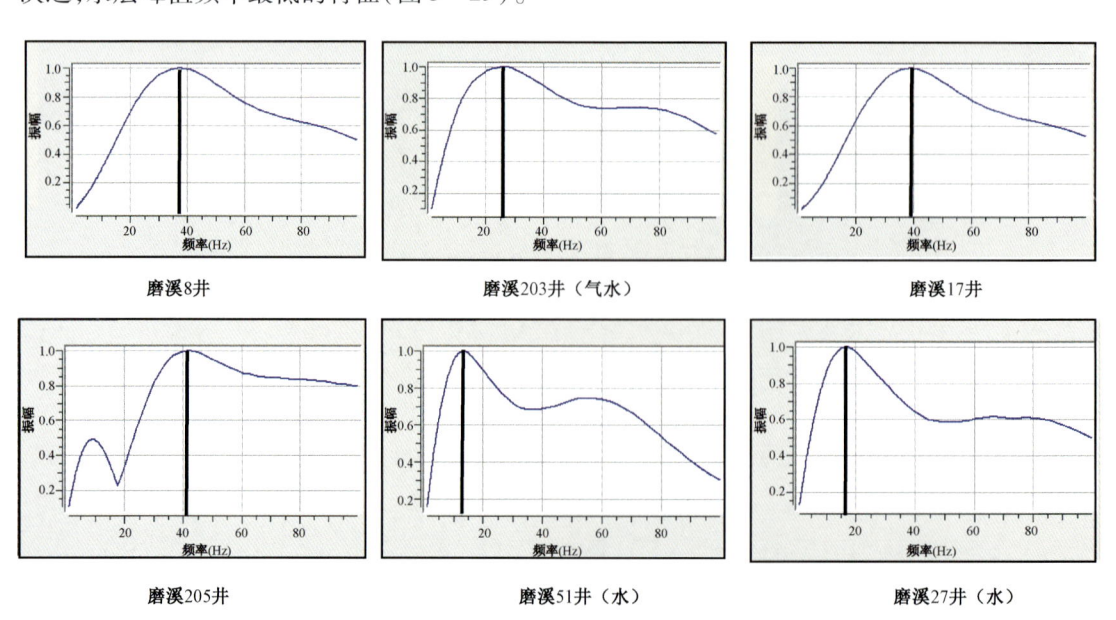

图5-29 储层段峰值频率对比

— 220 —

通过分析剖面特征,发现不同敏感时窗范围的井,储层剖面特征不同。磨溪地区具有"两峰夹一谷""一峰""一谷一峰"三种不同的储层地震响应特征。根据这三种不同的储层地震响应特征,对龙王庙组地震勘探资料进行波形聚类,开展烃类检测取得了较好的效果。

磨溪主体区龙王庙组气藏开发前纯气区面积662km²,气水分布预测结果与实钻吻合度高,气水分布预测结果符合率为80%(图5-30)。

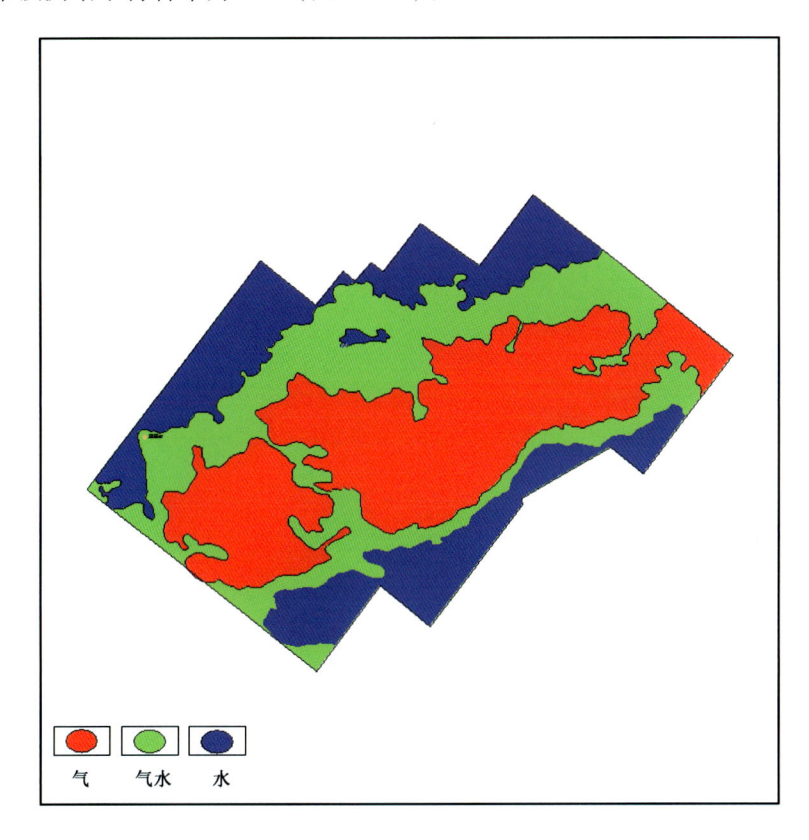

图5-30 磨溪主体区龙王庙组气藏开发前原始气水分布预测图

(三)主要地质认识

1. 前震旦纪裂谷系的继承性活动,控制了研究区震旦系—下古生界断裂展布及沉积演化特征

在地震勘探资料上清晰识别出前震旦纪裂谷系盆地,其边界断裂的继承性活动和差异沉降,控制了区内断裂展布、构造圈闭发育的分布规律、灯影组发育分布特征,对储层发育及油气成藏有明显的控制作用(图5-31)。

受裂谷期大断裂活动及不同期张应力控制,形成东西向、北东向等多组直立正断裂,使构造复杂化。

多组正断层全部断开了震旦—前二叠纪地层,既是裂缝储层改造的重要因素、油气运移的有利通道,也是大型气藏富集的重要影响因素。

2. 震旦系灯影组发育台缘带

根据龙岗和剑阁等地区碳酸盐岩礁滩处理解释中积累的经验和高品质的叠前连片地震勘探资料,提出了灯影组存在台缘带的地质认识(图5-32)。

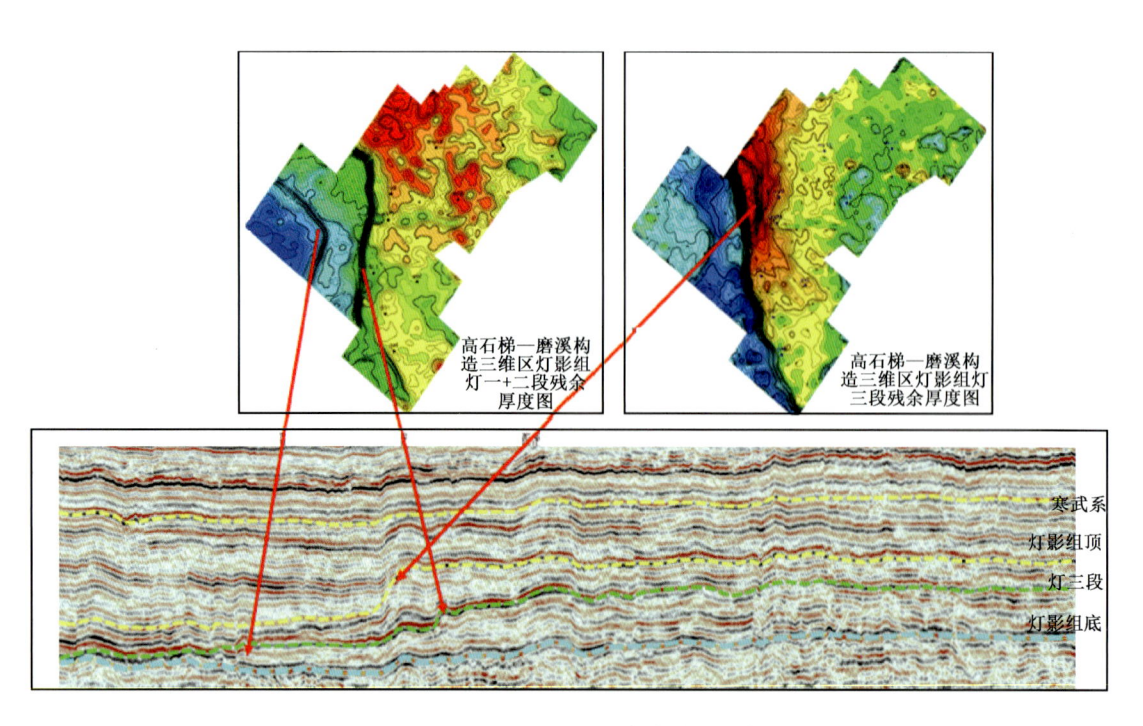

图 5-31　震旦系灯影组发育台缘带示意图

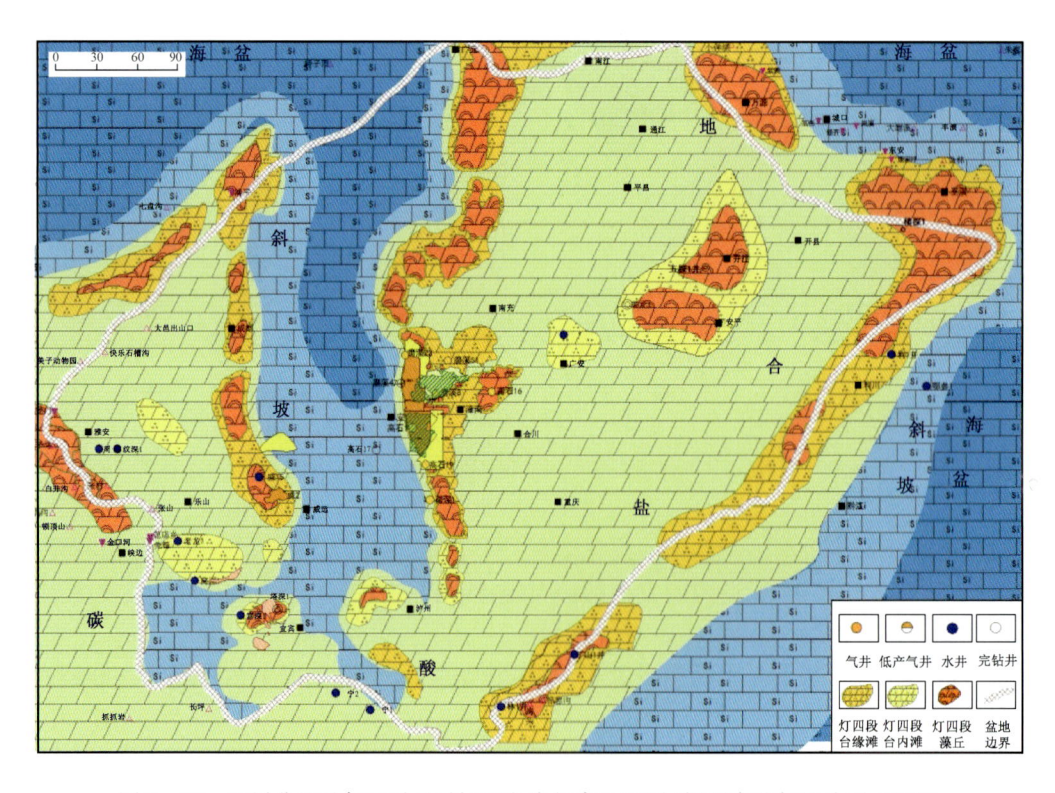

图 5-32　四川盆地及邻区震旦系灯四段岩相古地理图（据西南油气田公司，2015）

川中古隆起高石梯—磨溪构造三维区震旦系灯影组整体上为西北厚东南薄，并自西向东呈厚—薄—厚—薄相间南北向展布的特征；灯一+二段为西薄东厚、呈南北向展布；灯三+四段为西薄东厚、呈南北向展布。

— 222 —

震旦系灯影组划分了两个完整的三级层序和多个次级碳酸盐岩沉积旋回,形成多个叠置发育的高能相带(台缘带),对储层的发育分布、局部圈闭的形成起到重要的控制作用。

钻井揭示灯影组台缘带为有利勘探区带,单井产量沿着台缘带区域明显高于"台内"。

3. 灯二段上部和灯四段上部储层受相带和岩溶作用双重控制,单井产量变化大

受岩溶相控制的岩溶储层发育程度在空间上分布不均:(1)受沉积地貌控制,台缘高能相带区也是相对的岩溶高地,暴露时间长,储层改造强,厚度大,但空间变化大;(2)"台内"相对较低,岩溶发育的相对平缓区,储层改造弱,厚度薄,相对稳定,这种差异影响单井产量。

岩溶高地上的高产井,地震反射表现出杂乱或缝洞发育特征,低产井表现为连续稳定反射特征。

局部精细古地貌描述及储层预测表明,单井产量与局部地貌及缝洞发育密切相关,古地貌高的区域,岩溶和裂缝相对更为发育。

岩溶斜坡区储层受溶蚀作用改造相对要弱些,洞缝发育程度在横向上相对稳定分布,纵向发育较浅,总体上这个区带单井产量一般日产小于 $10 \times 10^4 m^3$。

在灯四段沉积末期,桐湾二幕构造运动使台地抬升,灯四段顶部遭受剥蚀,形成岩溶储层,灯二段上部储层发育规律与灯四段上部表现出同样特点。

(四)下步勘探方向与领域

(1)地震勘探资料揭示三维工区外灯影组台缘带向南、北延伸,分布面积大,勘探潜力巨大。

(2)川中古隆起外围区也具备礁滩储层发育的地质条件,是下步勘探研究的有利区带。

龙王庙组沉积期,磨溪—龙女寺北斜坡地区处于古地貌高部位,有利于滩相储层发育;该区在古油藏成藏期处于高部位,利于早期油气成藏,可能为岩性圈闭勘探有利区;该区龙王庙组存在多个滩相储层发育带,是下一步拓展勘探有利区带(图 5 – 32)。

第三节 龙岗地区礁滩地震勘探技术及成效

龙岗地区是指开江—梁平海槽西侧,包括川西北二维区、剑阁三维区、元坝—龙岗—龙岗东区块。地理位置位于四川盆地西北部,为一南西—北东的狭长区带(图 5 – 33)。研究区面积 $2.2 \times 10^4 km^2$,本节主要介绍针对龙岗地区二叠系长兴组生物礁和三叠系飞仙关组鲕滩气藏勘探的地球物理技术及应用效果。

一、龙岗地区勘探概况及难点

(一)龙岗地区礁滩勘探概况

龙岗地区自 20 世纪 70 年代开始地震概查和普查,2006 年,西南油气田公司在四川盆地南充市仪陇县龙岗地区部署风险探井龙岗 1 井,该井 2006 年 9 月 12 日钻达 6530m 完钻测试,长兴组生物礁试获 $65.3 \times 10^4 m^3$、飞仙关组鲕滩试获 $126.5 \times 10^4 m^3$ 的高产工业油气流,发现了龙岗气田(图 5 – 34),推动了该区地震勘探工作的深入开展。2007 年针对龙岗飞仙关组、长兴组气藏部署采集了 60 次覆盖的二维地震 28 条 800km,以及 10×7 次覆盖、面积 $2600km^2$ 的三维高精度地震。

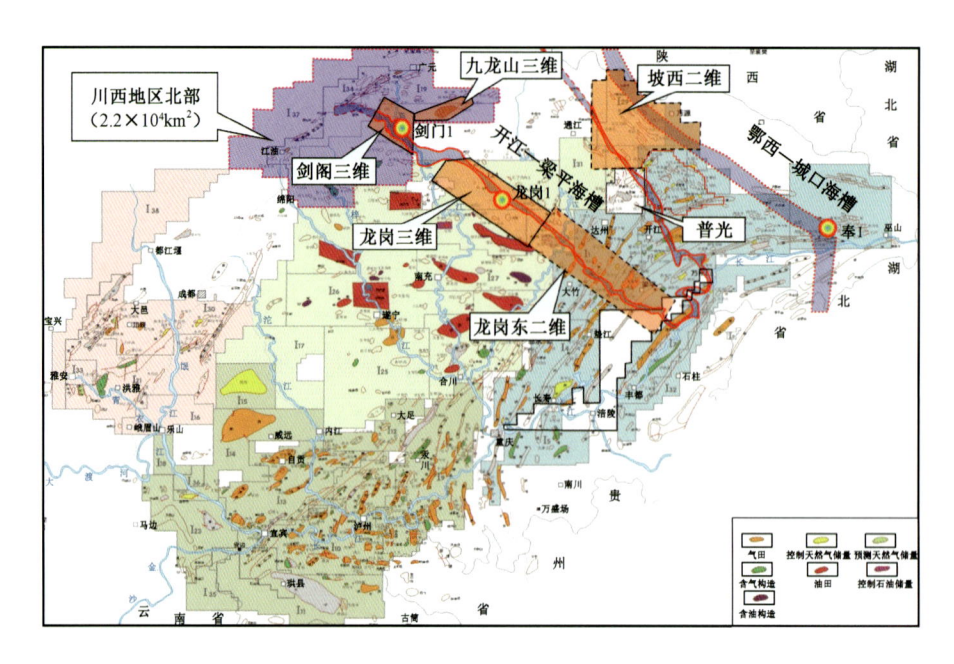

图 5-33　开江—梁平海槽西侧龙岗地区位置图

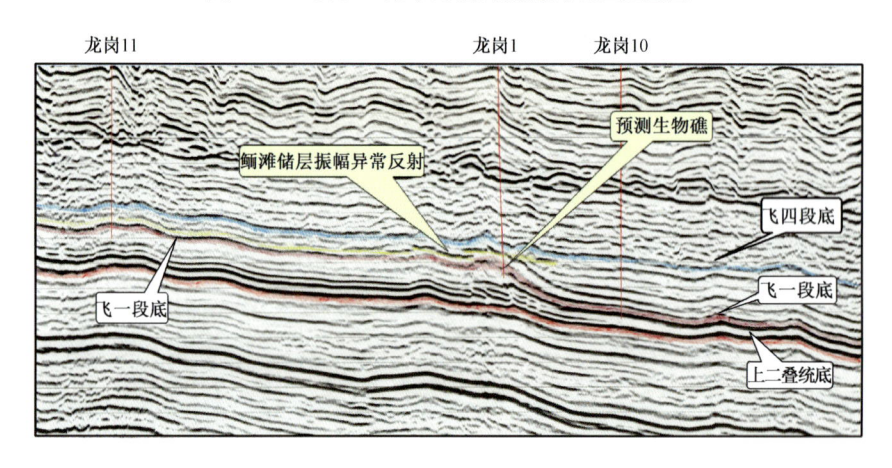

图 5-34　龙岗11—龙岗1—龙岗10井连井剖面

(二) 龙岗地区礁滩地层沉积特征

上二叠统吴家坪组：厚35~100m。下部由灰色角砾岩、紫红色含铁砂岩、铝土质黏土质泥岩等风化残积物组成，底部王坡页岩段不整合于下二叠统茅口组之上，为滨岸平原沉积。中上部(吴家坪石灰岩段)为浅灰、灰白色厚层状及块状粉晶生物碎屑石灰岩、泥晶石灰岩，顺层发育燧石团块及条带，为一套碳酸盐均斜台地边缘及浅缓坡沉积。

上二叠统大隆/长兴组：厚30~200m。工区西部以碳酸盐台地相(称长兴组)沉积为主，厚度大，生物丰富；岩性主要为灰、深色局部浅灰色厚层—块状生物(屑)石灰岩、泥晶石灰岩。工区东部为盆地相(称大隆组)沉积，沉积了灰黑色含放射虫硅质岩、硅质泥岩、碳质泥岩及生屑灰岩，是极好的烃源岩，产放射虫、钙球、骨针、菊石等深水生物及海百合、有孔虫、介形虫等生物。

下三叠统飞仙关组：为一套水退旋回沉积，自下而上分为飞一段至飞四段。其岩性特征为：顶为紫色灰质泥岩，以灰色、绿灰色、深灰色、浅灰色、灰褐色泥晶灰岩与绿灰色、灰色、紫色、深灰色泥晶泥质灰岩呈不等厚互层，间夹灰色泥—粉晶云岩、紫色灰质泥岩、泥晶含泥质云岩、浅灰色泥—粉晶鲕粒灰岩。飞四段厚度变化小、区内分布稳定；飞一段到飞三段厚度变化大，台地相厚度小、海槽区厚度大。

（三）研究难点

（1）生物礁地震异常及飞仙关组鲕滩在常规二维及三维地震剖面上难以识别。

（2）礁滩储层薄且非均质性强，埋深大，储层预测存在较大难度。

（3）上覆地层发育厚层膏岩，构造精细落实难。

（4）长兴组生物礁及飞仙关组鲕滩沉积相带不清楚，礁滩储层发育模式不清楚。

（5）油藏类型及成藏主控因素不清楚。区域上多口探井获气，油藏类型到底属于大面积构造气藏（川东以构造气藏为主），还是大面积岩性气藏，抑或是小面积构造岩性气藏，需要明确。

（四）地球物理技术需求

（1）要求资料进行叠加、叠前时间偏移、叠前深度偏移处理，以获得高品质地震勘探资料，为储层预测和烃类检测奠定资料基础。

（2）配套解释技术系列：包括层位精细标定技术、构造大连片工业制图技术、叠前叠后储层预测技术、振幅及频率类属性分析及油气检测技术、综合评价及井位优选技术等。

二、龙岗地区礁滩处理技术与效果

（一）地震勘探资料处理难点与对策

（1）地表复杂多变、地形起伏频繁，存在静校正问题。

（2）异常干扰严重，目的层反射弱，信噪比偏低。

（3）地表激发与接收岩性的不同，能量存在差异。

（4）原始资料子波特征及频带范围横向差异大、目的层深、频率衰减快。

（5）目的层波场复杂，绕射丰富，准确的偏移归位困难。

针对上述难点、结合地质任务，采用七项关键技术，保证处理质量，达到处理效果。

（1）三维折射波静校正技术

（2）叠前去噪技术

（3）高保真处理技术

（4）反褶积处理技术

（5）三维 DMO 处理技术

（6）叠前时间偏移处理技术

（7）叠前深度偏移处理技术

（二）关键处理技术

1. 三维折射波静校正技术

通过前面对原始资料静校正分析，以及抽取应用高程静校正的叠加剖面可知，工区存在一定的静校正问题。

首先确定静校正计算方法。通过应用高程静校正、三维折射波静校正计算方法的共炮检距剖面和叠加剖面的对比可知，应用三维折射波静校正的叠加剖面明显好于应用高程静校正的叠加剖面,确定应用三维折射波静校正计算方法。在进行折射波静校正前首先利用野外原始单炮的初至波信息对全区的低降速带的厚度和折射层速度进行调查(图5-35),得到初步表层信息,以得到最佳的折射波静校正结果。通过分析可知,工区折射层速度相对较高且较稳定,折射层速度主要为4300~4600m/s。

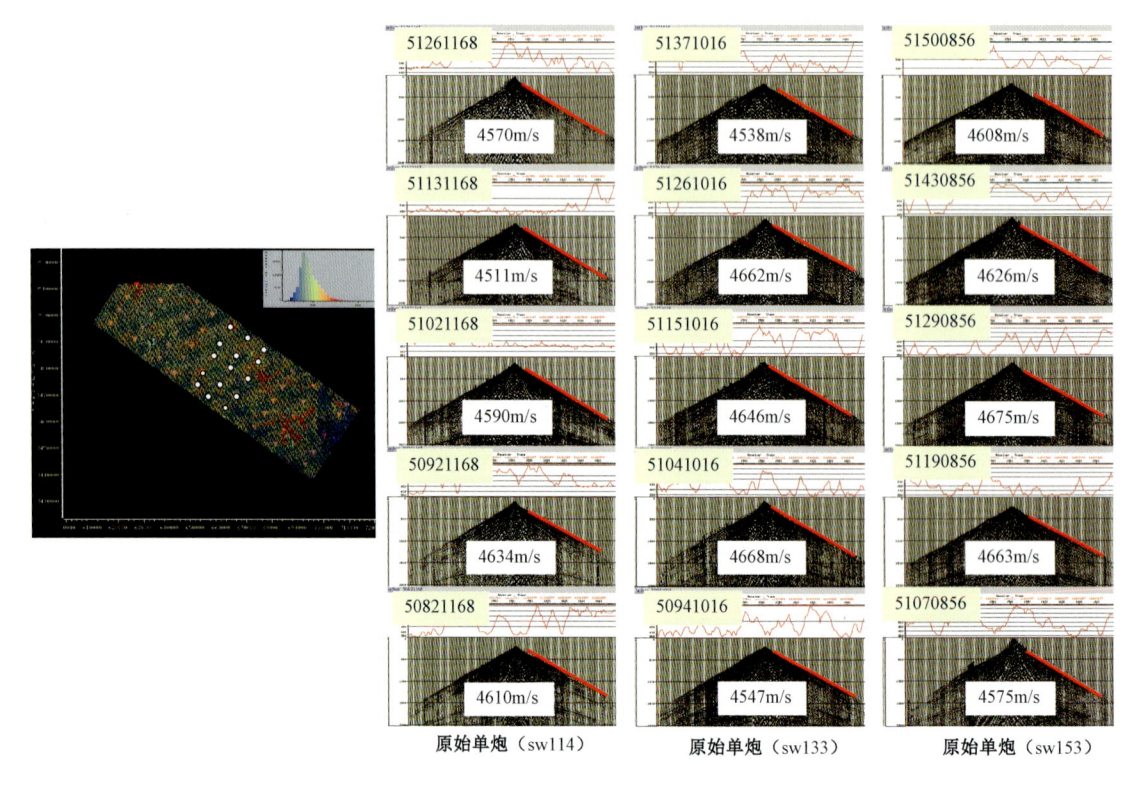

图5-35 原始单炮的初至波信息调查

通过全区应用三维折射波静校正的叠加剖面(包括 inline 线和 crossline 线),以及应用三维折射波后小炮检距(500~2000m)叠加与大炮检距(3000~4500m)叠加的互相关(图5-36、图5-37),可以看出最终三维折射波静校正的效果较好。

2. 高保真处理技术

对原始资料的分析可知,不仅炮间振幅存在较大的差异,而且同一炮在不同炮检距和时间方向上均存在较大差异,为了恢复反射层的相对能量关系,单靠某种方法对振幅的处理是不够的。需要采用多种振幅处理技术联合使用,相对保幅处理,尤其注意目的层弱反射的振幅相对关系的保持。

(1)几何扩散补偿,主要目的是补偿由于球面扩散所带来的能量衰减。具体方法是利用合理的区域速度,通过时间和速度确定每道的振幅补偿曲线进行振幅补偿,最终使远近道、中深层能量得到一定的均衡。试验参数为区域速度场;分析图件为单炮纯波、叠加纯波、能量曲线。

(2)地表一致性振幅补偿,主要目的是消除由于表层结构的变化带来的振幅横向的不一致性。以上振幅补偿方法的效果如何,需要通过单炮、叠加纯波、能量曲线等方面综合考虑。

通过以上系列振幅补偿技术的应用,使得全区地震勘探资料的能量相对均衡,为后续处理和偏移成像打好基础(图5-38、图5-39)。

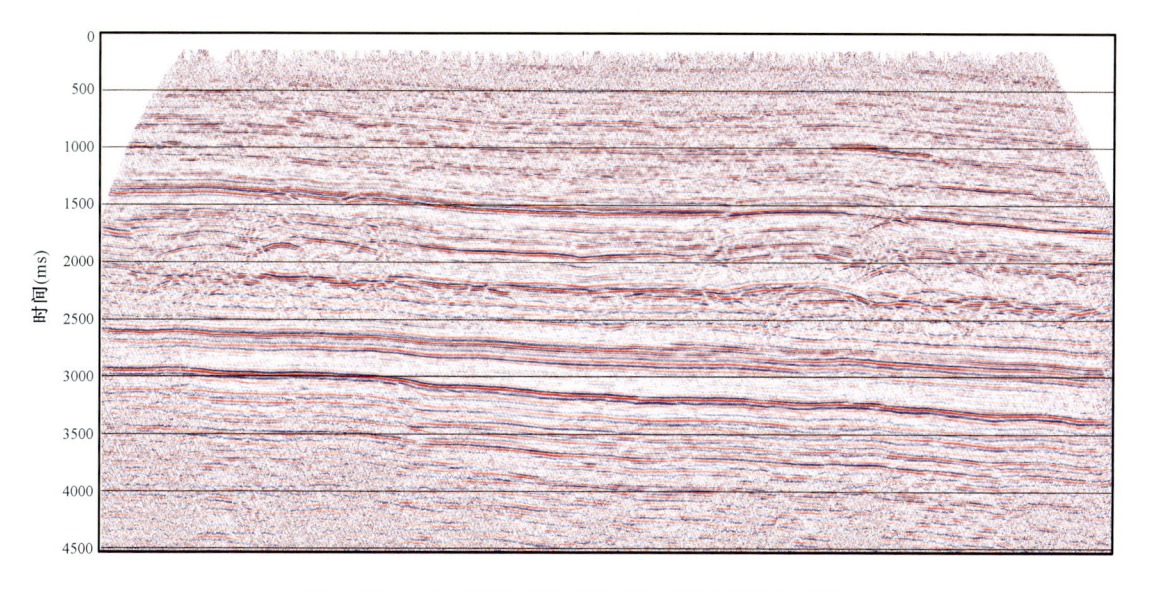

图 5-36 inline2830 应用三维折射波静校正叠加剖面

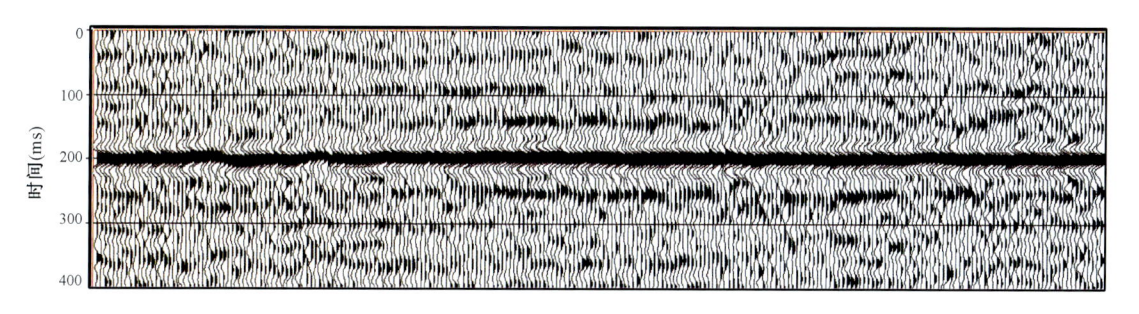

图 5-37 inline2830 三维折射波静校正小炮检距(500~2000m)叠加与
大炮检距(3000~4500m)叠加的互相关

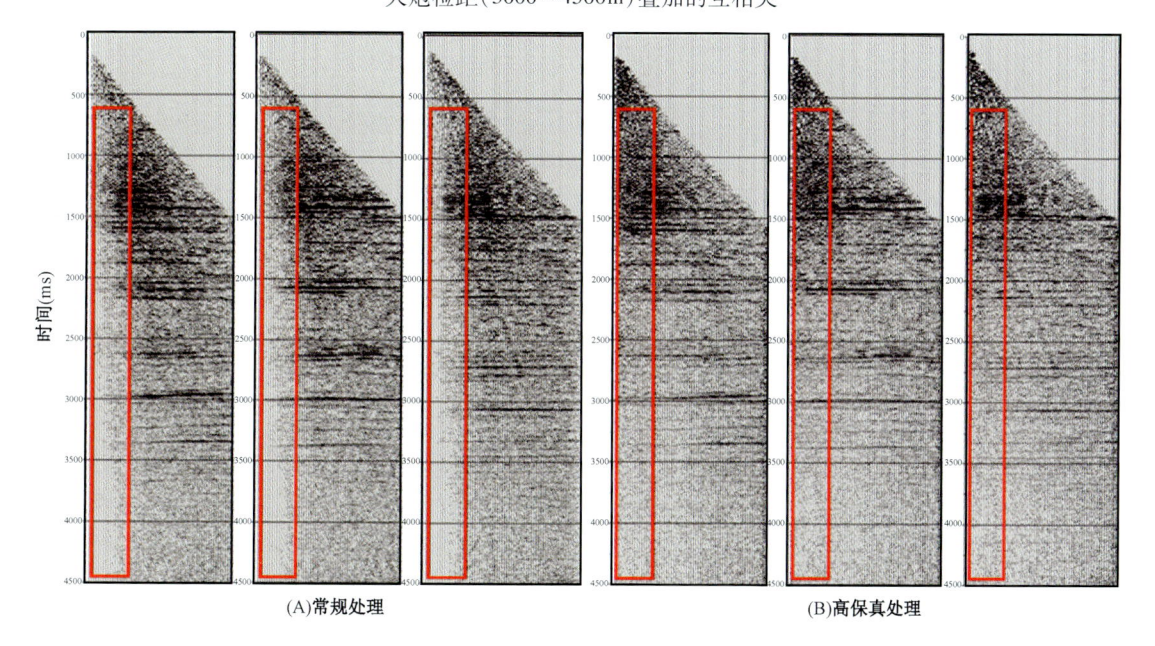

(A)常规处理　　(B)高保真处理

图 5-38 常规处理及高保真处理叠前时间偏移道集

(A)常规处理　　　　　　　　　　　　(B)高保真处理

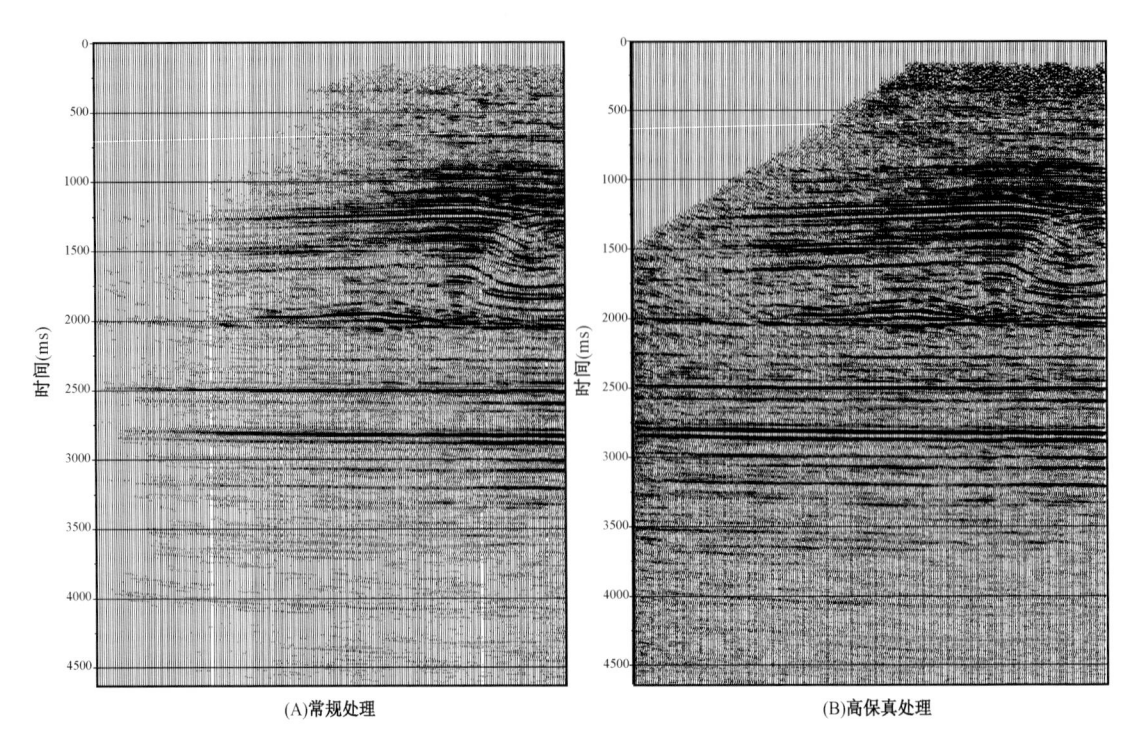

图5-39　常规处理及高保真处理叠前时间偏移剖面

3. 三维DMO(倾角时差校正)处理技术

DMO(倾角时差校正)是一种将非零偏移距地震道转换为零偏移距地震道的数据处理方法。它可以解决共反射点发散的问题,提高信噪比,消除较陡的相干噪声,使具有多个倾角的同相轴能正确叠加,为偏移及叠加提供合适的速度。

将DMO校正技术应用到常规的处理中,DMO剖面绕射清楚,能够使大倾角等倾斜地层及复杂断裂等地质构造很好地成像(图5-40)。

4. 叠前时间偏移处理技术

主要是应用基于速度扫描的速度建模弯曲射线高精度偏移成像技术。首先建立初始均方根速度场,针对速度谱控制点线,进行不同速度百分比叠前偏移扫描,输出不同速度百分比的偏移剖面,进行速度解释和质量控制;其次逐步加密速至20m×20m,形成三维速度体,最后全数据体叠前时间偏移处理,输出CRP数据体。

5. 高精度成像技术

采用了叠前深度偏移处理技术,解决雷口坡组膏岩层对下伏目的层三叠系飞仙关组鲕滩、二叠系长兴组生物礁成像精度的影响,精细刻画礁滩的分布。叠前深度偏移处理技术主要包括以下几个方面:

(1)偏移基准面的选择。采用对地表高程进行适当平滑,将此平滑面作为偏移面的方法。

(2)时间域模型的建立。在叠前时间偏移数据体上结合叠后时间偏移的地质认识和地质人员提供的构造信息,综合划分速度模型的层位和结构进行构造层位解释,得到时间域的初始构造模型。

(3)初始层速度求取。初始速度模型是由DIX公式将均方根速度转化成层速度和输入CMP道集通过相干反演求出层速度这两种方法相结合建立的,消除了空间误差的RMS速度场。

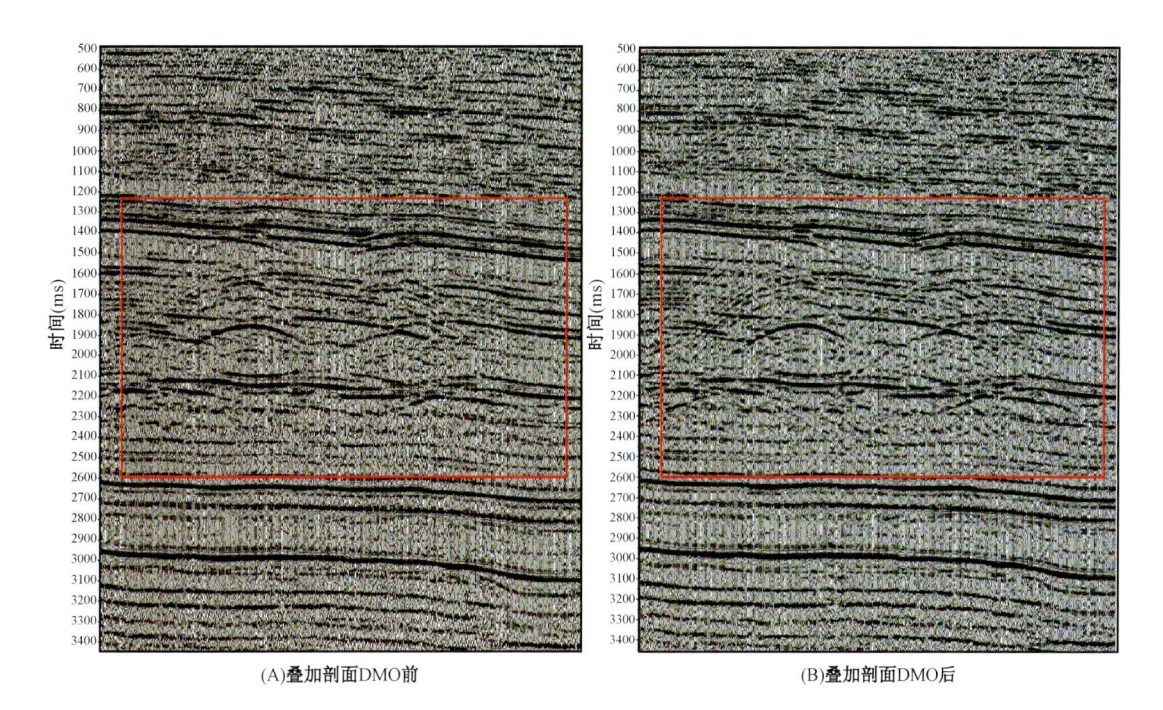

图 5-40　龙岗三维区 inline2130 叠加剖面 DMO 前后对比

(4)深度—层速度模型的迭代。根据叠前深度偏移结果,结合地质资料,分阶段调整速度模型的层位和结构,分析、调整各层速度的变化趋势,建立合理的叠前深度偏移速度模型。

(三)处理效果

(1)叠前深度偏移可以较好地消除上覆膏岩层对下伏地层的影响,提高主要目的层的成像精度(图 5-41)。

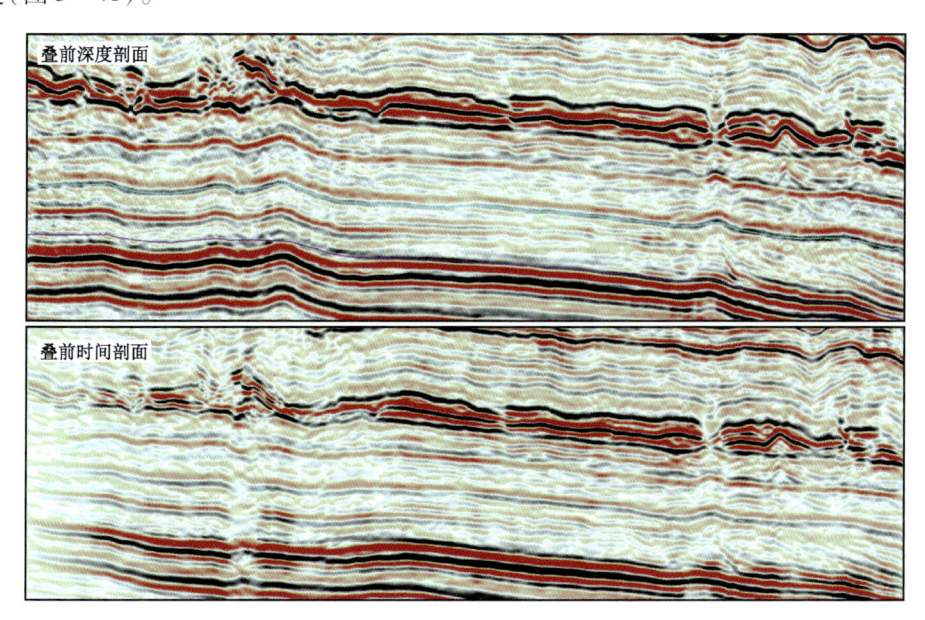

图 5-41　叠前深度剖面与叠前时间剖面对比

(2)叠前深度偏移对生物礁的刻画优于叠前时间偏移。上覆膏岩速度的影响更小,内幕细节更加丰富(图 5-42)。

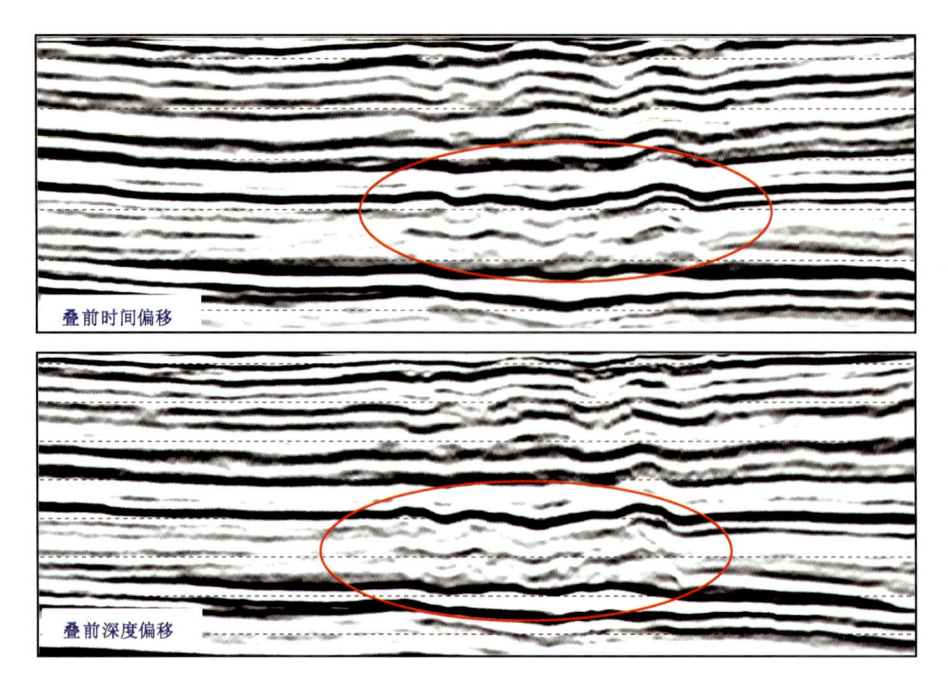

图 5-42　剑阁三维过龙岗 63 井生物礁成果数据对比

三、龙岗地区礁滩解释技术及效果

(一)主要解释技术

1. 龙岗地区礁滩地震识别及刻画技术

1)生物礁 10 大地震相特征

根据龙岗、龙岗东、剑阁等地区生物礁勘探的成果,建立了开江—梁平海槽西侧长兴组生物礁的地震相识别模式(图 5-43),在地震勘探资料品质较好的情况下,基本能够识别台缘生物礁的位置。

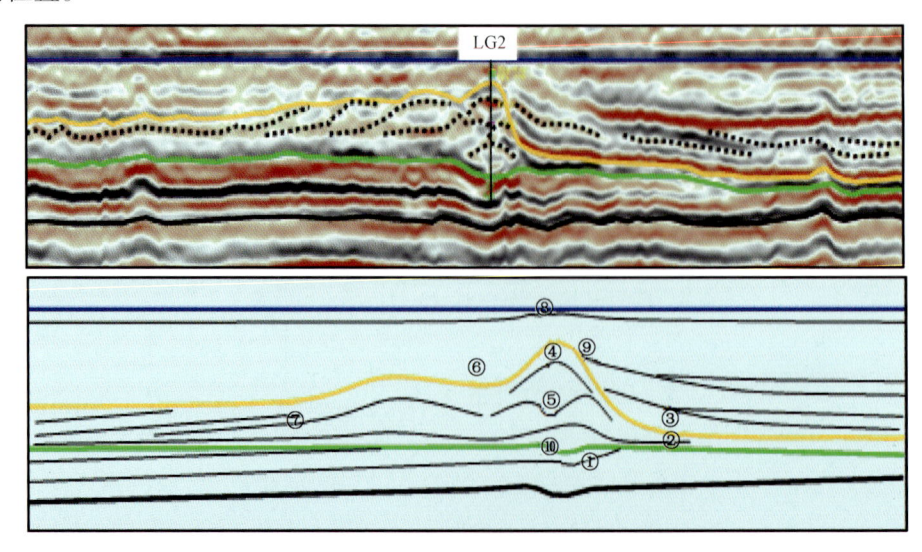

图 5-43　开江—梁平海槽西侧长兴组生物礁地震相识别模式(图中序号解释见下文)

— 230 —

(1)龙潭组反射中止(假削蚀)。

二、三维地震反射结构可以看出,长兴组台缘生物礁附近下伏龙潭组都有反射同相轴自台地向海槽方向消失的现象。有的在台缘正下方,有的靠近海槽一侧,有的靠近台地一侧;龙潭组反射同相轴消失表明其沉积厚度具有由台地向海槽变薄的特征,地貌上这里正是海水深度变化的斜坡区域,而斜坡区域正是生物礁生长发育的有利位置。

(2)海槽及斜坡强反射中止。

从地震剖面上长兴组的反射特征看,在台缘附近海槽一侧长兴组地震反射同相轴振幅强、时差小、多具有一定坡度;而台地侧长兴组反射同相轴振幅能量弱、时差变大。所以地震剖面上长兴组强反射同相轴的突然中止、上翘是判定台缘位置的重要特点之一。

(3)海槽侧翼上超。

在长兴组生物礁台地边缘一侧往往发育一到二组上超地震反射。这可能是由于台地边缘斜坡海水深度变化大,出现的沉积上超现象。

(4)顶部丘状外形。

生物礁是典型造礁生物丘状建隆构造,在地震剖上表现为典型的丘状外型反射结构特征。二、三维地震勘探资料均表明:龙岗地区台缘生物礁丘状反射结构典型、明显。

(5)内部反射杂乱。

台缘生物礁沉积以垂向加积为主,侧向加积为辅。在地震剖面上生物礁内部反射结构表现为地震同相轴连续性差、较杂乱反射特征。

(6)礁体整体具非对称"M"形态。

从龙岗地区地震勘探资料分析来看:台缘生物礁普遍具有两排特征,第一排厚度较大、纵向很窄,第二排厚度相对较薄,但宽度加大;整体表现为前高后低,前陡后缓的不对称"M"形状。这可能和造礁生物的生长速度与台缘海水动力的变化有直接关系。

(7)生物礁后翼具退积反射结构。

从碳酸盐岩台缘的现代沉积看,这是必然的。台缘水动力来自广海,向礁后的内陆方向水动力逐渐减弱,其沉积方向也必然是自台缘向陆地方向退积。在地震反射结构上就表现为礁后翼具退积反射结构。

(8)上部飞仙关组地震反射时差变小。

在生物礁发育位置的上覆飞仙关组地震反射时差基本都有减薄的趋势,有的从两个相位变成一个相位。反射强度也有增大,这可能是由于压实导致后期鲕滩沉积时形成一个局部的古地貌高地,从而沉积了鲕滩并在后期白云岩化形成储层后的强反射。总之,这个位置是碳酸盐岩盆地和台地的分界带,因而表现为地震反射时差变小,反过来也可以是判定下部长兴组生物礁发育的参考佐证之一。

(9)礁顶部具有亮点反射特征。

生物礁的沉积是生物生长成岩,所以其内部结构具有向上凸出的丘状特征。白云岩化后或者含气后,速度与围岩差异明显,地震剖面上就会呈现出亮点反射特征。反映了礁储层的非均质性强、储层相带窄的特点。

(10)拉平飞四段后长兴组具典型"反扣"特征(含气后)。

从目前钻遇长兴组台缘生物礁的获气井看,在时间域剖面上长兴组底界普遍具有"下弯"特点;而长兴组顶部在台缘是向上拱的丘状外形,这一组合就形成典型的上下"反扣"特征,这是含气后速度下拉形成的典型特征,可以作为判定台缘生物礁的重要依据,对于含气的判定也是极其重要的参考。

2）古地貌恢复技术

（1）层拉平：由于碳酸盐岩台地相和盆地相沉积厚度差异巨大，因此在台地边缘附近，地震勘探资料上会表现出较大的反射时差。层拉平技术正是利用这一特点，把代表台地相和盆地相底部的地震反射同相轴（沉积等时面）在时间域拉平，此时变化最大的部分就是碳酸盐岩台地边缘（图5-44B）。据此完成的时间厚度图能较好地反映出台地边缘的横向展布及台地发育的纵向规模。

（2）厚度法：根据碳酸盐岩沉积模式及钻井统计表明：不同沉积相带（台地—台缘—斜坡—海槽），地层厚度有明显区别，这也是四川盆地台缘带的典型特征，即反射时差的明显变化。在地震勘探资料品质可靠区域，利用厚度变化可以预测台缘生物礁的发育位置。

3）谱分解技术识别台缘相带

谱分解技术是应用离散傅里叶变换或最大熵等方法，将地震勘探资料从时间域转换到频率域，形成振幅调谐体和相位调谐体。它的理论根据是不同的频率可能会突显不同的地质体。可以利用不同的频率体来研究断层、河道、砂体等的分布。谱分解技术在地震勘探资料解释中的应用始于1997年（Partyka and Gridley，1997）。前人主要使用频率域振幅的调谐响应解释各种隐蔽的沉积现象以及薄层的厚度（Partyka 等，1998、1999；Bahorich 等，2001），而利用相位谱的不稳定性进行小断层识别与解释是目前较为常用的解释技术。同时，相位的抖动可能是地震异常体边界的反映，用来识别台缘相带效果较好。

碳酸盐岩台地边缘是地层厚度突变的区域，台地一侧地层倾角变化小，斜坡一侧因厚度突然变薄而出现地震同相轴突然下弯。在谱分解的相位调协体剖面上，可以发现明显的错动而与两侧具有不同的相位角特点，据此作为识别台地边缘的佐证（图5-44C）。

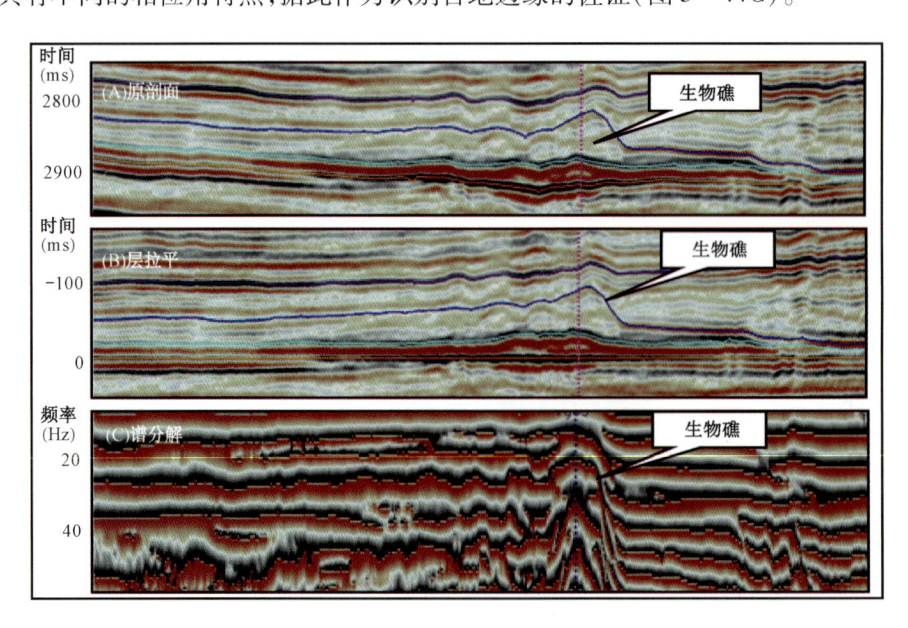

图5-44 开江—梁平海槽西侧地震剖面

4）体曲率属性识别台缘相带

应用体曲率属性开展生物礁的地震相识别，取得了良好效果。主要用于对生物礁礁前斜坡、礁后斜坡进行分析解释,落实生物礁的发育位置(图5-45)。同时,体曲率属性不仅能精细刻画长兴组生物礁平面展布,还能清楚地显示生物礁内部结构及斜坡相带的水道(参见图1-4),为井位优选提供重要依据。

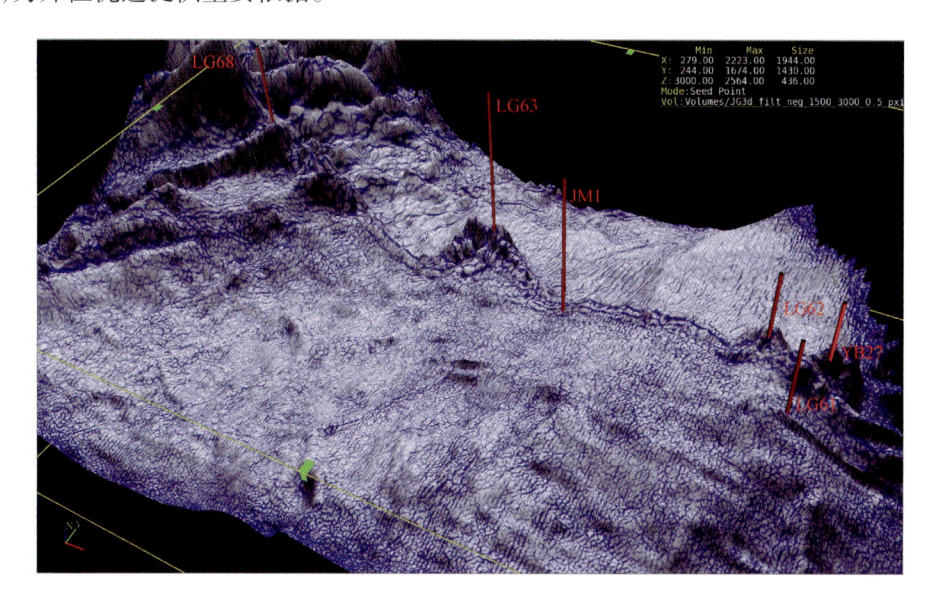

图 5-45　开江—梁平海槽西侧 JG 地区沿长兴组顶体曲率属性平面图

5) 颗粒滩地震相特征及识别

滩相储层地震反射特征与生物礁地震相特征具有明显不同的特点。颗粒滩相储层在地震剖面主要有如下特点:

(1) 亮点特征。

龙岗地区滩相储层垂向厚度小,一般只有一个反射地震同相轴;横向延展范围相对较大,多数超过一二千米,甚至数十千米;地震强反射同相轴相对稳定,且向两侧反射强度逐渐减弱(图5-46)。

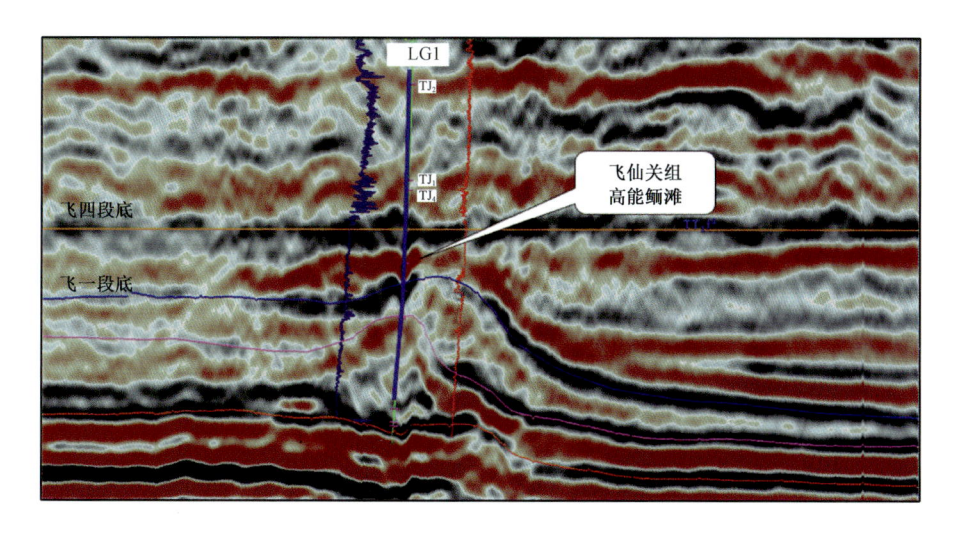

图 5-46　过龙岗 1 井地震剖面示飞仙关组鲕滩地震相特征

— 233 —

（2）前积结构地震相。

滩相储层另一地震相特点表现在沉积时的叠置关系。由于颗粒滩受水动力搬运而沉积，故与陆相三角洲相地震反射结构较为类似，明显有前积、加积等叠置结构的地震相特点（图5－47）。

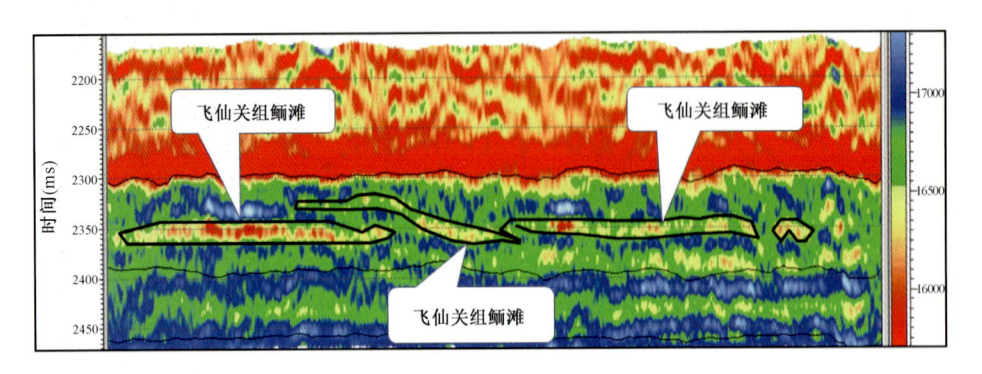

图5－47　过龙岗沿台缘地震波阻抗剖面

（3）振幅强弱变化地震相。

滩相储层与围岩的速度差形成明显的反射强度的变化（图5－48）。当滩体上下围岩物性横向变化较一致时，滩相储层的反射强度取决于滩体储层物性及厚度变化；而在每一单层滩体总是中间厚向边缘变薄，这反映在地震同相轴上为振幅能量随滩体厚度而发生强弱变化。这一特点可与泥灰岩、泥岩、火山岩等地震相特征相区别，后者往往地震振幅强度大而均一，且延展范围相对较远。

（4）受沉积相带控制明显。

颗粒滩一般发育于碳酸盐岩台地高能相带，往往与台缘相带、斜坡潮间带、台地内局部高地相伴而生，地震反射往往具有亮点特征。

2. 层序地层学技术

1）区域沉积相分析

礁和滩发育具有一定的共生条件，也可以单独发育。鲕滩围绕高能相带展布，主要发育在水动力强、海水相对浅的区域，特别是台缘两侧等特定部位。因此，利用识别生物礁的区域沉积相带分析等技术来确定鲕滩发育的区域背景和大致展布同样有效。

2）利用层序解释识别飞仙关组鲕滩相带

利用研究区内钻井、测井、地震勘探资料，从单井层序划分开始，通过地震剖面标定，结合地震反射结构特征，将飞仙关组划分出两个三级层序，四个体系域，依此建立全区层序地层格架（图5－48）。

SQ1底界划分依据：SQ1底界为区域上二叠系与三叠系的分界面，从生物地层、磁性地层、火山事件、古气候等多方面证实，属于Ⅰ型层序界面，具有全球可对比性。但研究区内水体较深，以水下连续沉积为主，上下整合接触，低位域不发育，为Ⅱ型层序界面。

SQ1最大海泛面划分依据：测井上表现为GR值较高，地震剖面上表现出上超现象。SQ1顶界面划分依据：槽内测井曲线、岩性及颜色上都有区别；区域追踪台地上此界面为一短暂暴露不整合界面，界面之下为紫红色薄层泥灰岩，之上为浅灰色薄层泥质微晶灰岩，所以当时水体并未退到台缘斜坡以下，低位域不发育。

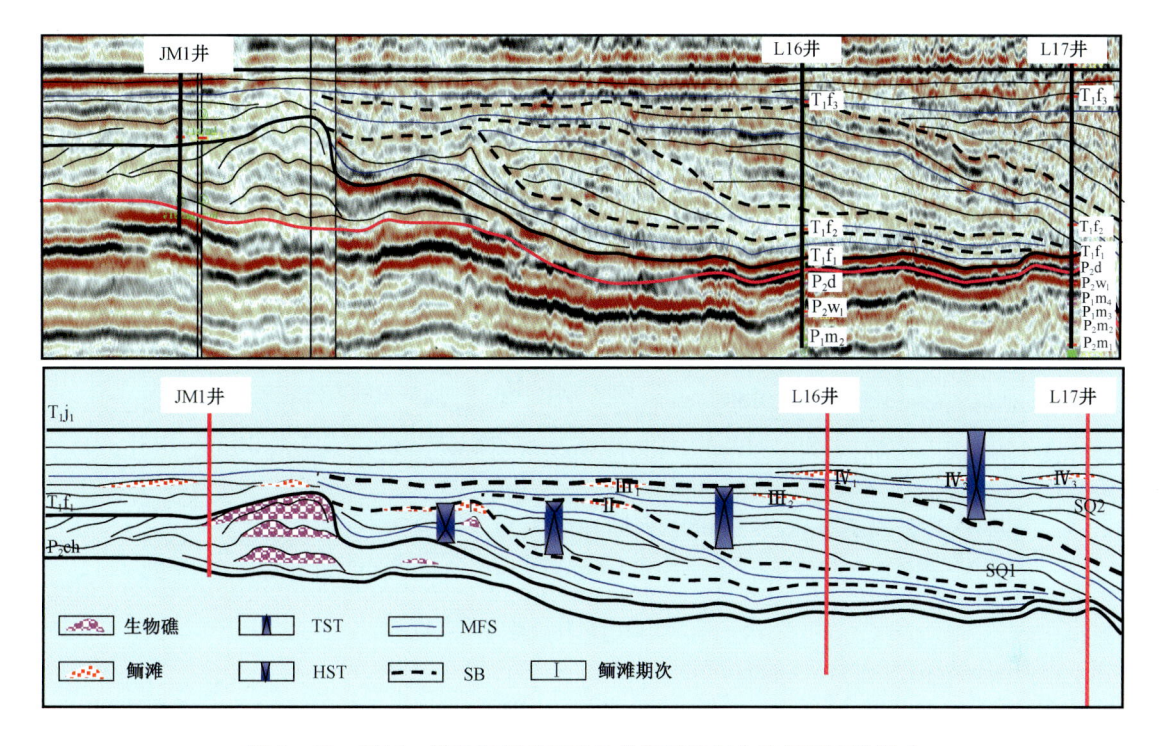

图 5-48 开江—梁平海槽西侧飞仙关组层序划分及鲕滩迁移模式

SQ2 最大海泛面在测井、岩性上均有响应,以龙 16 井鲕粒灰岩底为界,之上发育高位域;SQ2 顶界面划分依据:上部青灰色膏岩,下部紫红色泥质灰岩,测井曲线有明显特征;飞仙关组与嘉陵江组分界面,为暴露侵蚀不整合面,界面凹凸不平,常见残积角砾岩,属Ⅱ型层序界面。嘉陵江组底部一般为青灰色石膏、膏质泥岩;飞仙关组顶部为一套紫红色、灰紫色薄层页岩夹泥灰岩、泥质白云岩。

飞仙关组各层序高位体系域厚度薄区是鲕滩高能相带发育的位置。根据层序解释及全区地震界面追踪对比,通过完成两个高位体系域的厚度图,可以确定台地边缘相带位置。完成高位域顶界构造图并与厚度图叠合来进一步圈定鲕滩储层发育的有利靶区,结合油气检测确定预探目标。

3. 礁滩储层反演技术

弹性阻抗(EI)反演属于叠前反演技术,它保留了地震反射振幅随偏移距或入射角的变化的特征,能够获得更多、更敏感有效的数据。弹性波阻抗反演方法,相对于常规叠后波阻抗反演技术,克服了垂直入射假设、反射振幅共中心点道集叠加平均、不能反映地震反射振幅随偏移距不同或入射角不同而变化等缺点。声波波阻抗(AI)反演是利用地震勘探资料反演地层声波波阻抗(或速度)的地震勘探技术。

1) 生物礁储层地震响应特征

LG62 井长兴组钻遇厚层块状白云岩,累计厚度 70m,其中顶部白云岩厚度 29m,灰质白云岩厚度 41m。完井电测解释 15 段储层,储层累计厚度 81.4m,平均孔隙度 5.37%。LG62 井钻探表明长兴组储层孔隙度较发育(3%~12%),生物礁储层具有物性较好、单层薄、纵向分布不集中、储层非均质性强的特征;其电性特征为低伽马(7~24API)、低密度(2.49~2.75 g/cm³)、低阻抗。在此基础上对长兴组顶界(生物礁顶界)进行精细标定,从 LG62 井的地震剖面可以看出(图5-49),生物礁顶界标定为弱波峰,内部反射较杂乱,储层发育是表现为明显的亮点特征。

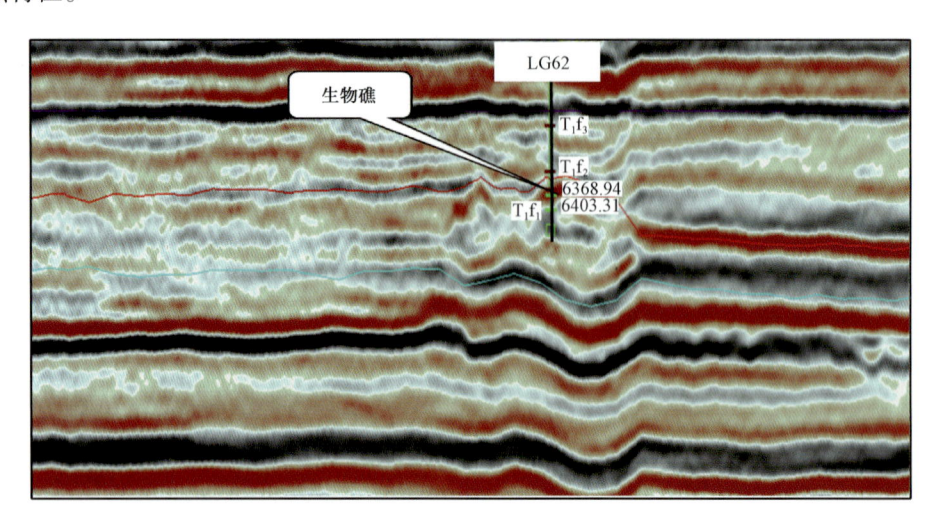

图5-49 长兴组生物礁地震亮点特征

2)生物礁储层电性及弹性曲线响应特征

生物礁储层在测井上表现为较低的伽马值、较低的声波速度、较低的密度(图5-50)。标定在地震剖面上,礁滩储层对应为波谷反射。岩石物理参数与纵波阻抗交会分析表明:长兴组利用 $\lambda\rho$—横波阻抗、v_p/v_s—横波时差、$\lambda\rho$—纵波时差弹性参数能较好地识别出有效储层(图5-51)。

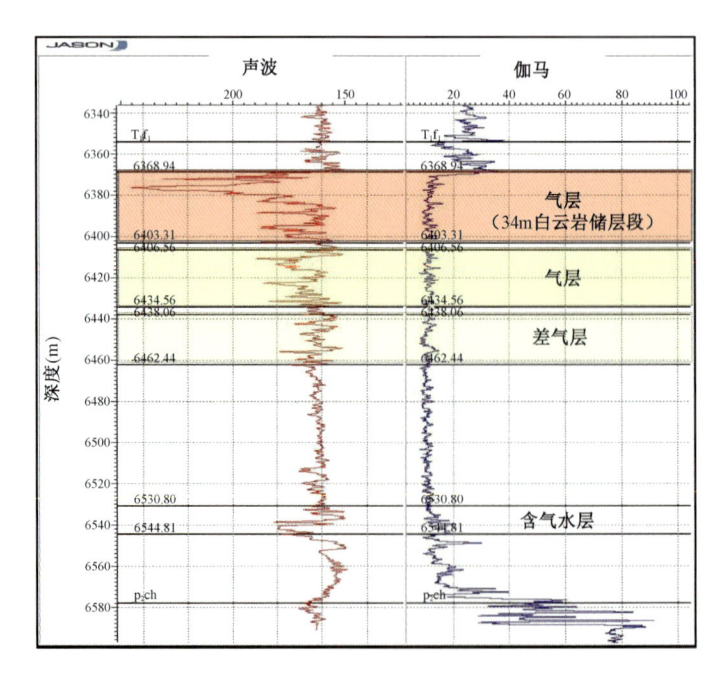

图5-50 LG62井长兴组测试段测井曲线特征

3)叠前反演技术应用

根据叠前反演流程(图5-52),输入三个不同角度叠加的地震数据和对应的子波,给出不

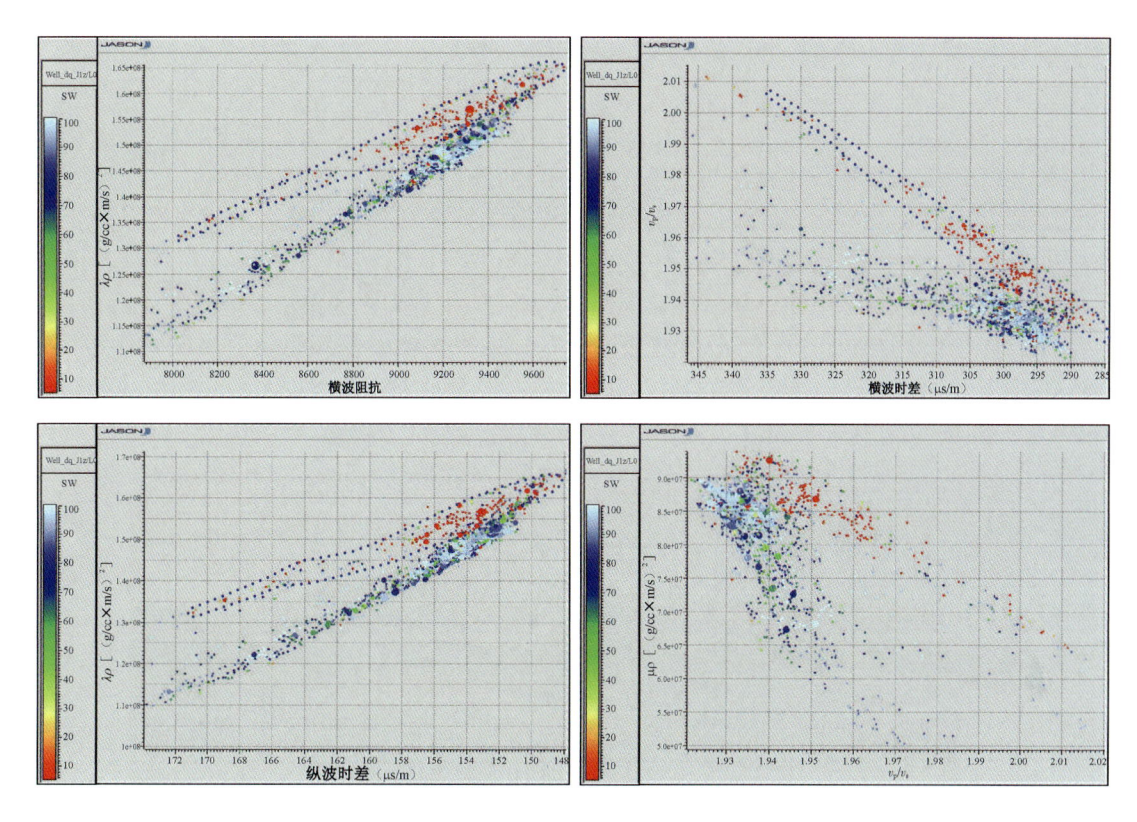

图 5-51　LG62 井礁滩储层弹性参数交会图

同数据(纵横波阻抗、密度)的纵向变化趋势以及横向上的约束范围,通过质量控制优选出合适的一组参数。这样就可以选择 Aik-Richards 的 AVA 模拟方法进行纵横波联合反演,从而得到纵、横波阻抗和密度数据体,以这三个数据为基础就可以得到泊松比、拉梅系数和 v_p/v_s 等属性数据体。

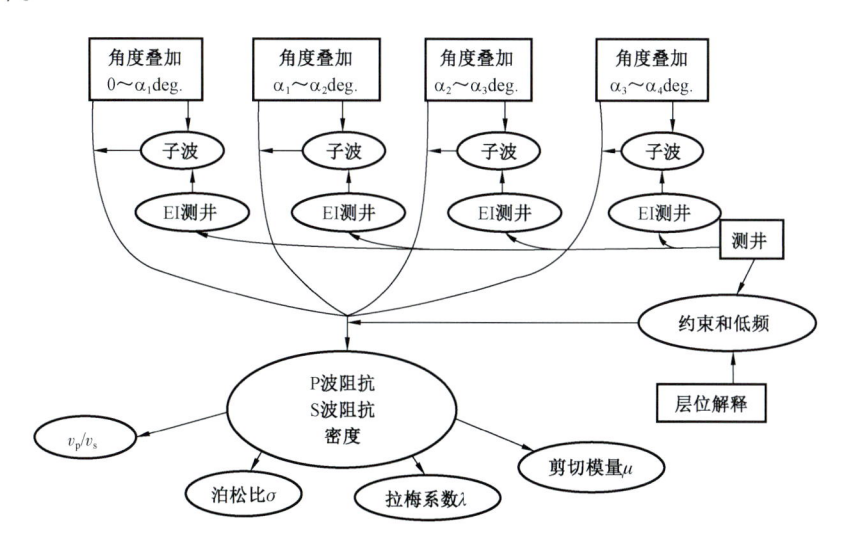

图 5-52　叠前反演流程图

其中:拉梅系数 λ,表示正应力与正应变的比例系数,反映流体变化;剪切模量 μ,表示切应力与切应变的比例系数,反映岩性变化;泊松比 σ,表示物体横向应变与纵向应变的比例系数,又称横向变形系数,指示流体变化;纵横波速度比 v_p/v_s,表示纵横波速度比,反映流体变化。

而 $\mu\rho = (v_s \times \rho)^2$,$\lambda\rho = (v_p \times \rho)^2 - 2(v_s \times \rho)^2$,所以纵波速度与拉梅常数 λ 相近;横波速度与拉梅常数 μ 相近;纵横波速度比与泊松比相近。

反演结果表明,长兴组顶部气层段表现为明显异常特征,储层物性好,利用弹性参数变化范围容易识别;中、下部储层特征明显,也能较好识别(图 5-53)。利用叠前弹性参数反演所得到的反演数据体,提取生物礁储层的时间厚度,编制长兴组生物礁储层预测厚度平面图(图 5-54)。长兴组生物礁储层主要沿台地边缘分布。生物礁储层段预测储层厚度变化为 5~85m,厚度大于 30m 的区带面积为 657.12km²,厚度大于 35m 的区带有 2 个,分别为 LG68 井至 LG63 井区和 LG61 井区。在 JM1 井附近较薄,最厚处在 LG62 井附近。

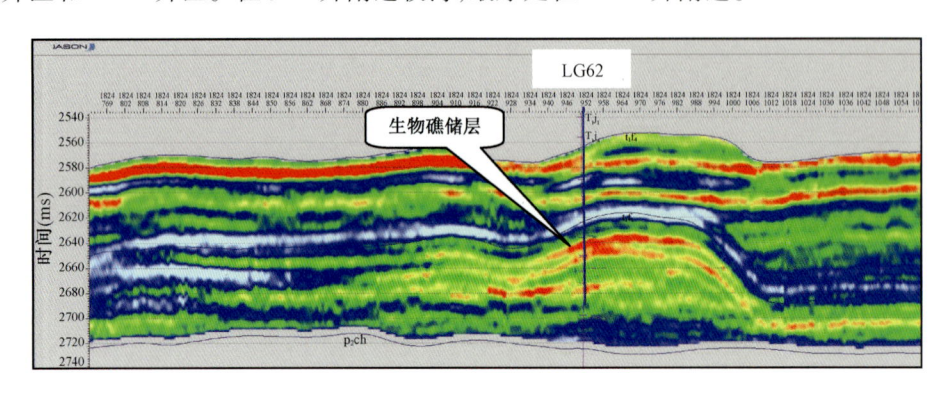

图 5-53 过 LG62 井连井反演剖面

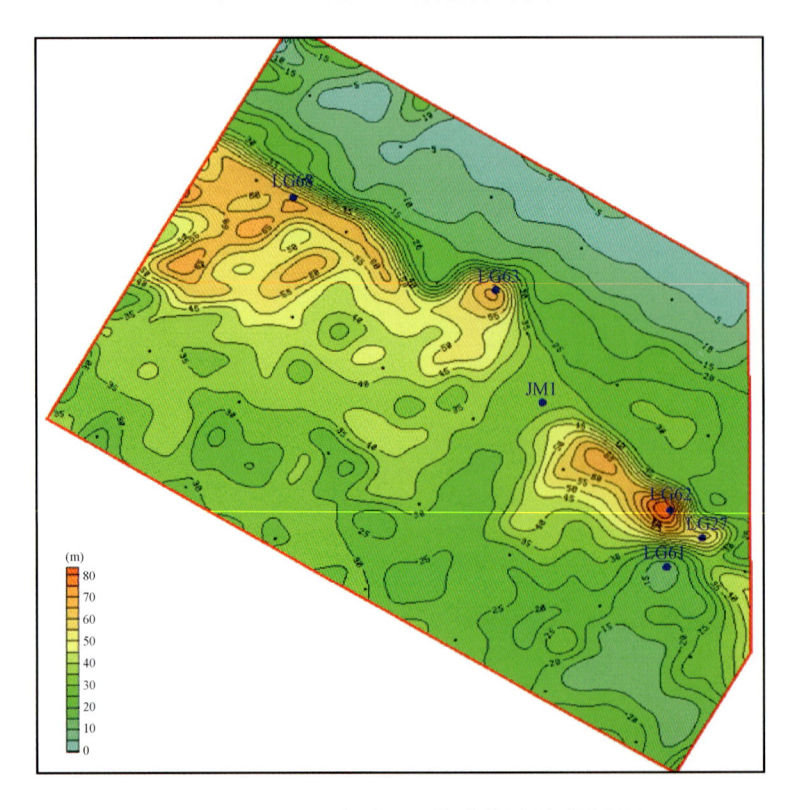

图 5-54 JG 地区长兴组生物礁储层预测厚度图

4. 礁滩型储层油气检测技术

含油气性预测技术在油气勘探中发挥着越来越重要的作用。为寻找礁滩勘探的有利区带及含油气构造,主要利用子波分解与重构的衰减属性、基于频谱形状的油气检测技术和叠前AVO属性进行流体预测,提出有利区带,优选钻探井位,可以有效提高探井成功率。

1) 子波分解与重构技术

子波分解是一种新的地震道分解技术,它是以一种数学的方法将每一地震道分解成多个不同形状、不同频率的子波。由于分解过程是线性的,因此将这些子波重新叠加,就可以得到原始的地震道。此方法有助于精确的小断层解释,还可以根据已知的含油气地层的子波特征对地震道进行重构,找出规律性的变化,从而预测未知的含油气区域。

同谱分解技术类似,首先对地震勘探资料主要目的层段进行频谱特征分析;然后对叠后地震数据进行分解处理,将地震数据中目标层段分解成不同主频的雷克子波的序列;最后是重构分析,用所有子波重构就可以得到原始的地震道或数据体。用目标体敏感的子波重构就可以得到新的数据体。

子波分解与重构技术的频谱衰减可以开展含油气预测。地震波在穿过不同物理特性地层或含油气和非油气层时,频率成分的衰减也不同。因此,频谱特征和频谱衰减的横向变化为储层和含油气性预测提供依据(图5－55)。

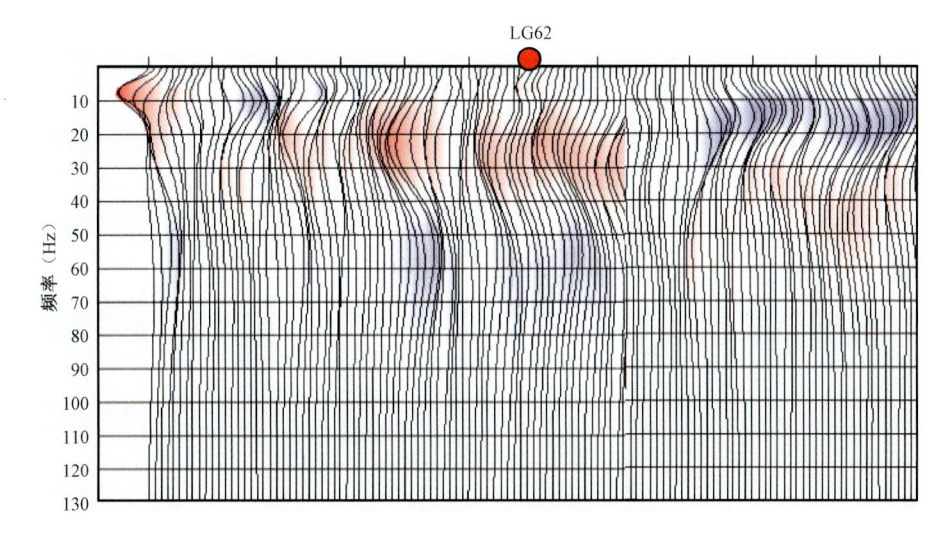

图5－55 过LG62井衰减属性剖面图

针对长兴组生物礁,在目标层之上和目标层之下各取一个窗口,分别计算其频谱,并对频谱进行归一化处理,然后计算频谱差,用目标层上边的频谱减去下边的频谱,即为频谱衰减。频谱衰减反映了地震信号穿过目标层时频谱的变化(或衰减)。从剑阁三维区长兴组衰减属性平面图可以看出(图5－56),预测含气有利区主要沿台缘展布(图中黄色与红色区域)。

2) 基于频谱形状的油气检测技术

地震波在单相和多相介质中震动和传播的规律有很大差别,常规单相介质的地震波场难以精确描述含油气储层的多相介质传播特征。油气检测是以多相介质理论为基础,以实验室数据为依据,利用地震勘探资料进行油气检测的方法。它不仅利用了地震波高频能量的衰减,同时利用了低频段某一特征频率的能量共振检测含油气性。此方法降低了误差,检测油气符合率高。

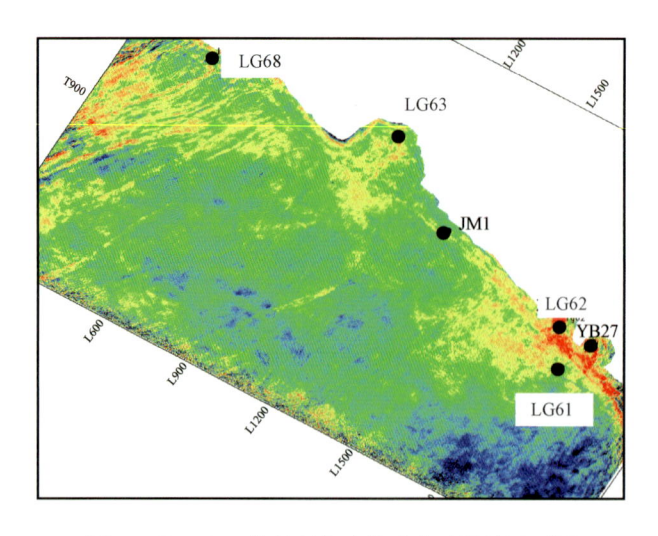

图 5-56 JG 三维长兴组生物礁衰减属性平面图

地震波振幅衰减随含气饱和度增加而急剧增大,几乎不发生变化,尤其是饱和度大时,其衰减系数相差更大,这有利于区分油气层与含水层。

首先利用小波变换算法把目的层段地震数据由时间域转换到频率域,得到频率域数据体;然后通过频谱形状确定单点含油气性。随着油气产量的增加,频谱形状由单个波峰变为两个波峰(图 5-57),首峰值逐渐增强、次峰减弱,且频带宽度变窄。高产井频谱形状表现为两个波峰,首峰大于次峰,频带宽度较平均变窄。工业井频谱形状表现为两个波峰,首峰大于次峰,频带宽度较高产井变宽。微气井频谱形状表现为两个波峰,首峰低于次峰,频带宽度较高产井变宽。出水井(未出气井)频谱形状表现为单峰,频带宽度较微产井变宽。在预测单点含油气性基础上,利用频率域数据体预测不同频谱形状的分布范围,得到全区含油气区带分布,完成油气预测。

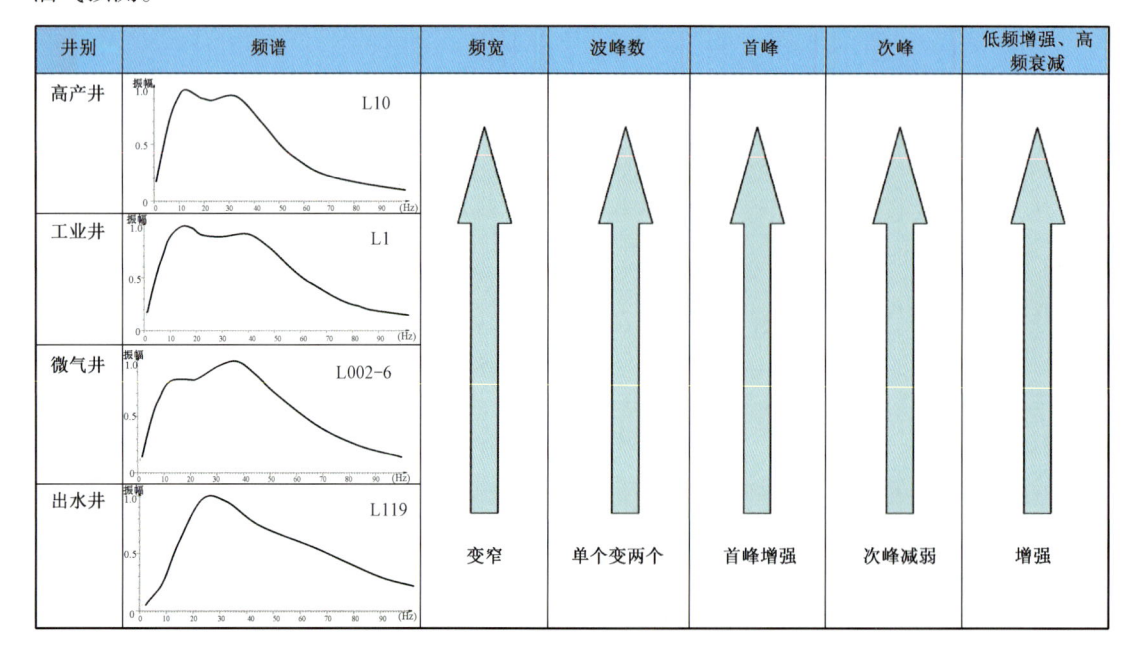

图 5-57 川西北地区不同类别井油气检测分析图

图 5-58 为 JG 三维长兴组地震频率衰减属性平面图,通过蓝色区域、绿色区域及红色区域样点的频谱形状(图中右侧小图)可以看出,其规律性比较明显,且预测结果与目前完钻井试油结果完全吻合。

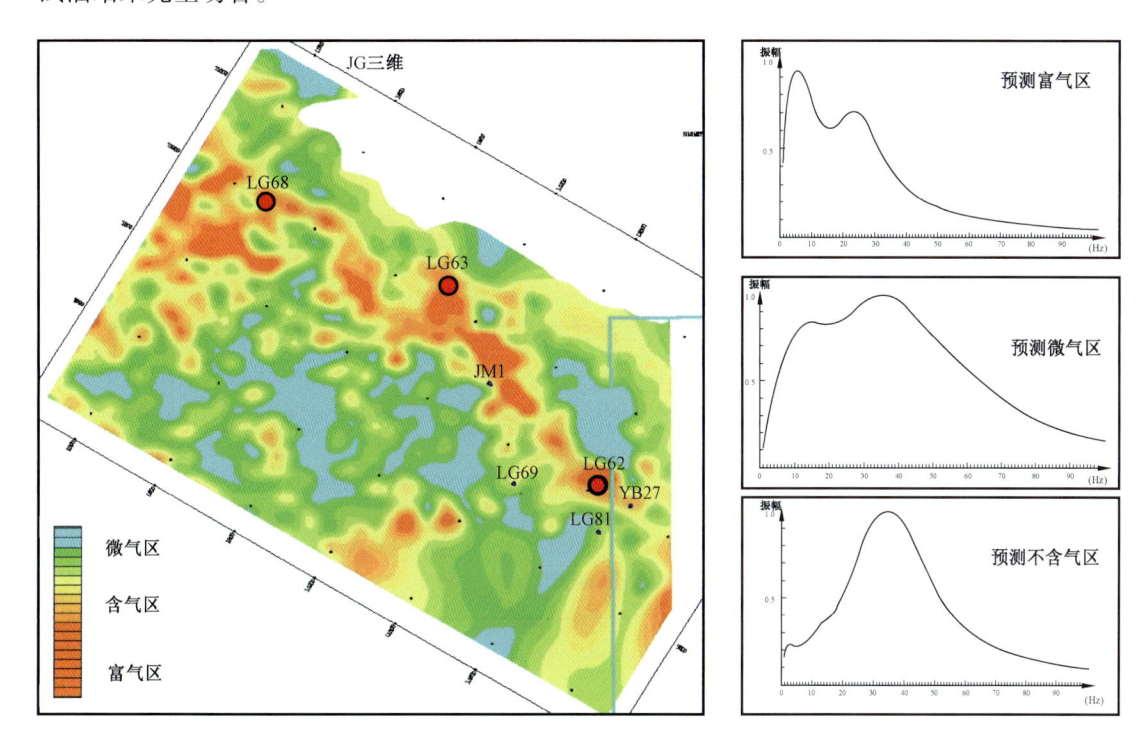

图 5-58 JG 三维长兴组生物礁衰减属性平面图

3) 叠前 AVO 属性分析技术

AVO 技术是在叠前偏移动校正道集上,利用振幅随偏移距的变化来预测地层含油气的一种叠前属性分析技术。从过 LG62 井 P/G 属性剖面可以看出,LG62 井位于有利区,长兴组生物礁储层经测试获日产 $98.22 \times 10^4 m^3$ 高产工业气流;而预测 LG63 井区也位于 AVO 属性预测的有利区,但较 LG62 井位置偏低,高部位更为有利(图 5-59),后侧钻测井解释厚含气层,证实预测的高吻合度。

(二)主要解释成果

(1)绘制区域构造图、厚度图、储层、沉积相等基础研究图件,有效支撑了龙岗地区礁滩勘探工作。

通过精细构造解释及成图,发现和落实圈闭 212 个,总面 $2848.1 km^2$(图 5-60)。

(2)绘制储层反演、油气检测(图 5-61)等分析图件,为地质综合研究提供多种地球物理信息。

四、龙岗地区礁滩勘探成效

(一)应用三维叠前深度偏移资料,精细刻画台缘生物礁

提供的 LG62 井获得重大突破,长兴组钻生物礁储层,测试获得日产 $98 \times 10^4 m^3$ 的高产工业气流(图 5-62);LG68 钻遇生物礁,获日产 $68.35 \times 10^4 m^3$;LG63 井钻生物礁储层,测井解释三层垂厚 64.5m 气层(侧钻),展示龙岗西台缘带巨大的勘探潜力。

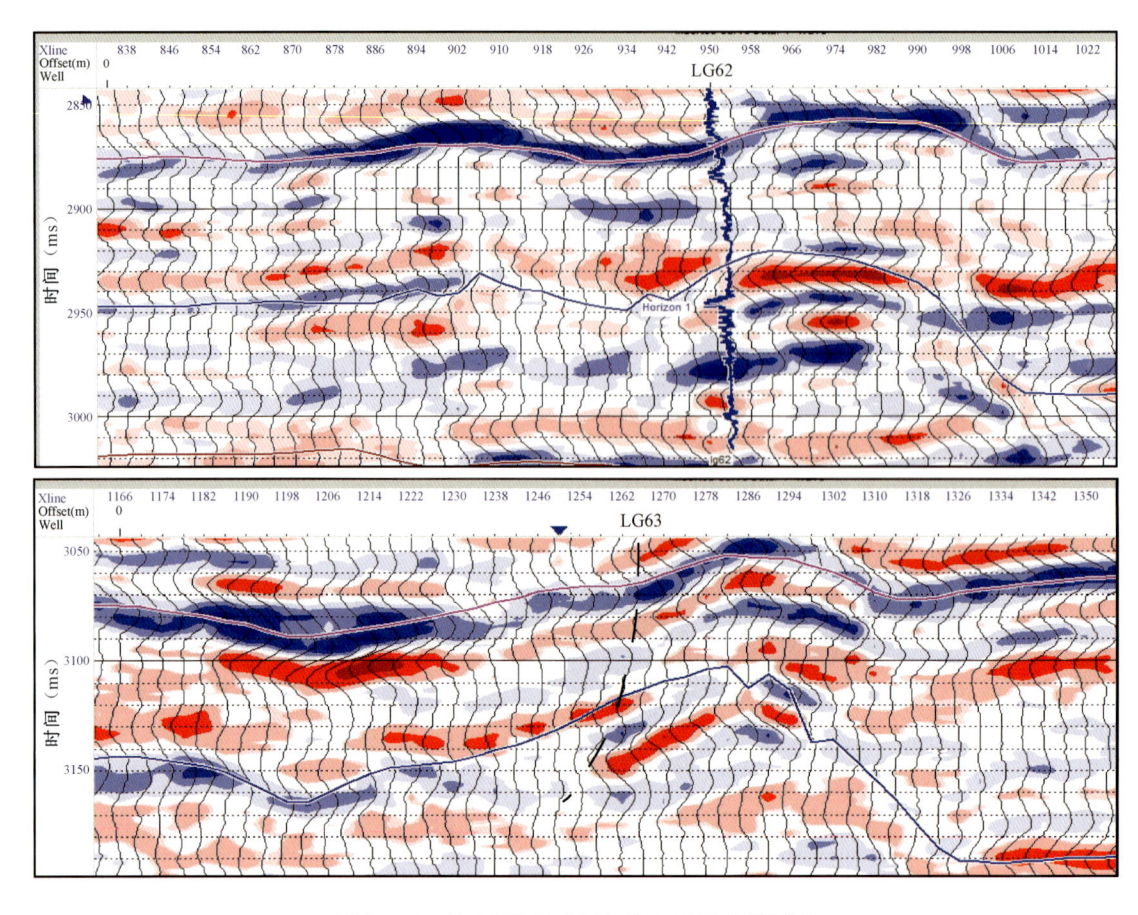

图 5-59 过 LG62 井、LG63 井 P/G 属性剖面图

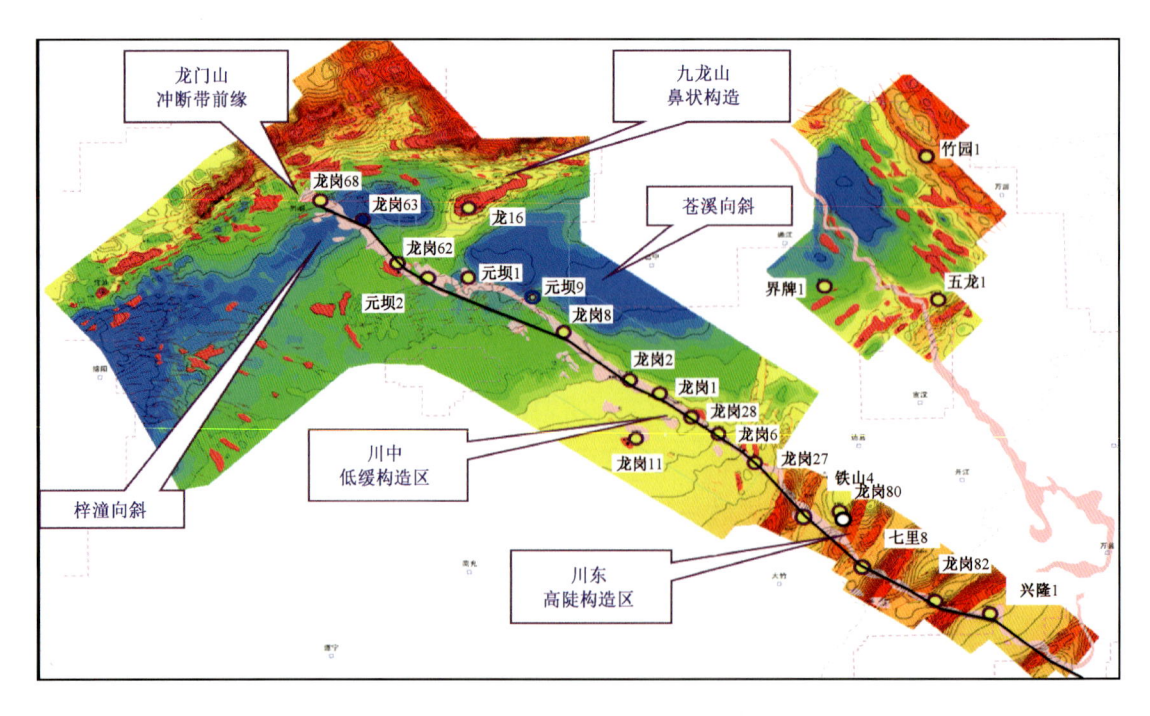

图 5-60 环开江—梁平海槽两侧长兴组顶界构造图

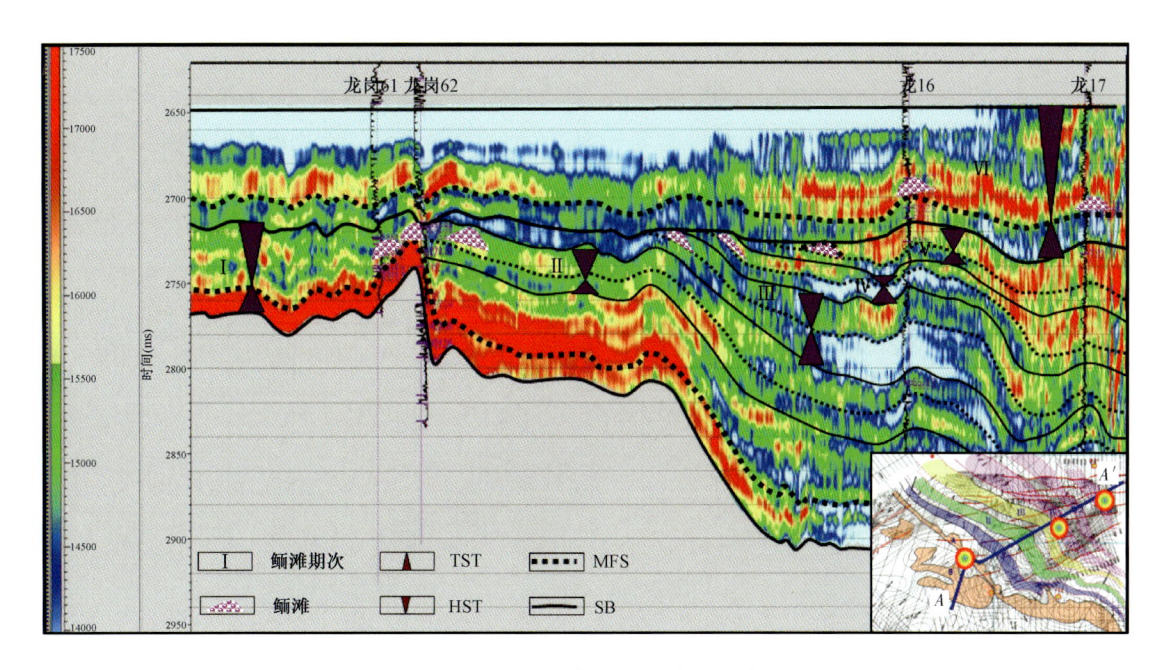

图 5-61　剑阁—九龙山三维区飞仙关组台缘鲕滩储层波阻抗反演剖面

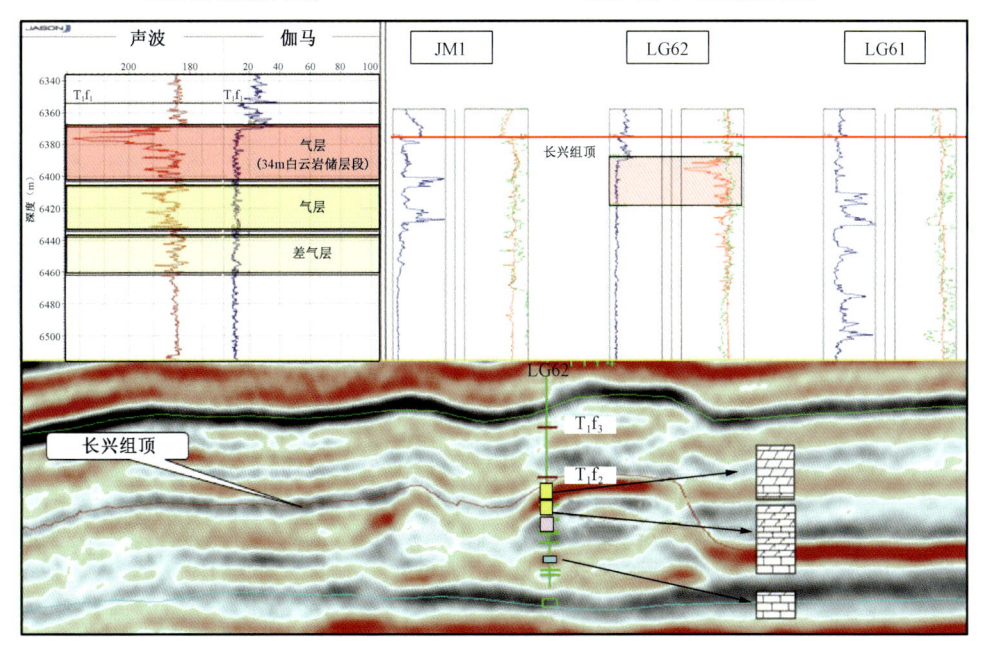

图 5-62　过 LG62 井地震剖面、测井及边井对比图

(二)构造图精度及储层预测完全达到勘探生产需求

龙岗主体区应用处理地震勘探资料,开展构造解释,完成构造图、储层预测及油气检测研究,误差控制在较低范围内,取得了较好的成效。其中龙岗三维区飞仙关组鲕滩储层预测厚度误差小于 20% 的有 12 口,符合率为 71%;烃类检测结果与钻探符合率为 79%。

(三) 主要地质认识

(1) 通过二、三维地震勘探资料联合解释,开展区域连片综合研究,明确了开江—梁平海槽西侧台缘礁滩的展布特征,把台缘礁滩划分为三类六段;台缘相带生物礁及鲕滩相带是油气勘探最主要的区带,油气潜力大。

根据开江—梁平海槽台缘带展布形态、宽度、储层及构造特征,开展了台缘相带分类分段研究,据此把台缘带划分为三类六段(图5-63)。

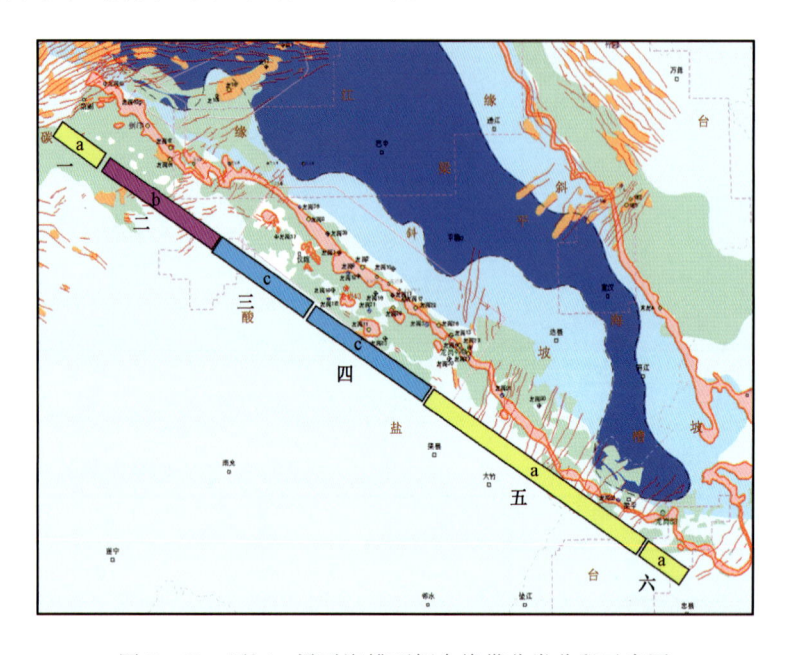

图5-63 开江—梁平海槽西侧台缘带分类分段示意图

a类:冲断带与台缘叠合区,可能发育多排生物礁;台缘宽2~6km,储层厚20~110m,受构造影响,地震特征较弱,识别难度大,局部构造发育(图5-64)。

b类:背斜—向斜区,可能发育多排台缘生物礁,台缘宽2~8km,储层厚30~100m,地震特征清楚(礁后沟槽),较易识别,局部构造较发育(图5-65)。

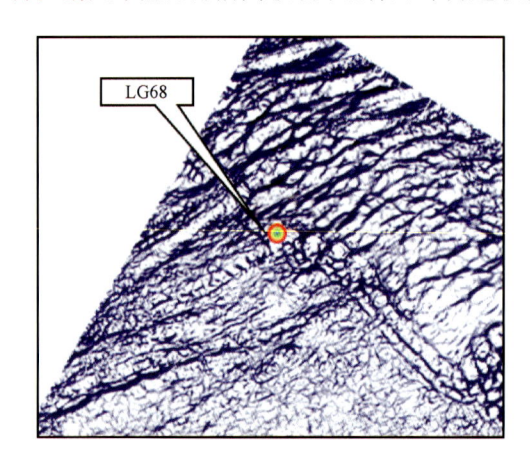

图5-64 开江—梁平海槽西侧a类台缘体曲率图 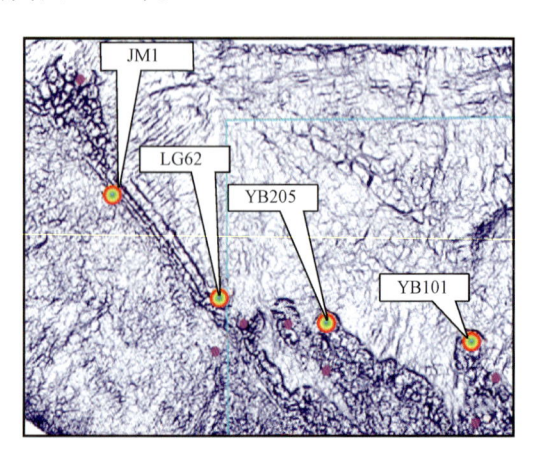　　图5-65 开江—梁平海槽西侧b类台缘体曲率图

c 类:构造斜坡区,台缘带较陡直,局部可能发育多排,宽度 0.8~3.0km,储层厚 20~60m,地震特征较清楚,局部构造较发育(图 5-66)。

第一段:LG63 井西—LG68 井以西地区(a 类台缘)。

地震预测可能发育多排生物礁,长度 16.2km,宽 2~4km,面积 110.2km^2(图 5-64)。已钻井 1 口,LG68 井于长兴组—飞仙关组井深 7004.0~7055.0m 测试获气 73.23×10^{4}m^3/d。LG68 井钻探测井解释储层厚 47.01m,平均孔隙度 4.54%,证实礁滩体发育。该区局部圈闭发育,地震预测可能发育多排台缘生物礁,勘探潜力较大。

图 5-66 开江—梁平海槽西侧 c 类台缘体曲率图

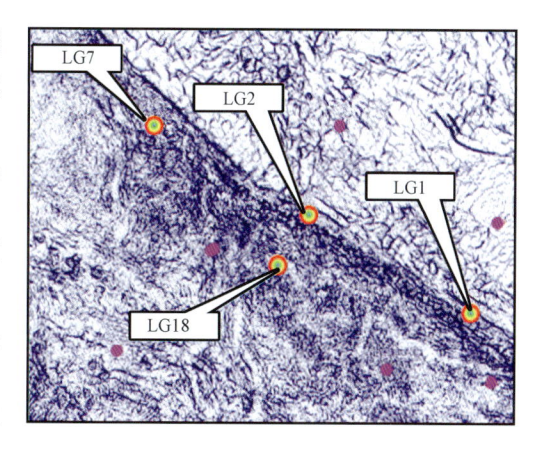

第二段:LG63 井—YB10 井区(b 类台缘)。

位于 JG 三维—中国石化 YB 三维区,区域构造位于九龙山构造西南倾末端及苍溪向斜南斜坡。钻井及地震预测证实发育多排台缘,呈北西向斜列展布,长度 76.4km,宽 2~8km,面积 326.4km^2。

中国石化 YB 区块礁滩储层发育,钻井证实共发育四套储层:飞仙关组二段、长兴组上段、长兴组下段、吴家坪组。元坝地区长兴组生物礁发育多排台缘,斜列展布,具以下特征:① 台缘盆地方向较陡,台地方向渐缓;② 盆地向台地伸进的"沟槽"是形成多排台缘礁的古地貌环境;③ 台内长兴组内部厚度起伏可能是台内生物礁滩;④ 下伏吴家坪组沉积古地貌与长兴组生物礁发育密切相关(图 5-67、图 5-68)。

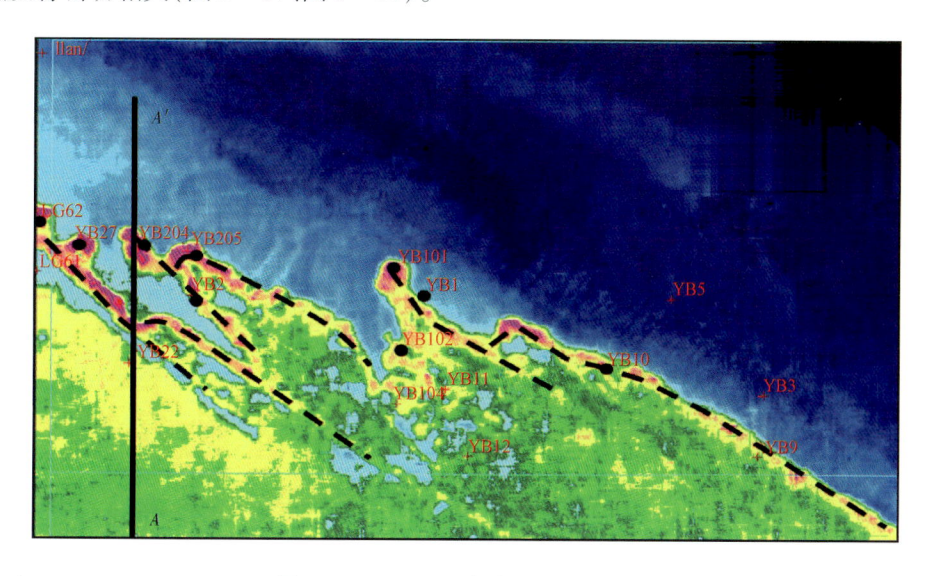

图 5-67 YB 地区长兴组时间厚度图

第三段:YB10 井区—LG7 井区(c 类台缘)。

本段台缘陡直,长度 43km,宽 0.8~2.0km,面积 234.8km^2。已钻井 10 口(中国石油 5 口),仅有 LG8 井获 25.3×10^{4}m^3/d 高产气流,产水井较多,可能与构造位置偏低有关。在

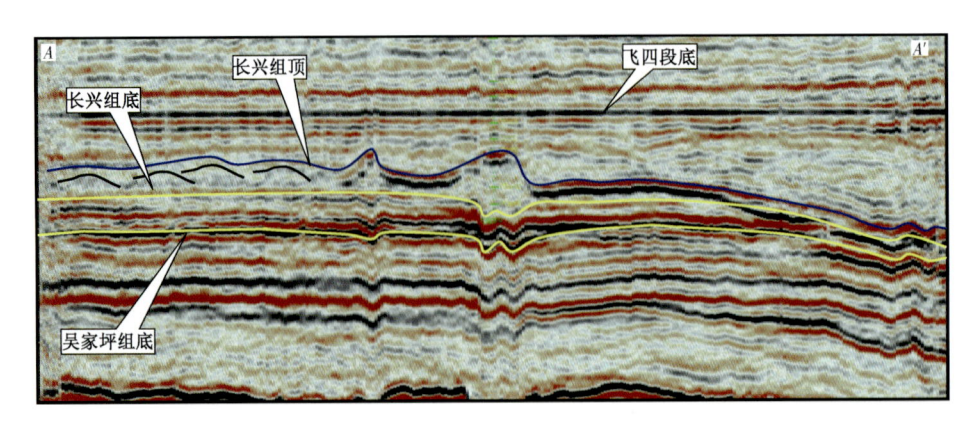

图 5-68 YB 三维区南北向叠前时间偏移(拉平飞四段底)剖面

LG37 井区发育一系列北西向斜列状展布的异常条带,综合解释为多排礁体,是值得探索的区带。

第四段:LG7 井区—LG27 井区(c 类台缘)。

台缘较陡直,长度 61.9km,宽 1~3km,面积 175.2km²。本段构造平缓、褶皱强度弱、起伏小。近年来勘探已证实本区有多口井获得高产,为多层系含气的富集区。LG1 井区进行试采,最高日产气可达 $518 \times 10^4 m^3$,平均单井产气超过 $30 \times 10^4 m^3/d$,压力、水量总体稳定,试采情况良好。LG27 井区台缘带具斜列展布特征,是下步勘探的重点区域,具有构造部位高、礁滩斜列状展布、断裂发育等特点。

第五—六段:LG27 井东—LG 东地区(a 类台缘)。

本段指的是铁山—梁平一带,是龙岗台缘带向东延伸并跨越华蓥山进入高陡构造带的高陡构造发育区。该区台缘带生物礁较发育,长度 90km,宽 0.9~6.0km,面积 316km²。已发现龙会场、铁山南等五个礁滩气藏。从成藏条件看,礁滩储层整体呈北西向展布,与北东向构造带叠置,构造圈闭和天然气输导条件优于龙岗地区,展示了良好的勘探前景。

(2)应用大面积三维地震勘探,结合钻测井及已有勘探成果,建立了开江—梁平海槽西侧礁滩沉积及成藏模式(图 5-69)。

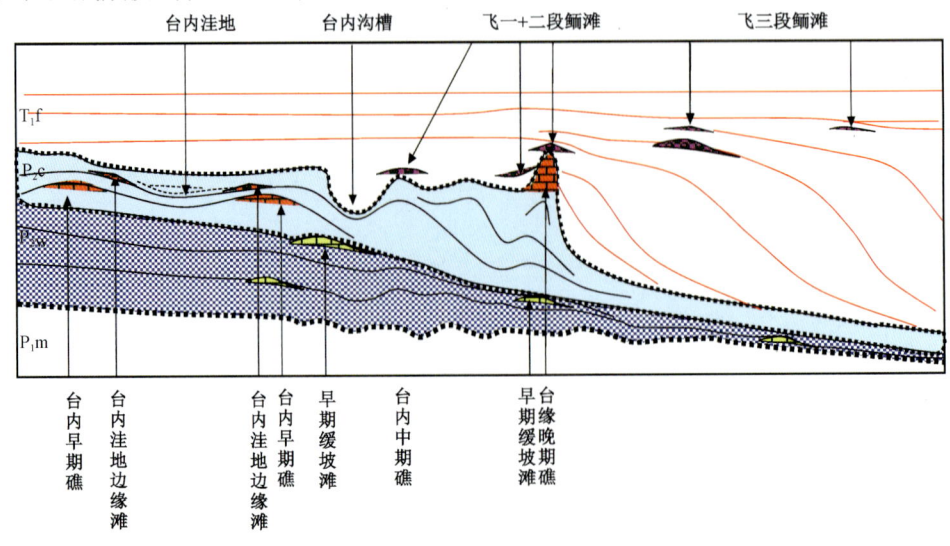

图 5-69 吴家坪组—长兴组—飞仙关组沉积及成藏模式图

(3)龙岗地区礁滩气藏受储层和局部构造高带控制。从钻井结果看,目前长兴组生物礁和飞仙关组鲕滩的出气井均钻在储层发育区和局部构造高带(图5-70、图5-71)。

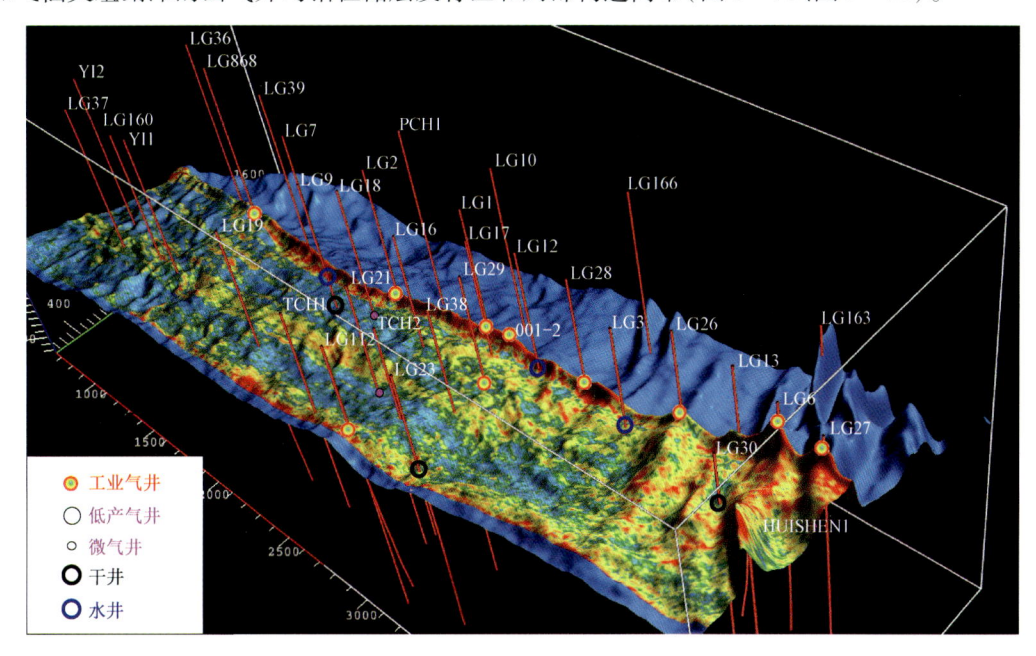

图5-70 龙岗三维长兴组生物礁储层厚度与构造叠合立体显示图

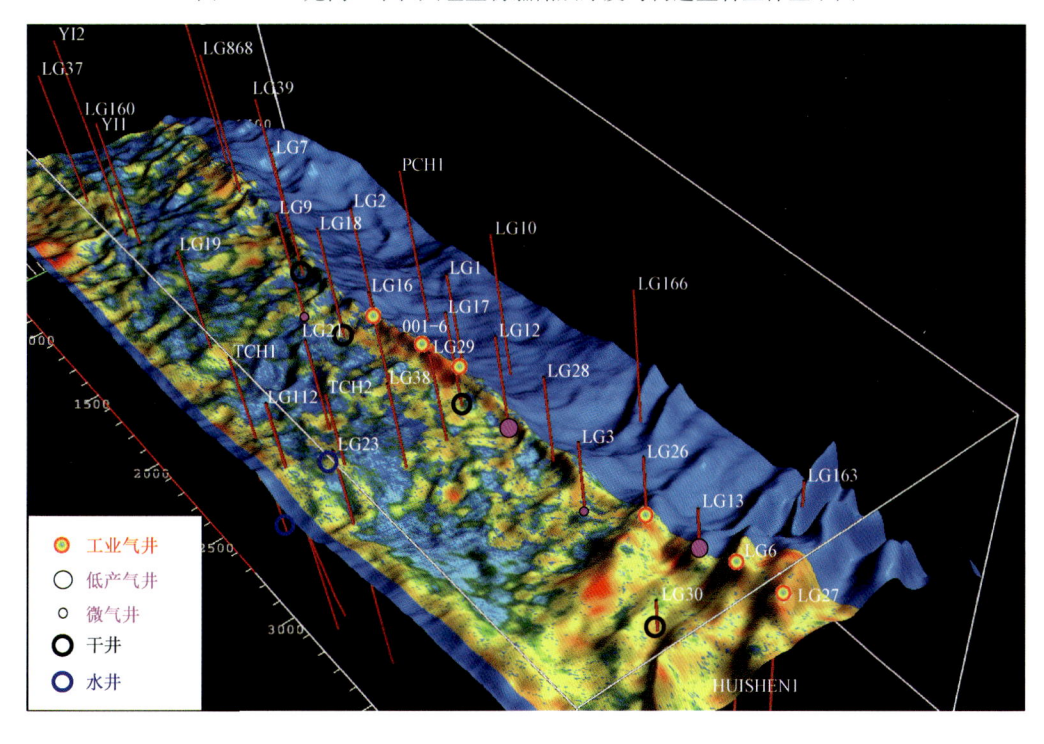

图5-71 龙岗三维飞仙关组鲕滩储层厚度与构造叠合立体显示图

台缘生物礁及高能鲕滩储层是成藏最有利目标,横向上受沉积相、储层物性和非均质性控制,纵向上相互分隔、独立,具有多压力系统、多气水界面、多气藏的特征,表现为一礁一藏、一滩一藏特征(图5-72)。

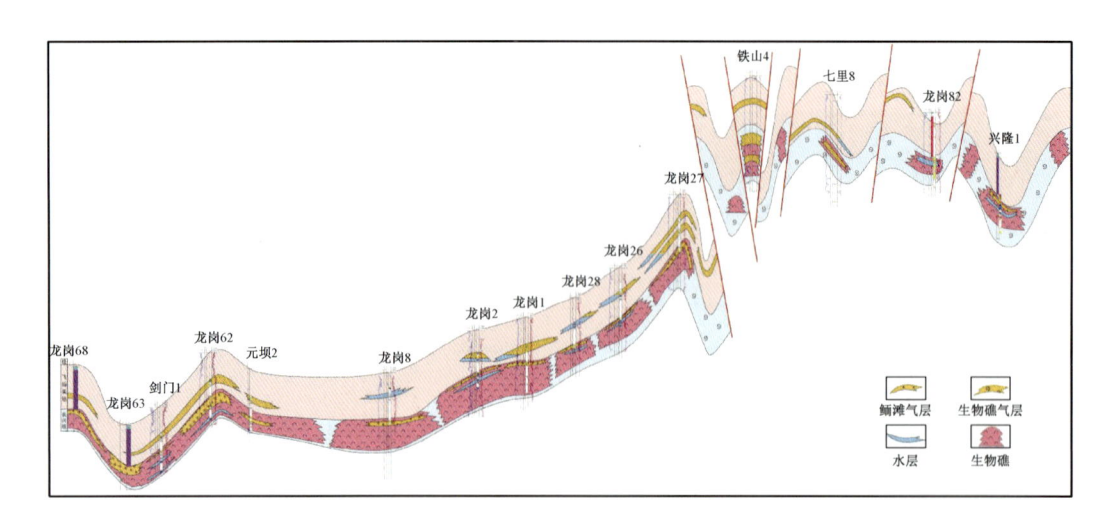

图 5-72　龙岗地区礁滩沿台缘相带气藏剖面(据西南油气田公司,2011)

(四)下步勘探方向及潜力

(1)通过开展开江—梁平海槽西侧台缘生物礁整体研究,落实台缘总面积 1162.6km²,是扩大勘探成果最现实的领域。截至目前,钻在台缘的探井全部获得成功,揭示台缘相带是成藏最有利区带。

(2)台内礁滩仍然有较大的勘探潜力。台内礁可能形成一定规模,LG11 在台内测试获高产气流(图 5-73),单井区储量超过百亿方;LG22 井台内钻遇好储层,表明台内仍然可能发育一定规模的点礁和高能滩。

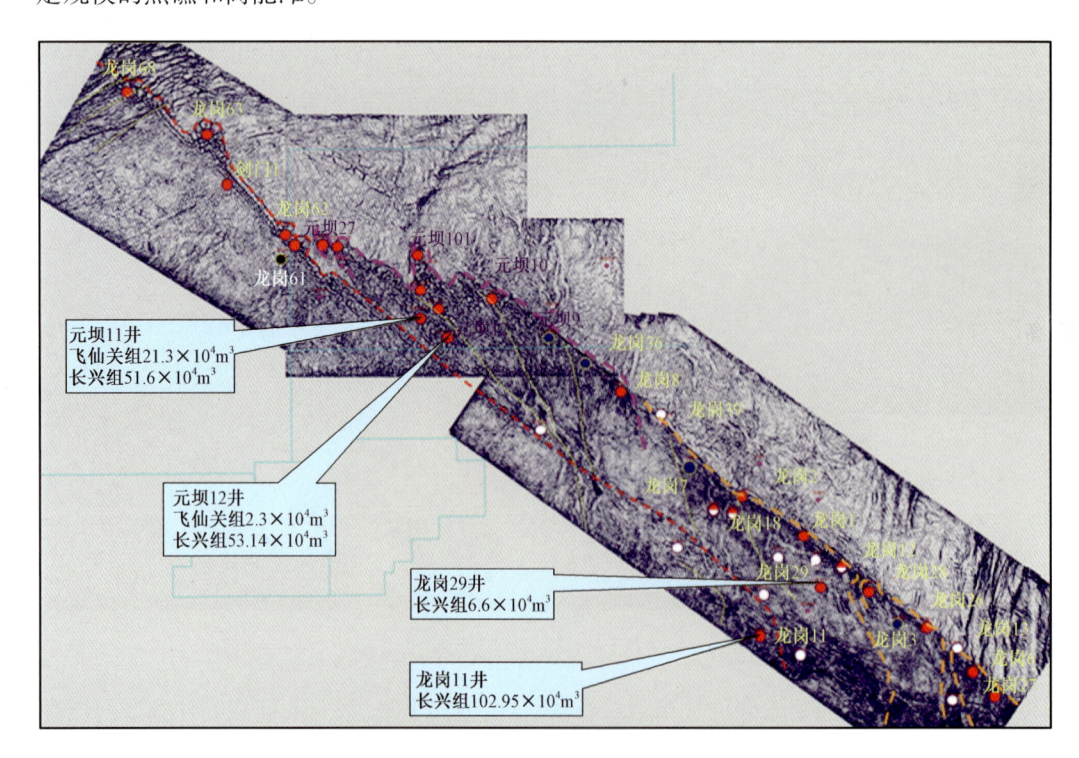

图 5-73　剑阁—元坝—龙岗地区长兴组顶界体曲率属性平面图

(3)开江—梁平海槽内可能发育滩相储层,也是下步值得探索的重要领域。飞仙关组鲕滩发育与长兴组台缘相带并不完全垂向叠合,因飞仙关组三期旋回沉积特点,飞仙关组鲕滩储层仍然可能在开江—梁平海槽内发育(参见图5-48)。

第四节　川西北地区栖霞组地震勘探技术及成效

川西北地区栖霞组发育广泛,据露头和钻井资料揭示发育良好的白云岩储层,一直受到西南油气田勘探部门的高度重视。

一、川西北栖霞组勘探概况及难点

(一)川西北栖霞组勘探概况

2007年,川西北地区龙17井在栖二段获得日产天然气$30.2\times10^4\mathrm{m}^3$。2012年,双探1井于栖二段试获日产$87.6\times10^4\mathrm{m}^3$高产气流。栖霞组储层发育状况引起高度关注。

川西北龙门山地区栖霞组分布稳定,钻井及野外露头厚度一般为100~140m,发育碳酸盐岩台地—斜坡盆地相。川西北地区栖霞组下伏巨厚的寒武系、志留系烃源岩,断裂发育,勘探潜力巨大。

(二)川西北栖霞组勘探难点及技术需求

川西北地区龙门山前栖霞组白云岩储层发育与多排构造叠合,具备形成大型构造—岩性复合圈闭的条件,栖霞组白云岩储层薄,埋藏深,常规地震勘探资料准确预测储层难度大。

开展处理解释攻关,提供高精度成像地震勘探资料,建立储层地震响应特征,开展精细薄储层预测,是最终落实栖霞组有利区带及钻探目标的基础。

二、关键处理技术与效果

(一)处理难点与对策

川西北地区栖霞组的研究主要集中在龙门山前缘构造带,该地区地表高程变化大,地下结构复杂,主要目的层埋藏深,提高构造成像精度难度大;同时,如何在高保真保幅条件下,合理提高分辨率,满足对目的层薄储层横向展布精细刻画的需求,异常困难。

针对处理难点,主要运用地质目标驱动的解释性目标处理技术,整体提升地震勘探资料品质;通过叠前深度偏移处理,提高成像精度,落实构造;在保真、保幅基础上,开展高分辨处理。

(二)处理技术与效果

1. 地质目标驱动的解释性目标处理技术

地质目标驱动的解释性目标处理技术是通过地质问题导向、地质目标驱动、地质认识验证优化处理流程的一种针对性处理技术。针对川西北栖霞组提高构造成像,落实圈闭发育规模及细节的地质需求,开展针对性处理。主要有以下几个步骤(图5-74):

(1)根据测井、地质背景信息对过程数据进行检查,开展常规处理;(2)解释叠加剖面,建立初始构造模型,确定构造高部位和构造低部位。在此基础上得到初始偏移速度场;(3)根

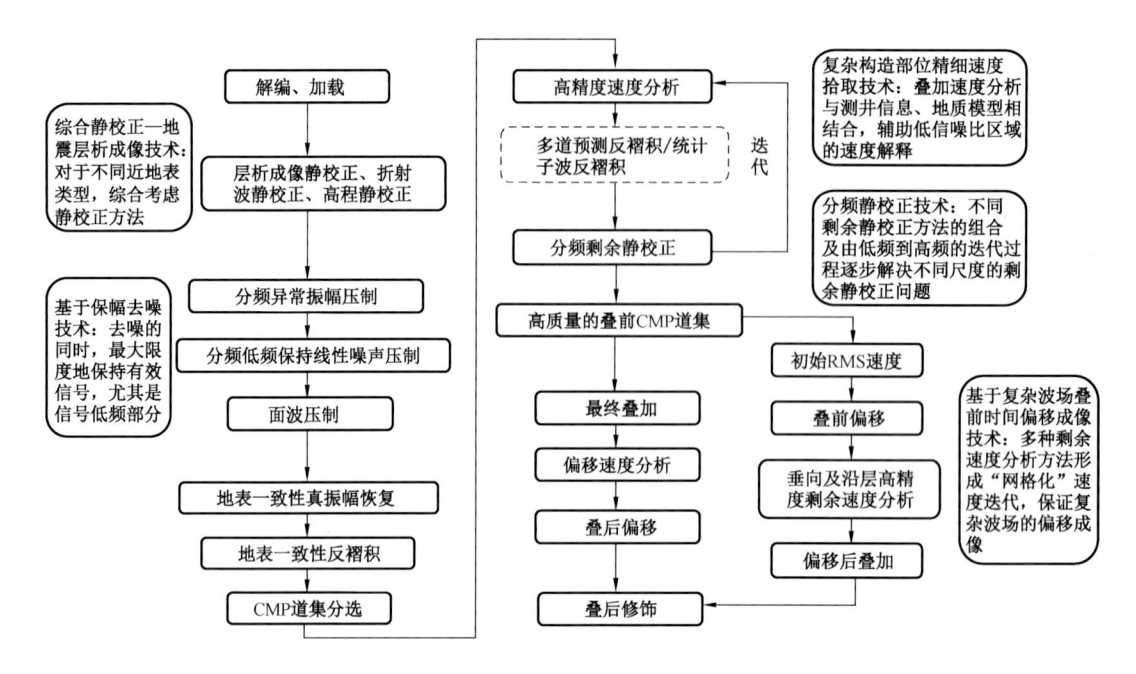

图 5-74 解释性目标处理技术工作流程及关键技术

首次偏移结果对初始构造模型进行修改。根据改进模型修改偏移速度,进行偏移迭代;(4)开展多信息地质建模,进行多方法正演,通过正演结果与最终处理成果进行比对,确认其是否合理,从而逐步完善构造模型,改进偏移成果,直到地震剖面满足地质研究需求。

解释性目标处理关键的技术:

(1)综合静校正:对于不同近地表类型,综合考虑静校正方法。

(2)分频保幅去噪:去噪的同时,最大限度地保持有效信号,尤其是低频部分。

本区线性噪声主要分布在12Hz以下的低频带,且速度一般小于2200m/s。综合对比认为分频中值滤波压制线性噪声更适合于本区资料。对信号进行分频处理,选择仅对12Hz以下信号进行线性噪声压制,利用中值滤波的方法及线性噪声线性相关性,从信号中预测出线性噪声并从原始信号中减去噪声,从而达到压制噪声的目的,又能防止有效信号受到损失(图 5-75)。

(3)高精度速度分析:对于信噪比低、构造复杂的山地资料,拾取准确的叠加速度至关重要,而求取速度谱方法的不同将得到不同精度的结果。应用相关速度谱做速度分析,对于长排列数据或者短排列数据,均能得到优于其他方法的结果,更适于低信噪比资料的处理(图 5-76)。

(4)分频剩余静校正方法:不同剩余静校正方法的组合及由低频到高频的迭代过程逐步解决不同尺度的剩余静校正问题。

首先实验了高程静校正和折射波静校正方法对比分析,用野外静校正来解决比较大的静校正问题,并通过野外静校正量来控制低频量。再通过反射波剩余静校正和全局寻优(模拟退火)剩余静校正方法解决高、中频的静校正问题,提高成像品质。图 5-77 表明分频计算剩余静校正的方法相对于全频带计算剩余静校正具有优越性。

(5)复杂波场叠前偏移成像:多种剩余速度分析方法形成"网格化"的速度迭代,保真复杂波场的偏移成像。

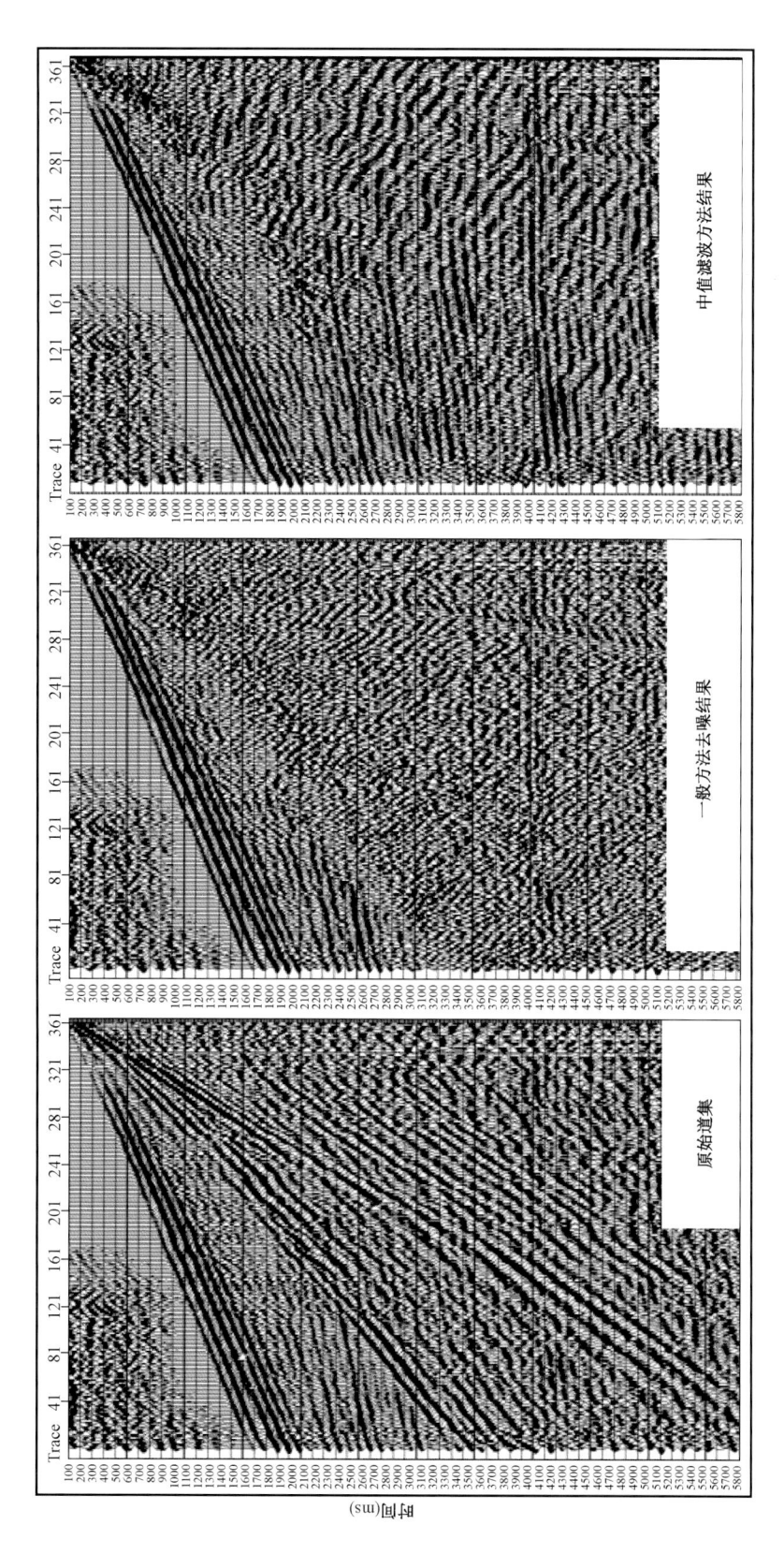

图5-75 去噪单炮对比图

图5-76 速度谱效果对比

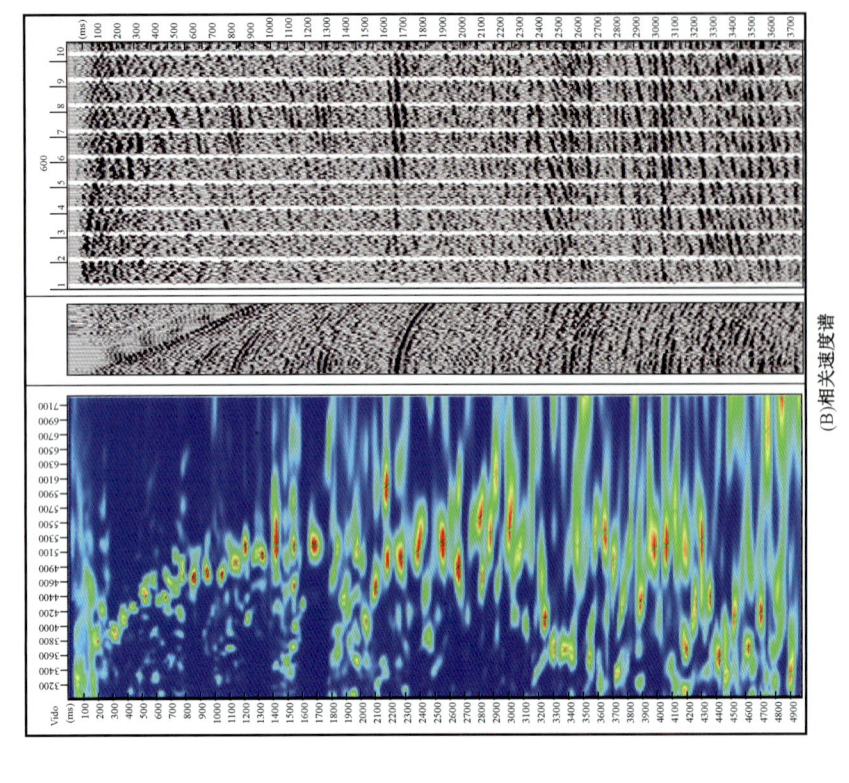

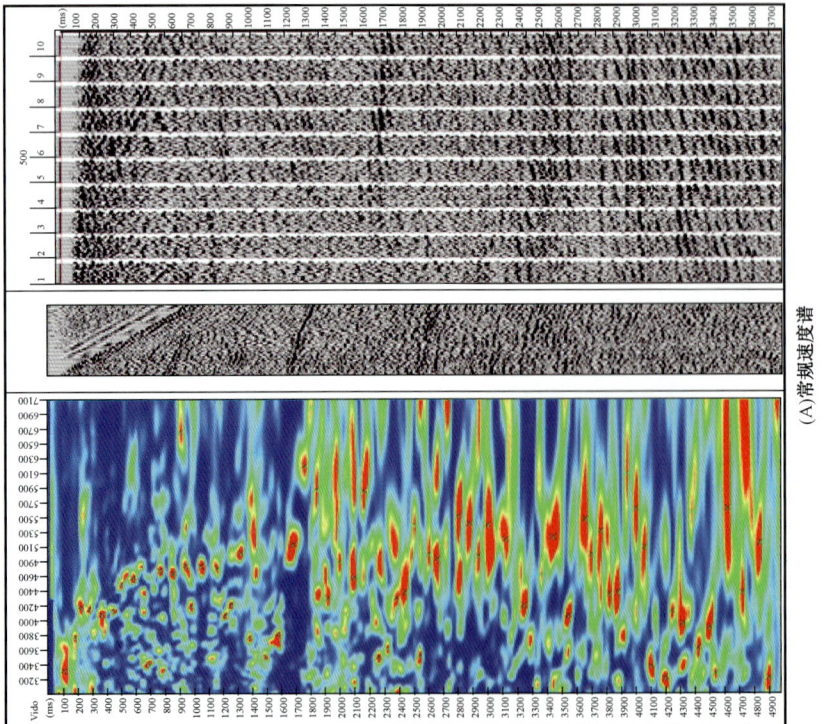

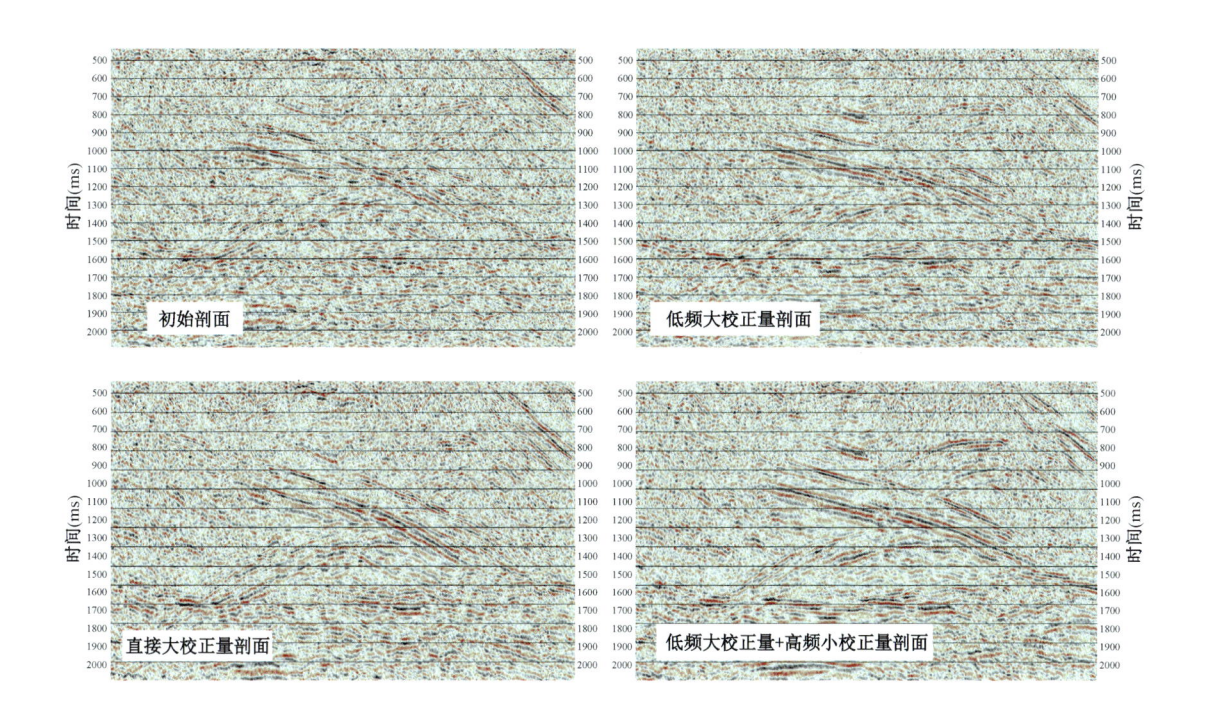

图5-77 不同方法剩余静校正叠加效果对比

应用解释性目标处理,川西北龙门山前缘带地震勘探资料品质得到明显改善,地质结构及构造圈闭更加落实(图5-78)。

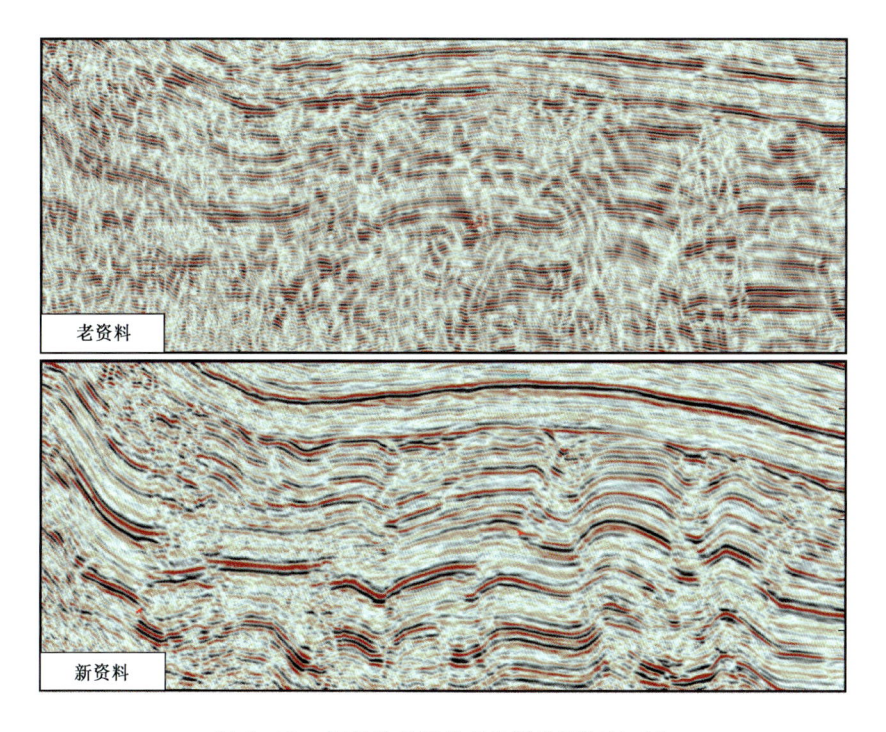

图5-78 解释性目标处理地震勘探资料对比

— 253 —

2. 叠前深度偏移处理技术

川西北地区位于龙门山冲断带构造前缘地带,地形起伏高差大,地表岩性变化快,地下构造、断裂发育,对于落实深层构造圈闭和开展储层预测,叠前深度偏移处理十分必要。从叠前深度偏移与叠前时间偏移成果对比可以看出(图5-79),相比叠前时间偏移,新处理叠前深度偏移成果资料信噪比及成像精度明显提高,特别是靠近龙门山冲断带的下二叠统主要目的层构造成像改善明显,结构特征更加清楚,利于落实圈闭目标。

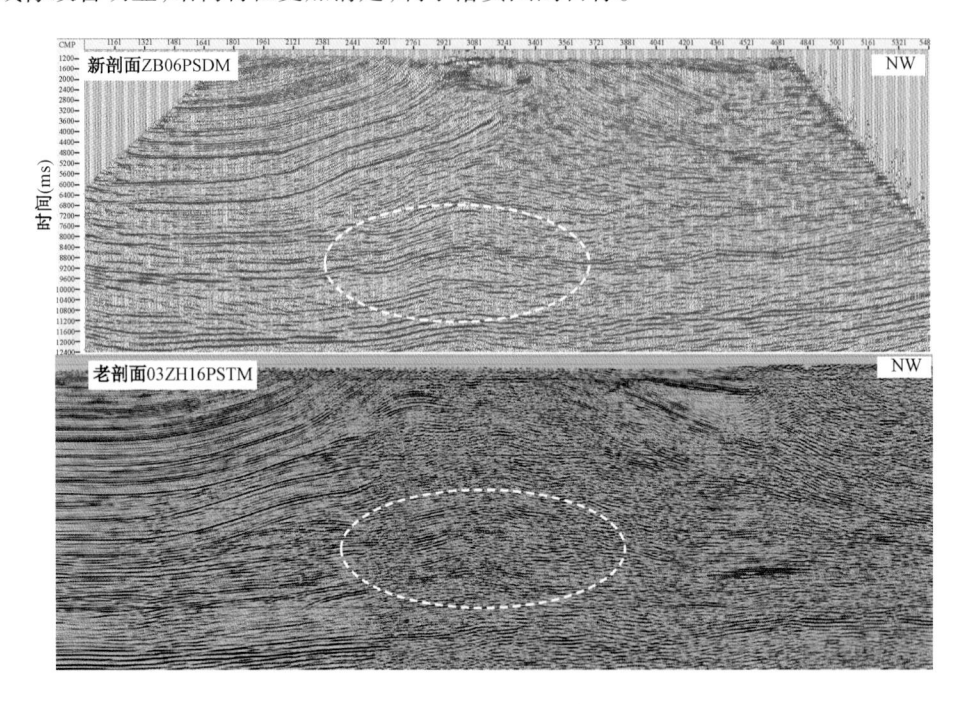

图5-79 叠前时间偏移与叠前深度偏移成果对比

3. 高分辨率处理技术

为了对栖霞组薄储层开展预测,高分辨率高保真高精度成像处理需要做好六方面关键工作:(1)优选基准面静校正结合剩余静校正迭代,提高静校正解决精度,为宽频处理奠定基础;(2)精细多域去噪、振幅处理,提高资料保真度,为储层预测提供保障;(3)强化一致性处理,消除地表引起的振幅、频率、相位的差异,进一步提高子波一致性;(4)井控反褶积、Q补偿、拓频处理提高目的层主频,拓宽有效频带,为宽频反演提供高质量数据;(5)提高速度分析网格密度,多信息约束建立高精度叠前时间、深度偏移速度场,提高偏移成像精度;(6)加强处理解释一体化紧密结合。

高分辨率处理后主要目的层地震勘探资料分辨率明显提高(图5-80),新处理地震勘探资料主要目的层主频可以达到35Hz,频宽5~60Hz,低频地震信息更丰富,频带宽,主频高,为后续利用储层反演技术开展栖霞组薄储层精细预测奠定了基础。

三、解释技术及效果

(一)沉积演化模拟技术

为了搞清栖霞组的沉积相分布,开展了川西北地区下二叠统沉积相地震约束动态沉积演

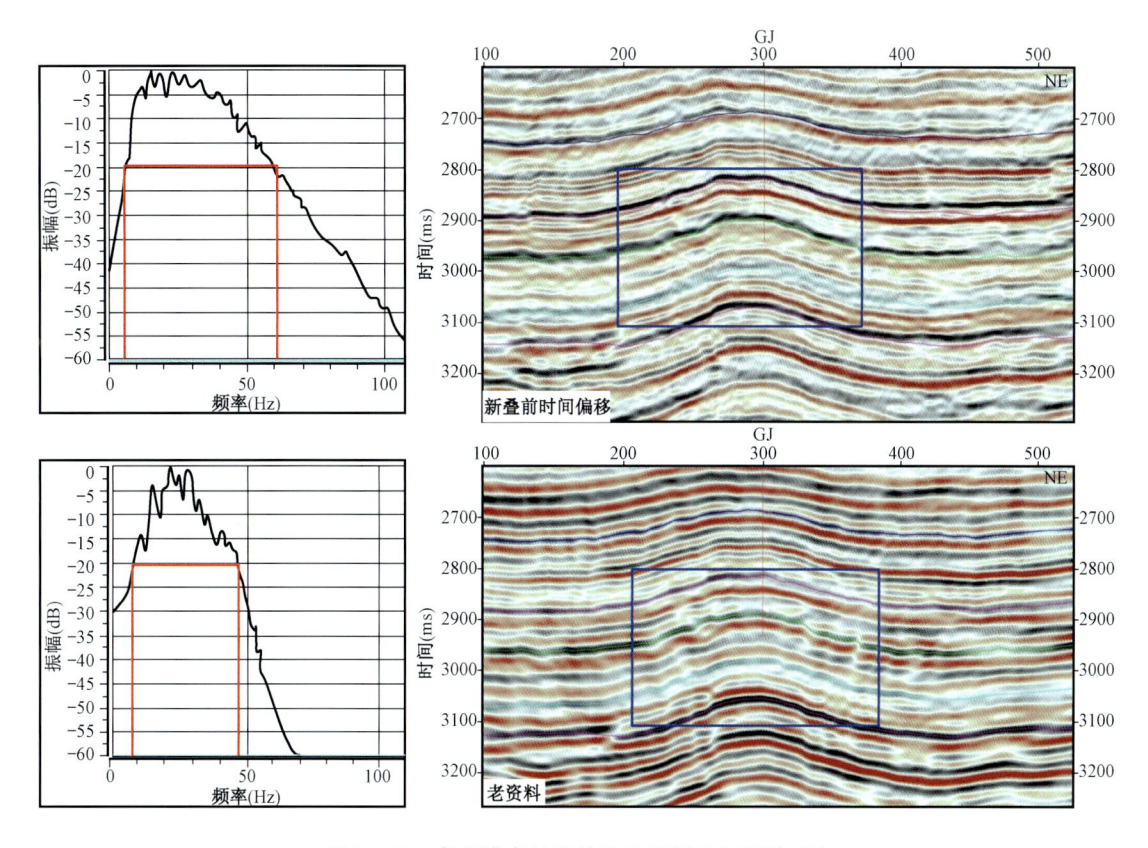

图 5-80 高分辨率处理前后地震剖面和频谱对比

化模拟研究。主要是利用地震成果数据、区域沉积环境、钻井、海平面升降等,动态模拟碳酸盐岩沉积演化过程。

栖霞组沉积早期,海平面急剧上升,川西地区北部处于碳酸盐深缓坡环境之中,沉积了一套富含有机质和泥质、层面具圆丘状起伏构造的深灰、黑灰色中—厚层状细粉晶藻屑、生屑灰岩夹泥质灰岩和薄层黑色页岩,局部有珊瑚礁灰岩分布,基本无大型生物礁滩发育,储集性能差,但具有良好的生油能力。

栖霞组沉积晚期,整个四川海域水体变浅,沉积了厚100m左右的深灰色生屑泥晶灰岩、泥质灰岩、泥晶灰岩夹泥晶生屑灰岩、亮晶生屑灰岩,区内总体演化为缓坡台地的沉积环境。该时期沿都江堰虹口、北川通口、广元上寺一带发育了中缓坡较高能相带(相当于镶边台地边缘相),沉积了一套颜色相对较浅,厚层块状的细粉晶绿藻灰岩、细粉晶有孔虫灰岩,部分地区如旺苍天台、广元曾家山、鱼洞河等地见块状砂屑灰岩、亮晶生屑灰岩的高能生屑滩沉积;在滩体的高部位形成混合白云化作用的晶粒白云岩、豹斑状云质灰岩,残余结构明显,次生孔隙发育。如龙17井栖二段中粗晶云岩,是二叠系中有利于储层形成的层段;而旺苍—大两会一带主要由泥晶生物(屑)灰岩组成,储集性能较差。

通过地震约束动态沉积演化模拟识别出川西北下二叠统栖霞组有利滩体分布区,完成川西北下二叠统栖霞组栖二段沉积时岩相古地理图绘制(图5-81)。

(二)古地貌分析技术

川西北地区栖霞组有利滩体分布明显受古地貌控制,古地貌高部位滩体较发育。从拉平

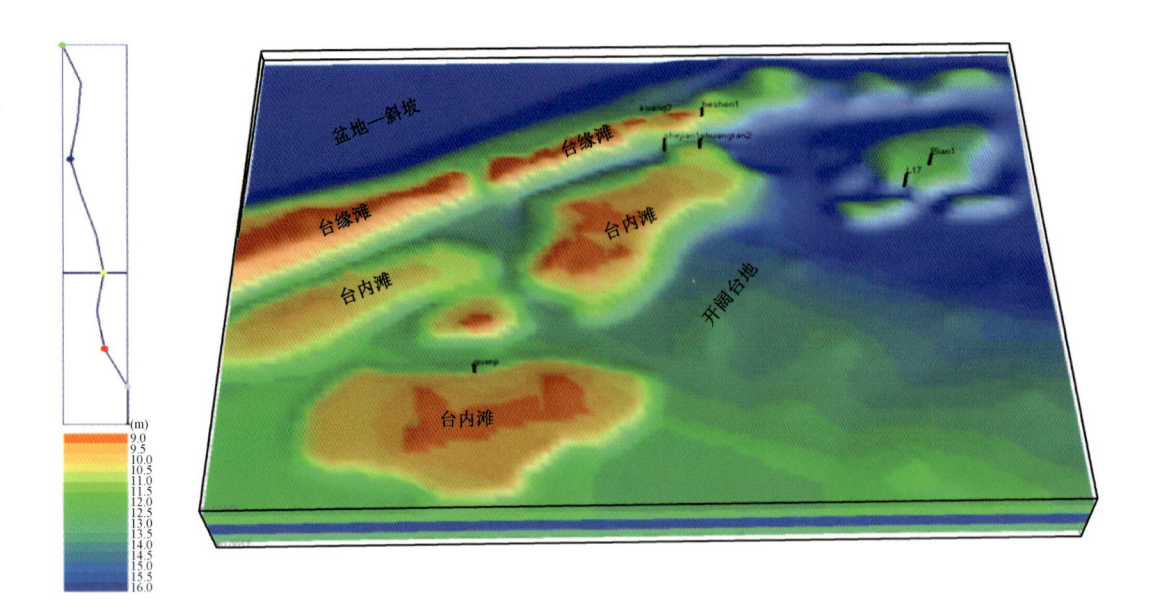

图 5-81　川西北栖霞组沉积时期岩相古地理图

二叠系底界地震剖面及滩体分布与志留系厚度叠合图看出(图 5-82),古地貌相对较高的部位,栖霞组厚度明显增厚,白云岩储层也更发育。同时,有利滩体展布方向与古构造高带基本一致(图 5-83),整体由双鱼石向西南方向更为有利。

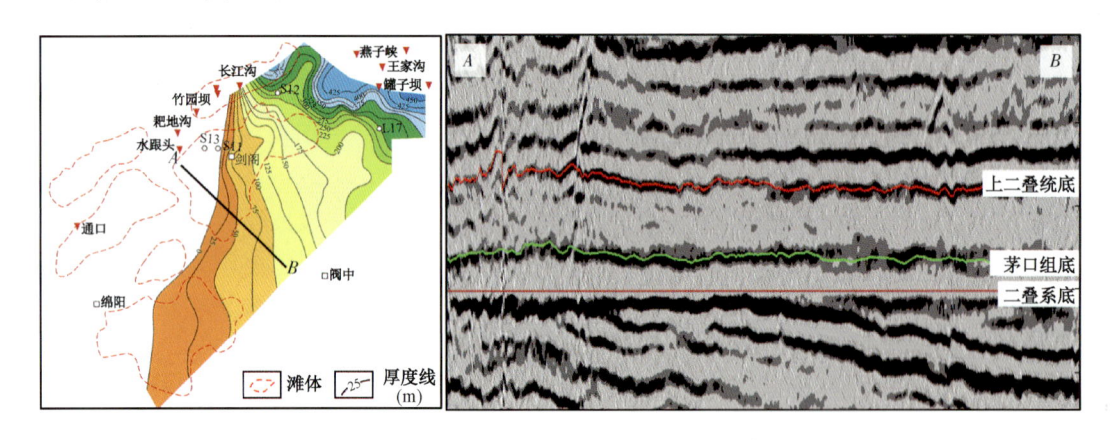

图 5-82　四川盆地川西北部地区栖霞组沉积相平面图

(三) 栖霞组储层综合预测技术

栖霞组埋深大,储层薄,地震预测难度大。探索应用三维地震勘探资料,通过模型正演分析、属性分析及基于模型正演的能量梯度储层定量预测技术等手段,预测栖霞组储层分布。

1. 储层特征

岩性特征:栖霞组储层主要发育在栖二段,岩性以灰、浅灰、灰白色厚层及块状亮晶虫藻灰岩、亮晶生屑灰岩、豹斑状云质灰岩、白云岩为主。该时期是重要的成滩期,台地边缘滩和台内浅滩均发育,具有较好的储集条件。

物性特征:矿 2 井栖霞组白云岩储层厚 44m,岩心孔隙度 0.42% ~16.51%,平均 3.83%;渗透率 3.41~630.60mD,平均 44.38mD;储层段白云岩晶间、粒间、粒内溶孔发育,并发育裂

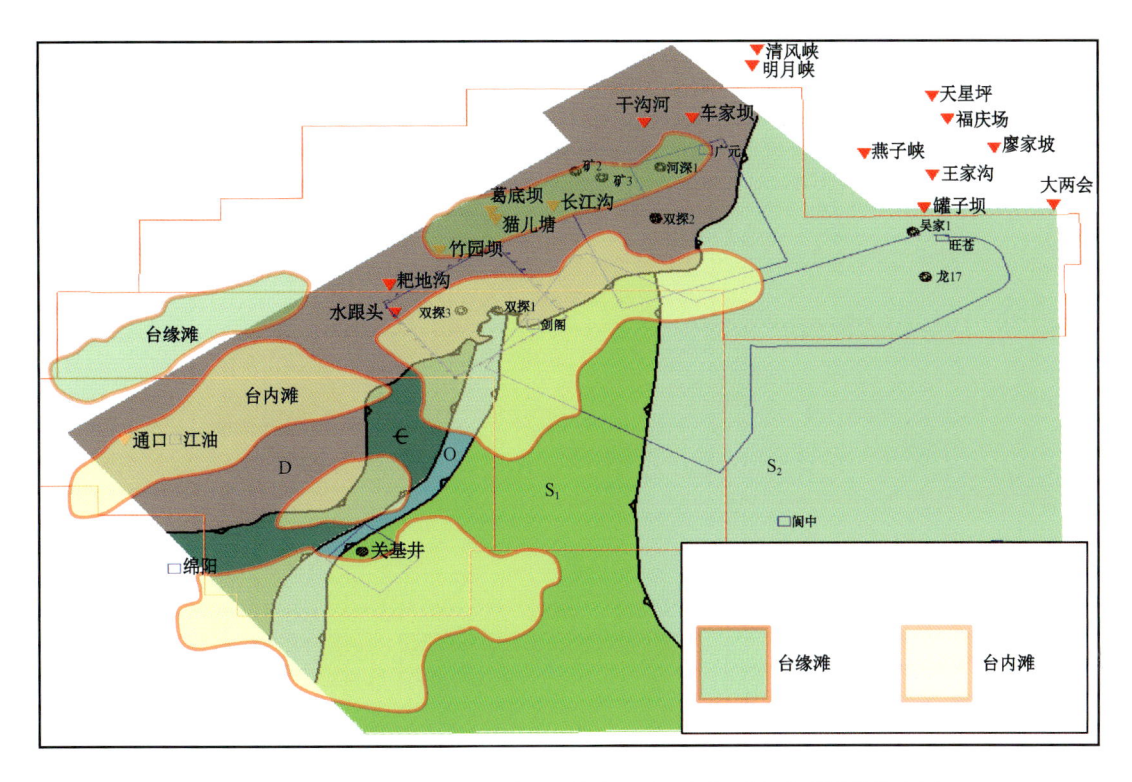

图5-83 川西北部地区二叠系沉积前古地质图与栖霞组有利滩体叠合图

缝与之贯通,属裂缝—孔隙型或孔隙型储层。测井上,栖霞组储层具有相对低伽马、低速度的测井响应特征。

地震相特征:栖霞组表现为两谷夹一峰和宽缓波谷两种地震相特征,储层主要发育在上部波谷区。当储层发育时,表现为两谷夹一峰和宽缓波谷两种地震相的上部波谷振幅较强的地震相特征;当储层不发育时,栖霞组上部表现为平直或弱波峰、弱波谷反射特征(图5-84)。

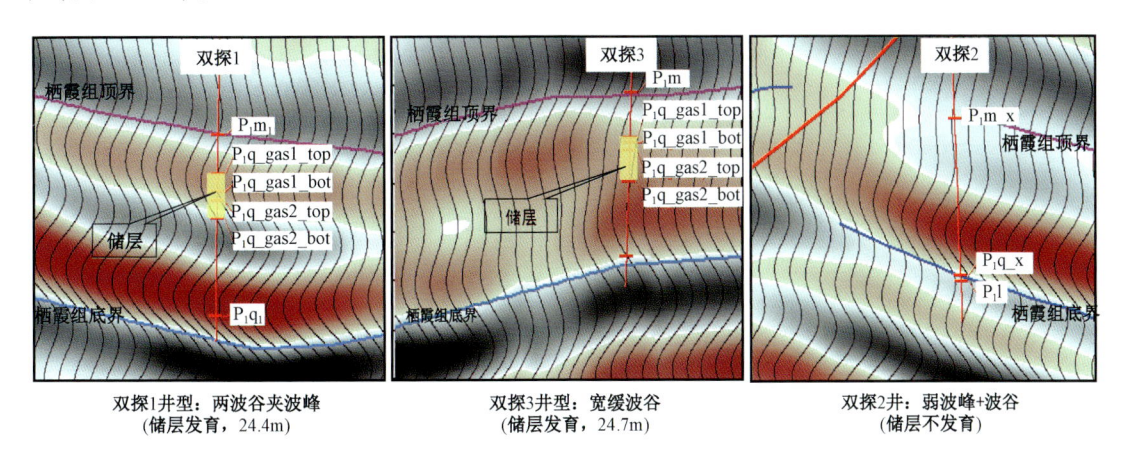

| 双探1井型:两波谷夹波峰 | 双探3井型:宽缓波谷 | 双探2井:弱波峰+波谷 |
| (储层发育,24.4m) | (储层发育,24.7m) | (储层不发育) |

图5-84 栖霞组储层段地震响应特征

合成地震道正演储层地震相特征:利用矿2(储层发育井)、双探1(储层发育井)、矿3(储层不发育井)、龙17(储层不发育井)、双探2及南充1(储层不发育井)等井栖霞组声波及密度

— 257 —

资料,采用30Hz雷克子波拟合地震道(图5-85)看出,发育储层井栖霞组上部为波谷反射特征,无储层表现为较弱振幅能量或者平直地震波反射特征。从连井合成地震道上(图5-86)能清楚地看出,发育储层井栖霞组上部强波谷地震响应特征更直观,无储层井仍然为弱振幅能量波谷或弱振幅能量波峰地震响应。主频为60Hz时具有相同地震响应特征。

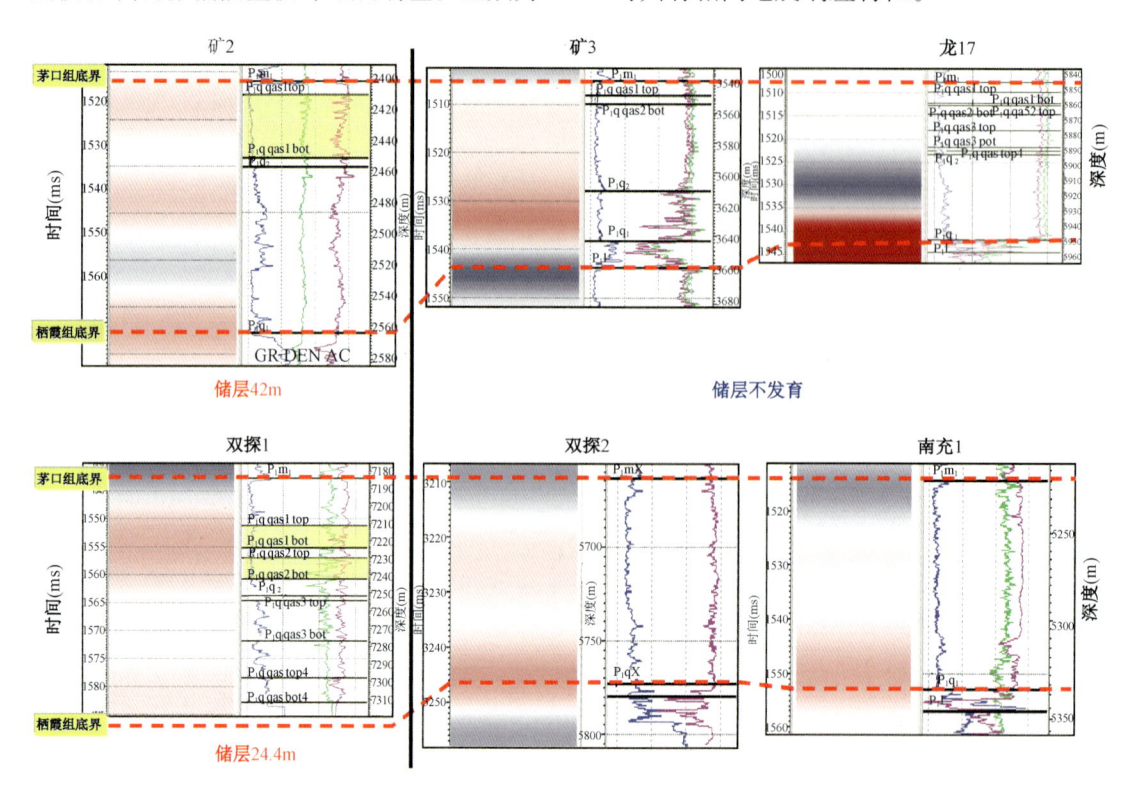

图5-85 矿2、双探1、矿3、龙17、双探2、南充1井30Hz合成地震道

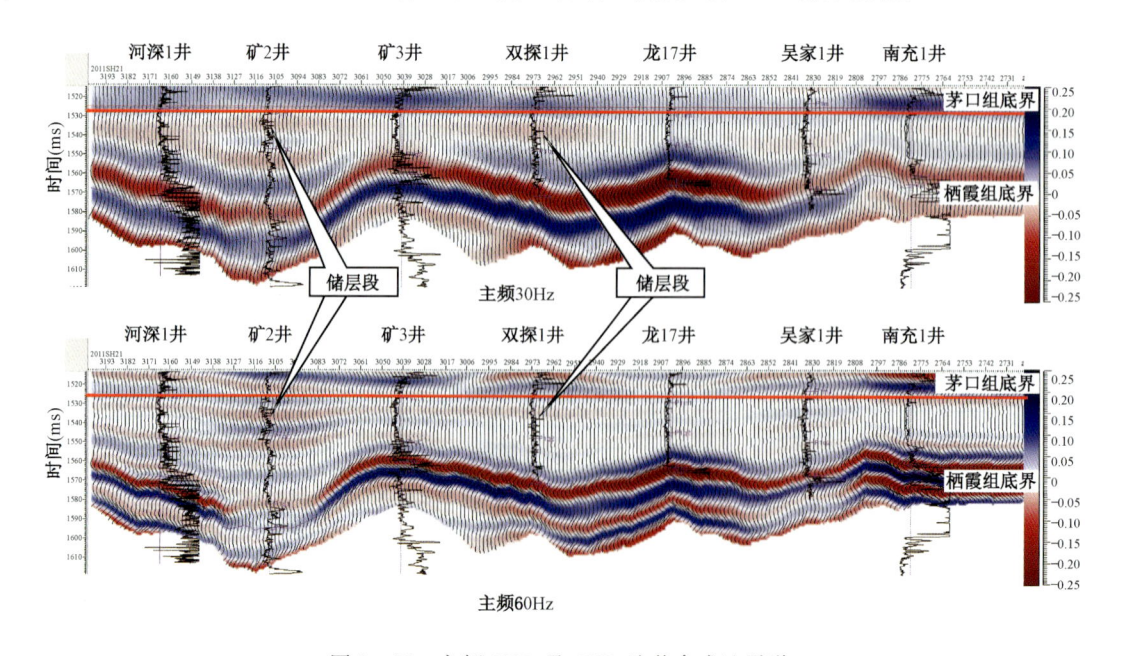

图5-86 主频30Hz及60Hz连井合成地震道

2. 地震模型正演识别储层

在川西北地区钻测井资料分析基础上,以已钻井为依据,建立无储层、厚储层及多套薄储层三种正演模型。

矿3井的无储层模型正演结果表明(图5-87):栖霞组上段白云岩储层不发育时,表现为较弱振幅能量或者平直地震波反射特征。

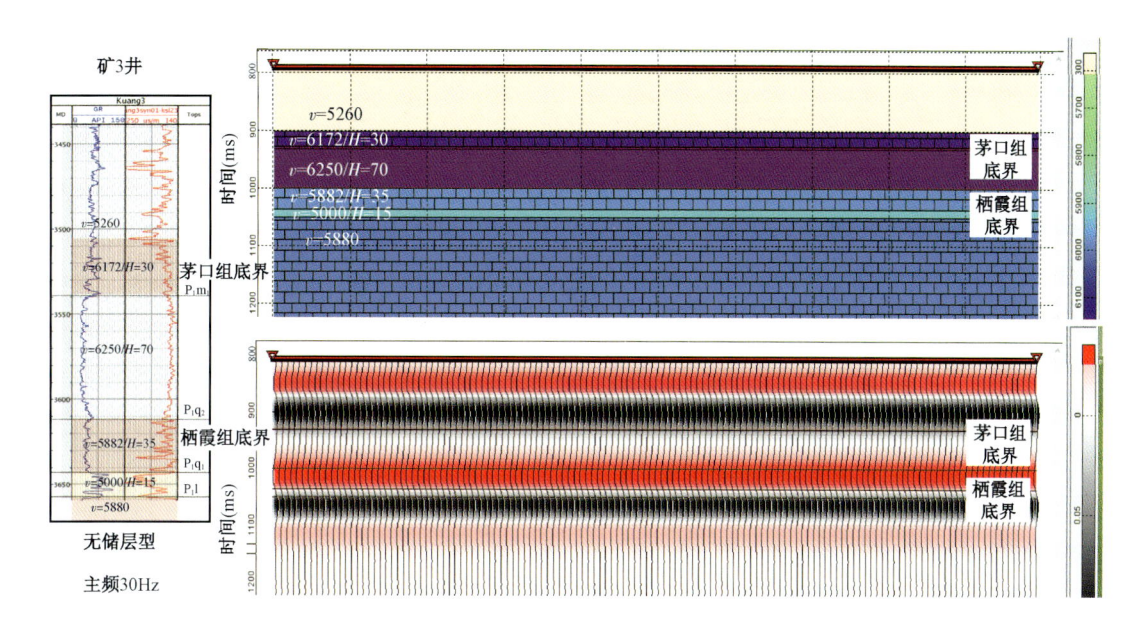

图5-87 矿3井无储层型正演

栖霞组上段发育多套薄白云岩储层时,主要表现为波谷地震波反射特征(图5-88)。

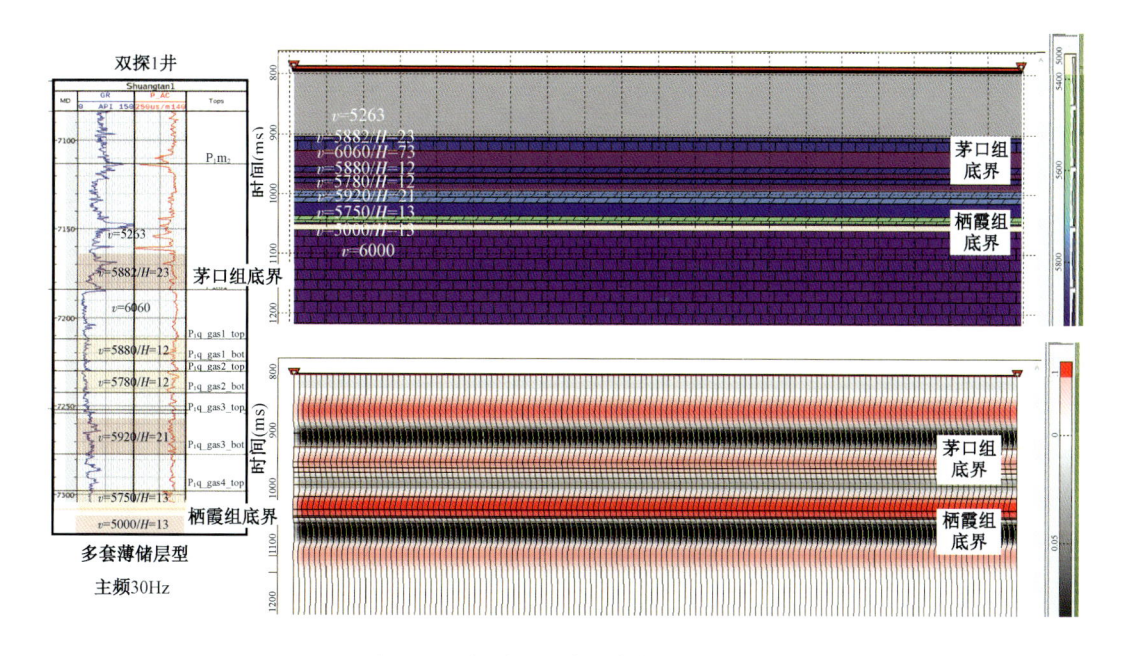

图5-88 栖霞组发育多套薄储层型正演

基于矿2井的厚储层模型正演结果表明(图5-89):栖霞组上段发育厚白云岩储层时,主要表现为波谷—波峰地震波反射特征。

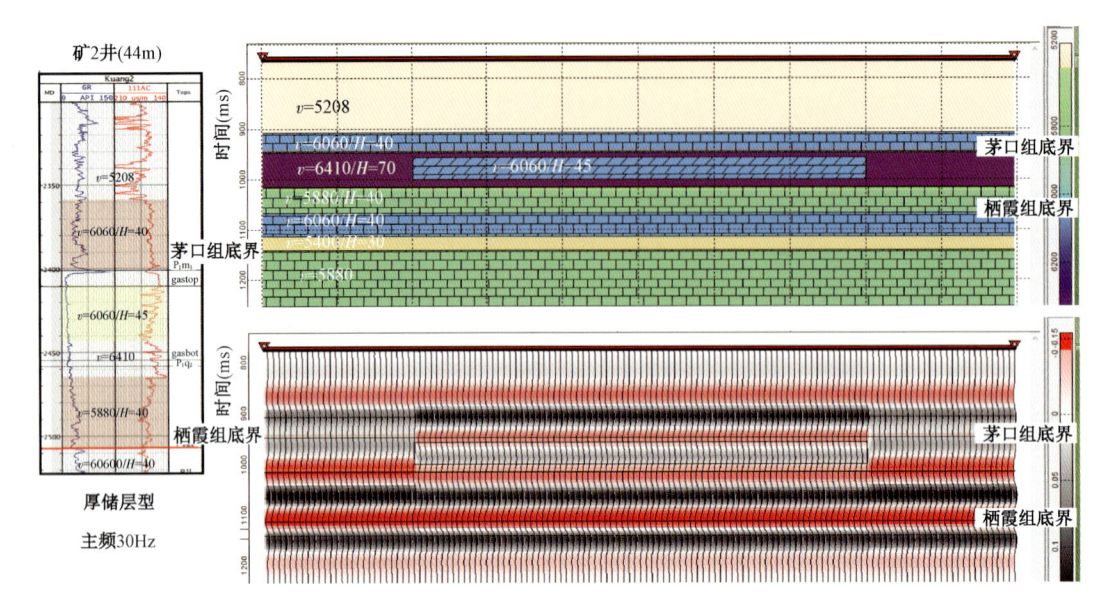

图5-89 矿2井厚储层型正演

3. 地震储层定性预测

根据前面栖霞组储层地震响应特征及模型正演结果,储层表现为两波谷夹一峰和宽缓波谷两类地震相,利用三维地震勘探资料,通过波形聚类定性预测栖霞组储层分布面积约1550km^2(图5-90)。

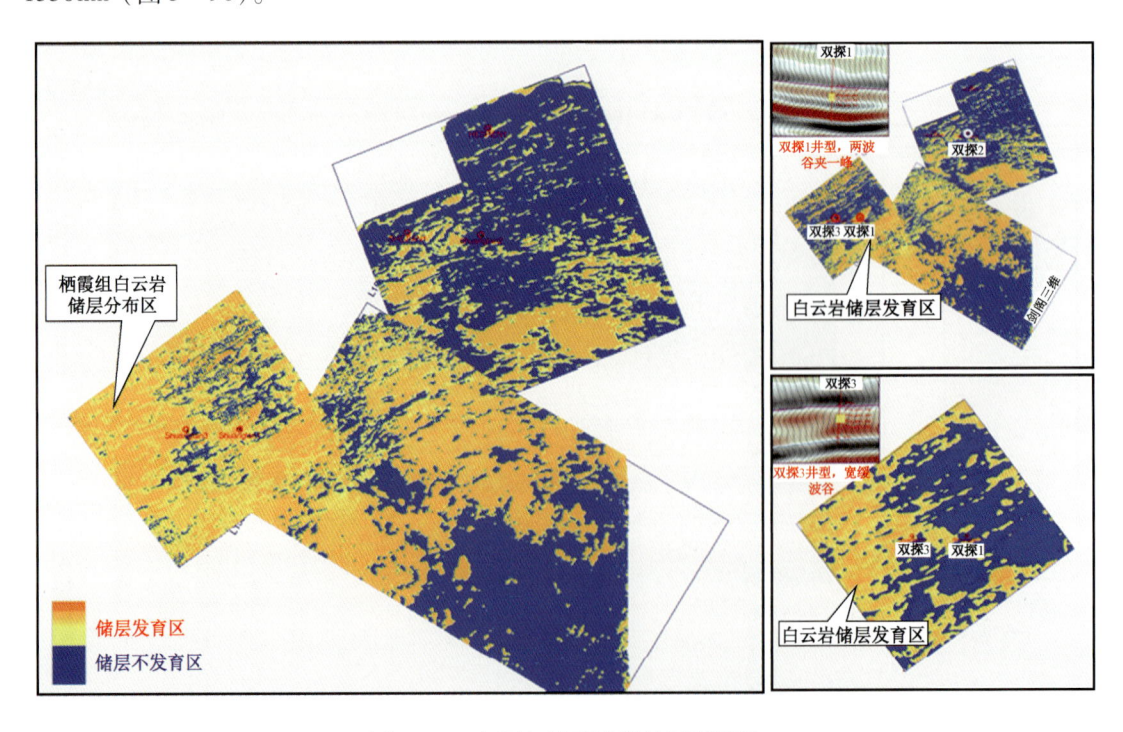

图5-90 栖霞组波形聚类储层预测图

其中,两波谷夹一波峰地震相主要发育在双鱼石三维区东南—剑阁三维西北地区,三维区有利面积1308km²;宽缓波谷地震相主要分布在双鱼石三维区中西部,三维区有利面积240km²。

4. 基于模型正演的能量梯度储层定量预测

为精确预测栖霞组储层分布,运用基于模型正演的能量梯度储层定量预测技术,即利用测井、地震速度与主频数据构建正演模型,建立储层厚度与地震振幅能量梯度的关系,定量预测白云岩储层的展布范围和厚度(图5-91)。

预测结果表明:双鱼石—剑阁地区栖霞组储层大面积分布,广泛发育在双探2井以西地区。储层厚度大于10m的有利区面积1850km²;储层厚度大于20m的有利区面积480km²(图5-92)。

图5-91 基于模型正演的能量梯度储层定量预测技术流程图

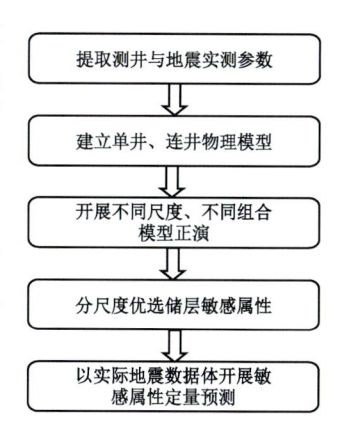

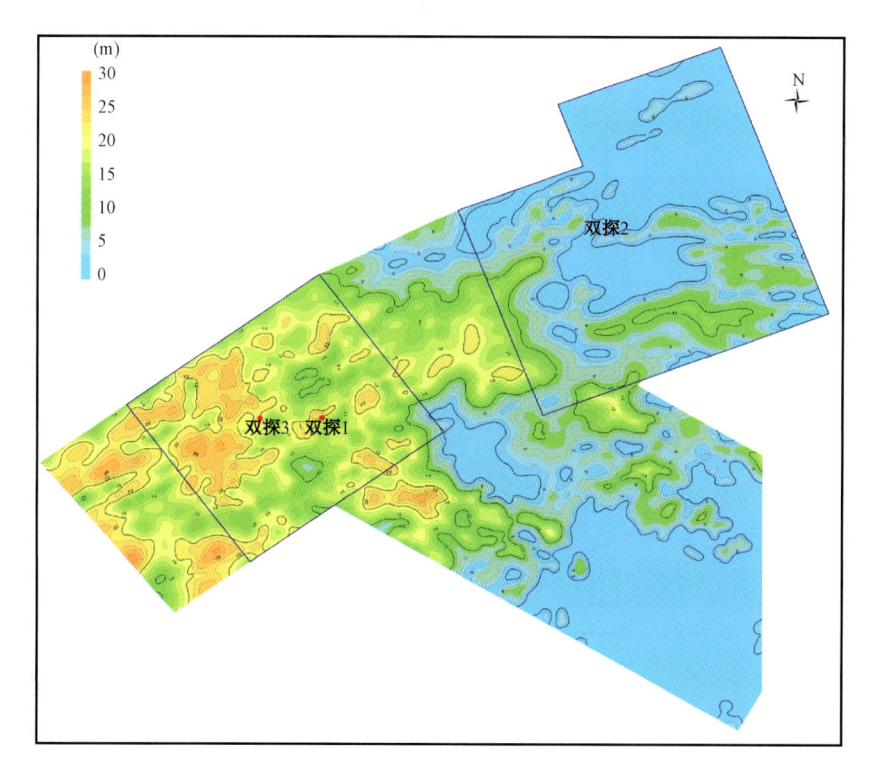

图5-92 双鱼石—剑阁地区栖霞组储层厚度预测平面图

四、主要勘探成效

(1)进一步落实川西北地区栖霞组有利储层分布区。双探1、双探2、双探3钻探结果与储层预测结果吻合度较高(图5-92),证实了栖霞组良好的勘探潜力。

(2)通过地震约束动态沉积演化模拟,结合双鱼石—剑阁三维地震精细识别双鱼石地区滩体,共识别栖霞组两大台缘滩、三大台内滩和若干个小的台缘或台内滩,总面积达7534km²(图5-93)。

— 261 —

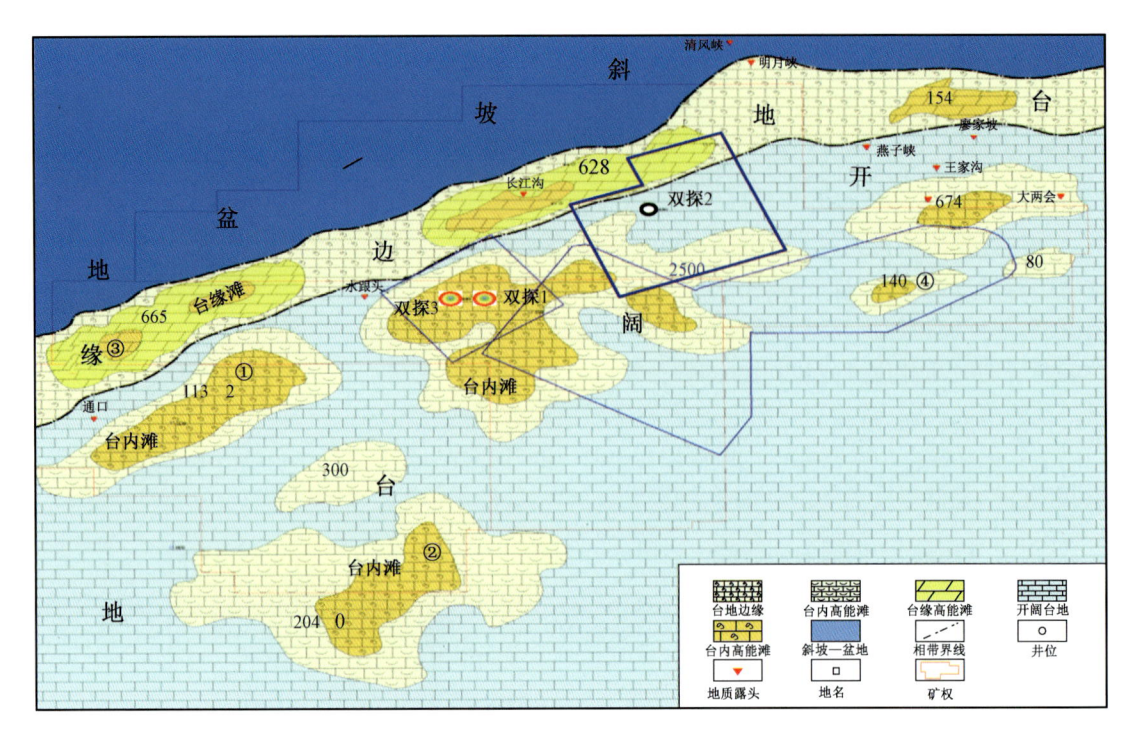

图 5-93 川西北部地区栖霞组沉积相平面图

(3) 预测栖霞组下步勘探方向及潜力。

根据地震、钻井等综合分析，认为川西北地区栖霞组仍具有拓展勘探的巨大潜力。

① 双鱼石南—中坝地区预测储层发育，构造落实，是双鱼石地区向南甩开勘探的主要区带。

② 台内老关庙—柘坝场地区构造圈闭发育，是台内滩发育有利区，也是重要的勘探区带。

③ 广元—大邑断裂上盘发育一系列逆冲叠瓦构造，埋藏较浅、储层发育，是拓展勘探的重要区带。

④ 川西北九龙山地区龙17井、龙探1井揭示栖霞组可能发育大面积裂缝—孔隙储层，是另一个拓展勘探的重要领域。

第六章 湖相碳酸盐岩油气藏地震勘探技术及成效

湖相碳酸盐岩是分布较为广泛的一类陆相碳酸盐岩。目前,世界上已发现湖相碳酸盐岩油气藏的地区主要是非洲刚果裂谷盆地、南美洲巴西 Campos 盆地、北美洲美国犹他盆地和亚洲的中国渤海湾盆地等。尽管目前世界上湖相碳酸盐岩油气勘探的区域相对于海相碳酸盐岩来说差距巨大,但是具有生烃潜力的湖相碳酸盐岩盆地却分布广泛,具有极大的勘探潜力与经济价值。我国湖相碳酸盐岩广泛发育于各陆相含油气盆地,已在多个地区不同层系获得油气发现,如渤海湾盆地古近系沙河街组、柴达木盆地西部古近系、苏北盆地古近系、四川盆地侏罗系、松辽盆地白垩系、江汉盆地古近系、南襄盆地泌阳凹陷古近系、北部湾盆地古近系、百色盆地、酒西盆地白垩系、塔里木盆地古近系等。湖相碳酸盐岩是良好的油气储层,甚至是高产油气层,我国湖相碳酸盐岩具有相当大的勘探开发价值。

近年来,一批国内的地质学家对湖泊碳酸盐岩分类、沉积模式、形成条件、发育特点、生油能力、储层特征、油气藏类型、油气富集规律等进行了深入研究。这些研究逐步建立起中国湖相碳酸盐岩研究的轮廓和基础,对广大地质工作者进一步展开湖相碳酸盐岩研究及油气勘探、开发具有重要的指导意义。本章以饶阳凹陷蠡县斜坡、束鹿凹陷、辽河坳陷、柴西地区为实例介绍湖相碳酸盐岩地震勘探技术及成效。

第一节 湖相碳酸盐岩沉积特征

一、湖泊碳酸盐沉积环境

湖泊的沉积环境多种多样,湖相碳酸盐沉积环境目前还没有统一的分类。为了术语含义尽可能统一,本书将湖相碳酸盐沉积环境划分为滨湖、浅湖、半深湖和深湖四种沉积环境。

(1)滨湖环境位于最高和最低湖水面之间,主要沉积亚相包括泥坪—藻坪、岸滩;泥坪—藻坪亚相平时多暴露在水上,属低能环境,主要有泥晶灰(云)岩,常见纹理、干裂和鸟眼构造。岸滩亚相在平均湖水面到最低湖水面之间的部位,水体能量稍高,多见颗粒灰(云)岩,生物碎屑、内碎屑印藻类颗粒发育。可见块状、水平和交错层理(王英华,1993)。

(2)浅湖环境位于最低湖水面和浪基面之间,包括湖湾、浅滩—藻滩沉积亚相。湖湾亚相在湾岸或三角洲间的湖湾部位,水体清澈,环境相对安静。主要为含颗粒泥晶灰(云)岩和泥灰岩。多为纹理和水平层理,偶有短暂的水上暴露痕迹。浅滩—藻滩亚相波浪与湖流作用较强,能量较高,加之水体清浅、透光好,适宜生物生长,所以常见多种类型的颗粒灰(云)岩和生物灰(云)岩,如鲕粒灰(云)岩、内碎屑灰(云)岩用、介形虫灰(云)岩、螺灰(云)岩和藻屑灰(云)岩等。如果藻类特别发育,可形成生物滩或生物礁。

(3)半深湖环境位于浪基面以下的水体较深部位,以泥晶灰(云)岩为主,含少量的粉砂、泥质。常见介形虫、轮藻等生物化石,以水平层理为主。

(4)深湖相环境位于氧化作用面以下的深水地区,主要沉积泥晶灰(云)岩和泥灰(云)岩。富含泥质、有机质、黄铁矿。多见水平层理、季节性纹层和好烃源岩。

二、湖相碳酸盐岩沉积的影响因素

湖相碳酸盐岩分布受控于构造背景、气候和物源供给等多方面因素。

湖相碳酸盐岩的沉积受构造背景的影响,古地貌在湖相碳酸盐岩的发育中起主导作用。湖相碳酸盐岩的发育分布与浅水湖区中的平缓正地形有明显的依存关系,如浅水区的滩、坝、堤、岛等地形较高部位,岛屿周围的斜坡带、断阶带、水下古隆起等,这些地带水体浅、阳光充足、能量偏高、营养丰富、生物繁茂,有利于碳酸盐岩的生长。从湖盆形成、发育和萎缩的发展阶段看,湖相碳酸盐岩一般发育于构造活动相对稳定、湖盆水体持续扩张阶段。这一阶段湖盆开阔、水域广布,加之适宜的气候条件,可使藻类、介形虫等生物大量生长和繁殖,从而在滨浅湖区形成各种类型的生物灰(云)岩、颗粒灰(云)岩和礁灰(云)岩,在半深至深水湖区可形成泥晶灰岩和泥灰岩。

湖相碳酸盐岩的形成受控于古气候、古水动力和古水介质条件的变化。湖相碳酸盐岩较多地形成于湿热的气候条件。淡水到半咸水湖相碳酸盐岩的发育状况与生物的发育程度密切相关,它主要发育在水体清浅、阳光充足、能量较高、营养丰富,适合于大量生物繁殖的环境,生物灰岩或藻灰岩发育。当气候干燥且有洪水入侵时,陆源碎屑大量入湖,水体浑浊,不利于生物生长。盐湖中的碳酸盐岩形成于气温高、蒸发作用强的常年咸水湖、季节性盐湖、盐体边缘的风化壳和含盐泥坪中。

湖相碳酸盐岩的发育受陆源物质的影响。湖相碳酸盐岩和砂岩在空间上呈消长关系分布,陆源碎屑会抑制碳酸盐岩的发育。多数情况下砂岩发育区碳酸盐岩不发育,而在砂岩发育区的边缘或其间的湖湾内,则有利于碳酸盐岩发育,陆源物质影响不到的地区,如水下隆起区有利于湖相碳酸盐岩的发育。

周边或本区基底性质对碳酸盐岩的发育有明显的影响。若周边或本区基底为碳酸盐岩地层将更有利于碳酸盐岩的沉积,因为注入湖盆地的水体或湖盆地内水体含丰富的古碳酸盐岩溶解成分,能增加水介质的盐度和硬度,为碳酸盐岩沉积提供物质基础。此外包括太古宇混合花岗岩,古生界碳酸盐岩、碎屑岩,中生界火山岩,沙河街组本身的砂砾岩等的硬底,即非泥质底质有利于保持水体清澈,在波浪的作用下能使水体保持清澈的水体环境,进而有利于碳酸盐岩的形成。

三、湖相碳酸盐岩沉积特征

湖相碳酸盐岩分布的特殊条件决定了其特有的沉积特征。一是湖相碳酸盐岩广泛分布于浅水区。二是湖相碳酸盐岩层具有层数多、单层薄、呈韵律性变化等特点,湖相碳酸盐层系一般为混合沉积层系,包括:陆源碎屑岩—碳酸盐岩层系、陆源碎屑岩—混积岩层系、碳酸盐岩—混积岩层系和混积岩层系。三是湖相碳酸盐岩的沉积周期短、速率大,沉积旋回发育。四是湖相碳酸盐岩中的生物沉积作用显著,生物组合简单、变化快。五是不同相带上的碳酸盐岩类型在平面上呈连续或不连续的带状环湖岸分布,滩相和礁相在滨浅湖区相对隆起的正地形顶部或斜坡地带发育。六是湖相碳酸盐岩的产状因沉积相的差异而不同,如滨浅湖区的石灰(白云)岩厚度大,呈不连续片状或连续带状环岸分布;浅水隆起区的石灰(白云)岩呈透镜状,在高部位厚度较大;半深湖—深湖区的石灰(白云)岩多呈薄层状夹在黑色泥岩中。七是湖相碳酸盐中陆源碎屑的混杂更为普遍,八是海源湖相碳酸盐岩占有重要地位,特别是海源湖相生物建造碳酸盐岩。

四、典型湖相碳酸盐岩沉积模式

多年来,国内许多学者已提出多种划分湖相碳酸盐岩相模式的方案,夏青松、孙钰等对其进行了梳理和总结,归纳起来主要有以下六种:

第一种是按湖盆的发育阶段划分。我国东部的湖盆一般都经历了早期断陷、中期坳陷、晚期收缩三个发展阶段。管守锐等(1985)在研究了山东平邑盆地古近系官庄组中段碳酸盐岩的产出特征后,提出了早期内源和外源混合沉积、中期藻滩型沉积、晚期浅水蒸发台地型沉积三个阶段的湖盆沉积模式。

第二种是按构造背景和在湖盆中的构造位置划分。赵澄林将湖相碳酸盐岩划分为断陷咸水湖盆边缘、断陷咸水湖盆中央台地、坳陷淡水湖盆三种沉积模式。

第三种是按湖盆的水文状况划分。湖盆可分为水文开口湖和水文封闭湖两种。其中水文开口湖又可分出湖盆相和湖盆边缘相两种沉积环境。

第四种是按水深和水动力条件划分相带。从湖相碳酸盐岩的沉积条件、沉积特征及其与陆源碎屑岩的组合关系分析,结合湖水的相对深浅、水动力条件和自然地理位置,周自立等建立了济阳坳陷明化镇组湖相碳酸盐岩滨湖(包括泥坪—藻坪和岸滩)、浅湖(包括湖湾和浅滩—藻礁)、半深湖、深湖的沉积模式。

第五种是根据相带发育的不同特点划分。根据淡水湖泊的生物发育状况和相带发育的不同特点,孟祥化建立了淡水湖相碳酸盐岩三种模式:湖礁型、湖滩型和湖叠层石型。

第六种是综合模式。杜韫华在总结了中国渤海地区古近系湖相碳酸盐岩沉积特征后,提出了综合性的湖相碳酸盐岩沉积模式(图6-1)。该模式既反映了碳酸盐岩体的成因特征,又表现了其空间分布,并且对预测岩体的分布起指导作用。

五、湖相碳酸盐岩储层类型

杜韫华等提出,按照形态和成因类型湖相碳酸盐岩孔隙可分为孔、洞、缝三大类14个亚类(表6-1)。原生孔隙的成因取决于岩石结构,其分布与沉积相有关,如骨架孔主要见于礁核相和礁丘核相。各种粒间孔主要见于浅湖及深湖层状、纹层状碳酸盐岩。次生孔隙是储集油气的重要孔隙类型,其形成和分布主要受成岩环境控制。

王英华等按照孔隙类型及其组合分为四种类型:一是孔隙型储层,常见的孔隙类型有粒间孔隙、晶间孔隙、生物格架孔隙等,这种储层的储集性能较好,孔隙度及渗透率较大。二是溶蚀孔洞型储层,孔隙类型以溶蚀孔隙及溶洞为主,这种储层厚度变化大、物性条件好。三是裂缝型储层,这种储层多见于白云岩中,多属中、低孔储层。四是复合型储层。碳酸盐岩储层多为复合型,原生孔隙、次生孔隙和裂缝同时出现或出现其中的两种。

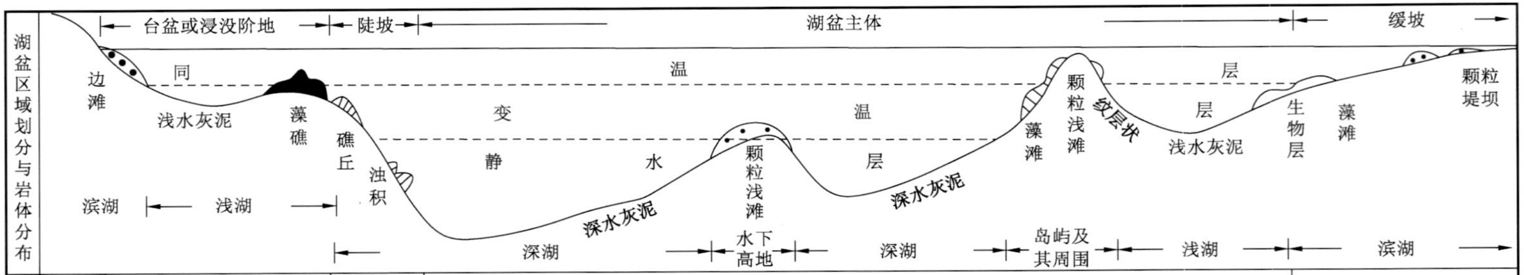

相区	盆缘台坪相区			(湖盆)陡坡相区		湖盆主体		湖盆(岛屿及其周围)相区				(湖盆)缓坡相区	
碳酸盐岩体类型	颗粒滩、灰泥滩型	浅水灰泥型	生物礁滩型	藻丘型	浊积型	深水纹泥型	深水纹泥型	颗粒浅滩型	深水纹泥型	岛屿颗粒滩及藻滩型	浅水灰泥型	生物层及共生藻滩型	灰泥滩型	颗粒堤坝型
组分构造特征	含表鲕、含砂颗粒灰泥岩及灰泥岩，有干缩缝	纹层状、薄层状含颗粒灰泥岩及生物碎片	枝管藻及龙介虫栖管各种颗粒组成各种黏结组分及架状结构，具结壳构造，具生物骨架结构长层理	以颗粒灰泥云岩为主，局部具各生物组分及砾屑结构		泥晶碳酸盐岩为主要组分，大量层状藻类超微化石碎片，具纹层状季候层理	深水纹泥型	原地堆积的虫形化石为主，含亮晶胶结物	泥晶碳酸盐岩为主要组分，可含化石碎片及粉砂，纹层状季候层理	各种颗粒灰云岩，含晶胶结物发育	泥晶碳酸盐岩为主要组分	薄层状枝管白云藻共生层长	以泥晶碳酸岩为主要组分，含砂	介形虫化石碎片为主要组分，壳晶胶物发育

图6-1 湖相碳酸盐岩沉积综合模式

表6-1 湖相碳酸盐岩的储层类型、储集空间及分布

储层类型	储集空间类型		主要岩石类型	与沉积相关系
孔隙型	原生孔隙	生物骨架孔	藻灰(云)岩、礁灰(云)岩	礁核
		生物体腔孔	生物碎屑灰(云)岩	礁丘核
		角砾间孔	砾屑云岩、球粒白云岩	生物层
		粒内孔	鲕粒灰(云)岩、生物灰(云)岩	粒屑滩
		粒间孔	介形虫灰岩、藻屑白云岩	粒屑堤
		遮蔽孔	团块白云岩	粒屑坝
	次生孔隙	溶孔	骨架碳酸盐岩	滨浅湖
		铸模孔	颗粒碳酸盐岩	
		收缩孔	泥晶碳酸盐岩	滨湖
		晶间孔	泥晶白云岩	各相带
溶洞型		溶洞	各种碳酸盐岩	各相带
裂缝型	原生孔隙	层间缝	纹层状泥晶碳酸盐岩	半深湖、深湖
	次生孔隙	构造缝	各种碳酸盐岩	与相带无关
		溶沟		

湖相碳酸盐岩次生孔隙的形成主要受成岩作用影响,主要影响因素包括三个方面,一是溶解作用和胶结作用对次生孔隙有影响,溶解作用是形成次生孔隙的主要方式,同时又为胶结作用提供了胶结物质;酸性溶液(如生物腐烂的有机酸)对石灰岩溶蚀有利,富含硫酸根负离子的地下水对白云岩溶解作用有利;成分纯、厚度大的石灰岩易被溶蚀。二是白云岩化作用对晶间孔隙形成的影响,白云石交代方解石是按分子形式进行的,交代后白云石晶体菱面体格架的建立使孔隙度增大,因而可产生次生的晶间孔隙。三是大气淡水淋滤作用对次生孔隙形成的影响,浅滩或生物礁常暴露于地表遭受淋滤,淋滤作用形成次生淋滤孔隙带;大气淡水渗流带形成以垂直溶孔为主的、较薄的渗流溶孔带,大气淡水潜流带形成以水平溶孔为主的、较厚的潜流溶孔带。

裂隙可分为成岩裂隙和构造裂隙两大类。成岩裂隙有层间干缩缝、缝合线、压裂缝等,多与压实和压溶作用有关;构造裂隙受构造性质和部位控制。

第二节 蠡县斜坡湖相碳酸盐岩油气藏地震勘探技术及成效

蠡县斜坡位于中国东部渤海湾盆地冀中坳陷饶阳凹陷的西侧(图6-2),为饶阳东断西超箕状凹陷的缓坡带,是一个西抬东倾、北东向展布的大型宽缓斜坡。斜坡区湖相碳酸盐岩主要发育在沙一下亚段,以生物化学成因为主。沙一下亚段沉积时期为湖盆水体持续扩张阶段,是古近系以来饶阳—霸县地区最大的一次成湖期,沉积了广泛分布的含油页岩的深灰色泥岩段,为蠡县斜坡的主要烃源岩层系。斜坡区湖相碳酸盐岩共识别出三种碳酸盐岩沉积微相:生物滩、鲕滩和灰云坪,从而形成以生物灰岩、鲕状灰岩和白云质灰岩为主的湖相碳酸盐岩沉积。蠡县斜坡沉积相特征表现为在较深湖区发育油页岩、页岩和厚层泥岩,半深湖局部高地发育白云质灰岩,半深—深水湖区沉积泥灰岩或泥质白云岩,浅湖与半深湖交界的湖岸坡折带发育鲕状灰岩,较浅水区域发育生物灰岩。

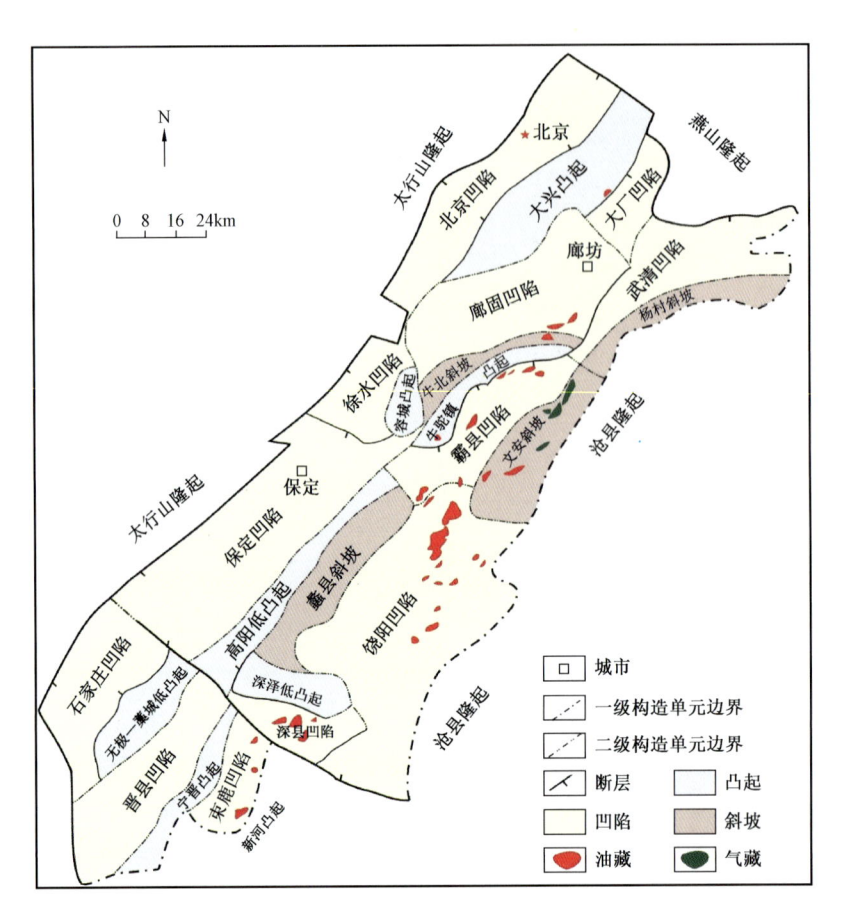

图 6-2 冀中坳陷构造单元图(据华北油田,2003)

截至 2017 年 8 月,已有 16 口井获工业油流,19 口井获低产油流,16 口井见到油气显示,展示了湖相碳酸盐岩勘探的良好前景。但由于斜坡带碳酸盐岩储层薄、岩性变化快,勘探的关键问题是识别和落实其平面展布。为此,开展了"两宽一高"地震采集—处理—解释一体化勘探研究。

一、采集技术及成效

(一)真实反映表层吸收衰减的地震采集技术

1. 表层吸收衰减模型的建立

通常地震波振幅与传播的距离和地震波衰减系数表示为

$$A_r = A_0 e^{-\beta r} \tag{6-1}$$

式中 A_r——地震波传播到距离 r 处的振幅;
A_0——地震波初始振幅;
β——吸收衰减系数;
r——传播距离。

根据经验公式,可得到表层吸收衰减系数 β 为

$$\beta = 7.759 \times v^{-2.2} \times 10^6 \quad (6-2)$$

由公式(6-2)可获得低降速层的吸收衰减系数,则吸收衰减指数 D 为

$$D = \beta \times \Delta t = \beta \times \frac{2h}{v} \quad (6-3)$$

式中 h——该层的厚度;
v——某表层的层速度。

根据表层调查结果,将地层按纵波速度大小分成低速层、降速层和高速层等若干层,每层的速度和厚度参数已知。

则累计表层吸收衰减量 K 为

$$\begin{aligned} K &= \sum D \times f \\ &= \left(\beta_0 \times \frac{2h_0}{v_0} + \beta_1 \times \frac{2h_1}{v_1}\right) \times f \\ &= 15.518 \times 10^6 \times \left(\frac{h_0}{v_0^{3.2}} + \frac{h_1}{v_1^{3.2}}\right) \times f \end{aligned} \quad (6-4)$$

式中 v_0——低速层速度;
v_1——降速层速度;
f——函数的自变量,优势频率。

从公式(6-1)至公式(6-4)可以看出,表层吸收衰减系数与纵波密切相关,速度越小,吸收衰减越大;低速层吸收衰减指数总体上大于降速层的吸收衰减指数;累计表层吸收衰减量与频率呈线性正比关系,故高频成分吸收衰减较快;表层厚度较大,且速度较低时,吸收衰减也较快。

2. 表层吸收衰减的补偿措施

根据地质沉积理论及近地表风化作用,表层吸收衰减是客观存在的。在野外采集时为了把表层吸收衰减影响降到最低,采取以下措施尽量减小低降速带对资料的影响。

1)精细表层结构调查

施工前期搜集整理地质图、地形图、遥感图等资料,结合现场踏勘、地质雷达浅层探测、电法、声波测井、潜水面调查和岩性录井等多种手段查明表层地质情况。在此基础上有针对性地、合理地布设表层调查控制点,有效指导前期点位选择、井深设计和后期的静校正工作。

在三维工区,根据均匀度理论,把以往常用的表层调查控制点正交布设方式改进为交错布设方式。如图6-3所示,正交均匀因子为0.157,交错均匀因子为0.055,均匀因子越小,均匀度越好。

另外在表层吸收衰减较大区域适时加密控制点,以有效控制高吸收衰减区的范围和摸清吸收衰减的具体变化规律。

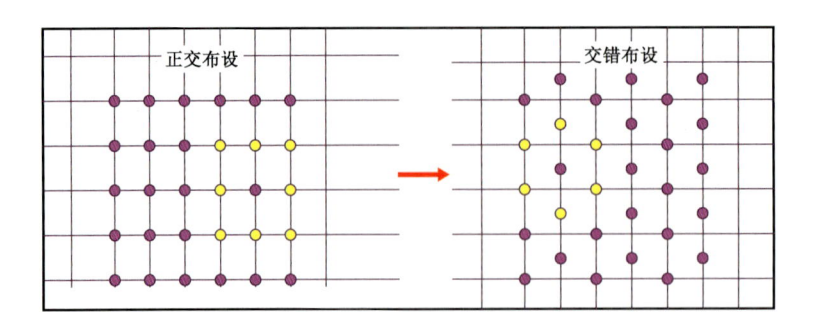

图 6-3 表层调查控制点布设方式示意图

2）分区分片逐点设计激发井深

本技术打破了以往采集统一激发井深的局面,以各试验点井深试验结论为依据,在精确表层模型的基础上,逐点设计激发深度,保证在高速层中激发,避开虚反射界面的影响,减少表层对激发能量的吸收,提高地震波下传能量。

多信息建立表层模型,指导激发参数设计。根据表层调查结果,结合试验结论和以往相邻线束资料品质,对拟定的激发参数通过能量、信噪比和频谱等动力学特征分析,进而优化全线、全区的激发参数,实现了逐点设计激发参数。

3）实现高速层中优选岩性激发

从表层吸收衰减规律分析,高速层比低降速层的吸收衰减量小;同时根据炸药激发理论分析,在相同激发药量的情况下,保证激发能量应选择在速度较高的围岩层中激发。

（二）表层 Q 值求取技术

西柳—赵皇庄地区表层分为三层结构,近地表低速层结构松软（图 6-4）,对地震波的能量和频率有强烈的吸收衰减作用,野外主要利用微测井资料,开展表层吸收衰减规律及 Q 值求取研究。

依据李庆忠院士的经验公式,表层微测井控制点密度比较大时,表层速度的变化能够控制 Q 值的变化趋势。李庆忠院士 Q 值计算公式为

$$Q = 3.516 \times v^{2.2} \times 10^{-6}$$

式中　v——地层的层速度。

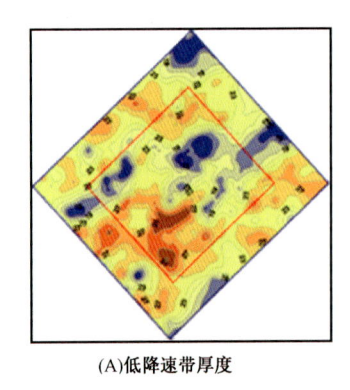

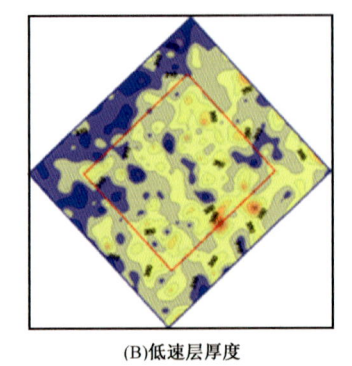

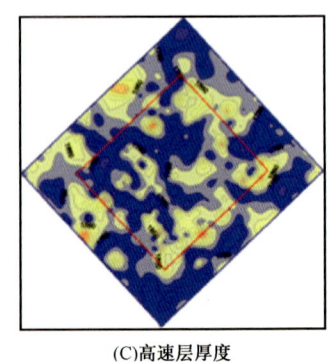

(A)低降速带厚度　　(B)低速层厚度　　(C)高速层厚度

图 6-4 目标区表层结构特征图

吸收衰减试验分析认为,在激发点不变的情况下,随着接收点深度从深到浅,向上传播的能量逐渐减弱(图6-5),表明低降带对激发能量具有很强的衰减作用。

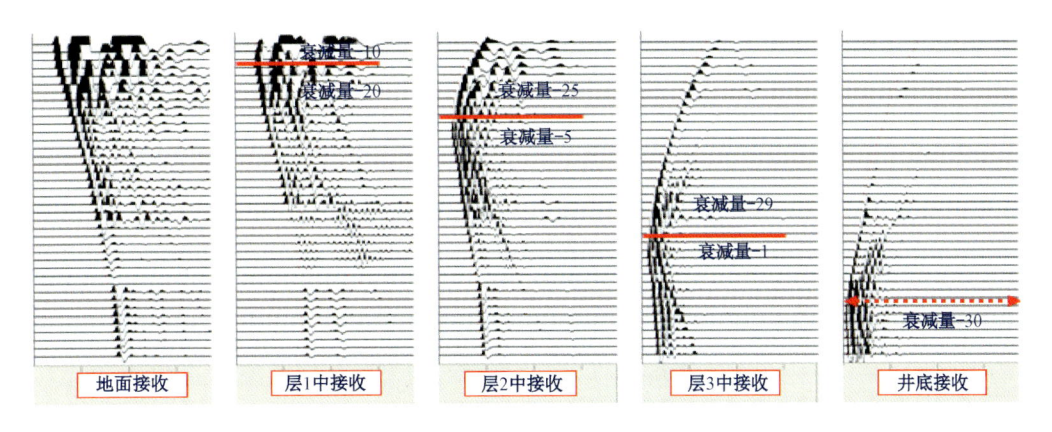

图6-5 不同深度接收反映吸收衰减变化情况

根据衰减量公式,对分界面的衰减量进行了40Hz频率的定量分析。整体而言,接收点能量的衰减与深度分界面两侧的吸收衰减量是有对应关系的。低降速带的存在,证实了频率随着表层深度的增加逐渐衰减。本区近地表沉积地层松散,对地震波的能量和频率有强烈的吸收衰减作用。野外利用微测井资料,提供了表层吸收衰减Q值,同时利用区内N46井实施的零偏、Walkaway & Walkaround – VSP资料计算了表层Q值(图6-6)。

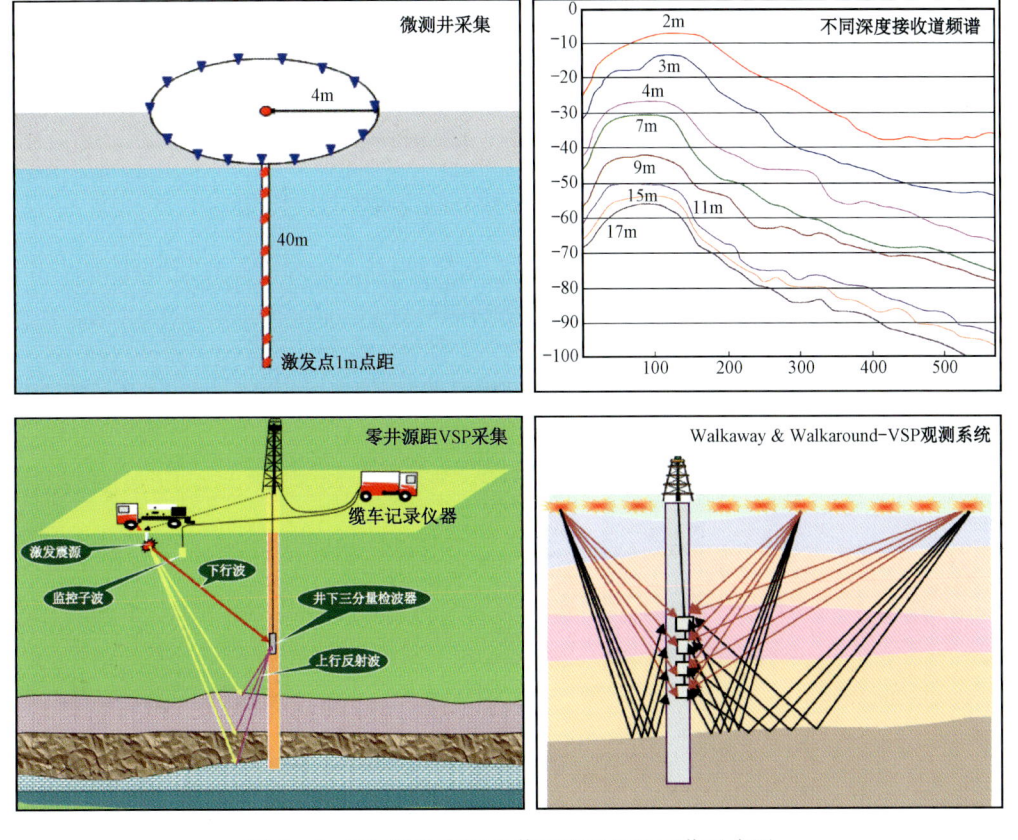

图6-6 表层吸收衰减Q值调查及VSP工作示意图

— 271 —

（三）基于高精度航拍的激发点优选技术

常规卫星照片精度在 15~20m，提高精度的卫片也只能分辨 2~5m，采用无人机航拍的照片精度可以达到 0.25m（图 6-7）。利用高精度的航拍照片指导野外布设炮点，确保炮点布设均匀，能够合理偏移检波点，尽可能避开严重干扰源。

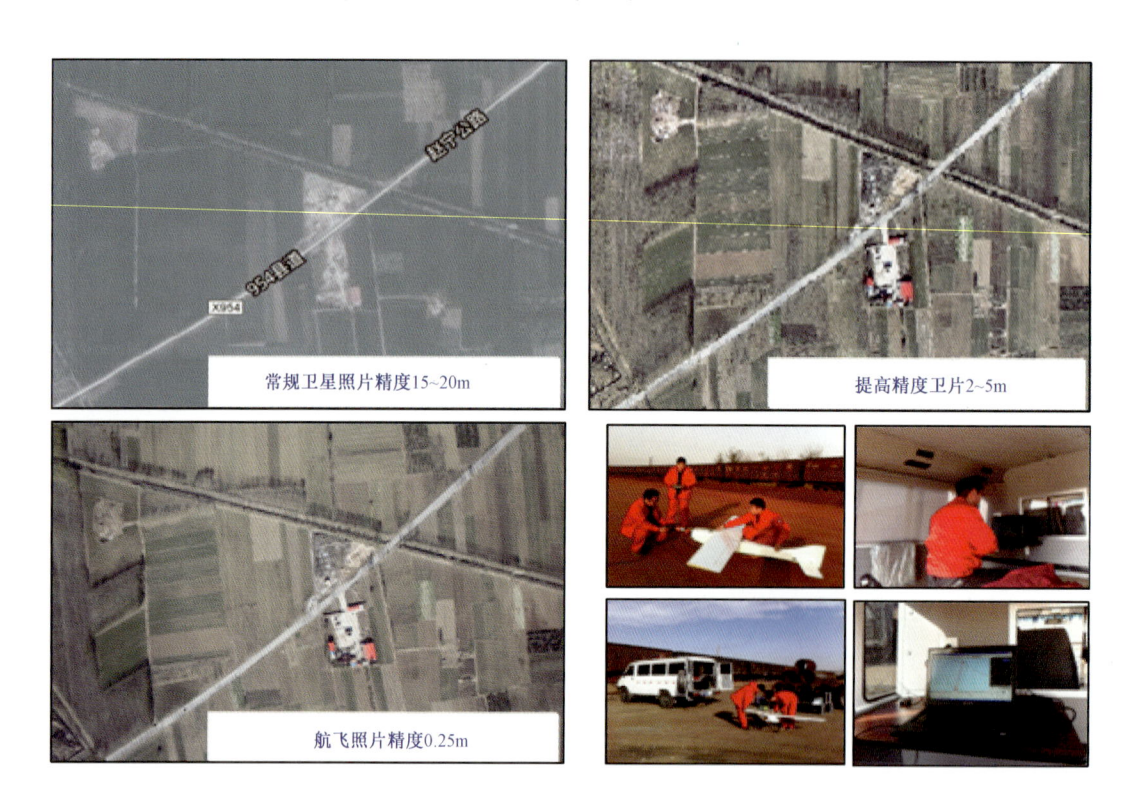

图 6-7　不同获取方式地表照片

应用高精度航片指导炮点布设后（图 6-8），在村庄、高速公路等障碍物附近，炮点和覆盖次数分布均匀程度有一定改进，同时减小浅层剖面开口。

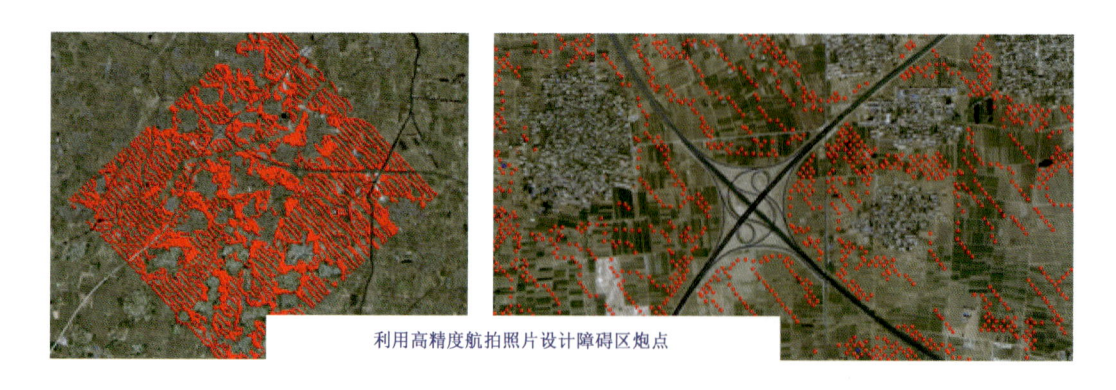

图 6-8　利用高精度航拍设计的炮点分布图

（四）基于满足砂泥岩薄互层分辨率的面元设计技术

面元大小要有利于提高资料的纵、横向分辨率。应满足以下两个方面：

1. 满足具有较高横向分辨率的要求

根据空间采样间隔原理，只有当地震信号每个优势频率的波长内有两个以上的采样点时，才能保证地震勘探资料在空间上具有较高的横向分辨率。具体公式如下：

$$b = v_{int}/(2 \times F_p)$$

式中　b——面元边长，m；
　　　v_{int}——目的层上覆地层层速度，m/s；
　　　F_p——目的层主频，Hz。

2. 满足最高无混叠频率的要求

对于任何倾斜同相轴都有一个叠前最高无假频频率 F_{max}，它依赖于其上覆地层的层速度 v_{int} 和地层倾角 θ，其要求的面元边长为

$$b = v_{int}/(4 \times F_{max} \times \sin\theta)$$

式中　b——面元边长，m；
　　　v_{int}——目的层上覆地层层速度，m/s；
　　　F_{max}——最高保护频率，Hz；
　　　θ——地层最大倾角，°。

根据需要保护的最高频率，结合本区地球物理模型，计算出主要目的层对应的面元边长（表6-2）。重点考虑 T_4 上下主要目的层段具有较高的分辨率，面元边长至少要小于24m。

表6-2　主要目的层对应面元边长计算统计表

井号	层位	反射时间(s)	v_{int}(m/s)	v_r(m/s)	v_a(m/s)	地层视倾角(°) D_x	地层视倾角(°) D_y	分辨率对最高频率的要求(Hz)	面元大小(≤m) 考虑横向分辨率	面元大小(≤m) 最高无混叠频率 B_x	面元大小(≤m) 最高无混叠频率 B_y
宁古7井	T_2	1.75	3115	2659	2499	5	3	70	10	66	109
	T_3	2.15	3960	3240	2817	5	5	65	17	110	110
	T_4	2.40	4130	3537	2761	5	5	60	24	135	135
	T_6	2.71	4960	3953	2915	7	5	55	27	103	144
	T_g	2.82	5290	4271	2907	8	5	50	35	105	167
西柳11	T_2	1.72	2950	2551	2459	5	3	70	14	66	109
	T_3	2.23	3975	3283	2734	5	5	65	16	109	109
	T_4	2.42	4260	3580	2845	5	5	60	24	131	131
	T_6	2.75	4965	3958	2885	7	5	55	28	106	148
	T_g	2.91	5330	4315	2998	8	5	50	35	104	118

3. 按照剖面上保护最大地层倾角的最高频率计算面元边长

为了使小断块陡倾角地层在处理时能准确成像，必须保证同一地层反射在剖面上具有相

似性,即同相轴时差小于 $T/4$[公式(6-5)],因此面元边长需满足公式(6-6)。

$$\frac{\Delta t_1}{n\Delta x_1} \leqslant \frac{T_{\min}/4}{\Delta x} = \frac{1}{4\Delta x f_{\max}} \qquad (6-5)$$

根据公式(6-5)推导出公式(6-6)。

$$\Delta x \leqslant \frac{n\Delta x_1}{4f_{\max}\Delta t_1} \qquad (6-6)$$

式中 Δx——面元边长,m;
　　　n——地震剖面上 CDP 道数;
　　　Δx_1——地震剖面上两道 CDP 间的距离,m;
　　　$f_{\max}$——最高无混叠频率,Hz;
　　　Δt_1——n 个 CDP 道的时间差,s。

根据公式(6-6),在工区地震剖面上计算出不同区域所需的面元边长,为了使一些大倾角地层在处理时能很好地偏移归位,考虑高陡地层倾角满足空间采样的要求,则面元边长应不大于21m。

从邻区三维二维试验线不同线元对比看,采用较小的方形面元,为提高纵横向分辨率、改善标识层间资料的反射特征、保证岩性识别的精度、确保叠前偏移处理效果创造了良好条件,同时小面元有助于高频信息的成像(图6-9至图6-11)。

以往三维资料分辨率较低,小断层、薄储层难以准确落实。地震勘探资料的频宽需要进一步提高,小面元采集有利于频带拓宽和小构造体的精细成像。

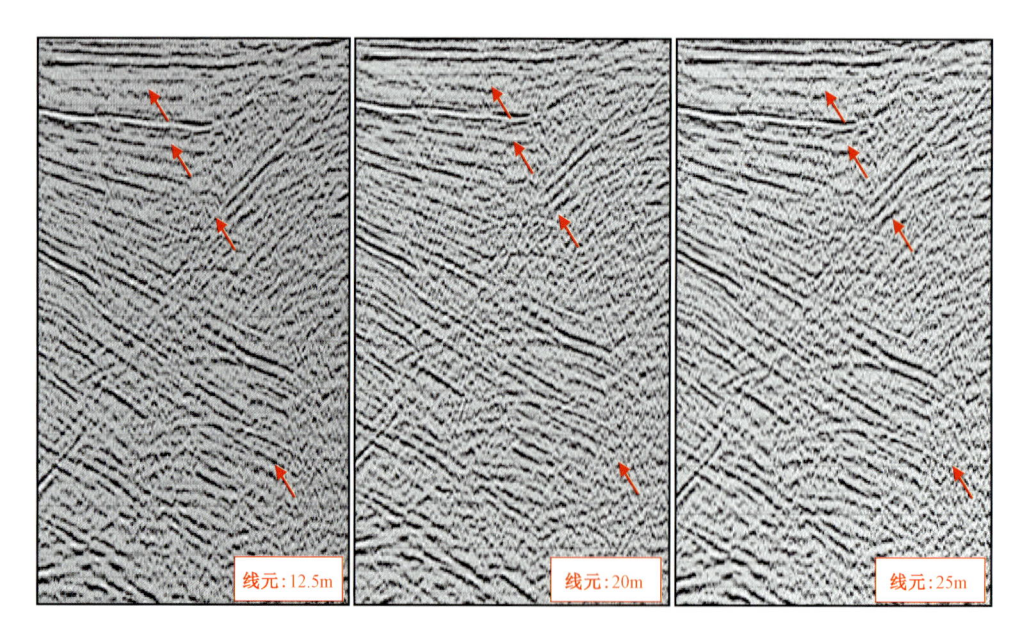

图6-9　邻区二维试验线不同线元对比(全频)

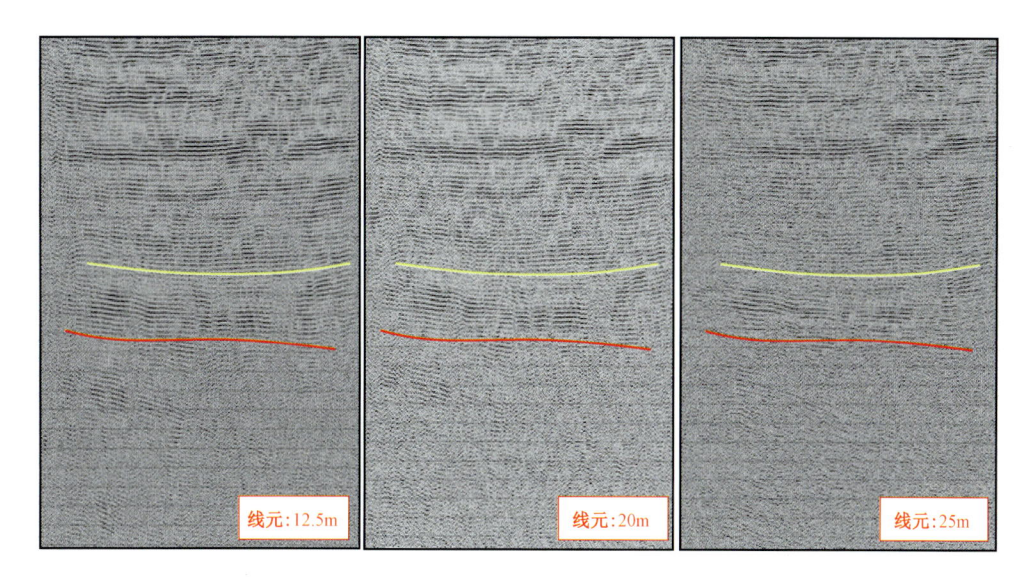

图 6－10　邻区二维试验线不同线元对比(40~80Hz)

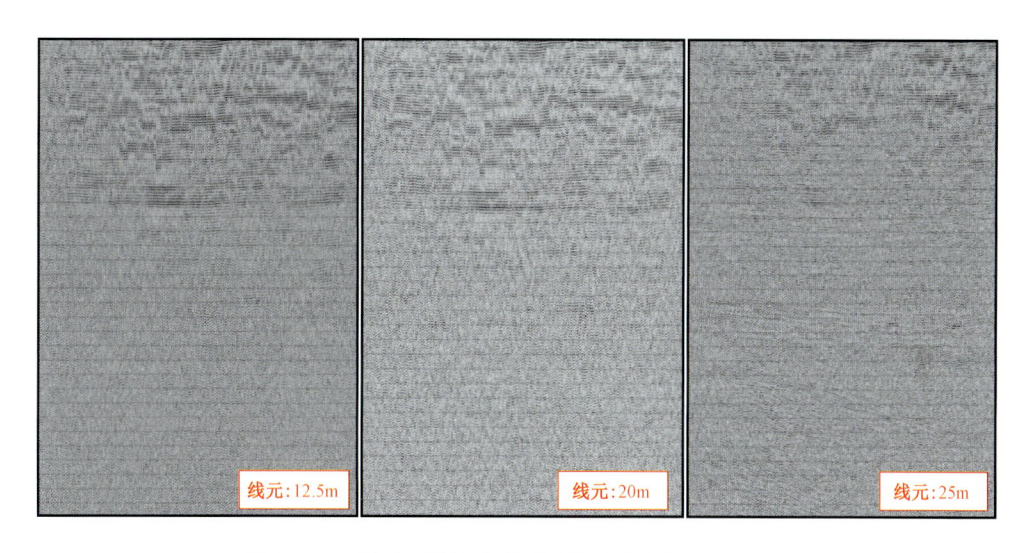

图 6－11　邻区二维试验线不同线元对比(50~100Hz)

(五)炮道密度对薄互层资料分辨率贡献程度分析技术

空间采样率由空间采样间隔原理决定,只有当地震信号每个频率的波长内有两个以上的采样点时,才能保证地震勘探资料在空间上具有良好的空间分辨率。高空间密度采样通过小道距、不组合、高覆盖次数的采集方式,较精细地记录了地震波场,避免了空间假频尤其是低频线性干扰的产生,也降低了组合检波带来的高频弱小信号的能量损失,以提供频谱成分丰富、能量均衡的高品质地震数据。目前普遍采用以单位平方千米的道数来反映空间采样的连续性,通常炮道密度越高,采样越充分,资料品质及偏移效果越好。

炮道密度综合考虑了覆盖次数和面元的观测系统属性[公式(6－7)]。覆盖次数越高,面元越小,则炮道密度越高;单纯的追求增加覆盖次数或者面元,没有实际意义。炮道密度高不仅可以改善成像效果(图 6－12),也会提高分辨率。在相同炮道密度情况下,较高的炮密度对提高分辨率更为有利(图 6－13)。

$$\rho_{\text{fold}} = \frac{\text{FOLD} \times 10^6}{B_{\text{inline}} \times B_{\text{crossline}}} \tag{6-7}$$

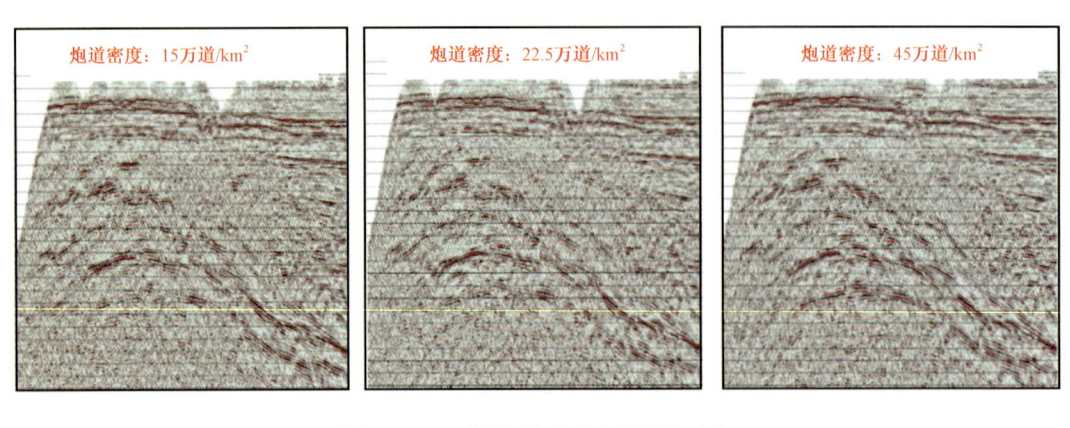

图 6-12　不同炮道密度成像效果对比

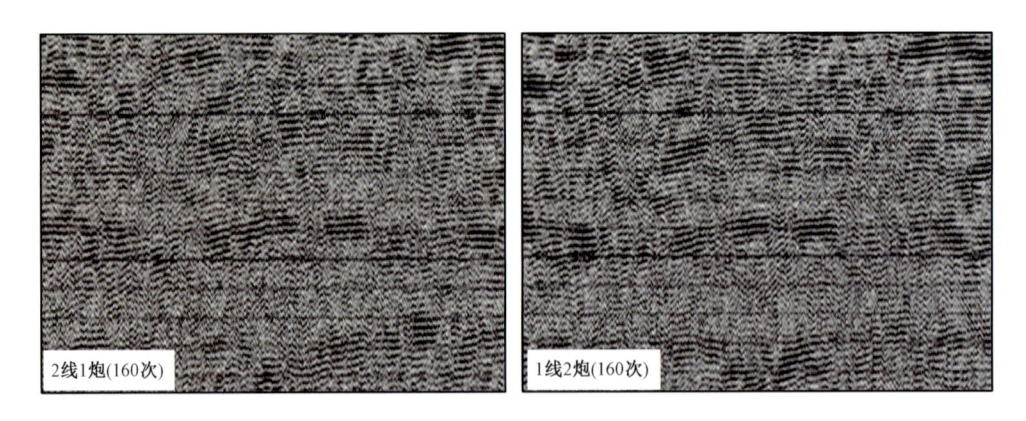

图 6-13　高炮密度和高道密度提高分辨率效果对比(分频 30~60Hz)

(六)基于黏弹介质波动方程波场延拓方法的模型正演分析技术

利用以往三维数据建立三维地质模型,开展不同面元大小等观测系统激发正演研究,为最终观测系统参数的确定奠定理论基础(图 6-14 至图 6-16)。

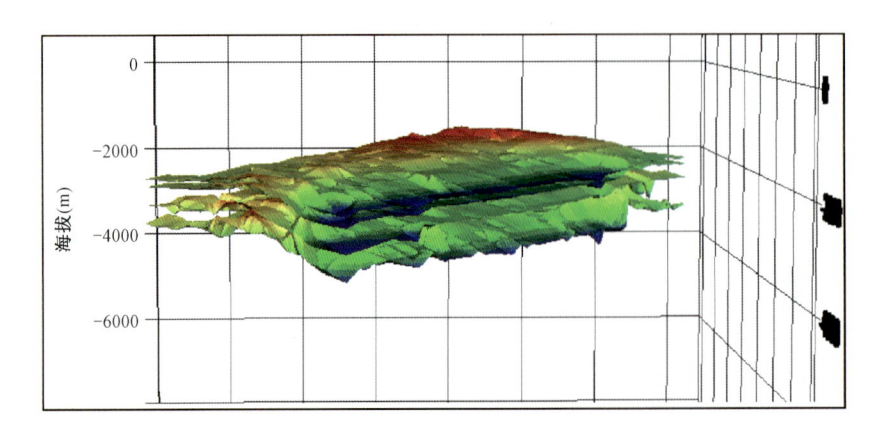

图 6-14　利用以往三维数据建立三维地质模型

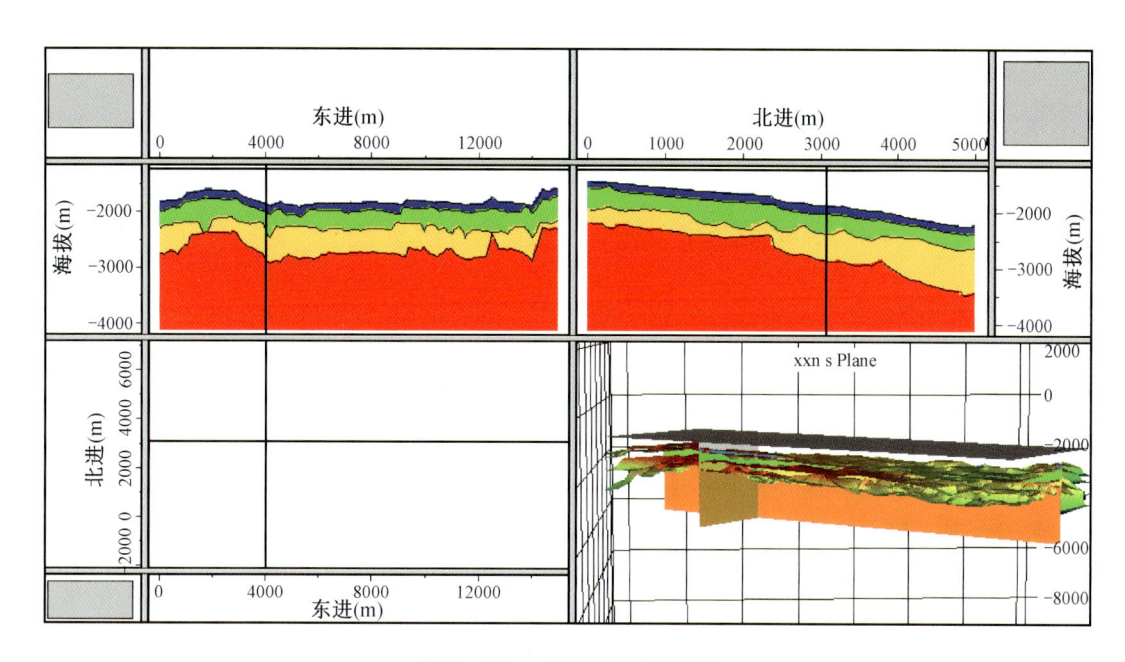

图 6-15 三维模型剖面展示

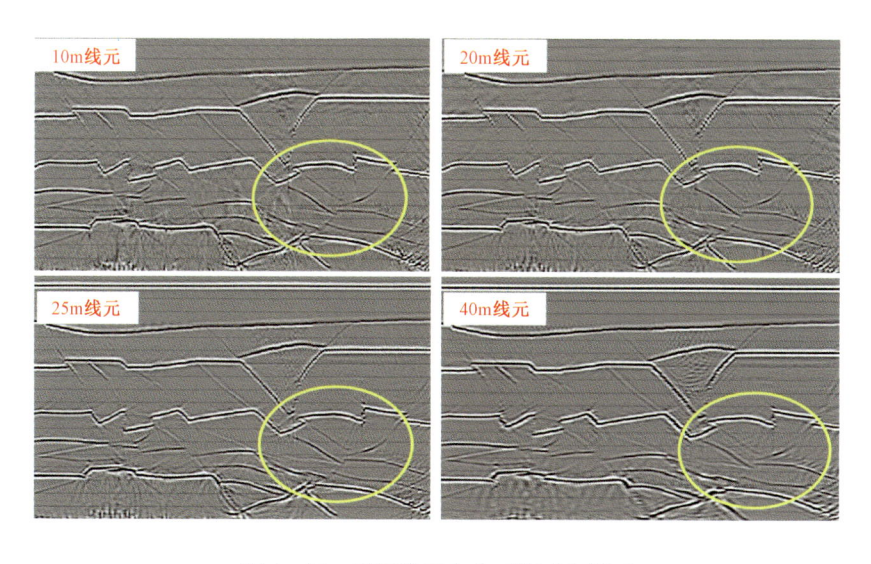

图 6-16 不同线元大小正演对比剖面

通过一系列的采集参数论证,针对以往地震勘探资料信噪比低、频带窄,难以识别地层岩性目标的问题,在西柳—赵皇庄地区进行了"两宽一高"地震采集,具体观测系统参数如下:

观测系统名称:32 线 5 炮 160 道正交　　纵向观测系统:3180-20-40-20-3180
CMP 面元:20m(纵)×20m(横)　　　　覆盖次数:256(16 纵×16 横)
道 间 距:40m　　　　　　　　　　　　接 收 线 距:200m
炮 点 距:40m　　　　　　　　　　　　炮 线 距:200m
最大炮检距:4497m　　　　　　　　　　横 纵 比:1.00
炮 密 度:125/km^2　　　　　　　　　　道 密 度:64 万道/km^2

二、井控提高分辨率处理技术及成效

冀中蠡县斜坡以往地震勘探资料频带窄、主频低、保幅性差,严重影响储层预测研究,攻关处理采用全流程井控提高分辨率处理技术。该技术充分利用研究区内的小折射、微测井、VSP、声波测井、重磁电等资料信息,约束和指导地震勘探资料处理流程中参数的定量选取(小折射资料进行基准面校正、微测井资料求取表层 Q、声波测井资料约束速度、重力资料定埋深、VSP 的 Tar 因子进行井控球面扩散补偿、走廊叠加约束反褶积参数及叠后处理效果、各向异性参数约束叠前时间偏移速度场及各向异性场的建立),具体流程如图 6－17 所示。

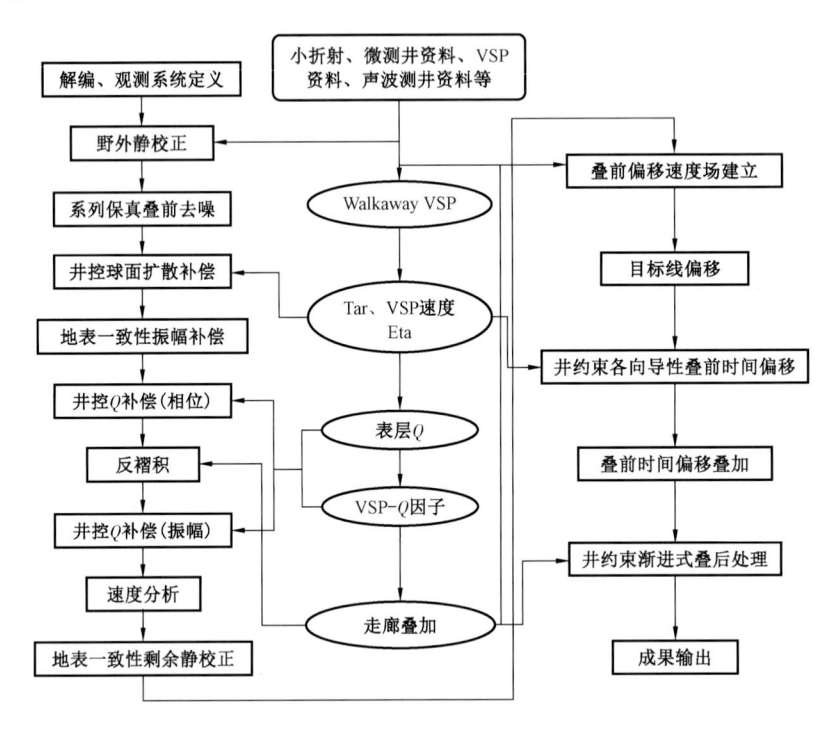

图 6－17　全流程井控提高分辨率处理流程

（一）综合 Q 补偿技术

利用叠前时频域谱比法估算的表层 Q 值及 VSP－Q,结合构造变化,进行 Q 补偿。基于叠前地震勘探资料应用广义 S 变换获取表层 Q 值,将井控深层 Q 值与表层 Q 值结合生产 Q 体,实现了表层 Q 补偿及深层井控 Q 值补偿。具体实现方法为:

(1)基于东方公司 GeoEast 软件开发常规 Q 补偿模块,增加用于表层 Q 补偿的空变时不变选项。

(2)建立综合 Q 场,即在 VSP 井的约束下,将表层 Q 和 VSP－Q 合并,通过地质层位约束,开展沿层 Q 扫描建成表层空变深层沿层的综合 Q 体。

(3)西柳工区地表高程变化平缓,但是地表受人为用水的影响,低降带厚度变化剧烈,利于开展 Q 值的研究工作。图 6－18 与图 6－19 是利用基于叠前地震勘探资料时频域计算的表层 Q 值,与井控深层 Q 值建立的综合 Q 场及 Q 值剖面,浅、中、深层 Q 值均在变化,能够反映实际地层情况。

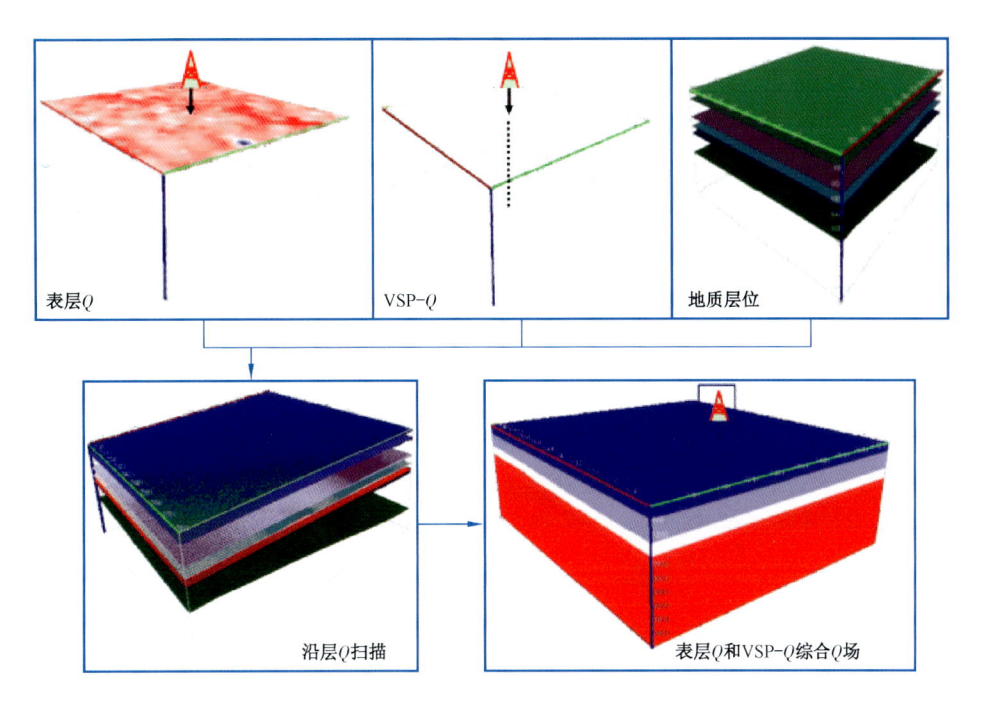

图 6-18 综合 Q 场建立

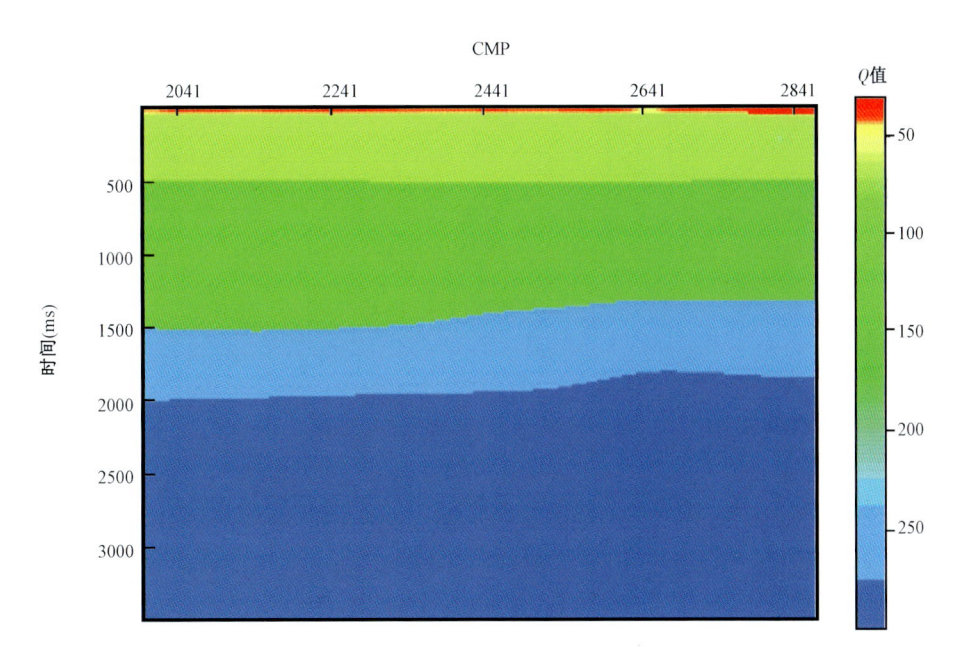

图 6-19 综合 Q 场剖面

图 6-20 从左至右依次为 Q 值补偿前、本方法计算的表层 Q 值补偿和井控综合 Q 值补偿，可以看出应用表层 Q 值及井控综合 Q 值补偿后的单炮分辨率得到提高。图 6-21 为与图 6-20 单炮顺序相对应的频谱图，综合 Q 值补偿后的高频成分更丰富，频宽从原来的 3~43Hz 拓展到 3~58Hz，频带拓宽了 10Hz。

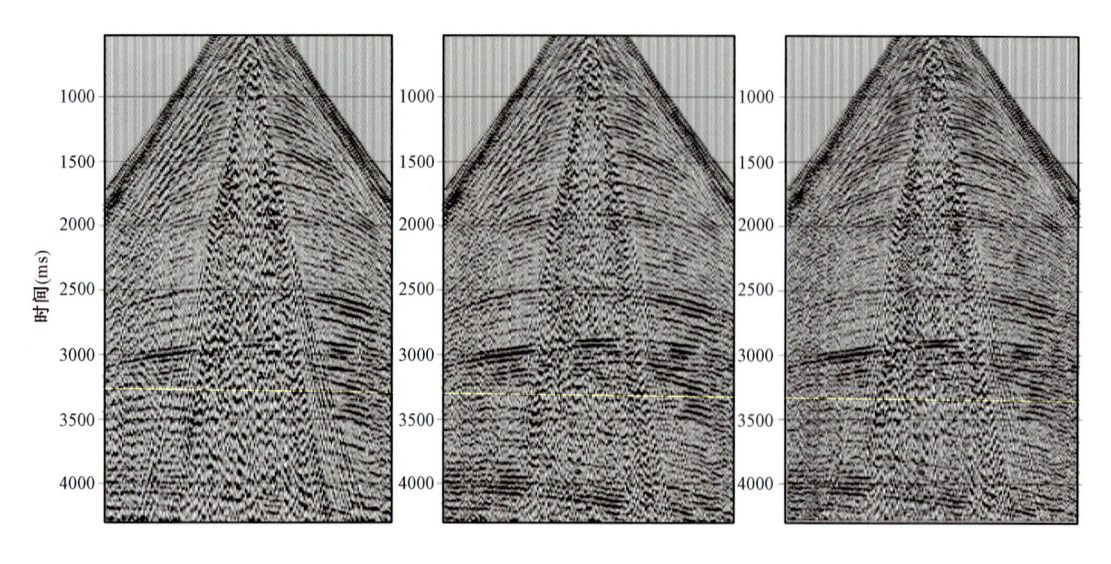

图 6-20　Q 值补偿前后的单炮

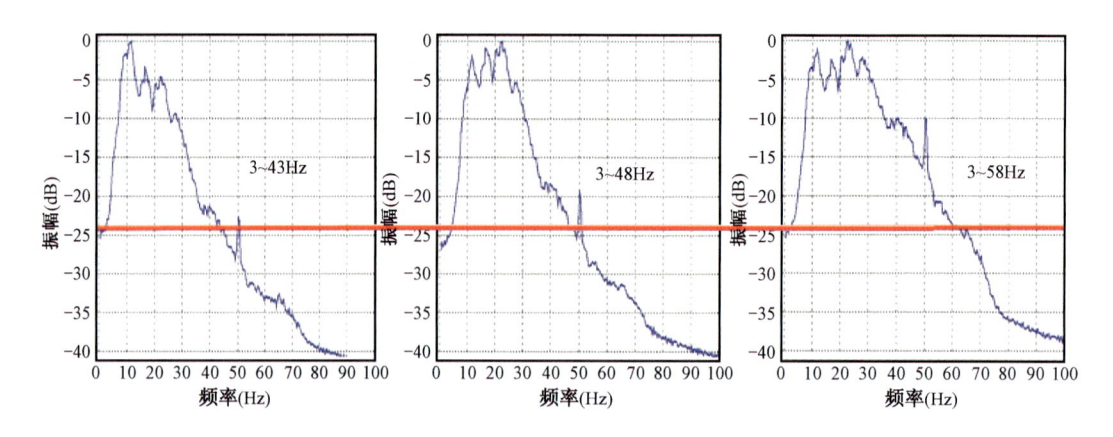

图 6-21　应用不同 Q 值的频谱分析

(二)走廊叠加约束反褶积处理技术

反褶积参数的常规选取主要是通过参数扫描的方法,对比不同参数在单炮和叠加剖面上的效果来确定。

VSP 走廊叠加剖面能比较客观地反映井周围地层的反射波特征,通过井旁地震道与合成记录或 VSP 走廊叠加进行互相关分析,生成一系列的匹配属性,包括匹配可信度、可预测度、传递函数等,这些属性描述了井震资料的匹配程度。走廊叠加约束反褶积处理技术为定量分析反褶积参数提供了手段。根据不同参数偏移结果与井资料的匹配可信度、传递函数等优选最佳匹配的参数,选择反褶积预测步长为 20ms。经过反褶积处理后,剖面的波组特征得到了明显改善,分辨率均得到一定程度的提高(图 6-22、图 6-23)。

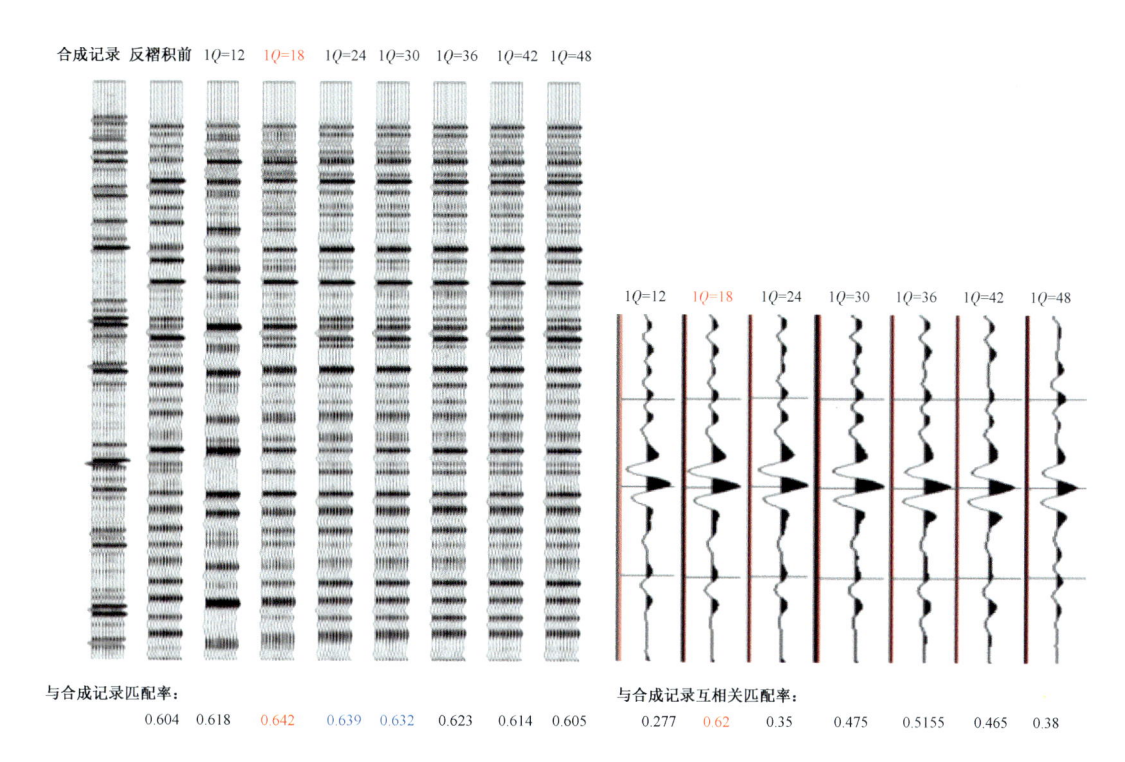

图6-22 井约束反褶积参数优选

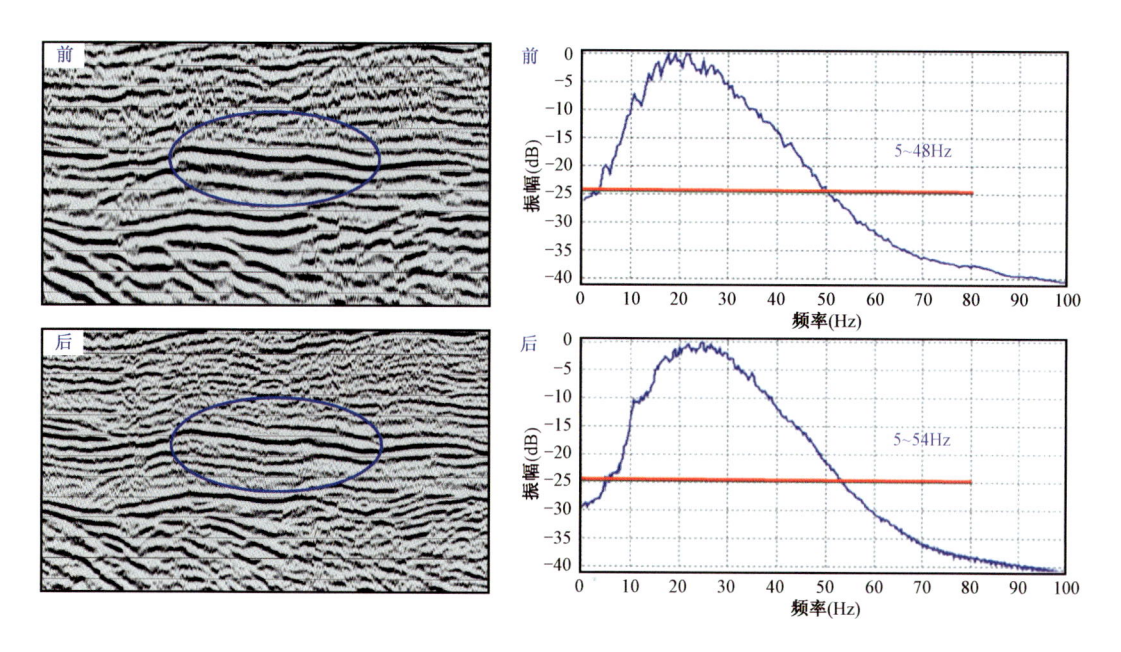

图6-23 井约束反褶积前后频谱

(三)井约束速度场及各向异性场的建立

通过声波速度或VSP速度约束叠加速度及叠前时间偏移速度,通过反褶积、剩余静校正、叠前时间偏移速度分析,获得各向同性速度场,参考VSP提供的各向异性参数Eta值,利用东方公司GeoEast软件,各向异性叠前时间偏移,通过调整Eta谱,建立各向异性场,进行井约束各向异性叠前时间偏移,解决了 CMP 道集上有曲棍状上翘问题(图 6-24)。

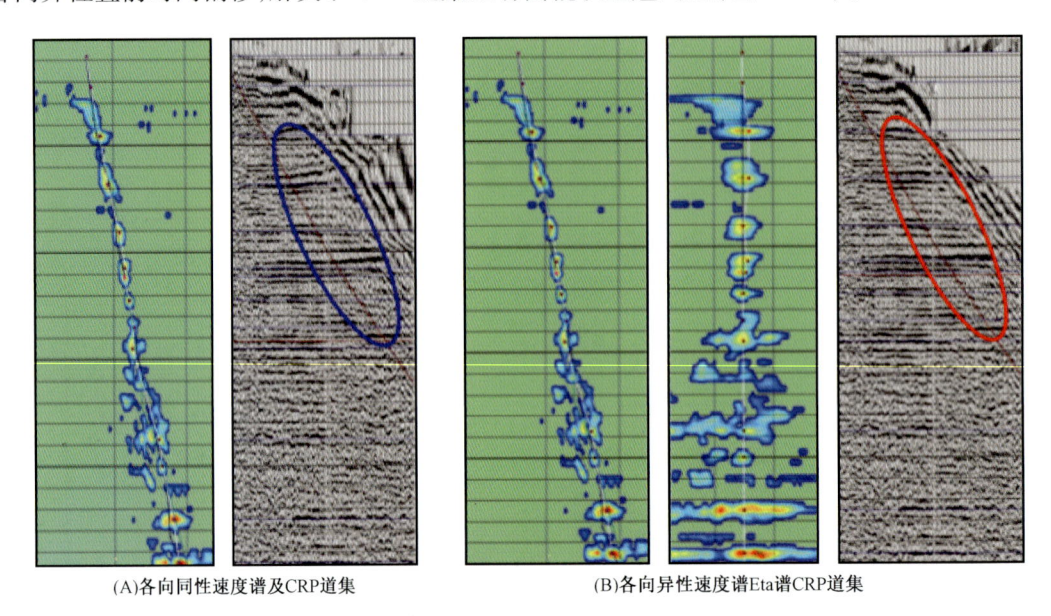

(A)各向同性速度谱及CRP道集　　　　(B)各向异性速度谱Eta谱CRP道集

图 6-24　井约束各向异性 ETA 谱调整示意图

(四)叠后零相位化处理技术

获得震源子波后,可以利用已知子波来求取零相位化算子,再把求取的零相位化算子应用于地震勘探资料处理中,就可实现地震勘探资料的零相位化处理。

在井控拓频处理中,从实际地震勘探资料中提取震源子波,利用已知的 VSP 提取的子波求取其零相位化算子,将所求取零相位化算子应用于实际地震勘探资料,达到进一步提高资料分辨率的目的。图 6-25 为叠后零相位化处理前后偏移剖面及频谱对比图,零相位化处理后地震分辨率有所提高,频带从 5~54Hz 拓展到 4~65Hz。

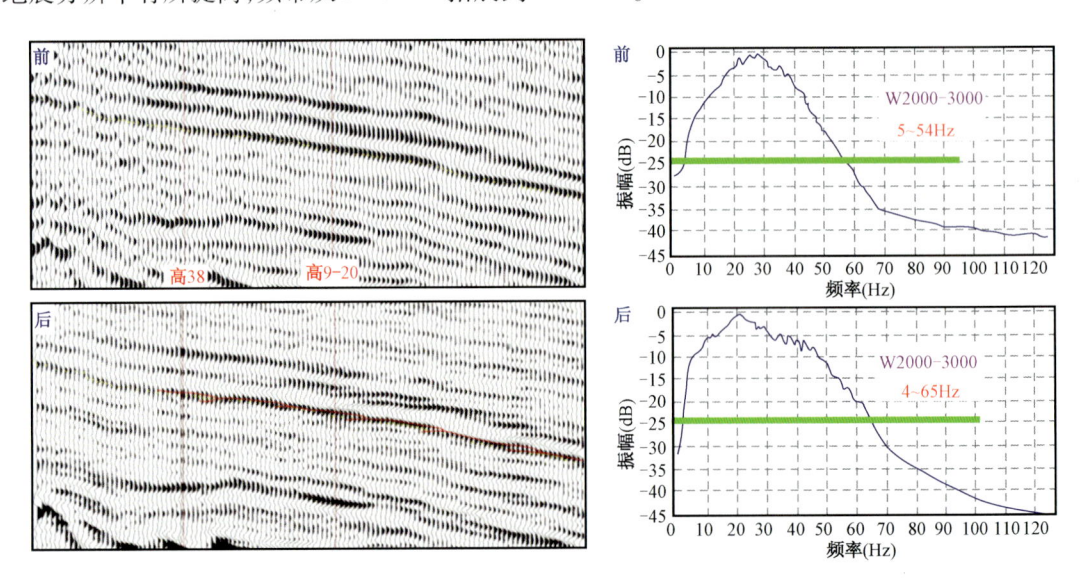

图 6-25　叠后零相位化处理前后偏移剖面及频谱对比图

— 282 —

三、解释技术及成效

(一) 模型正演技术

蠡县斜坡湖相碳酸盐岩油藏为典型的岩性油藏,碳酸盐岩单层厚度2~5m,累计厚度最大可达26m,横向变化快,预测难度大。西柳地区"两宽一高"地震勘探资料采集和井控提高分辨率处理使地震勘探资料分辨能力得到明显提高。XL1井沙一下亚段特殊岩性段发育一层厚13m的白云岩,提高分辨率处理之前的地震勘探资料上对应"两峰一谷"反射。距其660m的XL1-1井不发育碳酸盐岩,地震剖面上同样呈"两峰一谷"特征。"两宽一高"采集、提高分辨率处理后的地震剖面上,XL1井处出现一高频、弱振幅波峰反射,该同相轴在XL1-1井处消失,井震吻合程度好,为湖相碳酸盐岩预测奠定了资料基础(图6-26)。

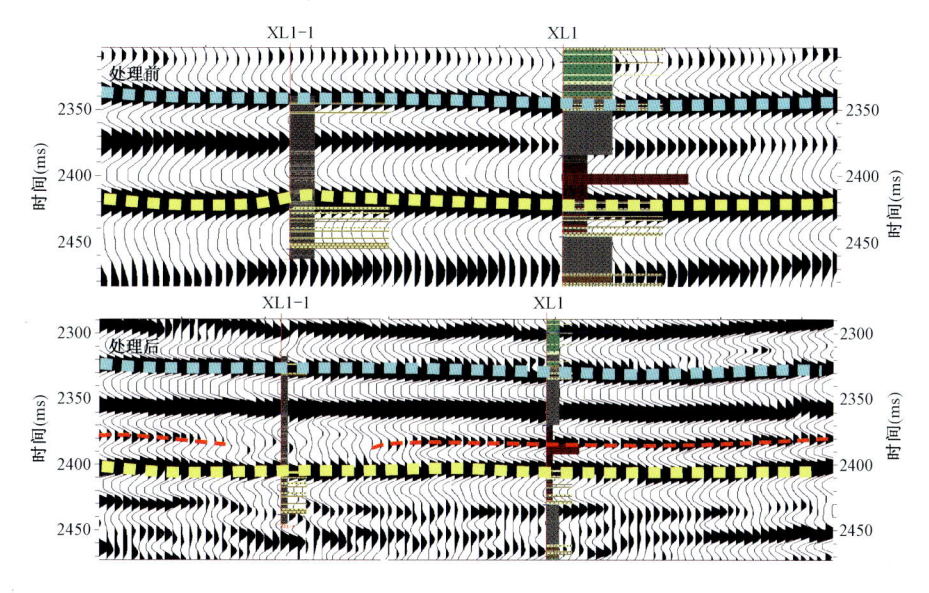

图6-26 蠡县斜坡XL地区提高分辨率处理前、后地震剖面

蠡县斜坡沙一下亚段特殊岩性段岩性变化频繁,泥岩、页岩和碳酸盐岩间存在波阻抗差,所产生的反射系数会对地震记录产生影响,因此分析不同岩性组合条件下的碳酸盐岩地震反射特征显得尤为重要。蠡县斜坡特殊岩性段碳酸盐岩有三种组合样式:单厚层、薄互层和薄互层中夹厚度较大地层。在已钻井中,选择三口碳酸盐岩厚度和组合关系各不相同的井和一口不发育碳酸盐岩的井进行正演分析。XL1井发育单层厚度为13m的碳酸盐岩;XL102井发育碳酸盐岩薄互层;N45井碳酸盐岩与暗色泥岩和油页岩间互,总厚度达15m,单层最大厚度为8m;NG7井无碳酸盐岩发育。在提高分辨率处理的地震数据上对四口井的地震井旁道进行频谱分析,主频为23~25Hz,因此取与实际地震勘探资料主频一致的24Hz雷克子波进行模型正演。

正演结果表明,具有一定厚度的碳酸盐岩在地震剖面上有明显的响应。当碳酸盐岩累计厚度大于12m时,地震剖面上可分辨。XL1井、XL102井和N45井碳酸盐岩顶界对应一高频波峰反射轴。单层厚度较大时对应一稳定波峰反射,XL1井的厚层碳酸盐岩在黄色箭头标示的位置尖灭。当碳酸盐岩由薄互层组成时,地震反射同相轴在波峰之下出现弱波谷反射,特征与厚度相当的单层碳酸盐岩有差异。XL102井碳酸盐岩向NG7井方向在蓝色箭头标示处尖灭,向 XL1 井方向在黑色箭头标示处尖灭。N45 井碳酸盐岩向 NG7 井方向在绿色箭头标示的位置尖灭。当油页岩和暗色泥岩稳定发育时,特殊岩性段地震相表现为稳定的由一峰两谷组成的低频、强振幅、高连续反射特征(图 6-27)。

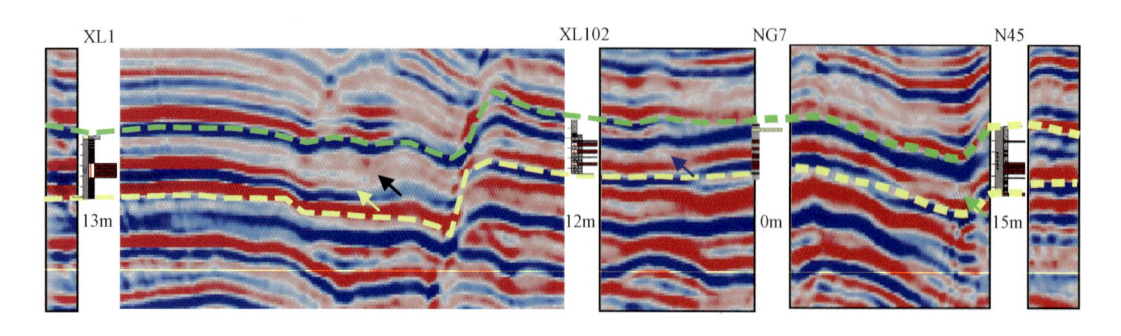

图 6-27　蠡县斜坡 XL 地区碳酸盐岩地震响应模型正演

(二)解释性提高分辨率处理技术

提高分辨率处理的地震剖面上表现出了井震间的上述对应特征(参见图 1-8)。厚层碳酸盐岩在地震剖面上有明显的响应,XL1 井厚 13m 的白云质灰岩在地震剖面上形成两个可分辨的高频、弱振幅反射同相轴;XL1-1 碳酸盐岩不发育,对应一个强振幅、高连续反射同相轴;XL5 井发育 16m/四层砂岩和碳酸盐岩和泥页岩互层,单层最大厚度 5m,在特殊岩性段的强反射轴之上形成两个弱波峰反射。该套地层展布范围局限,地震剖面上很快相变为强振幅、高连续反射,表明碳酸盐岩不再发育。

(三)地震属性分析技术

井震对应关系分析为湖相碳酸盐岩预测奠定了基础。根据不同岩性组合对应的地震反射特征不同的特点,利用地震属性分析法刻画碳酸盐岩的宏观平面展布特征。当碳酸盐岩厚度和组合关系发生变化时,地震剖面的频率和振幅同时发生变化,因此选择频率和振幅属性进行多属性 SOMA 综合分析。SOMA 属性综合分析采用无监督神经网络方法。在平面上统计各个节点的原像数目(称作密度),得到像密度图,将密度较高且较集中的节点划为一类。再通过自组织学习过程,将样本映射到神经元平面上。其突出特点是可以进行交互分析,研究人员以已钻井为标准,赋予各节点相应的地质意义。在蠡县斜坡湖相碳酸盐岩预测中,根据本区物源来自南西和西面的区域沉积认识,将密度图赋予不同的颜色,进行分区,刻画出各沉积相带边界。再根据已钻井单井相分析结果为 SOMA 属性赋予沉积相含义,以完成储层分类或半定量预测储层岩性的目的。

将录井岩性与地震属性间的映射关系推广到全区,得到最终预测结果(参见图 1-9)。蓝色区域代表低频、强振幅、高连续地震反射特征,是油页岩发育区,分布在蠡县斜坡中北段,是蠡县斜坡沙一段湖侵域分布最广的岩性类型;绿色区域代表高频、强振幅、高连续地震反射特征,在斜坡中段 G18 井、N45 井一带呈条带状分布,是湖相碳酸盐岩分布区;红色区域代表振幅相对较弱、连续性差的地震反射特征,是砂岩发育的地区。通过属性综合分析,初步确定了碳酸盐岩分布范围,明确了其分布规律。蠡县斜坡沙一下亚段特殊岩性段湖相碳酸盐岩主要分布在西柳—赵皇庄地区,沿湖岸线呈条带状展布,横向孤立分布,岩性变化快。

通过井震对应关系分析,可将地震相转换为沉积微相,进而预测岩相,指出碳酸盐岩发育区带(图6-28)。当沙一下亚段湖侵域发育暗色泥岩和油页岩时,地震剖面相为连续、强振幅、低频反射,这种反射多出现在咸化的深湖—半深湖沉积环境;当发育较厚层的碳酸盐岩时,地震剖面相为强振幅、高连续、中高频反射,多出现在碳酸盐岩滩坝沉积环境;当发育暗色泥岩夹薄层砂岩时,地震剖面相为弱振幅、不连续、中高频反射,多出现在三角洲前缘沉积环境。

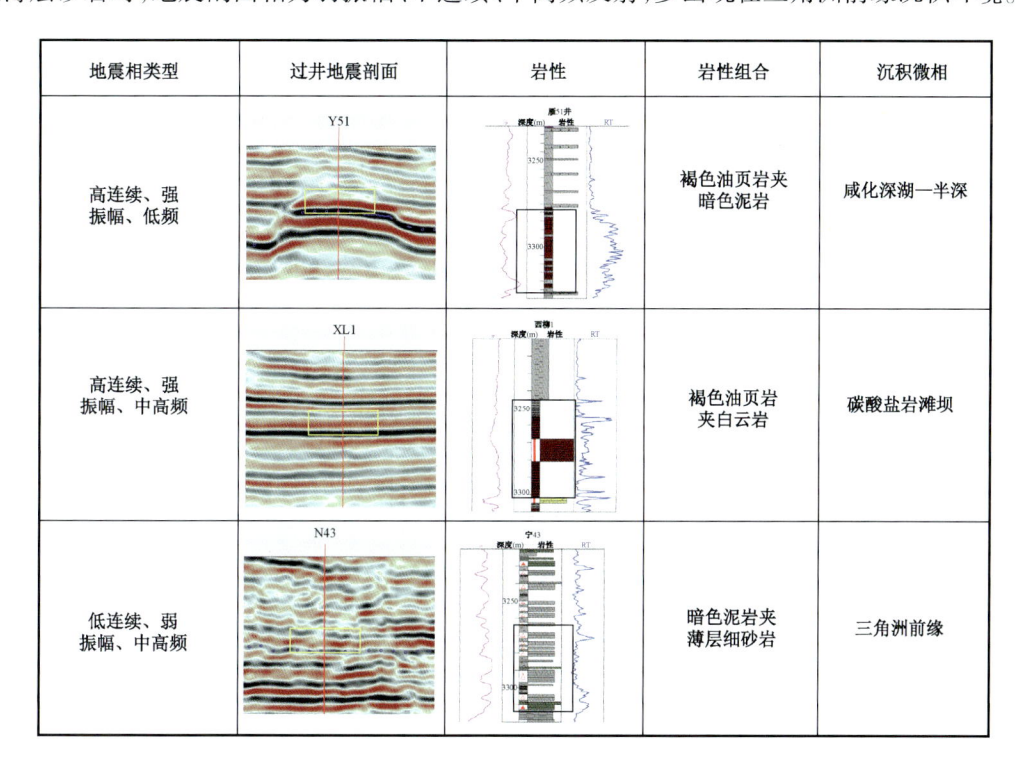

地震相类型	过井地震剖面	岩性	岩性组合	沉积微相
高连续、强振幅、低频	Y51		褐色油页岩夹暗色泥岩	咸化深湖—半深
高连续、强振幅、中高频	XL1		褐色油页岩夹白云岩	碳酸盐岩滩坝
低连续、弱振幅、中高频	N43		暗色泥岩夹薄层细砂岩	三角洲前缘

图6-28 蠡县斜坡沙一下亚段特殊岩性段地震反射特征与沉积相对应关系图

根据以上特殊岩性段地震反射特征与沉积相对应关系表,可以将地震属性分析结果转换为岩相古地理图(图6-29),预测西柳—赵皇庄地区为碳酸盐岩的有利发育区。

(四)基于曲线重构的地震反演技术

依托西柳—赵皇庄地区"两宽一高"采集并进行了提高分辨率处理的地震勘探资料,应用基于曲线重构的地震反演技术对碳酸盐岩分布进行了精细预测。岩电特征分析认为:湖相碳酸盐岩具有低GR、高SP、声波时差值偏低的特征。因此将岩性曲线与声波曲线进行重构,以突出碳酸盐岩特征。以重构后的曲线进行波阻抗反演,得到的结果与已钻井吻合程度较高(图6-30)。Ⅱ、Ⅲ期碳酸盐岩在波阻抗剖面中均有反映。红色区对应较厚的碳酸盐岩,黄色区碳酸盐岩厚度小,绿色和蓝色区碳酸盐岩不发育。

根据反演结果,对厚度较大、成藏条件较好的Ⅱ、Ⅲ期湖相碳酸盐岩进行厚度预测,本区湖相碳酸盐岩沿近南北向的湖岸线呈环带状展布。Ⅲ期在工区西部广泛发育,东部的N56井、XL8井、XL11井和R99井区没有湖相碳酸盐岩沉积。厚度较大的区带分布在XL101—XL4—N45井一线(图6-31),厚度大于4m的面积为31.68km^2。预测XL4井北和XL13井南分别发育两个厚度大于6m的区域。Ⅱ期湖平面有所下降,碳酸盐岩发育范围变大,分布在XL11井、N36井以西,单层厚度有所增加。厚度大于6m的面积为48.21km^2,局部厚度较大的区域在XL5井、N45井一线,预测最大厚度为12m,分布在XL13井西南。

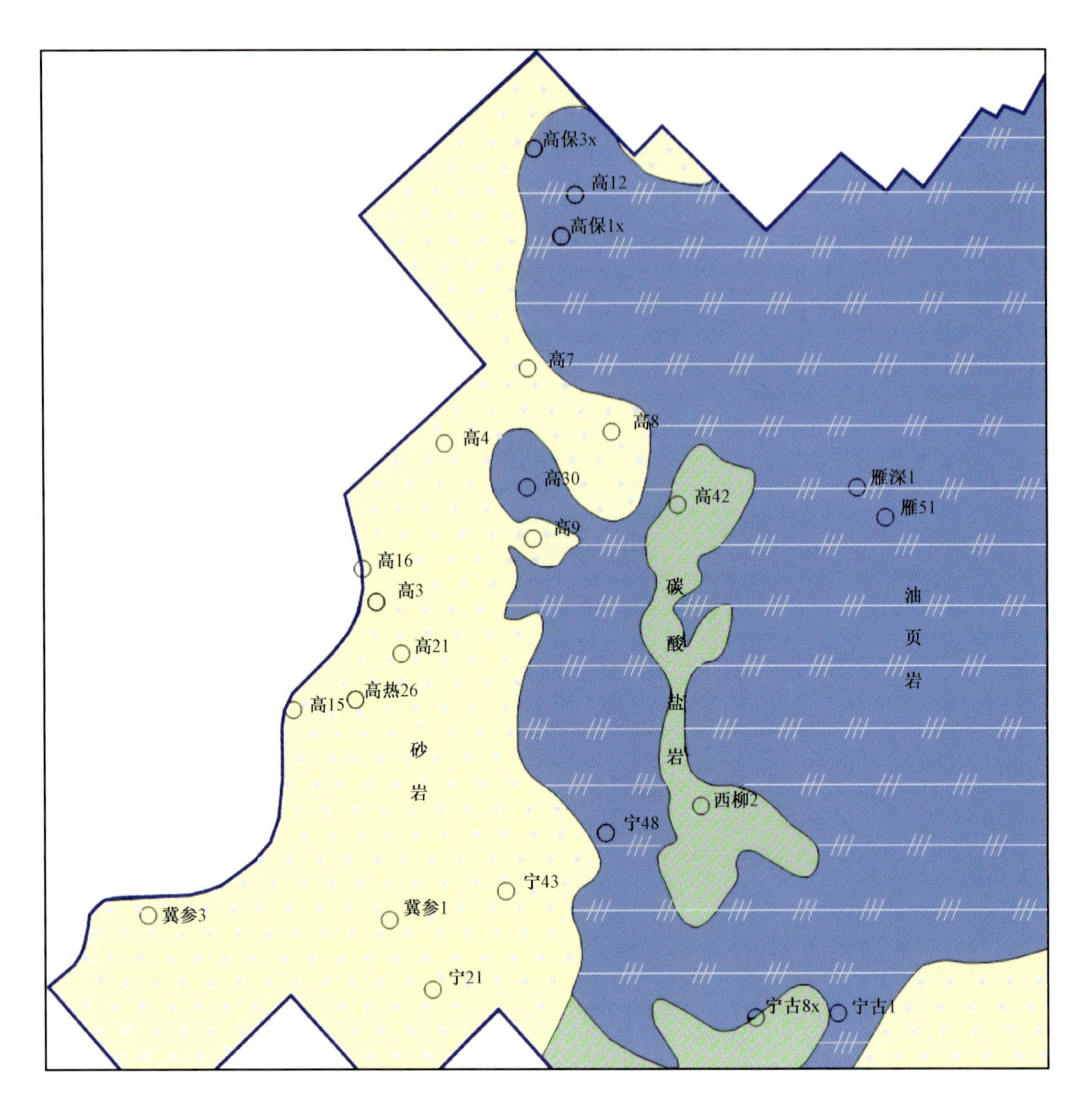

图 6-29　蠡县斜坡沙一下亚段特殊岩性段岩相古地理图

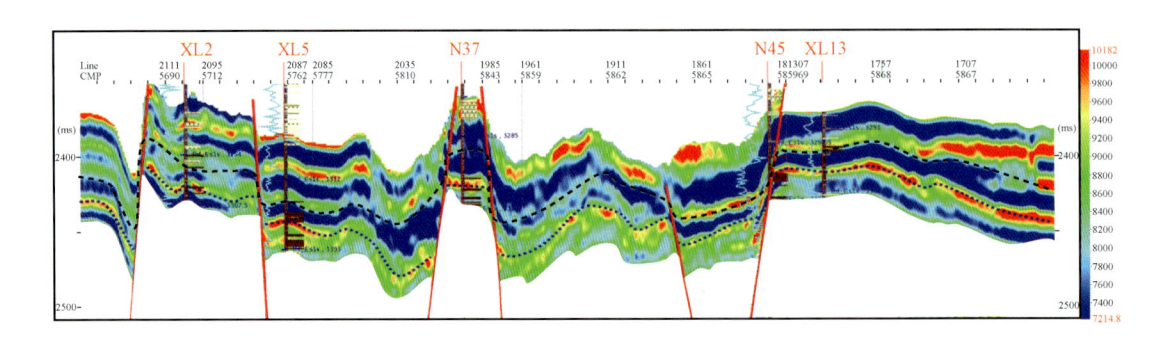

图 6-30　蠡县斜坡特殊岩性段地震反演剖面（红色区域为碳酸盐岩发育区）

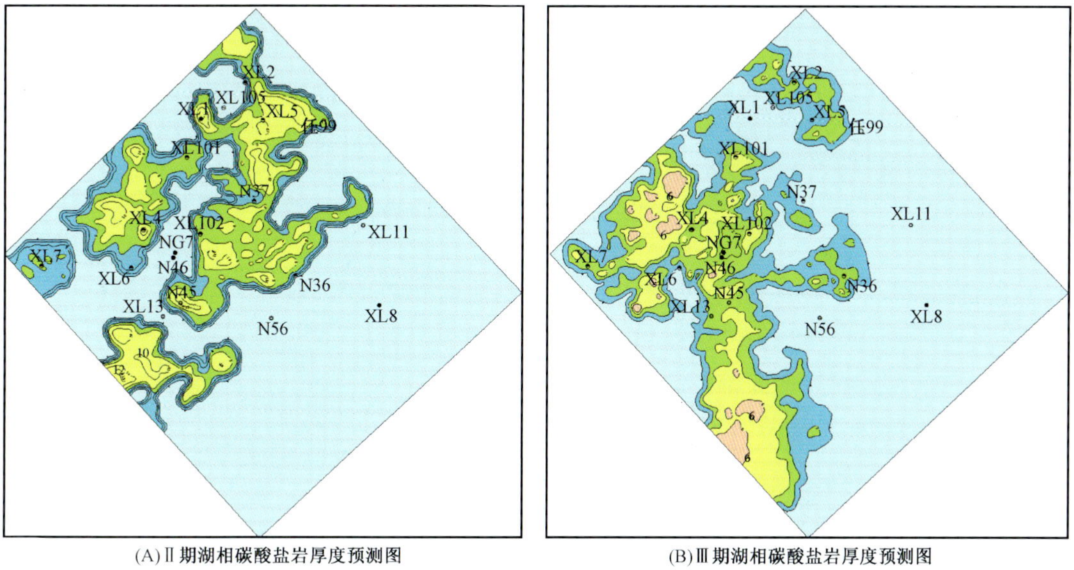

(A) Ⅱ期湖相碳酸盐岩厚度预测图   (B) Ⅲ期湖相碳酸盐岩厚度预测图

图6-31　蠡县斜坡XL地区沙一下亚段Ⅱ、Ⅲ期湖相碳酸盐岩厚度预测图

湖相碳酸盐岩预测方法可以定性预测湖相碳酸盐岩发育区，边界预测准确。当碳酸盐岩厚度大于5m时，相对误差在0~15%，最大相对误差不超过18.3%；当碳酸盐岩厚度小于5m时，预测相对误差在0~25%。N36井误差较大，主要原因是该井段发育7m/6层砂岩，地震响应特征与碳酸盐岩差异不大，在预测结果中难以区分。

蠡县斜坡沙一下亚段湖相碳酸盐岩已有多口井见显示，并获工业油流，但由于在钻井过程中一般都是兼探层，碳酸盐岩依然是勘探程度较低的层系，是岩性勘探的有利目标层。

第三节　束鹿凹陷湖相碳酸盐岩致密油地震勘探技术及成效

束鹿凹陷位于冀中坳陷西南部，是一个古近纪形成的东断西超、呈NNE—SSW展布的箕状凹陷。束鹿凹陷古近系沉积了沙三段、沙二段、沙一段和东营组，缺失沙四段和孔店组。

沙三下亚段沉积期是束鹿凹陷湖盆形成与发展的重要时期，同时也是凹陷内泥灰岩地层主要的形成阶段，尤其在中洼槽沉积了巨厚的泥灰岩，南洼槽和北洼槽相对较少。凹陷内以扇三角洲、滑塌扇和湖相为主，其中滨浅湖区主要以受沿岸流和波浪改造的扇三角洲沉积为主，而半深湖和深湖区除滑塌扇沉积外，还发育浊流沉积以及正常的悬浮沉积。良好的生油岩基本都位于半深湖和深湖相沉积中。

束鹿凹陷中洼槽沙三下亚段泥灰岩埋深适中，约3000~6500m，分布广、厚度大、成藏条件好。有效储层以灰质砾岩和纹层状泥质灰岩为主，储集空间类型丰富，包括砾内孔、贴砾缝、砾内缝、粒间孔、粒内孔、有机质孔及其相关孔隙、微裂隙等，属于特低孔隙度、特低渗透率储层，油气藏类型为典型的致密油气藏，勘探获得突破的关键是甜点预测。

在已钻井中有多口井获得工业油流，特别是2012年完钻的ST1H井揭示泥灰岩油气显示活跃、厚度大，证实该领域具有良好的勘探前景。鉴于中洼槽位于多块三维的拼接处，覆盖次数不均匀，方位角窄，纵向分辨率低，难以满足勘探需求，为此开展"两宽一高"三维地震采集、处理和解释联合攻关，取得较好的成效。

一、地震勘探资料采集技术及成效

在研究区表层结构复杂,主要表现在低降速带厚度变化剧烈,特别是工区中西部存在表层结构变化陡带,建立准确的表层结构模型是本区采集的难点。地表障碍物影响炮检点规则布设,工区内果园多(占30%)且密,机井密布(27 口/km²),给炮点的均匀布设带来极大困难。工区南部有大量厂房及大型运钢车辆,容易造成重大干扰源多,对采集资料的信噪比影响严重。

针对这些特点,在该区采用了"两宽一高"三维地震采集技术,炮密度为104炮/km²,道密度为64万道/km²,覆盖次数256次,横纵比达到1。

(一)"两宽一高"三维地震采集技术

1. 观测系统

观测系统类型:32线6炮192道正交

纵向观测系统:3820 - 20 - 40 - 20 - 3820

总道数:6144道(32线×192道)   CMP面元:20m(纵)×20m(横)

覆盖次数:256次(16纵×16横)   横纵比:1

道间距(m):40   接收线距(m):240

炮点距(m):40   炮线距(m):240

最大非纵距(m):3820   纵向最大炮检距(m):3820

最大炮检距(m):5402   束线滚动距(m):240

炮密度(炮/km²):104   道密度(万道/km²):64

2. 激发参数

炸药类型:乳化   激发井数:1口

激发深度:高速顶以下7m   激发药量:6kg

3. 仪器参数

地震仪器:G3i   前放增益(dB):24

采样间隔(ms):1   记录长度(s):6

低截滤波(Hz):3   高截滤波(Hz):410

4. 接收参数

检波器类型:30DX - 10Hz模拟检波器

组合图形:正方形   检波器个数:2串×10个

组内距:$dx = 3m, dy = 4m$ 组合基距:$Dx = Dy = 12m$

(二)高精度航拍资料应用技术

为了提高炮检点的正点率,保证观测系统属性均匀,首次在冀中地区利用小型遥测飞机对工区进行航拍,获取高精度的地表影像资料,精度达到0.5m。航拍较之卫片有精确度高、分辨率高、及时性强、无云层遮挡等特点(图6-32),利用高精度航拍照片指导野外布设炮检点(图6-33),正点率达到90%。

图 6-32 航拍照片与卫片效果对比图

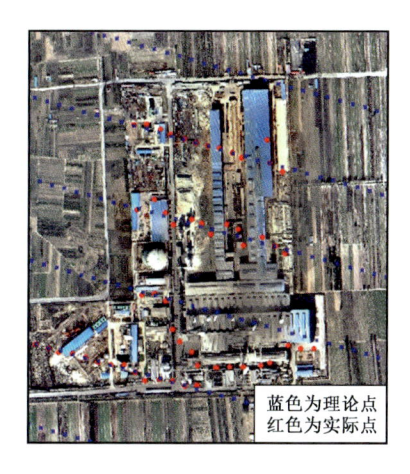

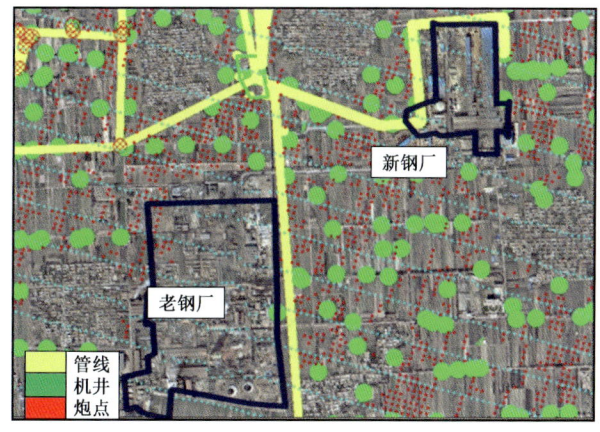

图 6-33 工区炮检点分布位置图

新采集资料能量均衡,信噪比较高,反射信息较为丰富,尤其是深层泥灰岩反射信息较丰富、波组特征清楚、能量均衡,为后续精细处理奠定了良好的基础。与以往三维资料相比,由于束鹿凹陷三维攻关采集采用全方位、高密度的观测系统,深层资料品质较以往有较大幅度的提高,波组特征、深层反射连续性改善明显(图6-34)。

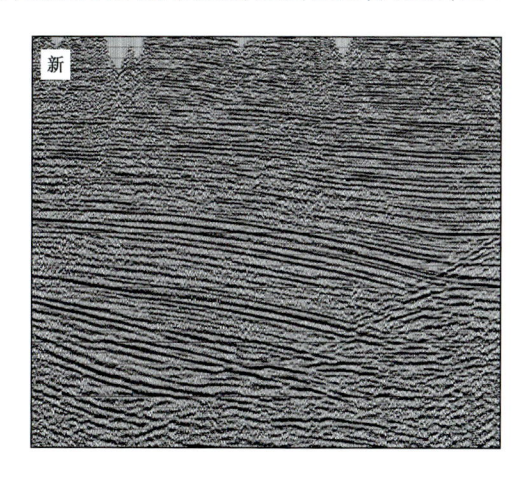

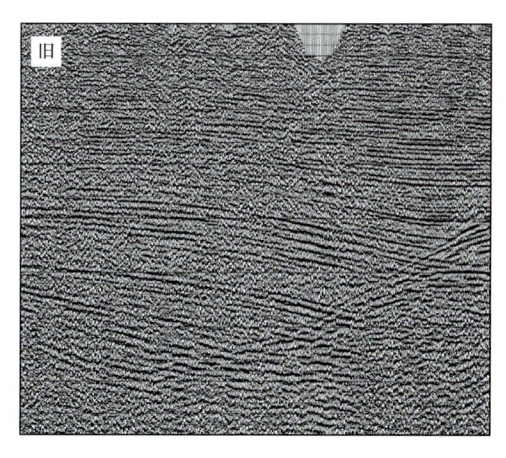

图 6-34 新、旧叠加剖面对比(全频)

— 289 —

二、处理技术及成效

针对中洼槽湖相碳酸盐岩岩性识别、物性分析难度大的特点,充分利用攻关采集的"两宽一高"地震勘探资料的特点,处理攻关中采取保真去噪、保幅处理、井控提高分辨率处理、基于共炮检距矢量片(OVT)处理、逆时偏等针对性处理技术,在确保地震勘探资料保真的前提下,提高了振幅补偿精度和地震勘探资料的分辨率。

(一)井控处理技术

处理方面应用井控处理技术见到良好的效果。应用井控 Q 补偿和叠后零相位化处理后,地震勘探资料在信噪比和分辨率方面有了提高,反射轴连续性更好,地质现象更为清晰(图 6-35、图 6-36)。

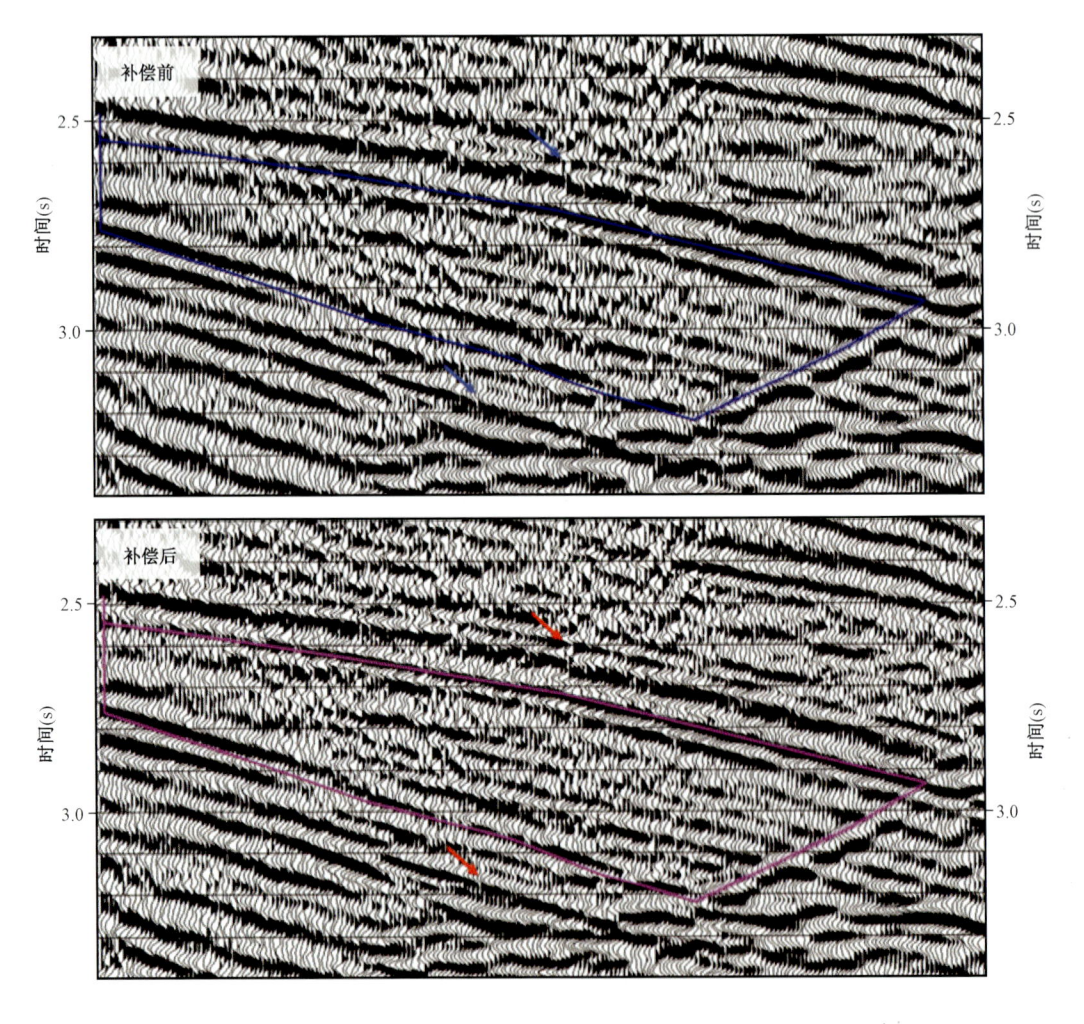

图 6-35 井控 Q 补偿前后叠加剖面对比图

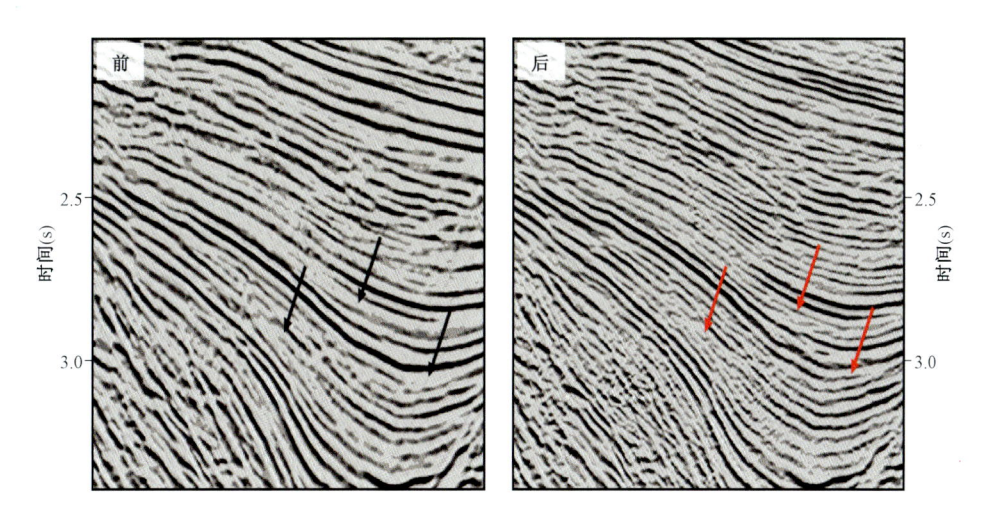

图6-36 叠后零相位化处理前后偏移剖面对比图

(二) OVT 处理技术

随着地震勘探程度的不断提高以及地震勘探技术的不断进步,窄方位角地震勘探已逐渐被宽方位角地震勘探所代替。OVT 处理可保存方位角信息,它提供的有效而精确的数据域可用于去噪、插值、规则化、成像、速度各向异性、AVO/AZAVO 和岩石属性反演等常规处理。

图6-37B 为方位各向异性校正后的螺旋道集,方位校正后同向轴的一致性得到提高。与常规叠前时间偏移处理剖面、地层切片、沿层相干对比,OVT 偏移资料信噪比高,地层接触关系合理,断面刻画清晰,层间信息丰富(图6-38)。

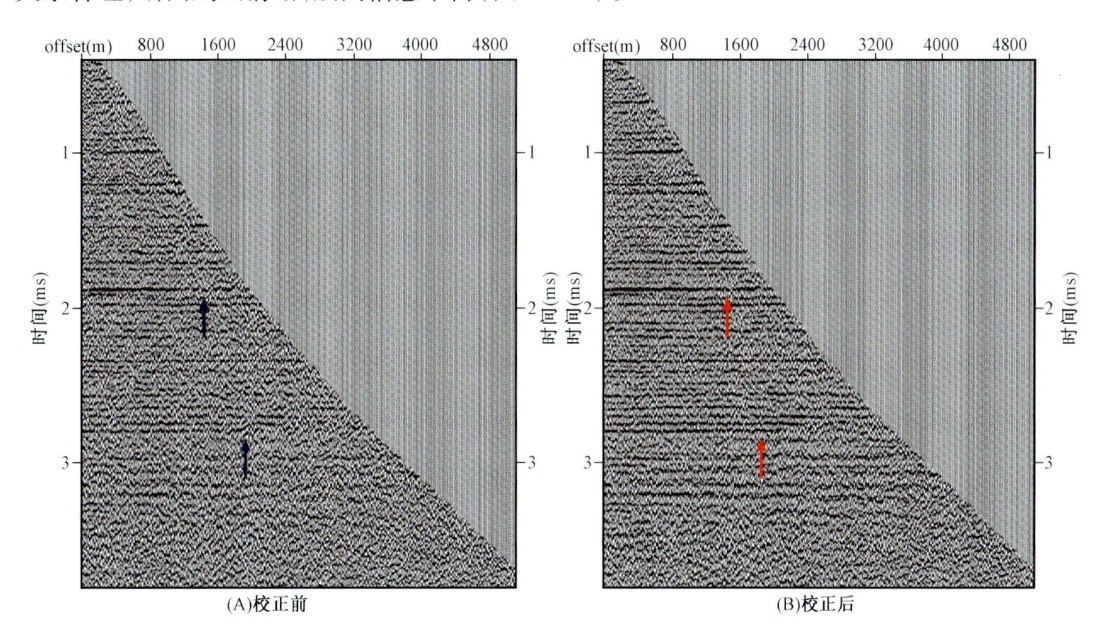

图6-37 方位各向异性校正前后的螺旋道集对比图

(A)常规叠前时间偏移　　　　　　　　　　(B)OVT偏移

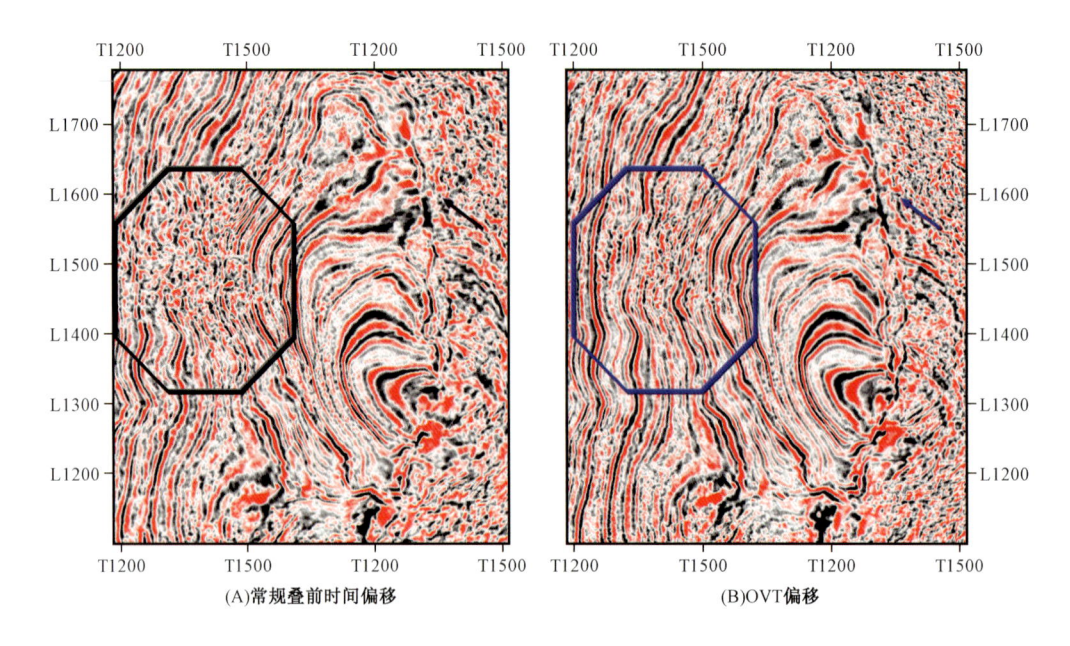

图 6-38　常规叠前时间偏移与 OVT 偏移目的层($T=3000$ms)切片对比图

三、解释技术及成效

针对束鹿凹陷致密油甜点,结合岩石物理特性和测井信息,应用致密油"六性"配套预测技术,在精细落实构造的基础上定量预测 TOC 含量,寻找有利烃源岩;属性结合反演等多手段刻画岩性展布;叠前、叠后多技术相结合刻画裂缝发育区;叠前反演技术预测油气分布;多维解释技术对地层的各向异性强度进行预测,在以上工作基础上综合评价"甜点区",锁定有利勘探目标。

(一)TOC 含量预测技术及效果

总有机碳含量(TOC)是评价生油岩生烃能力的主要指标之一,是含油盆地中生烃研究和资源评价的一项重要参数。是否存在一定面积和厚度的优质烃源岩,是致密油气能否形成并富集的物质基础。

TOC 预测技术目前主要有两种,一种是利用经验公式法计算 TOC 含量,另一种是利用有机质含量与密度、泊松比的相关性估算 TOC 含量。在冀中坳陷束鹿凹陷致密油研究过程中,通过分析优质烃源岩的电性特征发现,该区高 TOC 区具有高声波时差及高电阻率的特点,优选第一种方法预测 TOC 曲线。

1990 年,Passey 等经过大量的分析试验,提出了总有机碳含量的经验公式:

$$TOC = \Delta lgR \times 10a + C$$

其中,$\Delta lgR = lg(R_t/R_{t基线}) + 0.02 \times (DT - DT_{基线})$,$a = 2.297 - 0.1688 \times LOM$

LOM 是热变指数,与镜质组反射率 R_o 有关,它反映有机质成熟度,可以根据大量样品分析(如镜质组反射率分析)得到,或从埋藏史和热史评价中得到。C 为地层有机碳含量背景值,由岩心分析 TOC 标定得出。通过以上相关的各种参数值,该方法能快速计算出整个凹陷的总有机碳含量。该方法精度较低,适用于凹陷烃源岩研究的初级阶段。

根据 TOC 与 lgR_t 和 AC 的关系,分层段对 TOC 进行拟合,调整参数,使得实测 TOC 曲线与拟合 TOC 曲线达到最大相关。在实现单井 TOC 拟合的基础上,通过井震结合,形成全区的 TOC 数据体。

利用经验公式拟合 TOC 曲线,在该区效果比较理想,以 J97 井泥灰岩段 3400~3800m 井段为例,两者趋势及幅值基本一致(图 6-39)。再利用 BP 神经网络反演,进行 TOC 含量空间分布规律的精细预测。图 6-40 为束鹿凹陷 TOC 反演预测剖面图,图中四个层段自上至下分别为Ⅰ油组、Ⅱ油组、Ⅲ油组和Ⅳ油组,其中Ⅱ油组和Ⅲ油组属于水进域,Ⅰ油组为高位域,Ⅳ油组为低位域,图中蓝色表示 TOC 含量高,红色表示 TOC 含量低,可以看出Ⅱ油组、Ⅲ油组 TOC 含量明显高于Ⅰ油组和Ⅳ油组,与已钻井资料及地质综合分析结论一致。

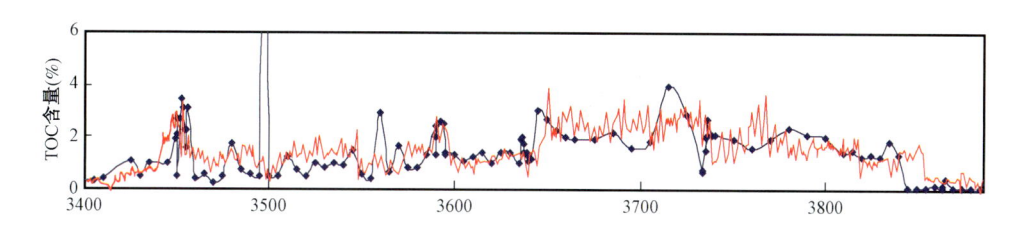

图 6-39 拟合 TOC 曲线与实测 TOC 含量对比图
(蓝色为岩心实测 TOC,红色为拟合 TOC 曲线)

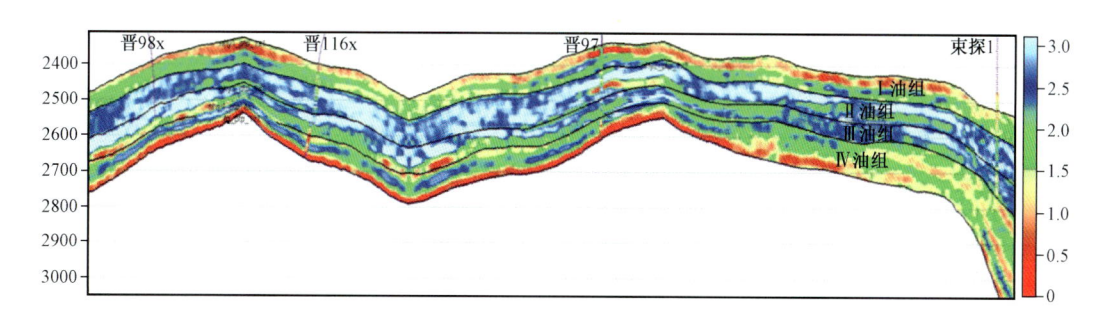

图 6-40 束鹿凹陷中洼槽泥灰岩 TOC 预测剖面图

(二)岩性预测技术及效果

研究区结合取心、试验等资料,测井上能分辨的岩性种类主要有泥岩、块状泥灰岩、纹层状泥灰岩、颗粒支撑陆源砾岩、杂基支撑陆源砾岩、混源砾岩,基于地震勘探资料预测角度,能分辨出砾状灰岩、泥灰岩及泥岩。由目前钻井资料揭示,深层受生油岩包裹、源储共生的灰质砾岩存在一定欠压实作用,能够形成富集高产区,灰质砾岩的空间分布规律是岩性预测的重点。

1. 正演分析灰质砾岩的地震反射特征

基于实钻井资料,应用正演技术对该区灰质砾岩的地震反射特征进行分析,图 6-41 左为过 J97 井的正演剖面,中间为叠前时间偏剖面,右边为岩性解释剖面,通过正演及井震联合标定均表明该区灰质砾岩呈强波峰反射特征。

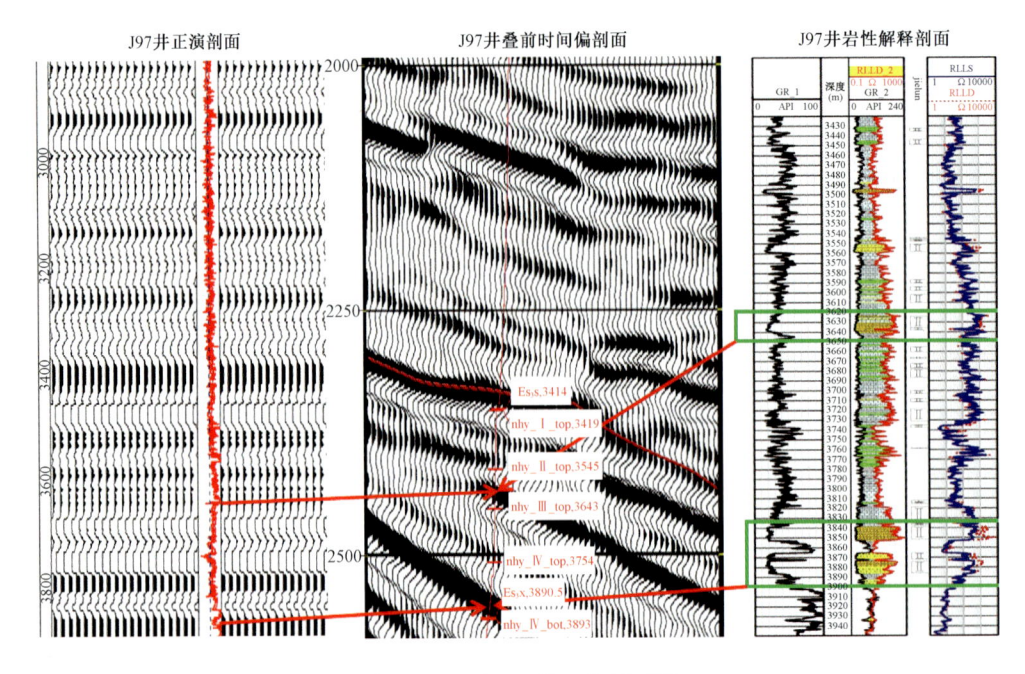

图6-41 过J97井正演剖面图

2. 地震多属性预测技术

由前面分析可知灰质砾岩呈强波峰反射,因此,利用振幅类属性就能较好预测出灰质砾岩发育区。从图6-42中可以看出,强振幅属性异常区呈块状分布,代表储层发育区,预测结果与钻井吻合程度较高。

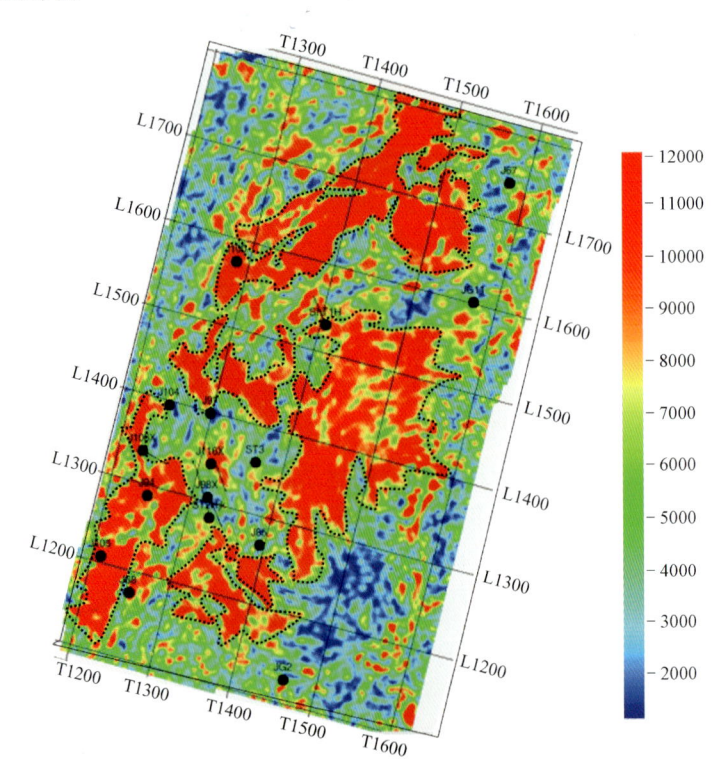

图6-42 束鹿凹陷中洼槽Ⅲ油组瞬时振幅属性平面图

(三)裂缝预测技术及效果

针对研究区泥灰岩裂缝型储层,按裂缝级别采用三种预测技术,从定性描述到半定量对裂缝的发育和展布进行精细刻画。

1. 叠后相干属性定性刻画主断裂展布

相干技术主要用于描述地震数据的空间连续性。目前倾角向量场导向的相干算法大致有三种:相似性相干、本征构造相干和 Sobel 滤波相干。本区三种不同计算方法得出的相干切片相对比,其中相似性相干反映断层效果最好(图 6-43)。区内主要发育 NNE—NE、近 EW 向两组走向的 Ⅱ 级控带断层以及 Ⅲ 级微小断层。Ⅱ、Ⅲ 级断层具有数量多、延伸距离不同、连续性较好、断距小的特点。

(A)相似性相干切片　(B)本征构造相干切片　(C)Sobel滤波相干切片

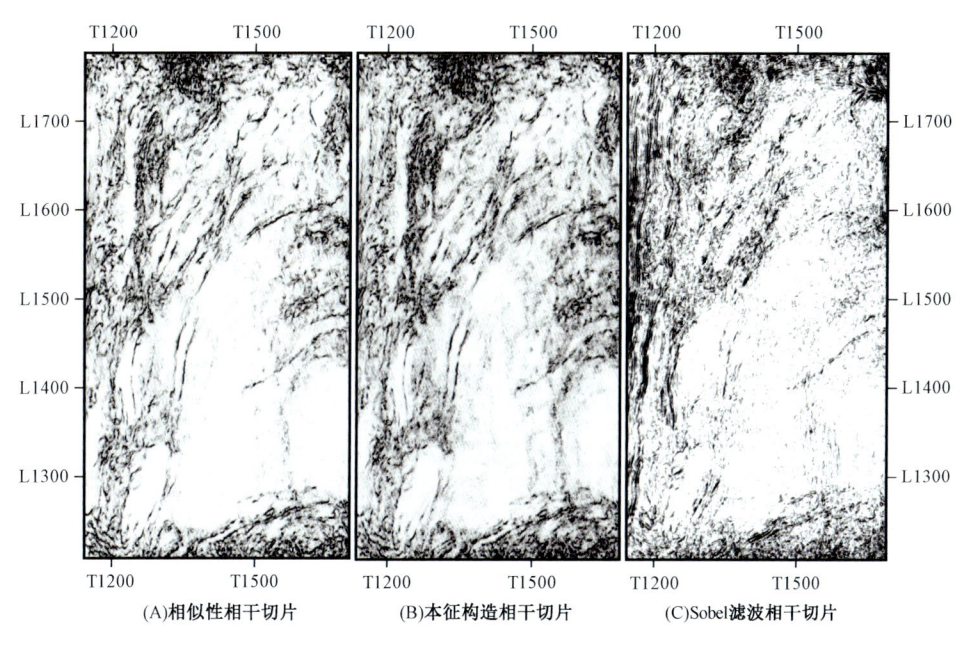

图 6-43　工区相干切面图(2000ms)

2. 构造曲率定性描述挠曲构造裂缝发育

构造曲率是研究脆性地层形变的一种有效方法,它能够比较准确地反映和预测构造裂缝的发育。由图 6-44 可以看出,曲率在地层倾角有变化时即有反应,而相干只是描述同向轴的错动。

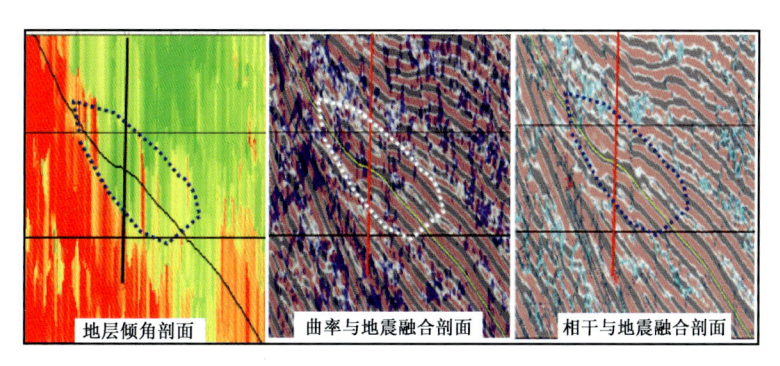

地层倾角剖面　曲率与地震融合剖面　相干与地震融合剖面

图 6-44　不同属性与地震属性融合剖面图

— 295 —

3. 叠前分方位裂缝预测技术半定量刻画微裂缝

Mallick 等人经过大量的研究认为,可以应用 P 波反射振幅或速度随方位角与偏移距的变化函数检测裂缝,即利用振幅随方位角变化和速度随方位变化识别裂缝的方向和密度。

叠前裂缝预测的原理为:(1)在入射角不变时,属性是随着方位角的变化而变化的,这样就可以利用方位属性来进行叠前裂缝预测;(2)在方位角固定时,属性是随着入射角或偏移距的变化而变化的,可以先分析各个方位上的属性随方位的变化情况,进而分析裂缝。图 6 – 45 是该区不同方位叠加数据体的沿层瞬时振幅属性,从属性平面图上可以看出不同方位的振幅属性变化明显,在垂直主断裂方向能量衰减快,说明该资料目的层各向异性特征明显,能满足叠前裂缝预测要求。

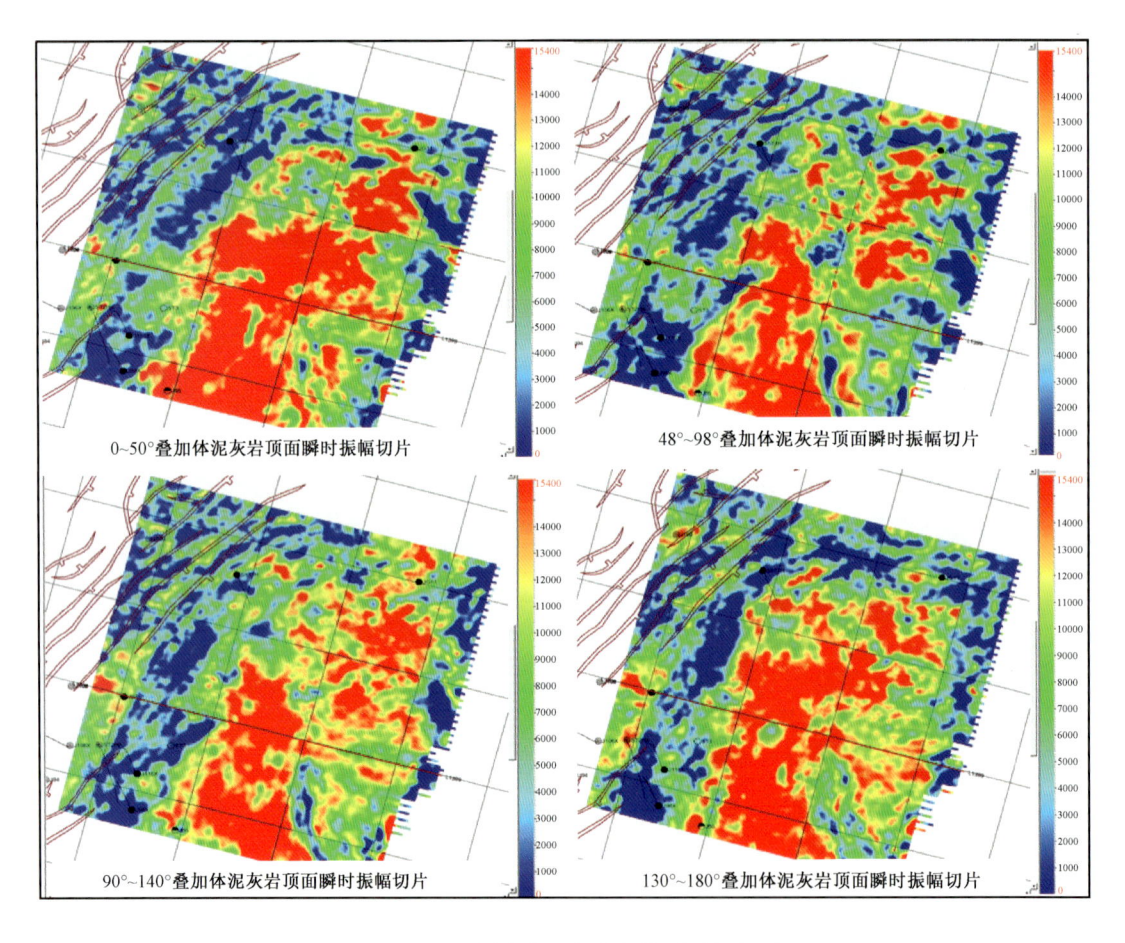

图 6 – 45 不同方位叠加数据体瞬时振幅图

研究区叠前裂缝预测基于高密度、全方位的叠前 CRP 道集,图 6 – 46 是相干与微裂缝对比图,可以看出在主断裂附近发育有两组裂缝,一组平行主断裂的剪切裂缝,一组斜交主断裂的张性裂缝。派生张裂缝在断层两侧成羽状排列分布,与主断层斜交(一般为 45°)。派生剪切裂缝分布于断面的两侧,共有两组,一组与断面小角度相交(<15°)。

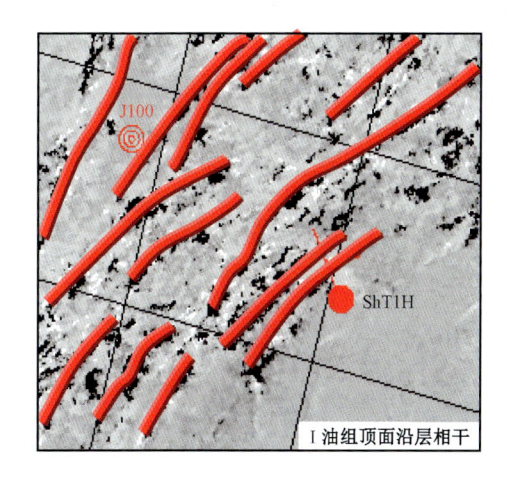

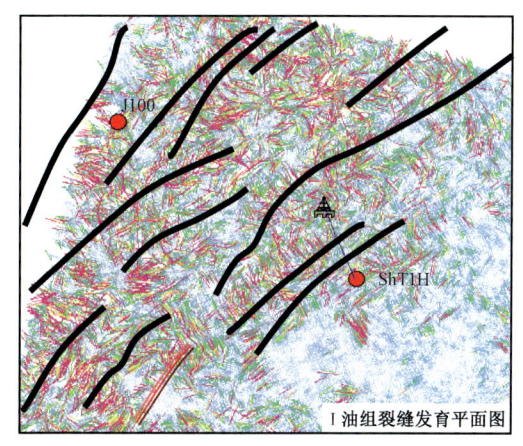

图 6-46 研究区裂缝与主断裂对比图

4. 五维解释技术预测裂缝

东方公司拥有自主知识产权的多维数据解释技术,是以直接利用 OVT 处理得到的蜗牛道集为数据基础,在多维道极柱状显示的基础上,抽取并分析方位角道集和偏移距道集的各向异性特征,进而对道集振幅切片和时差切片进行解读,实现预测储层的裂缝发育程度的技术。

1) 道集规则化处理

经过 OVT 偏移后的 OVG 数据既保留了炮检距信息,也保留了观测方位信息,但从道集中抽出的不同炮检距的共炮检距剖面长度不同,抽出点不同方位的共方位角剖面长度也不同,因此影响了 OVG 数据的分析对比,由此需要改变 OVG 数据的分布方式,使其能够方便进行可视化显示、道集内任意剖面的抽取及分析。为了保证不同方位之间数据具有可比性,首先进行数据预处理,剔除大于最大非纵距的数据,保留炮检距小于最大非纵距的数据。

在分方位数据处理中常用的是按照角度分扇区的方法进行数据拆分,这种常规的拆分方法存在着一系列的不足,如小偏移距数据采样不足、抗噪性差,大偏移距分辨率过低,远近道采样不均匀,方位道集 AVO 保真度低等。针对该问题,利用多维数据解释技术的"矩形规则化"方法来进行偏移距—炮检距域规则化,规则化后数据的方位角间隔和偏移距间隔的疏密程度由原始数据的疏密程度而定,原则上以规则化后数据的数据量与原数据量没有大的变化为宜。规则化后的数据方位各向异性规律性更强,矩形数据规则化方法在一定程度上具有压制噪声的作用,使得道集品质整体得到提升。

2) 各向异性响应属性提取分析

对于单个道集来说,同相轴振幅和时间是表征各向异性特征的属性,沿同相轴进行振幅或时间的提取可以得到该道集的各向异性延伸方位。

首先利用道集叠加或者部分叠加道作为模型道,计算各道与模型道的相关系数,求取第 m 道得到最大相关系数的延迟时为当前道的剩余时差,即得到全道集同相轴时差属性;应用延迟时处理后再对振幅值进行提取,即得到了全道集同相轴振幅属性。

3) 效果分析

应用多维数据解释技术对研究区各油组的各向异性强度分别进行预测,图 6-47 为Ⅲ油组各向异性强度平面图,红颜色表示强各向异性,蓝色表示弱各向异性,结合裂缝测井解释成果(把井上裂缝解释为Ⅰ级裂缝、Ⅱ级裂缝和Ⅲ级裂缝三个级别),把该区钻遇该油层的五口井裂缝发育情况进行统计(表6-3),J98x井Ⅰ级裂缝厚度占地层厚度 27.8%,Ⅱ级裂缝占 43.9%,裂缝非常发育,该井位于各向异性强的红色区域;J97井Ⅰ级裂缝厚度占地层厚度 2.7%,Ⅱ级裂缝占5.9%,位于各向异性强度较大区;ST3井不发育Ⅰ级裂缝,但Ⅱ级裂缝厚度 占地层厚度达36.1%,各向异性强度与J97井相当;J116x井Ⅱ级裂缝较发育,J100井仅发育 Ⅲ级裂缝,故这两口井位于各向异性强度弱的蓝色区域。地震预测结果与实钻井情况吻合。

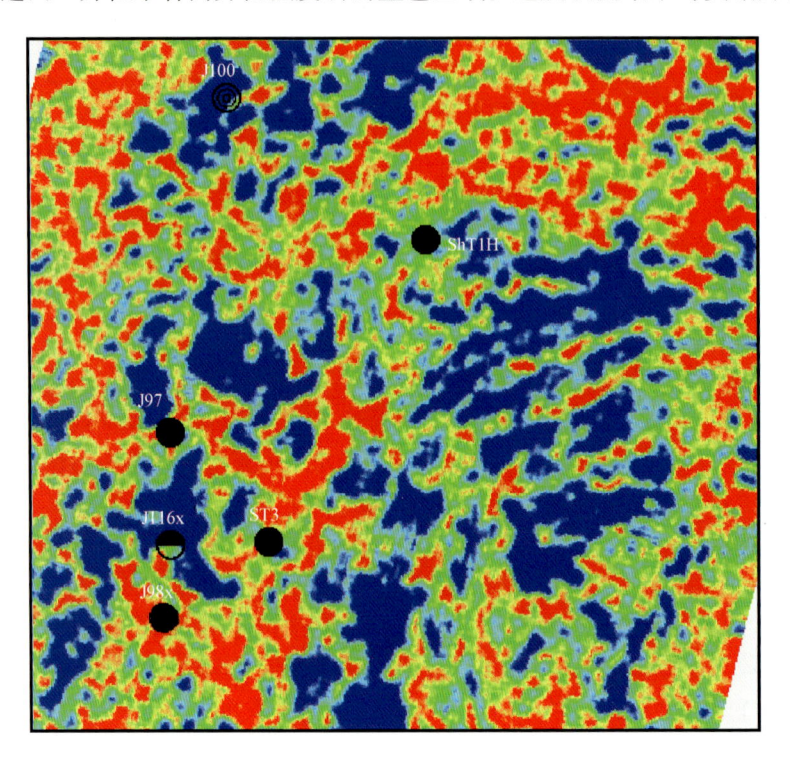

图6-47 Ⅲ油组各向异性强度平面图

表6-3 Ⅲ油组裂缝厚度统计表

井名	统计井段 (m)	Ⅰ级裂缝厚度/ 地层厚度(%)	Ⅱ级裂缝厚度/ 地层厚度(%)	Ⅲ级裂缝厚度/ 地层厚度(%)	合计厚度/ 地层厚度(%)
J100	3424~3574	0	0	42.9	42.9
J97	3700~3790	2.7	5.9	44.7	53.2
J116x	3937~4050	0	15.6	36.6	52.2
J98x	3990~4092	27.8	43.9	12.2	83.9
ST3	4017~4258	0	36.1	41.8	77.9

(四)脆性预测技术

大量实验结果表明,在压裂过程中,只有不断产生各种形式的裂缝,形成裂缝网络,油气井 才能获得较高的产量,而裂缝网络形成的必要条件除与地应力分布有关,岩石的脆性特征是内 在的重要影响因素。根据北美压裂实践经验,国外学者给出了岩石脆性与压裂裂缝形态的关 系,同时建议压裂设计中根据岩石脆性,优选液体体系和支撑剂。因此对储层脆性进行预测较 为重要。

杨氏模量和泊松比等岩石弹性参数能较好地表征致密储集体岩石脆性,泊松比越低、杨氏弹性模量越高,脆性较越大,这两个弹性参数可以通过叠前地震反演技术从地震勘探资料中获取。

由于泊松比和杨氏模量的单位有很大的不同,为了评价每个参数对岩石脆性的影响,应该将单位进行均一化处理,然后平均产生百分数表示的脆性指数。通过计算归一化杨氏模量和泊松比的平均值来得到脆性指数。

$$YM\_BRIT = (YMSC - 1)/(8 - 1) \times 100\%$$

$$PR\_BRIT = (PRC - 0.4)/(0.15 - 0.4) \times 100\%$$

$$BI = (YM\_BRIT + PR\_BRIT)/2$$

式中　YMSC——综合测定的杨氏模量,MPa;
　　　PRC——综合测定的泊松比,无量纲;
　　　YM_BRIT——归一化后的杨氏模量,无量纲;
　　　PR_BRIT——归一化后的泊松比,无量纲;
　　　BI——脆性系数,无量纲。

图6-48为利用"两宽一高"三维资料进行叠前反演,根据上式计算出脆性数据体剖面,预测结果与井资料相比分辨率较低,与录井岩性进行对比分析发现,在泥质含量较小的灰质砾岩段,脆性指数最大,其次是裂缝较发育的纹层状泥灰岩,脆性指数较大,块状泥灰岩及泥岩段,脆性指数最小。反演结果可信度较高,在一定程度上对压裂设计有参考意义。

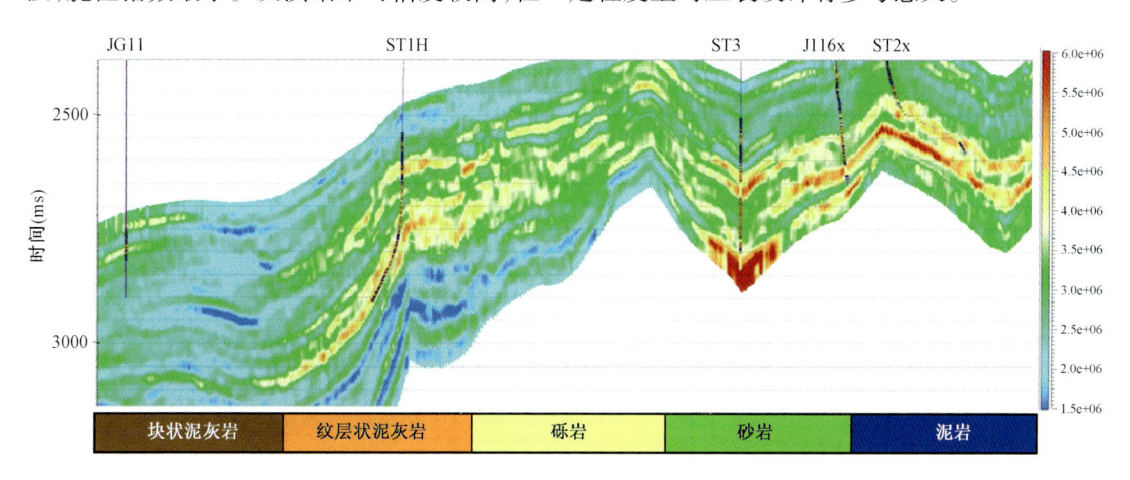

图6-48　JG11—ST1H—ST3—J116x—ST2x连井脆性指数剖面图

(五)含油气性预测技术及效果

油气检测技术主要包括基于流体因子的检测技术,基于神经网络的气层识别方法,基于各种变换的时、频域对比检测技术等叠后检测技术,以及AVO叠前含油气性检测技术、叠前反演预测含油气性技术等。在束鹿凹陷主要应用叠前反演技术预测含油气性。

首先通过精细岩石物理建模预测横波曲线,建立岩石物理模板分析出该区的油气敏感弹性参数为v_P/v_S,应用三个部分角道集(共偏移距道集)叠加体(4°~20°、16°~32°、28°~44°),对研究区沙三下亚段泥灰岩目的层开展叠前弹性阻抗反演,得到v_P/v_S敏感弹性参数数据体实现含气性检测。图 6-49 为连井 v_P/v_S 属性剖面,反演结果与井实际出油层段较吻合。

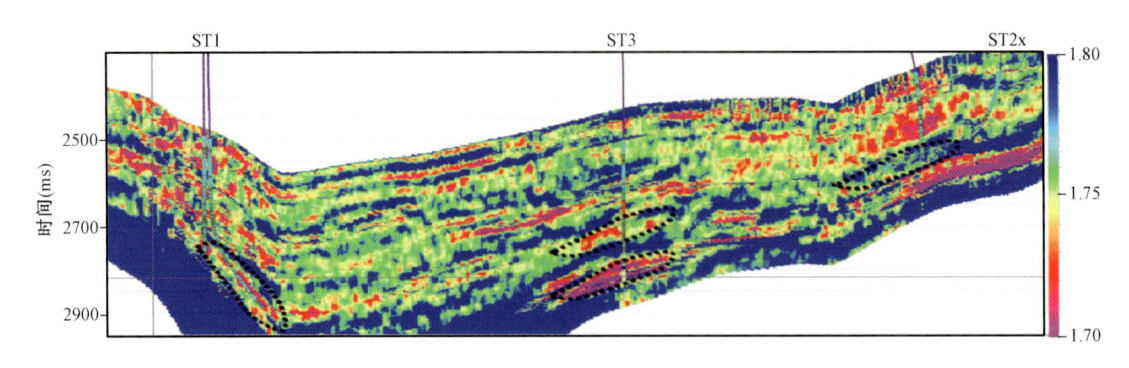

图 6-49 ST1—ST3—ST2x 连井 v_P/v_S 属性剖面图

四、主要勘探成效

(1)新采集处理的地震勘探资料分辨率高,层间反射丰富,波组特征清楚,层序界面清晰,频带较以往拓展 10Hz 以上,3500~4000m 深度可分辨 30m 左右的泥灰岩薄互层。

(2)对束鹿凹陷湖相碳酸盐岩六性进行了预测,预测结果与实钻井的测井信息吻合度达 80%。结合六性预测结果,综合评价致密油甜点区。针对灰质砾岩源储共生型油藏落实"甜点区"面积约 71.4km²;针对泥灰岩源储一体型油藏落实"甜点区"面积约 94km²(图 6-50)。

(3)提供井钻探的两口探井均获高产工业油气流,获得了良好的勘探效果。

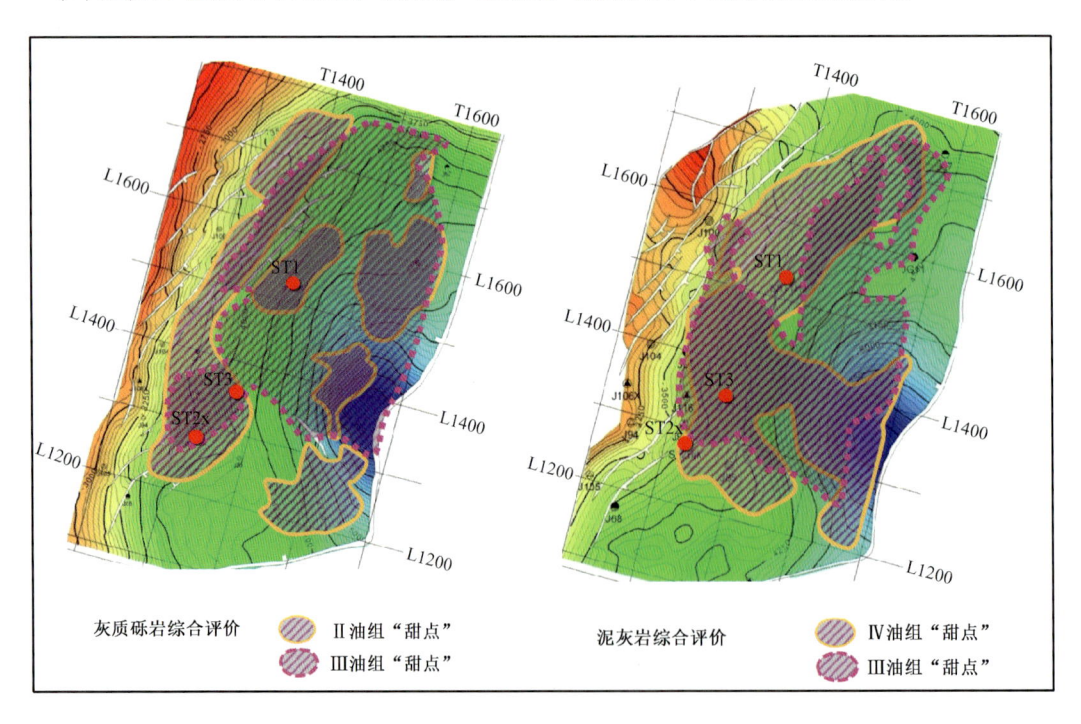

图 6-50 研究区综合评价图

第四节 辽河西部凹陷湖相碳酸盐岩致密油地震勘探技术及成效

雷家地区位于辽河坳陷西部凹陷北部,面积300km²(图6-51),古近系沙四段受曙光潜山、高升潜山、兴隆台潜山及中央凸起夹持,形成半封闭的浅水湖盆沉积环境,湖相碳酸盐岩广泛发育,被厚层湖相泥岩包裹,形成有效的成藏组合,具有一定的勘探潜力。早在20世纪90年代,该区就已发现多块碳酸盐岩油气藏,但由于岩石类型多变、单层薄、非均质性强,地震勘探资料品质差、储层预测多解性强,一直没有取得进一步的突破。

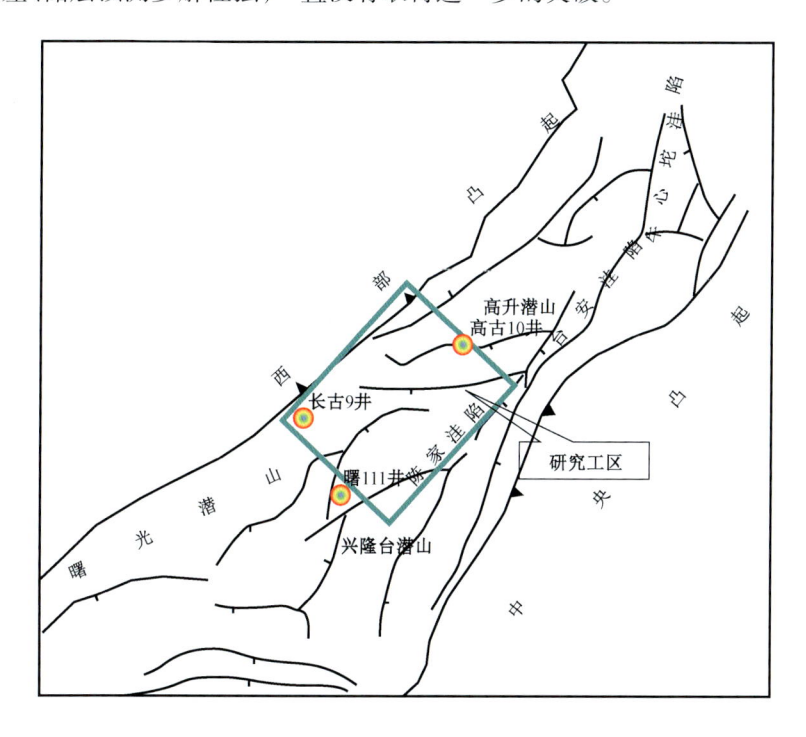

图6-51 研究区位置图

以往地震勘探资料采集以构造目标为主,沙四段目的层分辨率不高,不能满足碳酸盐岩储层精细研究的要求(图6-52)。为了进一步深化雷家地区沙四段湖相碳酸盐岩的勘探,基于最新采集处理的"两宽一高"地震数据,结合钻井资料,开展有效储层预测,寻找岩性相对优势,物性、含油气性相对较好的优势储层区,取得了较好的勘探效果。

一、地震勘探资料采集技术及成效

为精细评价雷家地区湖相碳酸盐岩油气储层,2014年辽河油田公司实施三维地震勘探,满覆盖面积210km²,采用"两宽一高"技术思路,应用井震联合激发,单点模拟检波器高密度接收,取得了高密度宽方位地震勘探资料(表6-4)。

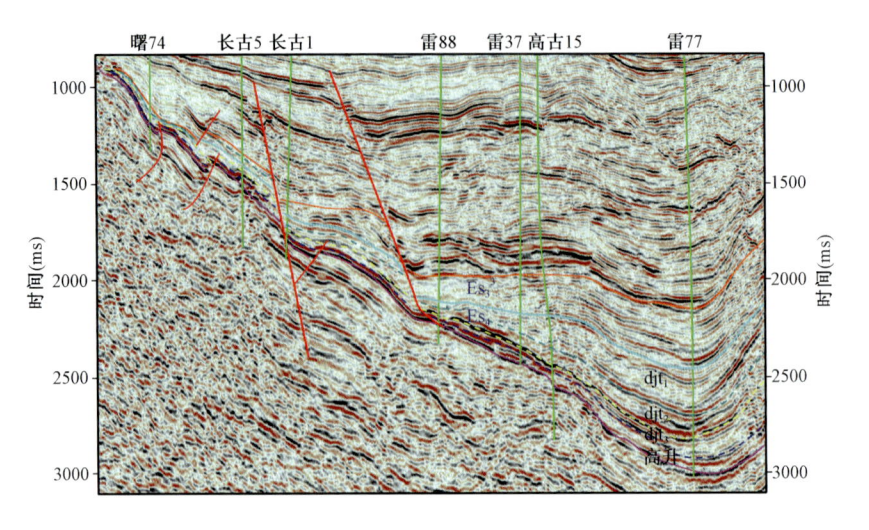

图 6-52　辽河西部凹陷雷家地区地震剖面

表 6-4　地震勘探资料采集参数表

项目	2014 年	2009 年曙北三维
观测系统类型	32L10S35 2T	24L12S168T
面元大小(m×m)	10×10	25×25
覆盖次数(次)	16 纵×16 横=256	21 纵×12 横=252
接收道数	11264	4032
纵向排列方式	3510-10-20-10-3510	4175-25-50-25-4175
道距(m)/炮距(m)	20/20	50/50
接收线(m)/炮线距(m)	200/220	200/200
最大炮检距(m)	4743	4905
最大非纵距(m)	3190	2575
横纵比	0.91	0.52
炮密度(炮/km^2)	227	100
道密度(万道/km^2)	256	40.32
接收方式	单点模拟高精度检波器	12 个检波器面积组合

（1）按照"高密度、宽方位"技术要求，设计雷家致密油单点高密度三维地震采集观测系统，通过增加炮道密度和覆盖次数，提高了目的层信噪比。充分采样利于去噪，全方位利于 OVT 处理，单点接收利于消除组合效应。

（2）井炮宽频激发技术：从注重信噪比转向注重频率，采用单井较小药量，在高速层顶界面附近激发，提高原始地震勘探资料频宽。

（3）单点高密度接收技术：无压制接收，有利于保幅保真处理。从信号保真角度考虑，消除野外采集组合效应，通过提高覆盖密度，提高地震采集原始资料频率。

二、关键处理技术及成效

针对雷家地区沙四段碳酸盐岩资料特点、存在问题和地质需求,采取了针对性处理技术,主要包括高精度静校正、井控提高分辨率处理、各向异性叠前深度偏移和 OVT 域处理四项关键技术。

(一)高精度静校正技术

高精度静校正是做好保真去噪和提高分辨率的基础。全区有稳定折射层、初至清楚,可以使用基于初至的基准面静校正方法,反演近地表模型。再使用分频迭代剩余静校正逐步提高静校正的精度。应用地表一致性剩余静校正后的剖面同相轴更加连续,资料的品质得到提高(图 6-53)。

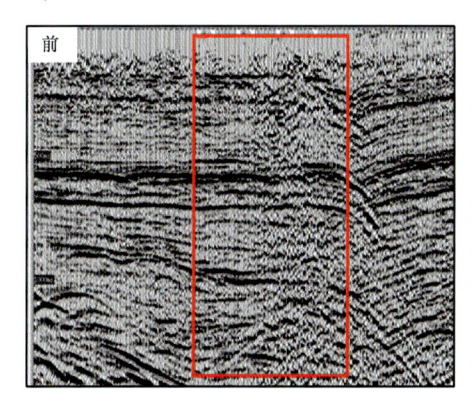

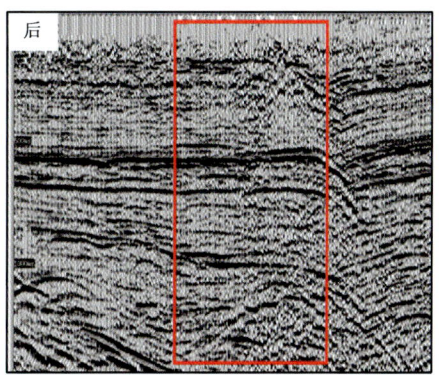

图 6-53 地表一致性剩余静校正前后剖面对比

(二)井控提高分辨率处理技术

为提高目的层段分辨率,采取井控提高分辨率处理技术,即利用 VSP 资料提取 Q 值,VSP 走廊叠加标定反褶积结果,合成记录标定选取反褶积参数,利用井资料对处理参数进行定性、定量分析,通过应用不同反褶积参数的结果与井标定,合理提高分辨率,提高处理精度。通过井控提高分辨率处理,沙四段频宽提高了 10Hz,目的层层间信息丰富,油层组和小断层的成像精度大幅提高(图 6-54)。沙四段杜三油组储层可识别,与钻测井资料对比符合程度较高。

(三)各向异性叠前深度偏移技术

在处理解释一体化模式下,充分利用钻井、测井等多重信息约束求取各向异性叠前深度偏移的参数,如 Delta、Epsilon 体,同时约束各向异性速度场,建立各向异性叠前深度偏移速度模型,提高了目的层段信噪比和成像质量(图 6-55)。

(四)OVT 域处理技术

OVT 域处理技术可进一步提高叠前偏移质量,较常规分方位角处理相比具有以下优势:该技术更好地保持地震数据的方位角信息,对不同目的层,可以灵活划分扇区,有利于分方位各向异性分析及裂缝检测;OVT 域偏移不同于共炮检距域偏移,能更真实地反映 AVO 响应。通过炮检距矢量片抽取、数据规则化、方位各向异性校正及 OVT 叠前时间偏移进一步提高了叠前时间偏移质量。通过该方法校正方位各向异性道集,校正后的道集质量明显提高(图 6-56)。OVT 偏移资料比常规叠前时间偏移结果信噪比更高、地层连续性更好(图 6-57)。

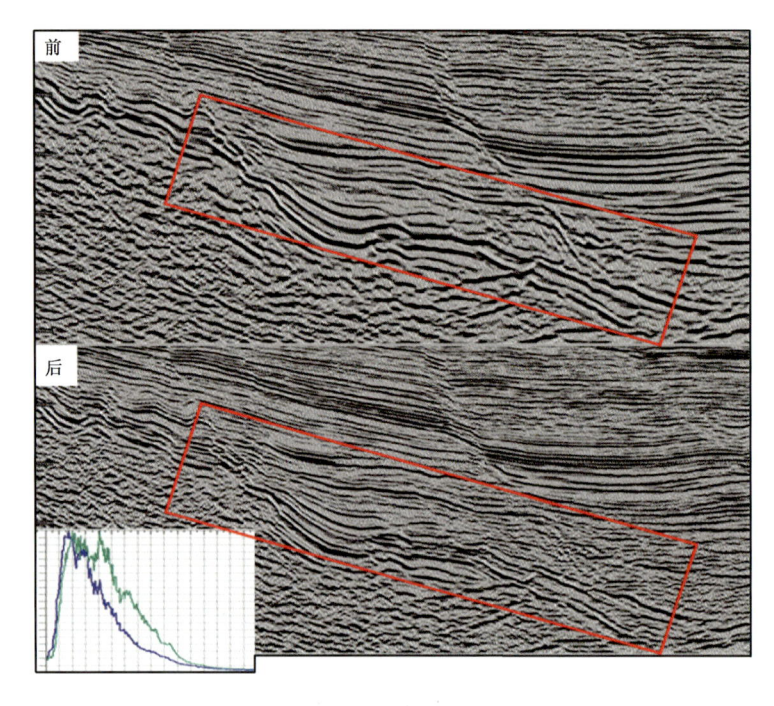

图 6-54 井控串联反褶积剖面对比

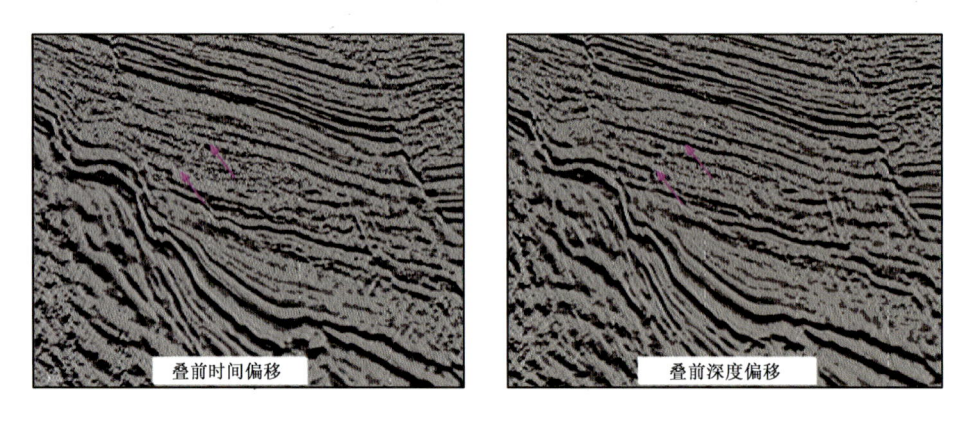

图 6-55 叠前时间偏移与叠前深度偏移对比剖面

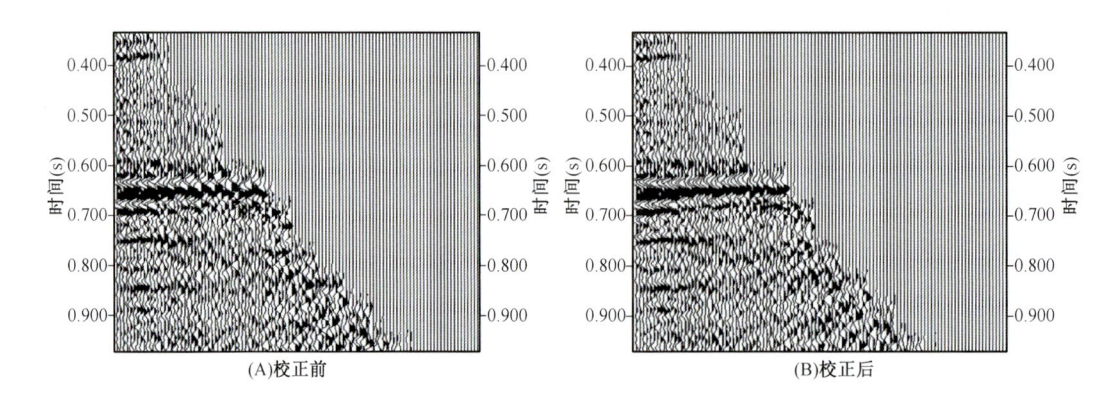

图 6-56 方位各向异性校正前后道集

— 304 —

(A)常规叠前时间偏移　　　　　　　　　　　(B)OVT偏移

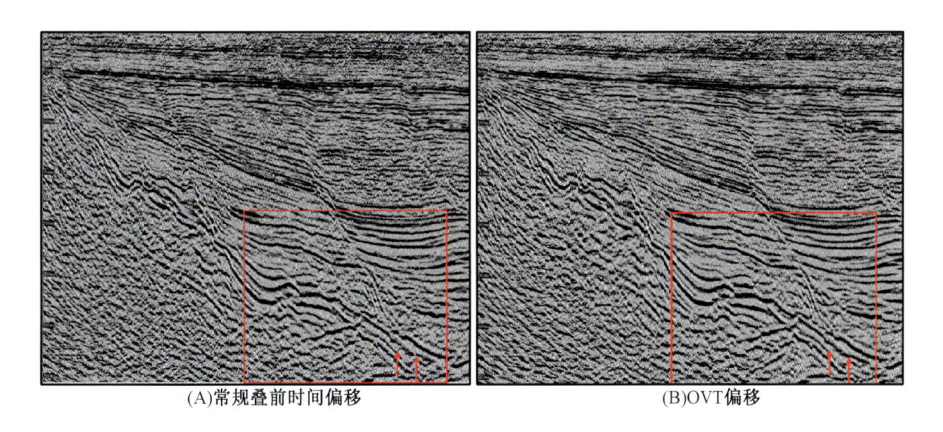

图6-57　OVT偏移与常规叠前时间偏移效果对比剖面

三、主要解释技术及成效

基于雷家目标区"两宽一高"三维地震数据，开展碳酸盐岩油藏有效储层预测，主要采用的解释技术如下：

（一）岩性岩相预测技术刻画碳酸盐岩展布

1. 层序地层分析技术

雷家地区沙四段湖相碳酸盐岩类型多样，包括鲕粒灰岩、泥灰岩、白云质灰岩、泥质白云岩、灰质白云岩及少量鲕粒白云岩，不同沉积环境对碳酸盐岩沉积具有明显控制作用。首先综合分析岩心、测井、地震及古生物等资料，结合前人研究成果，建立单井层序地层格架及测井响应标志，接着开展井震对比分析，建立整个雷家目标区层序地层格架，在等时格架内构建沉积体系的空间展布，然后在层序界面和最大湖泛面分析和识别基础上，将雷家地区沙四段划分为低位体系域（高升油层组）、水进体系域（杜三油层组）及高位体系域（杜二油层组），精细追踪各层序界面，为后续古地貌恢复、有效储层预测等提供可靠依据。

2. 古地貌恢复技术

古地貌是控制碳酸盐沉积的重要因素，准确地恢复各沉积时期的古地貌格局，对预测碳酸盐岩岩性岩相分布规律具有指导意义。通过古地貌分析技术，恢复杜三油组沉积时期古地貌（图6-58）。杜三油组沉积时期，周边为古隆起，总体为半封闭式的浅水湖盆沉积环境。东侧水体较深，发育以暗色泥岩和油页岩为主的浅湖、半深湖相，西侧发育滨浅湖相碳酸盐岩。古地貌结合钻井、地震相分析，预测杜三油组岩相的展布特征。受不同洼槽水深控制，沉积相带呈北东—南西向的条带状展布，碳酸盐岩主要沉积于浅湖缓坡区。

3. 基于岩性与电性分析的岩性敏感参数交会技术

结合雷家地区湖相碳酸盐岩的岩相分布特征，应用基于岩性与电性分析的岩性敏感参数交会技术开展岩性预测。通过岩矿—测井—地质相结合，将杜家台和高升油层岩性分别进行划分，确定各自的优势岩性序列；其中，杜家台油层优势岩性序列为含泥方沸石质泥晶云岩、含泥泥晶云岩、泥质含云方沸石岩、云质泥岩；高升油层优势岩性序列是泥晶粒屑云岩、含泥粒屑泥晶云岩、泥质泥晶云岩、云质页岩。在此基础上，通过岩性与电性的敏感参数交会分析，应用RLLD—AC交会图可以很好地识别杜家台油层各种岩性。高升油层需要先通过GR和RLLD交会识别出粒屑云岩，再用RLLD与AC识别其他的岩性。交叉区域内的岩性可以通过测井

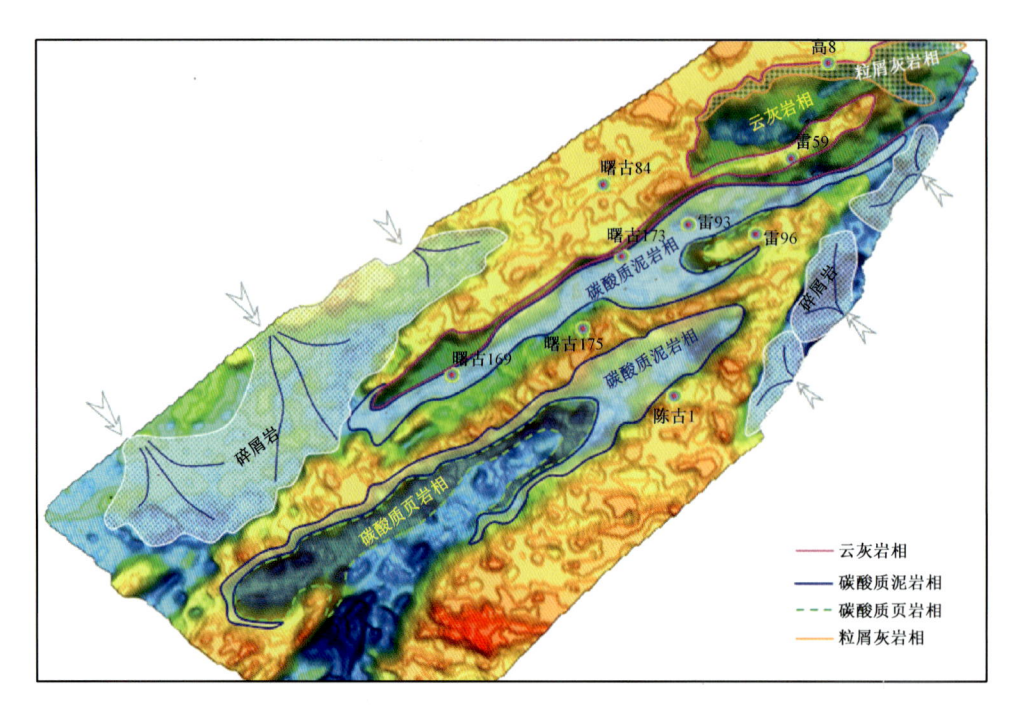

图6-58 雷家—曙光地区沙四段低位体系域沉积时期古地貌图

曲线值域范围进行识别,确定RLLD、AC、GR为本区岩性的敏感参数。

针对井上各岩性对应的GR、RLLD、AC曲线的值域范围,应用岩性敏感参数交会技术:首先应用RLLD曲线通过Faust公式转换成拟声波曲线,进行叠后反演得到拟波组抗体,然后建立RLLD曲线与拟波阻抗体的配置关系协模拟出RLLD体;同样,通过GR曲线与原始阻抗体的配置关系协模拟出GR体;最后,通过得到的GR体、RLLD体和纵波阻抗体进行交会,得到各岩性的反演交会体,进而预测各岩性平面分布范围,具体流程如图6-59所示。

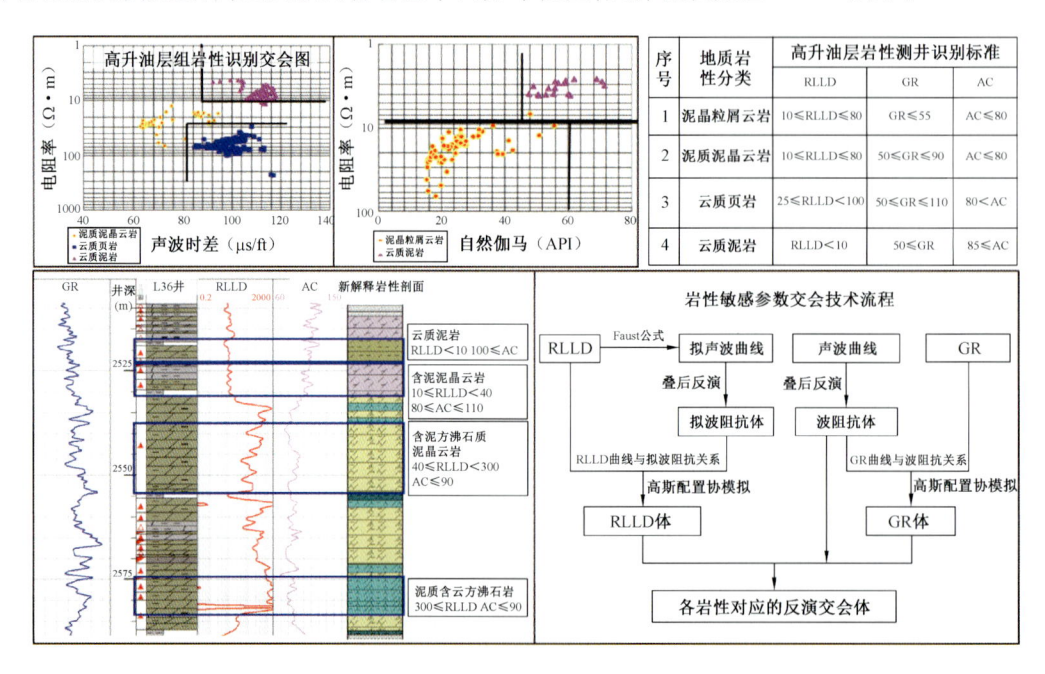

图6-59 岩性与电性交会分析图

结合古地貌研究和岩性敏感参数交会技术,预测出油组各岩性厚度分布范围;其中,杜三油组泥晶云岩面积127km^2,优势岩性最大厚度110m,最优岩性含泥方沸石质泥晶云岩主要位于水相对深的滨浅湖,面积68km^2,通过多井统计预测符合率为83%。高升油层泥晶云岩面积129km^2,优势岩性最大厚度60m,最优岩性粒屑云岩主要位于水动力条件比较强的滨湖区,面积74km^2,多井统计预测符合率为81%。

(二)物性、含油气性分析预测有利储层分布

1. 基于孔隙度、渗透性分析的优势储层指示曲线技术

优势储层指示曲线可以看作是渗透率与孔隙度的综合响应,当储层孔隙度与渗透率都为高值时为优势储层。通过RLLD—RLLS曲线能够识别出储层,而计算出的优势储层指示曲线能够在储层中识别出最优储层。通过交会图可以看到,优势储层指示曲线能比较好地区分油层、差油层及水层。在应用优势储层指示曲线和RLLD—RLLS曲线确定各油组优势岩性展布的基础上,应用基于孔隙度、渗透性分析的优势储层指示曲线技术预测物性发育区。通过对测井曲线进行分析发现,储层段具有高孔隙、高电阻率、高深浅电阻率差的特征;并且通常情况下,RLLD与RLLS的差值较大时,能够反映出渗透性较好的油层或水层。以本区L53井为例,将一大套泥质白云岩划分为油层、差油层、水层;在原始岩性曲线的基础上,计算出优势储层岩性曲线,应用到地质统计学反演中,预测出优势储层体,识别出最优储层(图6-60)。

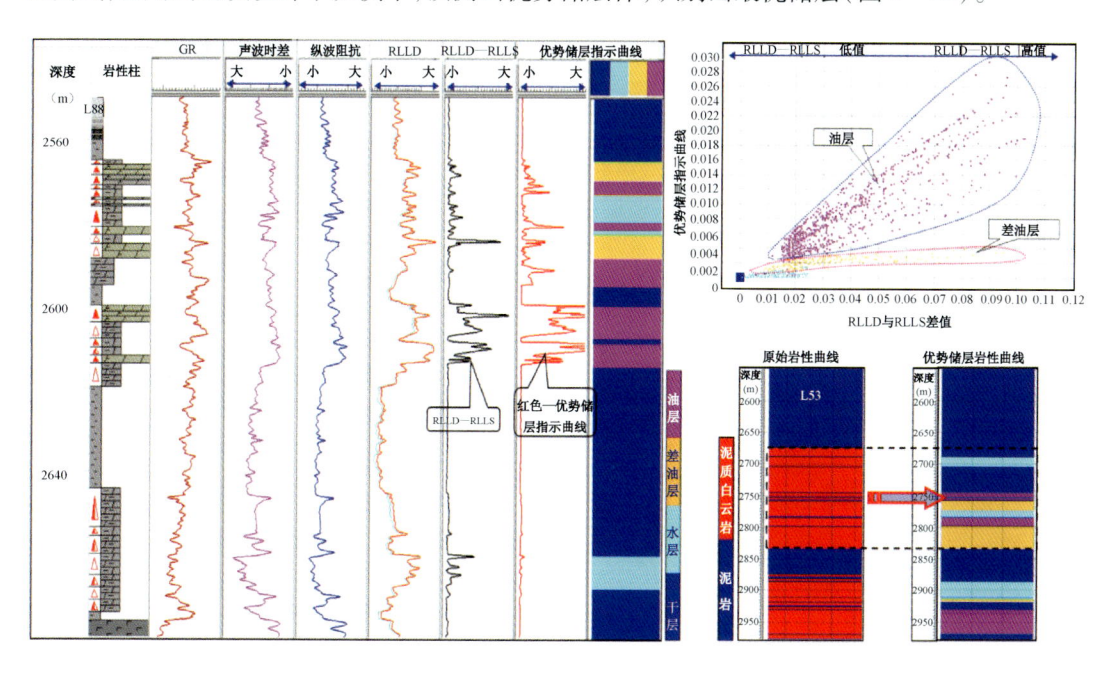

图6-60 优势储层技术及优选分析图

通过优势储层指示曲线技术,预测杜家台和高升油层的有利储层分布范围,与实钻情况相吻合,证实该技术在本区预测优势储层是可行的。

2. 基于岩石物理建模分析的叠前反演技术

基于岩石物理分析的叠前反演技术利用部分叠加数据、速度数据和井数据,以岩石物理为桥梁,以AVO理论为基础,通过对测井曲线的岩石物理模拟和部分角道集叠加数据体的反演,

来实现对纯岩石骨架的预测和含流体骨架的预测,进一步通过二者的对比来求解得到与岩性、含油气性相关的多种弹性参数,并用来预测储层岩性、储层物性及含油气性。

通过目标区内 L88 井实际 CRP 道集数据与正演结果的对比表明,油层的实际道集与井正演道集相匹配,振幅随偏移距增加而减弱,表明该区地震数据存在 AVO 现象,满足叠前反演的要求。岩石物理建模是叠前反演的核心,具体方法为:(1)对测井资料进行预处理,通过对声波、密度、电阻率等基础测井曲线拼接、归一化处理校正后,改善曲线质量,为地震反演奠定基础;(2)通过威利公式和阿尔奇公式,结合录井、测井综合解释和分段的解释成果,建立横波预测所需要的 V_{sh}、$Porosity$、S_w 这三条关键曲线的解释模版;(3)通过分析现有模型的适应条件及范围,结合本区低孔隙度、低渗透率湖相碳酸盐岩储层特点,对岩石物理模型进行初步筛选和模型方法比较,通过曲线对比,Greenberg-Castagna 模型预测的横波曲线与实测横波曲线相关性更好;从交会图上看,该模型预测的弹性参数交会能更好地区分有利储层,选择 Greenberg-Castagna 模型用于本区的横波预测;(4)敏感弹性参数优选。根据理论模型预测出的纵、横波速度和密度,可以得到纵横波阻抗、泊松比、压缩模量、剪切模量、拉梅系数等弹性参数。通过对多口井的弹性参数交会分析,泊松比能更好地区分有利储层,确定泊松比为本区储层的敏感弹性参数。

通过叠前反演得到的泊松比敏感弹性参数体,能较好反映有利储层发育情况,从连井泊松比剖面看,预测储层发育的 L84 和 L53 两口井获工业油流,而 L18 失利井储层不发育,剖面吻合度较高(图 6-61)。再通过平面属性提取,预测出杜家台和高升油层的有利储层平面分布范围,其中高升油层有利储层主要位于本区东部,杜家台三油组有利储层集中于本区的中间坡折带。综合优势储层反演及叠前弹性参数反演,预测出杜家台和高升油层的有利储层分布。沙四段杜家台三油组有利储层发育区总面积 70km^2,最大厚度 70m,预测结果与钻井符合率大于 78%;高升油组预测有利储层发育区面积 67km^2,井上预测符合率为 78%,基本反映出物性和储层含油气性后的敏感平面分布区。

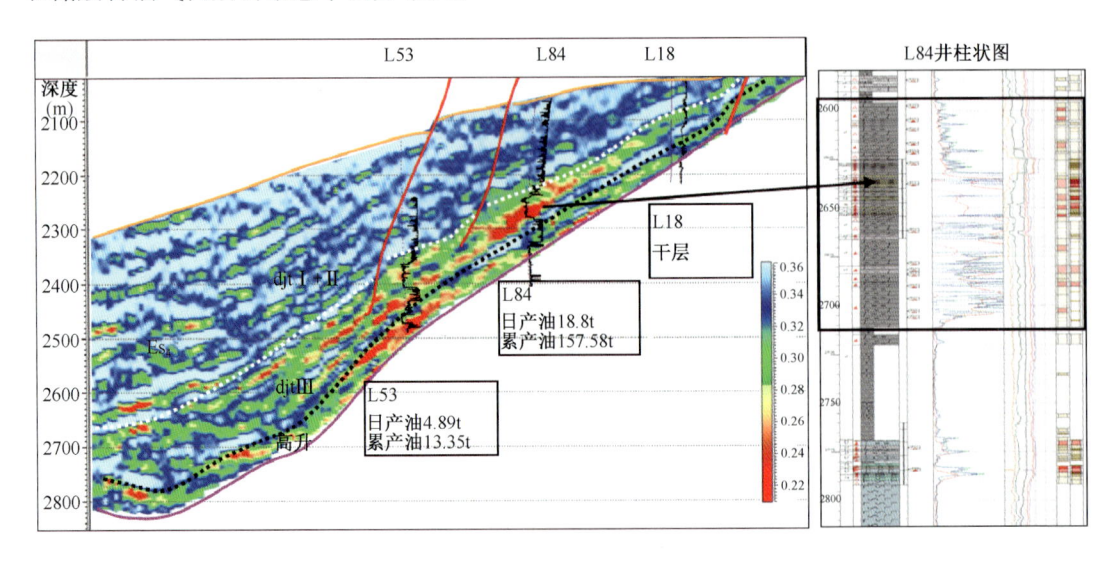

图 6-61 过 L84 井的泊松比剖面图

（三）脆性、裂缝研究落实有利区带

1. 基于叠前反演的岩石脆性预测

岩石脆性是岩石在外力作用下（如拉伸、挤压等）产生很小变形而发生断裂破碎的性质，是评价致密型储层抗压程度的重要参数。脆性越大的岩石，往往抗压强度与抗拉强度的差别也越大，脆性系数能很好地描述岩石的脆性。因此，针对脆性预测开展了基于叠前弹性参数反演的脆性预测技术，用井上岩石脆性分析验证脆性分析的可行性，并根据岩石力学原理，求取表征脆性大小的脆性系数物理量，通过叠前反演实现脆性体预测。

不同岩性脆性系数不同，脆性随着泊松比减小而增强，随泥质含量增加而降低（泊松比增大，抗压强度减小），因此，脆性指数不但可通过矿物百分含量计算，也可以根据杨氏模量及泊松比综合计算得到，脆性系数等于杨氏模量和静态泊松比两个参数的平均值。通过弹性参数与脆性发育段的标定，应用叠前弹性参数杨氏模量和泊松比计算得到的脆性系数大的地方，核磁共振测井表明更孔隙发育，同时，通过交会分析，应用泊松比和杨氏模量计算出的脆性系数能很好地预测脆性发育区（图6-62）。

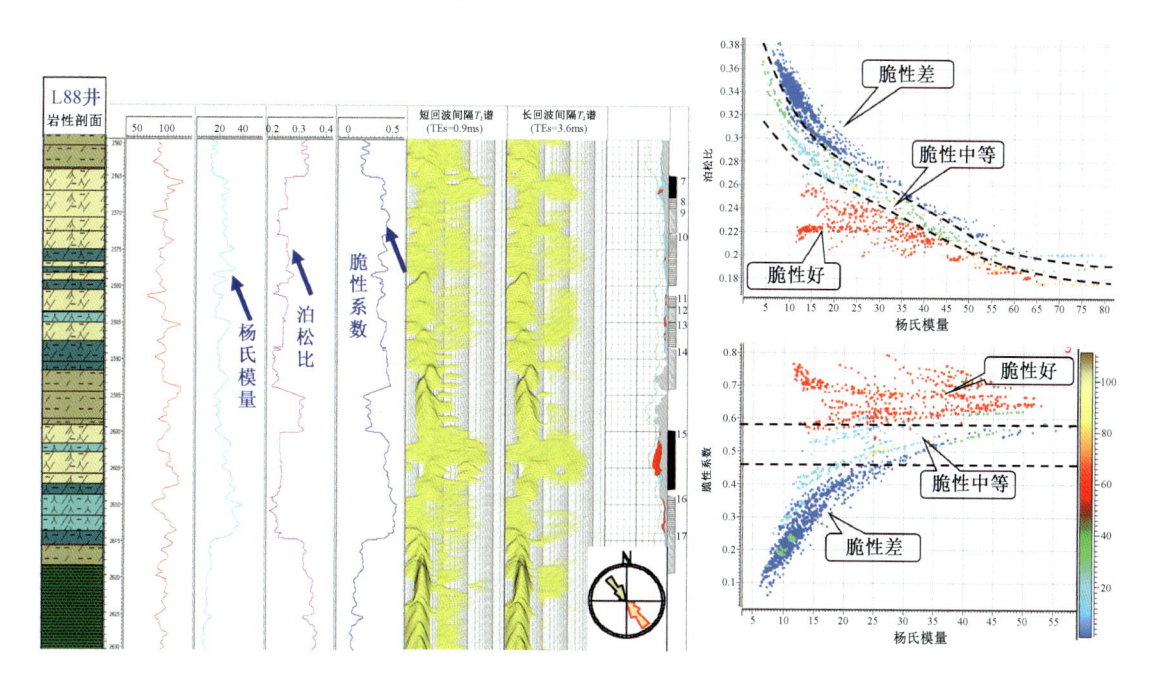

图6-62 弹性参数与脆性发育段标定图

通过弹性参数杨氏模量和泊松比计算得到的岩石脆性剖面（图6-63），可以看到脆性系数大的L84井为高产工业油流，脆性系数中等的L57和L52这两口盲井日产液分别达到商业油流水平，而脆性系数小的L1井为干层，预测结果与钻井的试油结论吻合。从杜三油组岩石脆性参数平面图看，杜三油组在本区南部脆性相对较好；通过对本区内多口井钻井产液量的统计，将脆性系数与钻井产液量进行交会分析表明，产液量与脆性系数成正比；因此，岩石脆性是该区致密油储层产液量的一个有效评价参数，并进一步预测出杜三油组脆性系数大于0.45的脆性发育区面积为96km²。

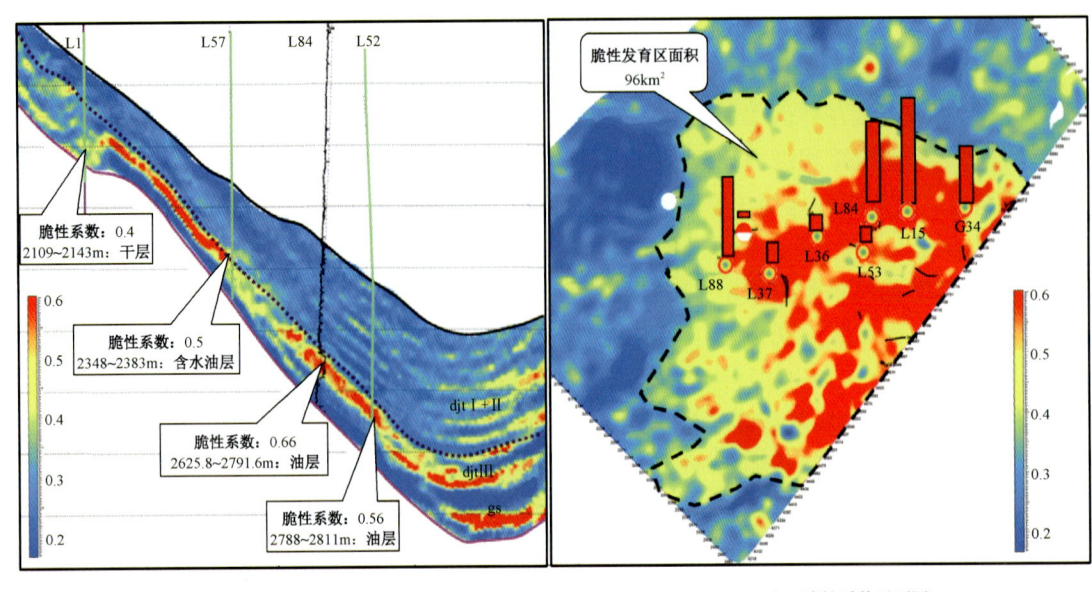

(A)岩石脆性剖面　　　　　　　　　　　(B)岩石脆性系数平面图

图 6-63　岩石脆性剖面及杜家台三油组岩石脆性系数平面图

2. 基于各向异性的分方位角裂缝预测

在雷家目标区沙四段碳酸盐岩地层中,裂缝的存在有利于岩溶作用形成孔、洞、缝等储集空间,通过沟通周围的缝洞体,从而使储层在空间上连通范围更大,有利于油气的高产、稳产。由于裂缝的复杂性,井间裂缝方向和密度的预测难以依靠钻井结果外推。此外,由于地层上覆载荷的压实作用,水平或低角度裂隙近乎消失,对裂缝型油气藏贡献大的高角度和近于垂直的裂缝更易于保存,而这类裂缝对地震波的各向异性特征更为明显,能够相对容易获取与识别,为基于叠前分方位地震勘探资料进行裂缝检测提供了条件。

基于各向异性介质理论,对三维叠前地震勘探资料进行 OVT 角道集处理,同时,通过测井资料进行储层岩石物性研究,结合频率衰减越快,对裂缝反应越敏感的原则,指导叠前方位角地震属性(振幅、频率等)的优选和分析,对裂缝方向和裂缝密度进行解释。

以雷家目标区中 L84 井为例,通过提取 L84 井旁地震属性与测井裂缝标定分析,L84 井裂缝发育段,频谱衰减最明显,在衰减总能量、衰减最大能量、衰减梯度属性上有明显的变化;而在其他裂缝相对不发育层段,这些属性变化不明显。因此,优选出衰减总能量、衰减最大能量、衰减梯度为裂缝预测的敏感属性,通过敏感属性预测出裂缝密度,预测结果与测井资料吻合。预测的裂缝整体走向偏北东方向,与主干断层走向一致,断裂发育区裂缝更为发育,另外裂缝发育区具有依附于水下台地附近的特点(图 6-64)。

(四)"五性"综合评价锁定目标

在综合应用湖相碳酸盐岩优势储层预测技术的基础上,预测各油组有利储层的平面展布,即对油组的岩相、岩性、含油气性、岩石脆性、裂缝等综合评价,优选出优势储层发育区,在雷家地区共预测出三类储层:Ⅰ类储层碳酸盐厚度≥20m,有利储层厚度≥10m,脆性≥45%,裂缝

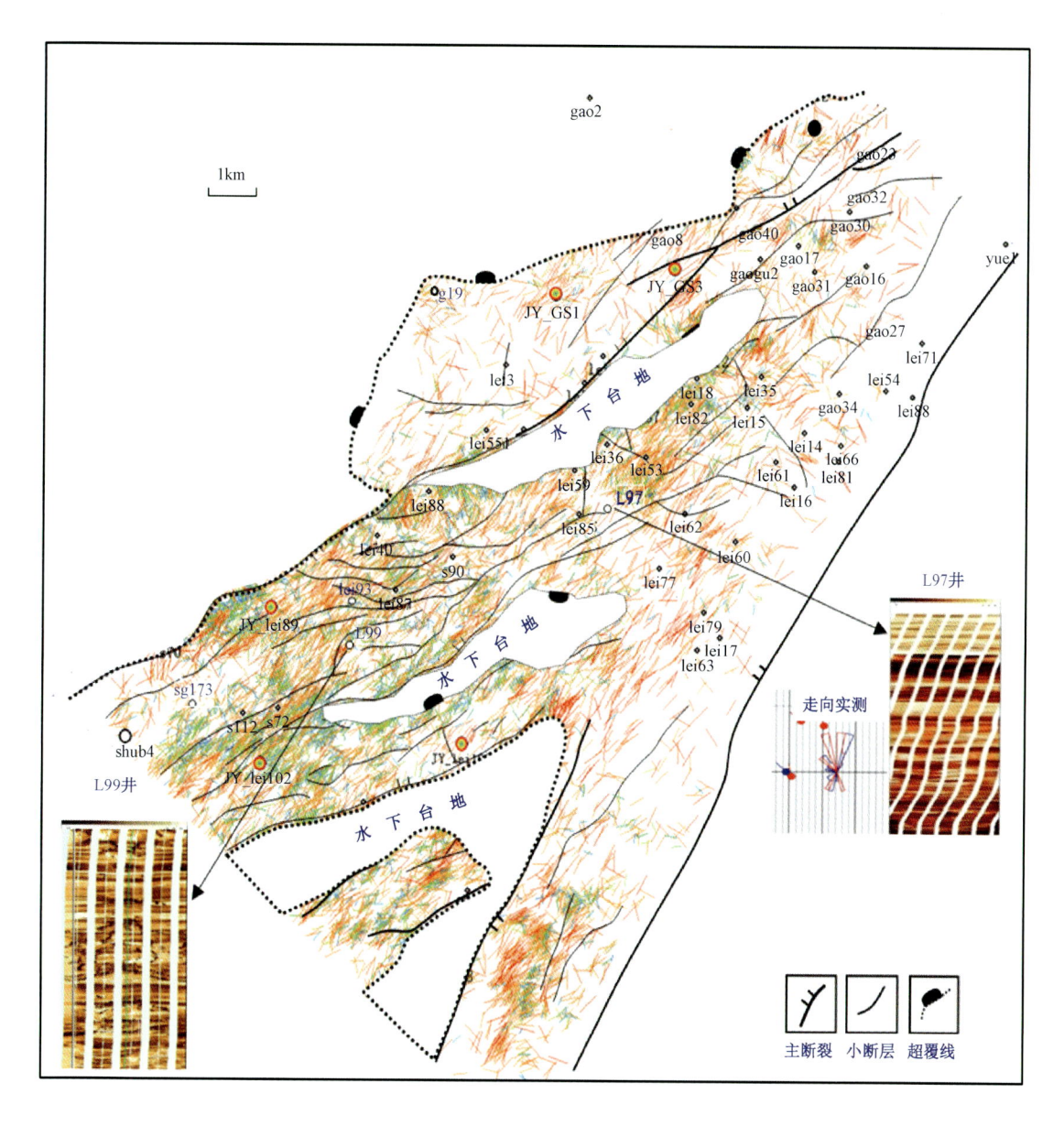

图6-64 雷家地区沙四段高升段叠前各向异性裂缝预测图

强度≥0.4；Ⅱ类储层碳酸盐厚度10~20m，有利储层厚度5~10m，脆性40%~45%，裂缝强度≥0.3；Ⅲ类储层碳酸盐厚度2~10m，有利储层厚度2~5m，脆性25%~40%，裂缝强度≥0.2。最终落实Ⅰ类储层面积85.8km^2，Ⅱ类储层面积149.9km^2，Ⅲ类储层面积208.5km^2（图6-65）。新钻井L99井、SG169井和SG173井在低位域（相当于高升油层）获得工业油流，均在"甜点"范围内，展示了巨大勘探潜力；通过以上研究向油田公司提供八口井位部署建议，采纳六口，其中S139井完钻试油获得日产5.32t工业油流，拓展了雷家地区的湖相碳酸盐岩储量规模。

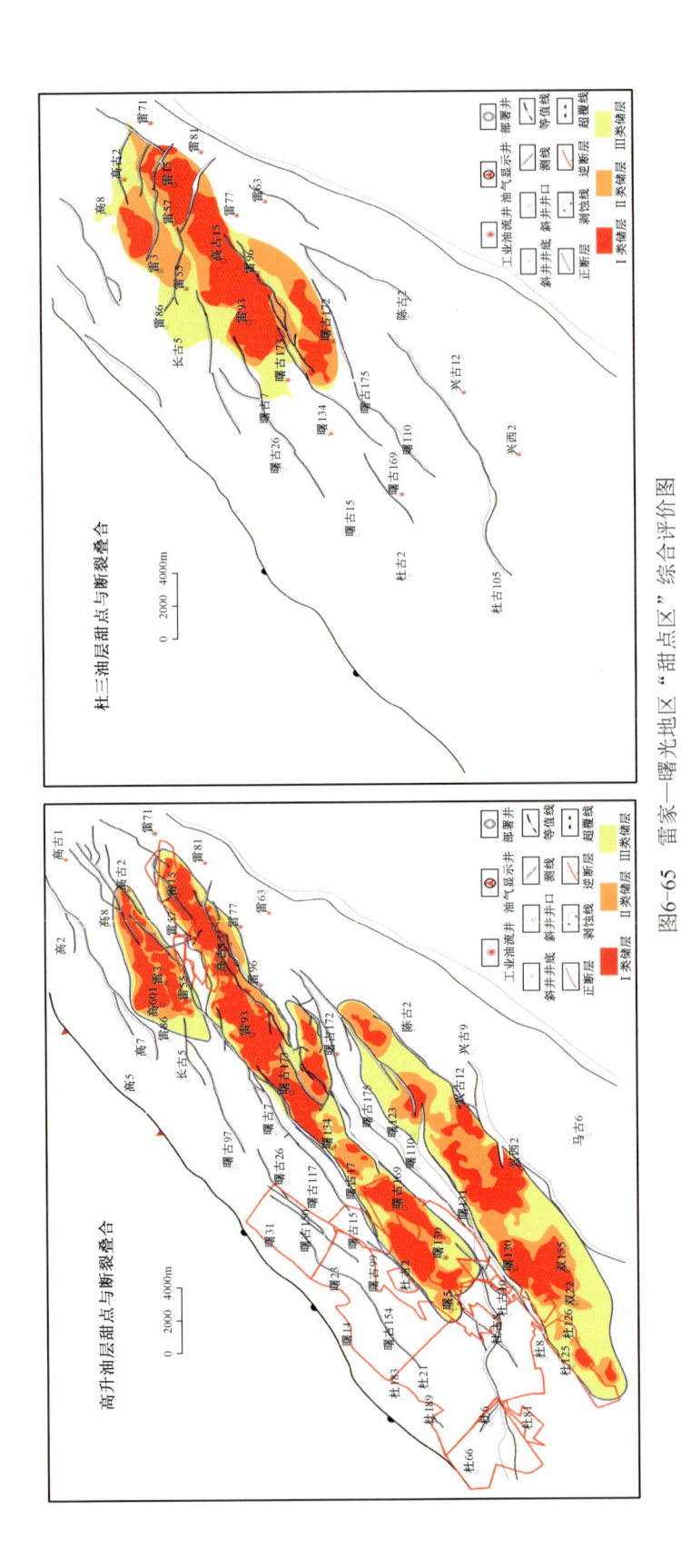

图6-65 雷家—曙光地区"甜点区"综合评价图

结合构造特征、沉积特征、储层特征、油藏主控因素等研究成果,进一步分析雷家目标区沙四段的勘探潜力,为钻探部署、储量计算提供可靠依据;新钻油井均在"甜点"范围内,新增控制储量4199×10^4t,拓展了雷家地区的湖相碳酸盐岩储量规模,推动了本区的勘探进程,同时还形成了一套针对湖相碳酸盐岩有效储层预测的技术系列。

第五节 柴达木英西地区湖相碳酸盐岩油气藏地震勘探技术及成效

英西地区位于柴达木盆地英雄岭构造带的西部花土沟一带(图6-66)。英雄岭区带东西长约120km、南北宽35~40km,面积约4000km²,总体呈NW向展布,地表大面积出露新近系。

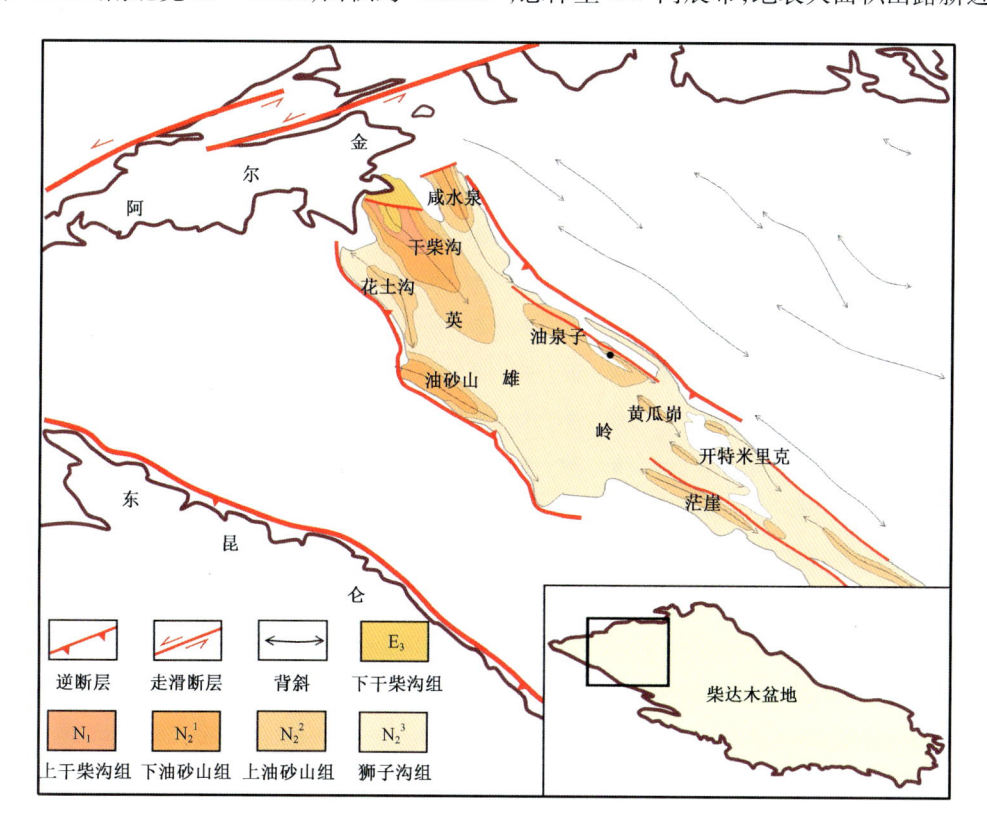

图6-66 英雄岭地区区域位置与地质简图

柴达木盆地西部地区古近纪与新近纪在阿尔金、昆仑山前主要为洪积—冲积沉积,向盆地相变为湖相沉积。湖相碳酸盐岩主要分布于下干柴沟组上段到油砂山组,其中,下干柴沟组上段和上干柴沟组的碳酸盐岩更发育。柴西地区碳酸盐岩沉积相可划分为滨湖灰泥坪、滨湖藻坪、浅湖颗粒滩、浅湖藻丘以及半深、较深湖泥灰(云)岩相。

柴西地区古近系—新近系烃源岩为一套高原咸化湖盆沉积,纵向上分布六套层系,其中以下干柴沟组上段和上干柴沟组为主,平均厚度约为2000m,最厚达4000m。岩性为泥(页)岩、含膏盐泥(页)岩、钙质泥岩和泥灰岩,以有机质丰度偏低和烃转化率较高为特征。

柴达木盆地西部古近—新近系盐湖相沉积具有环状分布特征,沉积中心以氯化盐为主,向外分别环绕硫酸盐和碳酸盐沉积区。碳酸盐沉积区面积最大,之外基本为古近—新近系冲积—河流—三角洲等边缘沉积。

英西地区主要有石灰(白云)岩、石灰(白云)质泥岩、泥岩和盐岩四类岩性。油藏最有利的储层类型为裂缝—孔洞型储层,其次为孔洞型储层、孔隙—裂缝型储层。油层纵向分为六个油组,盐间的Ⅱ油组具有油层集中、连续性好的特点。

一、英西地区地震勘探资料采集技术

2011年开始的英雄岭地震攻关,在复杂山地采用以压制复杂噪声为核心的高覆盖、高密度技术、震检联合组合压噪技术、标志层静校正技术、叠前偏移成像技术等,提高了资料信噪比,资料品质显著改善,勘探成效显著。英东、英中三维的相继成功实施,证明高密度、宽方位的三维观测系统适合英雄岭复杂山地地震勘探,为2013年英西三维地震勘探奠定了技术基础。

英西地区地震地质条件更为复杂,野外采集除了采用井震联合施工外,在覆盖次数、炮道密度、横纵比等方面都有所优化,确保在英雄岭最为复杂的狮子沟—油砂山构造带获取高品质的地震勘探资料。

(一)高密度宽方位三维观测系统优化设计技术

本区为典型的低信噪比地区,狮子沟构造断裂发育,断距大,深层资料成像效果差,如何提高深层资料的信噪比是本次勘探的主要难点。因此,英西三维观测系统将在英东和英中三维观测系统的基础上进一步优化,英西三维在确保浅层资料的前提下,要考虑狮子沟—油砂山断裂下盘的成像效果和裂缝储层预测,主要针对深层资料和断裂成像问题,采用更宽方位和更长排列的观测系统,提高深层资料的成像效果。

针对复杂山地散射干扰极为发育,组合基距过大会损伤有效信号,而提高覆盖次数利用叠加压噪又会极大地增加采集成本,提出了"适度组合、联合压噪",即野外组合与室内处理联合压噪的技术理念。创新提出了极低信噪比地区的三维地震采集的三个设计原则,即满足初至时间误差小于有效信号周期的四分之一的叠加成像原则、满足无混叠假频的线距设计原则、满足有效信号高截频能量衰减小于3dB的叠前偏移原则。以此为指导,开展了接收线距、覆盖次数、覆盖密度、横纵比(方位角)的优化分析。

基于宽方位勘探采集资料预测裂缝有其独特的优势(图6-67),炮检距向量片(OVT)技术是面向宽方位地震勘探资料处理的一项新技术,该技术考虑了宽方位观测带来的方位各向异性问题,有利于提高地震成像精度;同时该技术在处理过程中可以保留炮检距和方位角信息,利于开展裂缝型储层预测工作。窄方位角采集的炮检对(炮点与检波点组成一个炮检对)的方位数量主要集中在沿测线(inline)较窄方位上,而宽方位角采集的炮检对方位数量则在全方位上基本都均匀分布。在裂缝储层和断裂带地区经常存在明显的HTI各向异性影响,主要表现为存在方向速度差异、方向振幅差异、方向反射波形和相位差异。当采用窄方位角勘探时,在观测方向(inline)与裂缝或断裂平行时将严重影响勘探效果。采用宽方位角采集会明显改善勘测裂缝的能力,正确利用方向速度差异、方向振幅差异、方向反射波形和相位差异可以获得更多的裂缝储层信息。

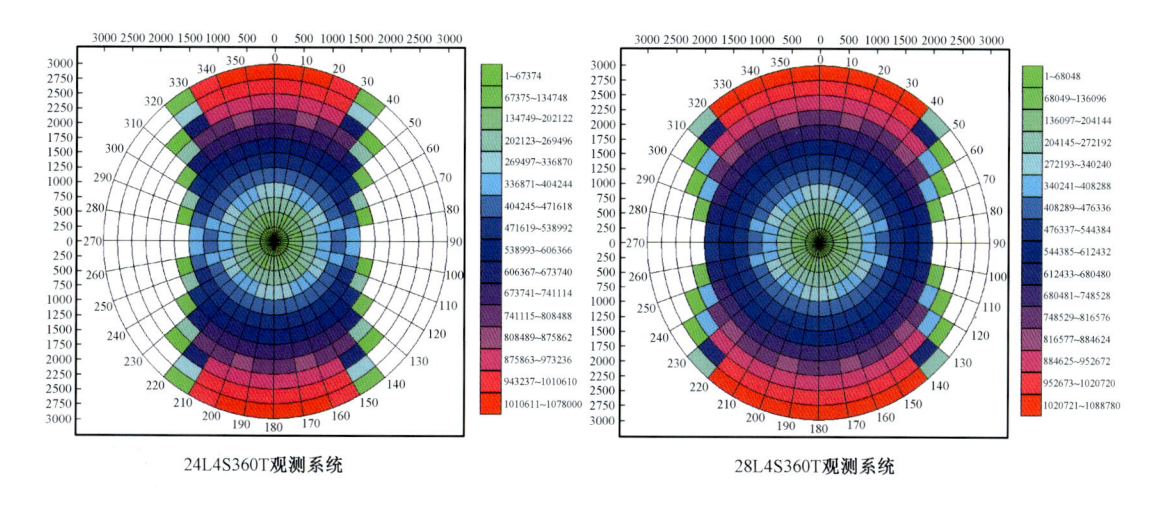

图 6-67　窄方位与宽方位观测系统炮检距与方位角分布图

针对英西在OVT域对宽方位采集的地震数据进行处理,进行裂缝预测。下干柴沟组目的层段深度大致在3000~4200m,采用英东和英中三维24L观测系统,其中横纵比为0.43,达不到严格定义上的宽方位(横纵比不小于0.5),为此英西三维采用28线观测系统,其中横纵比为0.57,基本达到宽方位采集要求。

英西地区浅层目的层新近系埋深600~3000m,深层目的层下干柴沟组埋深4000~4200m,一般排列长度设计满足叠前深度偏移绕射波射线能量成像要求,排列长度设计为目的层的1.5倍至2倍,即排列长度至少大于6000m。较大的偏移距有利于提高深层成像的精度,该区偏移距大于5400m可以满足勘探要求,因此结合理论和实际资料分析,英西三维观测系统排列长度比英东和英西三维更长,排列长度为6105m可以满足该区深层地震勘探资料成像需求(表6-5)。

表 6-5　英东、英中和英西三维采集参数

项目名称	英东三维	英中三维	英西三维
激发参数	9口×8m×4kg/13口×8m×3kg	9口×8m×4kg	7口×8m×5kg/1台1次
观测系统类型	24L8S312T正交式	24L8S360T正交式	28L8S408T正交式
纵向观测系统(m)	4665-15-30-15-4665	5385-15-30-15-5385	6105-15-30-15-6105
面元尺寸(m×m)	15×30	15×30	15×30
覆盖次数(次)	13/19.5×24=312/468	34/51×28=360/540	34/51×28=476/1428
接收道数(道)	24×312=7488	24×360=8640	28×408=11424
炮线距(m)	180/120	180	180/120
炮点距(m)	60	60	60/30
接收线距(m)	120	120	120
炮密度(炮/km²)	139	156	164.3-492.9
覆盖密度(道/km²)	69/104×10⁴	80/120×10⁴	106/318×10⁴

(二)大组合接受技术

在分析本区噪声特征的基础上,开展了有针对性的检波器接收组合现场试验工作。从试验单炮记录和十字排列看,英雄岭山地噪声方向性不强,很难识别次生噪声的来源。2012 年狮子沟二维进行检波器组合试验,"Y"形检波组合方式在压制散射次生干扰效果最好(图 6-68),为英西三维选择最优接收组合提供依据。

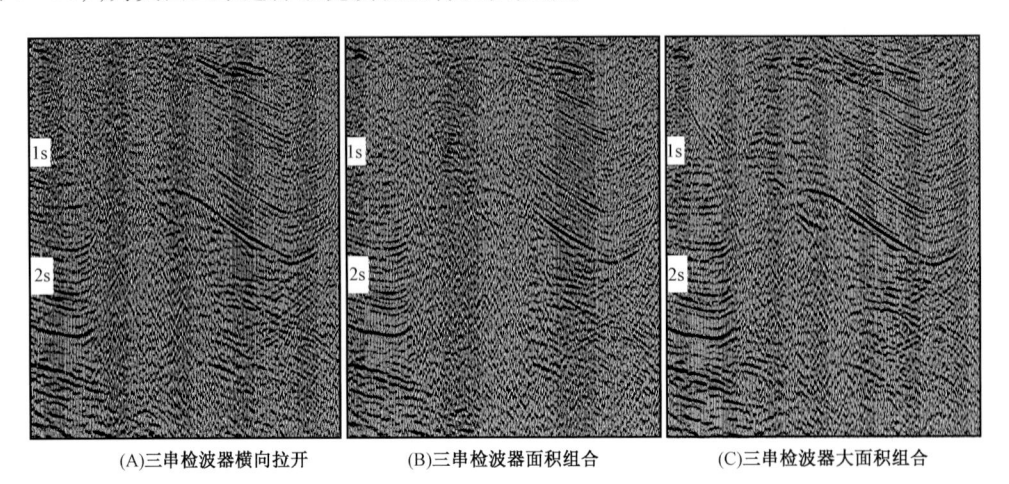

(A)三串检波器横向拉开　　(B)三串检波器面积组合　　(C)三串检波器大面积组合

图 6-68　狮子沟二维进行检波器组合试验记录

(三)井震联合激发技术

英西地区地表条件复杂,北部为复杂山地,山大沟深、沟壑纵横、犬牙交错,多为断崖,垂直落差达 50～300m 不等,交通条件极差。南部为花土沟镇,城镇区地面设施密集,干扰源众多,物理点布设困难;同时镇区内人员结构复杂,尤其是几个少数民族聚居区的房屋陈旧,安全风险高,但西南部戈壁区地形条件较好,具备可控震源施工条件。

与常规采集设计相比,可控震源激发降低原始单炮记录信噪比,需要大幅度提高覆盖密度(炮密度)和覆盖次数来弥补相对低信噪比单炮记录。在低信噪比地区,在地震记录中次生干扰波比较发育且多表现为"随机干扰"的特性,因此采用统计规律来压制,根据统计性原理,可以得到如下关系:

$$\sqrt{N} = \frac{\text{Section}_{S/N}}{\text{Shot}_{S/N}} \Rightarrow N = \text{Section}_{S/N}^2 \times \left(\frac{1}{\text{Shot}_{S/N}}\right) \quad (6-8)$$

式中　N——覆盖次数;

　　　$\text{Shot}_{S/N}$——单炮记录信噪比;

　　　$\text{Section}_{S/N}$——期望剖面信噪比;

剖面 $2 < S/N < 4$,可作一般构造解释;剖面 $4 < S/N < 8$,可用于地震地层学解释;剖面 $S/N \geq 8$,可用于波阻抗反演。

高密度空间采集是指大幅度提高单位采集面积的炮道密度,也称覆盖密度(D),具体计算可以采用下式:

$$D = \frac{NX \times NRL \times 10^6}{SLI \times SI} = \frac{N \times 10^6}{\frac{RI}{2} \times \frac{SI}{2}} \qquad (6-9)$$

式中 SLI——激发线距,m;

SI——炮距,m;

RI——道距,m;

NX——每条线接收道数;

NRL——接收线数;

N——覆盖次数。

根据覆盖次数和覆盖密度之间关系,可以把公式(6-8)代入公式(6-9),得到覆盖密度与单炮信噪比之间关系式:

$$D = \left(\frac{\text{Section}_{S/N}^2 \times 10^6}{\frac{RI}{2} \times \frac{SI}{2}} \right) \times \left(\frac{1}{\text{Shot}_{S/N}} \right) \qquad (6-10)$$

图6-69为覆盖次数和密度与单炮记录信噪比的关系双轴曲线图,纵轴为原始单炮记录信噪比,左横轴为覆盖次数,右横轴为覆盖密度(道/km²),当剖面信噪比为8和面元为15m×30m时,可以根据公式(6-8)和公式(6-10)测算出覆盖密度和覆盖次数,其中图例红色曲线为覆盖密度,蓝色曲线为覆盖次数。从图中可以看出,覆盖次数和覆盖密度与原始单炮记录信噪比成倒数平方的关系,原始单炮记录信噪比越低,需要的覆盖密度越高,可控震源激发各种干扰波造成的资料信噪比极低,需要大幅度提高覆盖密度才可以提高地震剖面信噪比。随着可控震源组合台数的增加,单炮资料信噪比和剖面信噪比都逐步变好,反射波组连续性和能量逐步加强(图6-70)。根据理论计算,要得到高品质地震勘探资料信噪比,可控震源覆盖次数应达到1500次以上,随着覆盖次数增加,反射波组能量增强,反射波组连续性变好,通过提高覆盖次数,可以达到多台震源组合激发的剖面效果。覆盖次数提高到三倍时,剖面满足构造解释要求。

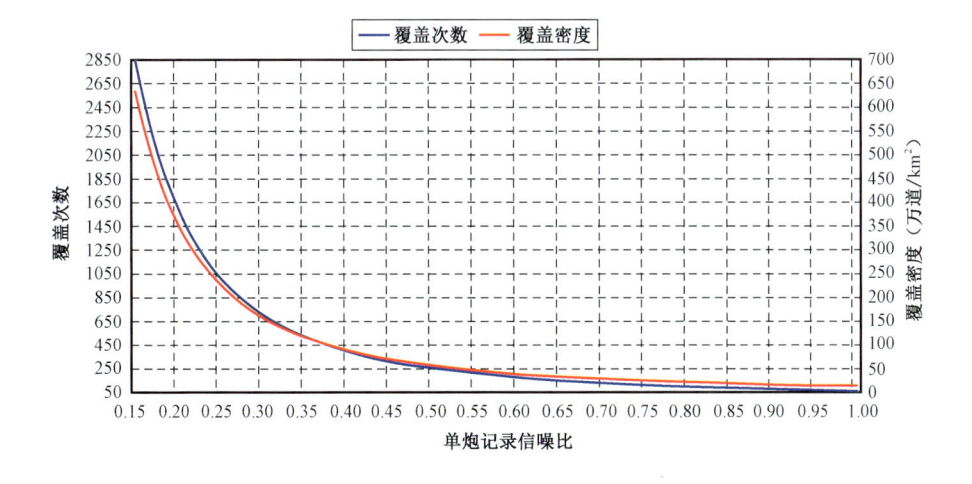

图6-69 覆盖次数和密度与单炮记录信噪比的关系曲线

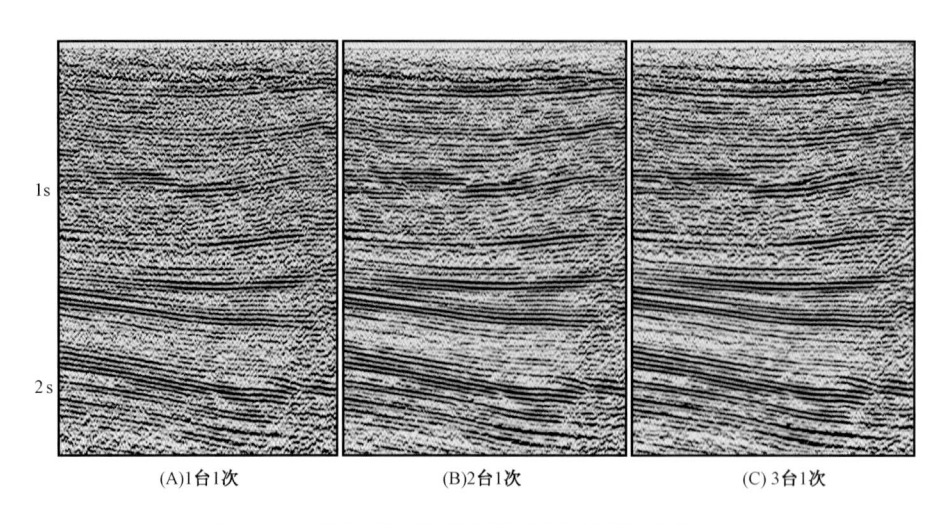

(A)1台1次　　　　　　　　　(B)2台1次　　　　　　　　　(C)3台1次

图6-70　不同台数可控震源激发剖面(覆盖次数720)

(四)复杂山地高效施工辅助配套技术

针对英雄岭复杂山地沟壑纵横、悬崖峭壁等复杂地貌给野外施工带来极大挑战,采用了高精度航拍辅助不规则三维观测系统实施技术、高效钻井工艺改造技术和有限警戒作业新模式,大大提高了生产效率,是以往山地区工作效率的三倍,平均日效达到740炮,最高日效达到2140炮,创造了国内外复杂山地施工效率的最高纪录。同时,针对宽方位高密度采集地震记录数据量大、人工监控效率低的特点,采用ESQCPRO等适用性强的质量监控软件实时监控单炮记录数据,效率高、功能齐全、人机交互便捷,有效杜绝连续2炮出现质量问题,同时避免海量数据的纸记录回放,降低采集效率,生产效率提高了44%。

二、英西地区处理技术

(一)基于潜水面标志层的综合静校正技术

英雄岭地区静校正问题非常突出,常规的模型法、初至折射法、层析反演法等基准面静校正方法能够解决一定的问题,但应用效果不明显。钻井地层压力、测井、微测井等资料表明,该区在海拔2900m附近为潜水面,与大炮初至反演的速度界面和地震剖面浅层分布广泛的强波阻抗反射界面基本一致。以潜水面作为表层结构建模和静校正计算的底界面,大大简化了该区复杂的静校正难题,形成了基于潜水面标志层的综合静校正技术。具体的技术思路是:

首先基于潜水面建立近地表模型计算基准面静校正。应用初至层析反演出近地表速度场,标定潜水面在速度场上对应的界面,建立近地表模型进行静校正计算,消除由于近地表起伏和低、降速带引起的中、长波长静校正量,使校正后的地震记录中以中、短波长静校正量为主。

然后基于潜水面计算折射波剩余静校正量。经过上步校正后,潜水面在远偏移距有较稳定的折射波初至,且信噪比相对较高。利用远偏移折射初至进行统计,通过迭代计算各检波点和炮点的折射波剩余静校正量,消除一些中波长、大的短波长静校正量。

最后基于潜水面计算反射波剩余静校正量。通过上述两步静校正处理后,剖面上潜水面进一步聚焦,潜水面成像更加清楚可靠,浅、中深层信噪比都得到了较大提高。对道集进行动校叠加后在叠加剖面上针对潜水面反射波信息选择时窗,计算炮点和检波点的剩余静校正量,消除残留的短波长静校正量。

基于潜水面标志层的综合静校正技术的应用，同向轴的连续性得到了加强，浅、中、深层的信噪比都有很大提高，成像质量得到了明显改善，静校正取得了显著的效果（图6-71）。潜水面既可作为表层结构建模和静校正计算的底界面，也可作为评价静校正质量的标准，潜水面的成像质量越好，表明静校正的效果越好。

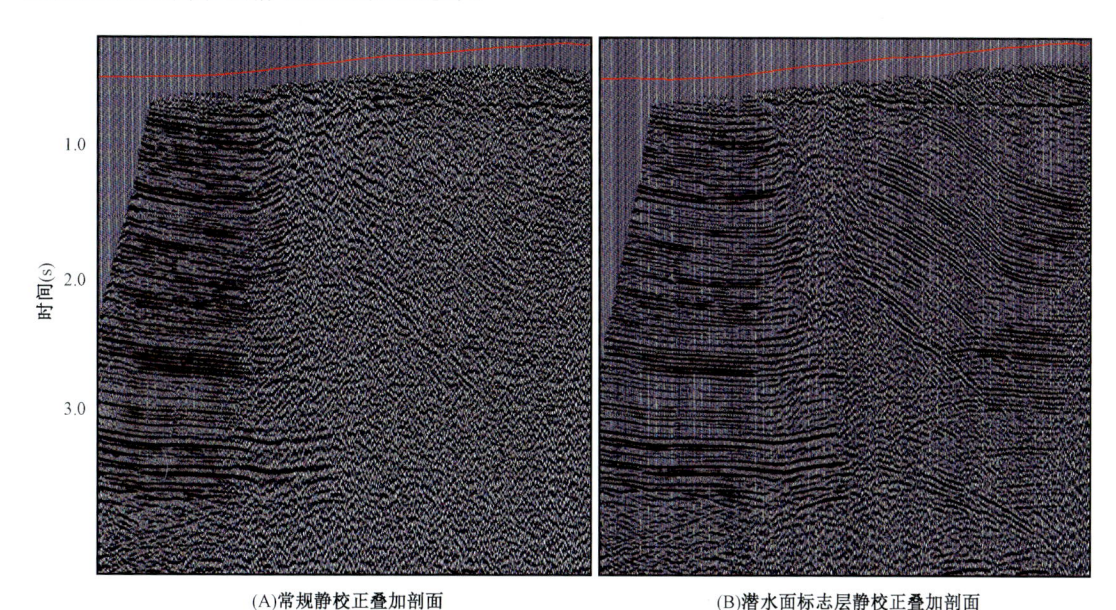

(A)常规静校正叠加剖面　　　　　　　　(B)潜水面标志层静校正叠加剖面

图6-71　英东三维常规静校正与潜水面标志层静校正对比图

（二）叠前多域多步组合去噪技术

英东三维区面波、折射波及散射波发育，随着地表变化，噪声特征差别很大，叠前去噪更困难。处理过程中从不同地表的干扰波性质与特征入手，通过噪声发育规律研究，分析干扰波场的主要特征，充分认识噪声的规律，在资料处理的不同阶段，采取多域、多步、分阶段的去噪方法，压制各种类型干扰，提高有效波能量。在炮域采用频率—空间域相干噪声压制去除高速线性干扰，采用十字排列锥形滤波对中、低速线性干扰进行压制，采用高能干扰分频压制（AAA）和地表一致性异常振幅处理（ZAP）进行异常噪声压制，在CMP道集通过四维叠前去噪进一步提高资料信噪比。

（三）5DMPFI数据规则化技术

针对复杂山地采集观测系统变观导致的因空洞和覆盖次数严重不均匀引起的偏移画弧效应，采用最新的5DMPFI（匹配追踪傅里叶插值）技术，重新定义炮点、检波点的空间位置，以及炮检关系，全面优化空间采样，该方法相比常规的插值算法是其对于高陡构造有更优化的反假频处理效果，特别适应于英西地区高陡复杂的构造特点。

因为英西地区井震采集观测系统不同，因此覆盖次数极不均匀，5DMPFI后观测系统统一，观测系统覆盖次数相比之前更为均匀，5DMPFI后道集也变得更均匀，信噪比更高。整体信噪比得到了极大提高，如一些绕射信息更加连续加强（图6-72）。

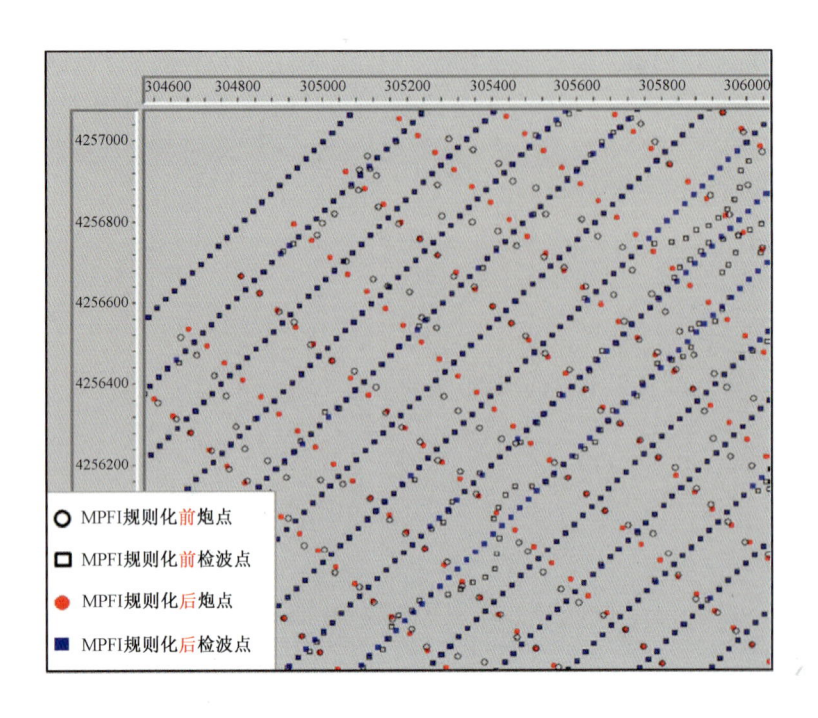

图 6-72　5DMPFI 实际炮检点与理想炮检点分布图

(四)TTI 各向异性叠前深度偏移技术

常规时间偏移是建立在水平层状或均匀介质理论基础上的,当地下构造复杂、地层速度存在横向变化时,不能满足 Snell 定律,因此不能实现准确的反射波偏移归位。而叠前深度偏移技术在一定程度上突破了水平层状、均匀介质的假设,弥补了时间偏移的不足,为正确认识地下复杂地质构造提供了可能。英雄岭英西三维的叠前深度偏移选用了近真地表偏移基准面,减弱道集时差对偏移成像的影响;利用回折波层析反演建立近地表模型,提高浅层速度模型精度;采用多信息约束网格层析成像逐步优化中深层速度模型;使用 TTI 各向异性叠前深度偏移技术提高构造成像精度。

三维网格层析成像(CIP TOMO)基本工作原理是:利用在 CIP 道集上自动拾取出的剩余延迟作为输入,根据地层倾角信息通过射线追踪将"剩余延迟"转换为剩余偏移方程组,利用 Z-TOMO 将该"剩余偏移方程组"转换为剩余速度场。CIP TOMO 的反演结果为速度摄动量,不会出现反演结果不可控制的现象。在对工区地质、测井认识的基础上,通过反射波自动拾取,并在地质倾角场约束下进行速度场网格层析迭代,求取剩余速度差。在层位控制导向约束下,利用反射波网格层析反演,使速度模型沿着更加合理的地质倾角场进行更新,加速迭代收敛过程。经过多轮更新,最终更新模型和偏移结果对比,结果非常吻合(图 6-73)。

浅层利用折射波反演和回转波层析反演(DWT)进行建模、中深层利用地质导向约束反射波层析成像(ZTOMO)进行建模,通过创新中浅层多信息综合建模技术,使得英西三维速度模型细节刻画更加清楚,速度模型建立更加合理。

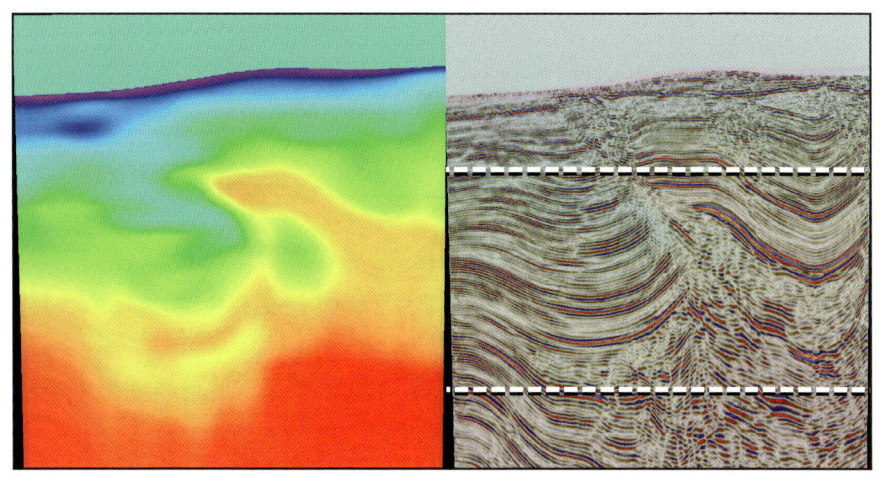

(A)ZTOMO速度模型　　　　　　　　(B)同一位置深度偏移剖面

图6-73　ZTOMO速度模型和偏移剖面对比

相对于Kirchhoff叠前深度偏移,RTM逆时偏移是一种高端和精确的针对构造和速度复杂的区域(如含高陡盐体入侵的沉积区域)或其下面区域的成像方法,是一种双程波波动方程成像方法。RTM已被证实在最终成像方面有良好的效果,并且在速度建模的细化构造表现方面的使用日益增多。RTM求解全波场波动方程的数值解是基于炮集数据,检波点波场在时间上反向传播,然后与正向传播的炮点波场实行互相关或褶积得到偏移结果。就这点而言,它没有倾角限制,可以处理所有复杂波场多路径问题,如焦散和棱柱波。此外参数设置中的各种归一化设计可以进行有效的几何扩散补偿和照明效应补偿。RTM逆时偏移结果提高了断层下盘成像质量,地层接触关系更加真实可靠,构造主体更加落实(图6-74)。

(A)Kirchhoff叠前深度偏移剖面　　　　　　　　(B)RTM叠前深度偏移剖面

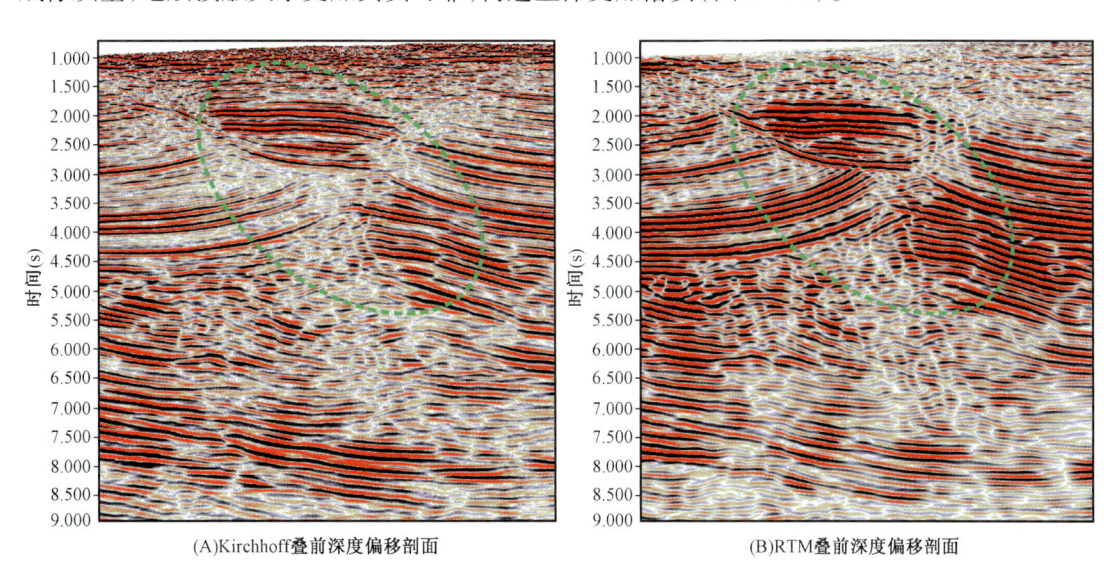

图6-74　不同叠前深度偏移方法剖面效果对比

三、英西地区解释技术

英西深层普遍发育的晶间孔—溶蚀孔的白云岩储层是成藏的基础,裂缝系统是高产的前提,上覆的优质盐岩盖层是成藏的关键。因此,构造建模、储层预测、裂缝检测是英西地区解释应解决的关键问题。

(一)多信息综合构造建模技术

多信息综合构造建模技术是以冲断构造理论、断层相关褶皱理论(膏盐岩发育时需引入盐构造理论)为指导,以较好品质的地震勘探资料为主,充分结合非地震、地表露头、遥感、钻井和测井等资料,建立准确的构造模型。

首先,地表构造解译可以约束中浅层地震勘探资料解释。实地踏勘和多源遥感获得了丰富、全面的地质信息(图6-75),包括:上油砂山组(N_2^2)与狮子沟组(N_2^3)之间的地层界限;实测的地层产状外(红色)和数量众多的遥感解译地层产状数据(绿色);识别出控制浅层构造的狮子沟断层,并在花土沟构造识别出一组近SN向的次级断层;对研究区的整体背斜形态有清晰完整的认识,如地表呈NW—SE向延伸约30km,背斜轴面北倾,南西翼较陡,局部倒转,北东翼宽缓。这些信息对于约束中浅层地震勘探资料的解释具有重要意义。

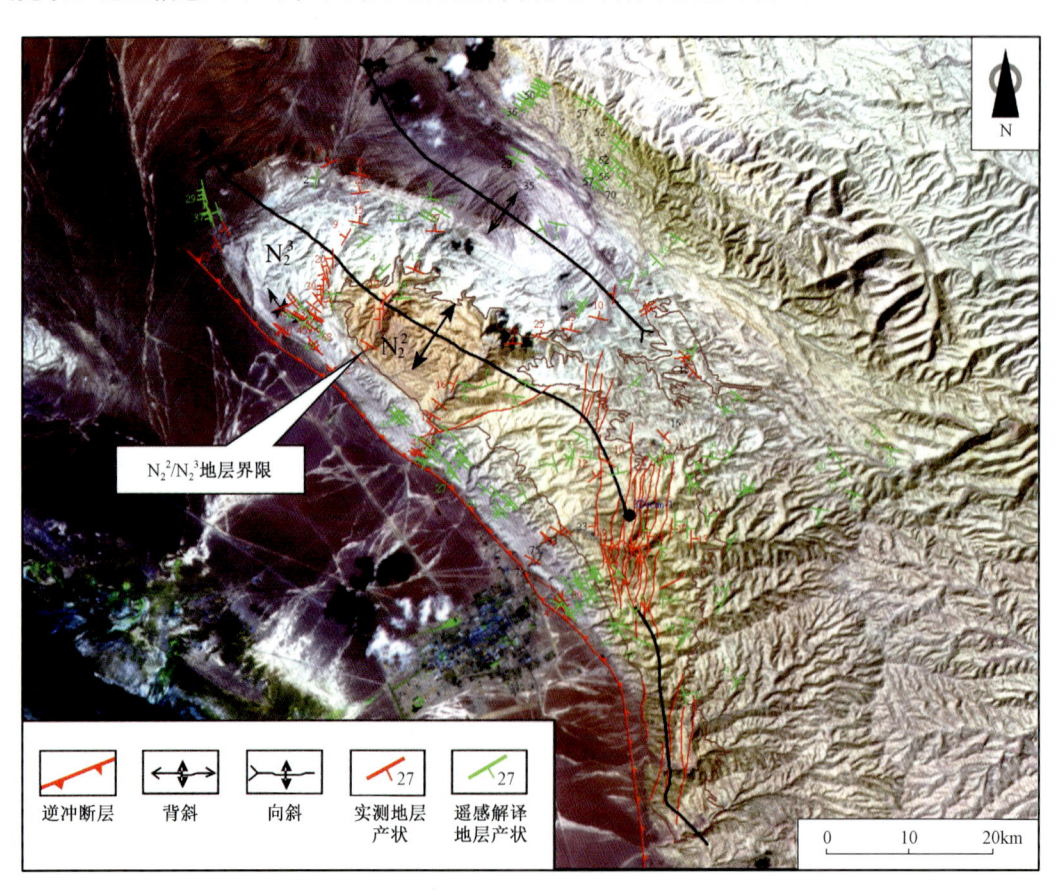

图6-75 英雄岭英西地区基于多源遥感数据的地质解译图

构造建模经历了复杂的过程,从二维到三维地震勘探,从叠后时间偏移到叠前时间偏移,由叠前时间偏移到叠前深度偏移,地质认识不断深化,构造模型不断接近地下真实地质情况。

从 2007 年二维地震攻关来看,由于资料信噪比相对较低,断裂刻画存在一定困难,构造样式解释浅层为滑脱褶皱,深层为挤压断背斜;2013 年采集三维地震后,叠后时间偏移资料构造样式解释为盐构造+高陡断层控制的花状构造(图 6-76)。

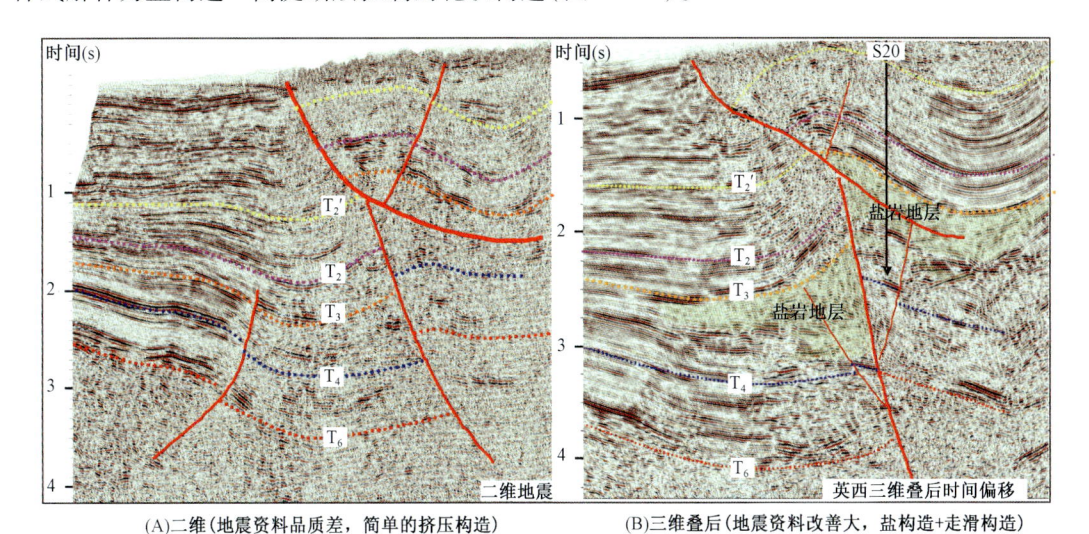

(A)二维(地震资料品质差,简单的挤压构造)　　(B)三维叠后(地震资料改善大,盐构造+走滑构造)

图 6-76　英西地区二维地震与三维叠后时间偏移地震构造解释模型对比图

S36 井的钻探发现有多次地层重复现象,最大垂直断距达到 500m 以上,之前的二维与三维叠后时间偏移资料无法解释地层重复现象,随后进行了叠前时间偏移处理攻关,资料信噪比进一步提高,深层构造解释为叠瓦逆冲构造样式,达到了井震的统一(图 6-77)。

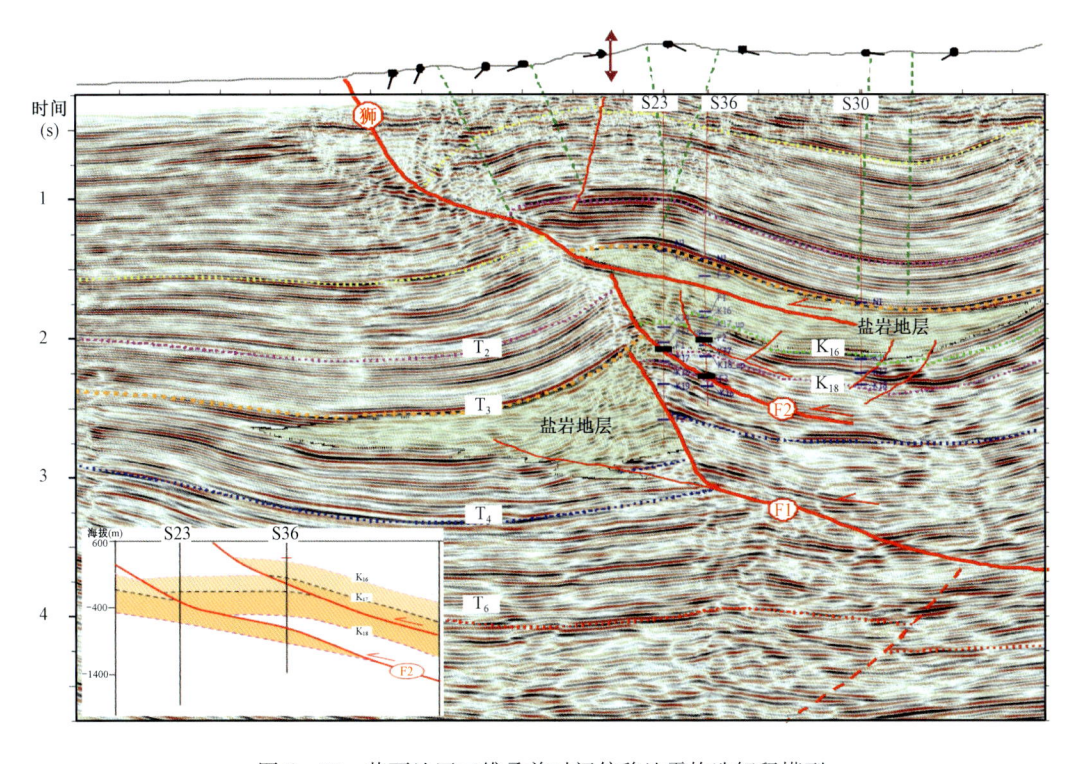

图 6-77　英西地区三维叠前时间偏移地震构造解释模型

由于浅层滑脱褶皱地层剥蚀严重,大套盐岩地层及咸化湖盆不同岩性混积,速度横向变化大,叠前时间偏移地震勘探资料不能反映真实的地下构造形态。故进行了新一轮地震处理攻关,采用 TTI 各向异性叠前深度偏移技术,进行 RTM 逆时偏移处理,处理资料信噪比得到进一步提升,较好反映了地下真实构造形态。

叠前深度偏移实现了构造的偏移归位,通过精细解释,深层建立了叠瓦逆冲构造模型,井震匹配度更高,F2 断层下盘背斜形态完整,与叠前时间模型相比,更加接近地下真实构造形态(图 6-78、图 6-79)。

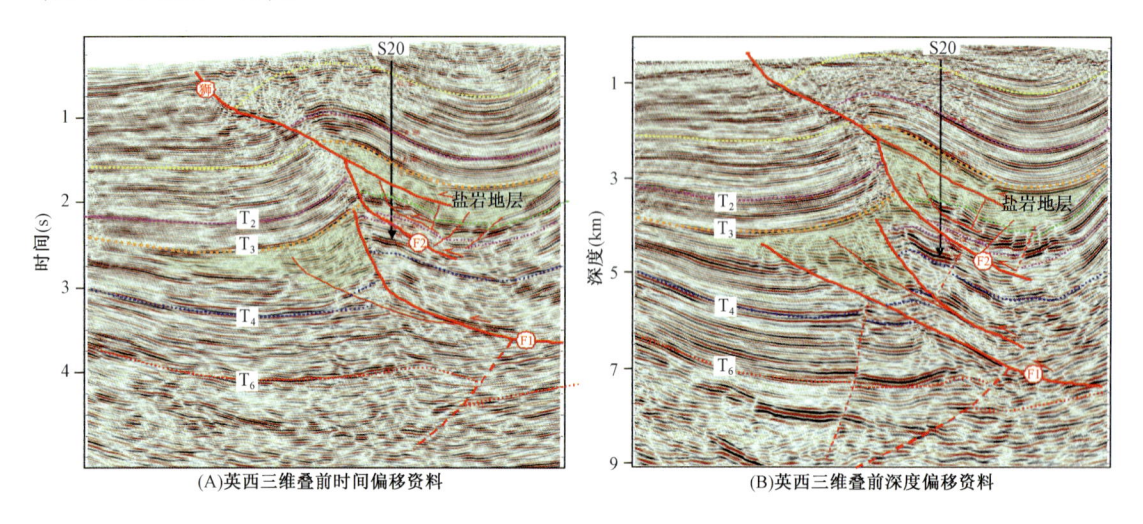

图 6-78 英西地区三维叠前时间偏移和叠前深度偏移地震构造解释模型对比

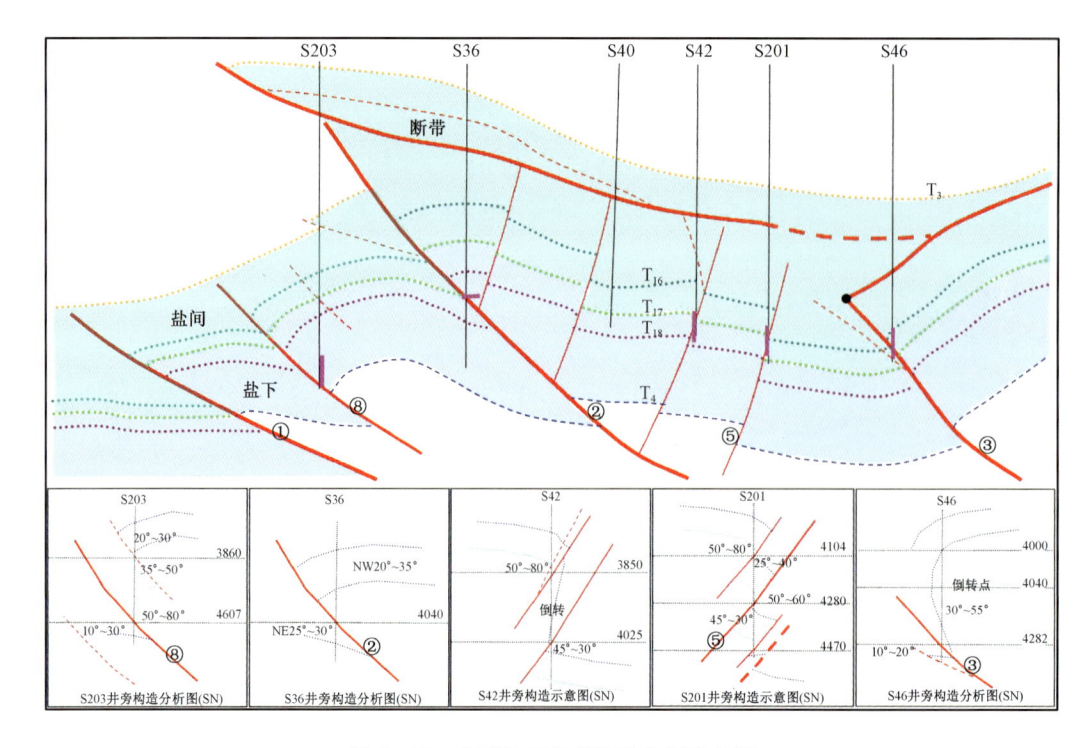

图 6-79 英西地区井旁构造分析综合图

(二)层序地层格架内的小层对比技术

由于英西地区储层薄,横向岩性变化快,油层多,做好小层对比是开展圈闭描述和储层预测的基础。为此,考虑不同层系沉积环境、岩性组合变化等,对下干柴沟组上段开展了层序细分,小层精细对比。以 K_{18} 层底为界, E_3^2 共划分两个三级层序,上部层序特点是以盐岩为主的混积地层,下部为以灰云岩为主的混积地层(图6-80、图6-81)。SQ1 层序 HST 与 SQ2 层序 TST,是灰云岩主要发育段,SQ2 层序 HST 盐岩比较发育,油气主要分布在 SQ1 层序的 HST 和 SQ2 层序的 TST 与 HST,SQ1 层序最大湖泛面(MFS)为 K19 反射层,SQ2 层序最大湖泛面(MFS)为 K15 反射层。

在层序分析的基础上,结合勘探生产,以油层组为单元进行地层对比追踪,为油藏的精细描述打下基础。

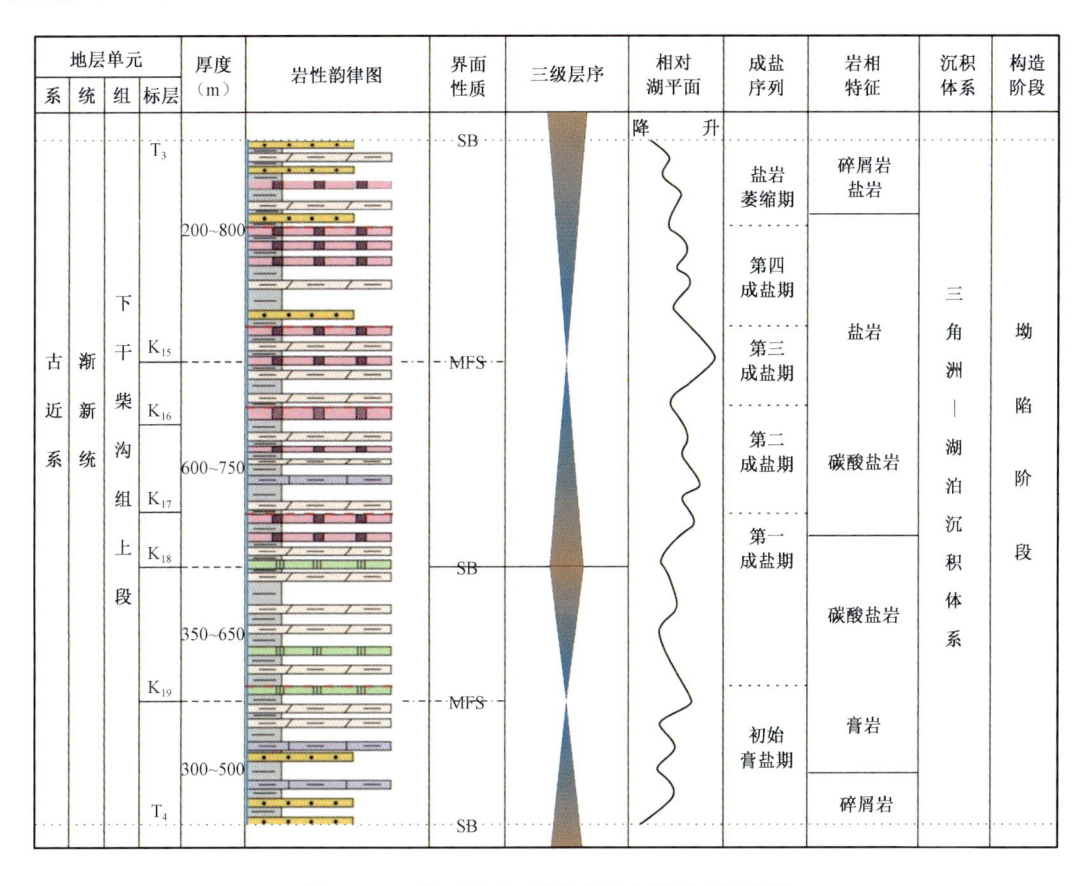

图6-80 英西地区下干柴沟组上段层序划分图

(三)多敏感参数融合地震反演技术

柴达木盆地英西地区灰云岩、砂泥岩和盐岩多种岩性混合沉积,岩性、储层岩石成分、储层孔隙类型复杂多样,储层薄,纵向多期叠置,横向岩性变化快(图6-82),预测难度较大。准确预测灰云岩储层是该区的主要难点和关键点之一。

储层反演主要面临着反演建模、储层划分参数及标准等难点,为此采用以下反演技术流程。

第一步:进行复杂构造建模,建立反演初始构造模型。在地震精细构造解释基础上,根据

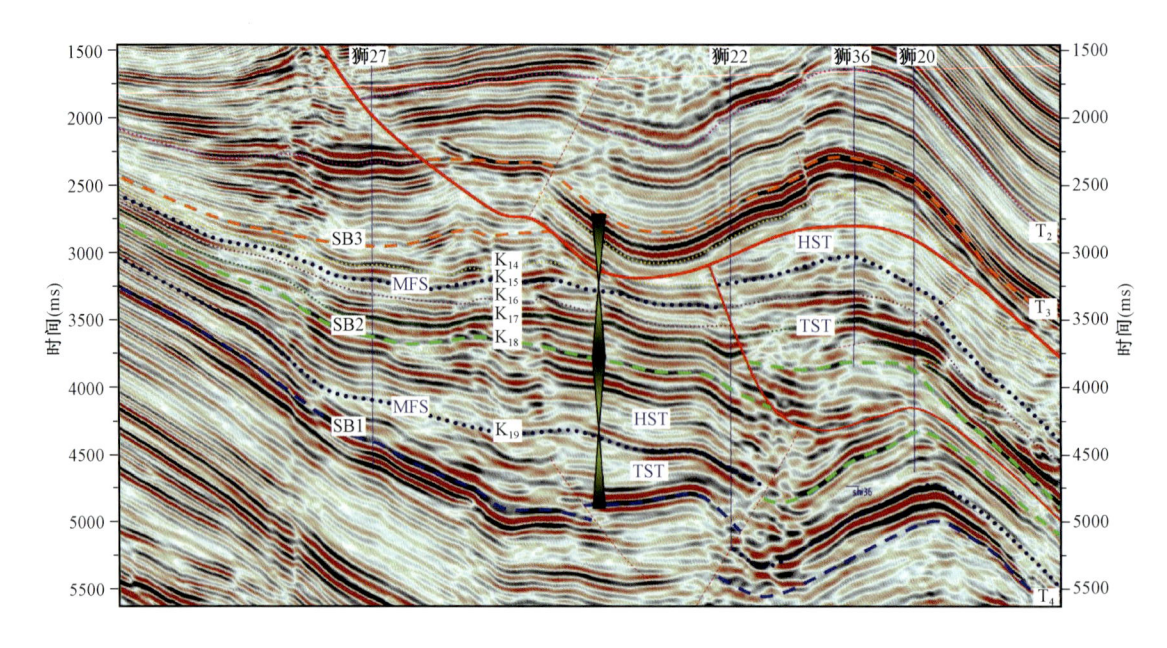

图 6-81 英西地区地震剖面层序划分图

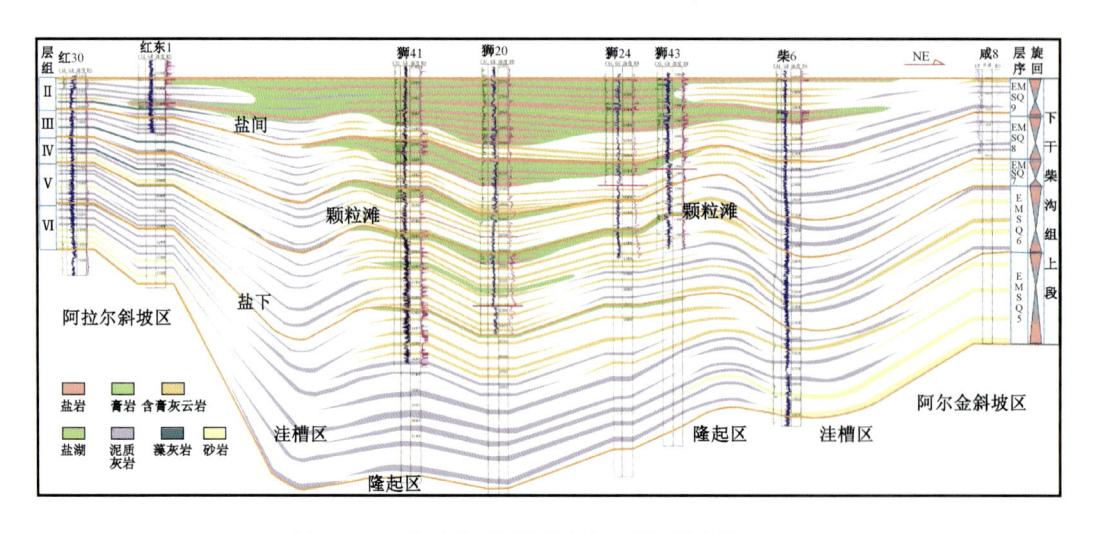

图 6-82 英西地区沉积微相剖面图(据青海油田)

地震解释层位及断裂建立构造框架模型,然后利用地震及井信息建立反演初始实体构造模型。

第二步:根据井上岩石物理参数分析,优选岩性敏感参数。

开展储层岩石地球物理特征分析,统计井上岩性及测井曲线数据,分析和筛选出可以较好反映储层的敏感参数,英西大量井资料统计和分析表明,储层主要岩性成分为灰云岩,且其泥质含量相对较低,储层的地球物理特征表现为高阻抗和低伽马,而膏盐岩的地球物理特征表现为低伽马和低阻抗特征,围岩主要为泥岩及泥质灰云岩,其地球物理特征表现为高伽马和低阻抗。因此阻抗和伽马可以较好反映该地区有利储层及盐岩。

第三步:利用优选的岩性敏感参数,进行波阻抗反演和地质统计学反演(图 6-83、图 6-84)。

— 326 —

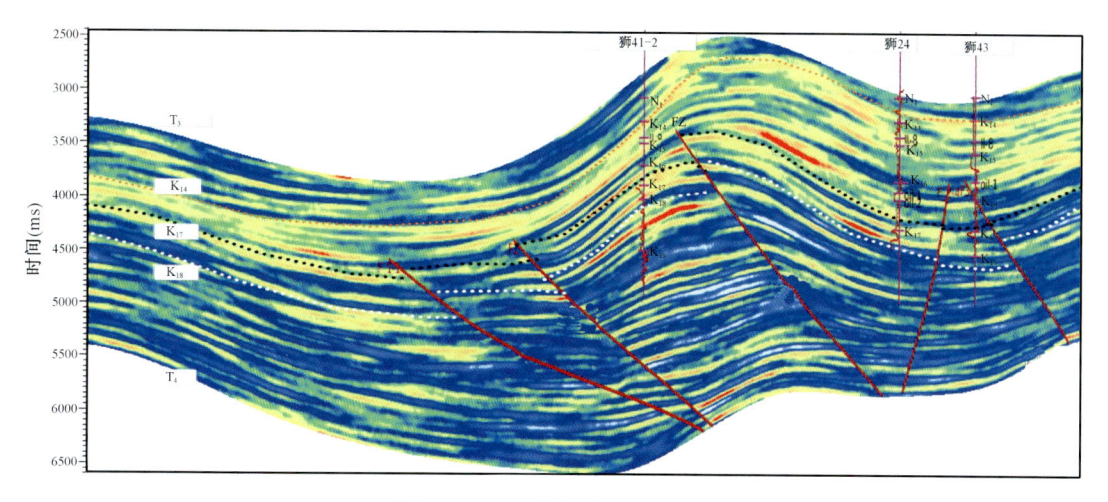

图6-83 地震波阻抗反演剖面

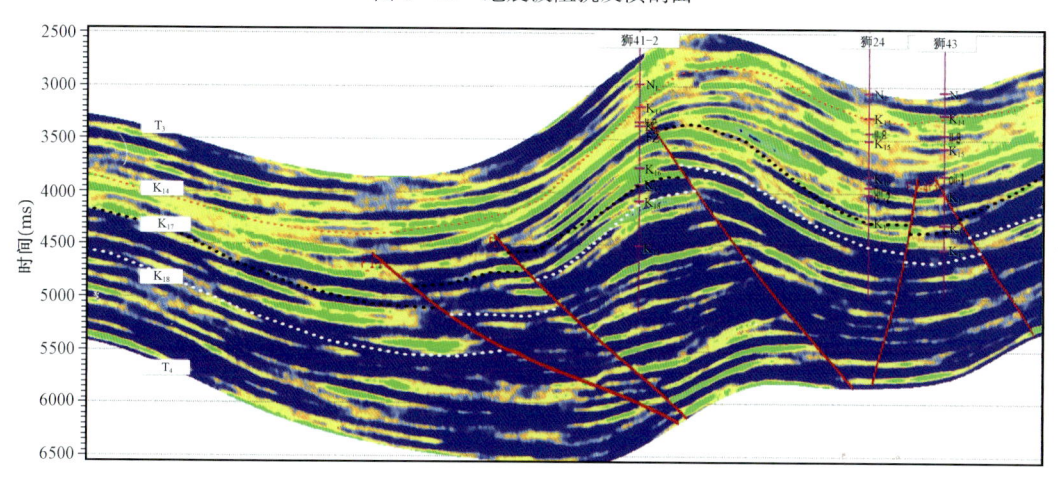

图6-84 地质统计学反演剖面

第四步:进行多参数融合,预测岩性及储层分布。根据交会图建立岩性及储层划分图版,利用阻抗及GR反演结果划分岩性及储层,主要分为泥岩、盐岩、灰云岩储层三种类型。最终形成储层及岩性融合数据体(图6-85)。

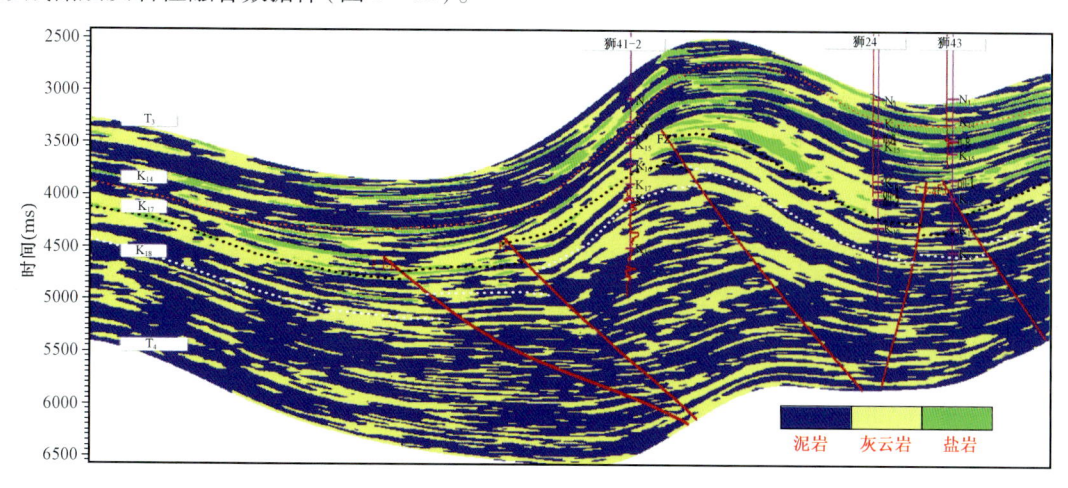

图6-85 多敏感参数融合反演岩性剖面

(四)利用多维地震数据裂缝检测技术进行裂缝预测

在 OVT 域道集方位各向异性基础上,利用多维数据裂缝解释技术,并结合本区已有钻井、测井资料,对柴达木盆地英西地区裂缝进行椭圆拟合表征,对裂缝的密度及走向进行预测,为本区井位的部署提供了技术支撑。

因为事先不清楚裂缝的发育方向,所以方位角选择全方位,根据断裂的走向把全方位划分成不同个数的弧形区,进行裂缝的方向和强度的拟合,比较选择合理个数的结果。理论上只有一定入射角(炮检距)的地震波穿过裂缝才能有各向异性,所以不同目的层(K_{16}、K_{17}、K_{18})要使用不同合适范围的炮检距。

分方位对 OVT 域道集叠加,观察分析不同方位裂缝的各向异性。

利用 OVT 域处理的叠前 CRP 道集进行裂缝分布检测,重要的是分方位对道集进行抽取叠加。本次在 0°~180°(180°~360°之间的 CRP 道集数据反向对应 0°~180°的 CRP 道集)范围内以 30°为间隔,在合适的炮检距范围内,对叠前 CRP 道集进行了六个方位角范围的抽取叠加,观察分析振幅能量、断裂等信息在不同方位上的变化。然后找出在裂缝、断裂反映比较清晰的方位,对 K_{16}、K_{17}、K_{18} 沿层进行均方根、相干等属性的提取与分析,划分每个油层的有利范围。

根据以上分析,计算出 K_{17} 层的全区裂缝密度和走向(图 6-86)。从裂缝预测与断层叠合图可以看出,断层和裂缝有较好的相关性。叠前裂缝预测结果局部放大(图 6-87)显示在 S40 井、S42 井处裂缝很发育,与成像测井解释结果相吻合。预测裂缝走向和断裂走向整体上有一定相关性,以 NW—N 向为主(图 6-86),在局部构造不同位置裂缝发育方向不同,反映出在不同构造部位应力作用差异。图 6-88 和图 6-89 为 K_{17} 层叠后曲率、相干属性,显示目的层在 S40 井、S42 井处裂缝均不发育,说明多维数据裂缝预测精度要比叠后曲率、相干属性的精度高(对比图 6-86 与图 6-88、图 6-89 蓝色椭圆虚线框内可以看出)。

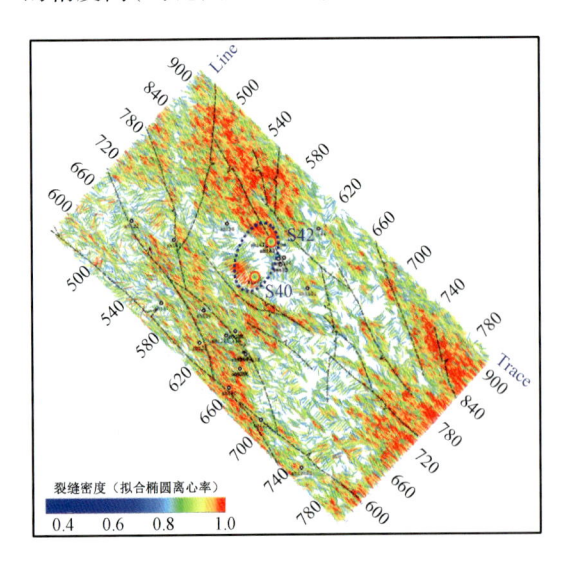

图 6-86 K_{17} 沿层裂缝密度与断裂叠合图

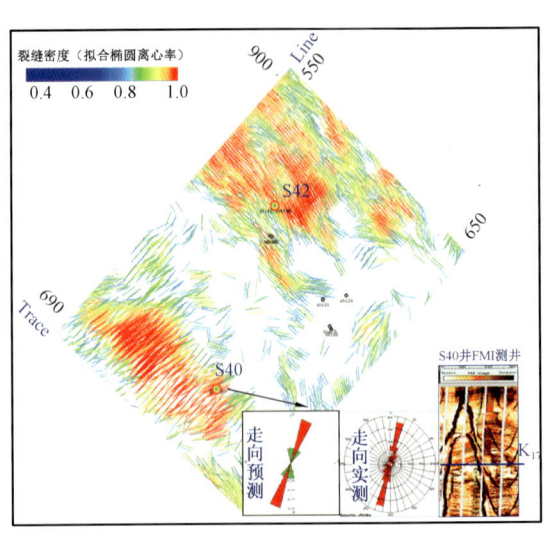

图 6-87 K_{17} 裂缝(局部)与 FMI 测井对比

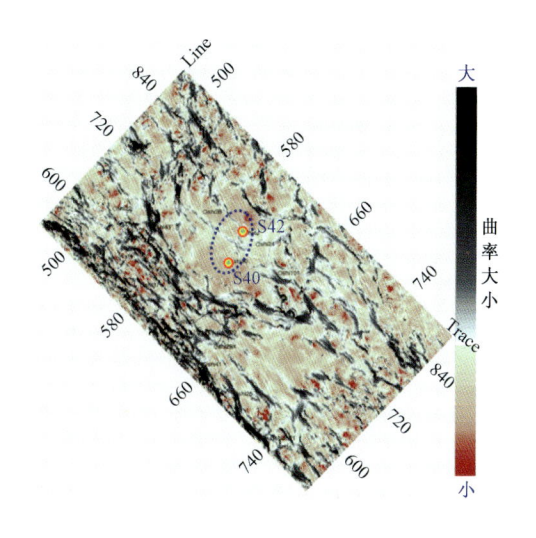

图 6-88　K$_{17}$沿层最正曲率图　　　　　　图 6-89　K$_{17}$沿层相干图

应用多维数据裂缝检测技术开展工作,取得了以下两点认识:

(1)OVT 域偏移处理得到的共成像点道集保留了方位角信息,即保留了丰富的地下各向异性信息,使叠前裂缝预测成为可能,其裂缝预测精度远高于叠后。

(2)宽方位采集是叠前裂缝预测的基础,采集横纵比过小,对于叠前裂缝预测来说,将造成大量的数据浪费;同时,因最大非纵距过小,无法满足中深层对数据反射角的要求,各向异性预测精度会大大降低;覆盖次数过低,分方位后的信噪比将无法保障,也会使裂缝预测结果的精度大大降低。

四、主要勘探效果

(一)地震勘探资料效果

2013 年实施的英西三维地震勘探资料品质持续提高,层次清楚,信噪比高,断面波清晰,特殊地层膏盐岩成像效果好。尤其是应用 TTI 叠前深度偏移处理技术后,狮子沟断层及断层下盘的成像明显改善,②号断层位置准确,①号断层上盘的背斜形态清楚(图 6-90),井震误差小,构造形态与地层倾角测井吻合好,能真实地反映地下复杂的构造面貌。

(二)主要勘探效果

英西三维地震攻关实施后大幅度提高了钻井成功率,累计配合提供预探井 23 口,完成试油 17 口,其中 13 口获工业油流,成功率由以往的 18% 提高到 76%;配合提供评价井 13 口,成功 11 口,成功率达 91%。

英西地区高密度宽方位三维地震勘探技术有效地支持了勘探开发工作的持续发展,效果显著。

(A) 叠前时间偏移剖面　　　　　　　　　　(B) 叠前深度偏移剖面

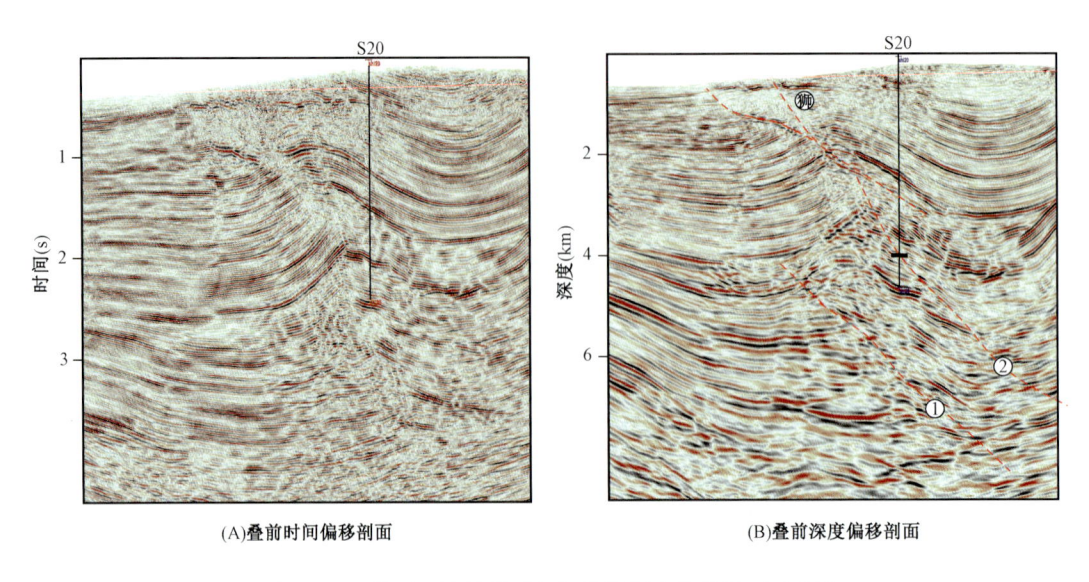

图 6-90　英西三维叠前时间与叠前深度偏移剖面对比图

第七章　碳酸盐岩潜山油气藏地震勘探技术及成效

1975年7月发现任丘潜山油田后,国内迅速掀起了潜山油气藏勘探热潮。经过多年的持续勘探,规模大、埋藏浅、类型简单、容易识别的潜山发现殆尽。埋藏深、面积小、隐蔽识别难度大的潜山成为进一步发现油气储量的重要目标。应用先进、适用的物探技术发现这类潜山目标意义重大。

第一节　碳酸盐岩潜山成藏背景

一、潜山地层特征

中国东部渤海湾盆地华北探区基岩是太古宇及古元古界变质岩,在其上覆盖有华北地台型的全套沉积盖层。中新元古界和下古生界主要为一套碳酸盐岩,厚4000~6000m;上古生界石炭—二叠系则主要是薄层石灰岩、煤系地层及砂泥岩,厚0~1300m;而中生界主要为含火成岩的陆相碎屑岩,厚1000~3000m;古近—新近系则为砂泥岩交互层,厚1000~8000m。

华北地台中新元古界至奥陶系碳酸盐岩广泛发育,经历多期构造运动改造,尤其加里东运动造成地台的整体抬升和剥蚀,有利于碳酸盐岩储层的改造。渤海湾盆地古近纪整体的裂陷活动为大规模新生古储潜山的形成创造了条件,新近纪的坳陷沉积利于油气的形成和保存。潜山目的层主要包括蓟县系雾迷山组白云岩、寒武系府君山组白云岩、奥陶系等。

二、碳酸盐岩潜山勘探现状

1972年12月,渤海湾盆地济阳坳陷义和庄凸起北坡钻探的沾11井在奥陶系石灰岩中获得日产油近千吨。1975年7月,冀中坳陷中元古界蓟县系雾迷山组白云岩钻获高产油流,初期单井日产油量1000~3000t,从而发现了任丘潜山油田。此后国内迅速掀起了潜山油气藏勘探热潮。辽河坳陷于1972年开始勘探潜山油气藏,在西部凹陷发现了曙光、杜家台、胜利塘等中新元古界潜山油田;1983年在大民屯发现了东胜堡、静安堡等太古宇和中新元古界潜山油田。"九五"以来,黄骅坳陷发现了千米桥深层潜山;济阳坳陷潜山油气勘探也取得了巨大成果,发现并探明了富台油田,突破了桩海潜山、渤南深层潜山油气藏,探明了广饶、埕北和桩西潜山油气藏,潜山已成为我国重要的油气勘探领域。

经过多年大规模的持续勘探,较大规模的山头型块状潜山油藏已被发现殆尽。当前面临的勘探对象多为隐蔽深潜山、潜山内幕油气藏或新类型的潜山油藏,埋藏深,类型复杂。需要发展和丰富古潜山油气成藏理论,建立适合隐蔽潜山勘探的技术系列,形成隐蔽潜山油气成藏理论新认识及勘探关键技术,指导潜山油气勘探取得突破。

三、潜山油藏类型

许多学者(杜金虎等,2002;臧明峰等,2009;吴孔友等,2010)从不同的侧面对潜山油气藏分类进行了研究。归纳起来主要有：按成因、形态、部位、岩性、发育、勘探难易程度等进行分类。2014—2017年，华北油田公司勘探家们提出了新的潜山油气藏分类方案（表7-1）。

潜山油藏分为不整合型和内幕型油藏。不整合型分为山头类和斜坡类二类，其中山头类可分为超深块状油气藏和古储古堵块状油藏两类，斜坡类分为山坡块状油藏、山坡层状油藏和顺坡古储古堵块状油藏三类。内幕型根据潜山所处位置，分为斜坡类和山腹类二类，其中斜坡类根据地层产状与山坡产状的关系、主要油气运移通道及油藏形态等，又可细分为顺倾坡潜山内幕层状油藏及逆倾向坡内幕层状油藏两类。山腹类又可细分为块状油藏、古储古堵层状油藏、层—块复合油气藏及不规则油藏等四类。各潜山类型特点见表7-1。

表7-1 潜山油气藏分类方案

大类	亚类	小类	示意图	典型实例	备注
不整合型	山头类	超深块状油气藏		牛东1蓟县系油气藏	地震资料品质限制
		古储古堵块状油藏		长3蓟县系油藏	内幕隐伏断层控制
	斜坡类	山坡块状油藏		任北奥陶系油藏	地层和不整合控制
		山坡层状油藏		南孟奥陶系油藏	岩性地层复杂限制
		顺坡古储古堵块状油藏		何庄泽37奥陶系油藏	顺向断层封堵控制
内幕型	斜坡类	逆倾向坡内幕层状油藏		西20寒武系油藏	岩性地层复杂限制
		顺倾坡潜山内幕层状油藏		南孟寒武系油藏	岩性地层复杂限制
	山腹类	块状油藏		刘其营奥陶系油藏	岩性地层复杂限制
		古储古堵层状油藏		文古3寒武系油藏	岩性地层复杂限制
		层—块复合油气藏		安探1奥陶系油气藏	储层非均质性限制
		不规则油藏		河间变质岩油藏	储层非均质性限制

第二节　碳酸盐岩潜山叠前深度偏移处理技术

近年来，针对冀中坳陷的潜山成像，开展了潜山连片和目标叠前深度偏移处理，取得了良好的效果。

一、深度域速度建模

叠前深度域偏移的关键就是速度模型的精度问题，足够精确的偏移速度场可以保证深度偏移成像的效果。

目前针对潜山资料深度域速度建模主要采用基于层析成像的速度模型构建方法,包括基于沿层层位拾取的层析成像法和基于网格的层析成像法。两种方法各有优缺点:第一种方法人为因素较大,需要处理解释一体化结合才能较准确地拾取反射层位,而且该方法不考虑工区的断层情况,因此该方法适用于信噪比较高的工区;第二种方法综合考虑地震勘探资料的多种属性信息(方位角、倾角、连续性等),既避免了人为因素,又综合考虑了层位、断层等信息,因此该方法适用于低信噪比地区。

埋深大的潜山尤其是潜山内幕地震勘探资料的信噪比低,在常规时间偏移剖面上很难划分层速度界面,建立与地下构造相吻合的时间域构造模型。通常在大套层位构造约束下,首先通过沿层层位拾取的层析成像确定叠前深度偏移速度趋势,然后采用基于网格的层析成像法对层间速度进行反射网格层析的精细处理,可以提高层间成像效果,即在每个网格点来修正速度,细化层速度模型,调整局部短波场的速度误差。网格层析成像技术方法的步骤为:

(1)首先通过全数据体的叠前深度偏移,得到深度域数据体,也可以通过利用初始速度模型将时间偏移数据体按比例放到深度域中,得到深度域数据体。

(2)提取深度域的数据属性体(同相轴的连续性体、地层倾角体及方位角体)。

(3)根据地层连续性,自动提取地震勘探资料的内部反射层位,形成不同区域的多个反射内部层位。

(4)根据叠前深度偏移得到的共成像点道集,拾取目标测线的深度剩余速度,形成深度剩余速度体。

(5)将上述的三种地震属性体、深度剩余速度体、初始层速度体、内部反射层位等几种数据体融合创建一个数据库,使得每个地震记录包含上述几种信息,为旅行时计算奠定基础。

(6)建立包含多个层位的全局网格层析成像矩阵。

(7)利用最小二乘法,在上述几种信息的约束下,求解网格层析成像矩阵,得到优化后的深度域层速度体。重复以上各步骤,实现多次深度速度模型的优化。

用网格层析速度优化后的速度—深度模型进行叠前深度偏移,从偏移剖面来看,潜山内幕信息丰富(图7-1)。

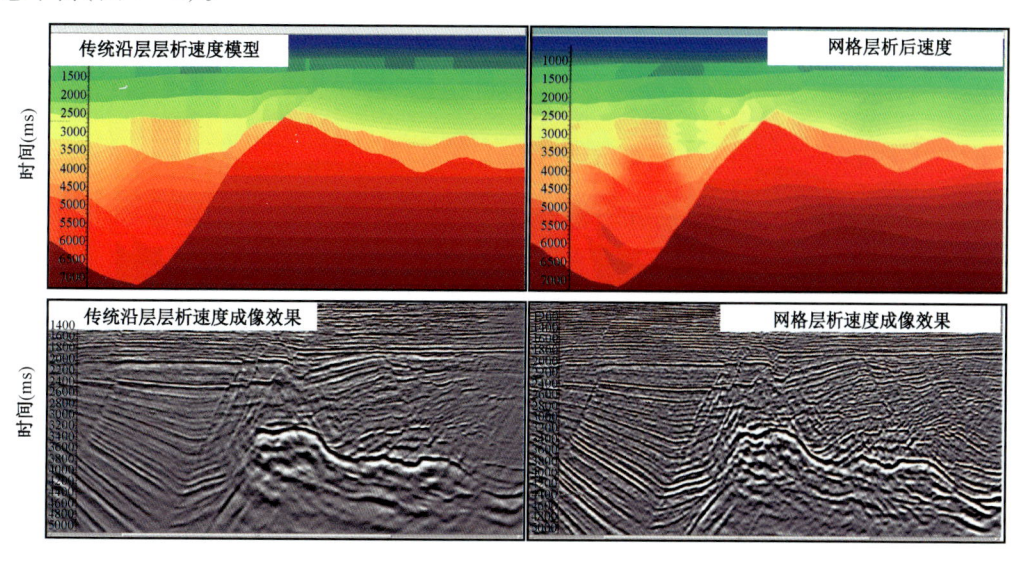

图7-1 HJ潜山网格层析成像技术应用前后资料对比

二、TTI 各向异性叠前深度偏移成像

由于潜山及内幕地层非均质性强的特点,早期各向同性叠前深度偏移处理成果与实钻井的误差较大,是影响潜山资料成像精度的重要因素。

(一)各向异性参数对成像的影响

首先用模型试验结果来分别说明基于各向同性介质假设时的成像与基于各向异性介质假设时的成像差异对比。图7-2A 采用的理论模型为 VTI 各向异性理论模型。对该模型分别采用各向同性偏移(图7-2B)和 VTI 各向异性偏移(图7-2C),从成像结果上对比可以发现,对于各向异性介质,若采用各向同性方法偏移成像,成像后的地层整体深度增深。而且,越到深层,深度误差越大。其次,绕射波不能准确归位,绕射点成像模糊。

下面再来对比一下 TTI 介质条件下,采用 VTI 和 TTI 偏移成像的对比。图7-3 左侧从上到下依次为介质模型及 VTI、TTI 的偏移脉冲响应;右侧从上到下依次为上覆带倾斜各向异性的地质模型、VTI、TTI 偏移的对应剖面。从图中可见实际模型为 TTI 介质时,若采用 VTI 假设条件进行偏移成像,最大的误差来自断点横向位置的漂移。

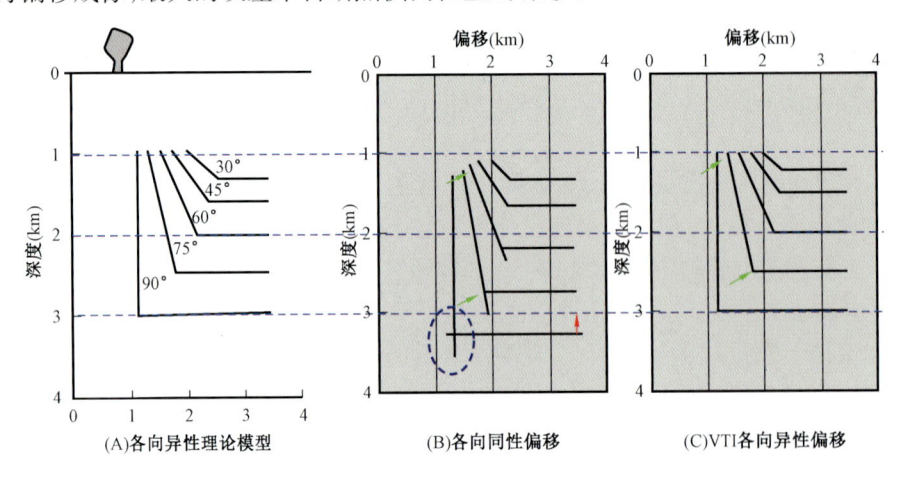

图7-2 各向异性介质采用不同假设条件下成像误差对比

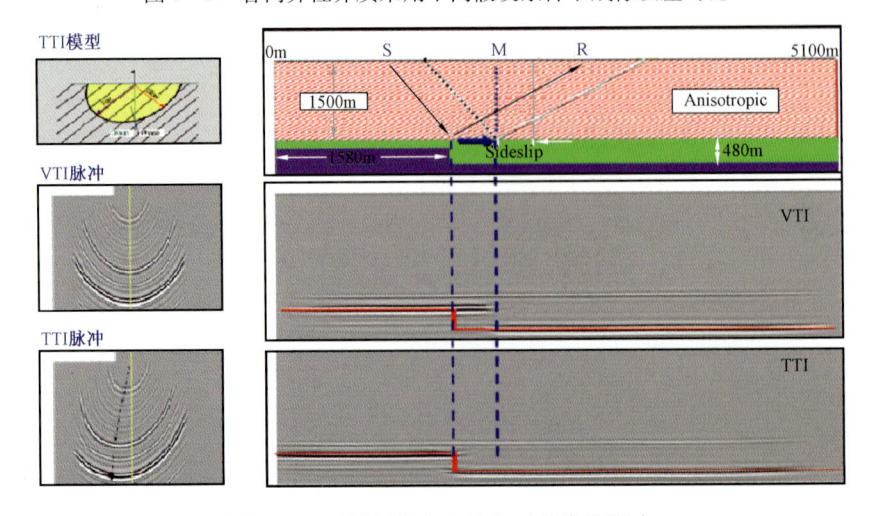

图7-3 地层倾角和方位角对成像的影响

(二)TTI 各向异性叠前深度偏移

隐蔽型深潜山及潜山内幕地下构造复杂,断裂发育,地层大都具有 TTI 介质各向异性的特征。从以上的模型对比结果说明,应用基于各向同性假设条件的叠前深度成像方法将严重影响成像的精度和效果,包括成像质量、下伏构造的成像深度误差、构造及断点的横向位置等。因此,在复杂构造区各向异性是影响地下深层构造地震成像质量和精度的重要因素之一。发展应用 TTI 介质各向异性叠前深度偏移处理技术将是隐蔽型深潜山及潜山内幕高精度成像的必然选择。

各向异性参数建模具体实现方法如下:

第一步,首先是求取准确的各向同性速度场,这是一个多信息建模过程(包括地震、非地震及钻测井等信息)。

第二步,根据钻井测井的声波合成记录与 VSP 走廊叠加比对,标定各向同性偏移成像反射同相轴与各套地层的深度厚度关系。求取各个层段的深度误差与厚度误差,并计算井点周围相应的 δ 值(曲线或不同地层深度对应的数据表)。计算工区内所有井的 δ 值,构造建模形成 δ 参数体。

第三步,利用各向同性速度体和 δ 参数体,计算各向异性初始速度场 V_{p_0} 体,在此基础上,再给出初始 ε 体(可以设为某个常数或用 δ 体的一定比例值代替),并进行 VTI 各向异性偏移。

第四步,利用 VTI 各向异性偏移后的道集,用类似偏移速度分析与迭代建模的方法,求取参数体 ε。经过多次迭代,得到 ε 参数体。

第五步,应用 VTI 叠前深度偏移数据,求取初始地层倾角和方位角模型,并做 TTI 叠前深度偏移。

第六步,重复第四、第五步,进一步优化 ε、θ、ϕ。直到满意后,进行最后体偏移。

图 7-4 是 VTI 各向异性与 TTI 各向异性叠前深度偏移剖面对比效果。可以看出 TTI 各向异性叠前深度偏移剖面上潜山顶面及内幕反射同相轴连续性得到改善,深层内幕断层清晰,构造细节更加清楚。

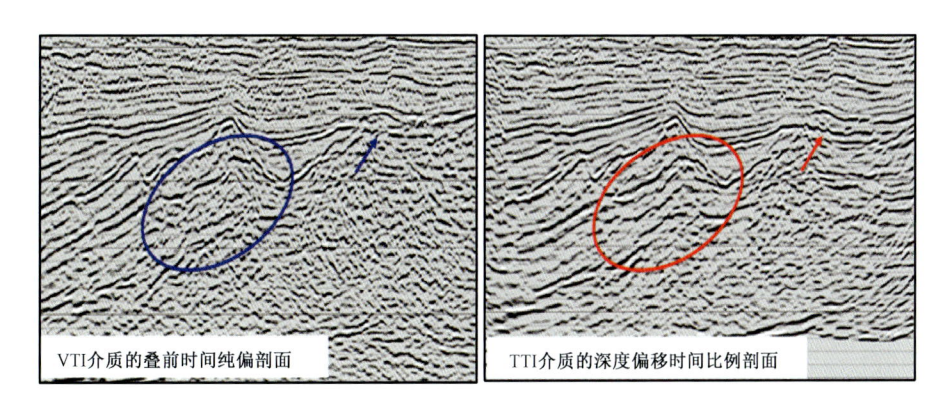

图 7-4 冀中某区块 VTI 各向异性与 TTI 各向异性叠前深度偏移剖面对比

第三节　碳酸盐岩潜山油气藏解释技术

一、潜山地震层位标定技术

冀中坳陷碳酸盐岩古潜山地层主要包括下古生界奥陶系(O)、寒武系(ϵ)和中新元古界青白口系(Qn)、蓟县系(Jx)、长城系(Chc)等，主要为海相沉积，地层分布相对稳定，厚度和岩性有区域性变化规律。因此，对于潜山地层的标定可采用两种方法：一是在解释工区内需解释的目的层有已知井揭示的情况下，可直接利用钻井标定；二是在解释工区需解释的目的层无已知井揭示的情况下，可利用多年来总结出来的各地层(以标志层为主)典型地震反射特征和各套地层基本稳定的地层厚度来确定层位。

(一)利用已钻井标定

在解释工区内需要解释的目的层有已知井揭示的情况下，一般可以利用已知井进行标定。标定方法为常用合成地震记录标定、VSP 桥式标定等。

(二)利用潜山地层地震反射特征和地层厚度确定层位

在解释工区需解释的目的层无已知井揭示的情况下，主要利用潜山地层地震反射特征和地层厚度确定层位。多年来，华北油田的勘探家们已总结出了潜山各套地层(以标志层为主)典型的地震反射特征、古潜山各地层的真厚度、层速度及时间厚度等。熟练掌握这方面的经验知识，可以在无井的情况下也能较准确地确定潜山地层。这些经验知识为潜山勘探、研究发挥了重要作用。

潜山各地层从上而下具有如下反射特征：奥陶系以厚层碳酸盐岩为主，地震上为弱振幅、连续—弱连续平行地震反射，奥陶系之上为石炭—二叠系下部的含煤地层所对应的强反射。寒武系上部固山组、长山组、凤山组(以往曾合称为炒米店组)和张夏组为一套较弱反射。寒武系下部府君山组、馒头组、毛庄组、徐庄组和青白口系、下马岭组(待建系，以往认为归青白口系)、蓟县系洪水庄组、铁岭组因发育泥岩夹层，为一套中强反射，由于下马岭组和蓟县系洪水庄组、铁岭组仅分布于冀中坳陷北部，霸县凹陷、饶阳凹陷等重点地区并不发育，因此，习惯将寒武系下部府君山组、馒头组、毛庄组、徐庄组和青白口系中强反射称为"上 200ms"。上述强反射之下为蓟县系雾迷山组大套弱反射，该组中部发育"单轴强反射"。雾迷山组之下为长城系杨庄组"单轴强反射"。杨庄组之下为长城系高于庄组大套弱反射，该组中部发育"单轴强反射"。长城系串岭沟组、团山子组、大红峪组为一套较强反射，习惯上称为"下 200ms"。长城系常州沟组具连续性较差、较弱反射特征，有时易与太古宇混淆。

二、潜山地震勘探资料解释

在潜山解释过程中，须注意以下几点。

(一)断面波的识别

由于深层地震勘探资料一般品质偏差，且深部钻井较少，潜山地层确定难度大。但由于碳酸盐岩潜山层速度一般在 6000m/s 左右，而古近—新近系层速度一般不超过 5000m/s，因此，控制潜山的断层面上下有明显的速度差，从而会形成明显的断面波。因此，识别断面波对搜索潜山圈闭有重要意义。

2008年,在冀中某区进行了高精度二次三维地震勘探。针对潜山埋藏深、高频信息吸收和衰减严重的难点,应用了"高覆盖宽方位均匀观测—拓展低频激发—宽档接收"技术,资料采集采用了"小面元(20m×20m)、高覆盖(96次)、较宽方位横纵比(0.6)、高密度炮道(89炮/km^{2}和10000道/km^2)"的观测系统,采取潜水面以下9m井深、15~30m的深井激发和6~8kg的大药量激发技术,以及1口/km^{2}微测井的高密度表层结构调查等方法。与常规三维地震勘探相比,高精度二次三维地震勘探增强了地震波的下传能力,提高了深层反射能量,深层的反射信号强度和信噪比得到了较大程度的提高。新资料断面波清楚,对潜山解释方案的确定和最终落实起到了关键作用(图7-5)。

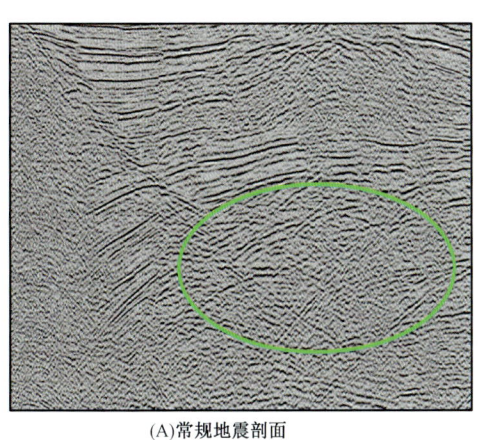

(A)常规地震剖面　　　　　(B)高精度地震剖面

图7-5　过ND潜山地震剖面

(二)剔除火成岩的影响

由于冀中坳陷乃至渤海湾盆地古近系火成岩较为发育,火成岩速度高,在古近—新近系中表现出明显的强反射特征,很容易将火成岩认作潜山的顶面。一般情况下,火成岩强反射平面分布局限,且边缘不规则,边界不受断层控制或不完全受断层控制,较容易区分。

(三)加强叠前深度偏移资料解释

潜山的叠前深度偏移资料内幕成像效果好。因此,叠前深度偏移资料深度域解释更有助于潜山识别和落实。

为了充分发挥叠前深度偏移资料的优势,必须做好叠前时间偏移和叠前深度偏移资料的钻井标定工作。

第四节　碳酸盐岩潜山油气藏实例及成效

2005年以来,在饶阳凹陷实施地震勘探资料二次采集和大连片处理解释一体化工程,实现了全区三维地震勘探资料连片,优选出长洋淀、肃宁、孙虎、束鹿西斜坡潜山带等多个有利勘探区带和目标。

一、长洋淀潜山

长洋淀潜山构造带位于饶阳凹陷北部,是任丘潜山构造带与蠡县斜坡之间的构造转折部位(图7-6),受北东走向长洋淀断层控制,形成狭长的潜山构造带。

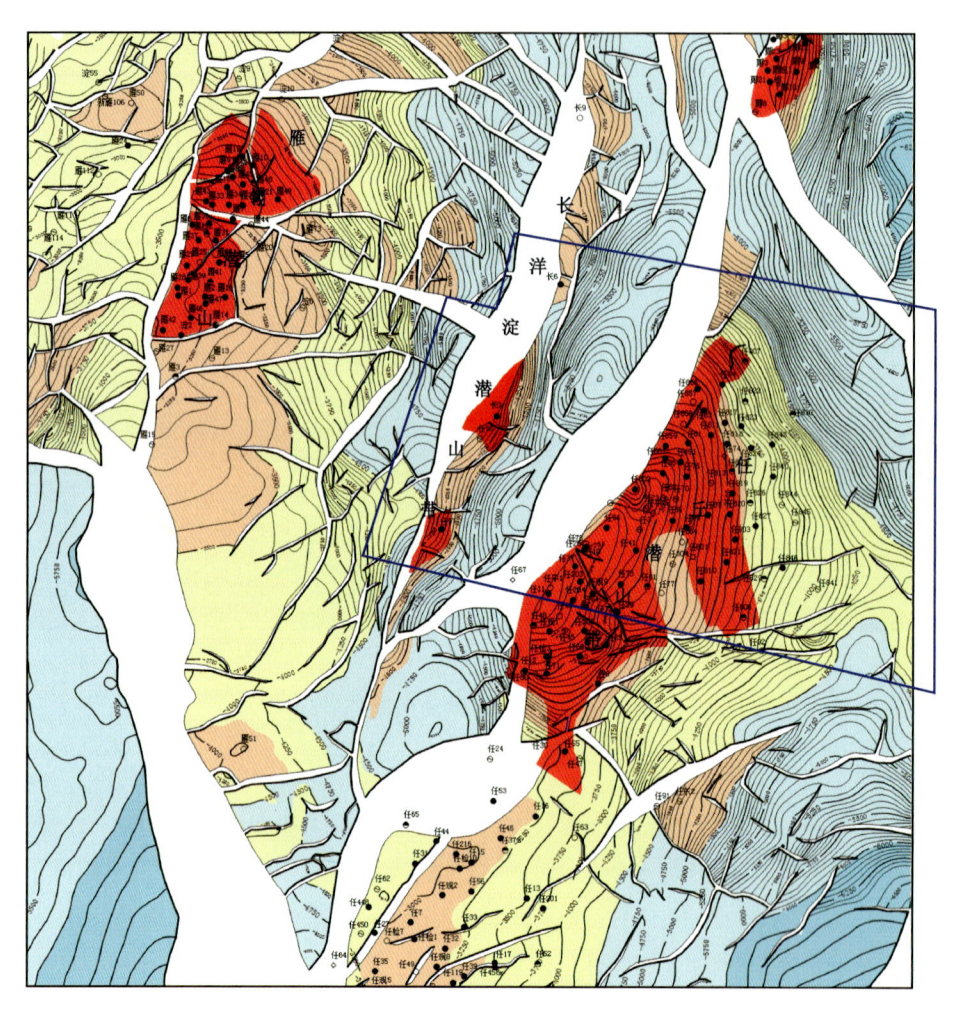

图7-6 长洋淀潜山带构造位置图

长洋淀潜山构造带西邻雁翎潜山构造带,东邻任丘潜山构造带。潜山地层整体西抬东倾,构造位置偏低,埋深在4300m以下,潜山内幕断裂发育、地层破碎、圈闭规模小。

20世纪80年代中后期,利用二维和单块三维地震勘探资料研究成果,针对潜山地层相继钻探三口探井。1978年钻探的R96井位于构造高部位试油出水。1978年钻探的R97井位于构造低部位,获高产工业油流。1998年钻探的R97-1井构造位置介于R96井和R97井之间,且更靠近R97井,油水同出,井间矛盾明显。由于长洋淀潜山构造带位于任丘城区单块三维地震资料的边缘,限制了研究进一步深入,解决井间矛盾比较困难。

2005年经地震勘探资料连片采集、处理,形成了马西连片地震数据,在新的资料基础上对长洋淀潜山带的成藏条件进行了深化评价。

(一)明确地质背景

中生代中期开始受到北西—南东方向应力场作用,长洋淀潜山形成 NE 向、NNE 向和 NWW 向的共轭剪切断层,把潜山地层切割成若干个块体。中生代至新生代始新世早期,潜山长期隆起,地层遭受剥蚀,使早期形成的共轭剪切断层上部被部分剥蚀,潜山内幕断层更加隐蔽。白洋淀至雁翎地区广泛发育 NW 与 NE 走向断层相交形成的"网"状平面断层组合,与之对比,长洋淀潜山带具有发育 NW 向潜山内幕断层的地质背景。

(二)应用连片三维地震勘探资料,精细解释断层,刻画潜山内幕地层展布形态

连片地震勘探资料可较清楚地反映潜山地层特征。该区潜山顶部出露寒武系—雾迷山组潜山地层。R97 井进山为雾迷山组,地震反射同相轴能量弱,连续性差,在地震剖面上形成大套弱振幅、低连续反射(图 7-7)。R96 井进山为寒武系下部地层,为白云岩与泥岩互层,在地震剖面上形成中振幅、较连续反射。

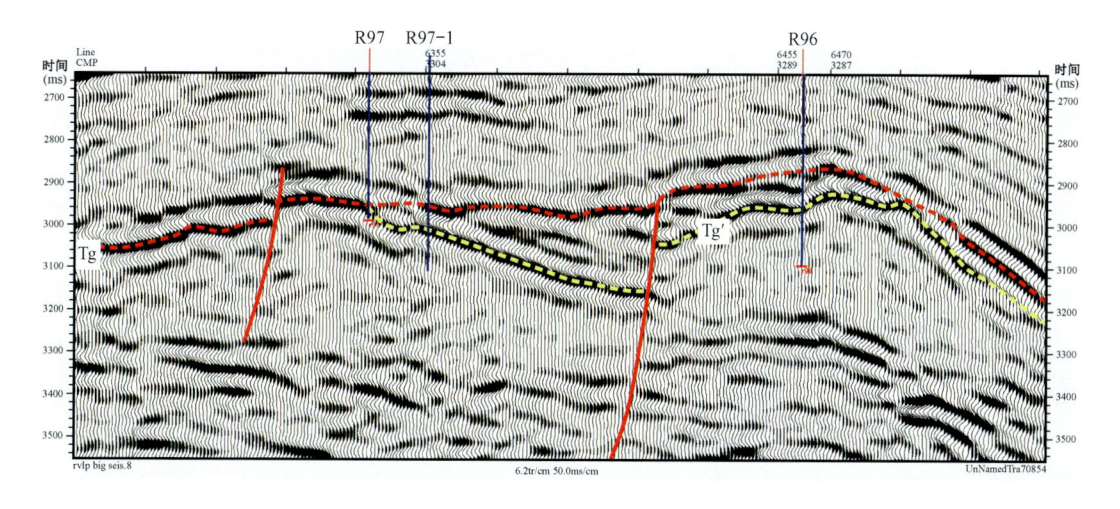

图 7-7 R97—R97-1—R96 井过井三维地震剖面

由于潜山内幕断层终止于潜山不整合面之下,纵向延伸距离短,平面上被后期发育的 NNE 走向断层切割,平面分布规律差,具有很强的隐蔽性,识别与刻画难度较大。在地震剖面上,根据潜山上部的寒武系和蓟县系雾迷山组能量差异较大的特点,采用振幅类属性进行内幕断层刻画。

通过提取平面地震属性,在预测潜山出露地层的基础上,识别出内幕断层可能的发育区。由于寒武系受到剥蚀,地层厚度变化大,因此从潜山顶面开时窗,根据本区寒武—青白口系最大地层厚度确定时窗长度,提取均方根振幅属性,就可以将包含强振幅的区域刻画出来(图 7-8)。图中黄色区域为弱振幅区,代表雾迷山组出露;蓝色区域为中—强振幅区,代表寒武—青白口系出露区。黄兰之间一侧为青白口系地层尖灭线,另一侧为内幕断层发育区,是构造解释中需要进行精细解释的部位。由图中可以看到:蓝色区域(寒武—青白口系出露区)呈 NW 向展布,并被 NE 向断层切割,与区域认识一致。

在进行剖面解释时,重点关注图 7-8 中蓝色与黄色变换部位的断层和层位解释。潜山及内幕地层信号较弱,内幕断层难以形成明显的断面波。由于潜山及内幕很难判断断点位置,因此考虑潜山内幕地层存在能量差异,采用振幅差异属性在纵向上识别潜山内幕地层,精细刻画

潜山内幕断层。振幅差异属性能够表现由地质体变化引起的振幅突变信息,可用于刻画有差异的地质体边界。

处理后的地震数据较地震成果资料分辨潜山内幕地层的能力有所增强。通过调整色棒,突出振幅较强的区域,压制振幅较弱的区域,使潜山内幕地层特征更加突出。除潜山顶面层位更清晰外,寒武—青白口系和雾迷山组在纵向和横向的分界面也更清楚(图7-9),有利于潜山内幕地层识别和断层解释。

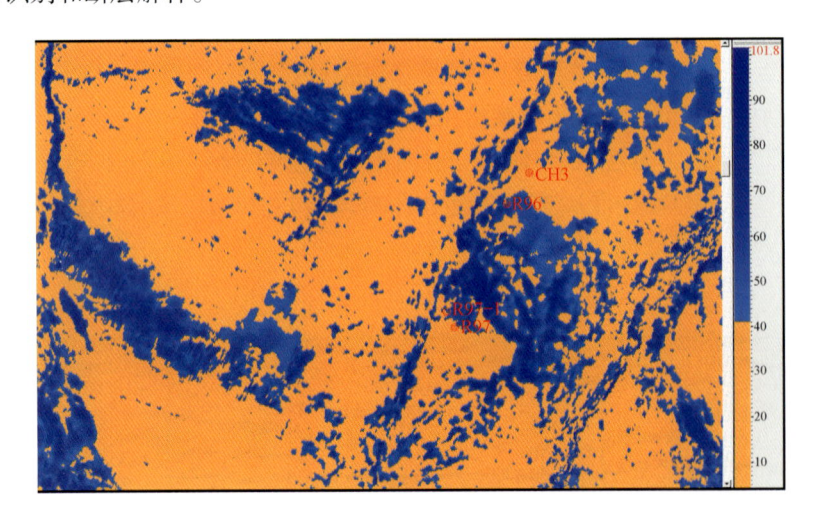

图7-8　长洋淀潜山构造带潜山顶面向下200ms均方根振幅平面图

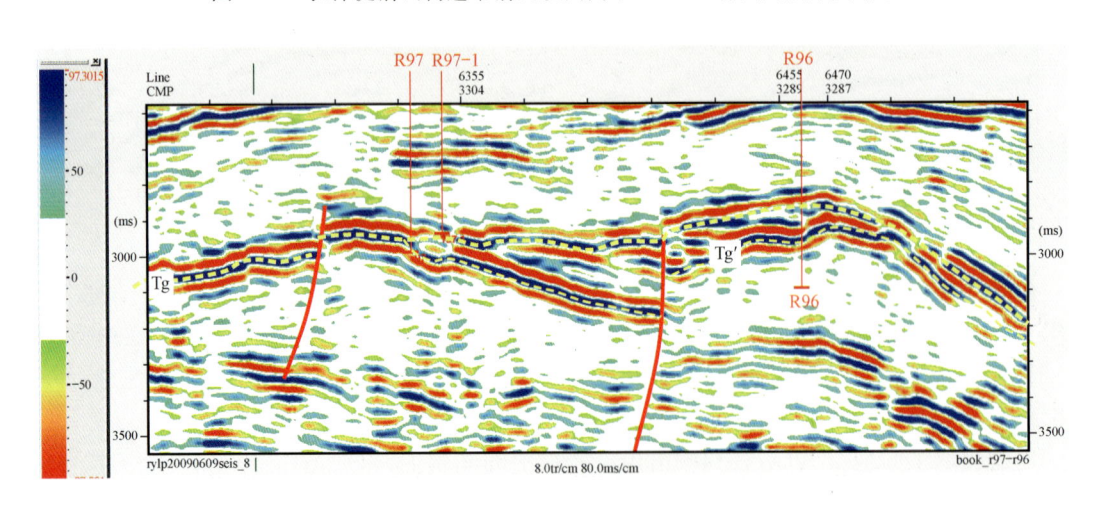

图7-9　长洋淀潜山构造带振幅差异属性剖面图

经过构造精细解释,落实了潜山内幕正断层。这些内幕断层将长洋淀潜山带分割为多个局部高点,各局部高点间为残留较新的寒武—青白口系的断槽(图7-9)。

（三）井震结合分析,解决了井间油水关系矛盾

R96井进山地层为寒武系,对府君山组试油,产水19.2m³。R97井进山层位为蓟县系雾迷山组,潜山地层裸眼试油,日产油262t;R97-1井进山层位青白口系,抽汲试油,日产油1.83t、产水26.6m³。出油层位、产液量、油水界面都各不相同,长洋淀潜山带油水关系比较复杂。

从精细构造解释结果分析,R97井进山深度最低,但其为雾迷山组的高点,因此获高产纯油;R96井进山深度最浅,但进山为寒武系,其雾迷山组构造位置较低;R97-1井钻遇的雾迷山组位于R97井潜山北侧的断块,构造位置偏低,为低产油水层,从而解决了长期以来困扰勘探进程的井间油水关系矛盾。

(四)构建了潜山成藏新模式

由已钻井分析可知,寒武—青白口系产液量低,物性差,并非良好的储层;雾迷山组物性好,产液量高,是本区潜山的有利储层。进一步分析发现:R97-1井油水界面4255m,R97井油水界面4330m,两井间油水界面不统一,证明潜山内幕断槽中充填的青白口系可以对两侧的雾迷山组形成有效封堵。R96井揭示寒武系馒头组也是有效的封堵层。在此认识的基础上,构建了以雾迷山为储层、寒武—青白口系侧向封堵形成的"新生古储古堵"潜山油藏新模式(图7-10)。

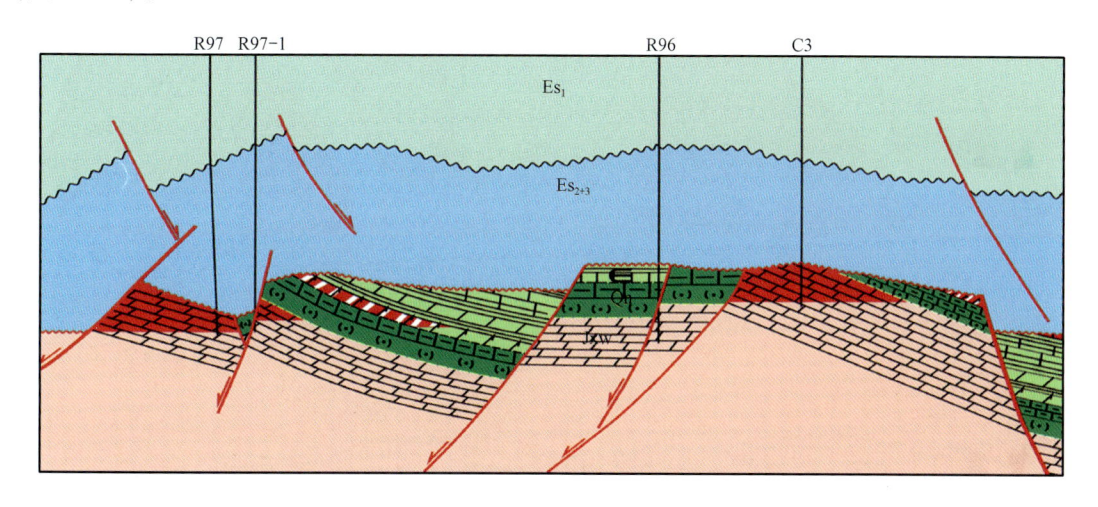

图7-10 长洋淀潜山构造带潜山成藏模式

长洋淀潜山带的成藏模式表明,只解释潜山顶面是远远不够的。因此除潜山顶面层位外,增加雾迷山组顶面、寒武系顶面解释并构造成图。在潜山顶面构造图上(图7-11A),R97、R97-1、R96井位于同一断鼻潜山构造带,已钻井间的油水关系不清楚。在雾迷山组顶界构造图上(图7-11B),NW向的潜山内幕断层将长洋淀潜山分割为四个独立的山头。R97井位于南部断鼻构造高部位,R97-1井位于其北侧的断块较低位置。R97-1井与R96井以断槽相隔,R96井位于北部一个被两条内幕断层切割的断鼻构造的低部位,向北为构造高点,比较好地解释了三口已钻井间的油水关系问题。

经构造精细落实,认为R96井断块发育两条内幕断层,东部的断层断距为20m,断距较小。西部的断层断距60m,规模较大,控制形成雾迷山组潜山圈闭。圈闭面积$1.0km^2$,幅度100m,高点埋深4075m。该圈闭虽然在潜山顶面构造图上与R96井高点埋深相当,但是由于潜山内幕断层断距较大,下降盘的寒武—青白口系对上升盘的雾迷山组潜山地层形成了侧向封堵(图7-12),形成潜山圈闭。2006年在该高点钻探C3井,折日产油$518.4m^3$,实现了长洋淀潜山构造带勘探新突破,证明雾迷山组地层具有较好的储集性能,埋深大于4000m、幅度不大于100m的块状潜山也具备获得高产油流的能力。

— 341 —

(A) 潜山顶面构造图

(B) 雾迷山组顶面构造图

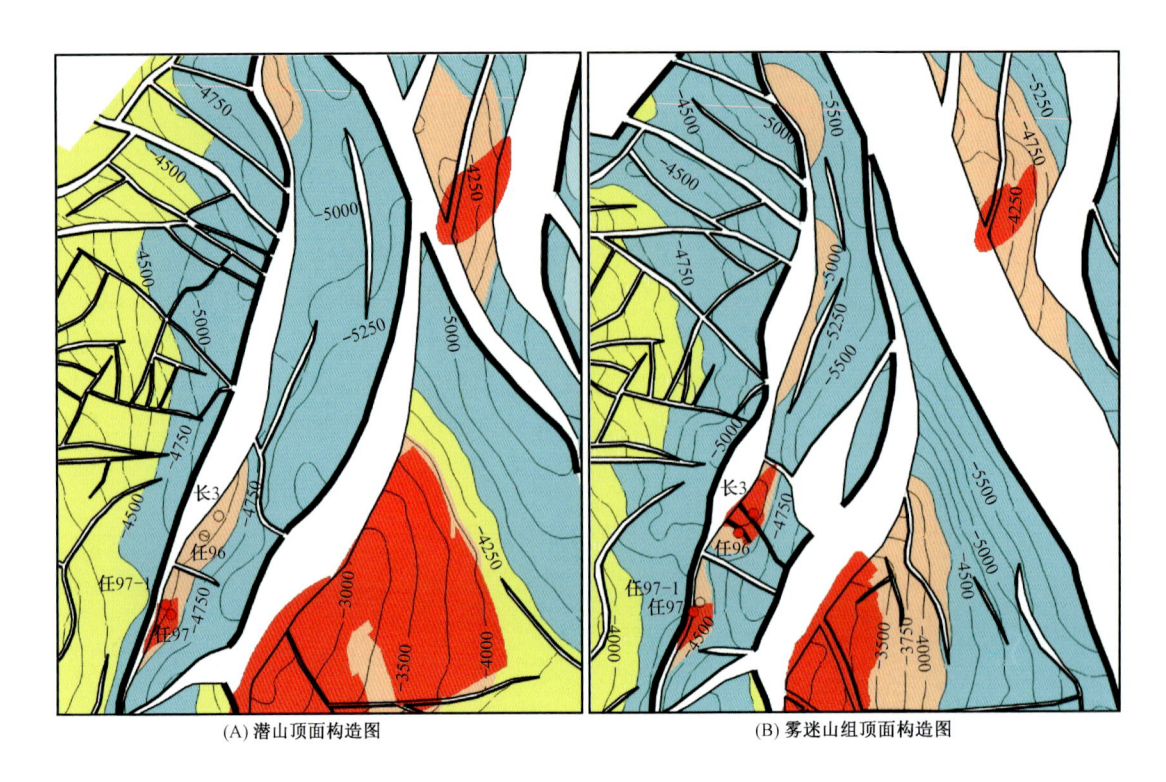

图 7-11　长洋淀潜山构造带潜山顶面和雾迷山组顶面构造图

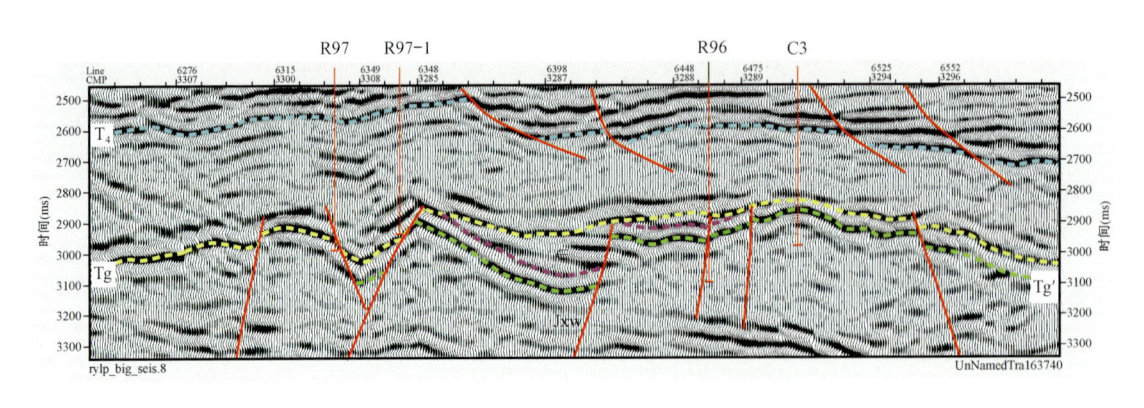

图 7-12　R97—R97-1—R96—C3 井连井地震剖面

C3 井成功钻探证实了"新生古储古堵"的潜山油藏新模式。冀中坳陷寒武—青白口系尖灭线附近是形成该类油藏的有利区带。

二、肃宁潜山

肃宁潜山构造带位于饶阳凹陷五尺断层上升盘,是受宁古 2 井断层、留北断层和河间断层共同控制的、呈北东走向的低幅度潜山隆起带(图 7-13)。

肃宁潜山构造带潜山隆起幅度小,埋藏深度大于 4500m,断裂发育、地层破碎,是冀中坳陷深小型潜山典型的代表(图 7-14)。西部出露为蓟县系雾迷山组,东部为长城系高于庄组。

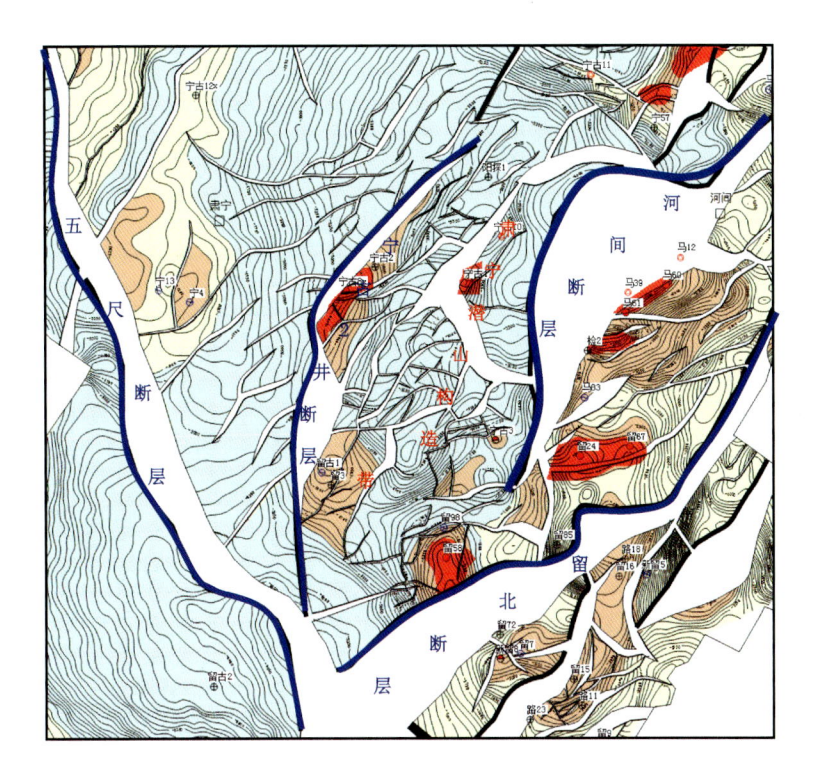

图 7-13 肃宁潜山构造带构造位置图

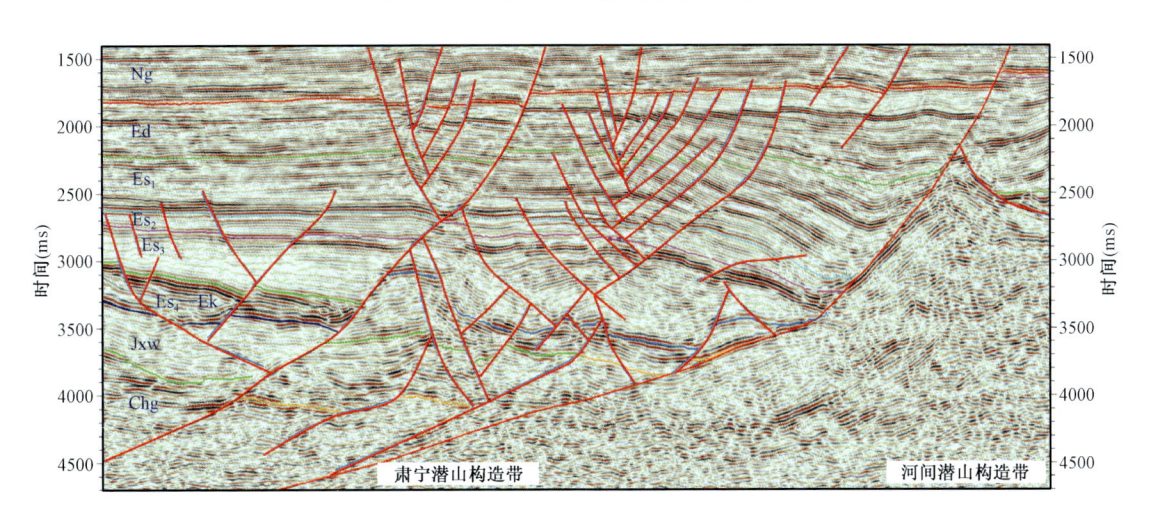

图 7-14 肃宁潜山构造带地震剖面

肃宁潜山构造带钻探始于 20 世纪 70 年代。1978 年根据二维地震解释成果首钻 L3 井，潜山试油出水。1983 年钻探 L58 井，1984 年钻探 NG1 井，发现两个潜山油藏。1988—2005 年间未针对潜山地层进行钻探。

制约肃宁潜山构造带勘探进程的主要原因有：(1) 认为肃宁潜山构造带地层埋藏深，油源供应条件差。饶阳凹陷中部中央断裂潜山带具有早隆、早埋、中稳定的构造演化特点，造成潜山顶面均覆盖裂陷初期沉积的沙四段—孔店组，该套地层多处于陆上沉积环境，生油条件差。因此肃宁潜山构造带虽位于河间、肃宁沙三段生油洼槽内，但潜山顶面被沙四段—孔店组红层

— 343 —

覆盖,缺乏供油窗口,造成油气难以聚集到潜山构造高部位。(2)2005年以前,肃宁潜山构造带处于五个单块三维地震勘探资料的结合部(图7-15),制约了对潜山的整体认识与评价。这些单块地震数据采集时间早,采集参数各不相同。地震成果资料中潜山地层能量弱,信噪比较低,层间反射信息量少,横向上波组特征不明显,断点不清,潜山顶面等主要目的层难以追踪,虽经多次处理,资料品质仍未得到实质改观。

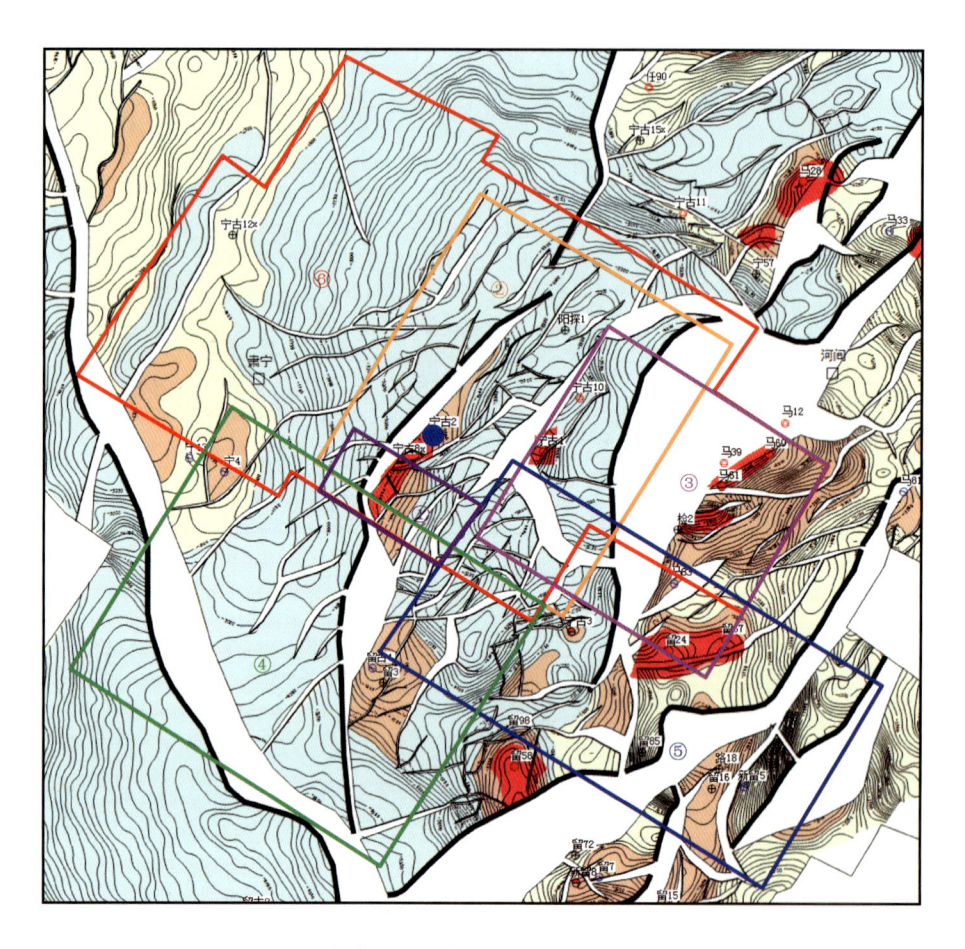

图7-15 肃宁潜山构造带三维地震勘探资料采集部署图

2006年在河间—肃宁实施三维地震二次采集,并将之与周边已有三维地震勘探资料进行连片处理,地震勘探资料品质得到较大改善(图7-16)。潜山顶面地震反射同相轴由无到有,控山断层断面波清晰可见,潜山内幕地层特征清楚,为潜山目标落实创造了条件。

从老井分析入手,重新认识了潜山油藏的油源条件。NG2井虽然岩屑录井未发现油气显示,但井壁取心见到4.4m/1层的八级荧光显示,证明NG2潜山可能具备供油通道。利用二次三维连片地震勘探资料分析认为:沙三段沉积时期,河间洼槽和肃宁洼槽是连通的,沙三段早、中期发育的地层比河间洼槽厚。因此,推测肃宁洼槽沙三段早中期也应发育烃源岩。NG2控山断层北部下降盘沙四段—孔店组逐渐减薄,通过断面可与潜山地层直接对接的沙三段越来越厚。NG2井潜山沙三段暗色泥岩与潜山翼部地层能够直接对接,油气沿潜山不整合面可以继续向潜山构造高部位运聚。因此,肃宁潜山构造带潜山顶面虽然被生油能力差的红层所覆盖,但通过断层可与生油岩侧向对接,具有"红盖侧运"的油气运移模式(图7-17)。

— 344 —

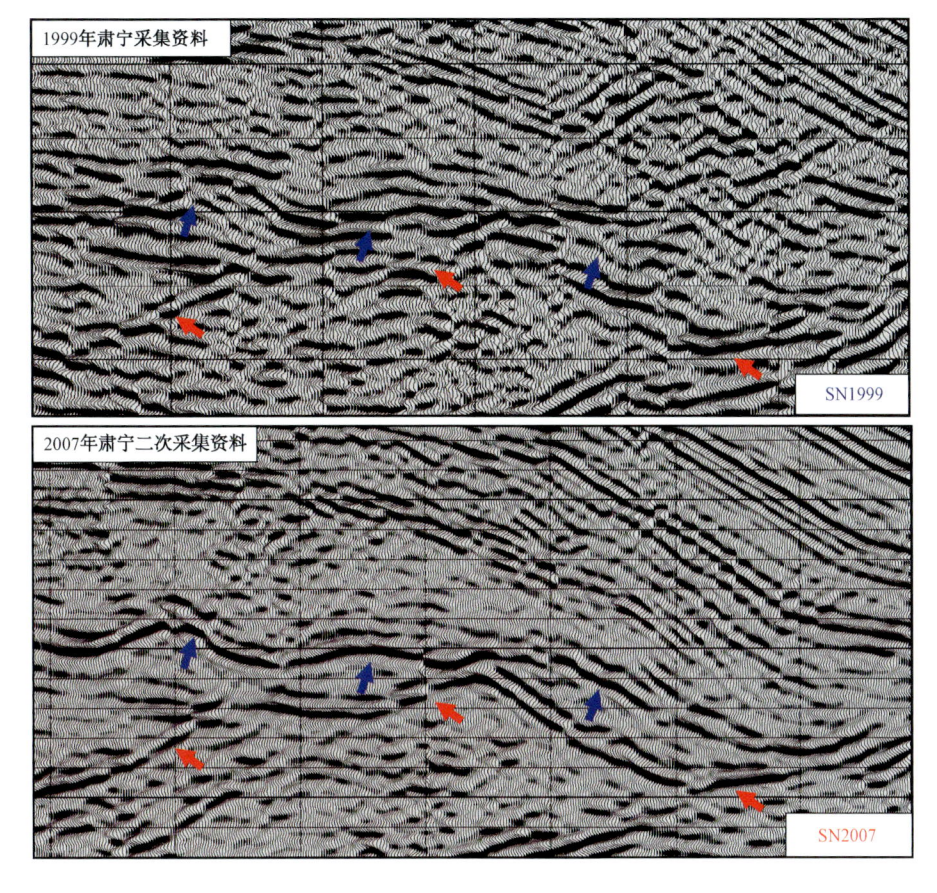

图 7-16　肃宁潜山构造带单块与二次采集三维地震勘探资料对比图

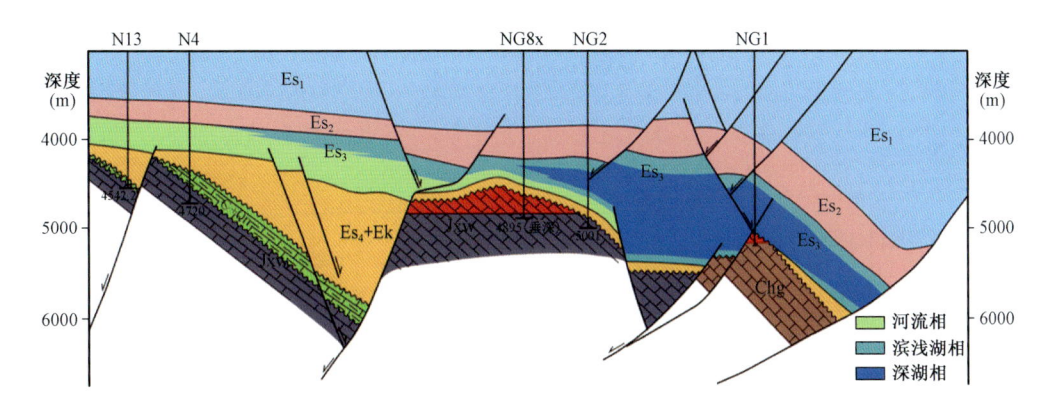

图 7-17　肃宁潜山构造带成藏模式图

利用二次三维地震勘探资料进行构造精细解释,潜山顶面的构造形态发生了明显变化(图 7-18)。NG1、NG2 井等潜山规模变大,提升了潜山的勘探价值。在用单块三维地震勘探资料完成的潜山顶面构造图上,NG2 井已钻在圈闭最高部位,不具备深化勘探的条件。构造重新落实后,NG2 井潜山构造由两条断层夹持形成的断块变成受 NG2 井断层控制形成的断鼻构造。NG2 井并未钻到潜山高点,以 NG2 井为闭合边界,潜山高点尚有 8.0km² 未钻探,高点埋深 4500m,幅度 500m,具备勘探价值。

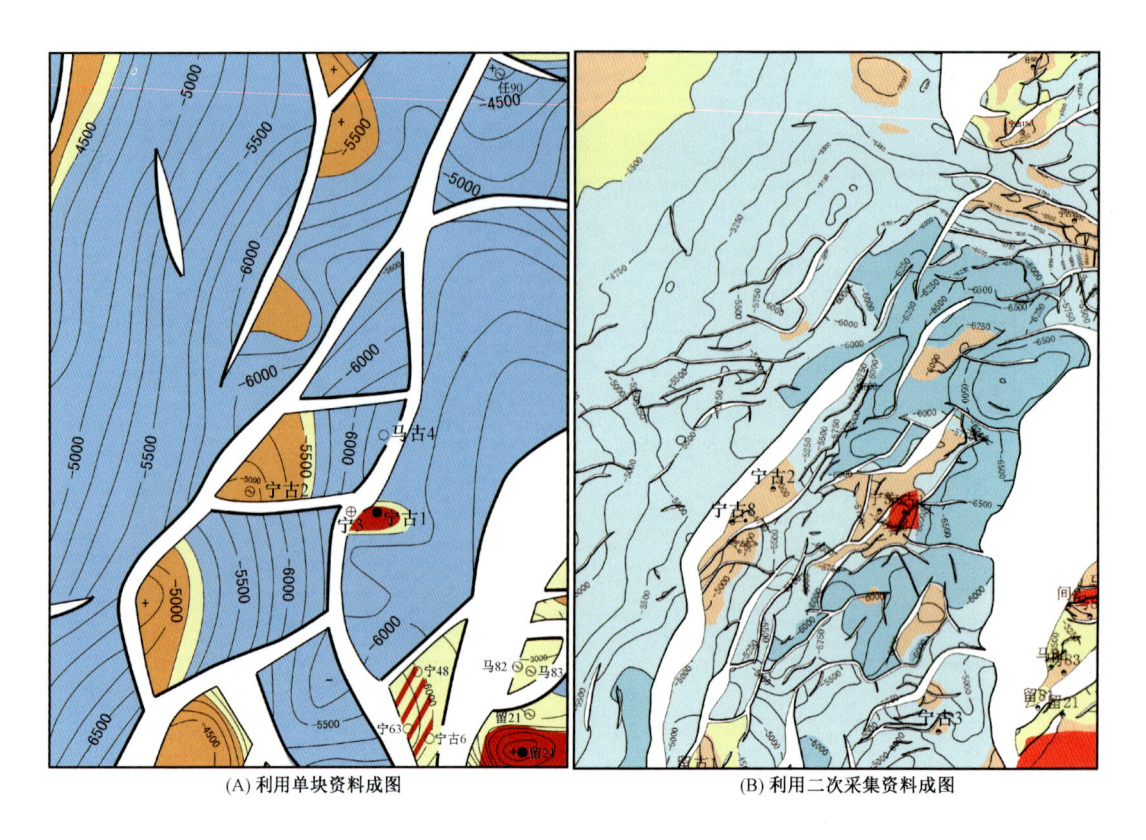

(A) 利用单块资料成图　　　　　　　(B) 利用二次采集资料成图

图 7-18　肃宁潜山构造带潜山顶面构造图

基于上述认识,在 NG2 井断鼻高部位钻探了 NG8x 井。该井进山为雾迷山组,进山深度 4625m(垂深)。中途测试折日产油 253.2t、气 6364m³。

肃宁潜山构造带 NG8x 井勘探实践证明高品质的三维地震是埋藏深度大的碳酸盐岩构造复杂区实现勘探突破的基础。埋藏深度大的潜山容易被古近—新近系红层所覆盖,油源条件偏差。但当控山断层规模较大时,潜山地层可通过断层与古近—新近系生油岩对接,同样可形成潜山富集油藏。

三、孙虎潜山构造带

孙虎潜山构造带位于饶阳凹陷南部,是由衡水断层、沧西断层和虎北断层夹持形成的三角地带(图 7-19),西部受虎北断层控制,地层整体西抬东倾,形成规模较大的潜山断鼻圈闭,构造面积约 150km²。

孙虎潜山断裂发育,地层破碎,内部结构非常复杂(图 7-20)。潜山南段出露寒武系、青白口系和蓟县系雾迷山组,北段出露高于庄组。上覆厚达 1500m 的沙四段—孔店组,封盖条件好。

勘探工作始于 20 世纪 70 年代,1976 年应用二维地震解释成果首钻 H2 井,试油见油花。至 1986 年共钻探潜山井七口,五口井在潜山见油气显示,但一直未能取得突破。从二维地震资料看,位于孙虎大型鼻状构造较高部位的 H2 井只见到了油气显示,认为孙虎潜山油源条件差,不具备成藏条件。

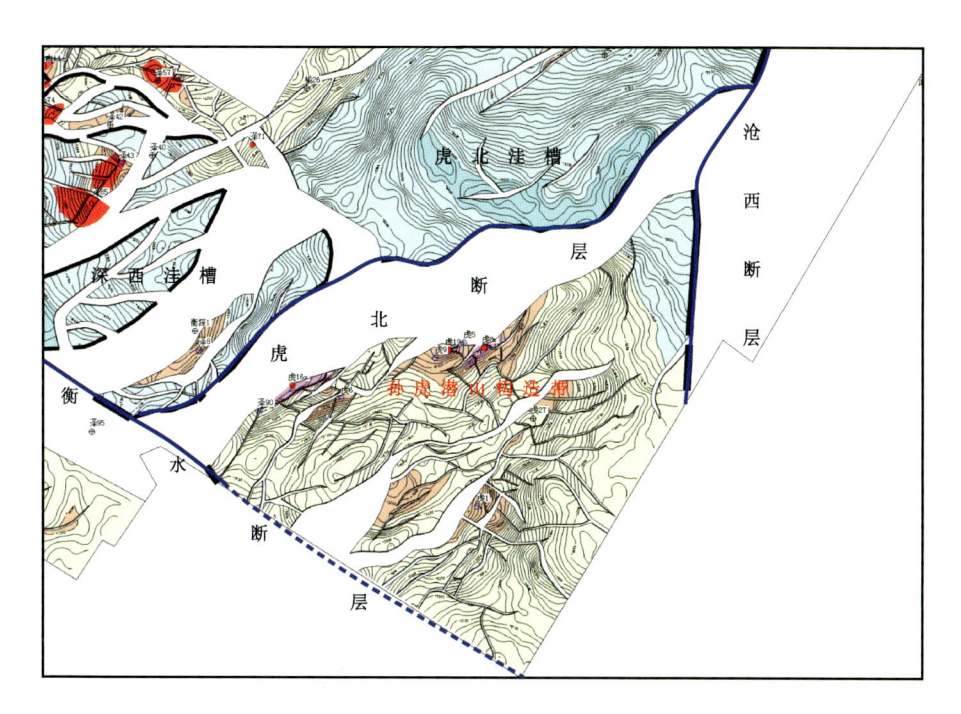

图 7-19 孙虎潜山构造带构造位置图

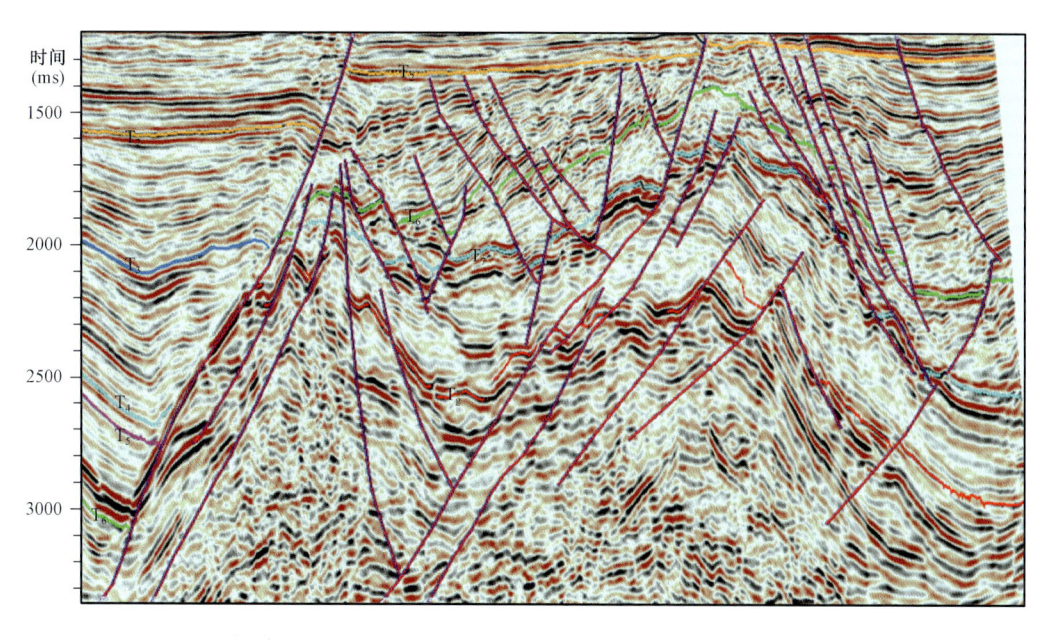

图 7-20 孙虎潜山构造带地震剖面

2007年,孙虎潜山构造带作为储气库研究评价目标,构造带主体实施了高覆盖、小面元三维地震采集,获得了高品质的三维地震勘探资料,对孙虎潜山进行构造精细解释和成藏条件重新评价。

首先应用三维地震勘探资料落实了孙虎潜山构造带的油源条件。构造带毗邻深西洼槽和虎北洼槽。虎北断层下降盘南段发育深西洼槽,沙三段生油岩有机碳含量平均为0.4%~

— 347 —

1.0%,氯仿沥青"A"平均为0.0911%,总烃含量平均为359ppm,评价为中—好生油岩。虎北断层下降盘北段为虎北洼槽。根据连片三维地震勘探资料反射特征分析,深西和虎北洼槽沙三段分布比较稳定,推测沉积时应为统一湖盆,且沉积、沉降中心位于虎北洼槽。虎北洼槽沙三段厚度500m左右,分布面积约500km^2,应该比深西洼槽具有更好的生烃条件。虎北、深西洼槽沙三段烃源岩通过虎北断层断面与孙虎潜山对接,虎北断层长期活动,生成的油气可沿虎北断层运移至孙虎潜山构造带。已钻的五口潜山井见到直接的油气显示,H2井试油见油花,证明油气已运移至潜山地层。

既然孙虎潜山具备油气成藏条件,那么准确落实构造形态就显得尤为重要。复杂构造带解释过程中,断层识别最为关键。根据已钻井分析,碳酸盐岩层速度6700m/s,密度2.9g/cm^3,波阻抗19430g/cm^3·m/s;上覆古近—新近系速度4800m/s,密度2.6g/cm^3,波阻抗12480g/cm^3·m/s,两种岩石间的波阻抗差异明显,容易形成断面波。孙虎潜山碳酸盐岩地层与古近—新近系直接接触,具有形成断面波的条件,图中蓝色箭头所指即为断面波(图7-21)。

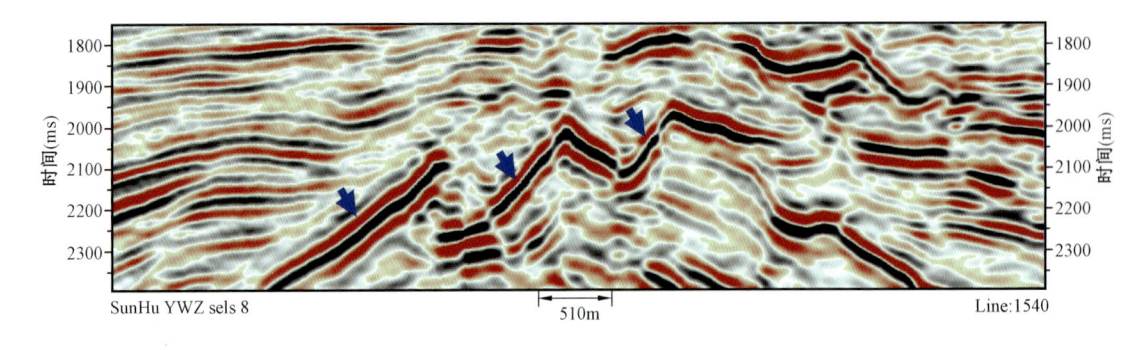

图7-21 孙虎潜山三维地震剖面

在孙虎潜山复杂构造解释过程中,先解释地层相对完整的东翼和北翼,再对潜山地层、断面都比较清楚的虎北断层周边进行解释。采用平剖联合解释的方法(图7-22),兼顾断层在平面和剖面上的展布形态。经过多轮次解释方案调整,潜山复杂断块解释逐渐趋于合理。

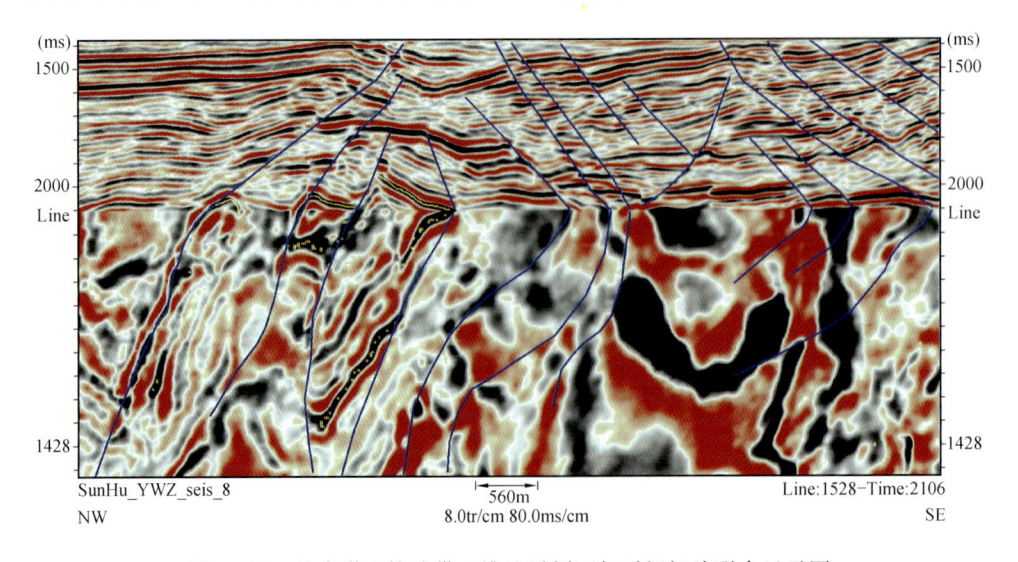

图7-22 孙虎潜山构造带三维地震剖面与时间切片联合显示图

经构造精细解释,孙虎潜山顶面的构造形态发生了很大变化(图7-23)。北东走向的虎1、虎3断层将孙虎潜山鼻状构造带分隔为三个北东向条带:孙虎潜山、护驾池潜山和圈头潜山。与早期NE、NW走向的共轭断层组合叠合,形成了孙虎潜山构造带复杂的结构特征。

主控断层虎北断层的形态也发生了明显变化。在应用二维资料完成的构造图中,虎北断层为一条北东走向的断层。在应用三维地震勘探资料完成的构造图上,虎北断层分段斜列,形成了系列潜山断鼻构造。由于虎北断层是主要的油气运移通道,因此靠近虎北断层的目标成藏条件最好,是孙虎潜山勘探的有利区带。

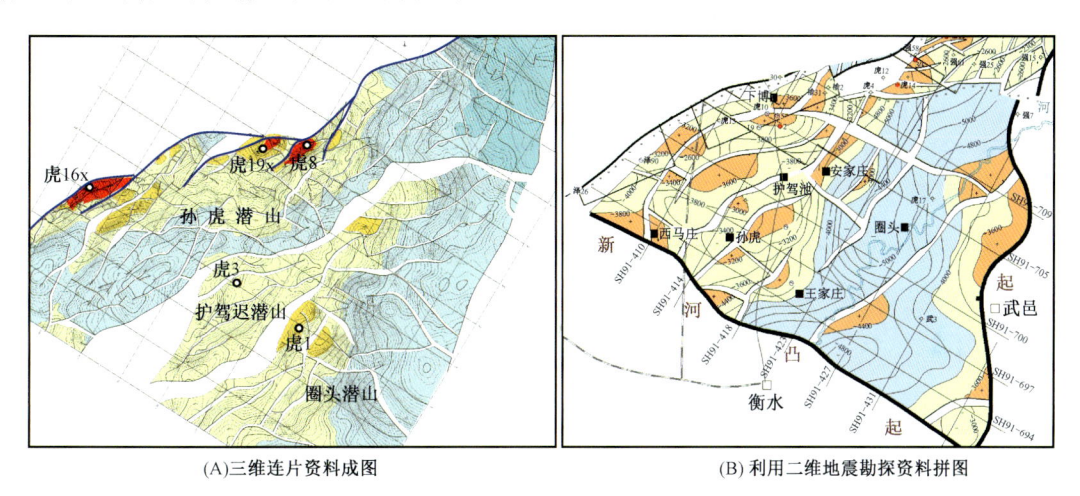

(A)三维连片资料成图　　　　　　(B)利用二维地震勘探资料拼图

图7-23　孙虎潜山顶面构造图

在构造精细落实的基础上,构建了孙虎地区的成藏模式。早期受地震测网密度和资料品质的制约,认为钻探在潜山高部位的七口井在三维构造成图中并未钻在潜山的最高部位,距构造高点幅度有120～360m。H2、H6等井潜山储层中已见到不同程度的油气显示,其中H2井2907.28～2907.69m岩心白云岩破碎后的裂隙中见有沥青,2887～2887.23m见褐灰色油斑、油迹白云岩各六颗,试油见油花,累计产油0.47t,证明其可能位于潜山油藏的油水界面附近,油气应该富集在孙虎潜山大型鼻状构造的局部高点中。由此建立了孙虎潜山成藏模式(图7-24)。

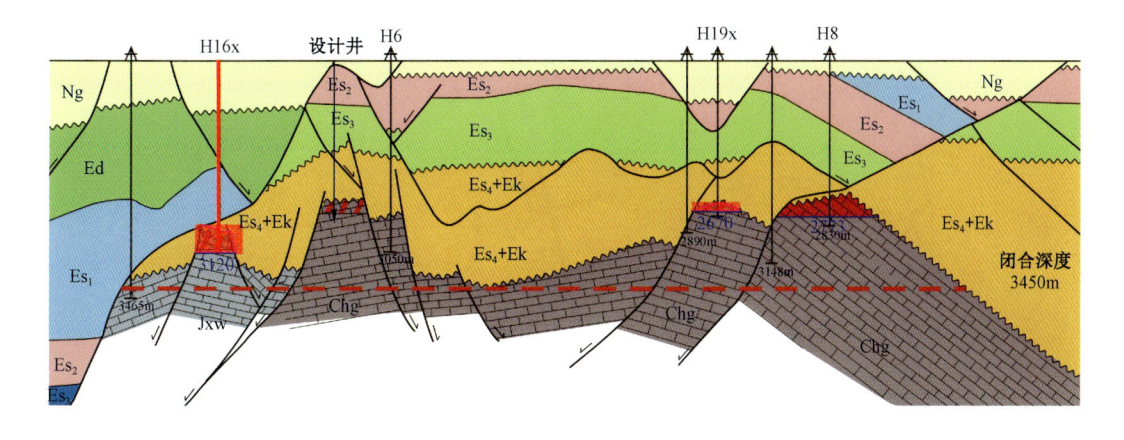

图7-24　孙虎潜山构造带成藏模式图

依据构造研究成果,选择受虎北断层控制、临近虎北和深西生油洼槽的潜山断鼻和断块构造,相继钻探了 H8、H16x、H19x 等井,均获高产工业油流。H8 日产油 69.9t;H19x 中途裸眼测试折日产油 945.2t,是华北油田近 25 年来单井日产量最高的井;H16 雾迷山组中途测试折日产油 890t,取得了良好的勘探效益。

H8、H16 和 H19 井等井钻探证实了孙虎潜山构造带潜山油藏具有大型潜山鼻状背景下局部高点独立成藏的特征。

四、束鹿西斜坡潜山带

束鹿凹陷位于冀中坳陷南部,东依新河凸起,西邻晋县凹陷,北通过衡水断层与深县凹陷相接,是受新河断层控制形成的东断西超的典型箕状凹陷(图 7 – 25)。束鹿西斜坡位于束鹿凹陷西部,为西抬东倾、NE 走向的斜坡带,构造相对简单。斜坡带由低到高依次出露石炭系、二叠系、奥陶系、寒武系和蓟县系雾迷山组。

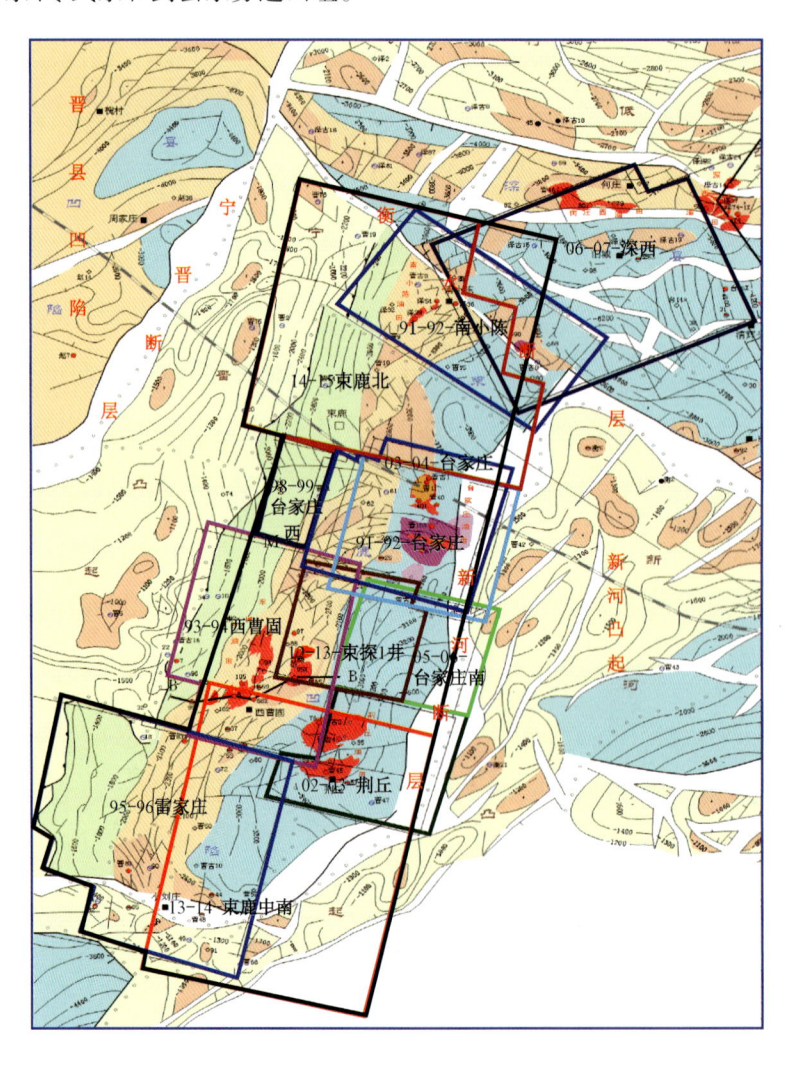

图 7 – 25 束鹿凹陷勘探部署图

2016年以前束鹿凹陷西斜坡钻探了一批潜山井,仅 J7 井在奥陶系上马家沟组中途测试获日产油 1489t、产水 1628m³,试采 13 天后以产水为主。

制约束鹿西斜坡潜山勘探的因素主要是:束鹿凹陷三维地震勘探始于20 世纪90 年代,但采集块数多、时间跨度长、资料间差异大,制约了束鹿凹陷整体认识与深化。由于束鹿西斜坡潜山埋藏深度跨度大、内幕地层复杂、地震采集针对浅层等原因,西斜坡潜山地震勘探资料品质较差。低、微小幅度潜山构造圈闭难以落实,可钻探的潜山目标准备不足。2015 年完成了束鹿凹陷主体的三维地震覆盖,在此基础上整合各年度采集的地震勘探资料,实施了全凹陷地震资料连片处理,有效提高了地震勘探资料品质,特别是潜山及内幕资料品质有了很大程度的提高(图 7-26)。上覆古近—新近系超覆现象清晰,断面波易识别,为斜坡区小潜山或隐蔽潜山落实奠定了良好的资料基础。

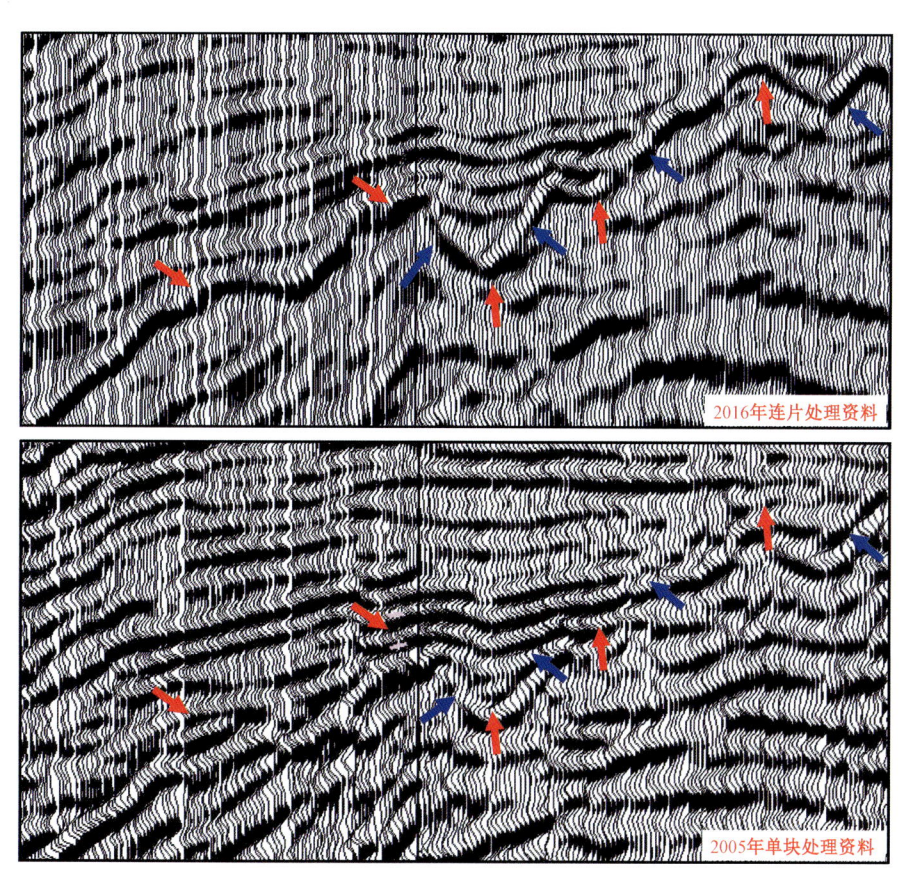

图 7-26 束鹿凹陷西斜坡连片三维与单块三维剖面对比图
(红色箭头处为潜山面,蓝色箭头处为断面)

以连片地震勘探资料为基础,通过对束鹿凹陷进行整体深化研究认为:束鹿凹陷南、中、北三个洼槽内沉积较厚的沙三下亚段,具备良好的生油能力。古近—新近系逐层超覆沉积在束鹿西斜坡上,斜坡低部位发育规模较大的顺向断层,使斜坡带潜山及内幕与洼槽区沙三段烃源岩对接,供油窗口大,油气沿潜山顶部不整合面和潜山内幕裂缝发育带向斜坡高部位运移(图 7-27)。斜坡中外带已钻探 20 口探井,均见不同级别的油气显示,证明束鹿西斜坡油源充足。因此束鹿凹陷西斜坡中、外带是潜山勘探的有利区带。

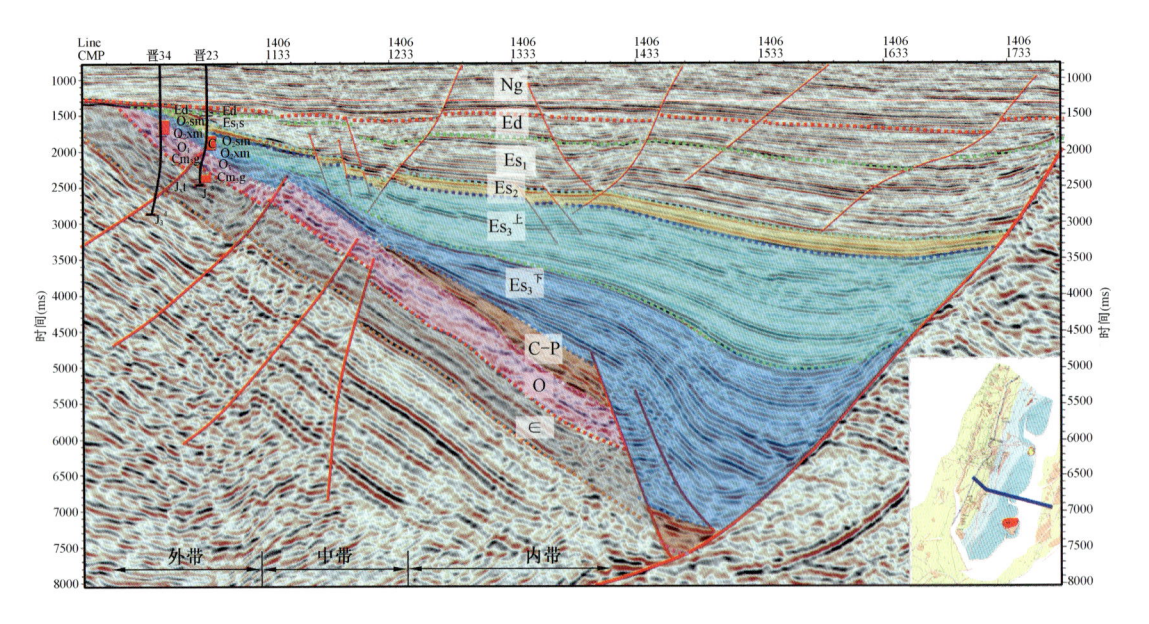

图 7-27 束鹿凹陷地震剖面

通常情况下,潜山顶面地震反射为古近—新近系砂泥岩地层与碳酸盐岩地层间形成的强反射,但由于束鹿西斜坡古近—新近系底部发育角砾岩段,其顶部产生强振幅反射特征,其底部没有明显的反射界面。J6 井、J99 井、JG9 井等以强反射高点进行钻探,结果钻遇厚层角砾岩,钻探失利。同时发现相邻井之间砾岩的厚度变化大。J7 井与 JG18 井相距 700m,地震剖面上的同一强反射同相轴在 J7 井处为潜山顶面与上覆泥岩段的反射,而 JG18 井为厚层砾岩顶与其上砂泥岩地层间的界面。统层结果表明束鹿西斜坡角砾岩段厚度变化较大。在连片处理后的地震剖面上,斜坡外带沟谷特征比较明显(图 7-28)。存在沟槽就有发育潜山圈闭的可能。西斜坡外带沟谷规模较小,以充填砂泥岩为主,超覆在潜山地层之上,谷底反射特征清晰。在连片处理的地震剖面上,这类沟谷可以对比追踪。斜坡中带的沟谷多充填角砾岩地层,地震反射特征并不明显,地震剖面上不易分辨。

地质工作的经验认为,有冲沟的区域常伴有断层存在。断层存在导致构造薄弱,容易遭受侵蚀,形成沟谷。由于砾岩与潜山地层间的地震反射特征差异小,束鹿西斜坡中带的沟谷特征并不明显,因此反其意而用之,由断推沟。即由潜山内幕断层推断其控制的沟槽,进而确定潜山幅度。

束鹿西斜坡中生代中期构造活动强烈,形成控制潜山地层分布的内幕断层。这些断层在地震剖面上向下几乎断穿整个潜山地层,向上结束于潜山顶面。由于束鹿斜坡地层和断层倾角大,地震剖面上的视频率偏低,高频噪声成为影响潜山内幕地层识别与内幕断层判断的主要因素。因此对地震数据体进行低通处理,突出地震勘探资料中的低频成分,使潜山地层识别更加容易,内幕断层多解性降低(图 7-29)。

以低通滤波处理后的地震勘探资料为基础,从潜山内幕雾迷山组顶面形成的强振幅、高连续反射标志层出发,精细解释,落实内幕断层,寻找大断层控制的潜山断崖与沟槽控制的小规模潜山圈闭。

潜山顶面识别是西斜坡潜山勘探的另一难点。束鹿西斜坡潜山顶面的角砾岩为近源堆积的产物,物源来自宁晋凸起区的潜山地层,钻井统计发现角砾岩厚度横向变化快。当砾岩较薄或不发育时,强反射界面为潜山顶面的反射。砾岩较厚时,强反射界面为古近—新近系砂泥岩地层与角砾岩之间的反射。单井分析发现砾岩层内幕存在速度差异,形成局部阻抗界面(图7-30)。当地震勘探资料频率足够高时,可以在地震剖面上形成反射同相轴。

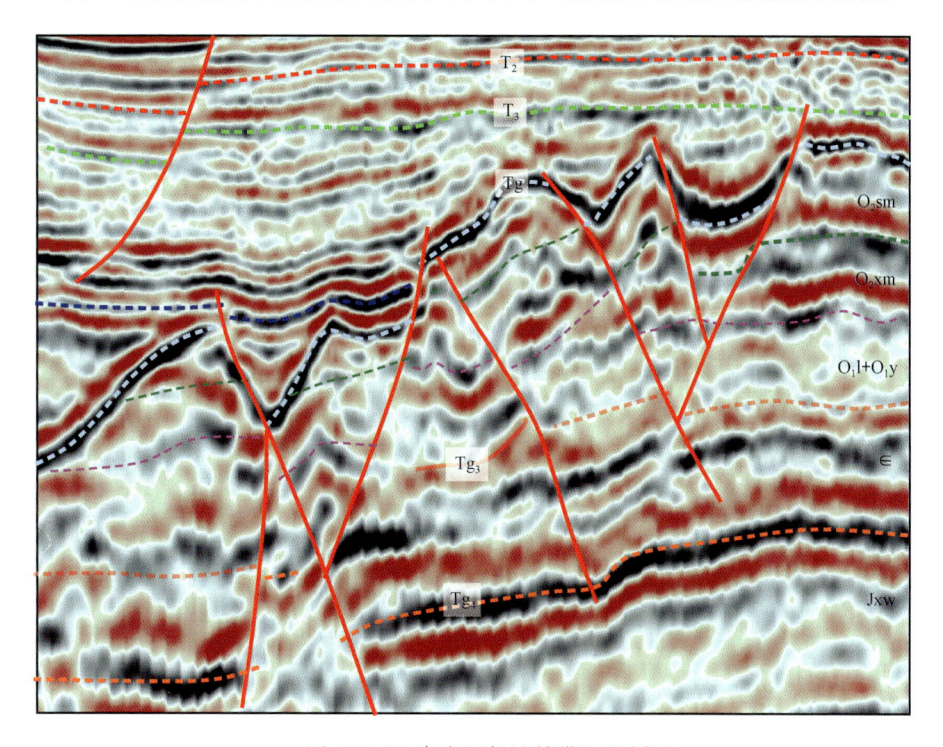

图7-28 束鹿西斜坡外带地震剖面

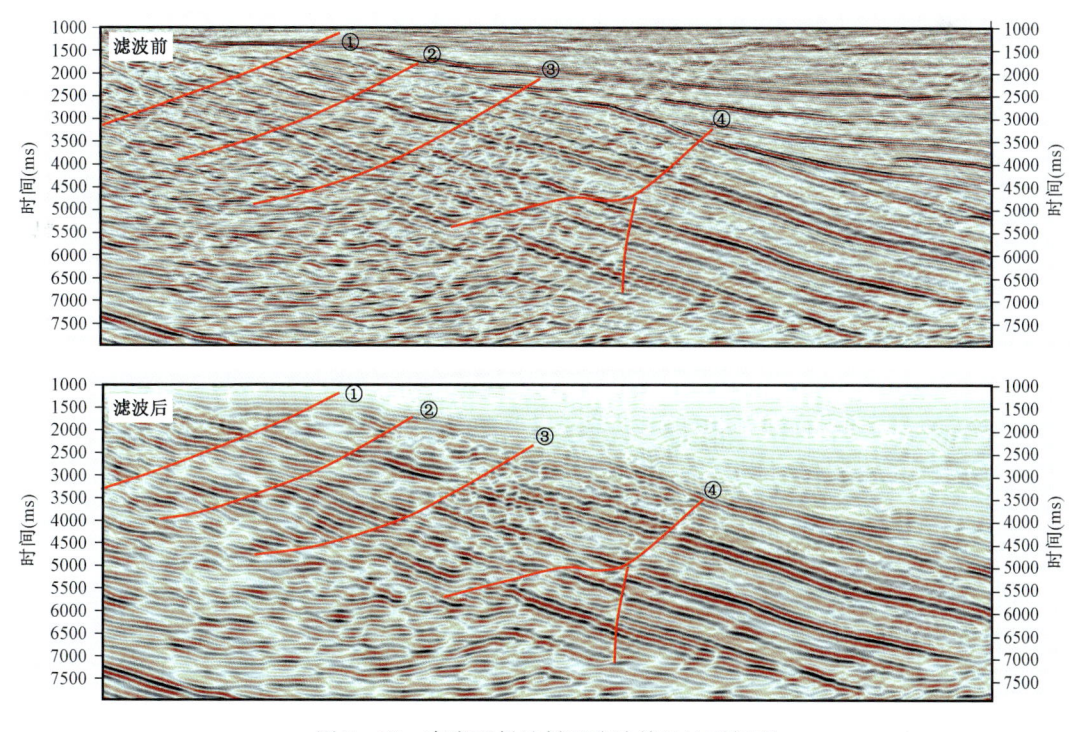

图7-29 束鹿西斜坡低通滤波前后地震剖面

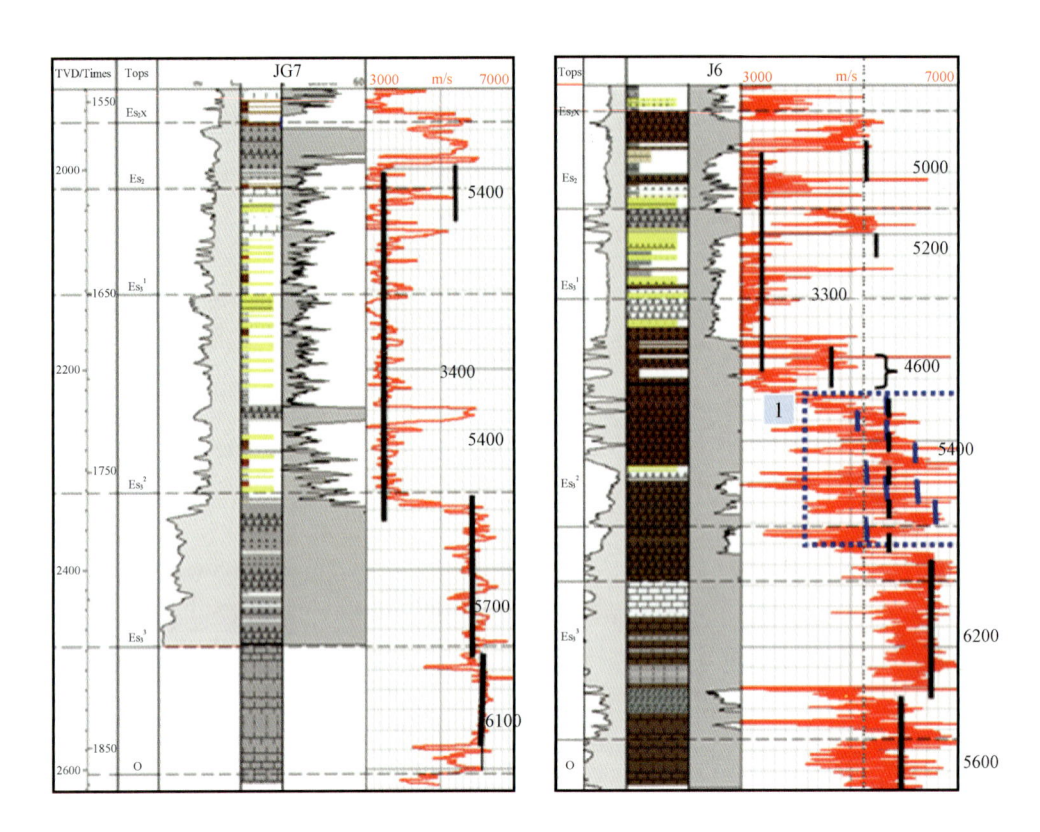

图 7-30 角砾岩与潜山内幕地层速度分析图

对地震勘探资料进行高通滤波处理,突出地震勘探资料的高频成分,在地震剖面上砾岩体内部出现了叠置的前积状反射特征(图 7-31),前积反射的底界即为潜山顶面。角砾岩内部的尖灭点清晰,与已钻 J18 井的岩性关系吻合良好。

束鹿西斜坡潜山圈闭侧向被沟槽封堵,沟槽内充填地层的岩性和物性决定了潜山圈闭的有效性。斜坡外带沟槽内以充填砂泥岩地层,侧向封挡条件好;斜坡中带沟槽内以充填角砾岩为主,已钻井分析表明:充填型沉积形成的角砾岩孔隙度平均 0.91%;渗透率平均为 0.1×10^{-3} mD,物性较差,可形成侧向封堵层。

束鹿西斜坡中外带由低到高出露寒武—奥陶系和蓟县系雾迷山组。雾迷山组物性好,可形成潜山块状油藏。寒武—奥陶系纵向有明显的非均质性,具备形成层状油藏的条件。寒武—奥陶系发育三套隔层,局部范围内稳定分布。三套隔层分别是:下马家沟组底部的泥灰岩、泥质白云岩,测井解释主要为致密层,厚度约 40m;冶里组底部的页岩与泥质灰岩,测井解释均为致密层,厚度约 20m;固山与长山组的页岩、泥质灰岩、泥质云岩互层,测井解释主要为致密层,厚度约 110m。三套隔层与其下发育的潜山储层配置,形成潜山内幕的多套储盖组合,具有层状油藏特征。

通过综合分析,建立了束鹿西斜坡中外带的油藏模式(图 7-32)。斜坡低部位奥陶系、寒武系内部储层非均质性强、内部局部隔层发育,可形成潜山坡层状或似层状油藏;斜坡高部位蓟县雾迷山组厚度大,储层发育,形成残丘型块状潜山油藏。

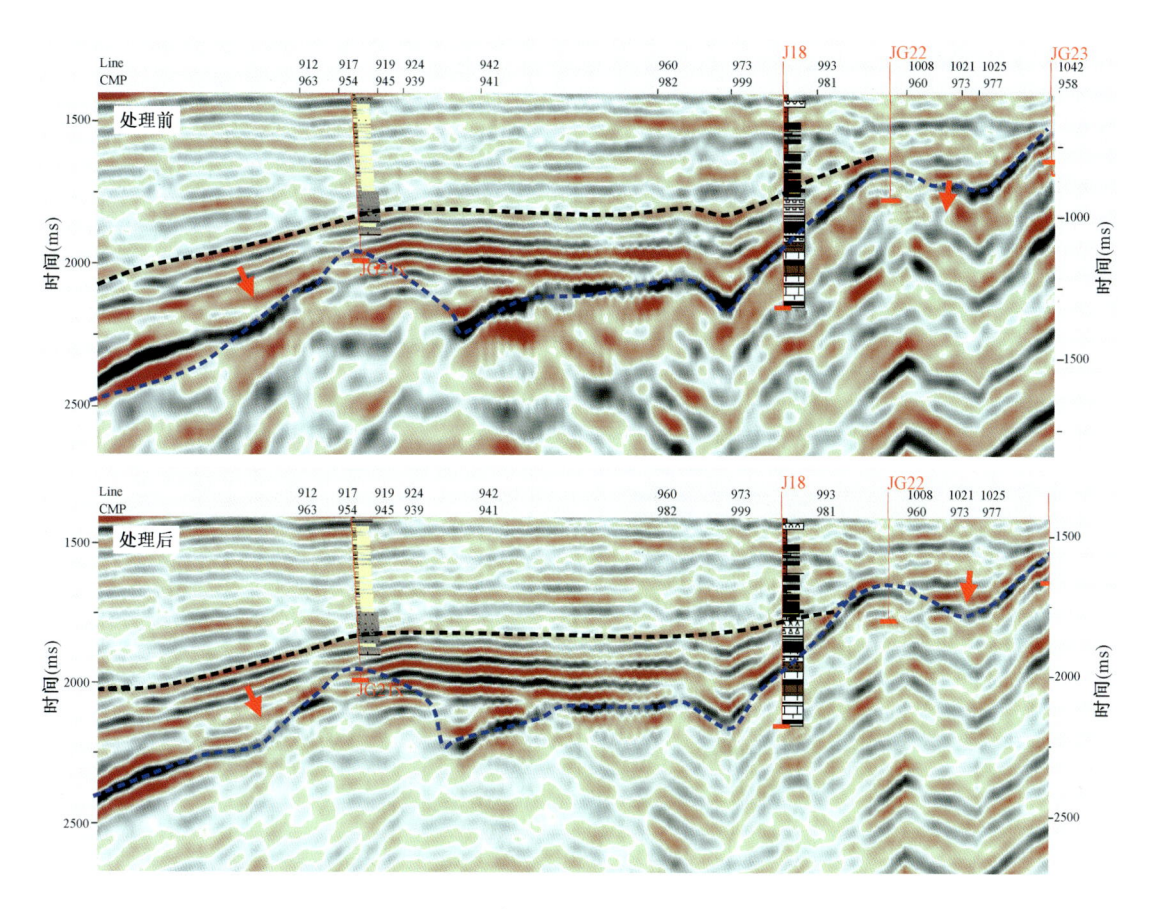

图 7-31　高通滤波处理前后地震剖面

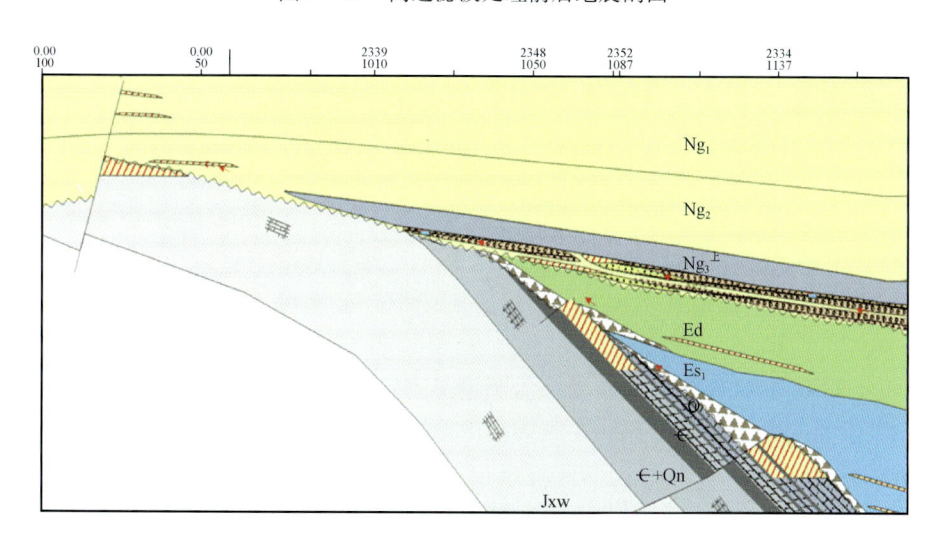

图 7-32　束鹿西斜坡油藏模式图

以连片三维地震勘探资料为基础进行构造精细解释,落实的构造形态与以往构造形态有明显差异(图 7-33)。第一,斜坡南段发育北西走向的早期断层,规模较大,控制了中生界沉积,其上升盘具有形成较大规模潜山圈闭的条件。第二,识别出数量众多的控制潜山内幕的断层,发现、落实了一批潜山圈闭。控制潜山内幕地层分布的断层有两期,一期是发育于古近系

— 355 —

沉积前的早期断层,另一期是形成于古近系沉积时期的晚期断层。早期断层控制冲沟发育,有利于形成残丘块状潜山油藏,平面上分为 NE 和 NW 走向两组。NE 走向的断层西掉,切割西抬东倾的潜山地层,使其呈条带状展布。NW 走向的断层南掉,与 NE 走向的断层相交,进一步切割潜山地层,形成规模较小的潜山断背斜和断块圈闭,主要分布在斜坡南段,尤以中生界控洼断层上升盘的圈闭规模较大,是潜山勘探的首选目标。第三,对奥陶系、寒武系的三套储盖组合进行追踪,落实了各储盖组合的尖灭线,发现了尖灭线与断层共同控制形成的潜山圈闭。这类圈闭主要分布在斜坡北段,具有形成潜山地层油藏的条件。

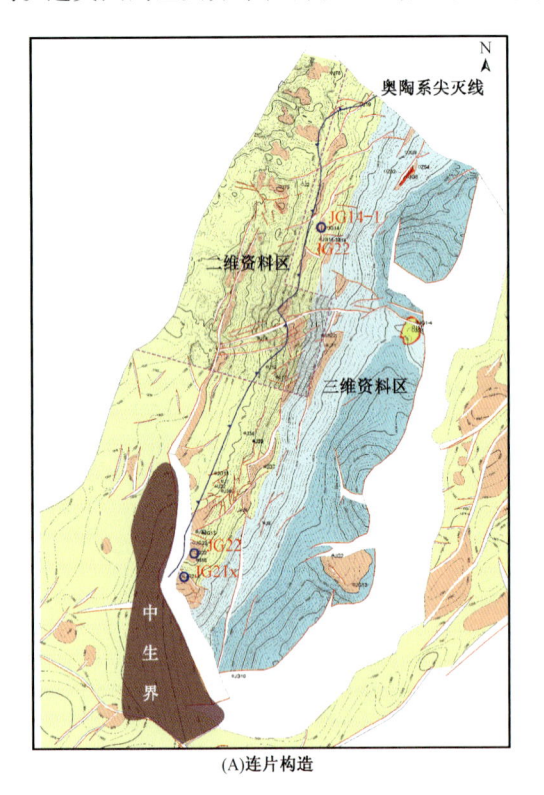

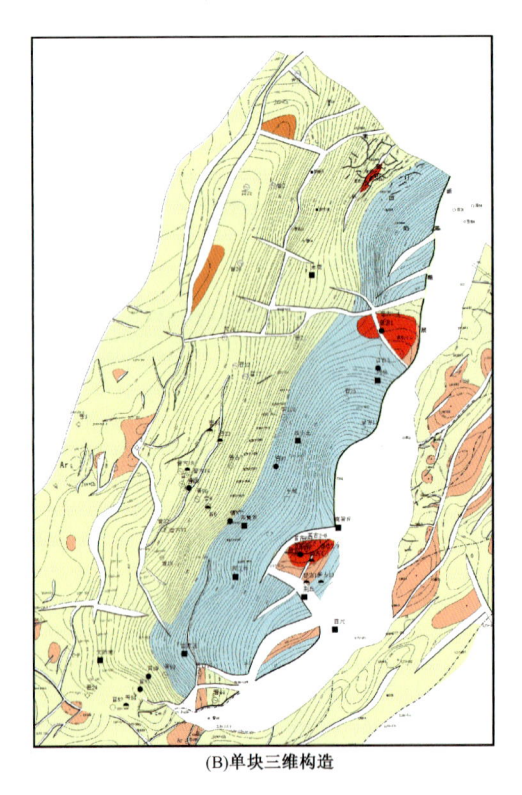

图 7-33 束鹿凹陷潜山顶面连片构造与单块三维构造对比图

在斜坡外带较低部位落实奥陶系层状圈闭 19 个,埋深基本不超过 2000m,是潜山勘探的现实目标。斜坡外带高部位落实雾迷山组残丘圈闭 10 个,埋深小于 1350m,是值得甩开勘探的潜山目标。

优选位于斜坡外带南段中生界断层上升盘规模较大的潜山圈闭钻探了 JG21x 井、JG22 井,北段由奥陶系尖灭线和断层共同控制的潜山地层圈闭钻探 JG14-1 井,在奥陶系均获高产工业油流,试采稳产,取得了良好的勘探效益。

目前斜坡带仍有成藏条件类似的多个潜山目标可供钻探,揭示了西斜坡潜山领域具有规模储量发现的前景。

束鹿凹陷西斜坡潜山勘探经验证明:幅度低于 70m 或面积小于 0.2km^2 的潜山也具备成藏条件,为其他探区潜山勘探提供了新依据。JG21x 井圈闭面积 0.9km^2,幅度 120m。JG22 井圈闭面积 0.5km^2,幅度 70m。JG14-1 井圈闭面积仅 0.2km^2,幅度 100m。束鹿西斜坡潜山成功钻探又一次打破了潜山勘探的禁区,证明只要具备成藏条件,低幅度、小面积潜山仍可以成藏,这就突破了潜山成藏幅度、规模认知的禁区,扩展了潜山油藏勘探的空间。

后　　记

　　以地震勘探方法为主体的碳酸盐岩储层地震表征技术,是碳酸盐岩油气发现和增储上产的关键技术手段。随着全球经济和社会发展对能源需求的不断增长,油气勘探开发的程度不断提高,难度越来越大。极端地表环境和恶劣地表条件、复杂地下构造、超深层和深水、微小尺度目标体、各向异性、地层流体变化等各种复杂地质问题以及工程难题,迫切需要应用地震勘探技术予以研究和解决。

　　目前,地震勘探技术解决石油地质问题的能力越来越强,除了能查明盆地结构特征和地层分布、准确落实各种构造圈闭外,在寻找隐蔽圈闭、直接探测油气等方面也取得了显著效果,地震勘探技术正不断向油气田开发领域延伸。

　　地震勘探资料可以划分盆地构造单元、落实局部圈闭;提供地层展布和岩性情况;预测圈闭含油气性及流体分布状况;标定与追踪已知油气层,弄清其空间分布范围;在钻探过程中,有效指导钻井作业,节省钻探工作量并提高钻井成功率;预测油气藏类型和储量,监测开采过程中油气的动态变化。

　　因此,地震勘探技术的发展和科技进步,已成为推进油气勘探开发产业可持续发展和提高效益的主要推动力,地震勘探技术创新已成为国内外大型石油公司和专业技术服务公司保持竞争力的核心战略。

一、地震勘探技术发展水平

　　在计算机科技水平高速跳跃式发展的大环境下,在各种高科技行业新技术成果的快速融入下,国内外地震勘探技术持续迅速发展。地震野外数据采集使用全数字有线+节点地震采集系统、大吨位宽频可控震源和先进的采集设计软件,不断适应各种复杂地表和地下地质目标的勘探需求,经济、快速、高效、智能化,获得高保真、高精度的野外地震资料,为后续的地震勘探资料处理解释和油气勘探开发奠定了基础。

　　高密度、宽方位、宽频地震勘探技术实现规模应用;三维地震精细采集和叠前偏移处理已成为认识地下复杂构造和复杂油气藏的常规方法;时延地震(四维地震)技术在油气田开发领域的应用也取得良好的效果。

　　全数字有线+节点地震采集系统和高密度、宽方位、宽频地震采集、PC Cluster 处理解释、虚拟现实等一批先进技术和装备的应用,使得地震勘探资料的处理和解释水平取得迅猛发展,大大提高了油气勘探开发的精度和效率。

(一)地震采集技术发展水平

　　在地震仪器飞速发展的基础上,地震数据采集从采集思路上越来越多地体现出采集、处理与解释一体化的总体思路;采集技术更多地强调单点(震源)、单道(检波器)、宽频、高密度(小道距、小线距)、高保真的采集模式;采集方法包括大道数宽频高密度三维地震、时延地震(四维地震)、矢量地震(三维多波)等;同时,加强了野外采集方案优化论证、地震勘探资料品质分析和定向照明设计、现场监控处理等基础环节的工作。

地震采集的装备与技术能力,目前已经能够满足沙漠、平原、山地、丛林、湖泊、海洋、过渡带等作业环境的需要,在石油地震勘探领域已经得到广泛应用,成为能源地球物理勘探的核心技术。

(二)地震处理技术发展水平

地震勘探资料常规处理包括能量恢复与均衡、去噪、反褶积、静校正、速度分析与叠加、偏移成像等技术。

围绕地震资料"四高"(高保真度、高信噪比、高分辨率、高成像精度)要求,近年来国内外地震处理技术持续快速发展,新的处理技术不断走向应用,如波动方程静校正技术、表面相关多次波消除技术(SRME)和层间多次波消除技术(IME)、振幅保持处理技术、多分量资料处理技术、宽频宽方位资料处理技术、各向异性处理技术等,其中高品质深度域成像始终是地震处理技术发展的目标。

叠前偏移成像技术是近年来地震勘探发展的一大亮点,叠前深度偏移正在成为常规处理作业,已实现上万平方千米三维资料的整块叠前深度偏移处理。

(三)地震解释技术发展水平

地震综合解释系统经历了多年发展,已经从地震勘探资料构造解释系统逐渐演变成为基于多学科综合的油气藏综合解释系统。以碳酸盐岩油气藏勘探为例,当前碳酸盐岩地震解释技术主要在以下几方面取得进展:

(1)特殊岩性体识别技术(地震反射结构分析等);

(2)碳酸盐岩储层解释技术(构造应力模拟技术、岩溶成因分析、地震地貌学、地震地层学、地震沉积学等);

(3)储层裂缝预测技术(相干体技术、曲率体技术、方位各向异性裂缝预测技术等);

(4)三维可视化解释技术;

(5)井震多波联合反演技术;

(6)叠前地震反演技术(AVO分析与波阻抗联合反演、AVO分析与谱分解技术联合处理与解释,以及多波弹性参数反演等);

(7)多学科、多信息缝洞储层综合评价技术(三维可视化解释、地震属性融合、裂缝方位综合分析、裂缝的平面和空间分布研究、裂缝的连通性研究、缝洞体雕刻、储层物性参数分析、油气检测和缝洞储层综合评价等);

(8)油藏地质建模和油藏数值模拟技术(流体饱和度等参数分析、动态地震岩石物理、动态流体监测等)。

总之,地震自动化解释技术(基于地震属性的断层自动化解释和地质体空间追踪技术等)推动了全三维解释技术的进步;地震岩石物理的研究成果已广泛用于油气藏的表征;高分辨率层序地层学和地震沉积学为岩性油气藏的描述提供了新的思路和工具;叠前地震反演和属性分析技术使地震解释的触角伸向了圈闭内部的流体;新一代处理解释软件融合了地震、地质、测井、油藏工程等多个学科的综合研究成果。

二、地震勘探技术展望

纵观当前全球地震勘探技术的发展趋势,主要包括以下几个方面:从单纯的纵波勘探向多波勘探发展;从简单地表和浅水区向复杂地表和深水区发展;从常规地震采集向全数字高密度精细地震采集发展;从窄方位角勘探向宽方位角勘探发展;从三维地震勘探向多维地震勘探发展;从叠后成像向叠前成像处理发展;从时间域向深度域发展;从各向同性向各向异性发展;从叠后地震反演向叠前弹性反演发展;从油气勘探领域向油藏开发领域不断拓展和延伸。

（一）地震勘探理论研究进展

由于储层复杂多样,常规的水平层状均匀介质理论、各向同性理论、线性算法等地震勘探基础理论存在明显的不适应性,新的地震勘探理论向传统的均匀层状介质理论发起了冲击,更加逼近真实地质—地球物理条件的裂缝介质、多相介质、离散介质、黏弹性介质、各向异性及非线性算法等新理论,逐渐发展并得到应用。

（二）地震采集技术发展趋势

遵循采集、处理、解释一体化的发展思路,借助于先进仪器装备和各种采集新技术,地震采集技术正向着适应恶劣地表条件、复杂地下构造、隐蔽含油气圈闭和超深层勘探需求的精细采集方向发展。

采用超大道数有线＋节点地震仪器、宽频可控震源、光纤技术、深水装备和无线网络技术,精细表层调查和模型驱动的采集设计,进行单点接收、大动态范围、无线化传输、超多道记录、小面元网格、高覆盖密度、高品质宽频震源、多分量接收、全方位、环保型作业的高密度、宽频三维地震全波场采集,不断提高地震勘探资料的纵、横向分辨率和有效信息的精确度。

（三）地震处理技术发展趋势

地震勘探资料处理更加注重地质、地球物理意义,更能满足油气田勘探和开发的实际需求。

静校正、基于波动方程的多次波及噪声消除新技术（如三维 SRME 和 IME 等）、真振幅处理技术、面向目标的高精度处理流程、叠前时间/深度偏移处理、海量数据处理等技术得到广泛应用;多分量、宽方位和各向异性处理技术得到深入研究和发展,在许多地方获得良好的应用成效;最小二乘偏移等成像新技术成为研究和应用的热点,全波动方程的叠前深度偏移技术趋向成熟,且速度建模功能不断完善,运算效率大大提高,叠前深度偏移正在成为常规处理作业,盐下及陡倾构造成像和碳酸盐岩储层各向异性叠前深度偏移已经进入广泛应用阶段。

未来的地震勘探资料处理技术将向着基于全方位、多维、全波场数据体的波场智能辨识、自动去噪;解释及反演驱动的高保真处理;基于深度学习和数据挖掘的智能化噪声压制、噪声信息的综合利用、多种地球物理数据［重、磁、电、震（多种观测方式如井地联合、主动源与被动源联合等）、钻井、测井及工程等数据］的高效（快速准确）、多尺度一体化建模与成像和海量数据处理等方面发展。

（四）地震解释技术发展趋势

解释技术朝着大数据分析、多信息融合、地质统计反演、量化解释,更加准确地刻画圈闭、预测储层和表征油藏,地震地质一体化、地震钻井一体化和勘探开发一体化方向发展。

在石油勘探领域:自动化解释技术推动了全三维解释技术的进步;物理和数学模型正演为准确查明复杂构造提供了技术支撑;高分辨率层序地层学和地震沉积学成为岩性油气藏解释的新手段;叠前地震反演、多尺度资料联合属性分析,使储层预测向量化方向发展;多分量资料和多波各向异性分析技术更好地识别了储层裂缝和流体类型;企业级地震解释系统（如 Geo-East 海量解释平台）代表了解释技术的发展方向;一体化协同工作平台做到了多学科融合和互动,准确预测有利钻探目标,表征圈闭资源量和石油储量。

在油气田开发领域:发展和完善综合地球物理(地面、井地、时移等)技术系列、井震联合的油藏静态描述技术系列、油藏动态描述与油藏模拟技术系列、油藏监测及综合剩余油预测技术系列,形成地球物理一体化解决方案设计、地球物理技术实施、油藏动静态描述、油藏模拟、剩余油气预测、开发方案调整、开发井位设计一体化的技术服务能力。

(五)地震仪器装备技术发展趋势

地震采集仪器始终向着高精度、大道数、智能化、便携化、无缆化、低成本、一体化的方向发展。随着数字检波器和节点记录系统投入生产应用,地震采集系统的技术核心不断向末端转移,即从以地震仪器为核心,发展到以采集站为核心,再向以检波器为核心的方向发展;先进的网络支撑和数据的无线传输方式(部分地方应用有线、无线、节点混装模式),显著提高了采集施工效率;海上地震采集装备以高端物探船(>12缆)和OBC(海底电缆)为主要趋势,同时发展和完善OBN(海底节点地震)等新技术。

资料处理装备以大规模PC Cluster和基于GPU(图形处理器)架构的计算服务器为发展趋势;解释方面,则以根据用户特点或发展要求定制的企业级解释系统和工作模式为发展趋势。大规模集群及GPU必定是主流计算平台,但基于云平台的软件生态系统普及后,未来的智能便携终端等都可能成为地震勘探资料处理和解释的计算资源。

面对越来越复杂的油气勘探开发问题,必须切实加强我国地震勘探技术的自主创新,发展具有自主产权的核心技术和特色技术,立足陆上、拓展海上、延伸油藏、强化装备,全力推进我国石油工业地震勘探采集—处理—解释技术的快速发展,用地球物理新理论、新方法和新技术为油气勘探开发提供更好的服务。

参 考 文 献

冯增昭.1993.沉积岩石学[M].北京:石油工业出版社.
贾振远.1989.碳酸盐岩沉积相和沉积环境[M].北京:中国地质大学出版社.
任美锷,刘振中,等.1983.岩溶学概论[M].北京:商务印书馆.
孙龙德.2007.碳酸盐岩油气成藏理论及勘探开发技术[M].北京:石油工业出版社.
贾承造,等.2009.中国石油勘探工程技术攻关丛书:碳酸盐岩油气藏测井评价技术及应用[M].北京:石油工业出版社.
贾振远.1992.盆地分析系列丛书:碳酸盐岩沉积学[M].北京:中国地质大学出版社.
强子同,等.1998.碳酸盐岩储层地质学[M].东营:中国石油大学出版社.
高成军,等.2007.碳酸盐岩储层测井与录井评价技术[M].北京:石油工业出版社.
赵政璋,等.2009.中国石油勘探工程技术攻关丛书:碳酸盐岩储层地震勘探关键技术及应用[M].北京:石油工业出版社.
安妮·里克曼,等.1986.碳酸盐岩油藏勘探[M].北京:石油工业出版社.
郝石生,等.1989.石油地质勘探技术培训教材碳酸盐岩油气形成和分布[M].北京:石油工业出版社.
马永生,等.1999.碳酸盐岩储层沉积学[M].北京:地质出版社.
牟永光.2003.三维复杂介质地震物理模拟[M].北京:石油工业出版社.
杨俊杰.2002.鄂尔多斯盆地构造演化与油气分布规律[M].北京:石油工业出版社.
程克明,工兆云,钟宁宁,等.1996.碳酸盐岩油气生成理论与实践[M].北京:石油工业出版社.
张军涛,胡文瑄,钱一雄.2008.塔里木盆地白云岩储层类型划分、测井模型及其应用[J].地质学报,82(3):3.
何莹,鲍志东,沈安江,等.2006.塔里木盆地牙哈英买力地区寒武系下奥陶统白云岩形成机理[J].沉积学报,24(6):806-818.
顾家裕.2000.塔里木盆地下奥陶统白云岩特征及成因[J].新疆石油地质,21(2):120-122.
何江,方少仙,侯方浩,杨西燕.2009.鄂尔多斯盆地中部气田中奥陶统马家沟组岩溶型储层特征[J].石油与天然气地质,30(3):351-355.
郑和荣,吴茂炳,邬兴威,等.2007.塔里木盆地下古生界白云岩储层油气勘探前景[J].石油学报,28(2):1-8.
李凌,谭秀成,陈景山,等.2007.塔中北部中下奥陶统鹰山组白云岩特征及成因[J].西南石油大学学报,29(1):34-36.
刘永福,殷军,孙雄伟,等.2008.塔里木盆地东部寒武系沉积特征及优质白云岩储层成因[J].天然气地质科学,19(1):126-132.
郑剑锋,沈安江,刘永福,陈永权.2011.塔里木盆地寒武—奥陶系白云岩成因及分布规律[J].新疆石油地质,(6):600-604.
王安甲,万欢,樊太亮,于炳松,等.2012.塔里木盆地寒武—奥陶系碳酸盐岩储集特征与白云岩成因探讨[J].古地理学报,14(2):198-207.
胡文瑄,朱井泉,王小林,等.2014.塔里木盆地柯坪地区寒武系微生物白云岩特征、成因及意义[J].石油与天然气地质,35(6):861-867.
张德民,鲍志东,潘文庆,郝雁.2014.塔里木盆地肖尔布拉克剖面中寒武统蒸发台地白云岩储层特征及成因机理[J].天然气地球科学,25(4):499-504.
沈安江,郑剑锋,陈永权,等.2016.塔里木盆地中下寒武统白云岩储集层特征、成因及分布[J].石油勘探与开发,43(3):2-9.
白国平.2006.世界碳酸盐岩大油气田分布特征[J].古地理学报,8(2):241-250.
范嘉松.2005.世界碳酸盐岩油气田的储层特征及其成藏的主要控制因素[J].地学前缘,12(3):23-30.
罗平,张静,刘伟,等.2008.中国海相碳酸盐岩油气储层基本特征[J].地学前缘,15(1):36-50.
马永生,等.2006.四川盆地东北区二叠系—三叠系天然气勘探成果与前景展望[J].石油与天然气地质,27(6):741-750.

马永生.2007.四川盆地普光超大型气田的形成机制[J].石油学报,28(2):9-14.
孙龙德,李曰俊.2004.塔里木盆地轮南低凸起:一个复式油气聚集区[J].地质科学,39(2)296-304.
顾家裕,马锋,季丽丹.2009.碳酸盐岩台地类型、特征及主控因素[J].古地理学报,12(1):21-27.
金振奎,石良,高白水,等.2013.碳酸盐岩沉积相及相模式[J].沉积学报,31(6):965-979.
郑兴平,潘文庆,等.2011.塔里木盆地奥陶系台缘类型及其储层发育程度的差异性[J].岩性油气藏,23(5):1-4.
黄诚,傅恒,等.2011.生物礁内部地震反射特征的地质解读及以体系域为单元的层序地层学认识[J].海相油气地质,16(2):47-52.
赵文智,沈安江,胡素云,等.2012.中国碳酸盐岩储集层大型化发育的地质条件与分布特征[J].石油勘探与开发,39(1):1-13.
赵文智,沈安江,胡安平,等.2015.塔里木、四川和鄂尔多斯盆地海相碳酸盐岩规模储层发育地质背景初探[J].岩石学报,31(11):3495-3507.
狄帮让,等.2006.面元大小对地震成像分辨率的影响分析[J].石油地球物理勘探,41(4):363-370.
狄帮让,等.2005.地震偏移成像分辨率的定量分析[J].石油大学学报,29(5):23-32.
姚姚,等.2003.深层碳酸盐岩岩溶风化壳洞缝型油气藏可检测性的理论研究[J].石油地球物理勘探,38(6):623-629.
彭更新,等.2011.塔里木盆地哈拉哈塘地区三维叠前深度偏移与储层定量雕刻[J].中国石油勘探,9(5):49-56.
刘依谋,等.2013.面向碳酸盐岩缝洞型储层的高密度全方位三维地震采集技术及应用效果[J].石油物探,52(4):372-382.
熊翥.1997.地震勘探技术在塔里木盆地油气勘探中面临着严峻挑战[J].物探家,2(3):57-61.
吕修祥,等.2007.塔里木盆地塔北隆起碳酸盐岩油气成藏特点[J].地质学报,8(8):1057-1064.
王鹏,等.2003.轮南古潜山岩溶缝洞系统定量描述[J].新疆石油地质,24(6):546-548.
杨海军,等.2007.塔里木盆地轮南低凸起断裂系统与复式油气聚集[J].地质科学,42(4):795-811.
孟书翠,等.2010.轮古西地区碳酸盐岩油藏特征与失利井研究[J].西南石油大学学报,32(5):27-35.
李景瑞,等.2015.中古8井区断裂与鹰山组岩溶储层成因关系[J].中国岩溶,34(2):147-153.
董瑞霞,等.2011.塔中北坡鹰山组碳酸盐岩缝洞体量化描述技术及应用[J].新疆石油地质,32(3):314-317.
罗平,等.2013.微生物碳酸盐岩油气储层研究现状与展望[J].沉积学报,31(5):807-823.
李林,等.2009.碳酸盐岩孔隙分类方法综述[J].内蒙古石油化工,(8):51-54.
徐传会,钱桂华,张建球,等.2009.滨里海盆地油气地质特征与成藏组合[M].北京:石油工业出版社.
北京石油勘探开发科学研究院,等.1992.深层油气藏储集层与相态预测(冀中坳陷和滨里海盆地南部为例)[M].北京:石油工业出版社.
邱中建,张一伟,李国玉,等.1998.田吉兹—尤罗勃钦碳酸盐岩气田石油地质考察及对塔里木盆地寻找大油气田的启示和建议[J].海相油气地质,3(1):49-58.
付金华,白海峰,孙六一,等.2012.鄂尔多斯盆地奥陶系碳酸盐岩储集体类型及特征[J].石油学报,12(2):111-117.
胡国艺.2003.鄂尔多斯盆地奥陶系天然气成藏机理及其与构造演化关系[D].中国科学院研究生院,博士学位论文,11-19.
顿铁军.1995.鄂尔多斯盆地碳酸盐岩储层研究[J].西北地质,16(2):25-30.
王勇.2007.靖边气田沉积特征及其成藏规律[D].西北大学,博士学位论文,15-19.
郭庆.2013.靖边气田西侧下古生界风化壳岩溶储层及天然气富集规律研究[D].西北大学,博士学位论文,2(13):1-5.
徐波.2009.靖边潜台东侧马五段储层评价与天然气富集规律[D].西北大学,博士学位论文,1-7.
王传刚,王毅,许化政,等.2009.论鄂尔多斯盆地下古生界烃源岩的成藏演化特征[J].石油学报,30(2):38-43.

席胜利,李振宏,王欣,等.2006.鄂尔多斯盆地奥陶系储层展布及勘探潜力[J].石油与天然气地质,27(3):405-411.

季玉新,欧钦.2003.优选地震属性预测储层参数方法及应用研究[J].石油地球物理勘探,38[增刊]:57-62.

郑聪斌,王飞雁,贾疏源.1997.陕甘宁盆地中部奥陶系风化壳岩溶岩及岩溶相模式[J].中国岩溶,16(4):351-361.

郑聪斌,冀小林,贾疏源.1995.陕甘宁盆地中部奥陶系风化壳古岩溶发育特征[J].中国岩溶,14(3):280-288.

贾振远,蔡忠贤,肖玉茹.1995.古风化壳是碳酸盐岩一个重要的储集层(体)类型[J].地球科学:中国地质大学学报,20(3):283-289.

杨华,付金华,魏新善,等.2011.鄂尔多斯盆地奥陶系海相碳酸盐岩天然气勘探领域[J].石油学报,32(5):733-740.

孙少华,等.1996.鄂尔多斯盆地地温场与烃源岩演化特点[J].大地构造与成矿学,20(3):255-261.

郭忠铭,张军,于忠平.1994.那尔多斯地块油区构造演化特征[J].石油勘探与开发,(21)2:22-29.

杨华,席胜利,魏新善,等.2006.鄂尔多斯多旋回叠合盆地演化与天然气富集[J].中国石油勘探,1:17-25.

汪泽成,李宗银,李玲,等.2013.中国古老海相碳酸盐岩油气成藏组合的评价方法及其应用[J].地质勘探,33(6):7-15.

李振宏,王欣,杨遂正,等.2006.鄂尔多斯盆地奥陶系岩溶储层控制因素分析[J].现代地质,20(2):299-307.

司马立强,黄丹,韩世峰,等.2015.鄂尔多斯盆地靖边气田南部古风化壳岩溶储层有效性评价[J].天然气工业,35(4):1-9.

杨华,黄道军,郑聪斌,等.2006.鄂尔多斯盆地奥陶系岩溶古地貌气藏特征及勘探进展[J].石油地质,3:1-5.

赵政璋,杜金虎,邹才能,等.2011.大油气区地质勘探理论及意义[J].石油勘探与开发,38(5):513-522.

杜金虎,徐春春,王泽成,等.2010.四川盆地二叠—三叠系礁滩天然气勘探[M].北京:石油工业出版社.

杜金虎,邹才能,徐春春,等.2014.川中古隆起龙王庙组特大型气田战略发现与理论技术创新[J].石油勘探与开发,41(3):268-277.

王泽成,王铜山,文龙,等.2016.四川盆地安岳特大型气田基本地质特征与形成条件[J].中国海上油气,28(2):45-52.

魏国齐,杜金虎,徐春春,等.2015.四川盆地高石梯—磨溪地区震旦系—寒武系大型气藏特征与聚集模式[J].石油学报,36(1):1-12.

杜金虎,汪泽成,邹才能,等.2016.上扬子克拉通内裂陷的发现及对安岳特大型气田形成的控制作用[J].石油学报,37(1):1-16.

徐春春,沈平,杨跃明,等.2014.乐山—龙女寺古隆起震旦系—下寒武统龙王庙组天然气成藏条件与富集规律[J].天然气工业,34(3):1-7.

邹才能,杜金虎,徐春春,等.2014.四川盆地震旦系—寒武系特大型气田形成分布、资源潜力及勘探发现[J].石油勘探与开发,41(3):278-293.

魏国齐,沈平,杨威,等.2013.四川盆地震旦系大气田形成条件与勘探远景区[J].石油勘探与开发,40(2):129-138.

邹才能,徐春春,王泽成,等.2011.四川盆地台缘带礁滩大气区地质特征与形成条件[J].石油勘探与开发,38(6):641-651.

马永生,蔡勋育,赵培荣,等.2010.四川盆地大中型天然气田分布特征与勘探方向[J].石油学报,31(3):347-354.

杨光,李国辉,李楠,等.2016.四川盆地多层系油气成藏特征与富集规律[J].地质勘探,36(11):1-11.

魏国齐,刘德来,张林,等.2005.四川盆地天然气分布规律与有利勘探领域[J].天然气地球科学,16(4):437-442.

张水昌,朱光有.2006.四川盆地海相天然气富集成藏特征与勘探潜力[J].石油学报,27(5):1-8.

罗冰,等.2015.川中古隆起下古生界—震旦系勘探发现与天然气富集规律[J].中国石油勘探,20(2):18-23.

纪学武,张延庆,臧殿光,等.2012.四川龙岗西区碳酸盐岩礁、滩体识别技术[J].石油地球物理勘探,47(2):309-314.

夏义平、袁秉衡、徐礼贵等译.2005.石油地质与地球物理译文集[M].北京:石油工业出版社.

杜金虎,等.2014.川中古隆起龙王庙组特大型气田战略发现与理论技术创新[J].石油勘探与开发,41(3):268-273.

文龙,张奇,等.2012.四川盆地长兴组—飞仙关组礁、滩分布的控制因素及有利勘探区带[J].地质勘探,32(1):1-8.

陈季高,等.1985.四川盆地上二叠统长兴组生物礁的分布及其与油气的关系[J].天然气工业,(2):1-5.

杨剑萍,等.2014.冀中坳陷蠡县斜坡沙一下亚段碳酸盐岩滩坝沉积特征[J].西安石油大学学报,29(6):21-28.

田超,等.2015.华北油田蠡县斜坡沙河街组混积类型研究[J].内蒙古石油化工,(9):118-124.

赵贤正,等.2014.冀中坳陷束鹿凹陷泥灰岩—砾岩致密油气成藏特征与勘探潜力[J].石油学报,35(4):613-622.

崔周旗,等.2015.束鹿凹陷沙河街组三段下亚段泥灰岩:砾岩岩石学特征[J].石油学报,36(1):21-30.

旷红伟,等.2008.束鹿凹陷古近系沙河街组第三段下部储层物性及其影响因素[J].沉积与特提斯地质,28(1):88-95.

宋涛,等.2013.渤海湾盆地冀中拗陷束鹿凹陷泥灰岩源储一体式致密油成藏特征[J].东北石油大学学报,37(6):47-54.

曹鉴华,等.2014.渤海湾盆地束鹿凹陷中南部沙三下亚段致密泥灰岩储层分布预测[J].石油与天然气地质,35(4):480-485.

邱隆伟,等.2006.束鹿凹陷碳酸盐角砾岩的成因研究[J].沉积学报.24(2):202-210.

梁宏斌,等.2007.冀中坳陷束鹿凹陷古近系沙河街组三段泥灰岩成因探讨[J].古地理学报,9(2):167-175.

邹才能,等.2012.常规与非常规油气聚集类型、特征、机理及展望——以中国致密油和致密气为例[J].石油学报,33(2):174-187.

贾承造,等.2012.中国致密油评价标准、主要类型、基本特征及资源前景[J].石油学报,33(3):333-350.

王海波,等.2016.辽河坳陷雷家致密油区单点高密度三维地震采集技术研究[J].地球物理学进展,31(2):782-787.

赵会民.2012.辽河西部凹陷雷家地区古近系沙四段混合沉积特征研究[J].沉积学报,30(2):283-290.

金强,等.2000.柴达木盆地西部第三系蒸发岩与生油岩共生沉积作用研究[J].地质科学,35(4):465-473.

张敏,等.2004.柴达木盆地西部地区古近系及新近系碳酸盐岩沉积相[J].古地理学报,6(4):391-400.

沈亚,等.2008.柴达木盆地地震地质研究新进展[J].石油地球物理勘探,43(1):146-150.

付锁堂,等.2016.柴达木盆地油气勘探新进展[J].石油学报,37(1):1-10.

杨柳,等.2016.多维数据裂缝检测技术探索及应用[J].石油地球物理勘探,51(增刊):58-63.

赵贤正,等.2011.中国东部超深超高温碳酸盐岩潜山油气藏的发现及关键技术[J].海相油气地质,16(4):1-10.

高长海,等.2011.冀中坳陷潜山油气藏特征[J].岩性油气藏,23(6):6-12.

何登发,等.2017.渤海湾盆地冀中坳陷古潜山的构造成因类型[J].岩石学报,33(4):1338-1356.

陆诗阔,等.2011.冀中坳陷潜山构造演化特征及其石油地质意义[J].石油天然气学报,33(11):35-40.

郭良川,等.2002.潜山油气藏勘探技术[J].勘探地球物理进展,25(1):19-25.

藏明峰,等.2009.冀中坳陷古潜山类型及油气成藏[J].石油与天然气学报,31(2):166-169.

易士威,等.2010.饶阳凹陷近年潜山勘探的突破与启示[J].石油地质(6):1-9.

褚庆忠,等.2000.冀中孙虎地区含油气系统埋藏史研究[J].地球学报,21(3):306-322.

赵贤正,等.2010.冀中坳陷潜山内幕油气藏类型与分布规律[J].新疆石油地质,31(1):4-6.

陈源裕,等.2013.孙虎潜山成藏条件及勘探成效研究[J].长江大学学报(自然版),10(16):30-32.

赵贤正,等.2008.冀中坳陷长洋淀地区"古储古堵"潜山成藏模式[J].石油学报,29(4):489-493.

易士威,等.2010.冀中坳陷中央断裂构造带潜山发育特征及成藏模式[J].石油学报,31(3):361-367.

马红岩,等.2010.饶阳凹陷潜山勘探新进展及新认识[J].石油地质(2):19-23.

赵贤正,等.2012.冀中坳陷隐蔽型潜山油气藏主控因素与勘探实践[J].石油学报,33(1):71-79.
邹先华,等.2015.束鹿凹陷潜山油气成藏规律及分布[J].长江大学学报(自然版),12(5):19-22.
张宇飞,等.2015.束鹿凹陷太古界潜山变质岩储层特征[J].断块油气田,22(2):168-172.
王炳章,等.2011.油气地震勘探技术发展趋势和发展水平[J].中外能源,16(5):46-55.
程建远,等.2009.地震勘探技术的新进展与前景展望[J].煤田地质与勘探,37(2):55-58.
撒利明,等.2016.中国石油"十二五"物探技术重大进展及"十三五"展望[J].石油地球物理勘探,51(2):404-419.
杨勤勇.2007.油气地球物理技术发展新动向[J].勘探地球物理进展,30(2):77-84.
刘振武,等.2013.地震数据采集核心装备现状及发展方向[J].石油地球物理勘探,48(4):663-675.
Armstrong A K. 1974. Carboniferous carbonate depositional models, preliminary lithofacies and paleotectonics maps [J]. Arctic Alaska. AAPG,58(4):621-645.
Read J F. 1985. carbonate platform facies models[J]. AAPG,69(21):1-21.
Eberli GP and Ginsburg RN. 1987. Segmentation and coalescence of Cenozoic carbonate platforms, northwestern Great Bahama Bank[J]. Geology,15(1):75-79.
Tucker M E, Wright V P. 1990. Carbonate sedimentology[J]. Oxford:Blackwell Scientific Publications,1-482.
Burchette, Wright. 1992. Carbonate ramp depositional syatems[J]. Sediment Geology,79:3-57.
James, Clarke. 1997. Cool water carbonates. Soc. Econ. Paleont. Min. Spec. Publ, 56:1-20.
Erik Flugel. 2004. Microfacies of Carbonate Rocks[M]. Springer-Verlag Berlin Heidelberg,1-695.
Wilson J L. 2002. Cenozoic carbonates in southeast Asia:implications for equatorial carbonate development [J]. Sediment Geology,147:295-428.
Wilson J L. 1975. Carbonate facies in geologic history[J]. New York7 Springer Verlag.
Dan Bosence. 2005. A genetic classification of carbonate platforms based on their basinal and tectonic settings in the Cenozoic[J]. Sediment Geology,175:49-72.
Peter M Burgess, Peter Winefield, Marcello Minzoni and Chris Elders. 2013. Methods for identification ofisolated carbonate buildupsfrom seismic reflection data[J]. AAPG Bulletin, 97(7):1071-1098.
C Robertson Handford, L R Baria. 2007. Geometry and seismic geomorphology of carbonate shoreface clinoforms, Jurassic Smackover Formation, north Louisiana[J]. Geological Society London Special Publications,277(1):171-185.
Pomar L, Obrador A, Westphal H. 2002. Sub-wavebase cross-bedded grainstones on a distally steepened carbonate ramp, Upper Miocene, Menorca, Spain[J]. Sedimentology,49:139-169.
Peter M Burgess, Peter Winefield, Marcello Minzoni and Chris Elders. 2013. Methods for identification of isolated carbonate buildups from seismic reflection data[J]. AAPG Bulletin,97(7):1071-1098.
Yadana field, offshore Myanmar. 2017. Marine and Petroleum Geology,81:361-387.